KANSATIETEELLINEN
ARKISTO
28

TOIMITUS

Niilo Valonen Juhani U.E. Lehtonen

KANSATIETEELLINEN ARKISTO 28

SUOMEN MUINAISMUISTOYHDISTYS

KAISU JAAKKOLA

Muuttuva joulu

Kansatieteellinen tutkimus

The Changing Christmas

An Ethnological Study

HELSINKI 1977

English Summary translated by
Dr. Leena Lehto

ISBN 951-99134-9-1

Kymi Kymmene
Kouvolan Kirjapaino 1977

Serkulleni Saima Vuoliolle,
jota ilman tämä kirja ei olisi voinut syntyä

Esipuhe

Kun vuonna 1969 ryhdyin kokoamaan tässä työssä esiintyvää joulumateriaalia, en suinkaan suunnitellut kirjoittavani väitöskirjaa. Minulla itselläni — ja minua avustaneilla henkilöillä Kansatieteen laitoksella — oli tarkoituksena pro gradu-tutkielman aineiston keruu. Pian kuitenkin osoittautui, että suoritettu esitutkimus oli aivan liian laaja sen tasoiseen tutkielmaan. Niinpä kirjoitin laudaturtyöni vain viidestä tässä esitetystä koristeesta.

Laudaturtyön jälkeen en tahtonut kuitenkaan jättää työtäni kesken. Suunnittelimme lisensiaatintyötä, joka kattaisi osan joulun tapoja. Tästä suunnitelmasta onneksi luovuin, sillä vähitellen alkoi mielessäni kypsyä ajatus joulusta kokonaisuutena, juhlakautena, joka ulottuu ensimmäisen adventin aatosta Nuutin päivään. Niinpä käsittelin kaikki joulun tavat ja kirjoitin lisensiaatintyöni, josta siten paisui aivan liian laaja, yli 900 sivua käsittävä esitys.

Oli oma työnsä saada tämä aineisto supistetuksi edes siihen mittaan, missä se nyt esiintyy tässä kirjassa. Kritiikki oli otettava avuksi, ja kirvelevin mielin oli saksittava pois etenkin joulun historiaan liittyviä tietoja, joita olin aikanaan pitänyt kovin arvokkaina ja mielenkiintoisina, mutta joilla kriittisesti arvostellen ei ollut oikeastaan mitään relevanssia tutkimukseen osallistuneitten perheitten joulunvieton muodostumista ajatellen.

Tästä kriittisestä suhtautumisesta oli mielestäni työlleni suuri hyöty. Jouduin nyt ajattelemaan joulun historiaa totunnaisesta poikkeavalla tavalla. Samalla havaitsin, että oli suuri puute, että emme tienneet tapojen lähihistoriasta juuri mitään. Emme myöskään tienneet motivaatioista. Tämä johti minut keräämään lehdistöstä tässä työssä esittämäni tiedot. Samaa ideaa olin kokeillut pienemmissä puitteissa jo laudaturtyössäni.

Lehdistöaineiston keruu oli tosin melko suuri työ, mutta eittämättä hauska. Se oli kuitenkin aikaavievää, sillä tuon tuostakin syntyi kiusaus lukea lehdistä muutakin kuin jouluartikkeleita. Aineistoa kertyi niin runsaasti, että voin esittää siitä vain murto-osan. Olen kuitenkin yrittänyt esittää lehdistökatsauksissa tyypillisimmät mielipiteet ja olen antanut lehtien itsensä puhua — tilan säästön takia tämä on täytynyt suorittaa alaviittatekniikalla. Lehdistöä minun on kiittäminen siitä osin tahattomasta huumorista, joka toivottavasti hiukan keventää kuivaa tieteellistä tekstiäni. Samalla se osoittanee lukijalle, joka viitsii kahlata tuon aineiston läpi, että "kansatiede on iloinen asia", kuten assistentti, maisteri Teppo Korhonen meille on opettanut.

Saatuani nyt työni päätökseen tahdon kaikesta sydämestäni kiittää niitä satoja henkilöitä, jotka ovat auttaneet sen syntymisessä. Suurinta osaa en voi mainita nimeltä, mutta toivon heidän tietävän kiitollisuuteni kohdistuvan myös heihin. Kansatieteilijä voi palkita auliita vastaajiaan vain tällaisella kiitoksella. Katson kuitenkin, että kun yli 60 % niistä, jotka saivat tämän tutkimuksen lopussa esitetyn aivan liian laajan ja yksityiskohtaisen kyselykaavakkeen, vastasi siihen, se osoittaa kymenlaaksolaisten aktiivista ja lämmintä suhtautumista kansatieteeseen, tutkimukseen ja kulttuuriin. Kiitos kaikille! Kiitos myös kaikille niille haastateltavilleni, jotka vieraanvaraisesti aukaisivat minulle kotiensa ovet ja päästivät minut kuvaamaan kotejaan. Kaikkea ei kansatieteilijä silti voi itse kuvata. Tapahtumakuvat, jotka esiintyvät tässä kirjassa, olen saanut rouvilta Anita Kosonen, Tuulikki Nykänen, Elina Remes, Stina Sundholm ja Eeva-Liisa Virtanen. Kiitos! Kiitokset myös sairaanhoitaja Inga Seppälälle ja Lääkäritalon talonmiehelle Valio Koskiselle, jotka auttoivat minua tutkimukseni alkuvaiheessa monistamalla ja postittamalla satoja kyselykaavakkeita. Kouvolan Sanomat on myös korvauksetta asettanut kuva-aineistoa käyttööni.

Vastaajani eivät ole tyytyneet vain vastaamaan. He ovat myös vuosien mittaan osoittaneet mielenkiintoa työtäni kohtaan, ja he ensimmäisinä olettivatkin, että tästä työstä syntyisi väitöskirja. Kiitos myös tästä ajatuksesta!

Tässä yhteydessä tahdon myös mielessäni kiittää ystävääni Lilli Viherlaihoa, jota ajallinen kiitos ei enää tavoita. Oli hänen ajatuksensa, että yleensä ryhtyisin ja pystyisin opiskelemaan työni ohella ja aivan erilaisen — lääketieteellisen — koulutuksen saatuani. Toinen ystäväni Lilly Sevón auttoi minua kysymyskaavakkeiden laatimisessa, ja jo tässä vaiheessa sain ratkaisevaa apua myös opettajaltani ja tämän työn toiselta esitarkastajalta, silloiselta FL, nykyisin dosentti Bo Lönnqvistiltä, jonka ystävällisyys ja mielenkiinto on riittänyt läpi vuosien. Hän toimi työni vastaväittäjänä lisensiaattiseminaarissa, kun työni se vaihe oli valmis. Hän ei ole tyytynyt vain positiiviseen ja ystävälliseen kritiikkiin, vaan on lähettänyt vähän väliä löytämiään artikkeleita ja teoksia, keskustellut kanssani moneen otteeseen ja myös ratkaisevasti auttanut tämän teoksen kuva-aineiston kokoamisessa ja valinnassa.

Myös muut lisensiaattiseminaarivaiheessa minua auttaneet kansatieteilijät ansaitsevat lämpimän kiitokseni, jonka piiriin suljen kaikki lisensiaattiseminaarin jäsenet ja laitoksen opettajat sekä myös Lammin seminaarien kollegat. Kun tekee työtään yksin maaseudulla, on suorastaan pakottava tarve joskus tavata toisia saman alan tutkijoita ja saada puhua ongelmistaan heidän kanssaan. Erityisesti kiitän maistereita Pirkko Kovalaista ja Ivar Nordlundia, jotka myös toimivat vastaväittäjinäni. Hekin ovat osoittaneet, ettei vastaväittäjän tehtävä ole suinkaan vain puutteiden osoittaminen, vaan myös positiivisten ideoitten eteenpäin vienti.

Kaikkein lämpimin kiitokseni kohdistuu opettajaani, professori Niilo Valoseen. En usko, — tämä käsitykseni perustuu keskusteluun muiden alojen tutkijoitten kanssa — että yliopistossamme olisi ketään toista opettajaa, joka olisi siinä määrin ollut valmis uhraamaan aikaansa oppilaalleen. Jo työn alkuvaiheista lähtien hän on uhrannut satoja tunteja keskusteluihin, lähettänyt vastauksia kymmeniin kirjeisiin, kymmeniä eri artikkeleita koskevia valokopioita ja koko ajan neuvoillaan ohjannut työtäni lähes kädestä pitäen. Joka luvun hän on lukenut ja kritisoinut erikseen, ja olen laskenut, että vasta erään luvun seitsemäs versio saavutti hänen hyväksyntänsä. Mielettömimmältäkään tuntuva ajatus ei ole saanut olankohautusta tai torjuntaa, vaan professori Valonen on pyrkinyt löytämään näistä ajatuksista sen, mikä on positiivista ja kehittelyn arvoista. Koska olen asunut melko kaukana Helsingistä enkä ole pystynyt arkipäiväisin tulemaan yliopistolle, olemme keskustelleet pyhäpäivinäkin. Rouva Aila Valonen on tällöin vieraanvaraisesti aukaissut kotinsa ovet. Kiitos!

Tutkija tarvitsee ennen kaikkea kirjastoa, ja tämän työn lopussa esitetty kirjallisuusluettelo on vain murto-osa siitä, mikä työtä varten on täytynyt lukea. Kouvolan Kaupunginkirjasto-maakuntakirjasto on hankkinut minulle kaikki nämä kirjat ja luovuttanut työni kannalta ratkaiseviksi vuosiksi myös tutkijanhuoneen käyttööni.

Koskaan en ole tarvinnut tuntea tulevani kirjastoon kiusankappaleena ja vaivaajana, vaan jokainen henkilökunnan jäsen on ollut yhtä iloinen ja altis auttaja. Erityisesti haluan kiittää rouva Tuula Mikkolaa, joka hoitaa kaukolainojen tilaukset ja joka kerta kerran jälkeen on osoittanut salapoliisin kykyjä jäljittäessään haluamiani teoksia ja artikkeleita.

Rouvat Eeva Sopanen ja Gerda Westerlund sekä muutamat muut ovat uhranneet vapaa-aikaansa työni puhtaaksikirjoittamisessa sen eri vaiheissa. Kiitokset!

Työni painovaiheessa olen saanut ratkaisevaa apua monelta taholta. Kymi Kymmene Osakeyhtiö auttoi jo alkuperäisessä aineiston keruussa ja nyt painovaiheen tultua ajankohtaiseksi asetti kirjapainonsa käyttööni. Tämän kirjan paperi on Kuusankoskella tehtyä. Johtajat Olof Westerlund ja Heikki Kellokoski mahdollistivat minulle kirjapainon käytön omalla paikkakunnalla, ja johtaja Bjarne Nygård asetti koko osastonsa kapasiteetin auttamaan minua työni onnistumisessa. Aivan erityisen kiitokseni ansaitsee kaksi henkilöä, faktori Urpo Kovanen ja taiteilija Topi Valkonen, joiden yhteistyön tuloksena tämä kirja on saavuttanut ulkoasunsa ja muotonsa. Jos kirja lukijankin mielestä on kaunis, kuten minun mielestäni, on se näiden kahden taitajan ja taiteilijan ansio.

Oman perheeni kiittämisen jätän lähes viimeiseksi, mutta en pidä heidän osuuttaan silti vähäisimpänä. Jokainen perheenjäsen ja erityisesti poikani Kaarle on auttanut minua tilastojen ja karttojen laadinnassa sekä korjausluvussa ja koko ajan tukien ja työhöni uskoen kannustanut minua jatkamaan.

Tämän kirjan omistan serkulleni Saima Vuoliolle, joka on ottanut harteiltani perheenäidin osaan tavallisesti kuuluvat työt ja askareet. Hän on ollut se Martta, joka on sallinut sisarensa Marian valita hyvän osan.

Viimeisenä henkilönä kiitän ystävääni FT Leena Lehtoa. Hän on kääntänyt tämän työn laajan yhteenvedon englanniksi, samoin kuin kuvatekstit. Mutta hänen työnsä laajuudesta tämä on vain jäävuoren näkyvä huippu. Vuosi vuodelta, viikko viikolta ja päivä päivältä hän on tukenut minua, lukenut joka luvun moneen kertaan, keskustellut kanssani, syventynyt ongelmiini ja auttanut eri ideoitten kypsyttämisessä. Vaikka hän onkin koulutukseltaan kielitieteilijä, hän on osoittanut, että humanisti pystyy astumaan oman tieteenalansa ahtaista puitteista ja näkemään toisen humanistin ongelmat laajemmissa kehyksissä.

Rahallista tukea olen saanut työni valmistumisvaiheessa Suomen Kulttuurirahastolta Taru, Ilmari ja Pentti Mannisen rahastosta. Tämän tuen avulla saatoin pitää kaksi yhtenäistä lomaa kirjoitusvaiheessa, ja se oli siis erittäin tärkeää henkilölle, jonka muuten on tehtävä tieteellinen työnsä lähinnä varhaisina aamutunteina ennen leipätyön alkua.

Suomen Muinaismuistoyhdistystä kiitän siitä, että se on ottanut työni sarjaansa ja maksanut suuret summat rahaa sen julkaisemiseksi.

Kouvolassa ja Kuusankoskella joulukuussa 1977

Kaisu Jaakkola

Sisällysluettelo

1. Tutkimuksen lähtökohdat

1.1. Tutkimustehtävä

Tällä tutkimuksella on kaksi lähtökohtaa, ensinnäkin henkilökohtainen mielenkiintoni jouluun ja toiseksi havainto, jonka olin tehnyt asuessani Pohjois-Kymenlaaksossa. Olin pannut merkille, että monet paikkakunnalla asuvien ruotsinkielisten tavat poikkesivat vastaavien suomenkielisten tavoista lähinnä seurustelukäyttäytymisessä. Olin lisäksi havainnut, että monet suomenkieliset, jotka usein seurustelivat ruotsinkielisten kanssa, olivat omaksuneet näiltä tapoja. Halusin tutkia, löytyisikö joulustakin kieliryhmille ominaisia tapoja ja olisiko niissäkin havaittavissa sama ilmiö, lainautuminen.

Kun suunnittelin tutkimustani vuonna 1969, oli Helsingin Yliopiston Kansatieteen laitoksella jo valmistunut kvantitatiiviseen tutkimusmenetelmään liittyviä tutkimuksia.[1] Tähän kvantitatiiviseen tutkimussuuntaan oli saatu kimmoke 1960-luvulla kylätutkimuksien uutta linjaa suunniteltaessa,[2] ja suomalainen etnologinen tutkimus omaksui kenttätyöhön lukumäärämenetelmän otoksineen suomalaisesta sosiologiasta.[3] Tämä tutkimussuunta oli tällöin uutuus koko Euroopankin etnologiaa ajatellen. Näistä syistä minulle oli alusta pitäen luonnollista käyttää kvantitatiivista analyysia tutkimuksessani. Varhemmissa joulua koskevissa tutkimuksissa ei siis ole sovellettu kvantitatiivista menetelmää. On vain tyydytty toteamaan jonkin tavan esiintyminen, ja korkeintaan on mainittu, että tapa on "yleinen" tai että "kaikki" sitä harrastivat. Tutkimukseni toiseksi päämääräksi muodostui näin alusta alkaen selvittää kvantitatiivisesti, mikä suomalaisessa joulussa todella on yleistä, mikä harvinaista.

Kolmantena päämääränäni jo suunnitellessani kyselykaavaketta oli joulun uutuuksien ja leviämisprosessien tutkiminen, ja tätä silmällä pitäen kysymyskaavakkeessa kysyttiinkin useiden tapojen kohdalla, kuinka kauan kyseistä tapaa oli harjoitettu perheessä ja mistä tapa oli omaksuttu. Rehnbergin hautakynttilätutkimus oli hyvä esimerkki joulutavan käytöstä novaatiotutkimuksessa,[4] mutta erona hänen tutkimukseensa, joka käsittelee paitsi koko Ruotsia muitakin maita, oma tutkimukseni on mikrotason tutkimusta, ja sen päämääränä onkin ollut novaatioiden kohdalla selvittää, miten "spesifiset kulttuurin palaset siirtyvät yksilöltä toiselle kussakin yhteiskunnassa", kuten Kluckhohn sanoi.[5]

---

1 Kovalainen 1966; Kehusmaa, Kovalainen, Lehtonen ja Linkola 1969
2 Valonen 1970 s. 7
3 Valonen 1975 s. 314
4 Rehnberg 1965
5 C. Kluckhohn 1962 s. 244

Tutkimusta suunnitellessani minulla oli siis vain nuo kolme päämäärää, kieliryhmien eroavuuksien selvittely, jota nimitän etniseksi näkökulmaksi, joulutapojen yleisyyden tarkempi määrittely eli kvantitatiivinen näkökulma ja uutuuksien leviämisprosessien selvittely eli novaatiotutkimus. Kun joulutapojen keruu tutkimusta varten oli suoritettu ja aloin analysoida aineistoa, alkoi minulle syntyä uusi näkemys tutkimustehtävästäni. Joulu osoittautui niin monipuoliseksi, suuritöiseksi ja kalliiksi juhlaksi, etten voinut olla ihmettelemättä, miksi ihmiset vuosi vuodelta organisoivat tämän juhlan vieton. Mitä se heille antaa ja merkitsee? Mikä on suomalaisen joulun luonne?

Joulu on tutkimuskohteena mitä perinteisin kansatieteessä. Lukuisat tutkijat ovat tutkineet joulua joko kokonaisuutena tai jotakin sen tapaa erityisilmiönä. Suurin osa varhemmista tutkijoista on kuitenkin pitänyt päämääränään tapojen alkuperän selvittelyä. Usein on mielenkiinnon kohteena ollut mennyt, kaukainenkin aika.

Oma lähtökohtani oli toinen. Halusin tutkia joulua nykyilmiönä. Vaikka tutkimuskohteeni siis onkin perinteinen, on sen korostus uusi, mutta ei suinkaan ainutlaatuinen nykykansatieteessä. Yhä yleisemmin on alettu korostaa, ettei tärkeintä ole selvittää tapojen alkuperää, vaan sitä, mitä ne merkitsevät harjoittajilleen.[6] Näkemykseni mukaan kansatieteellinen tutkimus ei kuitenkaan nykylähtökohdastaan huolimatta voi sivuuttaa historiallista näkökulmaa. Joulu on monin säikein sidoksissa historiaansa. Nykyihmisenkään motiiveja emme voi ymmärtää tuntematta tapojen historiaa. Nämä ajatukset on Valonen vuonna 1970 esittänyt artikkelissaan muuttuvasta taajamasta. Tämä artikkeli on eräänlainen kansatieteen nykytutkimuksen ohjelmajulistus, josta syystä lainaan siitä palasen:

"Ensimmäinen tehtävä on itse kerrostuneisuuden osoittaminen, toinen tehtävä selvittää (muistitiedoista) miten nykytilanteeseen on tultu ja kolmas asettaa tulokset historiallista, aatehistoriallista, psykologista, arvostuskysymysten muodostamaa tai muuta taustaa vasten."[7]

Näistä edellä selvitetyistä syistä johtuen tutkimukseni perusmateriaali koostuu kahdesta eri osasta, synkronisesta ja diakronisesta. Synkronisessa osassa kerron joulusta 1969 Pohjois-Kymenlaaksossa. Diakronisessa osassa käsittelen joulun historiaa. En kuitenkaan lähde muinaisjoulusta ja pyri kehittelemään sen teemoja eteenpäin, vaan pyrin tarkastelemaan mennyttä joulua vain, jos se on tärkeää nykyjoulun ymmärtämiseksi ja pyrin myös suhteuttamaan tämän tarkastelun omaan materiaaliini siten, että uhraan eniten tilaa niille ilmiöille, jotka vastaajien joulussa olivat yleisiä, ja vähiten niille, jotka olivat harvinaisia, ellei näillä tavoilla tutkimuksen kannalta muuten ole erityistä merkitystä. En esimerkiksi selvitä jouluolkien historiaa, koska niitä ei esiintynyt vastaajillani. Sen sijaan selvitän himmelin historiaa. Selvittelyssäni en halua tyytyä vain tapojen alkuperän ja ensiesiintymisten sekä varhaishistorian selvittelyyn, niin mielenkiintoista kuin se olisikin vaan pyrin ennen kaikkea tutkimaan niiden esiintymistä nykyaikana, tällä vuosisadalla ja viime vuosikymmeninä. Tästä syystä olen joutunut kuten jäljempänä tarkemmin selvitän, turvautu-

---

6 Arensberg 1970 s. 12
7 Valonen 1970 s. 12

maan lehdistöstä saataviin tietoihin. Joulutapojen historia on näiden nykyilmiöiden osalta näkemykseni mukaan ennen kaikkea motivointien historiaa. Varhempiin motivointeihin eivät tietomme valitettavasti ulotu materiaalin puutteen takia. Menneitten aikojen tavoista esitetyt motivaatiot ovat tutkijoitten teorioita.

Pulmallisin tehtävä on ollut Valosen kolmanneksi päämääräksi julistama tehtävä asettaa tutkimustulokset myös psykologista, arvostuskysymysten muodostamaa tai muuta taustaa vasten. Tässä suhteessa ei joulututkimuksella ollut mitään valmiita esikuvia. Tutustumiseni amerikkalaisten sosiologien ja yhteiskuntafilosofien tutkimuksiin antoi minulle vähitellen myös sen näkemyksen nykyjoulun tutkimukseen, mikä kuvastuu tämän työn analyysimallissa ja joulun luonteen selvittelyssä. Näistä syistä haluan seuraavassa luvussa tarkemmin määrittää ja selvittää muutamia käsitteitä ja teorioita, jotka muodostuivat oleellisiksi tälle tutkimukselle.

1.2. Käsitteitä ja teorioita

Joulukausi

Joulukaudella tarkoitan ajanjaksoa, joka alkaa ensimmäisestä adventista ja päättyy Nuutin päivään. Käytännössä voi joulun viettäjien joulukausi olla joko tätä pitempi tai lyhyempi. Monet pikkujoulut alkavat jo lokakuussa. Joulun valmistelu lahjojen teon muodossa alkaa yksityiskodeissa myös usein ensimmäisen adventin edellä. Julkisen joulun valmistelu, kuten lehdistön joulu, aloitetaan perin aikaisin.[8] Toisaalta joulun loppu on kovin epämääräinen käsite. Ihmiset korjaavat koristeensa pois eri aikaan, useimmat loppiaisen tienoossa, mutta muutamat jo uudelta vuodelta. Ulko- ja parvekekuusia näkyy vielä helmikuussa ja lintulyhteitä jopa toukokuussa.

Etnisyys

Sanalla etninen tarkoitan kaikkea, mikä liittyy kieliryhmään, maakuntaan ja kotipaikkakuntaan. Lasken myös kansallisuusarvot eli nationalistiset arvot etnisiksi arvoiksi ja erotan ne patrioottisista arvoista. Patrioottiset arvot määritän arvoiksi, jotka liittyvät isänmaahan valtiollisena yksikkönä.[9] Nationalistiset arvot liittyvät "Suomen kansaan" ja "suomalaisiin", joihin lasken sekä suomen- että ruotsinkieliset. "Ruotsalaisetnisillä" tavoilla ja arvoilla tarkoitan niitä, jotka ovat yhteisiä Suomen ruotsinkieliselle väestölle ja Ruotsin sekä myös muiden maiden, esimerkiksi Amerikan ruotsalaisille. Vastaavasti, jos joulussa olisi toteutuneina näitä arvoja, voisimme puhua "suomalaisetnisistä" arvoista ja tarkoittaa niillä arvoja, jotka ovat yhteisiä myös muualla asuville suomalaisille, jopa eräässä mielessä koko Suomen heimolle. "Suomalainen" sana tarkoittaa minulla ruotsin "finländsk"-sanan vastinetta ja kattaa siis

---

[8] KL 65/23 s. 39: "Monet lukijamme ovat kyselleet, milloin Kotilieden joulu mahtaa alkaa. Sangen varhain. Tätä tulossa olevaa joulua varten valmistimme ja valokuvautimme ensimmäiset joulukoristelumme viime joulun aikana. Toukokuussa poimimme ensimmäiset lahjaideat ja syyskuun alkupuolella valmistuivat ensimmäiset joululahjat valokuvattaviksi. Kuukautta myöhemmin olimme jo niin pitkällä, että ryhdyimme suunnittelemaan jouluruokia."

[9] Vertaa Klinge 1975 s. 1

molemmat kieliryhmät, joista puhun erikseen suomen- ja ruotsinkielisinä (sekä myös kaksikielisinä). Kartan sanaa "etnosentrinen". Etnosentrisyys on universaalinen ilmiö, joka esiintyy kaikkialla, pienissäkin ryhmissä, kaikissa tunnetuissa yhteiskunnissa.[10] Voimme olla siis varmoja, että myös pohjoiskymenlaaksolaiset ovat monessa suhteessa etnosentrisiä. Etnosentrisyyteen mielletään kuitenkin yleensä aina myös jotain negatiivista, toisten ihmisten ja ryhmien halveksuntaa, vieroksumista, kateutta ja pelkoa.[11] Ei ole siis mieltä puhua etnosentrisyydestä joulutapojen yhteydessä.

Tapa

Tavalla joudun käsittelyn yhteydessä pakostakin tarkoittamaan kahta eri asiaa, jotka joskus voivat vaikuttaa ristiriitaisilta. Yleisemmin ottaen näen kaikki joulun käytänteet, sen ohjelmanumerot, ruoat ja koristeet joulutapoina. Toisaalta erottelen — ja uskon sen selviävän lukijalle tekstistä — joulun ohjelmanumerot, ruoat ja koristeet erikseen ja tällöin käytän ohjelmanumeroista nimitystä tapa, koska ohjelmanumero on mielestäni hankala sana. Tapa sinänsä on jo vanhastaan ollut kansatieteellisen tutkimuksen mielenkiinnon kohde, ja koko tämäkin tutkimus on nimenomaan tapojen tarkastelua. Tavalla ajatellaan yleensä olevan normatiivista voimaa ja sen katsotaan liittyvän ihmisryhmään, yhteiskuntaan tai yhteisöön. Se erotetaan (saksaksi Sitte, englanniksi custom, ruotsiksi sed) käsitteestä käytänne,[12] (saksaksi Brauch, englanniksi usage, ruotsiksi bruk, sedvänja), jota taas ei ajatella samalla tapaa normatiiviseksi. Käytännettä noudatetaan usein vain siksi, että se on perinteistä, eikä pysähdytä ajattelemaan sen syvempää tarkoitusta.[13] Käytänne olisi siis monessakin mielessä parempi sana kuin tapa tässä tutkimuksessa. Joulun monille tavoille on tyypillistä se, että noudatamme niitä, koska aina olemme niin tehneet, emmekä pysähdy miettimään niiden sisältöä, eikä joulutavoilla läheskään aina ole normatiivista voimaa. Sana käytänne on kuitenkin mielestäni keinotekoinen ja akateeminen, joten käytän sanaa tapa.

Symboli

Symbolilla tarkoitetaan aivan yleisesti ottaen jotain, joka edustaa jotain muuta, kuin mitä se näyttää itse olevan. Tavallisimpia symboleja ovat sanat. Ne ovat jonkin asian, esineen tai käsitteen merkkejä. Esimerkiksi "koira" voi puheessani viitata eläinlajiin, mutta myös koirayksilöön, omaan koiraani. Edellisessä tapauksessa symboli on asiallinen, toisessa jo tunneväritteinen. Sana "koti" on hyvä esimerkki molemmista merkityksistä.

---

10 Williams 1970 s. 489; LeVine ja Campbell 1972 s. 1 ja 8: Etnosentrisyys on asenne, jossa arvoja tarkastellaan oman kulttuuripohjan perusteella. Oma ryhmä on kaiken keskipiste ja kaikki muut punnitaan suhteessa siihen. Etnosentrinen on siis samantapainen käsite kuin egosentrinen.

11 Rooth 1969

12 Hultkrantz 1960 s. 87—89

13 Hultkrantz 1960 s. 239—240; Wikmanin mukaan tapa on yleis- tai yhteiskuntatapa, ohjenuoramme. Sen velvottavuus vaihtelee kuitenkin laajasti. Hänen normatiivinen asteikkonsa on seuraava: sätt, ton, skick, bruk, sedvänja, plägsed, sed, Wikman 1946 s. 5 ja 9; Edelleen on käsite m o r e s (lat.). Ne alkavat aina kansantapoina, Hultkrantz 1960 s. 185; ne kehittyvät rituaaleina, periytyvät meille ja ovat meille yhtä luonnollisia kuin ilma jota hengitämme. Nekin muuttuvat, Sumner 1962 s. 1037—1039.

Symbolit esiintyvät ihmisellä muuallakin kuin kielessä. On sanottu, että kielen synnyttää ihmismielen syvästi symbolinen luonne.[14] Myös tavat ovat symboleja, esimerkiksi juuri tutkimamme joulutavat. Symboleille on ominaista, että ne kuuluvat sosiaalisen systeemin pintarakenteeseen. Niitä säätelevät meidän mielenkiintomme ja arvomme, esimerkiksi taloudelliset, poliittiset ym. tekijät. Toisekseen symbolit ovat tietyssä mielessä universaalisia, kaikkien samalla tavoin käsittämiä. Niistä ei olisi hyötyä, elleivät myös kanssaihmisemme tulkitsisi niiden sisältämää viestiä samoin kuin me itse.[15] Niiden ilmentymät voivat tietysti suurestikin vaihdella eri kulttuureissa. Me kerromme meitä kohdanneesta surusta pukeutumalla mustiin vaatteisiin, kiinalaiset taas valkoisiin. Saattaa tuntua, että menettelemme siis täysin päinvastoin. Itse asiassa näin ei ole. Sekä kiinalaiset että suomalaiset viestivät surunsa, omaisensa menettämisen, surupuvulla.

Koska symbolit kuuluvat pintarakenteeseen, niitä voidaan havainnoida, tutkia ja mitata. Ne ovat kansatieteellisen kenttätyön primaarikohteet. Niiden tulkinta on tutkijan tehtävä.

Rituaali

Rituaaleja tai riittejä on paljon tutkittu ja tulkittu kansatieteessä ja sosiologiassa. Usein rituaalit liittyvät uskonnon maailmaan, mutta meillä on myös täysin maallisia rituaaleja, tavallisen elämän formalisoituneita käytöstapoja, joita esiintyy vaikkapa perheitten jokailtaisina tapoina. Maallisetkin perherituaalit pyrkivät kasautumaan erityisesti juhlapäivien yhteyteen.[16]

Rituaali on toistuvaa toimintaa, jolle on ominaista, että se suoritetaan aina samalla tai lähestulkoon samalla tavalla. Siihen kuuluu siis jäykkyyden elementti. Se on ennalta määrättyä toimintaa, jolle on ominaista, että mitä kauemmin rituaalia jatketaan, sitä sitovammin se on ennalta määrättyä. Rituaaliin liittyy oikeassa olemisen tunne, joka perustuu sen historiaan.[17]

Erään tutkijan mukaan rituaalissa on viisi luonteenomaista piirrettä: emotionaalisuus, säännöllisyys, toistuvuus, symbolismi ja draama.[18] Riitit ovat Hongon mukaan vakiintuneita ja laitostuneita sosiaalisten suhteiden ja kulttuuri-identiteettien ilmaisimia. Rituaali voidaan siis käsittää näytelmäksi, joko isoksi tai pieneksi. Joulun suhteen voimme puhua joulurituaalista ja käsittää koko joulun suureksi rituaaliksi. Me voimme myös nimittää sen osasia rituaaleiksi. Voimme puhua esimerkiksi jouluisesta lahjojen aukaisemisen rituaalista.[20]

---

14 Langer 1962 s. 1179

15 Duncan 1962 s. 77; 1972 s. 6

16 Bossard ja Boll 1949 s. 464; 1950 s. 18

17 Bossard ja Boll 1950 s. 16

18 Klapp 1956 s. 13; Wikman huomauttaa, että latinan sana r i t u s on lähisukua sanalle r i t e "on oikein", Wikman 1946 s. 13.

19 Honko 1976 s. 113. Hongon mukaan ei ole mielekästä eristää tapojen ja riittien tutkimusta; Gluckman 1962 s. 30—31 ehdottaa s e r e m o n i a a riittien ja juhlatapojen yhteisnimitykseksi.

20 Bossard ja Boll 1950 s. 41

Rituaalit eivät ole tyhjiä ja tarpeettomia käytöskaavoja. Perherituaalit kokoavat perheet yhteen, integroivat niitä, luovat perheylpeyttä ja siirtävät perheen perinteet ja arvomaailman uudelle sukupolvelle.[21] Myös yhteiskunta tarvitsee rituaaleja. Ihminen tarvitsee juhlaa, riittiä, kokeakseen identiteettinsä ryhmän kanssa. Jos häneltä riistetään rituaalit, hänen identiteettinsä kärsii. Hän menettää yhden puolen persoonallisuudestaan, ja yhteiskunta, jonka jäsenet ajautuvat identiteettikriisiin, kärsii yksilöittensä mukana.[22]

Muoti ja perinne

Joulun tutkija kohtaa koko ajan kaksi ilmiötä, jotka päällisin puolin tarkastaen vaikuttavat vastakohtaisilta, nimittäin muodin ja perinteen. Muoti on sosiaalisten tunteiden kollektiivista ilmaisua.[23] Se johtuu kahdesta tarpeesta, halusta liittyä yhteen ja samalla erottua joukosta. Kun vain osa ryhmästä noudattaa jotakin tapaa, se on muotia. Kun kaikki omaksuvat tuon tavan, se lakkaa olemasta muotia.[24]

Perinne joulussa syntyy näkemykseni mukaan silloin, kun muoti-ilmiö yleistyy ja lakkaa siis olemasta muotia. Joulukuusi oli hieno ja erikoinen muoti-ilmiö Suomessa 1820-luvulla. Jouluna 1969 se oli suomalaisen joulun kieltämätöntä perinnettä. Näen siis perinteen muodin jatkeena, yhteisen kehityksen eri vaiheena. On kuitenkin sangen vaikeaa määritellä, milloin muoti-ilmiö lakkaa olemasta muotia ja muuttuu perinteeksi.[25]

Yhteiskuntatieteilijät ovat korostaneet perinteen suurta voimaa. Whitehead totesi: "Viisauden alku on ymmärtää, että yhteiskuntaelämä perustuu rutiinille . . . Yhteiskunta tarvitsee stabiilisuutta . . . ja stabiilisuus on rutiinin tuote."[26]

LaPiere puolestaan sanoo, että sosiaalipsykologian suuri ongelma ei ole selvittää, miksi ihmiset muuttavat tapojaan, vaan miksi he pitävät järkähtämättömästi kiinni samoista asioista sukupolvi toisensa jälkeen, sillä yhteiskuntaelämän kvantitatiivisesti hallitseva ominaisuus on jatkuvuus.[27]

Uutuudet eli novaatiot

Uutuuksien tutkiminen on ollut jo vanhastaan kansatieteen keskeisiä tehtäviä. On tehty useita alueellisesti laajoja, jopa kokonaisia valtakuntia käsittäviä tutkimuksia, kuten Rehnbergin hautakynttilätapaa käsittävä tutkimus.[28] On todettu toisaalta aaltoliikemäistä uutuuksien etenemistä, toisaalta etäisvaikutuksella leviävää uudistumista. Viime aikoina on kiinnitetty huomiota itse uutuuksien omaksumisprosessiin ja sen mekanismiin.[29]

---

21 Bossard ja Boll 1949 s. 467—469

22 Klapp 1956 s. 12, 14, 15 ja 32: formalismi ja rituaalien vähyys voi johtaa anomiaan. Anomian ainoa syy ei kuitenkaan ole rituaalinen köyhyys; Klapp 1969 s. 118, 122, 124—125, 137, 315, 329.

23 Duncan 1972 s. 185

24 Lönnqvist 1972 b) s. 19

25 Wikman käsittää perinteen laajemmin. Kun ihmiset viestivät toistensa kanssa, he vaikuttavat toisiinsa. Näin syntyy rinnakkaiselon tuotteita, perinnettä. Perinnettä on ajan suhteen sekä horisontaalista että vertikaalista, Wikman 1946 s. 6.

26 Whitehead 1935 s. 114

27 LaPiere 1954 s. 25

28 Rehnberg 1965

29 Rogers ja Shoemaker 1971

Tässä tutkimuksessa olen tutkinut uutuuksia kahdella menetelmällä. Tutkimusmateriaalini koostuu, kuten jäljempänä selostan, toisaalta kyselymenetelmällä suorittamastani joulutapatutkimuksesta ja toisaalta joulun historian selvittelystä. Kaavakekyselyssä tiedustelin etenkin useitten muotikoristeiden hankinta-aikaa ja -tapaa sekä mistä idea oli saatu. Samalla tapaa koetin selvittää myös kolmen joulutavan, lucian, glögin ja dopp i grytanin omaksumista. Pyrin erityisesti selvittämään, missä määrin vaikutteita on saatu pystysuorana perintönä ja missä määrin oli omaksuttu tapoja ystäviltä, sukulaisilta, työtovereilta, myyjäisistä, kouluista ja liike-elämästä. Tällaista mikrotason selvittelyä ei ole joulutapojen suhteen varhemmin tehty.

Koska havaitsin vastauksista, että monet uutuudet levisivät naistenlehtien välityksellä, heräsi ajatus käydä läpi tavallisimpien naistenlehtien vuosikerrat. Alun pitäen toivoin saavani tällä tapaa tietoa ensiesiintymistä ja joulun muoti-ilmiöiden yleistymisestä. Tämä materiaali osoittautuikin erittäin hedelmälliseksi. Havaitsin, että lehdistä saa myös tietoa siitä, millä tavoin mitäkin tapaa on markkinoitu eri aikoina. Näin minulle kehittyi ajatus uutuuksien luonteesta paitsi koristeina ja ruokalajeina myös ajatuksina ja arvostuksina.[30] Tottahan toki jouluumme saapuu valmiita muotiilmiöitä, joiden takana piilevä ajatus jo on muotoutunut muualla, eikä tätä ajatusta aina ole kovin helppo löytääkään. Tärkeimpiä uutuuksia ovat kuitenkin ajatukset, jotka useinkin ensin saapuvat vain viittauksenomaisina, sitten vähitellen täsmentyvät ja saavat käsin kosketeltavan ilmentymän. Pohjimmiltaan uutuudet ovat ajatuksia.

Neljä teoriaa

Tämän tutkimuksen kannalta on joulutapojen tulkinnassa noussut erittäin tärkeälle sijalle neljä teoriaa, joita nimitän **viesti-, näytelmä-, arvo-** ja **samaisuusteorioiksi.**

Viesti- eli kommunikaatioteoria

Oikeastaan ei ole olemassa mitään yhtenäistä, muotoiltua käsitettä v i e s t i t e o r i a. On olemassa nk. informaatioteoria, jolla kuitenkin tarkoitetaan muuta kuin mitä minä tarkoitan viestiteorialla. Kybernetiikasta ja informaatioteoriasta on johdettu viestiprosessimalleja,[31] mutta se on vain osa tarkoittamastani viestiteoriasta. Yhdistän viestiteorian käsitteeseen kaikki ne teoriat ja ajatukset, jotka näkevät viestinnän kaikkein oleellisimpana asiana sekä yhteiskunnalle, kulttuurille että ihmiselle yksilönä. "Kulttuuri on viestintää", sanoi Hall.[32] Viestintä on tahdottu nähdä niin laajana ilmiönä, että se tapahtuu aina kun kaksi oliota, ihmistä tai eläintä, kohtaa toisensa ja niiden välillä syntyy vuorovaikutusta. Viestiminen voi tapahtua elein, käytösmuodoin ja ihmisten välillä myös sanoin.[33]

---

[30] Matter 1975 s. 47—50 näkee myös uutuuksien tutkimuksen arvojen ja niiden systeemien muuttumisen tutkimuksena. Arvot ovat hänelle tekemisen ja ajattelemisen vaihtoehtoja. Uutuusprosessit ovat viestiprosessien erikoismuotoja.

[31] Kaplan 1964 s. 292; Singer 1972 s. 17

[32] Hall 1959 s. 119; "Viestintä ja kulttuuri ovat erottamattomat", Smith 1966 s. 7; vertaa Peterson, Jensen ja Rivers 1965 s. 16—17.

[33] Birdwhistell 1972 s. 24—28

Yhteiskunnan perustekijä on viestintä. "Yhteiskunta on olemassa kommunikaatiossa ja sen välityksellä", sanoo Duncan.[34] Tämän viestinnän kautta yhteiskunta synnyttää ihmisen synnyttämällä hänen sielunsa. Biologisina olentoina, eläiminä me voisimme olla olemassa, ainakin teoriassa, ilman yhteiskuntaa ja ilman korkeampaa viestintää.

Sielu on yhteiskunnan tuote, ja se syntyy viestinnän välityksellä. Se syntyy kun me viestimme merkitsevien symbolien avulla. Nämä symbolit herättävät meissä saman vastakaiun kuin niissäkin, joiden kanssa viestimme. Näin me voimme tulla objekteiksi itsellemme. Jollemme koskaan viesti toisten kanssa, me emme voi myöskään viestiä itsellemme.[35] "Olemme ihmisiä, koska toiset ihmiset tekevät meistä ihmisiä", sanoo Duncan.[36]

Viestiteoria, sellaisena kuin minä sen käsitän, käsittää toiselta puolelta nämä yllä lyhyesti selvitetyt näkemykset siitä, että viestintä on kaiken ihmisyyden, yhteiskunnan ja kulttuurin perusta. Viestiteorian toinen puoli käsittää ajatuksen, että viestintää ei ole vain se mitä puhumme, vaan myös koko käytöksemme.[37] Tapojemme, rituaaliemme, eleittemme avulla me lähetämme viestejä toisille ja myös itsellemme. Viestiminen tapahtuu symbolien ja merkkien avulla. Me siirrämme kulttuurimme seuraavalle sukupolvelle siirtämällä sille tämän kulttuurin merkit ja symbolit, siis viestivälineet.[38]

Koska siis käytös on kieltä ja kieli on käytöstä, niitä voidaan ja on syytä tutkia samalla tavoin, yhteisenä ilmiönä. Kielitieteilijä Pike on lähtenyt kielen tutkimuksesta ja pyrkinyt luomaan yhtenäisen teorian ihmisen käyttäytymisen rakenteesta. Hänen mukaansa tapojen tutkijain on pyrittävä löytämään nk. e m i c - y k s i k ö t, eräänlaiset pienimmät peruselementit. Näillä yksiköillä on kolme osittain toisensa kattavaa m o o d i a : piirre, ilmentymä ja jakauma.[39] Piken selitysmalli oli tämän työn kannalta sikäli tärkeä, että se toi vastauksista kuvastuvaan joulutapojen moninaisuuteen ensi kertaa jonkinlaisen järjestyksen ja yleisnäkemyksen. Yhtäkkiä ei ollutkaan lukemattomia joulutapoja, vaan rajallinen määrä eri tavoin ilmentyviä tapoja. Esimerkiksi se, että toiset vastaajat menivät aattona kirkkoon, toiset hautausmaalle, kolmannet eivät minnekään, mutta lukivat joulutekstin kotona tai veisasivat virsiä tai seurasivat radion tai television jouluisia ohjelmia tai soittivat levyiltä tai nauhurilta harrasta joulumusiikkia, ei yhtäkkiä enää ollutkaan monta tapaa, vaan yksi ainoa emic-yksikkö, joulun harras ohjelma, jolla oli monta vaihtoehtoista ja välistä rinnakkaistakin ilmentymää.

Arvoteoria

Ajatus tavoista kielenä johtaa automaattisesti kysymykseen, mitä sisältää se viesti, jota me tavoillamme ilmaisemme. Näkemykseni on, että tämän viestin sisältönä ovat yhteiskuntamme a r v o t, jotka me pyrimme paitsi siirtämään seuraavalle polvelle myös kokemaan itse elämysperäisesti pukemalla ne symbolien, tässä tapauksessa joulutapojen muotoon.

---

34 Duncan 1962 s. 63

35 Dewey 1958 s. 170; Mead 1950 s. 134; Duncan 1972 s. 44; Hallowell 1955 s. 75

36 Duncan 1962 s. 297

37 mm. Pike 1971; Cassirer 1962 jakaa kielen merkki- ja äänikieleen.

Arvoille ei ole löydetty mitään kaikkia tyydyttävää, yksiselitteistä määritelmää.[40] Tässä työssäni yhdyn Ahlmanin käsitykseen. Hän sanoo, että kaikki inhimillisen kulttuurin muodosteet ovat tai ovat olleet olemassa jonkin toteuttamista varten. Sitä, minkä toteuttamiseksi jokin viime kädessä on tai tapahtuu me sanomme arvoksi.[41] Arvoja me emme voi mitata emmekä edes havainnoida sellaisinaan. Ne ovat abstraktioita, mutta me voimme tutkia niitä havainnoimalla ihmisten käytöstä ja yhteiskunnan rakennetta. Arvot ovat lähtöisin ihmisten peruskokemuksista, ja ne ovat alttiita muuttumaan, kun nuo kokemuksetkin muuttuvat.[42] Me kaikki elämme kahdessa maailmassa. Toinen on arvojen, toinen välineiden maailma. Molemmat ovat yhtä todellisia, mutta ainoastaan välineiden maailman ilmiöitä me voimme objektiivisesti mitata ja havainnoida. Nämä kaksi maailmaa ovat keskenään läheisessä kosketuksessa, mutta silti aina kaksi eri maailmaa.[43]

Arvojen on katsottu viittaavan moniin erilaisiin käyttäytymisilmiöihin, kuten velvollisuuksiin, kiinnostuksiin, mielihyvään jne. Arvot edustavat haluttua ja vaikuttavat selektiiviseen käyttäytymiseen. Laajemmassa mielessä mikä tahansa hyvä tai paha on arvo, mikä tahansa millä on mielenkiintoa ihmiselle. Arvot ohjaavat toimintaa, ja niillä on sekä kognitiiviset elementtinsä että ohjaava tai selektiivinen laatu. Lisäksi ne sisältävät tunnekomponentin.[44] On huomattava, että arvot eivät, vaikka ne ohjaavatkin käytöstämme, ole sen paremmin motiiveja, tarpeita kuin normejakaan.[45]

Me emme siis voi mitata arvoja. Emme edes voi todistaa jonkin määräarvon olemassaoloa.[46] Esimerkiksi me emme voi todistaa tai edes selkeästi ilmaista, mitä se arvokas on, jonka puolesta kansa sodassa taistelee.[47]

Arvot ovat perimmäisiä motiivejamme.[48] Ne eivät ole kuitenkaan niitä motiiveja, jotka me itse tunnistamme toimintamme lähtökohdiksi. Meidän motiivimme ovat yksinkertaisempia asioita. Burke väittää, että motiivit ovat tutkijalle ja yksityisihmiselle kaksi aivan eri asiaa. Tutkija löytää, ja se onkin hänen tehtävänsä, ilmiöiden yleiset, tilastolliset motiivit, suuret suuntaviivat. Yksityinen ihminen ei saata aina edes tunnistaa näitä motiiveja omikseen. Hänen esittämänsä ja tunnistamansa toiminnan motiivit ovat samat kuin tilanteet.[49]

Ahlmanin mukaan ihmiset asettavat arvonsa aina jonkinlaiseen paremmuusjärjestykseen, painottavat jotakin arvoa enemmän kuin toista. Tätä arvojen hierarkiaa,

---

38 Morris 1949 s. 207

39 Pike 1971 s. 84—85 englanniksi: feature, manifestation ja distribution.

40 Rescher 1969 s. 2

41 Ahlman 1976 s. 18 (ens. painos 1939)

42 Williams 1970 s. 500

43 Ahlman 1967 s. 9—10 (ens. painos 1920)

44 Williams 1972 s. 283

45 Williams 1972 s. 284

46 Ahlman 1976 s. 21; Dodd 1951 s. 646—647 esittää toisenlaisen näkemyksen. Hänelle arvo on mitä tahansa mitä joku haluaa. Hän jakaa ne 12 alaryhmään kulttuurialojen mukaan, kuten koulu-, talous-, uskonto- jne. arvoihin. Niitä voidaan mitata hänen mukaansa jopa rahalla; Blake ja Davis pitävät arvoja niin epämääräisinä, ettei niitä tulisi käyttää muuta kuin pelkkinä konstruktioina, Blake ja Davis 1964 s. 461.

47 Ahlman 1976 s. 89

48 Ahlman 1976 s. 21

49 Burke 1954 s. 218—221. Hän nousee aamulla, koska kello soi. Tämä on Burken yksi esimerkki tilanteesta.

jota voimme ajatella vaikkapa kulttuurin värityksenä, kutsutaan kulttuurin eetokseksi.[50] Kulttuurin eetoksen on ajateltu sisältävän sen moraaliset ja esteettiset puolet, arvoelementit. Eetos antaa kulttuurille sen sävyn ja luonteen, elämän laadun, moraalin ja esteettisen tyylin. Se eroaa maailmankuvasta, johon sisältyvät käsitykset luonnosta, itsestä ja yhteiskunnasta.[51]

Eri aikoina ja eri yhteiskunnissa on kulttuurin eetos erilainen. Keskiajan eetosta on ajateltu pyramidimaiseksi rakenteeksi, jossa uskonto oli ylempänä kaikkia muita arvoja ja antoi värinsä koko kulttuurille. Vaikkei joku ihminen noudattanutkaan uskonnon asettamia velvotteita, uskonto silti hallitsi häntä, ja hän tunsi pahaa omaatuntoa poikkeavuutensa vuoksi.[52] Sekularisoitumista on ajateltu ilmiönä, missä tuo pyramidirakenne olisi hajonnut ja uskonto asettunut vain yhdeksi sektoriksi muiden arvojen joukkoon.[53] Voimme kuvitella mielessämme eetosta esittävän ympyrän, jossa on isompia ja pienempiä eri arvojen sektoreita, eri painotteisia, muttei hierarkisia.

On ajateltu, että tässä hierarkian sortumisessa olisi nykyihmisen tyytymättömyyden perussyy. Ihminen on tarkoitustaan etsivä eläin, joka tahtoo, että hänelle jokin olisi muuta arvokkaampaa. Hän etsii summum bonumia, elämänsä tarkoitusta.[54] Tällä tavoin voisi poliittinen tai maailmankatsomuksellinen ideologia nousta muita hallitsevammaksi arvoksi, päästä eräänlaiseen uskonnon asemaan.[55]

Olemmepa me pyramidi- tai ympyräihmisiä, me aina kuitenkin jotenkin painotamme eri tavalla eri arvoja. Jotkut tutkijatkin ovat tahtoneet nähdä jotkin arvot sinänsä arvokkaampina kuin muut.[56] Tähän näkemykseen en yhdy. Kulttuurien eetokset ovat erilaisia. Arvot ovat eri asemassa, mutta mikään arvo ei sinänsä ole muita parempi, eikä toinen kulttuuri toista parempi.

Kulttuurin tutkijan perimmäinen tehtävä on aina kulttuurin eetoksen, sen arvojen ja hierarkian, tutkiminen. Tämä ei kuitenkaan ole helppoa. Arvot tajutaan tunteella, ei aistein eikä pelkästään tiedollisin kyvyin.[57] Kaikilla ihmisillä on myös oma, yksilöllinen arvomaailmansa. Toisaalta ei kukaan kuitenkaan ole täysin yksilöllisesti arvostava. Arvot ovat yliyksilöllisiä.[58]

Analysoidessani joulun arvoja käytän osittain hyväkseni Ahlmanin arvosystematiikkaa. Hän jakaa arvot yksinkertaisiin itsearvoihin ja kompleksiarvoihin.[59]

---

50 Ahlman 1976 s. 18, 99—100
51 Geertz 1970 s. 325
52 Ahlman 1976 s. 29, 68, 99—100
53 Ringgren 1968 s. 146—148; Luckmann 1970 s. 113, 120—121, 128
54 Klapp 1969 s. 37—38
55 esim. Ringgren 1968 s. 11; Yinger 1970 s. 95
56 Thomas 1964 s. 449; Sihvo 1973 s. 215
57 Ahlman 1976 s. 21
58 Ahlman 1976 s. 99
59 Ahlman 1976 s. 31—98. Yksinkertaisia itsearvoja ovat Ahlmanilla: hedooniset, vitaaliset, esteettiset, uskonnolliset ja teoreettiset arvot. Kompleksit perusarvot rakentuvat yksinkertaisille.
60 Robbins 1973 s. 1200; Foote 1951 s. 20
61 Robbins 1973 s. 1199; Laing 1961 s. 84
62 Wallace 1968 s. 46; s. 47: Identiteetti liittyy käsitteisiin eetos, teema, maailmankuva ja kansallisluonne.
63 Mead 1950 s. 135, 140, 142; Park 1950 s. 249—250; Goffman 1959 s. 19—20
64 Robbins 1973 s 1202; Miller 1963 s. 670—673. Hänelle käsitteet self ja identity ovat hyvin samanlaiset.

Samaisuusteoria

Samaisuus- eli identiteettiteoria pyrkii luomaan teorian persoonallisuudesta, ihmisluonteesta. Identiteetin käsite on motivaatiokäsite.[60] Eräs ihmisen syvimmälle juurtuneista tarpeista tuntuu olevan tarve tietää, kuka hän oikeastaan on.[61] Identiteetti on kuva, mikä meillä on itsestämme.[62] Identiteettikäsitteeseen verrattava käsite esiintyi jo Meadilla. Hän puhui erikseen ihmisen sielusta, josta on jo edellä ollut puhe, ja itseydestä, self. Ihmisellä on yksi sielu, mutta monia itseyksiä. Nämä itseydet syntyvät viestiessä muiden kanssa.[63] Eri ihmiselle näytän yleensä vain määräitseyden. Lapsilleni olen äiti, kauppiaalleni asiakas, työssäni ammattini harjoittaja.

Samalla tavalla kuin Meadin itseydet kehittyvät myös identiteetit viestiessä muiden kanssa.[64] Ihmisen identiteetissä on monia ulottuvuuksia, ja kun me olemme kanssakäymisissä ihmisten kanssa, meidän koko identiteettirakenteemme ei ole käytössä, vaan vain jotkin osadimensiot.[65] Identiteetti ei ole staattinen, vaan muuttuu koko ajan.[66]

Yksinkertaisimmin ilmaistuna identiteetti on vastaus kysymykseen: "Kuka minä olen".[67] Jollen pysty tuohon kysymykseen tyydyttävästi vastaamaan, minulle kehittyy identiteettikriisi, vakava tyytymättömyys.[68] Klappin mukaan samaisuuskysymykset ovat tulleet aivan erityisen ajankohtaisiksi, koska ihmisten laaja liikkuvuus haurastaa perhesiteitä ja koska samaistava rituaali on menettänyt merkitystään.[69] Ihminen etsii tarkoitustaan. Kehittynyt teknologia ei ole pystynyt luomaan symboleja. Se on pikemminkin hävittänyt entisiä. Klapp ennustaa, että identiteettikriisistä tulee tavallisen ihmisen kriisi.[70] Se ei puhkea köyhissä, kehittyvissä, sodan runtelemissa maissa, vaan kaikkein rikkaimmissa.[71] Hän sanoo, että ihminen on tullut vaiheeseen, jolloin hänellä on aikaa istahtaa ja miettiä elämän tarkoitusta.[72] Symboliset katastrofit tapahtuvat kuin äänettömät pomminräjähdykset esikaupunkien hiljaisuudessa.[73]

Riesmankin on katsonut samaisuuden ongelmaa rikkaiden, kehittyneiden kansojen, lähinnä Yhdysvaltojen, kannalta. Hänen mukaansa yhteiskunta muuttuessaan kehittää aivan tietyn ihmistyypin.[74] Nykytyyppi etsii sovittelua, hän on toisten ohjattava. Jollei ihminen pysty kehittämään itsestään sopeutuvaa, hänestä tulee anominen, sopeutumaton. Joskus hänestä saattaa tulla autonominen, itsenäinen.[75]

Klapp määrittelee anomian vajavaisen sosiaalisen järjestyksen aiheuttamaksi sääntöjen ja kontrollien puuttumiseksi, joka aiheuttaa pettymystä ja levottomuutta.

---

65 Robbins 1973 s. 1207
66 Robbins 1973 s. 1202
67 Klapp 1969 s. 5; Spindler 1968 s. 335: Identiteetin etsintä on jatkuvaa pyrkimystä saada vahvistusta sille, että on sitä, mitä tahtoo olla.
68 Klapp 1969 s. 6
69 Klapp 1969 s. 30, 33
70 Klapp 1969 s. 329
71 Klapp 1969 s. VIII
72 Klapp 1969 s. 4: "On paradoksaalista, että meidän yhteiskuntamme, kun se saavuttaa yltäkylläisyyden, pitäisi menettää tietämys itsestään henkisessä mielessä. Ehkä se on siksi, että kun aineelliset ongelmat on ratkaistu, on aikaa istua ja kysyä kysymyksiä itsestämme."
73 Klapp 1969 s. VIII
74 Riesman 1950 s. 6
75 Riesman 1950 s. 286—287

A l i e n a a t i o , vieraantuminen on anomiaan usein liittyvä asenne, tunne siitä, ettei kuulu sosiaaliseen järjestykseen tai että kieltää sen. Anomia on objektiivinen ilmiö.[76]

Identiteeteille on edelleen ominaista, että niistä voidaan luopua. Ne voidaan menettää ja niitä voidaan vaihtaa. Hongon mukaan jokaisella etnisellä identiteetillä on "hintansa". Alttius identiteetin vaihtamiseen lisääntyy, jos on sopivia vaihtoehtoja eikä "kynnysraha" ole liian korkea.[77]

Samaisuuskysymykset ovat elämän ja kuoleman kysymyksiä jokaiselle yhteiskunnalle. Yhteiskunnilla täytyy olla institutionalisoituja keinoja juurruttaa jäseniinsä tietoa tiettyihin identiteetteihin kuuluvista käytösmuodoista ja symboleista. Yhteiskunnan on varmistettava periodisesti nuo identiteetit, ja sen täytyy pystyä vakuuttamaan jäsenilleen, että he ovat sitä, mitä heidän oletetaankin olevan.[78]

V u o t u i s j u h l a t liittyvät läheisesti kysymyksiin samaisuudesta, symboleista ja rituaaleista. Ne sisältävät sekä pyhiä että maallisia elementtejä, ja ne organisoivat koko yhteiskunnan yhteiseen vuotuistoiminnan runkoon.[79] Juhlat luovat yhteiskunnan elämän muodon ja rytmin. Kellon kahlitsema aika saa väistyä yhteiskunnan n ä y t e l m ä n tieltä. Me juhlimme vuodenaikojen vaihtumista, yhteiskuntamme syntymäjuhlaa sekä jumaliemme syntymää, kuolemaa ja ylösnousemusta. Paastot seuraavat juhlia, niinkuin juhlat paastoja.[80]

Näytelmäteoria

Tämä tutkimus lähtee perusolettamuksesta, että juhla, jota tutkimme, suomalainen joulu, o n n ä y t e l m ä . Näytelmäteoria ei tässä työssäni ole siis jotain sellaista, johon tutkimuksen perusteella päädyn, vaan lähtökohta. Lopussa pyrin vain vastaamaan kysymykseen, millainen näytelmä oli kyseessä.

Näkemykseni joulusta näytelmänä on syntynyt Burken ja Duncanin kehittämän n ä y t e l m ä t e o r i a n perusteella. Ymmärtääksemme tätä teoriaa ja sen liittymistä edellä kuvaamiini käsityksiin ja teorioihin joudumme taas palaamaan peruskäsitteisiin viestintä ja symbolit sekä tarkastelemaan paria muuta käsitettä, t o i m i n t a a ja k ä y t t ä y t y m i s t ä , näiden valossa.

Duncanin mukaan amerikkalaisen yhteiskunnan tutkijat ovat perinteisesti olleet toiminnan tutkijoita, kun taas eurooppalaisille kulttuuri on ollut peruslähtökohta. Toimintateoria poikkeaa suuresti kulttuuriteoriasta. Eurooppalaiset näkevät taiteen, tieteen, uskonnon ja filosofian tietosysteeminä ja vastaavat kysymykseen: "Kuinka

---

76 Klapp 1962 s. 126; Israel 1974 s. 18; Merton 1968 s. 216: Anomia syntyy ristiriidasta kulttuurin normien ja päämäärien sekä ryhmän jäsenten kapasiteetin välillä, kun nämä eivät voi noudattaa ko. normeja.

77 Honko (painamaton lähde) s. 54

78 Robbins 1973 s. 1208

79 Klapp 1956 s. 18

80 Duncan 1972 s. 181; Bringéus on varovaisempi arvioidessaan vuotuisjuhlien syitä. Hänen mukaansa ne ovat varmasti tarpeellisia vaihtelun syntymiseksi ja että vapaa-aikaan saataisiin uutta sisältöä. Ihmiset tarvitsevat ainakin tekosyyn juhliakseen. Kalenteri perinteineen suo tähän tilaisuuden, Bringéus 1976 b) 9—10; Ennen teollistumista juhlat jakoivat elämän kausiin. Pysyvät, rituaaliset elementit antoivat tarkoitusta elämälle, Burns 1967 s. 762; Honko 1976 s. 115: "Kalendaariset riitit luovat sosiaaliseen elämään rytmin. Ne ilmaisevat yhteisön kollektiivisia arvoja ja päämääriä, toiminnassa olevia normijärjestelmiä, tarjolla olevia mahdollisuuksia ja kilpailun sääntöjä."; Dumazedier 1967 s. 55: "Juhlat antavat rituaalisen kontekstin vapaa-ajan uusille muodoille, jotka vuorostaan antavat vanhoille rituaaleille uuden tarkoituksen ja roolin."

me käsitämme maailman?" Amerikkalaiset näkevät nämä samat asiat toimintasysteemeinä ja vastaavat kysymykseen: "Kuinka me toimimme maailmassa?" He tutkivat symbolien suhdetta toimintaan. Tällainen toimintateoria on laajempi kuin pelkkä viestiteoria.[81]

Viestinnästä on tullut viime aikoina todellinen muotiasia. "Kaikki havaittava käyttäytyminen on viestintää", julistaa Bringéus. Samalla hän kuitenkin tahtoo erottaa erikseen kulttuuriviestinnän. Se on prosessi, jolla välitetään kulttuuri-ilmauksia,[82] niinkuin Maget on rajannut käyttäytymisestä erikseen kulttuurikäyttäytymisen.[83]

Burke lähestyy samoja kysymyksiä ottaen lähtökohdakseen toiminnan. Kaikki tapahtuminen ei ole toimintaa. Jos putoan, se on tapahtuma, mutta jos pudotessani yritän estää putoamistani, vaikkapa yrittämällä tarttua johonkin kiinni, olen alkanut toimia.[84] Burke erottaa samalla tavalla välttämättömän työn symbolisesta työstä. Jos joudun nousemaan vuorelle ja kiipeämään sen yli siksi, että minun on päästävä tuon vuoren toiselle puolelle, olen tehnyt välttämätöntä työtä. Mutta jos olen vuorikiipeilijä (tai luonnon ihailija tai vuorijuoksija tai kuntoni kohottaja) ja nousen vuorelle näistä syistä, teen symbolista työtä.[85]

Leachin perustermi on puolestaan käyttäytyminen. Hän erottaa kolme eri käytösmuotoa: rationaalis-teknisen, kommunikatiivisen ja maagisen. Näistä hän antaa esimerkit: puun hakkaaminen, kädestä tervehtiminen ja valan vannominen. Kommunikatiivinen eli viestikäyttäytyminen on viestisysteemimme osa. Siinä emme näe mekaanista suhdetta tarkoituksen ja keinon välillä. Sen on synnyttänyt kulttuurimme viestikoodi.[86]

Ajatus näytelmästä toiminnan ja käyttäytymisen selitys- ja analyysimallina ei ole suinkaan ensi kertaa Burken esittämä. Monet tutkijat ovat nähneet toimintamme pukeutuvan näytelmän, pelin tai leikin muotoon. Joka kerta kun puhumme ihmisten rooleista, me viittaamme toiminnan näytelmänomaisuuteen.[87] Burke on kuitenkin muita selkeämmin analysoinut yhteiskunnallisia ilmiöitä näytelmänä, ja Duncan on seurannut hänen jälkiään.

Burken lähtökohtana on ihmisten motiivien selvittely. Siitä kertovat hänen teostensa nimetkin "Motiivien kielioppi" ja "Pysyvyys ja muutos, tarkoituksen anatomia". Burke ei millään muotoa väitä, että näytelmä olisi ainoa hyväksyttävä selitysmalli. Hän käyttää varsinkin myöhemmin dialektista selitysmallia, jota hän osin pitää dramatistisen synonyymina, mutta toteaa samalla, että sana dialektinen on laajempi, sillä se sisältää myös ei-näytelmällisiä erikoisominaisuuksia.[88]

Näytelmäteoriallaan Burke pyrkii vastaamaan kysymyksiin: "Mitä ihmiset tekevät?" ja "Miksi he tekevät niin?" Hän katsoo, että viisi yksinkertaista avaintermiä, jotka heti ovat kaikille ymmärrettäviä, antavat vastauksen ihmiskunnan vuosisataisiin motivaatiota koskeviin kysymyksiin. Nämä termit ovat 1) a c t , mitä tapahtui, siis toiminta, joka kattaa sekä tekemisen että ajattelun, 2) s c e n e , näyttämö, toimin-

81 Duncan 1972 s. 13
82 Bringéus 1976 a) s. 114
83 Maget 1962 s. 3
84 Burke 1945 s. 14
85 Burke 1954 s. 82
86 Leach 1966 s. 403
87 Duncan 1961 s. 86—87
88 Burke 1945 s. 402—403; Duncan 1961 s. 99

nan tausta ja tilanne, jossa toiminta tapahtui 3) a g e n t, henkilö, joka toimi, 4) a g e n c y keinot tai välineet, joita hän käytti, ja 5) p u r p o s e, toiminnan tarkoitus.[89] Tämä Burken "dramatismi" ei kerro vain, m i t ä symbolit tekevät viestinnässä, vaan k u i n k a ne tekevät sen, mitä hän sanoo niiden tekevän. Hän siis alkaa siitä, mihin muut, kuten Mead ja Malinowski, lopettavat.[90]

Duncan on jatkanut teoksissaan Burken viitoittamaa tietä. Hänkin näkee sosiaalisessa toiminnssa viisi elementtiä: 1) näyttämön tai tilanteen, missä toiminta tapahtuu, 2) millaisen näytelmän katsotaan pystyvän pitämään yllä järjestystä ryhmän elämässä, 3) yhteiskunnalliset roolit, jotka ilmentävät yhteiskunnallisia funktioita, 4) näytelmässä käytetyt ilmaisukeinot, 5) pyrkimykset, päämäärät tai arvot, joiden uskotaan luovan ja ylläpitävän sosiaalista järjestystä.[91]

Burkelle dramatismi oli yksi, tosin erittäin tärkeä selitysmalli, hänen motiivikieliopissaan. Duncanin teoksissa dramatismi saa paljon tärkeämmän aseman. Hänen teostensa nimet "Viestintä ja yhteiskunnan järjestys" sekä "Symbolit yhteiskunnassa" kuvaavat hänen painotustaan, joka on nimenomaan yhteiskunnallinen. Hän näkee draaman välttämättömänä viestimuotona, jota yhteiskunta tarvitsee turvatakseen jatkuvuutensa ja olemassaolonsa, rooliensa loiston ja majesteetin.[92] Myöskin niiden, jotka haluavat muuttaa yhteiskunnan järjestystä tai tuhota sen, on osallistuttava näytelmiin ja järjestettävä niitä.[93] Nykyään vain muutos on pysyvää.[94] Yhteiskunnan draamat Duncan näkee tragedioina ja komedioina.[95] Yksi yhteiskunnan näytelmä, johon hän tavan takaa palaa, on joulu, ostamisen ja myymisen draama, jossa taide ja uskonto on alistettu rahan alamaisiksi.[96]

Joulunäytelmästä voimme todeta, että se on Bringéuksen tarkoittamaa kulttuuriviestintää. Se on Burken toimintaa ja symbolista työtä. Se on Leachin viestikäyttäytymistä. Silti kaikki kulttuuriviestintä, symbolinen työ ja viestikäyttäytyminen eivät ilmene yhteiskunnan näytelminä. Näytelmä on käsitykseni mukaan mahtikeino, jota yhteiskunta käyttää suhteellisen harvoin. (Eri asia on taas näytelmä siten kuin Goffman sen esittää. Hän yhtyy Parkiin, joka sanoo, että aina kun kohtaamme toisia ihmisiä, me omaksumme jonkin roolin tai naamion. Tästä roolista kehittyy meidän toinen minämme, se itseys, mitä haluaisimme olla, meidän persoonamme. Latinan sana p e r s o n a onkin alunperin tarkoittanut roolia tai naamiota.[97] Itseys on siis näytelmän tuote, ei sen aiheuttaja. Sen syntyyn tarvitaan kanssanäyttelijöitä, t e a m, sekä yleisö.[98])

Aineistoa analysoidessani olen käyttänyt Duncanin viisijakoista mallia hiukan muunnellen. En näe näitä viittä elementtiä rinnasteisina, vaan osittain hierarkisina. Toiseksi yhdistän kaksi Duncanin luokkaa yhteen ja viidenneksi luokaksi tuon uuden, tämän tutkimuksen kannalta mielekkään näkökulman. Analyysimallini on

---

89 Burke 1945 s. X
90 Duncan 1962 s. 114
91 Duncan 1972 s. 67
92 Duncan 1962 s. 113, 1972 s. 33, 53–61
93 Duncan 1972 s. 123
94 Duncan 1972 s. 33
95 Duncan 1972 s. 59–60, 125–127
96 Duncan 1972 s. 93

seuraavanlainen: 1) **Puitteet**, jolla tarkoitan sekä näyttämöjä että rooleja, sillä joulussa rooli on riippuvainen ja johtuu näyttämöstä. Näyttämöillä tarkoitan kaikkia eri ympäristöjä, missä joulunäytelmää näyteltiin, koteja, kirkkoja, kouluja, hautausmaita, pikkujouluympäristöjä jne. Näyttämökäsitteeseen en sisällytä **kulissijärjestelyjä**, joulukoristeita, jotka kuuluvat näytelmän ilmaisukeinoihin. Rooleilla tarkoitan sosiaalisia rooleja, joulun viettäjien rooleja eri näyttämöillä, kuten kotona perheenjäseninä, kirkossa seurakuntalaisina ja kirkkokuorolaisina, pikkujouluissa yhdistyksen jäseninä tai työntekijöinä. Sen sijaan **roolihahmot** kuten tontut, luciat, joulu- ja nuuttipukit kuuluvat ilmaisukeinoihin. 2) **Ilmaisukeinot** kuvaavat joulutapavastauksista ilmenneitä joulutapoja, jotka jakautuvat varsinaisiin tapoihin, siis joulun ohjelmalliseen puoleen, ruokatalouteen ja koristeisiin. Näiden ryhmien raja ei suinkaan aina ole itsestään selvä. Onko piparkakkutalo leivonnainen vai koriste? Onko lintulyhde koriste vai onko se olennainen osa eläinten kohtelusta jouluna? Puitteet ja ilmaisukeinot esiintyvät joulunäytelmän ensimmäisessä tasossa, kuvauksessa. Kaksi seuraavaa luokkaa edustavat jo toista tasoa, joulunäytelmän analyysia. 3) **Arvot** on analyysin tärkein osa. 4) **Näytelmän ohjaajilla** tarkoitan kaikkia, jotka manipuloivat ja ohjaavat tätä yhteiskunnan draamaa. Ei ole samantekevää, kuka ohjaa ja kuinka ohjataan, sillä "se, joka valvoo yhteiskunnan viestintää, se valvoo yhteiskuntaa",[99] sanoo Duncan. Tätä mukaillen sanoisin, että se joka manipuloi yhteiskunnan symboleja, se manipuloi yhteiskuntaa. 5) **Näytelmän luonne** kuuluu loppupäätöksiin ja muodostaa näin analyysin kolmannen tason.

1.3. Tutkittava alue ja sen väestö

Tämän tutkimuksen lähtökohtana oli siis mielenkiinto paikallisen ruotsinkielisen ryhmän kulttuuriin. Paikkakuntaa ei valittu otoksella. Isossa maassahan tällainenkin on mahdollista.[100] Meillä se ei olisi mielekästä.[101] Muuallakin maailmassa on tutkimuksen lähtökohtana esiintynyt oman ympäristön elämänmuodosta kiinnostuminen.[102] Tästä lähtökohdasta johtuen on selvää, että tutkimuksesta ei voinut tulla parametristä, koko suomenruotsalaisen väestön joulunviettoa kattavaa esitystä. Suoritettu tutkimus on ei-parametrinen mikrotason tutkimus.

1.3.1. Pohjois-Kymenlaakso

Muutamia vastaajia asui Anjalankoskella, Valkealassa ja Elimäellä. Valtava enemmistö asui Kuusankoskella ja Kouvolassa. Näillä molemmilla paikkakunnilla asui sekä suomen-, ruotsin- että kaksikielisiä perheitä. Ruotsinkielisten enemmistö asui kuitenkin selvästi Kuusankoskella ja suomenkielisten enemmistö Kouvolassa.

---

97 Park 1950 s. 249—250; Goffman 1959 s. 19—20

98 Goffman 1959 s. 252—253

99 Duncan 1962 s. 264. Samantapainen ajatus esiintyy myös Lasswellilla, Lasswell 1934—1950 s. 4 ja 237, 1950 s. 8 ja 40; Lasswell, Lerner ja Rothwell 1952 s. 3; Lasswell ja Kaplan 1951 s. 116 ja 212; Schramm 1948 s. 4

100 Lynd 1929

101 K. Pipping 1953

102 Emmet 1964

Kuusankoski ja Kouvola ovat naapurukset.

Kouvola ja Kuusankoski olivat vielä 1800-luvun alussa Valkealan ja Iitin sivukyliä. Pohjoisen Kymenlaakson nykyhistoria alkaa vasta 1870-luvulta, jolloin sen koskia ryhdyttiin valjastamaan voimanlähteiksi. Ensimmäisenä alkoi Kuusankosken teollistaminen 1870-luvulla.[103] Kuusankoskelle syntyi kolme koskien voimaa hyväkseen käyttänyttä teollisuusyritystä, joista kahden fuusioituessa vuonna 1904 syntyi nykyinen Kymi Kymmene Oy, joka on Kymenlaakson suurin ja eräs koko maamme suurimpia työnantajia.[104] Kuusankosken teollisuus on alunperin ollut puunjalostusteollisuutta ja sellaisena suurteollisuutta.[105] Kuusankosken teollisuuteen sijoitettiin aluksi lounais-suomalaista, tuontikaupan voittona muodostunutta pääomaa.[106] Kaikki Kuusankosken tehtaitten perustajat olivat ruotsinkielisiä. Ruotsinkieli tuli myös tehtaitten hallintokieleksi.[107]

Kouvola puolestaan on syntynyt tämän kasvavan teollisuuden tarpeitten mukaan perustetun rautatieaseman ympärille pääradan ja Savon radan solmukohtaan. Savon radan suunnan ja solmun sijainnin määräsivät teollisuuden tarpeet.[108]

Teollisuus ja liikenne, jotka loivat Kuusankosken ja Kouvolan tarvitsivat työntekijöitä. Omasta takaa Kymenlaaksolla ei ollut kuin osa tarvittavasta työvoimasta. Muualta Suomesta on muuttanut sekä työväestöä että virkamiehistöä. Väestön kasvu on ollut niin voimakasta, että vuosien 1910 ja 1970 välisenä aikana kasvuprosentti oli 82.1, kun koko maan väestö samana aikana kasvoi vain 57.4 %.[109]

Sittemmin ovat Kouvola ja Kuusankoski kumpikin kehittyneet rinnakkain, ensin itsenäisiksi kunniksi, sitten kauppaloiksi ja lopulta kaupungeiksi. Alunperin oli Kuusankoski asukasluvultaan Kouvolaa suurempi, sitten erot tasoittuivat, ja nyt Kouvola on kasvanut ohi Kuusankosken.

Kuusankosken elinkeinorakenteelle on koko ajan ollut tyypillistä se, että siellä on ollut määräävässä asemassa vain yksi työnantaja, Kymi Kymmene, ja vasta aivan viime aikoina on paikkakunnalle alkanut ilmaantua keskisuurta teollisuutta ja pienteollisuutta, joka merkittävältä osaltaan on tekstiiliteollisuutta.

Kouvola ei tyytynyt jäämään pelkäksi asemakyläksi, vaan siitä on vähitellen kasvanut monipuolinen liike- ja hallintoelämän keskus. Pohjoisen Kymenlaakson liike-elämä on keskittynyt Kouvolaan. Sekä Kuusankosken että ympäröivän maaseudun asukkaille on aivan luonnollista käydä jokaviikkoisilla ostoksillaan Kouvolassa.

Kouvolan elämälle on myös tyypillistä, että se Kymen läänin pääkaupunkina on huomattava hallinnollinen keskus, johon on keskittynyt paljon virkamiehistöä. Se on myös kauan ollut varuskuntakaupunki, johon on keskittynyt Kaakkois-Suomen Sotilasläänin johto. Se on huomattavimpien pankkien laaja alueellinen keskus ja monenlaisten palvelusten tarjoaja. Myös koulut ja korkeammat opistot luovat leimansa kouvolalaiseen elämään, samoin maakuntakirjasto.

Lähes kaikki Kuusankosken ruotsinkieliset asuvat yhtiön virka-asunnoissa. Osa virkamiehistä asuu yhtiön kerrostaloissa, osa yhtiön omistamissa, etupäässä kaupungin

---

103 Hoving 1947 s. 21
104 Polin 1932 s. 7
105 Kiiskinen ja Wahlbeck 1953 s. 99—100
106 Ahvenainen 1972 s. 10
107 H. Pipping 1944 s. 138
108 Talvi 1972 s. 12
109 Niinisalo 1974 s. 41

keskustassa sijaitsevissa pientaloissa. Osittain tästä on varmaankin seurannut se, että eläkevuosien koittaessa varsinkin ruotsinkieliset muuttavat herkästi pois takaisin entisille asuinsijoilleen.

Kouvolan suhteen asia on toisin. Sen virkamiehistä vain harvoilla on virka-asunto, ja kun vuokra-asuntoja ei juuri ole ollut saatavissa, on seurauksena ollut, että virkamiehet asuvat omistusasunnoissa. Monet perheet siirtyvät ajan mittaan omiin pientaloihin. On myös luonnollista, että eläkevuosien koittaessa he puolestaan eivät herkästi luovu talostaan, vaan jäävät Kouvolaan.

Eräs yhteinen piirre on suorastaan leimaa-antavana näiden molempien nuorten kaupunkien väestölle. Kun niiden kasvuvauhti on ollut rajua ja kun suurin osa asukkaista on muualta tulleita,[110] ei paikkakunnalla ole ollut mitään sinne vanhastaan kuuluvaa johtavaa sosiaaliryhmää. Ei ole yhtään merkittävää maanomistaja-, teollisuus- tai kauppasukua. Näin ollen tulokkailla ei ole ollut vastassaan mitään perinteiden muuria. Kun paikkakunnilla ei ole ollut eikä ole mitään perinnäistä hienostoa, ovat kummankin kaupungin johtavan luokan muodostaneet ja jatkuvasti muodostavat henkilöt, jotka työnsä ja taloudellisen asemansa kautta ovat saavuttaneet aseman tässä luokassa.

Ruotsinkielisten osuus väestöstä vuosien 1960 ja 1970 väestölaskennan mukaan Kuusankoskella ja Kouvolassa

	1960		1970	
	asukkaita,	joista ruotsink.	asukkaita,	joista ruotsink.
Kuusankoskella	21 380	380	22 242	270
Kouvolassa	18 245	75	26 237	53

[111]

1.3.2. Vähemmistökäsitteestä, suomenruotsalaiset vähemmistönä

On monenlaisia käsityksiä siitä, mitä minoriteetilla, vähemmistöllä, tarkoitetaan. Perinteisesti sitä on ajateltu ryhmäksi, joka syntyperältään, kieleltään tai uskonnoltaan poikkeaa pääväestöstä.[112] Tässä mielessä Pohjois-Kymenlaakson ruotsinkieliset olisivat vähemmistöryhmä. Toiset taas katsovat jonkin ryhmän muodostavan minoriteetin vain siinä tapauksessa, että sillä on jossakin mielessä huonompi status kuin pääväestöllä.[113] Jos näin ajattelemme, eivät tutkimuksen kohteena olevat ruotsinkieliset ole vähemmistöryhmä eivätkä liioin muutkaan suomenruotsalaiset. Kielilakimme on tunnetusti oikeudenmukainen ja vapaamielinen,[114] eikä ruotsinkielisten status ole keskimäärin ainakaan huonompi kuin suomenkielisten.[115]

---

110 K. Palmgren 1964 s. 105—106: 1950-luvulla oli Kuusankoskella 39.7 % paikkakunnalla syntyneitä, Kouvolassa vain 24.2 %

111 Tilastokeskus 1971 s. 17 ja 1976 s. 23; vuosina 1950—1951 oli Kuusankoskella 835 ruotsinkielistä, K. Forsberg 1958 s. 9

112 Laponce 1960 s. 3—4, tämä on nk. objektiivinen määritelmä, subjektiivinen määritelmä Laponcen mukaan on, että minoriteetti on ryhmä, joka pitää itseään minoriteettina; muista ryhmistä Reinans 1971 s. 9—10

113 Esim. Linton 1949 s. 347—348; Wagley ja Harris 1959 s. 4; Gittler 1964 s. 127; Simpson ja Yinger 1965 s. 16; Dahlström 1971 s. 87; Ofstad 1971 s. 112; Barth 1971 s. 65 ja 72

Pohjois-Kymenlaakson ruotsinkielinen väestö poikkeaa pääväestöstä paitsi kielensä suhteen myös siinä, että se on pääosaltaan muualta siirtynyttä. Se edustaa myös korkeaa koulutusastetta, ja sen ammattivalikoima on yksipuolisempi kuin suomenkielisten. Pääosa ruotsinkielisistä on teollisuuden palveluksessa ja siis teknisesti tai kaupallisesti koulutettuja.[116]

Tutkimuksen kohteena olleet ruotsinkieliset muodostavat vähemmistöryhmän siinäkin mielessä, että he elävät pienenä, muusta ruotsinkielisestä väestöstä erillisenä kielisaarekkeena[117] suomenkielisen väestön keskellä. He eivät koe poikkeavansa vain tästä pääväestöstä, vaan myös muista suomenruotsalaisista. He ovat marginaaliruotsalaisia.[118]

Tämä ruotsinkielinen ryhmä samoin kuin monien muiden tehdaspaikkakuntien vastaavat ryhmät on syntynyt ruotsinkielisten toisen muuttoliikkeen seurauksena.[119] Waris on kohdistanut tehtaanruotsalaisiin sapekasta arvostelua: "monessa puhtaasti suomenkielisen maaseudun keskellä olevassa tehdasyhdyskunnassa on sosiaalisen hierarkian huipulla harvalukuinen, omaa eristettyä elämäänsä elävä ruotsinkielinen ryhmä sekä siihen liittyvä, sitä alistuvasti totteleva, samankielinen konttoriväki alempana sosiaalisena portaana, mutta kuitenkin ilman vähintäkään yhteyttä paikkakunnan suureen suomenkieliseen enemmistöön, työväestöön.[120]

Meidän on syytä tarkastella, miten paikkakunnan ruotsinkielinen väestö on yhdentynyt yhteiskuntaansa. Tarkastelun rajoitan koskemaan kuusankoskelaisia, koska ruotsinkielisten vastaajien enemmistö asui Kuusankoskella.

Kuusankosken ruotsinkielisillä on kolmenlaista toimintaa: ruotsinkielistä, kaksikielistä ja suomenkielistä.

Ruotsinkielistä toimintaa edustaa Kuusankosken ruotsinkielinen koulu, johon varhemmin sisältyi yhdeksän luokkaa ja nyt peruskouluun siirryttyä kuusi eli peruskoulun ala-aste. Ruotsalainen Kansanpuolue toimii myös paikkakunnalla, ja sen puitteissa järjestetään vuosittain Kustaa Adolfin päivän vietto.[121] Viime vaalien jälkeen on Kuusankosken kaupunginvaltuustossa Ruotsalaisen Kansanpuolueen edustaja. Seurakunta järjestää vuosittain ainakin kaksi ruotsinkielistä jumalanpalvelusta, toisen näistä jouluna. Siellä esiintyy ruotsinkielinen kirkkokuoro. Seurakunnan johtoelimissä on aina ainakin yksi ruotsinkielisten edustaja.

---

114 Auerhahn 1926 s. 46; Colliander 1938 s. 174—175

115 Macartney 1934 s. 468; Laponce 1960 s. 14; Swedner 1966 s. 96—97 katsoo, että ruotsinkielisiä saatettaisiin välistä diskrimoidakin; ruotsinkielisten hyvästä statuksesta vertaa myös: Tilastollinen päätoimisto 1933 s. 35; Fougstedt 1948 s. 14—15, 1952 s. 168—169

116 Brommels 1970 s. 2

117 Kuhn 1934

118 Sanat marginalsvenskar ja svenskar i diaspora kuulin käytössä Svenska Dagenin tilaisuudessa 1973 Kuusankoskella; muita nimityksiä: östsvenskar ja svenskar i förskingringen, Colliander 1938 s. 172—173; fjärrsvenskar, K. Forsman 1940 s. 540; inlandssvenskar, Dahl 1956 s. 89

119 Dahl 1956 s. 92; H. Pipping 1944 s. 132—138.

120 H. Waris 1952 s. 82

121 eli "Svenska Dagen" kuudentena marraskuuta, jota suomenruotsalaiset viettävät erikoisena ruotsalaisuuden päivänä. Sen vieton alkoi meillä vuonna 1907 Ruotsalainen Kansanpuolue, mutta kaikkialla maassa se ei enää liity puolueeseen kuten Kuusankoskella, vertaa E.v. Born 1929 s. 365 ja Törnudd 1966 s. 67

Kaksikielistä toimintaa edustaa Kymin Osakeyhtiön Virkamiesklubi, joka toimii monien juhlien järjestäjänä. Klubiin liittyy myös useita harrastuskerhoja, ja klubin rakennukset, Koskela ja Voikkaan klubi, palvelevat myös jäseniä ravintoloina.

On myös muutamia yhdistyksiä, kuten Pohjola-Norden, jotka ovat virallisesti kaksikielisiä. Käytännössä monissa tällaisissa yhdistyksissä käytetään pääasiassa suomea.

Kuusankosken ruotsinkieliset eivät todellakaan ole eristäytyneet muusta yhteiskunnasta, vaan he osallistuvat myös puhtaasti suomenkieliseen toimintaan. Kunnalliselämässä, valtuustossa ja monissa lautakunnissa on ja on ollut ruotsinkielisiä. Onpa yksi eduskunnassakin. Edelleen on ruotsinkielisiä mukana mm. pankkien valvojina, ympäristönsuojelussa, seutukaavaliitossa ja terveyttä edistävässä säätiössä.

Monissa urheilujärjestöissä on ja on ollut sekä aikuisia että lapsia, samoin kuoroissa ja orkesterissa sekä erilaisissa harrastusyhdistyksissä. Sekä miesten että naisten palvelujärjestöissä ruotsinkieliset toimivat aktiivisesti.

Kuusankosken Työväenopistossa on ruotsinkielisiä ollut sekä opettajina että oppilaina. Samoin Kouvolan Kansalaisopisto vetää heitä puoleensa monine kursseineen.

Isänmaalliseen toimintaan liittyvät reserviläisjärjestöt. Lasten hyväksi toimitaan partiojärjestössä.

Monet aktiviteetit ovat pääasiassa miesten toimintaa. Monet ruotsinkieliset aviovaimot ovat jatkuvasti kotirouvia, todennäköisesti useammat kuin vastaavien suomenkielisten perheitten perheenäidit. Paikkakunnalla ei ole paljon työpaikkoja ruotsinkielisille naisille.

Pelkästään kotirouvia eivät ruotsinkieliset naisetkaan silti ole. Monia on töissä Kymin Oy:llä erilaisissa tehtävissä, ekonomeina, sihteereinä, keskuksenhoitajina jne. Myös terveydenhoidon sektorilla ja opettajina, kuten liikunnan ja ruotsinkielen opettajina, on tai on ollut ruotsinkielisiä rouvia. Edelleen on heitä ollut pankissa ja liike-elämässä, kuten liike- ja ruuhka-apulaisina.

Ruotsinkielisten alkuperä sosiaalisessa suhteessa on vaihtelevaa. On niitä, jotka kuuluvat aatelistoon ja joitten esi-isät ovat olleet aristokratian jäseniä jo vuosisatoja. On niitä, jotka itse ovat ensimmäistä kouluja käynyttä polvea. Erittäin moni edustaa toista lukenutta polvea.

Useimmat ruotsinkieliset eivät ole paikkakunnalla syntyneitä, ja suurin osa palaa eläkevuosikseen vanhoille kotiseuduilleen tai Helsinkiin. Silti voin luetella yli 10 perhettä, joilla jo kaksi polvea on ollut kymenlaaksolaisia. Onpa eräässä perheessä jo kolmas sukupolvi Kymin Oy:n palveluksessa, mikä on katsottava merkittäväksi, kun yhtiö itsekin on toiminut vasta vähän yli sata vuotta. Parissa muussakin perheessä on jo kolmas polvi kymenlaaksolaista.

Kaiken edellä esitetyn perusteella voimme pohtia, ovatko Kuusankosken ruotsinkieliset vähemmistöryhmä. Vastaus on selvä. He eivät ole vähemmistöryhmä, jos tähän käsitteeseen liitetään ajatus diskriminaatiosta ja/tai eristäytymisestä muusta yhteiskunnasta. Nimitän heitä kuitenkin vähemmistöryhmäksi, koska he ovat kotikielensä suhteen muusta väestöstä poikkeava ryhmä, jolla on tiettyä yhteenkuuluvuuden tunnetta ja tiettyä keskinäistä toimintaa. Näin yhdyn Runebergin ym. tutkijoitten kantaan.[122]

---

122 Runeberg 1970 s. 1—2; Rose 1965 s. 69—70; Aalto ja Saarinen 1973

1.4. Tutkimusmenetelmä

1.4.1. Aineiston keruu

Tutkimuksen tärkein menetelmä oli kaavakekysely. Kaavake on liitteenä tämän tutkimuksen lopussa. Olen lisäksi havainnoinut joulutapoja käymällä ruotsinkielisen koulun puurojuhlassa sekä joulujuhlassa ja 13.12. myöskin koulun sisäisessä luciajuhlassa. Tämän ohella osallistuin Kymin Osakeyhtiön Virkamiesklubin pikkujoulutilaisuuteen, uuden vuoden tilaisuuteen ja loppiaistanssiaisiin. Näissä tilaisuuksissa suoritin myös valokuvausta.

Valokuvausta suoritin myös vastaajien kodeissa koettaen saada mukaan kaikkien eri ryhmien koteja ja etenkin niiden joulukoristeita. Tässä yhteydessä suoritin myös jouluhaastatteluja.

Jouluaattoina olen osallistunut sekä Kouvolan sankarihautajuhlaan että Kouvolan ja Kuusankosken ruotsinkielisiin aattojumalanpalveluksiin.

Muista julkisista tilaisuuksista mainitsen vielä monet joulumyyjäiset, joihin osallistuin sekä Kuusankoskella että Kouvolassa.

Monen joulukoristeen paikallishistorian selvittämiseksi olen haastatellut Kuusankosken ja Kouvolan kukka- ja kirjakauppiaita sekä Sokeain myymälän johtajaa.

Piparkakkutalon historian selvittämiseksi jouduin lisäksi haastattelemaan kolmea helsinkiläistä talousopettajaa ja kahden suuren leipomon kondiittoreita. Lisävalaistuksen saamiseksi tiedustelin asiaa kirjeitse tohtori Fritz Hahnilta Heidelbergista. Ulkokuusen kotimaista historiaa ovat valaisseet kaupunginjohtaja Hans Finne Pietarsaaresta ja museonhoitaja Marja-Liisa Ripatti Hämeenlinnasta.

Edellä mainitsemani kaavakekysely on siis tämän tutkimuksen perusmateriaalina. Suoritin kyselyn postikyselynä lähettämällä kaavakkeet etukäteen valituille henkilöille vähän ennen ensimmäistä adventtia vuonna 1969 ja pyysin vastauksia tammikuun loppupuolella.

1.4.2. Vastaajat

Ensimmäinen pulmani oli paikkakunnan ruotsinkielisten osoitteiden hankkiminen. Tällöin käännyin ensimmäiseksi henkikirjoittajan ja toiseksi kirkkoherran puoleen. Näiltä kummaltakaan en kuitenkaan saanut haluttuja tietoja ruotsinkielisistä enkä heidän osoitteitaan.[123] Myöskään Kouvolan jakoalueen puhelinluettelo ei osoit-

[123] Henkikirjoittaja selitti, että koska paikkakunta on virallisesti yksikielinen, ei pidetä kirjaa ruotsinkielisistä. Kirkkoherra taas selitti, että äidinkieli on salaisuus, jota ei voida paljastaa.

tautunut hyödylliseksi, koska kaikki ammatit ja osoitteet esiintyvät siinä ainoastaan suomenkielellä. Oli siis turvauduttava muihin keinoihin.

Noin kymmenen paikkakunnalla viettämäni vuoden aikana olin havainnut, että ruotsinkieliset muodostavat melko yhtenäisen ryhmän, jonka ydinjoukkona ovat Kymin Oy:n virkamiehet, mutta se ulottuu ohenevina kerroksina Kouvolaan, Valkealaan, Elimäelle ja entiseen Sippolaan. Esimerkiksi samaa ruotsinkielistä koulua käydään laajemmaltikin Pohjois-Kymenlaaksosta.

Tämä ryhmä on tosin niin suuri, että jokainen sen jäsen ei tunne jokaista, mutta toisaalta niin pieni, että jokainen tuntee jonkun tai jotkut, jotka taas tuntevat ne henkilöt, joita asianomainen ei itse tunne. Syntyi ajatus ruotsinkielisistä ryhmänä, joka on katsottava läheisryhmää suuremmaksi, mutta vähemmän viralliseksi kuin etäisryhmä.[124]

Kymin Osakeyhtiön Virkamiesklubi antoi minulle luettelon kaikista virkamiehistään ja toimitti näille myös kyselykaavakkeet sillä kielellä, minkä kukin oli ilmoittanut äidinkielekseen. Lisäksi sain ruotsinkielisten virkamiesten osoitteita muilta liikelaitoksilta.[125] Näin tiedoksi saatuja ruotsinkielisiä perheitä tai ruokakuntia oli kaikkiaan 115. Sittemmin vastausten saavuttua totesin, että osa ruotsinkielisiksi oletetuista perheistä olikin kaksikielisiä.

Halusin verrata ruotsinkielisten vastaajien joulutapoja koulutukseltaan vastaavien suomenkielisten joulutapoihin. Päätin hankkia kaksi suomenkielistä vertailuryhmää. Toista nimitin k o n t a k t i r y h m ä k s i . Heillä tarkoitan sellaisia suomenkielisiä, jotka joko työnsä ja/tai seurustelukontaktiensa puolesta ovat tekemisissä ruotsinkielisten kanssa. Halusin tutkia, esiintyikö heillä ruotsinkielisiltä mahdollisesti löydettäviä joulutapoja, koska he olivat seurustelukäyttäytymiseensäkin omaksuneet monia tapoja ruotsinkielisiltä. Tämän ryhmän jäsenet sain siten, että suomenkielinen kaavake lähetettiin kaikille Kymin Oy:n suomenkielisille virkamiehille ja lisäksi kaavakkeessa kysyttiin, oliko vastaajilla seurustelukontakteja ruotsinkielisten kanssa. Kaikki ne vastaajat, jotka siis joko työskentelivät Kymin Oy:llä tai joilla vastauksensa mukaan oli seurustelukontakteja, kirjasin kontaktiryhmään.[126]

Toiseksi kontrolliryhmäksi pyrin löytämään sellaisia suomenkielisiä, joilla olisi samanlaiset ammatit kuin muilla ryhmillä, mutta joilla ei olisi kontakteja työn eikä seurustelun muodossa ruotsinkielisiin.[127] Tämän kontrolliryhmän nimeksi annoin s u o m e n k i e l i s e t ja heidän valintansa suoritin umpimähkäisotoksella Kouvolan jakoalueen puhelinluettelosta ammattinimikkeiden perusteella.

---

124 Allardt ja Littunen 1966 s. 22. Tällainen ryhmä ei ole ainoastaan siihen kuuluvien yksilöitten summa, vaan eräänlainen organisoitu kokonaisuus, Eskeröd 1964 s. 90. Ehkä voitaisiin tätä ryhmää pitää eräänlaisena statusryhmänä LaPieren tapaan, LaPiere 1954 s. 130

125 Myllykoski Oy, Tampella Oy ja Tehdaspuu. Lisäksi ruotsinkielisen koulun opettajilta sain tietoja ruotsinkielisistä perheistä.

126 Suunnittelin kontaktiryhmän jakamista viiteen alaryhmään kontaktien laadun ja esiintymistiheyden mukaan. Alaryhmistä tuli kuitenkin liian pieniä, jotta tilastoja olisi kannattanut tehdä erikseen. Alaryhmät olivat seuraavat:
K + RU (töissä Kymillä, kontakteja usein) 12 kpl
K + RH (töissä Kymillä, kontakteja harvoin) 33 kpl
K + R— (töissä Kymillä, ei seurustelukontakteja) 17 kpl
K—RU (usein seurustelukontakteja, ei töissä Kymillä) 4 kpl
K—RH (harvoin seurustelukontakteja, ei toissä Kymillä) 14 kpl

127 Vertaa Waris, Jyrkilä, Raitasuo ja Siipi 1952 s. 136

Näiden kolmen ennalta odotetun ryhmän lisäksi työhön muodostui kuin itsestään neljäs ryhmä, kaksikieliset. On kovin monta eri käsitystä siitä, kuka oikein on kaksikielinen, alkaen välttävästä kahden kielen kielitaidosta täydelliseen kahden kielen äidinkielenomaiseen hallintaan.[128] Tässä työssäni määrittelin kaksikielisiksi ne perheet, joissa toinen vanhemmista oli ruotsin- ja toinen suomenkielinen tai jotka ilmoittivat käyttävänsä kotonaan sekä suomea että ruotsia. Kaikkiaan kaksikielisiä perheitä oli kolmekymmentä. Kahdessakymmenessäkuudessa perheessä oli kaksi kotikieltä, neljässä oli toinen vanhemmista (kahdessa isä ja kahdessa äiti) ruotsinkielinen. Näiden neljän perheen kotikielenä oli pelkästään suomi.

Tutkimukseen muodostui lopullisesti neljä vastaajaryhmää: 60 ruotsinkielistä, 110 suomenkielistä, 80 kontaktiryhmäläistä ja 30 kaksikielistä. Vastaajien yhteismäärä oli 280.

Kun vertasin lähetettyjen kaavakkeitten ja saapuneitten vastausten lopullisia määriä, saatoin todeta, että kaikkien vastaajien vastausprosentti oli 60 ja ruotsinkielisten 69. Tämä viimemainittu korkeampi luku johtuu siitä, että kun määräaikaan mennessä kaikki eivät olleet vastanneet ja ruotsinkielisiä kaavakkeita oli vielä jäljellä, soitin vastaamatta jättäneille. Yksi näistä suutahti ja kieltäytyi kokonaan vastaamasta. Osalla oli täyttämätön kaavake vielä tallella, ja he lähettivätkin sitten vastauksensa. Osa oli jo heittänyt kaavakkeen pois, joten käytin jäljelle jääneet kaavakkeet näiden henkilöitten haastattelemiseen. Näistä haastatteluista suoritin kolme itse. Muut vastasivat ja täyttivät kaavakkeensa itse.

Tällä tavalla kovistelemalla sain kaikkiaan 19 lisävastausta. Nämä vastaukset asetin erikseen ja suoritin vertailun heidän vastaustensa ja jo aiemmin vastanneitten välillä.[129] Mitään olennaisia eroja ei ollut havaittavissa, ei mitään erikoisia tapoja tai tavallisten tapojen puuttumista.

1.4.3. Vastaajien kuuluminen uskonnollisiin yhteisöihin, heidän syntymäpaikkansa, maakuntasidonnaisuutensa, ammattinsa, sosiaaliluokkansa ja ikänsä

Kaavakkeessa pyrin selvittämään vastaajien kuulumisen uskonnollisiin yhteisöihin. Yksi suomenkielinen ja kaksi kaksikielistä eivät vastanneet tähän kysymykseen. Valtava enemmistö kuului evankelis-luterilaiseen kirkkoon.[130] Koska mitään muita mainittavia uskonnollisia ryhmiä ei esiintynyt, en päässyt tällä pohjalla tekemään vertailuja joulutapojen suhteen.

---

128 Melko yleinen kompromissi on Oksaarilla (1971 s. 172) esiintyvä: Kaksikielinen on se, joka useimmissa tilanteissa voi käyttää kahta kieltä kommunikaatiovälineenä ja vaihtaa kielestä toiseen, jos on tarvis. Tämän määritelmän mukaisesti olisivat kaikki ruotsinkieliset ja suuri joukko suomenkielisiä ja kontaktiryhmäläisiä siirtyneet kaksikielisiin.

129 Tätä menetelmää suosittaa Littunen 1957 s. 1

130 Kaikki 60 ruotsinkielistä perhettä olivat luterilaisia, samoin 106 suomenkielisen ryhmän perhettä. Tässä ryhmässä yhden perheen isä oli ortodoksi, toisen isä kuului vapaaseen evankelis-luterilaiseen seurakuntaan ja kolmas perhe kuului sekä evankelis-luterilaiseen että vapaakirkkoon. Kontaktiryhmässä 74 perhettä oli kokonaan luterilaisia. Yksi perhe kuului metodistikirkkoon ja yksi helluntaiseurakuntaan. Yhdessä perheessä isä ja toisessa äiti oli ortodoksi muiden perheenjäsenten ollessa luterilaisia. Kahdessa perheessä perheenisä kuului siviilirekisteriin perheen muiden jäsenten ollessa luterilaisia. Kaksikielisistä 27 oli luterilaisia. Yhden perheen isä kuului siviilirekisteriin muun perheen ollessa luterilaisia.

Vastaajien syntymäpaikat sekä niiden aviopuolisoitten syntymäpaikat, joiden kohdalla ne on ilmoitettu, selviävät kartoista 1—4.

Syntymäpaikkakarttoja tarkastellessa havaitsee, että sangen monet ruotsinkieliset ovat lähtöisin Helsingistä. Molempien suomenkielisten ryhmien vastaajissa on paljon Kymenlaaksossa ja luovutetulla alueella syntyneitä. Kontaktiryhmän kartta on kaikkiin muihin verrattuna voimakkaimmin itäsuomalaisvoittoinen.

Taulukosta 1 ilmenevät perheitten päämiesten iät.[131] Siitä havaitsemme, että ruotsinkielisten kolme yleisintä syntymävuosikymmentä olivat välillä 1900—1929 ja muiden ryhmien välillä 1910—1939. Tämä osoittaisi ruotsinkielisten vähenemistä paikkakunnalla, mikä muutenkin kyllä on havaittavissa.

Perheitten kokoa ja paikkakunnalla oleskelun pituutta kysyin myös. Näistä saadut harvat ja epämääräiset vastaukset eivät ole tilastokelpoisia.

461 vastaajaa ja aviopuolisoa vastasi maakuntasidonnaisuutta koskevaan kysymykseen. Vastaukset olivat kirjavia. Eniten oli karjalaisia (140), uusmaalaisia tai "nylänning" (106), hämäläisiä, "tavastlänning" (78), pohjalaisia, "österbottning" (51), savolaisia (40) ja kymenlaaksolaisia (24). Muita oli vähemmän.[132] Monet eivät osanneet vastata kysymykseen.

Huomiota herättää kymenlaaksolaisiksi itsensä kokevien pieni määrä, kun vertaa syntymäpaikkakarttoja. Monet juuri täällä syntyneistä jättivät vastaamatta kysymykseen. Tämä osoittaa kahta seikkaa: Kymenlaakson maakuntakäsitteen nuoruutta[133] ja Kymenlaakson väestön nopeaa kasvua.

Ammatit olivat peruskriteerinä valittaessa populaatiota. Taulukossa 2 on esitetty ne ammatit, jotka sain Kymin Osakeyhtiön Virkamiesklubilta. Taulukkoon 3 on otettu kaikkien vastaajien ja myös heidän aviopuolisoittensa ammatit, mikäli he sen ilmoittivat. Kaikki ammatit, jotka peruslistasta poiketen esiintyvät taulukossa 3 ovat aviopuolisoitten ammatteja.

Jonkin verran eroa taulukoiden 2 ja 3 välillä aiheutti se, että Virkamiesklubi oli käyttänyt sangen epämääräisiä titteleitä "rouva" ja "neiti", jotka toisessa taulukossa nyt siis täsmentyivät. Vaihtelua esiintyi myös siksi, että jotkut vastaajat ilmoittivat ammattinsa, esimerkiksi myyntipäällikkö, toiset taas oppiarvonsa, kuten ekonomi.

Ammatit edustivat mitä suurimmassa määrin kaupallisia ja teknillisiä ammatteja. Erikoisuutena mainittakoon, että erityisen korkea vastausprosentti oli ekonomeilla. Ehkäpä he jo koulutuksensa puolesta ovat pätevämpiä kuin muut vastaamaan kaavakekyselyihin.

Sosiaaliluokkia tarkastellessa havaitsemme, että vastaajat sijoittuivat Rauhalan mukaisessa 9-luokkajärjestelmässä luokkiin 1—7 ja 3-luokkajärjestelmässä

131 Yleensä olen ottanut päämieheksi perheenisän, mutta jos vastaaja oli yksinäinen naishenkilö tai esimerkiksi perheellinen leski, olen ottanut hänen ikänsä.

132 Jaakkola 1976 s. 32—35. Muita "heimoja": "åbolänning", "älänning", "dansk", "varsinaissuomalainen", "satakuntalainen", "keskisuomalainen", "kainuulainen", "itähämäläinen", "pohjoispohjalainen", "eteläpohjalainen", "koulunkäynti tapahtunut Joensuussa, isä hämäläinen", "uusmaalais-satakuntalainen", "hämäläis-pohjalainen", "karjalais-eestiläinen", "hämäläissavolainen", "turkulainen", "synt. iittiläinen", "savolais-venäläinen", "sudeettisavolainen", "heimoton", "Uudenmaan ruotsalainen", "fastän 100 % igt österbottniskt blod", "norsk-viburgensare (ÖFN), kanske mest Kymenlaaksolainen, inte att blanda med 'kymmenebruksbo' ", "isä ja äiti riikinruotsalaisia", "useita heimoja sekaisin", "pohjois-pohjanmaalais-kymenlaaksolainen".

133 Kymenlaakson maakuntakäsitteen synty on aatteellinen ilmiö, joka sai alkunsa kansansivistystyön parissa. Vasta vuonna 1933 perustettiin Kymenlaakson Osakunta ja 1937 Kymenlaakson Maakuntaliitto, Talvi 1963 s. 189 ja 206 sekä Niinisalo 1957 s. 14—15.

kaikkiin kolmeen sosiaaliluokkaan. Erittäin suuri osa vastaajista sijoittui ensimmäiseen ja toiseen sosiaaliluokkaan ja siellä ryhmiin 2—4.[134] Toisen sosiaaliluokka-tarkastelutavan mukaisesti voisimme myös sanoa, että vastaajat kuuluivat muutamia harvoja yksityisyrittäjiä lukuun ottamatta toimihenkilöihin, joita on nimitetty jopa uudeksi yhteiskuntaluokaksi.[135]

1.4.4. Tilastollinen käsittely

Kaavakkeessa kysymykset olivat suurelta osin kyllä—ei-tyyppisiä, mutta esiintyi myös open end-tyyppisiä kysymyksiä eli avokysymyksiä, joita saatoin hyvin tehdä, koska en ollut aikonut käyttää tietokonetta aineiston käsittelyyn.[136] Pyysin myös vastaajia antamaan lisätietoja ja selityksiä. Näistä vastauksista olen erittäin kiitollinen. Ne ovat auttaneet minua luomaan ainakin itselleni paljon selkeämmän kuvan tutkitun väestönosan joulunvietosta kuin olisin pelkillä tilastonumeroilla saanut.

Kun vastaukset saapuivat, jaoin ne edellisessä luvussa selostamallani tavalla neljään eri ryhmään. Kaikkien vastausten tiedot kävin ryhmä ryhmältä ja kysymys kysymykseltä läpi merkiten ne käsitilastoihin.

Aineistoa koskevassa luvussa esitän näin saamani tulokset kutakin joulun käytännettä koskevina tilastoina niin, että niistä heti ilmenee aina kyseisen joulutavan esiintymisfrekvenssi jokaisessa vertailuryhmässä. Tuloksen ilmoitan sekä numeroina että prosenttilukuina. Kun puhun kieliryhmien erosta, tarkoitan sillä aina ruotsin- ja suomenkielisten eroa. Tämän eron merkitsevyyden selvittämiseksi olen käyttänyt kahden toisistaan riippumattoman prosenttiluvun vertailussa käytettävää laskumenetelmää, jolla saadaan selville näiden prosenttilukujen kriittinen suhde.[137] Jos kriittistä suhdetta ilmaiseva luku on 1.96 tai sitä pienempi, ero ei ole merkitsevä. Jos se on 1.96—2.57, ero on melkein merkitsevä viiden prosentin tasolla. Jos luku on 2.59—3.28, ero on merkitsevä yhden prosentin tasolla. Jos kriittistä suhdetta ilmaiseva luku on 3.29 tai sitä korkeampi, on ero erittäin merkitsevä 0.1 prosentin tasolla.[138] Tutkijan on itsensä päätettävä, mihin hän tutkimuksessaan asettaa merkitsevyyden rajan.[139] Kun tutkimustuloksia käsittelevässä luvussa esitän jonkin joulutavan kohdalla kieliryhmien eron olevan merkitsevän, tarkoitan sillä, että kriittisen suhteen on oltava 2.58 tai sitä suurempi, siis että ero on merkitsevä tai erittäin merkitsevä.

Kun aineistoa käsitellessäni puhun jonkin joulutavan yleisyydestä, jaan ne yleisiin, melko harvinaisiin ja harvinaisiin tapoihin seuraavasti:

yleinen, kun	$N_1 \geqq 3/4\ N$
melko yleinen, kun	$3/4\ N > N_2 \geqq 1/2\ N$
melko harvinainen, kun	$1/2\ N > N_3 \geqq 1/4\ N$
harvinainen, kun	$N_4 < 1/4\ N$

134 Rauhala 1966 s. 212—241

135 Luoma 1958 s. 376

136 Paul puoltaa avokysymysten käyttöä. Hän katsoo, että ne antavat informantille maksimaalisen ilmaisumahdollisuuden. Kyselyn ei Paulin mielestä pidä olla direktiivinen, muttei liioin epädirektiivinenkään, vaan näiden kompromissi, Paul 1965 s. 445

137 Vahervuo 1962 s. 197—198

138 Vahervuo 1962 s. 197

139 Pelto 1970 s. 180; Antropologisessa tutkimuksessa on merkitsevyyden taso useimmiten asetettu .05. Monet varsinkin psykologiset julkaisusarjat vaativat .01 merkitsevyystasoa, Pelto 1970 s. 181 ja 205

Tilastojen yhteydessä olen aina ilmoittanut saatujen hyväksyttyjen vastausten lukumäärän. Prosenttiluvun olen aina laskenut tästä luvusta. Valitettavasti oli useinkin pakko jättää osa vastauksista käsittelemättä epätäydellisten tai epäselvien vastausten takia. On merkillepantavaa, että etenkin kaksikieliset ja heidän ohellaan myös ruotsinkieliset ovat kautta linjan antaneet parempia ja siis hyväksyttävämpiä vastauksia kuin suomenkieliset ryhmät.

Vastauksissa esiintyi usein myös vastaajia, jotka olivat harjoittaneet jotain tapaa "aiemmin" tai harjoittivat sitä "joskus". Nämä olen jättänyt pois tilastoista, mutta mainitsen näistä vastauksista erikseen tekstiosassa.

Kun nyt tarkastelemme syntyneitä tilastoja, on otettava huomioon, että ne eivät ilmaise absoluuttisia lukuarvoja ja siis kyseisen tavan esiintymistä paikkakunnan suomen- ja ruotsinkielisillä. Saadut luvut ovat suhteita ilmaisevia tunnuslukuja.[140]

Neljän vertailuryhmän merkitys on siinä, että voimme tarkastella, esiintyykö ruotsinkielisillä löydettäviä tapoja myös kaksikielisillä ja kontaktiryhmällä ja voitaisiinko todeta, että jotkin tavat, joita ruotsinkieliset ovat omaksuneet varhemmin kuin suomenkieliset, leviäisivät paikkakunnalla heidän esimerkkinsä voimalla. Näin katson tapahtuneen, jos ruotsinkieliset harrastavat tätä tapaa enemmän kuin kumpikaan suomenkielisistä ryhmistä ja jos se kontaktiryhmässä on yleisempi kuin suomenkielisillä.

1.4.5. Historialliset lähteet

Tämän työn aineistoon eivät kuulu ainoastaan ne tiedot, joita olen saanut vastaajilta, vaan sen olennaisen toisen osan muodostavat tiedot joulun historiasta. Muutosta on vaikea tutkia jollei tunneta ilmiötä, josta muutos lähti liikkeelle ja joka muuttui.[141]

Tämän selvittämiseksi olen turvautunut eri tutkijoiden tutkimustuloksiin, joita esittelen kunkin tavan historiaa käsittelevässä luvussa.

Meidän asenteitamme jouluun on muokannut vielä enemmän läheisempi historia, ne joulut, joita oma kansamme vietti muutamia sukupolvia sitten. Näiden tapojen ja niiden aatemaailman ymmärtämiseksi olen käynyt läpi pitäjäin historioita, kansatieteellisiä tutkimuksia ja kuvauksia, sekä muutamien koristeiden osalta myös SLS:n (Svenska Litteratursällskapetin) arkistoa. Pitäjän historiat ja kansatieteelliset kuvaukset esittävät perinteisesti talonpoikaisväen kulttuuria. Saadakeni myös kaupunkiväestön ja säätyläisten elämän vertailukohteeksi olen käynyt läpi elämäkertoja. Niiden kirjoittajat ovat, muutamia poikkeuksia lukuun ottamatta, ei-talonpoikaisesta ympäristöstä lähteneitä, hyvin usein pappisperheitten jäseniä.

Historian tunteminen ei vielä riitä tehtävän ratkaisemiseksi. On lähdettävä siitä, että kun tutkimme joulua tai muuta vuotuisjuhlaa, havaitsemme, ettei vuotuisjuhla ole luonteeltaan jatkuvaa perinnettä, vaan sen olemukseen kuuluu, että se toistuu vuoden välein. Välillä on ollut kokonainen vuosi, joka on tuonut muutoksia juhlan

140 Sarmela 1970 s. 123

141 Wikman 1946 s. 14—15

142 Schenda 1971 s. 156—159: Lehdistömateriaali sopii erityisesti tapatutkimukseen. Tübingenin yliopisto kerää systemaattisesti paikallislehtiaineistoa. Lehtien haastateltavat ovat yhtä luotettavia kuin kansatieteilijöitten muutkin haastateltavat.

viettäjien elämään. Uuteen jouluun lähdettäessä ovat kuviot ehkä aivan erilaiset kuin edellisenä vuotena. Niinpä vuotuisjuhla ei muodostakaan elimellistä jatkoa edellisiin vuotuisjuhliin, pitkää, katkeamatonta, staattista ketjua. Vuotuisjuhla on tässä mielessä dynaaminen.

Voimme toki nähdä paljonkin tapoja, jotka vuosi vuodelta ovat toistuneet vastaajain kodeissa. On jopa käsin kosketeltavaa perinnettä.

Kun joulun viettäjät joka vuosi joutuvat ratkaisemaan lähes jokaisen joulutapansa suhteen, jatkavatko he entistä käytäntöään, luopuvatko he siitä vai muuntavatko he sen uuteen muotoon, on tutkijan selvitettävä, miksi tällaiset valinnat tapahtuvat niinkuin ne tapahtuvat, miksi jokin tapa jatkuu ja toinen ei.

Joulun historia antaa osittain valaistusta tähän joulun arvojen ongelmaan, mutta vain osaksi. Menneet tutkijapolvet ovat varmasti oikeaan osuen selittäneet, miksi eri tavat ovat syntyneet. Meidän tehtävänämme on selvittää, miksi nämä tavat edelleen toistuvat. Etsiessämme vastausta nykyjoulun arvomaailman arvoitukseen meitä auttavat osin, mutta vain osin, vastaajat itse. Välistä he selittivät, miten jokin koriste tai tapa oli "perheen perinne", "lapsuuden kodin perinne", "perinne lapsuuden kodista Karjalan Kannakselta" jne. Tästä ilmenee selvästi, että monet vastaajat tiedostivat syvästi juuri perheen ja suvun yhteenkuuluvaisuutta korostavat arvot.

Useimpien joulutapojen arvomaailma ei käy selville vastauksista. Olisi tunnettava ne käsitykset, tiedot tai luulot, mitä joulunviettäjillä oli tapojensa historiasta ja alkuperästä, sillä loppujen lopuksi pelkkä totuus ei merkitse mitään, vaan se mitä luullaan todeksi.

Joulutapojen takana olevien arvojen selvittämiseksi olen tutkinut joukon aikakauslehtiä, joiden perusteella selvitän myös tapojen uusinta historiaa.[142]

Lehdistön ja lehtimiehen tehtävän näen kahtalaisena. Ensinnäkin lehtimies on kulttuurimme jäsen ja sen tulkitsija. Hänessä on myös enemmän kuin vain kipinän verran taiteilijaa, ja niinpä hän pystyykin tulkitsemaan sosiaalisen elämän virtauksia ja myös arvostuksia selvänäköisemmin kuin tavallinen ihminen. Toisaalta hän pyrkii myös aivan selvästi manipuloimaan yhteiskuntaa, ohjaamaan joulutapoja suotuisaksi katsomaansa suuntaan.[143]

Seuraamani lehdet ovat kauttaaltaan naistenlehtiä. Tutustumiseni eräisiin muihin lehtiin on vakuuttanut minut siitä, että joulun asenteiden mittausta on suoritettava naistenlehtiä lukemalla.[144]

Seuraamani lehdet edustavat tyypillisesti porvarillista ideologiaa — tätä en tarkoita niinkään poliittisesti, vaan sosiaalisesti. Valintani on tietoista, sillä tutkimani väestö on myös tyypillisesti porvarillista.

Myöskin monet kansatieteilijät innostuvat usein ennen joulua tällaiseen lehtimiehen rooliin. He hylkäävät tutkijan kriittisen asenteen, ja ryhtyvät tunteenomaisesti tulkitsemaan ja markkinoimaan joulutapoja. Siksipä käsittelen myös heidän aikakauslehdistössä ilmaisemansa mielipiteet joulun folkloreen kuuluvina.

---

143 Klapper 1966 s. 550: Kulttuurin arvot määräävät tiedotusvälineitten sisältöä ja nämä taas kääntäen vaikuttavat kulttuurin arvoihin.

144 Niistä kuvastuvat tavallisen naisen arvot, Peterson, Jensen ja Rivers 1965 s. 143

2. Joulu

2.1. Joulunäytelmän kulku

2.1.1. Ensimmäinen näytös, joulun odotus

2.1.1.1. Puitteet

Joulua odottaessa näytelmä ulottuu enemmän kuin joulun muissa näytöksissä myös kodin ulkopuolelle: kouluihin, työpaikoille ja erilaisiin yhdistyksiin. Pikkujouluihin kokoonnutaan työtovereina, yhdistys- tai aatetovereina. Monissa näistä tilaisuuksista myös aikuiset omaksuvat lapsenomaisen roolin. He panevat päähänsä tonttulakin. On myös täysin julkisen sektorin näyttämöä. Kodeissa korostuvat perheenjäsenten roolit. Lapset eivät anna lahjoja eivätkä täten edes leikillä viesti tasa-arvoa vanhempien kanssa. Pikkujoululahjoja jakavat vain aikuiset.

2.1.1.2. Ilmaisukeinot

2.1.1.2.1. Ensimmäisen näytöksen sisältö

Hoosianna (The Hosanna)

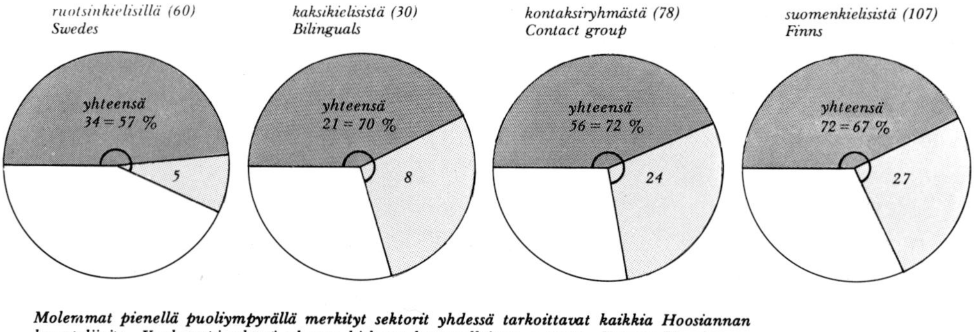

Molemmat pienellä puoliympyrällä merkityt sektorit yhdessä tarkoittavat kaikkia Hoosiannan kuuntelijoita. Vaaleampi sektori edustaa kirkossa kuunnelleitten osuutta. Kotona Hoosiannaa kuunnelleiden tai laulaneiden ruotsin- ja suomenkielisten kriittinen suhde on 0.78. Ero ei ole merkitsevä.

Hoosianna oli kaikissa ryhmissä melko yleinen ohjelmanumero. Osa vastaajista kävi vartavasiten adventtikirkossa tai adventtikonsertissa Hoosiannaa kuuntelemassa.[1] Kaikkiaan 154 vastaajaperhettä joko lauloi,[2] soitti[3] tai kuunteli[4] Hoosiannaa

[1] Ruotsinkieliset kävivät vähemmän kuin muut, mutta tämä johtuu ilmeisesti siitä, että ruotsinkielistä jumalanpalvelusta ei järjestetty ensimmäisenä adventtina. Suomenkielisiin kirkkokuoroihin kuului viidestä perheestä joku tai joitakuita, ja heidän oli jo tästäkin syystä osallistuttava kirkollisiin tilaisuuksiin.

omassa kodissaan. Eräs perhe oli niin innostunut, että he sekä kävivät kirkossa että vielä lauloivat kotona yhteisesti Hoosiannan.

Suurin osa Hoosiannaa kuunnelleista seurasi sitä kuitenkin radion tai television välityksellä.

Pikkujoululahjat (Pre-Christmas gifts)

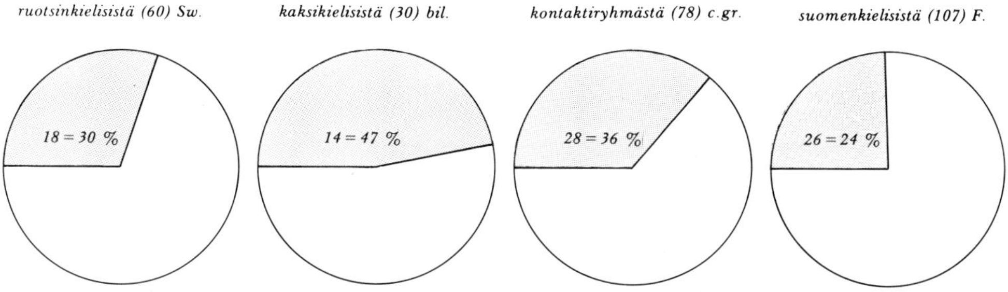

Kriittinen suhde ruotsin- ja suomenkielisten välillä on 0.79. Ero ei ole merkitsevä.

Vastauksista ilmenee, että pikkujoululahjat jaettiin yleensä varsinaisena pikkujouluiltana, joksi käsitettiin ensimmäisen adventin aattoilta. Pikkujoululahjojen jako oli kaikissa ryhmissä harvinainen tai melko harvinainen tapa. Kolme vastaajaa kertoi, että he olivat harrastaneet tätä tapaa lasten ollessa pieniä. Tapa esiintyi tutkimusjouluna kaikkiaan 86 vastaajaperheellä. Näistä 29 perhettä jakoi lahjoja kaikille perheenjäsenille,[5] kaikki muut vain lapsille.[6] Eräs perhe ei jakanut lahjoja lapsilleen vaan lastenlapsilleen.

Eräs vastaaja kertoi pikkujoululahjojen jakotavasta. Heillä äiti osti jokaiselle lahjan ja asetti sen katettuun kahvipöytään kunkin kohdalle.

Vastaajat luonnehtivat lahjojaan useimmiten halvoiksi ja hauskoiksi.[7] Kolme kertoi annetun makeisia[8] ja vain kahdeksan piti lahjoja hyödyllisinä.

---

2 17 perhettä lauloi Hoosiannaa kotona. Yhdessä perheessä lauloi vain äiti ja muut kuuntelivat. Muut perheet lauloivat yhdessä. Näistä yksi kertoi, että he lauloivat moniäänisesti. Monet lauloivat pianon säestyksellä. Yksi vastaaja kertoi lauletun "radion kanssa kilpaa". Yksi perhe lauloi Hoosiannaa pyhäkoulujuhlassa.

3 Kaksi perhettä soitti äänilevyä ja yksi magnetofonia. Muutamat soittivat pianoa.

4 Radiosta ja televisiosta. Muutamat opettajat kertoivat, että he joutuvat kuuntelemaan Hoosiannaa koulussa. "Viran puolesta", sanoi eräs, joka ei tainnut olla Hoosiannan ihailija. Kaikki nämä pakkokuuntelijat olen jättänyt tilastoista pois.

5 Kolme perhettä jakoi myös vierailleen, yksi perheenjäsenten lisäksi mummolle ja vaarille, yksi myös perheen koiralle.

6 Kolmen vastaajan mielestä sopiva ylin ikäraja oli 10 vuotta, kaksi kannatti 18 vuoden rajaa, ja eräässä perheessä oli 20-vuotias lapsi saanut pikkujoululahjan. Yhdessä perheessä, joka jakoi vain lapsille, oli kolme lasta: 20-, 21- ja 22-vuotiaat.

7 65 sanoi niitä halvoiksi, 61 hauskoiksi. Näistä yksi täsmensi, että he antavat "pieniä ja hauskoja" lahjoja.

8 Yksi perhe kertoi jaetun suklaapukkeja, toisessa saivat lapset adventtikalenterit ja makeisia.

Valvojaiset (Yule-tide vigils; Christmas preparations)

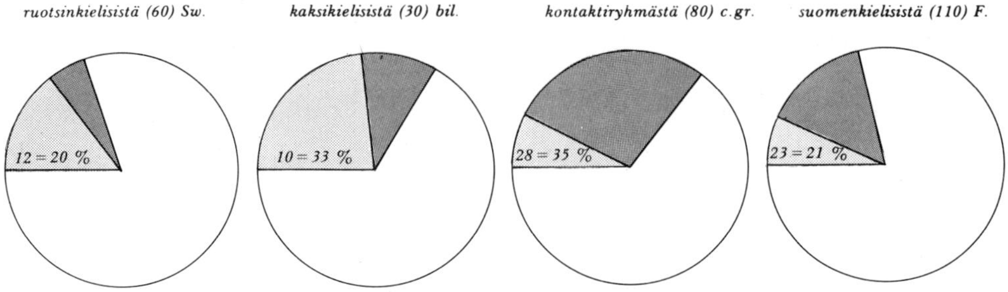

Vaaleampi sektori tarkoittaa niitä valvojaisia, joihin osallistui muitakin kuin perheenjäseniä. Molemmat sektorit yhdessä osoittavat kaikkia valvojaisia. Suomen- ja ruotsinkielisten kriittinen suhde kaikkien valvojaisten suhteen on 0.14. Ero ei ole merkitsevä.

Valvojaisia vietti yhteensä 73 vastaajaperhettä. Tapa oli kaikissa ryhmissä harvinainen tai melko harvinainen. Kieliryhmien kesken ei ollut merkitsevää eroa.[9]

Vain 26 perhettä osallistui ystäväpiirin keskeisiin valvojaisiin. Muiden valvojaiset olivat perheen keskeisiä.[10] Osa vastaajista kertoi, että vain naiset osallistuivat valvojaistouhuun. Toisinaan olivat myös miehet ja lapset mukana. Ehkei tehokas työskentely tainnut ollakaan näissä tilaisuuksissa kaikkein tärkeintä, vaan rattoisa yhdessäolo.[11]

Työtäkin silti tehtiin. Valmistettiin joululahjoja, käsitöitä, makeisia ja koristeita. Melko monet mainitsivat piparkakkutalon teon.[12]

Muutakin ohjelmaa oli toisilla,[13] toisilla taas ei.[14]

Lucia

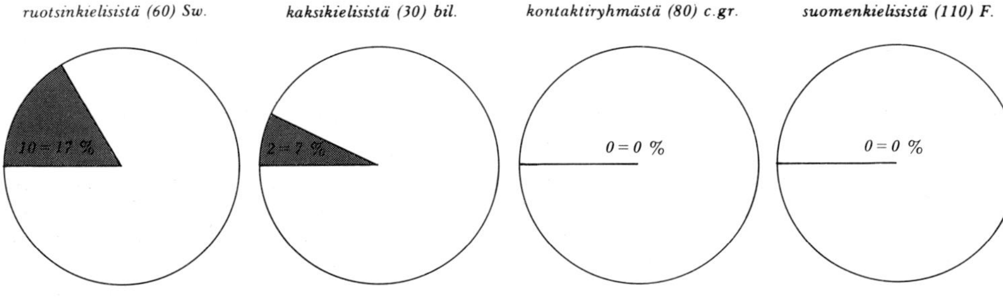

Kriittinen suhde ruotsin- ja suomenkielisten välillä on 3.47. Ero on erittäin merkitsevä.

Tutkimusjouluna oli lucia kaikkiaan kahdessatoista perheessä, joista kymmenen kuului ruotsinkieliseen ja kaksi kaksikieliseen ryhmään. Yhdelläkään suomenkielisellä tai kontaktiryhmän perheellä ei ollut luciaa, mutta erään ruotsinkielisen perheen tytär-lucia saapui myös naapurissa asuvaan kontaktiryhmän perheeseen varhaisena aamuhetkenä ilahduttamaan heitä.

Yhdeksässä ruotsinkielisessä perheessä oli varhemmin ollut lucia, mutta he olivat sittemmin luopuneet tavasta — yleensä syynä oli tyttären varttuminen isoksi. Voim-

---

9 Lisäksi oli vastaajia, jotka kertoivat osallistuneensa valvojaisiin "tidigare", "aikaisemmin" tai osallistuvansa niihin "ibland", "joskus".

10 Eräs vastaaja kertoi, että heillä oli sekä ystävien keskeisiä että vain perhepiirissä vietettyjä valvojaisia.

me siis laskea, että ruotsinkielisen ryhmän 60 perheestä 19 eli noin joka kolmas oli joko varhemmin harrastanut tai nyt harrasti lucia-tapaa,[15] eivät kuitenkaan kaikki ruotsinkieliset perheet, vaikka heillä olisikin ollut sopivanikäisiä tyttäriä. Ruotsinkielisistä vastaajaperheistä 13:lla oli 16-vuotiaita tai tätä nuorempia tyttäriä eikä heillä kuitenkaan ollut luciaa.[16]

Lucioitten iät vaihtelivat suuresti. Nuorimmat olivat alle vuoden vanha ja 2-vuotias. Molempien äidit toimivat avustajina. Vanhimmat tytär-luciat olivat 24- ja 25-vuotiaat. Eräässä perheessä nuori aviovaimo toimi luciana, kun ei vielä ollut lapsia. Valtavasti suurin osa lucioista oli kouluiässä.

Lucia oli aina valkopukuinen.[17] Viidellä oli punainen nauha vyötäisillään ja kuudella kynttiläkruunu päässään. Kahdella lucialla oli kiiltonauha kruunun korvikkeena. Neljällä ei ollut mitään pääkoristetta. Jokaisella lucialla oli elävä kynttilä joko kädessään tai tarjottimella. Alle vuoden vanhasta mainittiin, että kynttilää ei sytytetty turvallisuussyistä.

Kuudella lucialla oli seurueessaan mukana valkopukuinen tähtipoika tai useampia, kolmella neito — lukumäärät riippuivat tietenkin veljien ja sisarten lukumäärästä. Kaikki luciat tarjosivat jotakin perheelle. Yksi tarjosi teetä, muut yksitoista kahvia. Yhdeksän tarjosi juoman vanhemmille sänkyyn, kolme tavalliseen aamukahvipöytään.

Kymmenen lucian ilmestyessä laulettiin. Yksi vastaaja sanoi alleviivatusti "absolut ingen sång" (ehdottomasti ei mitään laulua). Kuusi kertoi lauletun "Santa Luciaa", yksi joululauluja. Yhden perheen lauluna oli "Goder morgon här inne".

Lucia-menot tapahtuivat aamuvarhaisella Lucian päivän aamuna eli 13.12. kaikissa muissa paitsi yhdessä perheessä, jossa lucia saapui perheen vakiintuneen tavan mukaisesti neljä päivää myöhemmin perheenäidin syntymäpäivänä.

Kysyin, miten kauan lucia-tapa oli ollut käytössä eri perheissä, ja mistä tapa oli omaksuttu. Eräässä tapauksessa oli tavan opettanut ruotsinmaalainen äidinäiti. Eräs toinenkin perhe oli omaksunut sen suoraan Ruotsista. Kahdeksan ruotsinkielisen ryhmän perhettä kertoi, että tapa oli ollut heillä käytössä jommankumman, useimmiten äidin, lapsuudenkodissa. Neljän kaksikielisen perheen äidit olivat itse lapsuu-

---

11 Lasten kanssa puuhattiin. "Hobbykvällar med barnen", sanoi eräs kaksikielinen vastaaja ja luonnehti näitä siis lasten kanssa vietetyiksi askarteluilloiksi. Toisen kaksikielisen kuvauksesta käy ilmi, että työskentelypuoli jäi lähinnä äidin harteille muiden puuhatessa muita askareita ja katsellessa televisiota: "Mamma jobbar, de andra pratar, ser på TV och lagar varma smörgåsar o.dyl."

12 "joululahjoja", "julklappar", "julprydnader och gotter", "snask", "pepparkakshus och juldekorationer", "julpynt och pepparkakshus", "prydnader, godsaker, julklappar", "handarbeten", "handarbeten och klappar", "käsitöitä ja joulukoristeita".

13 "olika spel", "levymusiikkia", "kuunnellaan radiota", "radio ja äänilevyt", "musiikkiohjelmaa", "radio ja kahvia". Yksi kertoi, että seurattiin televisiota.

14 "ystävien kesken, ei ohjelmaa", sanoi yksi.

15 Muutamat vastaajat perustelivat lucian puuttumista. Eräs kertoi, että heidän tyttärensä toimii aina luciana, mikäli hän vain on kotona. Nyt hän kuitenkin oli opiskelemassa. Kolme kertoi, että he harrastivat tapaa tytärten ollessa pieniä, lähinnä kansakouluiässä. Erään tavasta jo luopuneen perheen tyttäret olivat 12-vuotiaita. Heitä siis jo pidettiin tai ehkä he itse pitivät itseään liian vanhoina toimiakseen lucioina. Monet myös valittivat, ettei heillä ollut tytärtä. Erään perheen isän kotona oli ollut lucia, mutta perheessä ei ollut tytärtä jatkamaan perinnettä.

16 Eräs vastaaja ilmoitti, ettei lucia kuulunut kummankaan vanhemman perheperinteisiin, joten he tuskin olisivat ottaneet tapaa käyttöön, vaikka olisi ollutkin tytär.

17 Osalla lucioista oli vartavasiten tähän tarkoitukseen tehty puku. Yhdellä oli pukuna ympärille kiedottu lakana, kahdella oli paita ja kolmella yöpaita.

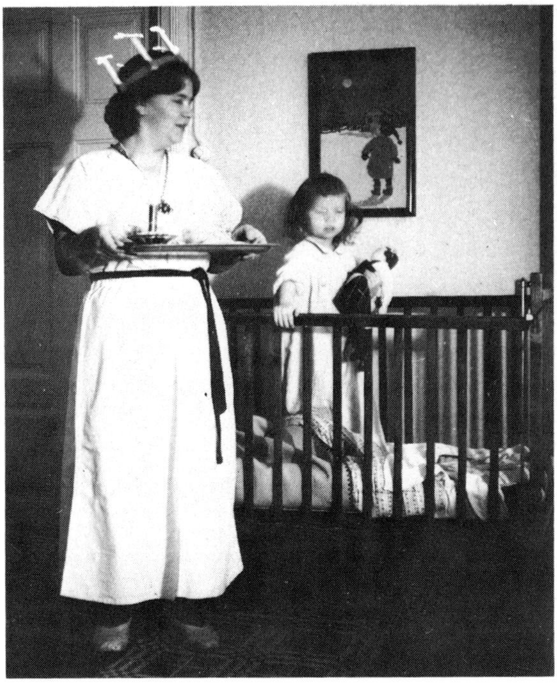

Pula-ajan lucia. Vastaaja pukeutui v. 49 luciaksi ja ilahdutti pikku tytärtään aamusella.

←

A post-war Lucia. In 1949 the respondent had dressed as Lucia to bring pleasure to her little daughter. The dress was made of sack cloth, the crown from cardboard, as well as the candles lit by flashlight bulbs.

Ruotsinkielisen koulun lucialla oli suuri seurue, kun hän esiintyi koulun joulujuhlassa.

→

The Lucia of the Swedish-speaking school had several escorts at the school Christmas party.

dessaan olleet lucioita, heistä yksi jopa koulun luciana. Yksi ruotsinkielinen vastaaja kertoi, että heillä tapa alkoi, kun tytär sai lahjaksi lucia-kruunun. Eräässä kaksikielisessä perheessä perheen lapset olivat omatoimisesti omaksuneet tavan kaksi joulua ennen tutkimusjoulua ja jatkaneet sitä.

Eräs vastaaja antoi sangen seikkaperäisen ja viehättävän kuvauksen heidän perheensä lucia-perinteen synnystä ja jatkumisesta:

"Svensk-Finlands första Lucia, Anna-Lena Stormåns, var bördig från min hemby i Karleby", hän kirjoitti. Tämän Anna-Lenan isän sisar Tekla Olin oli vastaajan kansakoulunopettaja. Opettaja näytti oppilailleen Allas Krönikaa, jonka kansikuvassa oli vastavalittu lucia. Silloin heräsi oppilaiden mielenkiinto luciaa kohtaan, josta ainakin vastaaja kuuli silloin ensimmäisen kerran. Vuonna 1949, jolloin Hufvudstadsbladet otti asian uudestaan esille, vastaajalla oli jo oma perhe ja hänen tyttärensä oli toisella vuodella. Perhe päätti yllättää tyttären Lucian päivän aamuna. Äiti esiintyi luciana. Lucian puku oli tehty vehnäjauhosäkeistä, kruunu pahvista, kynttilät oli rullattu paperista, ja niissä paloivat taskulampun polttimoista tehdyt valot, jotka vilkkuivat koko ajan elävien kynttilöiden tavoin, sillä paidan alle kiinnitetyt patterin johdot eivät pysyneet kunnolla kiinni. Kun tytär kasvoi isommaksi, hän ryhtyi perheen luciaksi. Toinen, nuorempi tytär puettiin sitten aikanaan tähtipojaksi. Laulu ja musiikki saatiin varhaiseen aamuhetkeen Ruotsin radiosta. Tytärten vartuttua isoiksi ja muutettua muualle opiskelemaan ei perheellä ole enää ollut luciaa, mutta vanhemmat ovat jatkuvasti nousseet viettämään Lucian päivän aamua. He istuvat avotakan ääressä kynttiläin valossa, kuuntelevat rakkaita lauluja ja nauttivat leivonnaisia ja piparkakkuja.

Niistä neljästä kaksikielisestä perheestä, joissa perheenäiti oli aikoinaan ollut luciana, jatkoi perheen tytär lucia-perinnettä vain yhdessä tapauksessa. Yksi vastasi, että

heidän tyttärensä on liian nuori, vain vuoden vanha, joten he eivät ole tulleet vielä ajatelleeksikaan asiaa. Kolmas rouva vietti Lucian päivää ilman luciaa tarjoamalla kotiväelle ja vieraille kahvia ja Lucian päivän pullia eli lussekatter ja polttamalla eläviä kynttilöitä.

Ruotsinkielisen koulun lucia oli varhempina vuosina joku ylimmän eli viidennen luokan tyttö. Sitten 1960-luvulla alettiin valita lucia pikkutyttöjen joukosta. Tämä lucia seurueineen juhlistaa koulun aamua varsinaisena Lucian päivänä. Kaikki olivat kokoontuneet isoimpaan luokkahuoneeseen. Valot oli sammutettu. Sitten alkoi eräs opettaja soittaa "Santa Luciaa" ja käytävästä saapui hyvin arvokkaasti valkopukuinen kulkue, jonka johdossa oli itse kynttiläkruunuinen lucia ja johon kuului vielä lucia-neitoja välkenauhat hiuksillaan ja kynttilät kädessään sekä tähtipoikia sokeritopan näköiset paperitötteröt päässään ja tähtisauvat käsissään. Tämän tilaisuuden jälkeen nauttivat opettajat luciapullakahvit.

Tämä samainen lucia-kulkue esiintyi sitten Koskelassa ruotsinkielisen koulun joulujuhlassa.

Muita kotien ulkopuolella tapahtuvia tilaisuuksia olivat pikkujoulujuhlat, koululaisten puurojuhlat ja ruotsinkielisen koulun joulujuhla.

Yhteistä kaikille pikkujouluille on havaintojeni mukaan ollut kaksi seikkaa. Aina on ollut jotain jouluista koristelua, joka ravintoloissa yleensä on joulukuusi. Toisena yhteisenä piirteenä on ollut se, että tilaisuudessa on nautittu jotain jouluista ruokaa tai juomaa, usein joulupuuroa, kinkkua tai jouluglögiä.

Jouluna 1969 kävin ruotsinkielisen koulun puurojuhlassa, joka pidettiin koululla. Hilpeän tunnelman vallitessa siellä syötiin keitettyä joulupuuroa, ja sen jälkeen saapui joulupukki tuoden jokaiselle jonkin halvan ja hauskan lahjan.

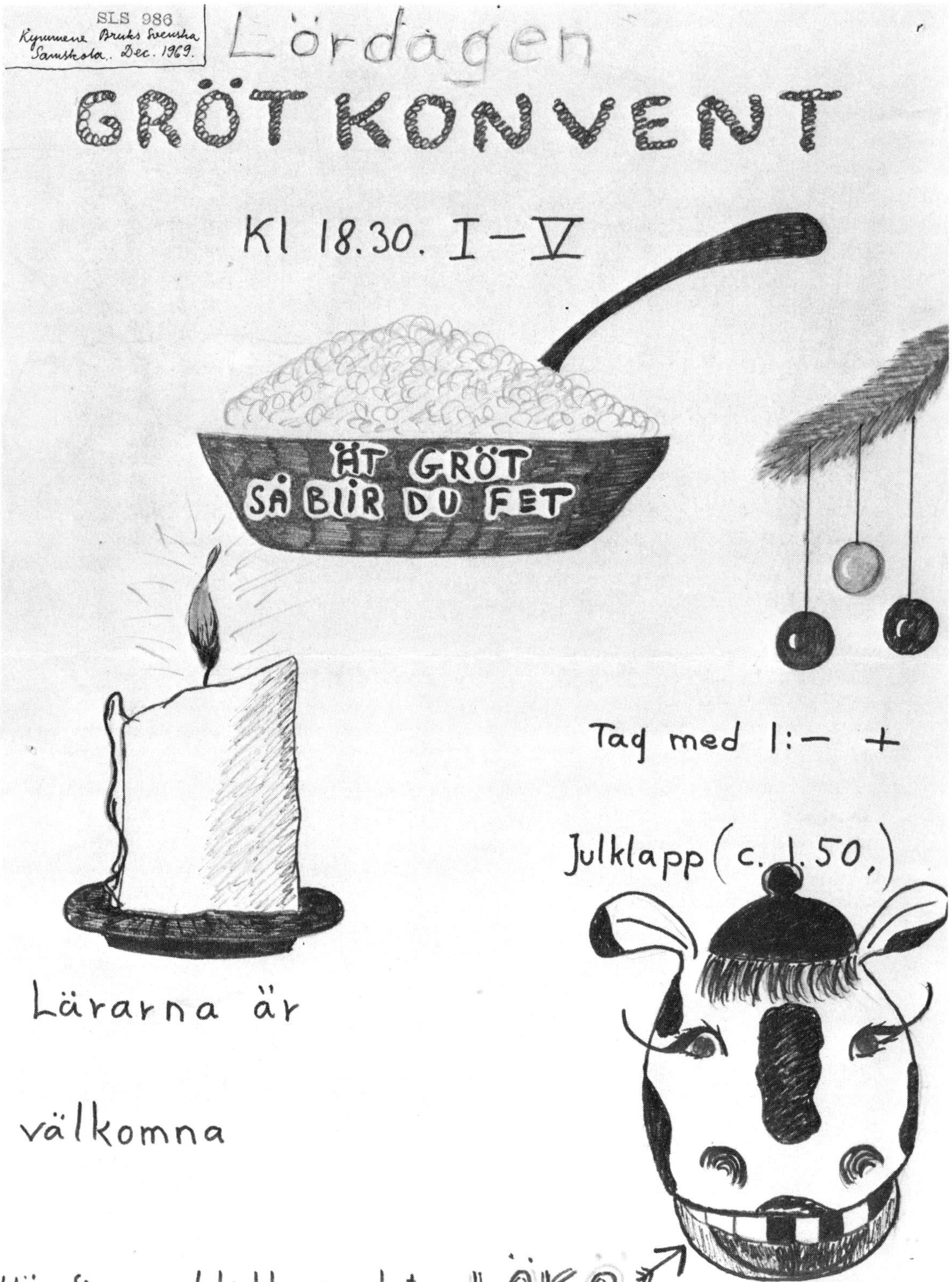
SLS 986
Kymmene Bruks Svenska Samskola. Dec. 1969.
Lördagen
GRÖTKONVENT
Kl 18.30. I–V
ÄT GRÖT
SÅ BLIR DU FET
Tag med 1:– +
Julklapp (c. 1.50.)
Lärarna är
välkomna
Här finns en Julgubbe, som heter LÖKO

←

Isommilla koululaisilla oli vielä erikseen yhteinen puurojuhlansa, joka pidettiin koululla. Ohjelmassa oli puuron syöntiä ja joulupukki. Jokaisen oli tuotava mukanaan halpa lahja. Opettajatkin osallistuivat tilaisuuteen.

The older school children had their own 'porridge party' at the school. Santa Claus came and everyone had to bring an inexpensive present. Also teachers attended the party.

Pikkujoulu on ennen kaikkea yhteisöjen, yhdistysten, työpaikkojen ja koulujen juhla. Ruotsinkielisen koulun joulujuhla vuonna 1969. Kymin Oy:n virkamiesklubin Koskelan sali oli täynnä lasten omaisia.

Pre-Christmas parties are most often arranged by institutions, associations, companies and schools. The Kymi Kymmene Staff Club was full of the children's parents and relatives at the Christmas party of the Swedish-speaking school in 1969.

Koulun joulujuhlaan kuuluu olennaisena osana näytelmä.

A play is an essential part of a Christmas party in a school.

Ruotsinkielisen koulun joulujuhlassa pääsivät kaikki lapset esiintymään. He lauloivat yhdessä pitkään harjoitellun joululaulujen potpourin. Katsomon etupenkit oli varattu pikkuveljille ja -siskoille.

All children performed at the Christmas party of the Swedish-speaking school singing a pot-pourri of Christmas carols. They had been practicing it for a long time, and in the audience their little brothers and sisters listened to it in the front row.

Koulun joulujuhlassa on väliaika, jolloin vanhemmat nauttivat kahvia. Lapsille on jäätelöä, ja he nauttivat sen eri tiloissa.

Intermission in the school Christmas party. The parents are served coffee, and the children ice cream in a different room.

Joululahjat

Joululahjojen ostamisen ja valmistamisen selvittämiseksi järjestettiin Kymmene Bruks Svenska Samskolassa ja Folkskolassa ainekirjoitus, johon osallistuivat kaikki yhteiskoulun viisi luokkaa ja kansakoulun ylin luokka. Lapsia oli viisikymmentä, luokkia kuusi. Aineen nimi oli "Hur vi köper och gör julklappar".

Aineista kävi ilmi, että eri perheitten joululahjatavat olivat sangen samanlaisia ainakin mitä lasten hankintoihin tulee. Lapset hankkivat lahjan jokaiselle perheenjäsenelle, myös isovanhemmille ja muillekin sukulaisille. Kaikki saivat vanhemmiltaan joulurahan, jolla suorittivat ostoksensa. Lähes kaikki valittivat tavaroiden kalleutta. Monet tiesivät kertoa pennilleen joka ostoksensa.

"När vi skall köpa julklappar, försöker mamma säga att vi skall köpa sådant som också kan ha nytta av. Men man ser någon förtjusande liten sak och tänker: 'den skulle lillebror eller syster vilja ha.' Och så köper man den helt raskt", kertoi eräs yhteiskoulun kolmannen luokan tyttö heräteostoksistaan.

Muutamat taas suunnittelivat ostoksensa hyvinkin tarkoin ja kävivät etukäteen kysymässä hintoja. Eräskin kertoi, miten pettynyt hän oli, kun hänen valmiiksi katsomansa kaunis kenkälusikka olikin jo myyty. Toinen taas pettyi muuten suunnitelmissaan:

"En gång, när jag såg att pappas rakvattenflaska var slut, kom jag och tänka på att en ny skulle vara en ganska bra julklapp åt honom. Följande dag gick jag och köpte den, och glad i hågen gick jag hem. Efter ett par dagar märkte jag till min fasa, att en ny rakvatten-flaska hade hamnat på den gamlas plats. Jag gick tillbaka till butiken och förklarade vad som hänt, och dom var hyggliga, och lät mig byta ut flaskan."

Tämä oli erään yhteiskoulun toisen luokan tytön kertomus.

Toinenkin pikkutyttö kiitti kärsivällisiä myymäläapulaisia. Rahat eivät tahtoneet riittää joululahjoihin, ja niinpä ystävällinen myyjätär lähti varastosta asti etsimään ja löysikin sopuhintaisen ja miellyttävän esineen.

Hyvin monet mainitsivat, miten hauskaa on paketoida lahjat kotona. Eräs kolmannen luokan tyttö kertoi, että hän purki kaikki kaupan paketit:

"Expediten packeterar in det i ett grant papper med en lockig rosett, varpå jag rafsar upp det igen när jag kommer hem och packar om det. Det bästa av allt är ändå att packa julklapparna. Jag brukar packa in allas julklappar också de som mina föräldrar har köpt, utom mina egna förstås. Det är härligt att slå in dem och sedan knyta någon konstnärlig rosett som kronan på verket. Jag brukar också skriva en liten vers av något slag på paketet."

Muutamista aineista kävi selville, että perheissä oli kunkin perheenjäsenen tapana kirjoittaa toivomuslista. Lapset kyselivät myös vanhemmiltaan, mitä nämä haluaisivat. Eräs toisen luokan tyttö kertoi:

"Mamma önskar oftast byglar eller pannlappar... Pappa vet inte riktigt vad han skulle vilja ha, åt honom är det väldigt svårt att köpa någonting."

Monet muutkin valittivat, miten vaikeaa oli ostaa isille ja isoille veljille.

Monia lapsia kiinnosti silti eniten, miten vanhemmat suhtautuivat heidän toivomuksiinsa. Tässä ote erään ensimmäisen luokan tytön aineesta:

"Jag tror att min pappa har köpt åt mig en ganska stor plasthäst, för det stod på min önskelista att jag ville ha en, och han hade varit i Kouvola, i den stan där det såldes såna plasthästar, och köpt en julklapp åt mig, för det sade han. Och dagen därefter då dörren till hans garderob stod på glänt, så såg jag ett fyrkantigt paket där plasthästen kanske fanns."

Aineista kuvastuu iloinen salaperäisyys. Perheenjäsenet saattoivat lähteä yhdessä ostoksille Kouvolaan, mutta sitten he erosivat kukin omille teilleen, ja lapset näkivät ilokseen isoja paketteja vanhempiensa käsissä. Kotona jokainen sulkeutui erikseen kirjoittamaan nimiä paketteihin.

Siitä mitä vanhemmat ostivat toisilleen ei juuri ole tietoa. Hyvin monet lapset kertoivat kuitenkin, että isä osti äidille hajuvettä. Lasten itse ostamista tavaroista on seuraava pikku lista:

Isälle ostettiin mm.: partavettä (suosituin isän lahja), almanakka, kenkälankkia, henkseleitä, saippuakotelo, valkea taskunenäliina, valokuvakehys, jääkiekkomaila, tuhkakuppi ja vaateripustin. Äidille lahjoitettiin: kynttilä (suosituin äidin lahja), servettejä (paperisia), suurennuslasi, jotta äiti näkisi lukea puhelinluetteloa, punaviinilaseja, kirjoja, lompakko, pesusieni, vaateripustimia, pannulappuja ja kilo rypälesokeria apteekista. Siskoille annettiin mm.: palapeli, pieni käsilaukku, suusuihke, kirjekuoria ja -paperia, pesusieni. Veljille ostettiin kuulakärkikyniä, tussikyniä ja deodoranttia. Eräs osti kaikille perheenjäsenille oman juomalasin, vanhemmille isommat kuin lapsille.

Lahjoja myös tehtiin. Isien töistä ei ole mainintoja, mutta monet äidit ja isoäidit ompelivat, neuloivat ja virkkasivat. Eräs kertoi ilostuneensa, koska täti oli pyytänyt äitiä ottamaan tarkat mitat joka lapsesta. Mitä tuli, ei ole tiedossa, sillä aineet kirjoitettiin juuri ennen joulua.

Lapsetkin tekivät lahjoja. Monet korostivat, että on nurinkurista pyytää vanhemmilta rahaa ja ostaa sitten heille. Vanhemmat ja sukulaiset arvostivat lisäksi omatekoisia lahjoja enemmän. Näin kirjoittivat monet. Lapset tekivät itse mm.:

lintulautoja, pannunalusia, tarjottimia, virkattuja tohveleita, shaalin, kaulaliinan, lapasia, neuletyynyn, tonttuja ja peikkoja.

Muutamat ostivat vaateripustimia ja päällystivät ne sitten muovilla. Eräs oppikoulun neljännen luokan poika kirjoitti iloisesti:

"Byglarna brukar jag skicka åt mina släktingar. Då jag varje jul brukar göra sådana byglar, samlas det många byglar hos mina släktingar, och deras tamburer blir ganska färggranna."

Eräs tyttö keräsi metsästä katajanmarjoja, kuivasi ne ja pani lasipurkkeihin. Monet maalasivat vanhoja lasipurkkeja, ja erilaisista mosaiikkitöistä on monta mainintaa. Kaikkein suosituin "tee-se-itse"-harraste oli perheissä aineista päätellen kynttiläin valaminen. Niitä valmistettiin usein koko perheen voimin. Tässä on pikku kuvaus:

"Hemma började vi göra ljus. Mamma hade köpt stearinpulver, som skulle smältas och sedan när det stelnade blev det fina stearinljus av det. När vi hade smält pulvret satte vi det i olika kastruller och kärl och blandade i stearinet pastellfärger så att det blev olika färger, sedan hällde vi det i runda och fyrkantiga burkar. Och när ljusen hade stelnat, tog vi det ut ur burken och ljusen såg riktikgt fina ut."

Eräs poika jakoi perheelleen joululahjoja työn muodossa. Äidille hän lupasi imeä roskat pölynimurilla joulun aikana. Lapset kertoivat myös muistavansa eläimiä: luita koiralle, loimi ja porkkanoita ratsuhevosille.

---

18 64 perhettä

19 56 perhettä

20 Yli puolet

21 Yli kolmannes, lopuista ei ole tietoa

22 Laatikot, joista yleisin oli lanttulaatikko. Tämän ohella esiintyi nauris-, maksa- ja perunalaatikkoa. Muita ruokia: kinkku, joulupuuro, rullasyltty, naurismuhennos, herneet, rosolli, kalkkuna, sianliha, sianseläkepaisti, lihaliemi ja pasteijat, kurkut, luumukiisseli, luumujälkiruoka, tortut, joulupullat ja piparkakut.

2.1.1.2.2. Jouluruokien syönti adventtiaikana
(Christmas foods during the Advent)

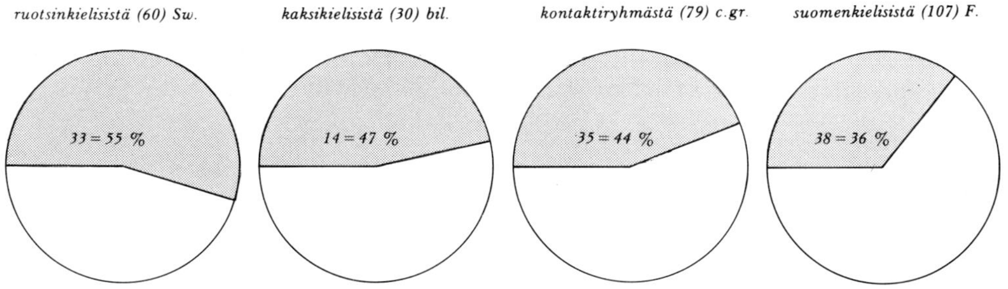

Kriittinen suhde ruotsin- ja suomenkielisten välillä on 2.62. Ero on merkitsevä.

Kaikkien kodin juhlien keskeisenä ohjelmanumerona on yleensä juhlallinen tai ainakin arkielämästä poikkeava a t e r i o i n t i . Kotien pikkujoulua viettivät toiset kuitenkin vain tavallista jouluisemmilla kahveilla, joiden yhteydessä ensi kerran syötiin joulutorttuja tai jouluisia piparkakkuja. Vajaa puolet, 120 vastaajaperhettä, söi myös joko yhtä[18] tai useampia jouluruokia.[19] Tällaisia pikkujouluaterioita oli toisilla vain kerran ja silloin yleensä nimenomaan varsinaisena pikkujouluiltana.[20] Toiset taas nauttivat jouluisia ruokalajeja ennakkoon useampaankin otteeseen.[21]

Yli puolet söi pikkujouluruokia vain perheen kesken, ja noin joka neljännellä perheellä oli myös vieraita. Lopuista ei ole tietoa.

Kaikista jouluruoista suosituimmaksi osoittautui lipeäkala. Sitä söi 79 perhettä. Muita ruokia oli kuitenkin myös runsaasti.[22] Voiton jouluisten ruokien lukumäärässä vei se vastaajaperhe, joka kertoi, että he söivät rosollia, laatikoita, puuroa, lipeäkalaa ja luumukiisseliä.

2.1.1.2.3. Adventtiajan koristeet kodeissa

Pikkujoulupuuta käytti (Pre-Christmas trees)

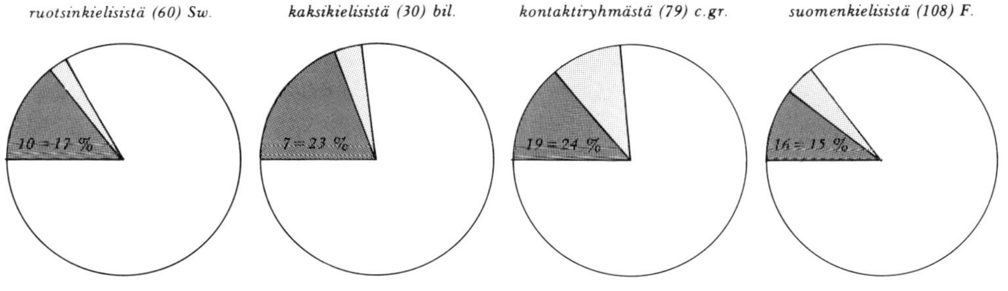

Vaaleampi sektori tarkoittaa muita puita kuin kuusia. Ruotsin- ja suomenkielisten kriittinen suhde pikkujoulupuun suhteen on 0.32. Ero ei ole merkitsevä.

Pikkujoulupuu oli kaikissa ryhmissä harvinainen koriste, eikä kieliryhmien välillä ollut merkitsevää eroa. Kaikkiaan pikkujoulupuu esiintyi 52 perheellä. Lisäksi muutamat kertoivat, että heilläkin oli ollut pikkujoulupuu lasten ollessa pieniä.

Tekokuusi ei ole Suomessa syrjäyttänyt elävää joulupuuta. Sen sijaan se esiintyy pikkujoulukuusen kilpailijana, koristeena, joka pidetään esillä koko joulun. Tämä kullanvärinen kuusi on Amerikasta.

In Finland artificial trees have not superceded real trees, but they are used as pre-Christmas decorations which are not removed until after Christmas. This golden tree is a present from the United States.

Yleisin puu oli kuusi, 35:llä. 8:lla oli kataja. Loput 9 ”puuta” olivat välistä kovinkin mielikuvitusrikkaita.[23]

Viidessä kuusessa ja yhdessä katajassa ei ollut lainkaan koristeita. Lisäksi yhdessä kuusessa oli vain kynttilöitä. Muut varsinaiset puut oli koristeltu hyvinkin monenlaisin koristein.[24]

Pikkujoulupuita perheet pitivät esillä kovin erilaisia aikamääriä vaihdellen yhdestä illasta moniin viikkoihin.[25]

Adventtikynttilät (Advent candles)

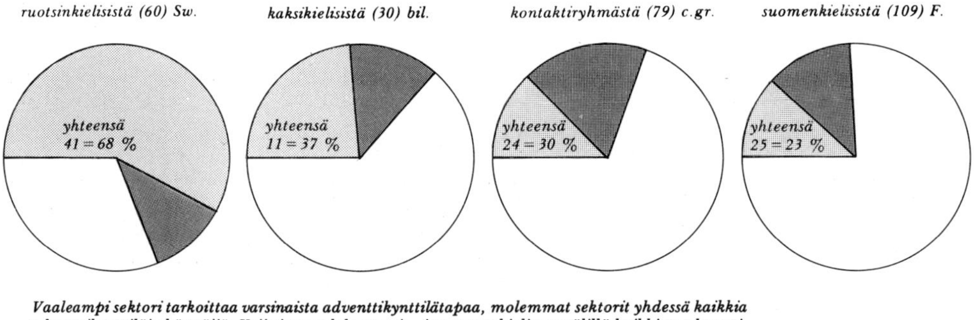

Vaaleampi sektori tarkoittaa varsinaista adventtikynttilätapaa, molemmat sektorit yhdessä kaikkia adventtikynttilään käyttäjiä. Kriittinen suhde ruotsin- ja suomenkielisten välillä kaikkien adventtikynttilään käyttäjien suhteen on 6.28. Ero on erittäin merkitsevä.

Adventtikynttilätavalla tarkoitan lähinnä tapaa asettaa varta vasten tähän tarkoitukseen tehtyyn kynttelikköön neljä kynttilää, joista ensimmäistä poltetaan vähän aikaa ensimmäisenä adventtina. Toisena adventtina poltetaan tätä ensimmäistä ja sen viereistä kynttilää. Neljäntenä adventtina palavat kaikki neljä kynttilää, ja niiden liekit muodostavat tällöin vinon viivan.

Vastaajat eivät tarkoittaneet adventtikyntteliköillään kuitenkaan lähestulkoonkaan aina varsinaista adventtikynttilätapaa. Toisilla ei ollut mitään kynttelikköä, mutta he olivat omaksuneet itse tavan ja polttivat neljää irtokynttilää, tavallisesti paksuja, värillisiä koristekynttilöitä rinnakkain. Toiset taas kutsuivat adventtikynttelikköikseen muunlaisia kynttelikköjä, joiden kynttilät he sytyttivät kaikki yhtaikaa ensimmäisenä adventtina.

Kaikkiaan oli, aivan väljästi käsitettynä, 101 vastaajaperheellä adventtikynttelikkö tai -kynttilät. Suomenkielisillä tapa oli harvinainen, ruotsinkielisillä yleinen. Neljä vastaajaa käytti irtokynttilöitä.[26] Nämä mukaan lukien oli kaikkiaan 69 nelikynttiläistä kynttelikköä tai asetelmaa. 25:ssä kynttelikössä oli vaihteleva määrä kynttilöitä.[27] Lopuista ei ole tietoa.

65 kynttelikössä kynttilät sytytettiin adventtipyhien mukaan. Kaikissa muissa ne sytytettiin yhtaikaa.

29 kyntteliköstä sain tietää niiden iänkin, kahdesta tosin vain suunnilleen.[28] Kaksi vanhinta kynttelikköä oli hankittu vuonna 1939 ja kaksi tutkimusjouluksi 1969, joten kyseessä oli edelleen leviävä tapa.[29]

Kynttelikköjen hankintatapaa yritin myös selvittää. 25 kynttelikköä oli saatu l a h j a k s i . Näistä lahjoista oli yksi tullut Saksasta ja kaksi Ruotsista. Useimmiten oli lahjoittajana kuitenkin joku sukulainen, kuten äiti tai anoppi.

O m a t e k o i s i a oli ainakin 22. (Kaikki eivät kertoneet, kuinka kynttelikkö oli hankittu.) Tekijöinä toimivat eri perheenjäsenet.[30] Loput oli joko ostettu tai niiden hankintatavasta ei ole tietoa. Yksi oli voitettu arpajaisista.

Yritin myös saada selville, mistä adventtikynttilätapa oli tullut perheeseen. Ruotsista oli lähtöisin kahden kynttelikön idea.[31] Myös aikakauslehdet olivat vaikuttaneet.[32] Yksi kertoi saaneensa idean kirjasta. Kolmen idea oli saatu ystävältä tai naa-

---

23 "Japaninlyhdyin" ja hopeanauhoin koristettu kaktus, koristepalloin somistettu kasvava appelsiinipuu, pienin kynttilöin koristettu katajanoksa, samaten kynttilöin koristettu "havunoksa", lasipalloin koristettu "tekokuusi", puinen "koristepuu", jossa oli omenoita ja kynttilöitä, kynttilöin, palloin ja hopealangoin koristettu "keinokuusi" ja "joulukuusen koristeilla" ja punaisilla kynttilöillä somistettu "sorvattu kuusi". Lisäksi yhdellä vastaajalla oli pikkujoulukuusen virassa kaksi asetelmaa, joista toisessa oli punertavin marjoin koristettuja katajanoksia ja toisessa punaruskein ikikukin somistettuja männynoksia.

24 Kynttilöitä, hopeatähtiä, latvatähtiä, palloja, suklaakelloja, "joulukuusen koristeita", sydämiä, tähtiä, kiiltonauhaa, käpyjä, hopealankaa, ikikukkia, kultapalloja, puupalloja, viininrypäleitä, "lametta", omenia sekä suklaakoristeita.

25 Vastauksista ilmenevät seuraavat "iät": yksi ilta, kaksi päivää, kolme päivää, "4—5 vrk", "pari päivää", "yli adventin", yksi, kaksi tai kolme viikkoa, "kolme ja puoli viikkoa", "jouluun asti", "koko joulun ajan", "loppiaiseen", "Nuutin päivään", "kunnes se kuivuu", "ravistumiseen asti". Yhtä ilmoitettiin pidettävän kylmällä verannalla kevääseen asti.

26 Eräs vastaaja kuvasi, että heillä oli neljä paksua, käsin tehtyä kynttilää ja toinen kertoi, että he käyttivät neljää erillistä, mutta samanlaista kynttilänjalkaa rinnakkain.

27 Kynttilöiden lukumäärä vaihteli yhdestä kahdeksaan. Monilla oli kolmi- tai viisihaarainen kynttelikkö.

28 "noin 10 vuotta sitten", "noin 15 vuotta sitten"

29 Muut hankintavuodet olivat: 1940, 1945, 1946 (2 kpl), 1949, 1953, 1955 (2 kpl), 1956 (2 kpl), 1960, 1962, 1963 (2 kpl), 1964 (2 kpl), 1965 (2 kpl), 1966 (3 kpl) ja 1968 (2 kpl).

30 Yhdeksän oli poikien tekemää, neljä äidin, neljä isän ja yksi tyttären. Muiden valmistajista ei ole tietoa. Jotkin lahjoitetuista kynttelikköistä olivat sukulaisten itse tekemiä ja lahjoittamia.

31 Toinen näistä oli ostettu Gotlannista, toisen idea oli saatu Ruotsista.

32 Yksi oli saanut idean Kotiliedessä olleen mallin mukaan, toinen kertoi valmistaneensa koristeen muttereista aikakauslehden neuvomalla tavalla. Kolmaskin oli saanut mallin aikakauslehdestä.

purilta,[33] yhden sukulaiselta.[34] Ainakin kolme oli koulussa tehty.[35] Yksi oli teettänyt kynttelikkönsä ammattikoululla. Kaksi oli ostettu myyjäisistä.[36] Yhden valmisti perheen poika nähtyään mallin kaupassa. Yksi oli ostanut kynttelikkönsä Kepplaxin kylästä. Siellä se oli tehty käsityönä. Toinen kertoi ostaneensa kynttelikkönsä Pohjanmaalta. Eräs oli tehnyt kynttelikkönsä Kokkolasta saamansa mallin mukaan. Monet kertoivat adventtikynttelikön olevan heidän perheensä perinteen.[37]

Toinen adventti. Perheen poika oli tehnyt koulussa tämän yksinkertaisen, punaisen adventtikynttelikön ja opettanut tavan perheelle.

The second Sunday in Advent. The son had made this simple red candlestick at school and taught the family the custom.

---

[33] Eräs kertoi tehneensä kynttelikön itse saatuaan idean ystäviltä. Toinen valmisti kynttelikkönsä yhdessä naapurin kanssa. Kolmas oli saanut idean naapurilta.

[34] Todennäköisesti useampia, koska niitä tehtiin 1960-luvulla ruotsinkielisessä koulussa veistotunnilla.

[35] Eräs oli nähnyt koristeen sisarellaan ja ostanut itselleenkin.

[36] Näistä toiseen oli saatu malli Ahvenanmaalta.

[37] Yksi sanoi, että se oli heidän perheensä vanha perinne. Toinen perhe oli hankkinut adventtikynttelikön omaan kotiinsa heti ensimmäiseksi jouluksi lapsuudenkodin perinteen mukaisesti. Yksi kertoi, että heidän perheessään oli ollut adventtikynttelikkö jo lapsuuden kodissa Kannaksella. Yksi vastaaja selitti, että he olivat ostaneet kynttelikkönsä "jostakin vuonna 1964" eivätkä muistaneet mistä. Se ei ollut heille perinteinen koriste.

[38] Yhdellä ruotsinkielisellä perheellä oli ruokahuoneen ikkunassa puusta ja kuusenhavuista valmistettu, silkkinauhoin ja kynttilöin koristettu seppele. Se otettiin esille adventtina ja pidettiin esillä yli joulun. Se oli ostettu kaupasta. Suomenkielisessä ryhmässä oli yksi vuonna 1966 omaiselta lahjaksi saatu muovinen seppele, jossa oli punaiset silkkinauhat, neljä kynttilää ja lasipallot. Sekin otettiin esille adventtina ja pidettiin esillä joulun loppuun. Se riippui kattokruunusta. Kontaktiryhmässä oli paikallisella sepällä rautavanteesta ja neljästä mutterista valmistettu seppele, joka päällystettiin jouluksi kuusen- tai katajanoksin. Se riippui neljästä punaisesta nauhasta olohuoneen katossa, koristeena välistä ikikukkia, välistä joulukuusen palloja ja välistä piparkakkuja. Idea oli saatu ystävättäreltä, joka oli saanut sen saksalaisilta sukulaisiltaan.

Adventtiseppeleet

Adventtiseppeleitä koskevalla kysymyksellä yritin selvittää, oliko saksalaismallinen riippuva seppele, jonka neljä kynttilää sytytetään adventtipyhien mukaan, levinnyt paikkakunnalle. Kävi ilmi, että riippuva kynttiläseppele oli vain kolmella perheellä, eikä kukaan sytyttänyt kynttilöitä adventtipyhien mukaan.[38] Adventiksi kahdeksan perhettä asetti esille erilaisia seppeleitä, joita he itse nimittivät adventtiseppeleiksi. Niitä kaikkia pidettiin esillä yli joulun.[39]

Jouluseppele tai adventtiseppele asetetaan usein esille ensimmäiseksi adventiksi. Tässä se on päällystetty katajanhavuin, ja se riippuu katosta punaisissa silkkinauhoissa. Koska kataja varisee, se on jouluksi verhoiltava uudestaan. Kynttilöitä poltetaan yhtaikaa, ei adventtipyhien mukaan.

The Christmas or Advent wreath is often used since the beginning of the Advent season. Here it is covered with juniper sprigs and hangs from red silk ribbons. Because juniper sheds its needles, it must be covered anew for Christmas. The candles are all lit at the same time, and not one at a time each Sunday.

2.1.2. Toinen näytös, joulu
2.1.2.1. Puitteet

Toisen näytöksen ehdottomasti tärkein näyttämö on koti. Ei se tietenkään aivan ehdoton ole. Ulkomaille matkusti joulunpyhiksi neljä vastaajaa.[1] Yksi vastaaja vietti joulunsa työpaikallaan, yksi perhe kesämökillään jo vakiintuneen tapansa mukaisesti,[2] yksi ystäväperheen luona. Kaikki muut kotoaan poissa olleet olivat sukulaisissa. Yksi näistä oli Pohjanmaalla ja kaksi Ruotsissa.

---

39 Yksi näistä oli eteisessä riippuva seppele, joka oli koristettu puolukanvarvuin ja saatu lahjaksi. Viisi oli seinäseppeleitä. Näistä kolme oli saatu lahjaksi, yksi niistä Ruotsista, yksi Helsingistä ja kolmas "ystävättäreltä". Yhden oli perhe itse ostanut Saksasta. Yhdellä perheellä oli seppele, joka aiemmin oli ollut seinällä, mutta sittemmin sijoitettu pöydälle. Yhdellä perheellä oli kaksi seppelettä, joista toinen oli ovessa ja toinen pöydällä. Tässä perheessä adventtiseppele oli perheenäidin lapsuudenkodin tapa. Seppeleitten materiaaleista ja koristeista mainitaan: puolukanvarvut, kävyt, silkkinauhat, lasipallot, kellot, ikikukat, katajat ja lastu.

1 Kaksi vastaajaa oli etelän mailla, mutta he palasivat pyhien jälkeen kotiin. Heidän joulunviettonsa ei joulunpyhien osalta esiinny vastauksissa. Kaksi oli sukulaistensa (suomalaisten) luona Ruotsissa, ja heidän vastauksensa on otettu mukaan niinkuin muidenkin. Lisäksi yksi perhe lähti joulujen välillä etelään.

2 Vastaaja kirjoitti: "joulunviettomme on tietty sekoitus maalais- ja kaupunkilaisjoulua, ja se on muodostunut jo perinteeksi, koska sitä on näin vietetty jo 15 kertaa (välillä vain 2 poikkeusta, kun oli aivan pieniä vauvoja, joita ei voinut viedä maalle, missä olosuhteet ovat alkeellisemmat)."

Kotona vietti joulua (At home during Christmas)

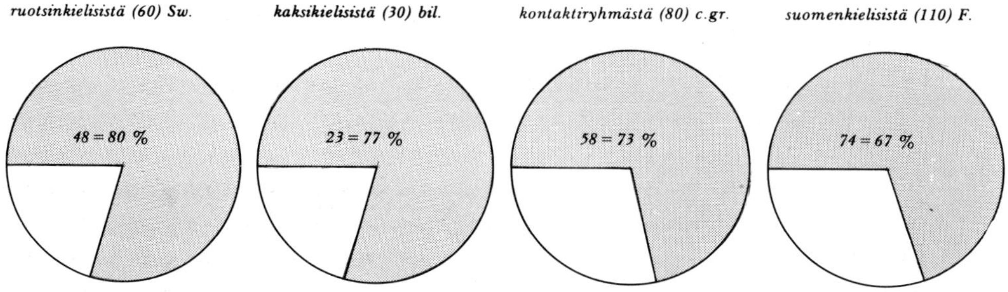

Kriittinen suhde suomen- ja ruotsinkielisten välillä on 1.86. Ero ei ole merkitsevä.

Tilastoista havaitsemme, että joulunvietto kotona oli kaikille vastaajille joko yleinen tai melko yleinen piirre. Joulunvietto sukulaisten kanssa oli myös kaikissa ryhmissä melko yleinen piirre. Tästä näkyvätkin tämän näytöksen tärkeimmät roolit ja näyttämöt.

Aina ei kuitenkaan tämä näyttämön ja roolin yhdistäminen ilmeisesti käynyt tällä tavoin päinsä. Oli tyydyttävä kompromisseihin. Vastauksista ilmenee, että varsinkin nuoret parit monessa tapauksessa matkustivat jommankumman vanhempien luo vierailulle.[3] Tämä järjestely ei ilmeisesti suju aina kitkatta, koska eräs vastaaja kirjoitti: "Tarkoituksena oli viettää aina kotijoulut kutsumalla mahdollisimman läheisiä sukulaisia luoksemme. Nyt 20 vuotta on oltu kuitenkin kotoa pois." Toisinaan lasten tulo muuttaa nuorenparin tavat. Eräs ruotsinkielinen vastaaja sanoi: "Vi har börjat julen hemma, förr firade vi julen hos släktingar. Barnen orsak." Lähes kaipaavalta kuulosti toisen vastaajan äänensävy, kun hän kirjoitti: "Mera släkt med tidigare på bådas resp. hemorter. Försökt ordna enligt tidigare traditioner."

Sukulaisten kanssa vietti joulua (Christmas with relatives)

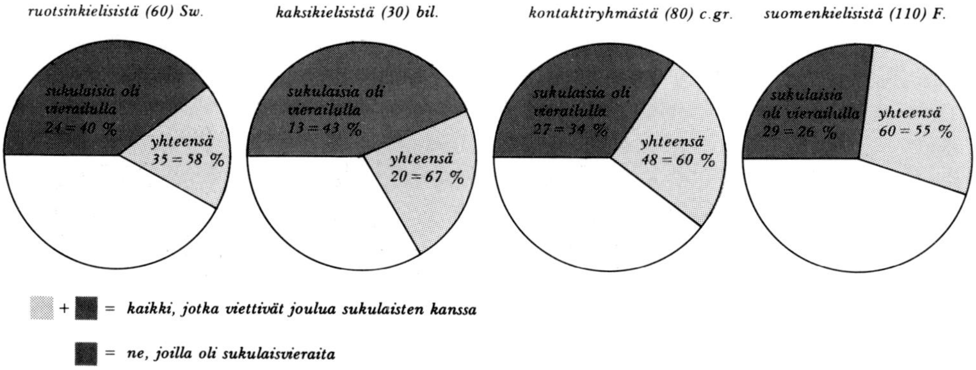

Kriittinen suhde ruotsin- ja suomenkielisten välillä sukulaiskontaktien suhteen on 0.48. Ero ei ole merkitsevä.

---

[3] "vaimon omaisten luona joka toinen joulu" oli erään suomenkielisen perheen kompromissi. Toinen perhe oli viettänyt edellisen joulunsa, ensimmäisen yhteisensä, omassa kodissaan, mutta tutkimusjouluksi he olivat matkustaneet vaimon vanhempien luo. "Joulu vietetty toistaiseksi kummankin vanhempien luona vuorotellen", sanoi eräs kontaktiryhmän vastaaja. "Olemme nuoripari ja vietämme joulun anoppilassa", selitti eräs.

Monet lähellä lapsuudenkotiaan asuvat saattoivat jouluaattona suorittaa lyhyemmän vierailun. Eräs perhe kertoi, että he söivät kotona aamupäivällä vain puuron. Kello 16 oli jouluateria miehen vanhempien luona ja kello 20 joulukahvit vaimon vanhempien luona.

Tämän jouluisen näytöksen päänäyttämö on siis koti, joko oma tai usein jommankumman lapsuudenkoti tai sitten jonkun muun sukulaisen koti.[4] Päärooli on perheenjäsenen ja sukulaisen rooli. Tämän päänäytöksen muut näyttämöt ovat julkisia. Niitä on oikeastaan vain kaksi, ja molemmat ovat luonteeltaan kirkollisia. Toinen on joulukirkko, johon mennään joko jouluaamuna tai jouluaattona iltapäivällä. Siellä oli vastaajien roolina ennen kaikkea seurakuntalaisen rooli, mutta monessa tapauksessa myös aktiivisen osallistujan, kirkkokuorolaisen, rooli. Ruotsinkielisille se merkitsi vielä enemmän. Heille jouluaaton iltajumalanpalvelus on yksi varsin harvoja ruotsinkielisiä tilaisuuksia paikkakunnalla. He voivat osallistua tähän tilaisuuteen kieliryhmänsä ja lisäksi pienen vähemmistöryhmänsä jäseninä.

Toinen julkinen näyttämö on hautausmaa. Sinne vievät kynttilänsä aattona etenkin ne, joilla on omaisia haudattuina paikkakunnalla. He kokoontuvat haudoille seurakuntalaisina, suomalaisina, karjalaisina ja tietysti suurin osa poismenneitten suvun jäsenten jälkeläisinä ja omaisina.

2.1.2.2. Ilmaisukeinot
2.1.2.2.1. Toisen näytöksen sisältö

Ystävien muistaminen

Ystäviä kävi tervehtimässä 128, ei siis aivan puolet vastaajista. Monet kävivät aattona aamulla.[5]

Joku lykkäsi vierailunsa iltapäiväänkin. Aattovierailut tahdottiin ilmeisesti varata parhaille ystäville, omaisille ja myös sairaille: "jouluaattona parhaille ystäville", "24. iltapäivällä sairaitten luona", "aattona aamulla omaisten luona". Vierailu oli lyhyt: "Toivotamme hyvää joulua ovelta aattona." Tarkoituskin välistä ilmoitettiin: "kukkia vieden".

Tervehdyskäyntejä suoritti (Calling on friends)

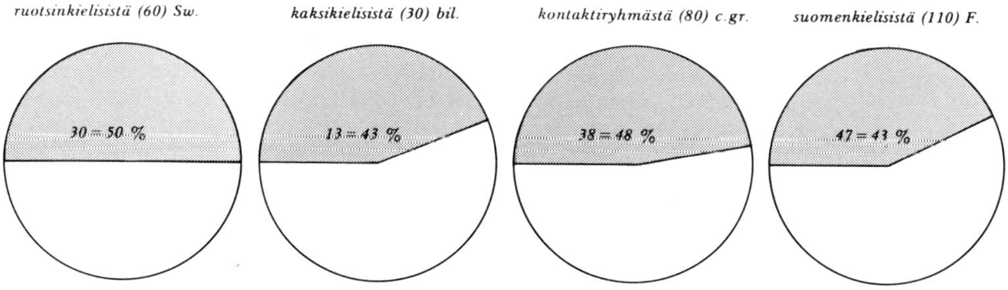

Kriittinen suhde ruotsin- ja suomenkielisten välillä on 0.91. Ero ei ole merkitsevä.

---

[4] Esimerkiksi "veljen luona maalaistalossa"

[5] "24.12. förmiddag", "julafton", "24.12. på dagen", "24. päivällä", "24. aamulla", "jouluaattona", "aattona aamulla omaisten luona", "aattona aamulla", "aattona päivällä", "24.12. päivällä", "aattoaamuna" jne.

Mutta ihmisillä on paljon ystäviä. Kaikkia ei ehdi tervehtiä aattona. Monet vierailivat useampina päivinä, tavallisimmin ennen joulua, aaton aattona ja joulua edeltävänä sunnuntaina.[6] Jotkut vierailivat jouluna tai joulun jälkeen.[7] Toisilla oli kovin epämääräisiä vastauksia vierailujen ajankohdasta.[8]

Jouluaattona suoritettavia vierailuja eivät kaikki vastaajat edes hyväksyneet. Osa oli niin ankaria, etteivät he hyväksyneet niitä lainkaan.[9] "Jouluaattona ei ensinkään", sanoi eräs suomenkielinen. Osa näki jouluaaton aamupäivän sopivaksi vierailuajaksi, mutta ei hyväksynyt enää sen myöhempiä vierailuja.[10]

Kaikkia ystäviä ei voinut itse käydä tervehtimässä. Toiset olivat liian kaukana, toiset taas eivät olleet niin läheisiä, että vierailu olisi ollut tarpeen. Näitä ystäviä ja sukulaisia muistettiin muuten. Kortteja lähettivät lähes kaikki. Itse asiassa vain 10 ei vastaustensa mukaan lähettänyt kortteja. Heistäkin toki kaikki yhtä lukuunottamatta

Lahjoja lähetti tai vei ystävilleen (Presents to friends)

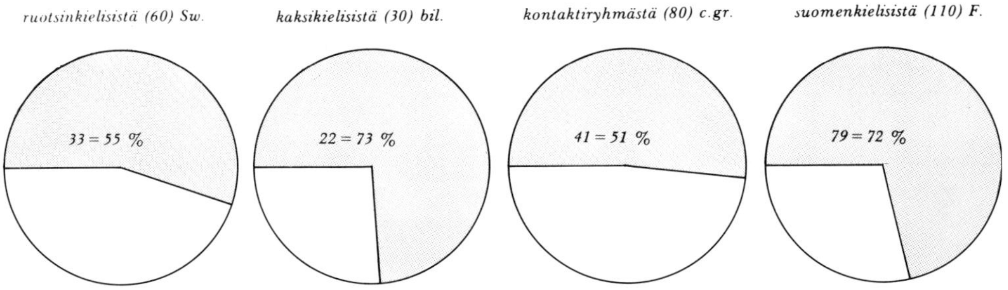

Kriittinen suhde suomen- ja ruotsinkielisten välillä on 2.18. Ero on melkein merkitsevä.

Joulutervehdyksiä suoritti puhelimitse (Telephone calls to friends)

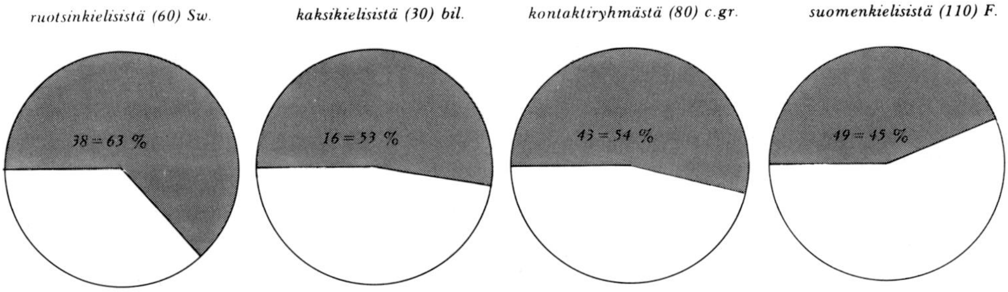

Kriittinen suhde ruotsin- ja suomenkielisten välillä on 2.4. Ero on melkein merkitsevä.

---

6 "24. iltapäivällä", "ennen 24. iltaa"

7 "dagen före julafton eller julaftonsdags förmiddag", "24.12. och söndagen före julen", "aaton aattona tai aattona aamupäivällä", "aaton aattona ja aattona", "aattona ja aaton aattona", "aaton aattona ja aattona aamulla", "tapanina ja aattona aamupäivällä", "aattona ja tapanina", "23. tai 24. varhain", "före julen", "dagen före julafton", "dan före dan", "före julafton", "före helgen", "före och under helgen", "sunnuntaina ennen joulua", "23.", "aaton aattona", "ennen jouluaattoa", "20.12.", "23.12.", "joulun alla", "22.12.", "20.12. lähtien", "ennen joulua", "pari päivää ennen joulua".

8 "mellan jul och nyår", "2. dagen jul", "jul- och mellandagarna", "annandag jul", "i mellandagarna", "under helgen", "under juldagarna", "annandag och därefter", "efter julen", "mellandagarna", "toisena joulupäivänä", "pyhien aikana", "ensimmäisenä ja toisena joulupäivänä", "25.12."

Joulukortteja lähetti (Christmas cards sent by)

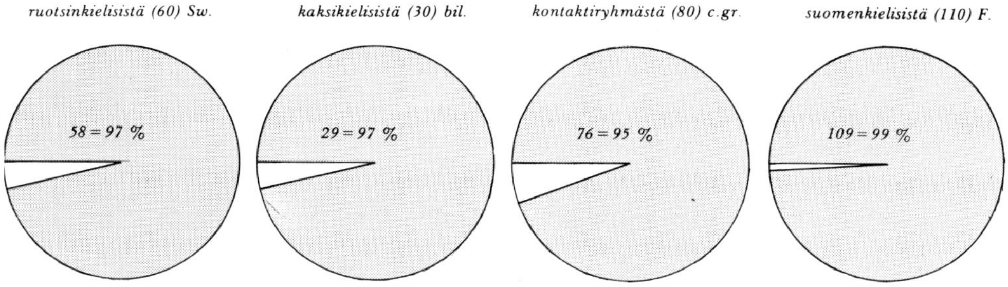

Kriittinen suhde suomen- ja ruotsinkielisten välillä on 0.97. Ero ei ole merkitsevä.

Kukkia lähetti (Flowers sent by)

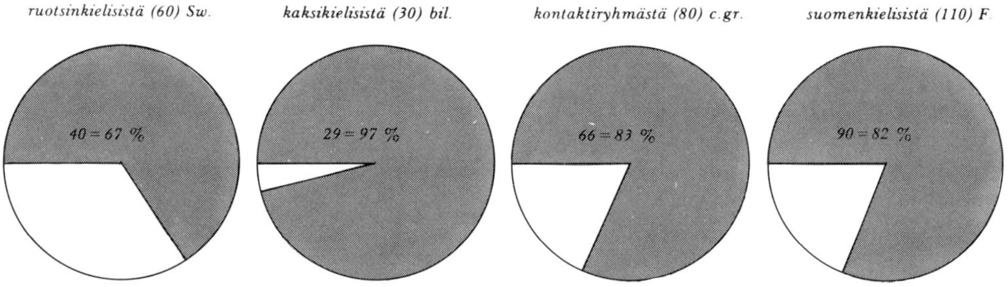

Kriittinen suhde suomen- ja ruotsinkielisten välilllä on 2.13. Ero on melkein merkitsevä.

Joulusähkeitä lähetti (Telegrams sent by)

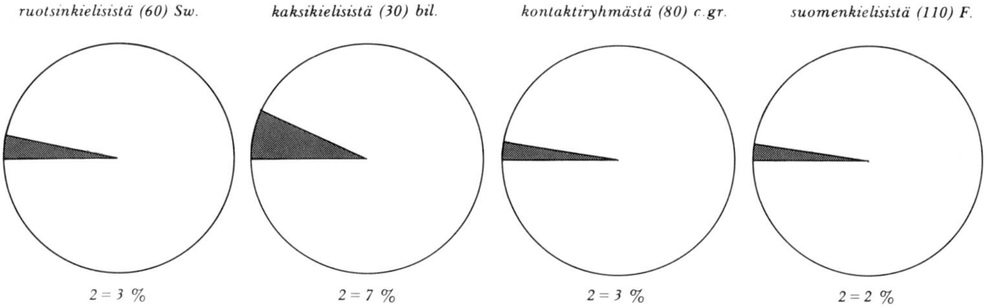

Kriittinen suhde ruotsin- ja suomenkielisten välillä on 0.57. Ero ei ole merkitsevä.

---

9 "när de bjuder", "ibland", "senare", "ei aina", "sovittuna aikana", "joskus", "eri aikoina", "toisinaan"

10 Sopimattomaksi vierailuajaksi määritettiin: "julafton", "inte julafton", "på julafton och tidigt på juldagen", "julafton e. juldagen", "julafton, juldag", "första juldagen, julafton", "på julafton, första juldagen", "varken på juldagen eller 24.12.", "jouluaattona", "jouluaattona ja joulupäivänä", "jouluaattona ei ensinkään", "ennen tapaninpäivää", "vasta tapanina", "jouluaattona ja ensimmäisenä joulupäivänä päivällä", "julafton kväll, juldagen", "jouluaaton illalla ja ensimmäisen joulupäivän aamuna", "jouluaattona illalla", "jouluaatosta kello 15 tapaninpäivään kello 10", "ennen tapaninpäivää", "jouluaatosta kello 12 tapaninpäivän iltaan", "jouluaatosta kello 16 joulupäivään kello 18", "ensimmäisenä joulupäivänä ja jouluaattona illalla", "ei ensimmäisenä joulupäivänä eikä aattoiltana".

muistivat muilla tavoin ystäviään.[11] Muuten muistettiin ystäviä ja sukulaisia kukkasin, puhelinsoitoin, lahjoin ja jopa sähkein. Puhelimella ei soitettu kaikille. Ruotsinkielisistä yksi kertoi, että he soittivat vain sisaruksille, ja eräs toinen sanoi soittavansa 1—2:lle. Neljä korosti, että soitettiin vain "till släktingar" tai "till närmaste släktingar". Myös lahjoja lähetettiin rajoitetusti.[12]

Joulusauna (The Christmas sauna)

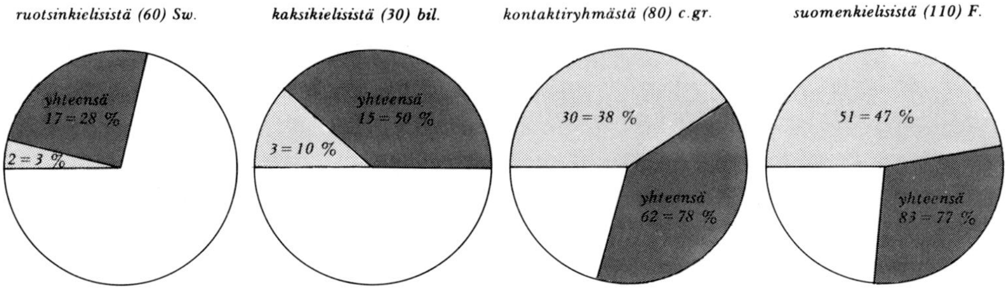

= varsinaisessa joulusaunassa aattona käyneet

+ = kaikki vastaajat, jotka kertovat käyneensä joulusaunassa. Suurempi %-luku tarkoittaa tätä kokonaissummaa.

Kriittinen suhde suomen- ja ruotsinkielisten välillä on 6.48. Ero on erittäin merkitsevä.

Joulusauna esiintyi yli puolella vastaajista, 177:llä, kun otetaan mukaan kaikki ne, jotka katsoivat käyneensä joulusaunassa. Se oli selvästi enemmän suomenkielisten ryhmien suosiossa kuin muiden. Itse jouluaattona saunoneita — ja sitähän joulusaunalla perinteisesti on tarkoitettu — oli kuitenkin vain 86 eli noin kolmannes vastaajista.

Aattona saunoneet kertoivat välistä ajankohdankin saunomiselleen.[13] Toiset kylpivät jo ennen aattoa.[14] Näistä valtaisasti suurin osa oli saunassa aaton aattona. Pari vastaajaa kertoi, että heidän kerrostalossaan oli järjestetty joulusauna aaton aatoksi. Joulun edellä saunottiin myös kutsujen puitteissa. Eräs kontaktiryhmän perhe kävi "22.12. ystävien järjestämillä joulusaunakutsuilla" ja eräs suomenkielinen "joulusaunassa maalla mummolassa". Pari kertoi käyneensä joulusaunassa joulupäivänä. "25.12. olosuhteiden pakosta", selitti kontaktiryhmän vastaaja. Aina ei toki ollut mahdollisuuksiakaan joulusaunomiseen. Eräs ruotsinkielinen vastaaja selitti, että he kyllä kävisivät joulusaunassa "om det finns tillfälle i ett stenhus med bestämda bastudagar".

---

[11] Kaksi ruotsinkielistä ei lähettänyt kortteja. Toinen heistä lähetti sen sijaan kukkia ja toinen suoritti tervehdyskäyntejä "några dagar före julen". Se suomenkielinen, joka ei lähettänyt kortteja, muisti ystäviään vierailukäynnein, kukkasin, lahjoin ja soittamalla. Kaksikielisten kortteja lähettämätön lähetti kukkia ja soitti puhelimella. Kontaktiryhmässä neljä ei lähettänyt kortteja, ja heistä yksi ei vastauksensa mukaan muistanut muutenkaan ystäviään. Hän oli ainoa. Muut kolme lähettivät kukkia ja kaksi heistä soittikin ystävilleen.

[12] "till de närmaste", "närmaste släktingar", "åt åldringar och gudbarn", "till släktingar på annan ort", "släktingar", "bara till närm. släktingar".

[13] "aamulla", "päivällä", "ennen ateriaa", "iltapäivällä", "illan suussa" "illalla", "kello 11—16", "kello 15—17", "kello 16", "kello 16—17", "kello 17", "kello 18", "aikaisin", "aamupäivällä", "kello 12—18", "kello 14—15", "kello 20".

[14] "23.12.", "22.12.", "någon dag före julen", "aaton aattona", "aattona tai aaton aattona", "21.12.", "pari päivää ennen", "pyhänä ennen aattoa".

Harras ohjelma kodeissa

Kotien hartaaseen ohjelmaan kuului 72 kodissa evankeliumin luku ja 78 kodissa virsien veisuu, kumpikin ohjelma siis vain noin joka neljännessä kodissa. Tämän ohella voimme laskea hartaanluonteiseksi myös joululaulujen laulamisen ja joulumusiikin soittamisen ja kuuntelemisen.

Evankeliumi (The Gospel)

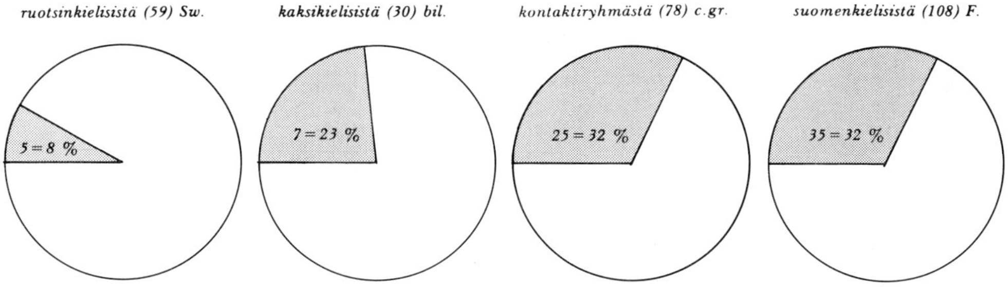

Kriittinen suhde suomen- ja ruotsinkielisten välillä on 4.14. Ero on erittäin merkitsevä.

Jouluevankeliumia lukeneista toiset ilmoittivat vain kuka lukemisen suoritti. Usein se oli isä[15] tai joku lapsista[16], välistä joku muu.[17] Aina ei ollut väliä kuka lukemisen suoritti.[18] Joissakin perheissä lukijat vuorottelivat.[19]

Jotkut vastaajat kertoivat vain evankeliumin luvun ajankohdan jouluaattona, mutteivät kertoneet kuka luki.[20]

Muut kertoivat sekä lukijan että lukutilanteen. Osa määritti ajankohdan väljästi.[21] Yksi vastaaja kertoi, ettei heillä lukeminen tapahtunut määräaikaan eikä juhlallisissa puitteissa: "äiti tai isä 'epävirallisesti' aattona tai joulupäivänä lapsille lasten kuvaevankeliumista". Monissa perheissä evankeliumi luettiin ennen jouluateriaa tai sen aluksi.[22] Parissa tapauksessa oli ateria evankeliumin lukemisen aikaa.[23] Useissa tapauksissa ateria taas päätettiin evankeliumin lukuun.[24] Eräs täsmensi kertomalla, että isä luki evankeliumin aterian jälkeen, kun kuusi oli sytytetty.[25]

---

15 "far", "perheenpää", "isä", "isä aattona"

16 "sonen", "något barn", "lapset lukevat", "joku lapsista aattona", "lapset aattona", "döttrarna på julafton".

17 "appi aattona", "isoisä aattona", "perheenäiti lukee"

18 "läsaren varierar", "joku perheenjäsen"

19 "joskus aattona, jokainen vuorollaan", "vuoroin aattona"

20 "jouluaterian jälkeen", "jouluaattona viimeiseksi", "illalla" (useita)

21 "isä illalla", "isä aattoiltana", "äiti aattoiltana", "emäntä aattoiltana", "aattoiltana, lukija ei trad.", "joku lapsista aattoiltana".

22 "tytär aattona ennen päivällistä", "joku lapsista ennen ateriaa", "isä ennen ruokaa", "äiti aterian alussa", "nuorin ennen ateriaa", "isäntä ennen ruokaa", "lapset vuorotellen ennen ateriaa", "äiti päivällisen aluksi", "isä ennen ateriaa", "lapset jouluaterian alussa", "tytär ennen ateriaa", "sisar ennen ateriaa, perinne lapsuudenkodista", "poika ennen ateriaa", "isä ennen ruokaa", "joku lapsista ennen ateriaa", "isä ennen ateriaa", "vanhin poika ennen joulupäivällistä", "yngsta sonen före middag", "nuorimmainen ennen ateriaa"

23 "isä joulupäivällisellä", "poika aaton päivällisellä"

24 "isä aterian jälkeen", "joku lapsista ruoan jälkeen", "veljen vanhin poika aterian jälkeen, kun kaikki on kunnossa", "äiti aterian jälkeen", "lapset aterian jälkeen", "far efter middagen 19-tiden"

25 Samoin "isä joulun alkaessa kello 16" ja "ett barnbarn läser när julaftonsfirandet börjar"

Vastaajat ilmoittivat myös täsmällisiä kellonaikoja.[26] Evankeliumin luku yhdistettiin lisäksi seuraaviin tapahtumiin: "isä tai isoisä kello 18—19 ennen joulupukin tuloa", "toinen lapsista ennen lahjojen jakoa", "isä glögin nauttimisen jälkeen" ja "jompikumpi aattoiltana myöhään". Lisäksi eräs oli lukenut "då barnen var mindre".

Virret (Hymns)

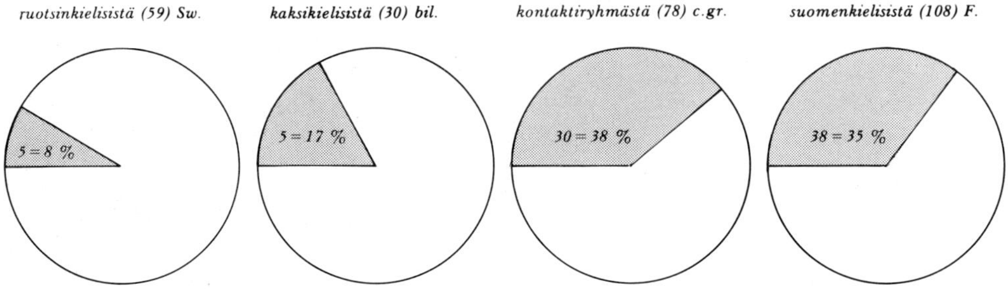

Kriittinen suhde suomen- ja ruotsinkielisten välillä on 4.56. Ero on erittäin merkitsevä.

Virsiä veisanneista perheistä 22 kuului niihin, jotka lukivat myös evankeliumia. Suurin osa kotihartauden harjoittajista siis ei harjoittanut sekä evankeliumin lukua että virsien veisuuta, vaan tyytyi vain jompaankumpaan.

Pari vastaajaa kertoi, että he lauloivat virsiä pianon säestyksellä. Virsien laulamisen ajankohdasta mainittiin myös.[27] Yksi perhe kertoi, että he lauloivat "Enkeli taivaan" aterian jälkeen.

Joululaulut

Kaikki eivät veisanneet virsiä. Oli myös joululauluja. Eräs perhe lauloi evankeliumin luvun jälkeen "Stilla natt". Toiset taas tyytyivät kuuntelemaan musiikkia. Niinpä laskenkin joululaulut, radion ja television joulun hartaan ohjelman piiriin.

Toisilla oli piano säestämässä laulua. Eräs perhe soitti joulumusiikkia nokkahuilulla. Yhdessä perheessä nuorin lapsi esitti joululaulun yksinlauluna, ja eräs vastaaja kertoi, että lasten ollessa pieniä äiti oli soittanut joululauluja pianolla.

Monet kertoivat, milloin heillä laulettiin joululauluja.[28] Vielä useammat perheet kuin ne jotka lauloivat kuuntelivat musiikkia. Levysoitin ja nauhuri mainittiin useimmiten. Jouluista ohjelmaa, ilmeisesti siis myös musiikkia, seurattiin radiosta ja televisiosta. Tosin jotkut korostivat seuraavansa näitä julkisia jouluohjelmia vain "vähän", "hyvin vähän", "jouluaamuna jumalanpalvelus", "joulurauha", "joskus".

26 "isoisä kello 17", "isä kello 19.10", "joku lapsista aattona kello 20", "lapset kello 18"

27 "på kvällen", "på morgonen", "under helgdagarna", "före julmiddag", "aterian jälkeen"

28 "aattona ja joulupäivänä", "vaimon kotona", "lahjojen jaon jälkeen", "aattoiltana", "milloin mieli tekee", "joulupyhinä", "joulun aikaan", "joulun alla", "aattona ja muulloinkin", "joulupukkia odotettaessa", "jouluaterian jälkeen", "aattona aterian jälkeen ja joulupäivinä", "evankeliumin lukemisen jälkeen", "pukille", "evankeliumin jälkeen", "eri aikoina pyhien aikana", "aatosta alkaen usein", "valitettavasti ei jouluna 69", "aattona", "adventtina ja jouluaattona", "aattona ja joulupäivänä", "aattona ja pyhinä", "pyhinä", "aattona kello 18", "yleensä joulun aikaan", "ei rajoituksia milloin", "ennen joulupukin tuloa", "pukille", "illalla", "etenkin aattoiltana", "kaikkina pyhinä", "lapselle iltalauluna joulunaikaan", "koko joulun ajan", "adventista nuuttiin", "usein", "usein lasten kanssa joulun aikaan", "aattona pukille", "pitkin päiviä", "kello 18—19". "julafton"

Lahjojen jako

Lapsille muodosti juhlan kohokohdan lahjojen jako. Muutamat vastaajat kertoivat tarkemmin ajankohdasta.[29]

Kaikilla vastaajaperheillä esiintyi joululahjoja. Periaatteessa niiden jako tapahtui kolmella eri tavalla. Oli perheitä, joille tuli joulupukki ja muutamia perheitä, joille ei tullut joulupukkia, mutta jotka silti kuvittelivat pukin tuoneen lahjat. Kolmannen ryhmän muodostivat pukittomat perheet, jotka jakoivat lahjansa monin eri tavoin.

Joulupukki voi olla lapselle riemastuttava hahmo kaikessa outoudessaan.

Overjoyed at seeing Santa Claus, strange as he looks.

Pukit

Jotensakin puolet perheistä eli 142 oli pukillisia perheitä. Tilastoista näemme myös, että kieliryhmien ero oli melkein merkitsevä. Se, että ruotsinkielisillä oli harvemmin pukki, johtunee kahdesta seikasta. Ensinnäkään paikkakunnalla ei ole ruotsinkielisiä palkkapukkeja ja toisekseen ruotsinkieliset perheet olivat, kuten jo on mainittu, keskimäärin 10 vuotta vanhempia kuin muut.

Vastauksista kävi myös ilmi, että hyvin monilla perheillä oli ollut varhemmin pukki lasten ollessa pieniä. "Julgubbsbestyret föll bort då barnen växte upp och julklapparnas antal har minskat", kirjoitti eräs ruotsinkielinen vastaaja. Toinen perhe kertoi, kuinka heidän lapsensa pieninä leikkivät tonttuja ja lauloivat pukille. Muutamat taas olivat jo toistamiseen siirtyneet joulupukin kannalle.[30] Osa suunnitteli pukin hankkimista, kunhan lapsi kasvaisi vähän.[31]

---

29 "efter maten vid kaffet", "aterian jälkeen", "klo 20—21", "illalla", "iltakahvin jälkeen", "ennen tai jälkeen syönnin". Yksi kaksikielinen kertoi, että lahjat asetettiin kuusen alle noin kello 16 ja jaettiin noin kello 20 jouluaterian jälkeen.

30 Eräs kontaktiryhmän perhe oli varhemmin jakanut lahjat kuusen alta. Nyt oli lastenlasten takia hankittu pukki. Eräs kaksikielinen perhe oli nyt hankkinut tilauspukin. Ennen lapsenlapsen syntymää perheen poika jakoi lahjat.

31 "kommer att vara pappa", "tulee uskomaan"

Joulupukki oli (Visited by Santa Claus)

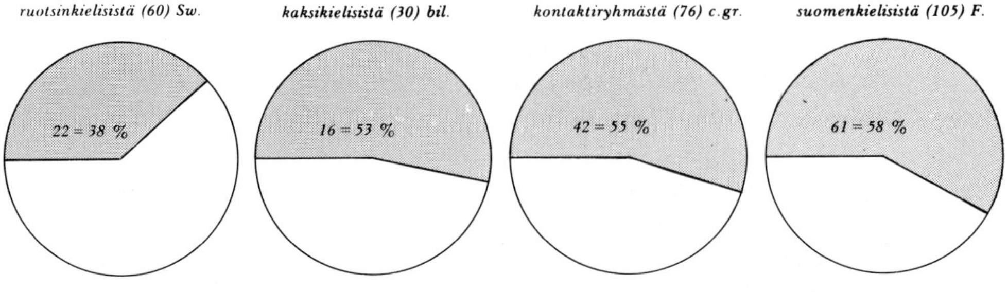

Kriittinen suhde suomen- ja ruotsinkielisten välillä on 2.5. Ero on melkein merkitsevä.

Jotensakin yhtä monella perheellä pukkina toimi perheenjäsen (42) kuin ystävä tai naapurikin (40). Palkkapukkejakaan ei ollut paljon vähemmän (38). Lopuista pukeista ei ole tietoa. Eräs ruotsinkielinen perhe ei kutsunut pukkiaan nimellä "julgubbe" tai "julbock" kuten muut vaan ruotsinmaalaisesti nimellä "jultomte". Kahdessa perheessä esiintyi naispuolinen pukki. Pukkeja oli tilattu lehti-ilmoitusten perusteella ja tämän lisäksi partiosta, ilmailukerhosta ja varuskunnasta.[32]

Joulupukki jakoi tehtävänsä mukaisesti tietenkin lahjat. Toisinaan hän ei jakanut kaikkia lahjoja. Kolme suomenkielistä perhettä kertoi, että pukki jakoi ensin osan lahjoista. Yhdessä näistä perheistä lapset avustivat. Pukin lähdettyä jaettiin sitten loput lahjat perheen omin voimin. Eräs kaksikielinen vastaaja kertoi, että pukki jakoi yhden lahjan kullekin ja jätti korin. Loput lahjat jaettiin vähitellen illan kuluessa, ja välistä jätettiin jotain seuraavaan päiväänkin.

Pukille laulettiin. Lapset myös leikkivät tonttuja ja piirileikkejä. Pukkiperheistä 60 sekä lauloi pukille että leikki tonttuleikkejä, ja kaksi ruotsinkielistä vastaajaa kertoi, että heidän lapsensa olivat tehneet niin ollessaan pieniä. Nyt heillä ei ollut enää pukkia. 12 perheessä lapset kylläkin leikkivät tonttuja, mutteivät laulaneet, ja 43:ssa perheessä laulettiin muttei leikitty tonttuja. Piirileikkejä leikittiin myös, välistä pukin tultua ja välistä pukkia odottaessa.[33]

---

32 "någon i familjen", "far", "något av barnen", "far eller större bror", "pappa", "en av husets pojkar (fullvuxna) är jultomte, som hämtar in korgen", "nuorempi poika", "poika", "yksi veljen lapsista", "vuorotellaan perheessä", "veli", "perheen pää", "äidin isä", "eno", "perheenjäsen", "isoisä", "tänä vuonna perheen poika", "vaimon veli", "oma poika", "isoisä tai muu sukulainen", "toiseksi vanhin poika", "isoisä, välistä myös isä tai tilattu", "perheenjäsen", "sisarenpoika", "perheenisä", "pienokaisen isä" (tarkoitti vastaajan omaa poikaa), "lapsen setä", "sukulainen, myös naapuri", "isä", "perheenisä", "joku omaisista", "perheenjäsen", "granne", "en väns son", "bekants studerande barn", "någon bekant", "en granne", "en bekant", "vän av familjen", "en vän", "en gosse av en grannfamilj", "joku tuttava", "naapurin setä", "joku naapuri", "naapurin isäntä", "ystävä", "naapurin poika", "isän työtoveri", "naapuri", "naapurin isäntä", "joku ystävä", "perheystävä", "eräs talon asukkaista", "joku ystävä", "bekant", "tuttu", "naapuri", "naapurin poika", "ystävä", "en hyrd gubbe", "beställd", "varuskunnan pukkipalvelusta", "tilattu vieras", "tilauspukki", "partiolainen", "partiopoika", "partiopukki", "tilattu", "tilattu lehden välityksellä", "vieras", "tuntematon", "palkattu ilm. per.", "tilattu tuntematon", "hyrt från flygklubben", "beställd scout eller någon annan pålitlig", "tilattu", "mamma", "grannens döttrar"

33 "julafton efter maten med julbocken", "tillsammans med julgubben", "då julgubben kommer", "när julbocken kommit", "ennen pukin tuloa", "pukkia odottaessa", "ennen pukin tuloa ja pukin kanssa", "pukille", "pukin tultua", "kun pukki tulee", "joulupukin kanssa", "pukille", "joulupukin saavuttua", "innan julgubben kommer", "alla dansar med julbocken"

Joulupukille kuuluu esiintyä. Voi vaikkapa soittaa huilua tonttumyssy päässä.

The children are supposed to perform for Santa Claus, e.g. to play the flute, wearing a pixie hat.

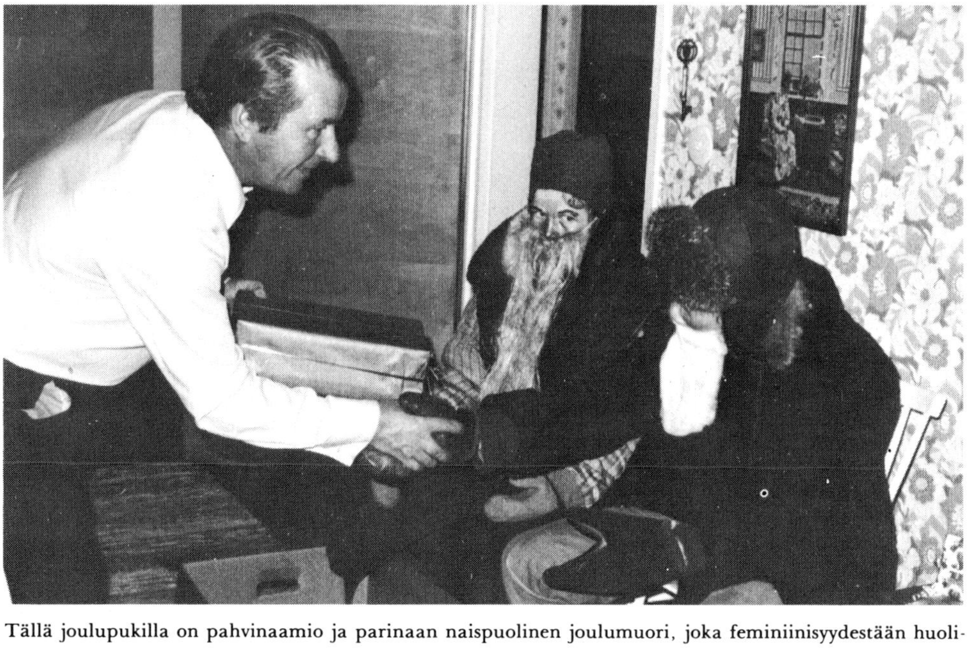

Tällä joulupukilla on pahvinaamio ja parinaan naispuolinen joulumuori, joka feminiinisyydestään huolimatta on saanut parran.

This Father Christmas is wearing a paper mask and he is accompanied by Mother Christmas, who — although a woman — has got a long beard. She is wearing a typical pixie hat, while Father Christmas is wearing an ordinary man's winter hat.

Lapset ovat joulupukkinäytelmän keskipisteinä. Tällä pukilla on iso irtonenä, tavallinen talvihattu ja huopikkaat. Perheenäiti auttaa lahjojen jaossa. Pukin kädessä oleva keppi on muistona vitsaksia kantaneesta joulupukista ja vihjaus pukin ikivanhuudesta.

The children have the most important roles in the Christmas drama. This Santa Claus has a fake nose, an ordinary winter hat and felt boots. The mother is helping deliver the presents. The stick reminds us of the time Father Christmas used to spank naughty kids, and hints at Santa's age.

Joululahjat ovat papereissa, ja yhdelle lapselle niitä voi kerääntyä ryökkiöittäin.

The Christmas presents are nicely wrapped, and one child may receive a whole pile of them.

Joulupukkiin uskottiin tai oltiin uskottu. Jo edellä siteerattu vastaaja sanoi lapsestaan, että tämä "tulee uskomaan". 201 perheessä tämä usko eli tai oli elänyt, mutta oli muitakin kannanottoja. "Nej", vastasi kaksi ruotsinkielistä, ja kolmas sanoi: "Sonen är för liten". Eräässä suomenkielisessä perheessä oli isä joulupukkina. Lapset eivät olleet koskaan uskoneet pukkiin. He sanoivat: "Joulupukkia voi leikkiä, vaikka tietää totuuden." Myös yhdessä kontaktiryhmän ja yhdessä kaksikielisessä perheessä eivät lapset olleet koskaan uskoneet pukkiin. Silti heillä oli ollut pukki lasten ollessa pieniä.

Neljä perhettä **kuvitteli, että pukki oli jättänyt korin.** Ruotsinkielinen vastaaja sanoi: "Julgubben lämnar en säck utanför dörren." Kolme suomenkielistäkin perhettä kuvitteli joulupukin jättäneen lahjat oven taakse. Yhdessä näistä perheistä lahjat sieltä haki isä, toisessa vanhin lapsista ja kolmannessa yleensä "joku", jonka tehtävänä oli samalla koputtaa merkiksi ovelle.

Muitakin tällaisia pukkiin ja tonttuihin liittyviä leikkejä esiintyi. Eräässä ruotsinkielisessä perheessä äiti lauloi ja leikki tonttua. Toisessakin saman ryhmän perheessä äiti pukeutui tonttumyssyyn ja haki korin. Tässä perheessä lisäksi "någon gåva får eventuellt sökas med ledning av versrim." Kolmannessa perheessä lahjojen jaon suorittivat "egna barn iklädda tomteluva". Myös eräässä suomenkielisessä perheessä lahjojen jakaja sai päähänsä tonttumyssyn. Yhdessä kontaktiryhmän perheessä kuviteltiin, että "kori on 'ilmestynyt' kuusen juurelle."

Pukittomissa perheissä joululahjat asetettiin usein koriin[34] tai kuusen alle. Korikin asetettiin usein kuusen alle.[35] Muutamilla perheillä oli erityinen joululahjasäkki[36] ja englantilaiset joulusukatkin esiintyivät.[37] Välistä eivät lahjat mahtuneet kuusen alle, vaan niitä oli pantava myös kuusen viereen. Pari perhettä asetti lahjansa pikku pöydälle ja yksi kasasi ne sohvalle. Muutamissa perheissä lahjojen tai korin tuonti oli salaperäinen tapahtuma.[38] Toisinaan se taas oli kaikkien yhteinen asia. "Korgen bärs in med förenade krafter."

Joulupukkina toimi (Acting as Santa Claus)

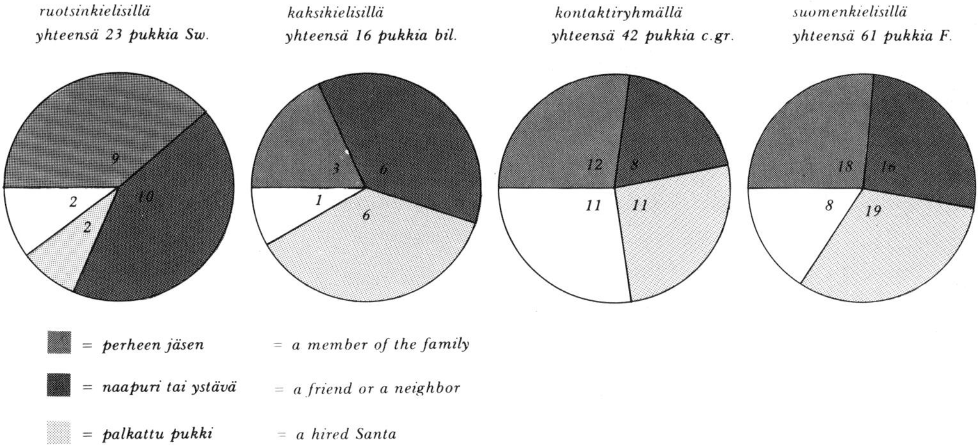

loput = ei tietoa tai epämääräinen vastaus

Kriittinen suhde suomen- ja ruotsinkielisten välillä palkatun pukin suhteen 2.69. Ero on merkitsevä.

---

34 Yhdeksällä ruotsinkielisellä perheellä oli joko "korg", "pärtkorg" tai "bykkorg", kuudella suomenkielisellä samoin, kahdella kontaktiryhmässä ja neljällä kaksikielisellä, yhdellä oli "vakka".

35 Esim. juuri em. "Kori on 'ilmestynyt' kuusen alle".

36 Kahdella ruotsinkielisellä perheellä oli erityinen joululahjasäkki.

37 Yhdellä ruotsinkielisellä perheellä oli kauniit englantilaiset joulusukat. Ne ripustettiin takan viereen ja niihin asetettiin osa pienemmistä lahjoista; toisella "en grovstickad strumpa".

38 "Vi smyger gåvorna under granen, medan barn är ute", "Far placerar dem 'smyg' under granen". Kummassakin näistä perheistä lapset olivat jo lakanneet uskomasta joulupukkiin. "Kuusen juurelle on jokainen tuonut lahjat vähän toisilta salaten." Yhden perheen kori oli ollut "piilossa komerossa".

Useimmiten lahjoilla oli joku tietty jakaja, joka hyvin usein oli joku lapsista.[39] Joissakin perheissä kaikki yhdessä toimivat jakajina.[40] Jakaja saattoi myös vaihtua vuorovuosina niinkuin yhdessä suomenkielisessä perheessä. Välistä eivät vastaajat kerro miten jako tapahtui.[41]

Toisissa perheissä jokainen etsi itse lahjansa,[42] ja yhdessä perheessä, suomenkielisessä ryhmässä, kukin ojensi hankkimansa lahjat lahjojen saajille. Yhdessä kaksikielisessä kodissa lahjat heitettiin huoneeseen verhon alta.

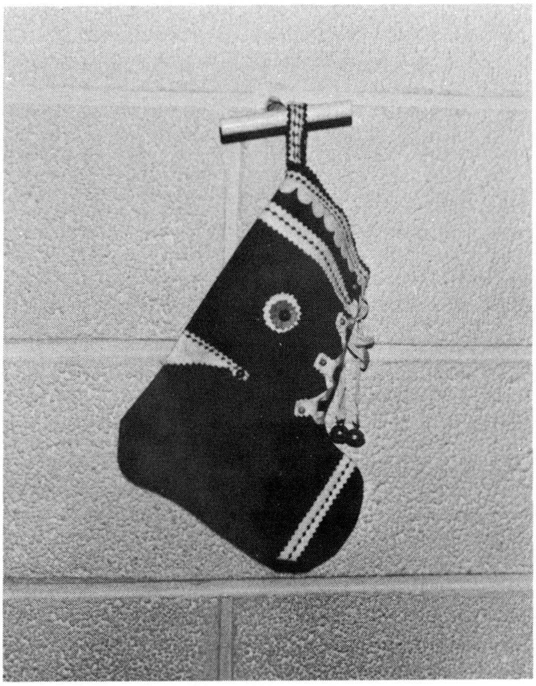

Tämä joulusukka oli tuotu Englannista, ja se oli takan yläpuolella. Siihen sijoitettiin jouluna jokin pieni lahja.

This Christmas sock was brought from England and placed above the fireplace. At Christmas a small present was placed in it.

Joulupäivän pyhitys

Joulupäivän pyhitys tarkoittaa suomalaiseen jouluun liittynyttä merkillistä ohjelmaa tai ei-ohjelmaa, itse asiassa ohjelman puuttumista, sitä että hyvien tapojen mukaan ei sopinut suorittaa vierailuja ensimmäisenä joulupäivänä.

Runsas kolmannes, 102 vastaajaa, piti nimenomaan joulupäivää sopimattomana vierailupäivänä. Näiden ohella oli myös sellaisia, jotka halusivat pyhittää joulupäivän lisäksi tai asemesta jouluaaton tai jotkin määräosat näistä päivistä. Nämä vastaukset on jo käsitelty. Vain 213 vastaajaa pystyi ottamaan kantaa tähän kysymykseen.

---

39 "mor", "far", "barn och far delar", "far och lilla syster delar", "en av ungdomarna", "utdelas av en korg av yngsta barnet", "sonen delar ut", "den yngsta i sällskapet delar ur en korg", "yngsta sonen delar ut", "sonen delar ut", "någon delar ut". Suomenkielisessä ryhmässä kuudessa perheessä nuorin oli jakajana, neljässä perheessä yleensä lapset ja nuoret, yleensä vain "joku" kahdessa perheessä. Kontaktiryhmässä isä jakoi 4:ssä perheessä, perheen poika samoin yhdessä, nuoret tai lapset yleensä 7:ssä. Perheen nuorin oli viidesti jakajana ja yleensä "joku" yhdessä. Kaksikielisessä ryhmässä yhden perheen jakajana oli perheen nuorin, yleensä lapset kolmessa perheessä, "joku" jakoi kolmessa perheessä.

40 "gemensamt ur en korg under granen", "isä, äiti ja pikkupoika yhdessä"

41 "finns under granen och delas ut småningom".

42 "var och en tar från korgen". Eräässä suomenkielisessä perheessä kukin etsi itse omat lahjansa pöydältä. Kahdessa kontaktiryhmän perheessä lahjat avattiin "vuorotellen". Isä aloitti toisessa näistä.

Sopivana vierailuaikana piti (Proper visiting time)

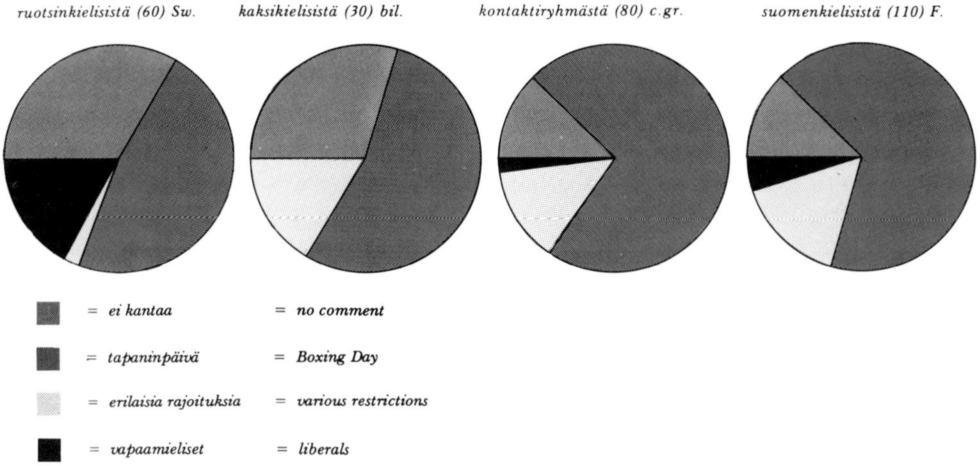

Muut joko jättivät vastaamatta tai vastasivat esimerkiksi "?", "vet inte". Suurin osa joulupäivän pyhittäjistä vastasi vain yksinkertaisesti, että vierailut eivät sovi "ensimmäisenä joulupäivänä", "25.12.", "på första juldagen", "julförstadagen". Parin mielipide oli suorastaan korostettu: "juldagen!!!", "vieras pannaa sikakoppiin". Pari taas oli muita epävarmempia: "sällan på juldagen", "esimerkiksi ensimmäisenä joulupäivänä".

Ankarimmin joulun pyhitykseen suhtautui pari ruotsinkielistä, jotka halusivat kieltää vierailut tykkänään "under Julen" ja "juldagarna".[43] Myös vapaamielisempiä kantoja esiintyi. Osa näistä vastauksista on poimittu sopivaa vierailupäivää koskevien vastausten joukosta. Muutamat eivät hyväksyneet mitään rajoituksia.[44] Muutamat näkivät, että ystävyyden läheisyys oli se tekijä, joka määräsi, voiko ystävän luona vierailla jo joulupäivänäkin.[45] Toisten mielestä ensimmäisen joulupäivän vierailut sopivat sukulaisten kesken.[46] Muutamien mielestä sairaus ja yksinäisyys muuttivat kantaa tähän kysymykseen.[47] Jotkut katsoivat, että vierailulle voi mennä ensimmäisenä joulupäivänäkin jos kutsutaan, ja näistä vastauksista kuultaa se käsitys, että vierailut onkin syytä suorittaa kutsun mukaan.[48] Joku piti ensimmäistä joulupäivää ilman muuta sopivana vierailupäivänä.[49] Epävarmemmin vastasi yksi ruotsinkielinen. Hänen mielestään vierailut sopivat "efter jul — ev. juldagarna". Parilla vastaajalla oli asiaan käytännöllinen näkemys. Toinen sanoi, että vierailut tuli tehdä "tapanina ja joulun alla, jos ehtii" ja toinen, että vierailuja ei sopinut tehdä "kesken jouluvalmisteluja".

43 Tämän lisäksi kaksi ruotsinkielistä vastasi "Annandag" ja "annandag jul", mutta ainakin toiselle heistä tämän täytyi olla lapsus, koska sama vastaaja ilmoitti, että toinen joulupäivä oli nimenomaan sopiva vierailupäivä.

44 "kun sydän käskee", "ei ole sääntöä", "sopiv. 9—22, ystäv. aina", "ystävää voi tervehtiä ajasta riippumatta milloin vain", "koska vain". Näistä viidestä yksi vielä lisäsi "aina on sopivaa".

45 "goda vänner 1:sta juldagen", "riippuu ystävistä", "aina tosi ystäviä"

46 "släktingar ren på juldagen — andra senare under helgen", "alla släktingar kom tidigare på julmiddagen på juldagen", "sukulaisia joulupäivänä, tapanina naapurissakin".

47 "sairaita ja vanhuksia milloin vain", "några fast julafton, om de är ensamma hemma"

48 "alla dagar; helst ej på juldagen, om man inte är inbjuden", "kutsun ja sopimuksen mukaan"

49 "juldag eller julannandag", "ensimmäisenä ja toisena joulupäivänä", "pyhinä ja välipäivinä", "pyhinä", "sopii pyhinä". Muutamat korostivat, että sopimatonta vierailuaikaa oli ainoastaan jouluaaton ilta.

Tapaninpäivä

Tapaninpäivää luonnehtii vastausten mukaan ennen kaikkea se, että nyt saattoi hyvin omintunnoin aloittaa vierailut myös ystävien kesken. Muutamilla oli myös ohjelmanumerona tapaninajo. Kaavakkeessa en kysynyt, **vierailivatko vastaajat tapanina,** vaan milloin on sopivaa käydä ystäviä tervehtimässä. Näistä vastauksista ilmeni, että 176 kannatti tapania sopivaksi vierailupäiväksi.[50] Yksi suomenkielinen vastaaja korosti, että tapaninpäivänä täytyykin vierailla ja kysyä: "Onko Tahvana kotona?" Tapaninajon esiintymisessä vastaajilla voimme havaita kaksi eri ilmentymää. Ensinnäkin oli niitä vastaajia, jotka ilmeisesti todella kävivät perinteisellä hevosajelulla tapaninpäivänä ja sitten niitä, jotka vastaustensa mukaan katsoivat käyneensä tapaninajelulla, vaikka ajoivatkin autolla tms. Katsoimmepa asiaa nyt kummalta kannalta tahansa,[51] havaitsemme, että tapa oli kaikissa ryhmissä harvinainen. Nyky-tavan huomioon ottaen suomenkieliset kuitenkin ajelivat tapania erittäin merkitsevästi enemmän kuin ruotsinkieliset.

38 vastaajaa kertoi käyneensä tapaninajelulla. Näistä ilmeisesti vain neljä oli ollut hevosajelulla tutkimusjouluna.[52] Muiden vastaukset olivat vaihtelevia, eikä kaikista voi olla edes aivan varma, että he olisivat olleet tapaninajelulla juuri tutkimusjouluna, vaan ehkä joskus muina vuosina.[53]

Tapaninajelulla kävi ("Sleigh rides" on Boxing Day)

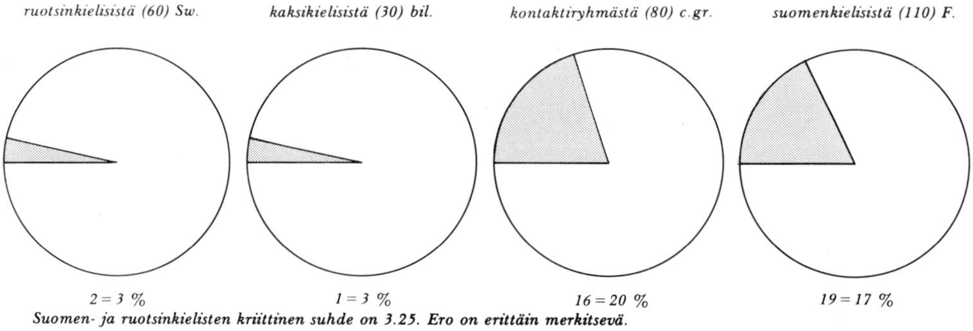

Suomen- ja ruotsinkielisten kriittinen suhde on 3.25. Ero on erittäin merkitsevä.

---

50 "på 2. dag jul", "annandagen", "annandag jul", "T.ex. annandag jul", "2. juldagen", "andra dag", "julandradag", "på annandag jul", "andradag jul", "Stefandagen", "jul annandag och mellandagarna", "fr.o.m. julandradagen", "tidigt julannandan", "tapanina", "tapaninpäivänä", "Tahvanan päivänä", "25.12.", "toisena joulupäivänä"

51 Vilkuna katsoo, että nykyinen ajelu omalla autolla tai muulla kulkuneuvolla sukulaisten ja tuttavien luo tapaninpäivänä on vanhan perinteen jatkumista uudelleen muotoutuneena. Vilkuna 1969 s. 336

52 "med släde på isen", "med häst och släde", "naapurin juoksijahevosella", "hevosella"

53 "joskus hevosella", "ennen hevosella, nykyisin autolla", "pulkalla peppumäessä" (Huom!), "autolla", "omalla autolla", "usein omalla autolla", "ajelemalla autolla kaupungissa", "ajetaan autolla maaseudulle", "vieraillaan maalla", "joskus reellä", "joskus hevosella ja autolla", "hevosella, jos menemme maalle vierailulle", "lapset osallistuvat (?)", "autolla", "autoajelu", "auto", "autolla vieraisille", "aiemmin varuskunnan hevosilla"

54 "lasten saamia pelejä koko perhe", "leikitään lasten kanssa saaduilla leluilla", "Kimple", "lasten joulujahjapelejä vanhemmatkin innolla", "pussel och julklappsspel", "spel, som barnen fått i julklapp", "lasten saamia pelejä koko perhe", "lasten uudet pelit"

55 "ääneenlukua ja pelejä enemmän kuin tavallisesti", "luetaan ja keskustellaan", "luetaan", "lahjakirjojen luku, joulupäivä omistettu näille", "lukemista", "kirjat"

Pelit ja leikit

Ainoastaan vajaa neljännes eli 67 vastaajaa kertoi joulupäivien peleistä, leikeistä ja ajanvietosta. Näistä yli puolet, 36, pelasi palapelejä "pussel", "puzzle". Lasten lahjaksi saamia pelejä pelattiin myös monessa perheessä.[54] Lahjakirjojen lukeminen oli usean perheen ohjelmassa.[55] Panttileikkejä ja arvoituksia leikittiin myös.[56] Yhdessä perheessä lapset näyttelivät pieniä kuvaelmia. Parin perheen leikit liittyivät osittain ulkoiluun.[57] Muut pelit esiintyivät vain harvemmilla vastaajilla tai vastauksista ei ilmennyt, mitä pelejä pelattiin.[58] Yksi vastaajaperhe ei muuttanut tapojaan: "samma spel som under året". Kaksi kertoi, etteivät he nyt enää pelanneet, mutta ennen kylläkin.[59]

Piirileikit

Piirileikkejä tanssi tutkimusjouluna 80 perhettä eli vähän useampi kuin joka neljäs. Lisäksi 12 vastaajaa kertoi, että he olivat tanssineet "aiemmin", "kun lapset olivat pieniä". Yksi sanoi: "skulle göra, om pojken vore äldre."

Tanssiin osallistuivat ruotsinkielisessä ja kaksikielisessä ryhmässä useimmiten kaikki.[60] Molemmissa suomenkielisissä ryhmissä tanssijoiksi mainittiin useimmiten "lapset" tai "lastenlapset".

Piirileikkejä tanssi (Ring games)

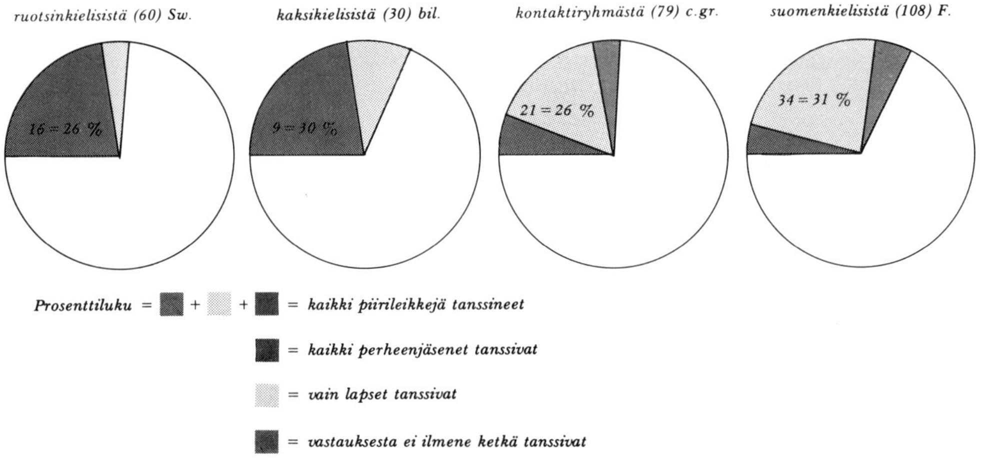

Kiriittinen suhde suomen- ja ruotsinkielisten välillä kaikkien piirileikkejä tanssineitten suhteen on 0.66. Ero ei ole merkitsevä.

56 "pussel", "pantlekar", "storkryss", "gåtor" (useita vastauksia), "arvoituksia", "panttileikkejä", "tietokilpailuja", "sananarvaamista", "canastaa, Mustaa Pekkaa, kulkurin sakkia", "Filipchen", "erilaisia seuraleikkejä", (palapelejä, arvoituksia ja panttileikkejä paljon kaikissa ryhmissä)

57 "tonttuleikit lapsille, tonttupuvut, aikuisille tonttumyssyt, jäälle tehdään 'hullunkelkka', josta saa kovan vauhdin", "jos sää sallii, rakennetaan kynttilälyhty lumipalloista, muutoin ulkoillaan"

58 "korsord", "allehanda spel", "pussel och spel" "pussel, kortspel", "pussel, bräde", "16-spel, lång dans", "olika spel", "puzzle", seurapelit", "Mahjong", "sanaristikot, arpanappulapelit"

59 "ei nyt, ennen leikittiin paljon: puzzlea, seurapelejä, halma, mahjong", "lasten ollessa pieniä heille järjestettiin jännittävä etsimisleikki"

60 "alla", "alla, som orkar", "barnen och vi", "både unga och gamla"; eräs kontaktiryhmän vastaaja kertoi, että he tanssivat "lapsen kanssa niin usein kuin mahdollista", ja eräässä kaksikielisessä perheessä tanssivat perheenjäsenten kanssa myös vieraat.

Niistä, jotka tanssivat pukin tullessa, on jo kerrottu. Muitakin tanssimisen ajankohtia esiintyi.[61] Kymmenen perhettä kertoi tanssineensa kuusen ympärillä, yksi sen vierellä. Eräs kontaktiryhmän vastaaja kertoi, että he leikkivät "Piiri pientä" ja "Tip-tapia".

Eläinten muistaminen

Kotien jouluiseen ohjelmaan kuului myös eläinten muistaminen. Sekä kotieläimiä että taivaan lintuja ja jopa oravia ja jäniksiäkin muistettiin.[62] **Lintulyhde** oli 234 vastaajalla, joten se oli yleinen joulutapa tai yleinen ulkokoriste, jos niin tahdotaan sanoa.

Lintujen joululyhde oli (Sheaves of grain for birds)

ruotsinkielisillä (60) Sw. *kaksikielisillä (30) bil.* *kontaktiryhmällä (78) c.gr.* *suomenkielisillä (110) F.*

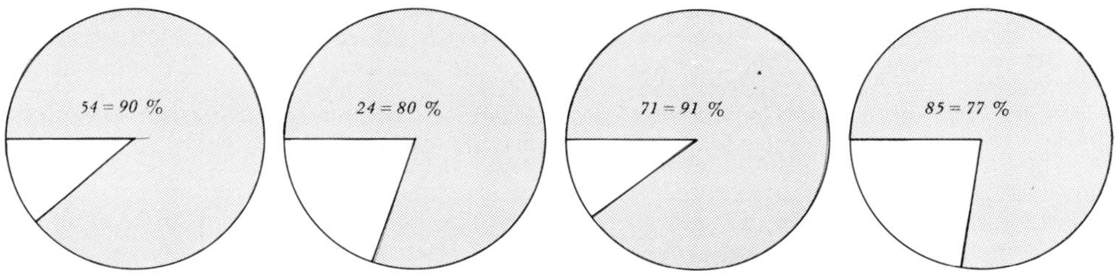

Kriittinen suhde ruotsin- ja suomenkielisten välillä on 2.29. Ero on melkein merkitsevä.

Kotien ulkopuolella oli jouluna kaksi tärkeää tilaisuutta, joulukirkko ja hautausmaa.

---

61 "aattona", "aattona ja joulupäivänä", "aattoiltana", "aattona ja molempina joulupäivinä", "käydessämme vierailulla", "milloin vain", "klo 18-19" (arvatenkin aattona), "aatosta tapaniin", "aatosta loppiaiseen", "niin usein kuin mahdollista", "senare på kvällen", "under aftonens lopp" (2 vm. ilmeisesti aattona), "aattona ja ensimmäisenä joulupäivänä", "tapanina" (tällöin olivat perheen vieraatkin mukana), "julafton" (3 vastausta), "på julafton och hela helgen", "under hela julen", "juldagarna", "när granen är klädd", "vid nyår", "när det kommer passl. musik från radion", "då flere barn kommer", "då barnen är vakna".

62 "rasvaa tiaisille", "linnuille syötävää", "lintulaudan avulla", "joskus talilla", "aina linnuille ruokaa", "lintulautoja ja talia", "lintulaudan antimilla", "koko talven on kauroja ja pähkinöitä", "lintulauta, oraville ja jäniksille porkkanoita", "pähkinöitä ja rasvaa", "lisäksi ruokitaan kautta talven". Kotieläimiäkin muistettiin: "hunden får godsaker i paket", "katten får en inpaketterad korv", "extra korv till hunden + julklapp", "hunden får två egna gåvor", "hunden får ben, nytt halsband och en ny kopp", "hunden får julklapp, konfekt, ben, leverpastej", "koira saa oman joulupaketin", "koira saa lenkkimakkaran", "makkaraa ja ruokaa", "lahjoja jaettaessa tavallista parempaa ruokaa", "akvaariokaloille tarjotaan kinkkua, mikäli syövät", "ruokaa annetaan enemmän", "ylimääräisiä herkkupaloja, hemmotellaan muutenkin", "yhtä hyvin kuin muulloinkin", "valmistetaan myös niille joulu", "BRA", "extra god mat åt hunden", "snällt", "lika snällt som alltid", "ungefär lika", "får en extra god bit"

63 Kaavakekyselyssä pyrin myös selvittämään, kuinka usein vastaajat kävivät vuosittain kirkossa. Tilastosta näkyy, että kieliryhmien välillä ei ollut merkitsevää eroa tässä suhteessa. Monet eivät vastanneet lainkaan kysymykseen. Eniten oli 2—3 kertaa kirkossa käyviä. Muutamia vastaajien kommentteja: "bara julen", "farmor 6 ggr, barnen 2 ggr", "alltid när det är svensk gudstjänst" (HUOM! Pidetään kahdesti vuodessa), "1—2 kertaa viikossa", "5—6 kertaa radiosta tai TV:stä", "harvoin, mutta kuitenkin", "harvoin", "usein ei kertaakaan". Yksi kaksikielinen vastaaja, joka kertoi käyvänsä kirkossa kahdesti vuodessa, lisäsi kommenttinaan: "Fy skam!"

Joulukirkko (Christmas church service attended by)

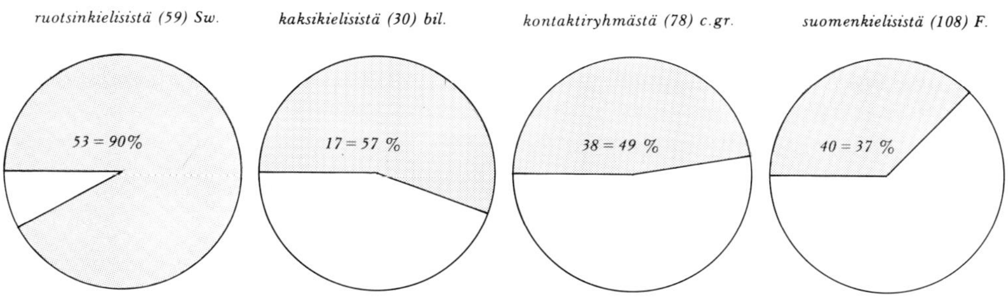

Kriittinen suhde ruotsin- ja suomenkielisten välillä on 8.67. Ero on erittäin merkitsevä.

Joulukirkossa kävi kaikkiaan 148 vastaajaa eli siis hiukan yli puolet. Kaikki vastaajat eivät vastanneet tähän kysymykseen.[63] Ruotsinkieliset kävivät erittäin merkitsevästi useammin joulukirkossa kuin suomenkieliset. Ruotsinkielinen jumalanpalvelus pidettiin Kuusankoskella ja Kouvolassa jouluaattona illan suussa. Suomenkielinen jumalanpalvelus oli molemmilla paikkakunnilla ainoastaan varhain joulupäivän aamuna. Muutamat muilla paikkakunnilla joulua viettäneet ruotsinkieliset olivat siellä osallistuneet joulupäivän aamun jumalanpalvelukseen; "julottan" he vastasivat.

Joulukirkossa käymättömyys ei välttämättä merkinnyt sitä, etteikö myös jumalanpalvelusta olisi seurattu. Muutamat seurasivat televisio-jumalanpalvelusta: "kirkossa käynti on jäänyt 'katseluun'", "joulukirkossa käynti ei kuulu jokajouluiseen ohjelmaan koska TV on tuonut kirkon kotiin."

Jouluna 1969 kävin ruotsinkielisessä joulukirkossa Kuusankoskella. Tilaisuuden jälkeen kirjoitin seuraavan selostuksen:

"Aattoillan hämärryttyä kello 17 saapuvat Kuusankosken ruotsinkieliset perheet sankoin joukoin kirkkoon. Vähitellen kirkko täyttyy lähes ääriään myöten. Mukana on myös muutamia suomenkielisiä perheitä. Kaikki saapuvat perheittäin. Isät, äidit, lapset ja muut sukulaiset istuvat vierekkäin. Kirkkoherra saarnaa ruotsiksi. Illan kohokohtana pitävät kuitenkin useimmat kirkkokuoron esiintymistä. Kuoro koostuu ruotsinkielisten perheitten jäsenistä, ja se on harjoitellut jo kauan jouluohjelmaansa. Harjoitukset ovat iltaisin, ja niiden jälkeen on useilla ystäväperheillä tapana kerääntyä yhteen jonkun kotiin juomaan glögiä ja syömään jotain pientä herkkua. Kuoro ei tietenkään yllä suurten kaupunkikuorojen tasolle, mutta omalta osaltaan sekin luo tämän jumalanpalveluksen hauskaa, kodikasta henkeä.

Hauska ei ehkä ole oikea adjektiivi jumalanpalveluksesta puhuttaessa, mutta tämä jumalanpavelus ei olekaan mikään tavallinen kirkonmeno. Nyt ovat kaikki koolla, useimmat sen ainoan kerran, minkä he vuodessa käyvät kirkossa. Nyt katsoo jokainen ympärilleen, ja tavantakaa näkyy nyökkäyksiä, hymyjä. Huulet muodostavat äänettömän "God jul"-tervehdyksen. Perheitten nuoret ovat palanneet koulukaupungeistaan. He vilkuilevat eteen ja taakse. Pojat ja tytöt hymyilevät toisilleen. Vanhemmat pukkaavat silloin tällöin lapsiaan ja hillitsevät näiden liiallista innostusta.

Jumalanpalveluksen loppuessa on kirkon ovella tungosta. Jokainen löytää jonkun, jota tervehtii kädestä pitäen. "God jul" kuuluu kaikkialta. Ihmiset hymyilevät. Autot lähtevät ja kotien joulunvietto voi alkaa.

Seuraavana vuonna kävin Kouvolan ruotsinkielisessä aattojumalanpalveluksessa, ja sen selostus oli silloin kirjoittamanani seuraava:

"Myös Kouvolan kirkossa on aattoiltapäivänä ruotsinkielinen joulujumalanpalvelus. Se alkaa jo kello 16. Sinne tulee myös suomenkielisiä perheitä, sillä varsinaista suomenkielistä aattojumalanpalvelusta ei ole. Kouvolassa on kuitenkin tunnelma toinen. Kirkossa on hyvin vähän väkeä. Siellä täällä istuu joku perhe. Kuoroa ei ole. Laulu on voimatonta, ujostelevaa. Ihmiset eivät juuri tunne toisiaan, ei tervehditä eikä hymyillä. Vaikeinta tuntuu olevan tietää, milloin noustaan ylös, milloin istutaan, milloin pää painetaan alas. Ketään tottunutta kirkossa kävijää ei tunnu olevan mukana. Kaikki vilkuilevat ympärilleen, nousevat ja istuvat, kun huomaavat jonkun muun niin tekevän."

Hautausmaa (Visiting the cemetery)

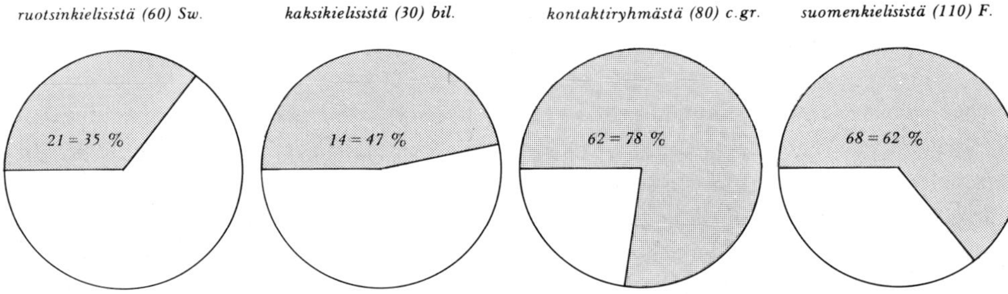

Kriittinen suhde suomen- ja ruotsinkielisten välillä on 3.48. Ero on erittäin merkitsevä.

Hautausmaalla käyntiä koskevaan kysymykseen vastasivat kaikki. 159 eli reilusti yli puolet kävi hautausmaalla. Lähes jokainen haudoilla kävijä vei sinne kynttilän, monet myös joko kukkia tai seppeleen. Vastauksista ilmeni, että vain kolme sellaista perhettä, joilla oli omaisten hautoja paikkakunnalla, ei käynyt jouluaattona hautausmaalla. Näistä yksi selitti, että sairaus esti käynnin.

Monet vastaajat kertoivat myös, että koska heidän omaisensa ovat haudattuna kauempana sijaitseville paikkakunnille, joille he eivät voineet mennä jouluaattona, he olivat sopineet jonkun sikäläisen kanssa, että nämä veivät kynttilän tai kukkia heidän omaistensa haudoille.

Hautausmaalla käyneistä 22:lla ei ollut omaisten hautoja paikkakunnalla. Heistä kaksi selitti, että he osallistuivat Kouvolan sankarihautajuhlaan ja samalla laskivat kynttilänsä Karjalaan jääneiden muistomerkille.

Kouvolan hautausmaan kappelissa pidetään joka vuosi jouluaattona hartaustilaisuus. Sen aikataulu on nivelletty sankarihautajuhlaan sopivaksi siten, että kirkonmenot kappelissa loppuvat ennen soihtukulkueen tuloa:

Kappelimenojen alkaessa on aattopäivä jo pimentynyt. Pitkin päivää ovat ihmiset jo käyneet hautausmaalla, ja satoja kynttilöitä on jo sytytetty haudoille. Itse kappelitilaisuus on lyhyt, ja sen ohjelma on keskittynyt pääasiassa poismenneitten muisteluun. Läsnä tuntuu olevan paljon niitä, joilta on äsken kuollut joku omainen. Papin puhuessa kuuluu nyyhkytystä monelta taholta.

Kouvolan sankarihautajuhlasta olen kirjoittanut jouluna 1970:

"Tämä on todellinen joka-kouvolalaisen tilaisuus. Reservin upseerit ja aliupseerit järjestävät joka jouluaatto soihtukulkueen, joka kulkee läpi kaupungin sankarihaudoille. Jo hyvissä ajoin ennen soihtukulkueen saapumista pyrkivät kaikki, joilla on omaisten hautoja, sytyttämään hautakynttilänsä, eikä todella juuri löydä kynttilätöntä hautaa. Jolleivät omaiset pysty käymään aattona haudalla, he antavat tehtävän jollekulle tuttavalle. Niinpä kokonainen kynttilämeri tervehtii tulijoita.

Yksityishautojen kynttilät ovat yleensä pareittain ja järjestyksessä kuin sotilaat. Karjalaan jääneiden muistomerkillä sen sijaan on kaiken kokoisia ja muotoisia kynttilöitä. Niitä asetellaan koko ajan, ja jos tuuli sammuttaa niistä jonkin, kiiruhtavat ympärillä seisovat sytyttämään sen uudelleen. Koko patsaan alusta on kuin ortodoksisen kirkon kynttiläalusta. Kuinka paljon kynttilöitä on, en voi sanoa. Laskin pitkälti yli sadan ja sekosin sitten laskuissani.

Sankarihaudan suuren ristin ääressä seisovat upseerit paljastetuin miekoin vartiossa. Sankarihautojen ympärillä on kunniakomppania. Vähitellen ihmismuuri heidän ympärillään tiivistyy. Sitten saapuu soihtukulkue ja asettuu hiljaisuuden vallitessa sekin paikoilleen ympäri sankarihauta-aluetta. Varuskunnan soittokunta saapuu esiin kappelista, ja torvimusiikki soittaa "Jumala ompi linnamme". Miehet paljastavat päänsä. Sotilasrovasti pitää lyhyen puheen ja rukouksen. Hän muistuttaa joulusta ja sodissa kaatuneista. Seuraa rukous ja koko yleisön yhdessä laulama "Enkeli taivaan". Tilaisuus päättyy lopulta samoin yhdessä laulettuun "Isänmaan virteen". Vähitellen soihdut sammutetaan, ja kaikki lähtevät koteihinsa."

Kouvolan sankarihauta risteineen ennen soihtukulkueen saapumista. Kaksi upseeria seisoo kunniavartiossa ristin molemmin puolin.

The Kouvola cenotaph with its cross before the torchlight procession arrives. Two officers standing guard on each side of the cross.

Kuinka usein vastaajat kävivät vuosittain kirkossa

Ei vastausta	30			
Ei koskaan	7		6—10 kertaa	29
Kerran	37		yli 10 kertaa	10
2—3 kertaa	81		muut vastaukset	7
4—5 kertaa	30	yhteensä		280

Kieliryhmien kriittinen suhde kerran vuodessa kirkossa käynnin suhteen on 1.6, ei merkitsevää eroa.

2.1.2.2.2. Joulun ruokatalous

Jouluateria

Joulun ruokataloudesta puhuttaessa kiinnittyy päähuomio itse jouluateriaan, tuohon lähes mammuttimaiseen ilmiöön, jonka toteuttamiseksi uhrataan niin paljon varoja, aikaa ja vaivannäköä. Itse asiassa mahtuu lähes kaikki joulun toisen näytöksen ruokataloudellinen puoli jouluateriakäsitteeseen. Sillä, kuten tulemme näkemään, ei monikaan perhe enää muiksi pyhiksi varusta paljon uutta ruokaa. Sama jouluateria vain toistuu ja uudistuu kahtena muuna päivänä. Ja jo itse jouluaattona voi tuon aterian nauttiminen erään vastaajan mukaan kestää tunteja, jopa 4—5 tuntia, joiden aikana lasten on välillä lupa nousta leikkimään ja aikuisten jaloittelemaan, mutta jonka ohjelma ei keskeydy. Ruokalaji vain toisensa jälkeen vaihtuu pöydässä. Voimme siis hyvällä syyllä käsitellä jouluateriaa yhtenä kokonaisuutena,[64] lähes yhtämittaisena syömisen juhlana, johon mahtuvat niin ruoat kuin juomatkin ja koko se tilanne, missä syötiin. Rohkenen jopa ulottaa joulukahvien ketjun, joka aattona aina välistä katkaisee tämän syömisen, saman otsikon, jouluaterian alle. Muut tähän lukuun kuuluvat ilmiöt, kuten muiden joulupäivien ruoka, joulun leivonnaiset ja makeiset ovat vähäisiä verrattuina itse jouluateriaan.

Periaatteessa vastaajilla esiintyi kolme eri jouluateriatyyppiä. Ensinnäkin olivat ne perheet, jotka söivät aattona vain kerran ja tällöin siis jouluaterian. Heitä oli 72. Sitten oli 92 perhettä, jotka söivät vain yhden jouluaterian, mutta nauttivat tämän lisäksi myös toisen, arkisemman aterian. Kolmannen ja vähän muita suuremman ryhmän, johon kuului 95 perhettä, muodostivat ne, jotka olivat jakaneet jouluiset ruokalajinsa useammalle juhlalliselle aterialle jouluaattona.

Kaikki perheet aloittivat jouluaattonsa tavallisilla aamukahveilla. Ne perheet, jotka söivät vain yhden aattoaterian, söivät sen kello 12—21 välisenä aikana ja heistä-

Jouluruokien jakautuminen eri aterioille jouluaattona
(Christmas dishes on Christmas Eve)

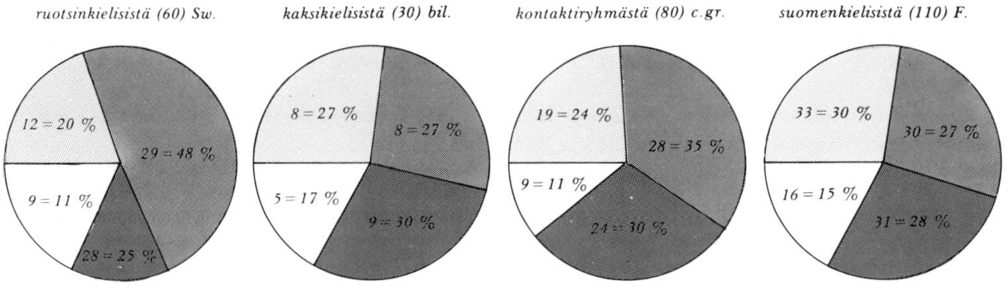

= vain yksi aattoateria = jouluateria — *= only once - Christmas dinner*

= jouluruoat jaettu useammalle aterialle aattona — *= divided between the various meals of the day*

= jouluateria ainoa jouluinen ateria, lisäksi arkisempi ateria — *= only one Christmas meal + an every day meal*

= ei vastausta tai vastaus ei selvästi tulkittavissa — *= no answer*

Kriittinen suhde suomen- ja ruotsinkielisten välillä yhden aattoaterian suhteen on 1.48. Ero ei ole merkitsevä.

kin vain kaksi ennen 14:ää ja yksi jälkeen 20:n . Puolet niistä, joiden syöntiaika on tiedossa, ajoitti tämän ateriansa kello 17—19 välillä alkavaksi.[65] Osa näistä yhden kerran syöneistä joko perusteli käytäntöään tai selosti tarkemmin tätä tapaansa.[66]

Niillä, jotka nauttivat aattona vain kerran jouluisia ruokia mutta toisen kerran muitakin, ajoittui jouluaterian nauttimisen alku kello 13—21 välille. Enemmistö, 45 niistä 58:sta, joiden kohdalla tämä aika on tiedossa, aloitti ateriansa 17—20 välillä, siis ehkä hiukan myöhemmin kuin ne, jotka söivät vain kerran.[67]

Tässä ryhmässä ainakin kolme perhettä söi varsinaisen jouluateriansa jo päivällä.[68] Muut söivät pääateriansa illalla, ja päivällä he nauttivat vähäisemmän aterian.[69]

Eniten oli siis niitä, jotka söivät aattona jouluruokia useammalla kuin yhdellä aterialla. Näistä 95 perheestä 12 jopa söi jouluruokia kolmella aterialla. 83 tyytyi kahteen jouluateriaan, mutta monet näistäkin kertoivat vielä kolmannesta ateriastaan joka kuitenkin ilmeisesti oli vaatimaton ja ei-jouluinen "aamupala", "välipala" tai "yöpala".

Söivätpä vastaajat sitten jouluruokia kahdesti tai kolmestikin päivän mittaan, on silti yleensä[70] havaittavissa, että yksi ateria oli muita tärkeämpi ja kohosi varsinaisen jouluaterian asemaan muiden jäädessä vähemmän tärkeiksi. Kaksiateriaisilla perheillä tämä tärkeämpi syöntikerta oli useimmiten illalla, joulupäivällinen. Tämän lisäksi sitten useimmiten syötiin lounas. Tavallisinta oli sijoittaa tähän lounaaseen puuro ja/tai lipeäkala, mutta näiden lisäksi esiintyivät tässä varhaisateriassa myös "dopp i grytan", välistä koko voileipäpöytä, toisinaan erilaisia voileipäpöydän ruokia ja jopa kinkku.[71]

---

64 Vertaa Wiegelmann 1971 s.12; Tolksdorf 1975 s. 288

65 Jaakkola 1976 s. 441

66 Yksi kertoi, että aamulla nautittiin vain vettä ja voileipää; toinen sanoi, ettei ollut aikaa kuin syödä vain kerran; kolmas sanoi, että jokainen saa, jos on aikaa, odotellessaan syödä välipalaa; neljäs, että syötiin vain kerran, mutta että aamulla voi ottaa "tarpeen mukaan"; viides, että tarkoituksena oli syödä vain kerran, mutta mies oli vaimon ollessa töissä jo ottanut etukäteen laatikkoa; kuudes, että kello 18 alettiin syödä ja siitä lähtien syötiin jatkuvasti; seitsemäs kertoi, että aterialla syötiin "kaikki lajit, aivan liian paljon"; kahdeksas, että heillä oli tapana syödä kaikki lajit yhtaikaa, vain lipeäkalan he olivat siirtäneet joulun alle, aattona syötiin muut lajit kerralla; yhdeksäs kertoi, että aattona "melkein paastotaan", kunnes kello 18 aletaan jouluaaton vietto glögillä, evankeliumin luvulla ja aattoaterialla; monet sanoivat yhtaikaa syötävän "kaikki aaton ruoat", "kaikki ruoat".

67 Jaakkola 1976 s. 443

68 yksi söi pääateriansa kello 13.30 ja nautti kello 21 lihalientä ja piirakkaa, toinen kello 15 jouluaterian ja kello 22 iltapalan, kolmas söi illalla "kvällsmat".

69 "saltbit", "enkel lunch", "kevyttä ruokaa", "mahdollisimman vaatimaton", "kevyt aamiainen", "tavallinen aamiainen", "kevyen aamupalan", "normaalin", "keiton", "sekavihanneskeiton", "voileipää ja salaattia", "arkipäivälounaan", "tavallisen lounaan", "lätt lunch", "lunch", "kaffefrukost", "mat", "vain kevyt välipala", "puuroaamiainen", "karjalanpiirakoita", "kevyesti, ei määrättyjä lajeja", "kevyt aamiainen", "jotain kevyttä", "makkarasoppaa", "munakas, juusto, kahvi ja sämpylä", "kevyt lounas", "tavallinen arkiateria", "lihaa sekahedelmäkeittoa", "mitä hyvänsä", "lihapiirakkaa ja lientä", "voileipää ja jotain kevyttä jälkiruokaa", "arkiaterian", "perunaa, silliä ja kaurapuuroa", "kevyen toisarvoisen aterian"

70 Eräs kolme kertaa syönyt perhe on sikäli poikkeuksellinen, että he söivät kello 10, 14 ja 18 "kaikkia jouluruokia vailla järjestystä"; vielä heistäkin vei voiton eräs toinen perhe, jota en ole tilastoinutkaan mihinkään näistä kolmesta ryhmästä. Tämä perhe söi "vaihtelevin kertamäärin kullekin mielen mukaan, usein hyvin myöhään illalla."

71 Lisäksi mainitaan erään perheen perinteinen jouluruoka paistetut munuaiset vihannesten kera, joulumakkara, piirakka, laatikoita, lohi, tuore paistettu lohi, salaatti, jälkiruoka.

Kolme perhettä söi pääaterian päivällä ja nautti sitten illalla toisen, vähäisemmän jouluateriansa.[72] Eräs perhe oli muita varhaisempi näissä toimissaan. Joulupuuron he söivät jo aamulla kello 8 ja kohta puolen päivän jälkeen iltapäivällä koko jouluateriankin.

Kolmeruokaisten perheitten ruokajärjestelmä oli, kuten voi arvatakin, kaikkein komplisoiduin. Välistä on vaikea päätellä, mikä ateria heille itselleen oli tärkein.[73]

Jouluaterialle kokoontuvat perheen eri sukupolvet. Etualalla pöydässä lanttulaatikko. Lapsilla tonttumyssyt.

All the generations gather together for Christmas dinner. In the foreground a turnip casserole. The children are wearing pixie hats.

Kaikkiaan kertyi tietoja tällaisten kaksi- tai kolmi-ateriaisten perheitten aterioitten alkamisajankohdasta 171 aterian osalta. Nämä ajoittuivat alkaviksi kello kuudesta aamulla puoleen yöhön asti. Kaksi selvää huippua muodostui kellonajoissa, toinen kello 10—12 ja toinen kello 18—20. Näinä aikoina alettiin yhteensä 99 ateriaa.[74]

Kaikkien näiden aterioiden väleihin — ja mikä myös on otettava huomioon, jouluaaton kaiken muun ohjelman lomaan — mahtuivat vielä kahvinjuonnit. Kaikki perheet joivat aamulla aamukahvin tai -teen. Kello 12—24 välillä juotiin sitten tavallisimmin kahdet kahvit. Joulukahvin juontiajat osoittivat kahta huippulukemaa. Varhaisempi oli kello 14—16 ja myöhempi kello 20—22.[75] Vastaajat puhuivat "kirkkokahvista", "joulukahvista", "torttukahvista". Jotkut kertoivat myös mitä he nauttivat kahvin kera. Mainittiin tortut, piparkakut, pulla, piirakat ja munavoi sekä konjakki.

J o u l u a t e r i a a n o s a l l i s t u i v a t nimenomaan perheet. 277 vastaajasta reilusti yli puolella, 164:llä oli myös sukulaisia jouluaterialla. Lisäksi 15:llä oli ystäviä, kahdella palvelusväkeä ja kahdella ulkomaalainen.

J o u l u p ö y t ä oli kaikissa perheissä pyritty kattamaan mahdollisimman juhlavasti. Ne, joilla oli ruokahuone, kattoivat sinne. Muut kattoivat olohuoneeseen ja keittiöön. Joku selitti, että näin oli tehtävä, koskei ollut ruokahuonetta. Eräs kertoi kattaneensa keittiöön, koska siellä oli iso pirtinpöytä. Kaksi vastaajaa aterioi sukulaistensa luona maalaistalon tuvassa ja yksi oman kesämökkinsä pirtissä. Yksi oli kattanut alakerran takkahuoneeseen, ja kaksi ruotsinkielistä söi ensimmäisen ateriansa, johon toisella kuului dopp i grytan, keittiössä. Myöhempi jouluateria oli katettu olohuoneeseen.

Useat käyttivät kattamiseen, mikäli heillä oli useampia astiastoja joko parastaan tai muuten heistä parhaiten jouluun sopivaa.

Joululiina (Christmas table cloths)

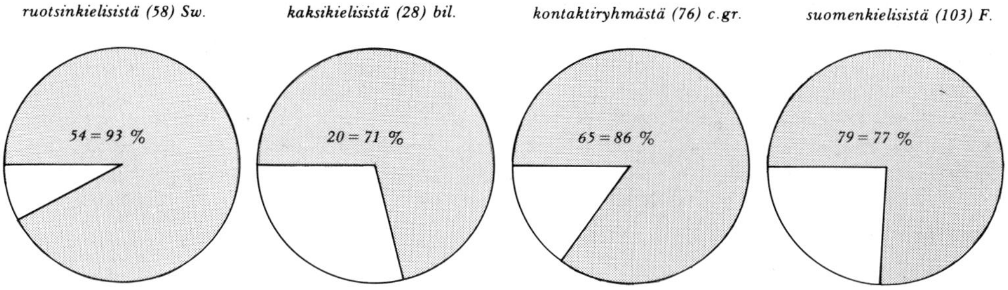

Kriittinen suhde ruotsin- ja suomenkielisten välillä on 3.08. Ero on merkitsevä.

218:lla vastaajaperheellä oli erityinen, perinteinen joululiina. Ruotsinkielisillä sellainen oli merkitsevästi useammin kuin suomenkielisillä. Joka ryhmässä oli muutamilla perheillä useampia joululiinoja. Toinen oli esimerkiksi keittiön ja toinen ruokahuoneen pöydälle. Tai isompi liina otettiin käyttöön, kun väkeä oli enemmän ja pöytää täytyi pidentää. Eräs ruotsinkielinen perhe ei käyttänyt mitään liinaa, vaan kullanvärisiä tabletteja ja toinen ruotsinkielinen perhe kattoi jouluaattona valkoiselle damastiliinalle, joka joulupäivänä vaihdettiin tummansiniseen liinaan.

Valtaosa joululiinoista oli pellavaisia. Osalle näistä perheistä pellavaliina edusti kodin perinnettä.[76] Toiseksi tavallisin materiaali oli puuvilla, sitten damasti. Oli myös neljä kertakäyttöliinaa, yksi pitsiliina ja yksi muoviliina.

---

72 Yksi söi aterian kello 15 ja nautti sitten illalla kinkkua, piirakoita, kahvia ja teetä; toinen söi jouluaterian kello 13, mutta jätti leikkeleet illaksi; kolmas söi 13-14 välillä jouluateriansa ja illalla kinkkua, lohta ja siikaa.

73 Ensimmäinen perhe kertoi vain viimeisen, kello 24 nauttimansa aterian lajit: olutta, kinkkua, lohta, mätiä ja juustoa. Toinen perhe söi "middag" kello 12 ja "supe" kello 19 ja lisäsi: "Vi dukar fram litet av mat igen en gång under kvällen kl. 21". Kolmas perhe söi aamulla puuron ja sillisalaatin, varsinaisella jouluaterialla voileipäpöydän, kinkun, laatikot ja tortut, illalla kylmiä ruokia. Neljäs söi joulupuuronsa aamukahvin kera kello 8.30, kello 12.30 oli voileipäpöytä ja lipeäkala. Päivällisen he nauttivat kello 18. Viides nautti kello 7 kahvit + dopp i grytan, kello 12 lipeäkalan ja voileipäpöydän, kello 15 taas kahvia ja dopp i grytan. Kello 19 oli varsinainen päivällinen. Kuudes söi kello 9 lohta, leikkeleitä ja joulupuuroa, kello 14 lipeäkalaa, kinkkua, sen lisäkkeitä, pasteijoita, lihalientä ja keittoa. Kello 22 tulivat sitten voileipäpöytä ja taaskin kinkku lisäkkeineen. Seitsemäs söi 9.30 joulupuuron, voileipiä ja lohta, kello 17 jouluaterian ja kello 22 ilta-aterian. Tämän lisäksi oli kinkku koko ajan esillä. Kahdeksas söi kello 14 lipeäkalan ja joulupuuron, kello 19 jouluaterian ja myöhemmin leikkeleet. Yhdeksäs söi lipeäkalan kello 12, jouluaterian kello 18 ja illalla juustot punaviinin kera.

74 Jaakkola 1976 s. 442

75 " " s. 444

76 Erään suomenkielisen perheen joululiina oli kudottu oman kotitalon pellavista. Kontaktiryhmässä oli yhdellä perheellä itse kudottu pellavaliina. Kolmas kertoi, että heidän liinansa oli "rohdinpellavista".

Jouluiina ei useinkaan ole kirjottu. Tässä iso pellavaliina jouluiinana.

The Christmas table cloth was often undecorated. Here a large linen table cloth.

Värit vaihtelivat suuresti. Kaikissa muissa paitsi kontaktiryhmässä liinan tavallisin väri oli valkoinen. Kontaktiryhmäläiset suosivat ennen kaikkea punaisia liinoja. Kaikkiaan 216 liinan väri kävi selville. Näistä oli valkeita 71, punaisia 56[77] sinisiä 21,[78] luonnonvärisiä 21, erilaisia puna-valkokirjavia 17,[79] vihreitä 6, vaaleita 5,[80] harmaita 2, kirjavia 11.[81] Lisäksi oli muita värejä, kuten turkoosia, keltaista ja oranssia yksi kappale kutakin.

Kaitaliina (Table runners)

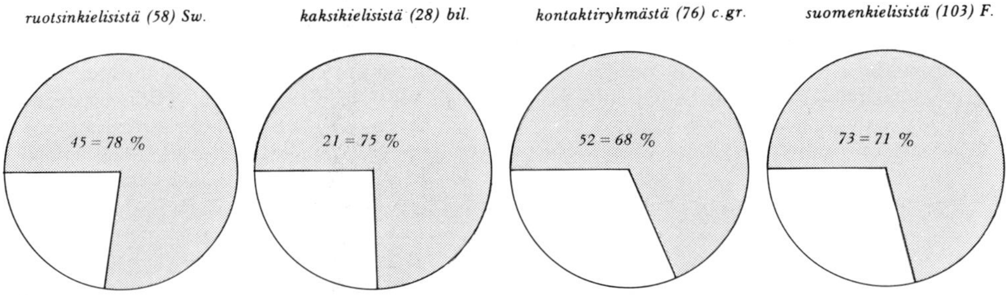

Kriittinen suhde ruotsin- ja suomenkielisten välillä on 0.95. Ero ei ole merkitsevä.

Kahdella kolmasosalla, 191:llä, oli joulupöydässään lisäksi kaitaliina. On huomattavaa, että kaitaliinaa käyttivät usein ne perheet, joilla ei ollut perinteistä joulupöytäliinaa. Toisinaan perheet käyttivät kaitaliinaa keittiön pöydällä, jouluiinaa taas ruokahuoneen pöydällä.

Kaitaliinojen materiaalit vaihtelivat. Suurimman ryhmän muodostivat toki kankaiset.[82] Toisilla oli kyseessä perheen jouluperinteisiin kuuluva käsityö, jolla saattoi olla melkoisesti ikääkin.[83] Erään kaksikielisen perheen kaitaliinassa, johon malli oli saatu Ahvenanmaalta, oli hauska idea. Siinä oli keskellä seppele ja perheenjäsenten nimet sekä vuosiluku 1958, miltä vuodelta liina oli peräisin. Muuten kaitaliinat kuvasivat erilaisia joulumotiiveja, kuten kynttilöitä ja tonttuja.

Joulupöydän koristeet

Joulupöydässä oli myös runsaasti koristeita. Kukat ja kynttilät koristivat lähes kaikkia pöytiä. Kukista mainitaan usein tulppaanit ja hyasintit. Kynttilöitä oli välistä asetettu yksittäisinä joka lautasen viereen, välistä paljon suuria, erivärisiä kynttilöitä asetelmaksi vadille. Välistä oli taas erilaisia kynttelikköjä: oli vanhoja, perittyjä, hopeisia tai takorautaisia kynttelikköjä, joulutunnelmaisia punaisia tai valkeita puusta tehtyjä monihaarakynttelikköjä ja sorvattuja puisia, usein omenin koristettuja kynttiläpuita. Pöydän väriloistoa ja harmoniaa korostivat vielä tyyliin sopivat servetit.

Joulun monet koristeaiheet esiintyivät myös joulupöydässä. Motiiveista oli tonttu yleisin.[84] Toiseksi yleisin oli olkipukki. Harvinaisempi oli jo joulupukki.[85] Oli myös keramiikka-lucioita, posliinisia ja puisia tähtipoikia, posliinisia enkeleitä ja keramiikasta tehdyt Tapanin hevoset.[86] Enkelit esiintyivät hyvin usein myös pyörivänä, messinkisenä kynttilöiden lämmön pyörittämänä enkelikellokoristeena. Edelleen olivat koristeina "nissar och nassar". Tähtiä oli tehty piipunpuhdistajista, ja metallitähtiä oli siroteltu liinalle. Stanjolipaperista oli tehty kukkia. Välkenauhat ja linnutkin koristivat joulupöytiä. Olkikoristeita oli paljon, ja lastukoristeista esiintyi useimmin tuomaan-risti. Kuusenhavut, katajanoksat, kävyt ja tähkät olivat monien itse tehtyjen asetelmien materiaaleina.[87] Hedelmiä oli joko sellaisenaan maljakossa tai jo mainituissa kynttiläpuissa.[88] Eräs perhe koristeli pöytänsä keinotekoisin rautatammen lehvin.

---

77 Eräs sanoi "joulunpunainen"

78 " " "klarblå"

79 mukana myös luonnonväripohjaiset, punakirjavat. Monet näistä liinoista olivat käsinkirjottuja, osa kuviokudosta. Liinoissa oli usein jouluinen koristeaihe, yhdessä "Jesus i krubban", toisessa "inväv-da julklockor", kolmannessa "jouluaiheisia kuvioita" jne.

80 "vaalea", "creme"

81 mukana mitä erilaisimpia väriyhdistelmiä. Eräällä karjalaisperäisellä perheellä oli punamusta jouluuliina.

82 "kankainen", "pitsinen", "batistiliina", "pellavaliina", "olkinen", muutamilla oli paperinen kaitaliina ja yhdellä muovinen

83 Eräällä oli vuodelta 1938 peräisin oleva käsityönä tehty kaitaliina.

84 Tonttu esiintyi koristeena kymmenien vastaajien pöydissä. Toisilla oli keramiikkatonttuja. Tontut esiintyivät myös pöytä- ja kaitaliinojen koristeaiheissa, lisäksi lautasliinoissa ja kynttilänjaloissa. "Små tomteljusstaktar vid varje kuvert", sanoi eräs. Erään perheen jokajouluinen pöydänkoriste oli pikkuinen, tulppaanein täytetty reki, jonka vetäjänä oli olkipukki ja ajajana tonttu.

85 Eräällä oli "joulupukkeja ja -mummoja"

86 Eräs vastaaja antoi tarkan kuvauksen: "På övre bordsändan placeras adventsstaken av koppar, som nu fylls med nya ljus. Framför staken står fyra små figurer i rad. Ytterst små förtjusande änglar i keramik och innanför en Lucia och en stjärngosse. Denna tingens ordning rubbas aldrig."

87 Eräällä suomenkielisellä perheellä oli lapsuudenkodin perinteenä joulupöydässään katajakiulu, johon oli asetettu rukiintähkiä.

88 Eräällä perheellä oli tapana asettaa jokaisen lautasen viereen omenanpuolikkaaseen kynttilä.

Lipeäkala (Lutefish)

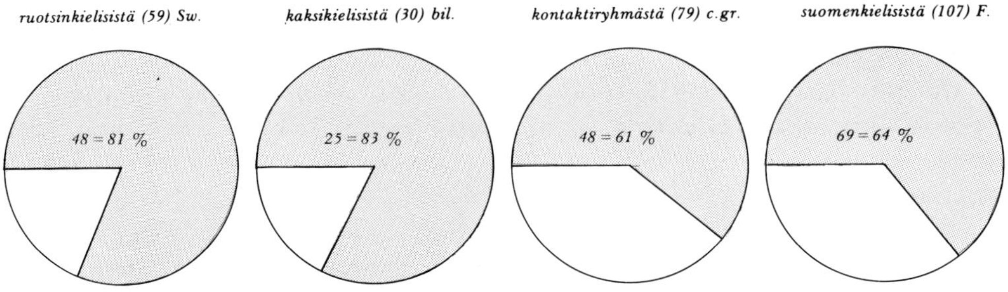

Kriittinen suhde ruotsin- ja suomenkielisten välillä on 2.46. Ero on melkein merkitsevä.

190 perhettä eli reilusti yli kaksi kolmannesta söi lipeäkalaa. Yksi näistä perheistä söi lipeäkalansa vasta joulupäivänä, ja lisäksi yksi oli siirtänyt sen nauttimisen jo joulun alle. 156 tarjosi lipeäkalan valkokastikkeen ja kaksi voisulan kera. 32:lla oli sekä valkokastiketta että voisulaa tarjolla.

Joulupuuro (Christmas porridge)

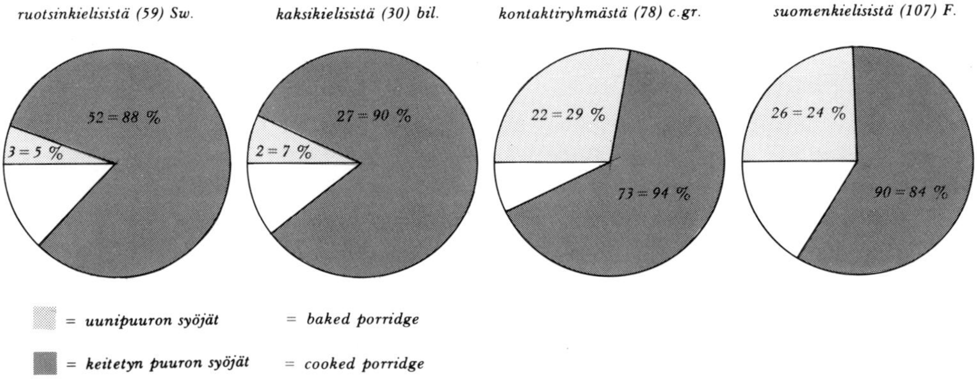

Suurempi prosenttiluku osoittaa kaikkia joulupuuron syöjiä.
Kriittinen suhde ruotsin- ja suomenkielisten välillä kaikkien joulupuuron syöjien suhteen on 0.73. Ero ei ole merkitsevä. Kriittinen suhde suomen- ja ruotsinkielisten välillä uunipuuron syöjien suhteen on 3.81. Ero on erittäin merkitsevä.

Joulupuuro on siitä erikoinen ruokalaji, että vastausten mukaan sen sijoitus ateriassa vaihteli. Välistä se oli selvästi alkuruoka, jopa aamupuuron asemassa. Välistä se kuitenkin esiintyi jopa jälkiruokana.

Joulupuuro oli eräs kaikkein yleisimpiä joulun ruokia, eikä kieliryhmien välillä ollut merkitsevää eroa. Joulupuuro esiintyi kahdessa eri muodossa, uunipuurona ja keitettynä, ja tässä suhteessa poikkesivat kieliryhmät nyt merkitsevästi toisistaan. Suomenkieliset suosivat uunipuuroa merkitsevästi enemmän kuin ruotsinkieliset. Tosin suomenkielisistä vain noin neljännes ja kontaktiryhmästä hitusen yli neljännes söi uunipuuroa.

Olipa puuro keitettyä tai paistettua, lähes kaikki perheet maustoivat sen sokerilla ja kanelilla ja tarjosivat sen kanssa maitoa. Uunipuuroa syötiin kaikkiaan 53:ssä eli vähän enemmän kuin joka viidennessä perheessä. Kahdessa näistä perheistä oli tarjolla uunipuuron lisäksi myös keitettyä puuroa, mikä on kaunis osoitus kompromissista kahden suvun perinteiden kohdatessa. "Sittenhän kukin saa sen niinkuin haluaa", kirjoitti toinen näistä vastaajista, kymenlaaksolainen perheenäiti, jonka mies on Varsinais-Suomesta. Lisäksi oli yhdessä perheessä käytäntö horjuvaa. Välistä he söivät uunipuuroa, välistä keitettyä.

Uunipuuron syöjät osoittautuivat itäsuomalaisiksi syntymäpaikkojen suhteen. Eniten oli Kymenlaaksossa syntyneitä. Jos Suomi jaetaan keskeltä kahtia pituussuuntaan, niin tämän keskiviivan länsipuolelle sijoittuvat vain yhdentoista uunipuuroa syöneen syntymäpaikat.[89]

Monilla näistä länsisuomalaisista oli itäsuomalainen aviopuoliso. Jos taas vedetään Suomen läpi poikittainen viiva alkaen Pielisjärven eteläkärjestä, niin seitsemän vastaajaa jäi tämän viivan pohjoispuolelle. Voimme siis puhua kaakkois-suomalaisesta jouluperinteestä. Tässä kaakkoisneljänneksessä oli syntynyt 67.

Tarkastelin myös uunipuuron syöjien maakuntasidonnaisuutta, ja valtaosassa perheitä oli toinen tai molemmat vanhemmista karjalaisia tai/ja kymenlaaksolaisia. Eräässä perheessä uunipuuro — kyseinen perhe söi uunissa paistettua ohrapuuroa ja olikin ainoa ohrapuuron syöjä vastaajien joukossa — oli erään aatelissuvun perinnettä.

Puuromanteli (Almonds in the porridge)

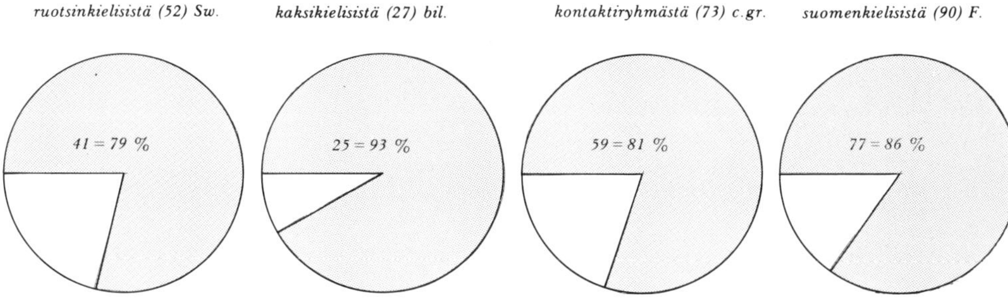

Kriittinen suhde suomen- ja ruotsinkielisten välillä on 0.99. Ero ei ole merkitsevä.

Vastauksista ilmeni, että puuron syönti ei ollut vain ruoan syöntiä. Se oli myös ohjelmanumero. 202 perheellä eli enemmällä kuin kahdella kolmanneksella oli puurossaan manteli. Yleensä manteleita oli yksi, mutta muutamat panivat kaksi ja jotkut useita manteleita.

Puuromanteli oli jouluinen taikamerkki, omen. Tämä olikin ainoa tästä joulunäytöksestä tavattava taikatapa yhtä poikkeusta lukuunottamatta.[90] Puuromantelia tulkittiin monin tavoin. Lukuisat vastaajat jättivät kuitenkin vastaamatta merkityskysy-

---

[89] Vertaa Jaakkola 1976 s. 455-456. Tässä otettu huomioon sekä vastaajien että heidän aviopuolisoittensa syntymäpaikat.

[90] Eräs suomenkielinen vastaaja kertoi: "Tuomaanpäivästä viattomien lasten päivään olevana aikana ei ketään saa laskea talosta käskemättä istumaan ja tarjoamatta jotakin tai kävijä vien jonkun mukanaan. Ruokapöytä ei saa olla tyhjänä jouluyönä, koska silloin uskotaan vainajien liikkuvan sukutalossaan. Talon isännän leipä-vehnäpulla jää pöydälle mm. ja keväällä se murennetaan viljapelloille — meillä mansikkamaalle pellon puuttuessa. Nukkumaan ei saa jouluyönä mennä vatsa tyhjänä. Jouluaamuna sytytetään aikaisin kynttilät ikkunoille."

mykseen tai selittivät, ettei se ollut heille muuta kuin perinne, hauska tapa, tapa, johon ei uskottu.[91]

44 tulkitsi mantelin liittyvän avioliittoon, sen solmimiseen, onnellisuuteen ja erityisesti myös vauvaonneen. Yleensä katsottiin, että mantelinsaaja pääsee naimisiin joko tulevana vuonna tai perheestä ensimmäisenä.[92]

Kuusi katsoi mantelin liittyvän jonkin toiveen toteutumiseen.[93] Toiset tulkitsivat mantelin joksikin yleisemmäksi hyvän onnen enteeksi.[94] Tällaisia tulkintoja oli 20. Yksi poikkesi kaikista muista. Heillä manteli pantiin puuroon sen antaman "maun vuoksi".

Viidessä perheessä manteli ei ennustanut mitään, mutta sen saajan oli esiinnyttävä, "sepitettävä itse runo ja esitettävä se", "skall rimma". Yhdessä perheessä saajaa uhkasi vielä kamalampi kohtalo. Hänen oli tiskattava joulutiskit.

Voileipäpöytä

Voileipäpöytää voi katsoa yleiseksi vastaajilla, sillä 217 eli yli kolme neljännestä söi vastauksensa mukaan joko voileipäpöytää tai sitten heillä oli usein moniakin niistä lajeista, joista muiden vastaajien voileipäpöydät koostuivat, vaikka he itse olivatkin vastanneet kielteisesti voileipäpöytää koskevaan kysymykseen.

Inventoidessamme vastaajien voileipäpöytiä voimme aloittaa sen kalleimpiin kuuluvasta herkusta, graavista lohesta, jota kontaktiryhmän ja kaksikielisen ryhmän perheistä söi yli puolet, suomenkielisistä lähes puolet ja ruotsinkielisistä vain vajaa kolmannes.

Erilaisia voileipäpöydän antimia nautti (Smorgasbord)

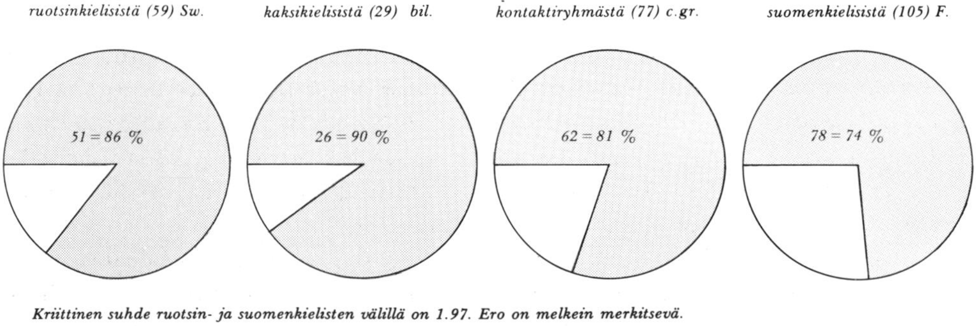

Kriittinen suhde ruotsin- ja suomenkielisten välillä on 1.97. Ero on melkein merkitsevä.

---

91 "huvin vuoksi", "tradition vuoksi", "skoj", "roligt se vem får", "ett litet programnummer", "ei mitään merkitystä", "saaja ilahtuu", "miten kukin sen haluaa", "tradition", "vanha tapa", "gammal sed", "ger spänning"

92 "naimaonnea", "pääsee seuraavana vuonna naimisiin, ellei jo ole", "pääsee ensinnä naimisiin, ellei jo ole", "avioliittoa tai naineille muuta hyvää", "häitä, lapsia, onnea", "naimisiin tai vauva", "vauva tai muuten onnea", "lapsionnea", "onnea tai naimattomille sulhasta", "vanhapiika/poika pääsee naimisiin", "löytäjä saa rakkautta", "avio-onnea nuorille", "lasten naimisiinmenoa ajatellen", "tapaa kohtalonsa ennen seuraavaa joulua", "nyflamma på skoj", "naimaton vuoden sisällä naimisiin", "äktenskap", "man blir gift inom ett år", "ei merkitystä, kun kaikki jo naimisissa", "onnen vuotta so. vauvoja ja häitä"

93 "toive täyttyy", "hartaasti toivottu asia päättyy hyvin", "löytäjän toive toteutuu", "oikeus toivoa", "toivominen", "toive toteutuu"

94 Esim. "lycka", "lyckosamt kommande år", "jotain hauskaa tapahtuu", "onnistuu toimissaan", "saajalle käy hyvin", "saajaa onnistaa", "jotain yllättävää tapahtuu", "lycka för nästä år", "yleensä onnea", "onnea",

Kaikkein yleisin laji oli silli eri muodoissaan. Sillisalaatin tai rosollin mainitsi 160. 31 söi lasimestarin silliä.[95] Muitakin meren antimia oli runsaasti.[96] Yksi suomenkielinen perhe söi jopa kaviaaria.

Liharuokiin mennessämme havaitsemme, että 48 söi makkaroita tai leikkeleitä.[97] 41 söi maksapasteijaa. Yksi korosti sen olleen kotona tehtyä. Muita liharuokia esiintyi runsaasti, mutta harvemmilla vastaajilla kuin edellä mainittuja.[98]

Edelleen kuului voileipäpöytiin juustoja.[99] Myös vihannekset mainittiin.[100] Oli myös varsinaisia ruokia.[101]

Pääruoka (Main course; large sector = ham)

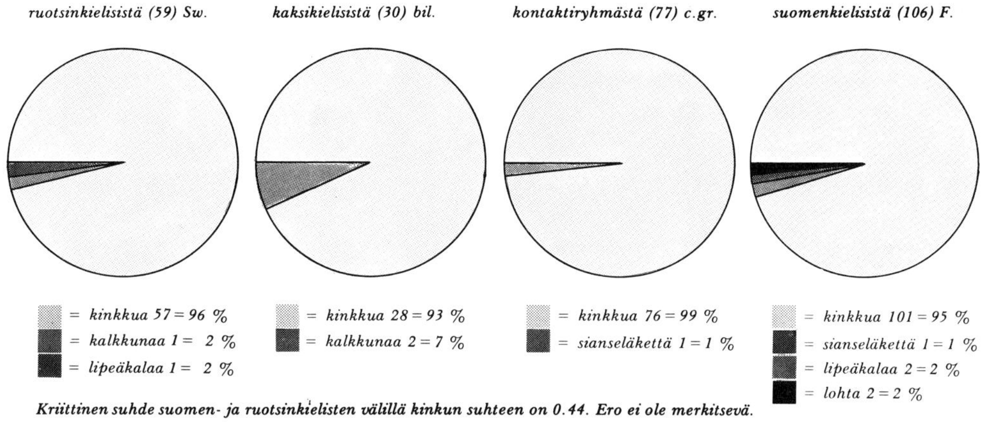

Kriittinen suhde suomen- ja ruotsinkielisten välillä kinkun suhteen on 0.44. Ero ei ole merkitsevä.

262:lla eli selvästi yli 90 %:lla oli pääruokana kinkku. Kolmen pääruokana oli lipeäkala. Näistä tosin yksi söi myös lampaanpaistia, joten varmaa ei ole, kumpi näistä ruoista oli heistä tärkeämpi. Kolme söi selvästikin pääruokanaan kalkkunaa. Lohta söi kaksi, mutta toisella heistä oli sen ohessa vasikanpaistia. Kaksi söi sianseläkettä, ja toisella näistä oli vielä lisäksi lämpimänä ruokana munakas. Kinkun ylivoimaa ei siis todellisuudessa uhannut mikään uutuus.

Kolme niistäkin, jotka eivät syöneet k i n k k u a pääruokanaan, söi toki muutoin kinkkua. Kaksi ruotsinkielistä oli vain siirtänyt sen ensimmäisen joulupäivän pääruoaksi, ja yksi suomenkielinen tarjosi kylmiä kinkkuviipaleita voileipäpöydässään.

---

95 Lisäksi esim. "sill", "sill av olika slag", "sill med morötter", "senapsill", "silli", "etikkasilli", "kotisilli"

96 "sardiner", "anjovis", "rom", "krabbor", "räkor", "musslor", "sardiinia", "anjovista", "savusiikaa", "savukalaa", "suolakalaa", "muikkuja", "mähnää", "nahkiaisia", "silakkaa"

97 "julkorv", "kinkkuviipaleet", "suolalihaa"

98 "sylta", "rullsylta", "sylta på svinhuvud", "press-sylta", "rundsylta", "sylta på kalv", "sianpääsylttyä", "rullasylttyä", "sylttyä", "kääresylttyä", "tunga", "rökt tunga", "kieltä", "keitettyä kieltä", "paistettua kieltä", "aladob", "alatoopia", "grisfötter", "porsaaansorkkia"

99 "ost", "juustoa", "juustoja", "maalaisjuustoa", "ost av olika slag", "bondost (recept fr. Pernå)"

100 "gurka", "gurka i senapslag", "punajuuria", "kurpitsaa", "sallad", "salaattia", "italiansalaattia", "sienisalaattia", "kaalisalaattia", "kaalianaanassalaattia", "kurkkua", "tomaatteja", "perunasalaattia","hillosipuleita", "vihanneshyytelöä", "raakaraasteita", "hapankaalia"

101 "köttbullar", "pasteijoja", "lihaa", "keittolihaa", "karjalanpaistia", "savustettua hirveä", "savustettua poroa", "hanhenmaksaa"

Kinkkua, kalkkunaa tai lohta söi joko jouluaterian pää- tai lisäruokana

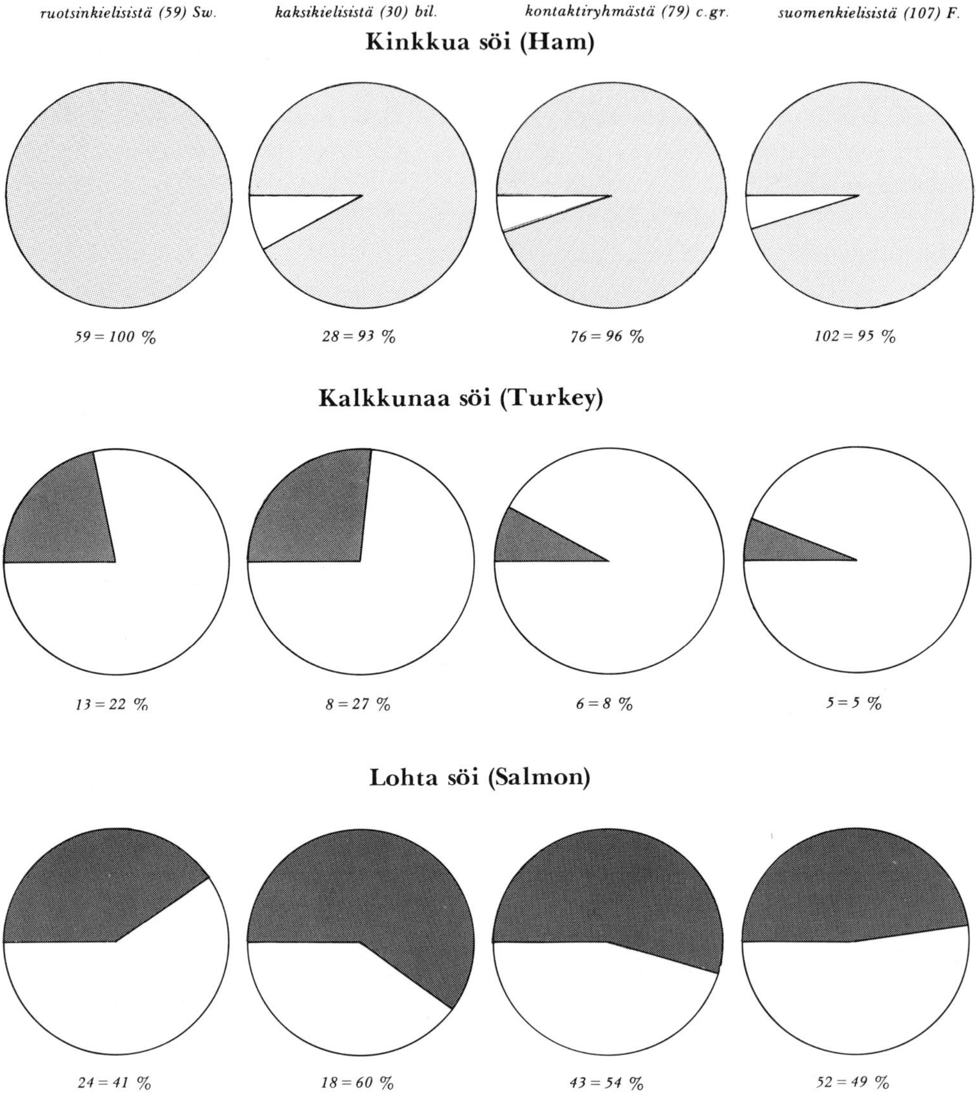

Kalkkuna esiintyi kaikkiaan 32 perheellä jouluruokana, vaikka se pääruokana esiintyikin vain kolmella perheellä. Näistä oli 26 syönyt kalkkunaa jouluateriallа lisäruokana. Muut olivat siirtäneet sen muihin juhlapäiviin.

Pääruoan tavallisimmat lisukkeet olivat keitetyt luumut, omenasose ja hernemuhennos tai vihreät herneet. Missään perheessä ei syöty sekä hernemuhennosta että herneitä, vaan ne olivat toistensa vaihtoehtoja.

Laatikot

Laatikoita syötiin usein kinkun lisäruokina, toiset taas mainitsivat ne jopa voileipäpöydän yhteydessä. Siksi ne ansaitsevat aivan oman kappaleensa. Lanttulaatik-

Luumuja, omenasosetta ja herneitä tai hernemuhennosta söi pääruoan lisäruokana

Luumuja söi (Plums)

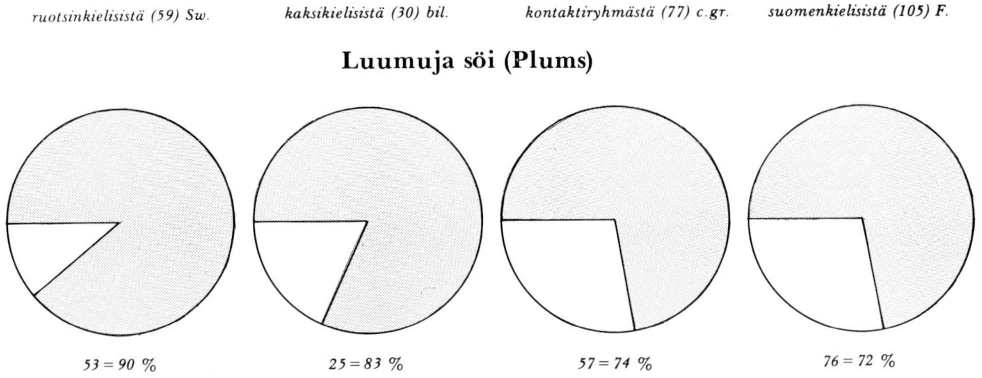

Omenasosetta söi (Apple jam)

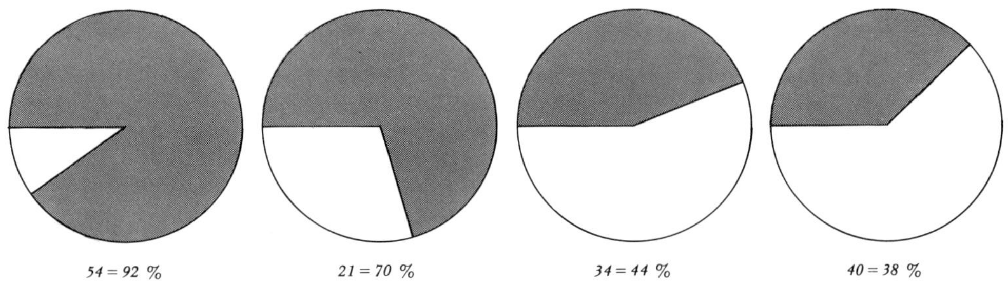

Herneitä tai hernemuhennosta söi (Peas or pea stew)

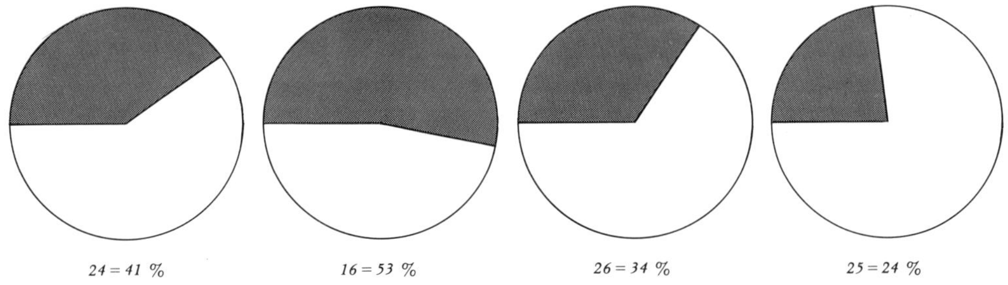

ko oli ylivoimaisesti suosituin. Se esiintyi 248:lla vastaajalla eli oli siis yleinen jouluruoka. Muut laatikot olivat sen sijaan melko harvinaisia. Niitä söi 106 vastaajaa ja näistä suomenkieliset merkitsevästi enemmän kuin ruotsinkieliset. Useat perheet söivät useampia kuin yhtä laatikkoa. Voiton veivät kaksi perhettä, joista molemmat, suomenkielinen ja kontaktiryhmän perhe, söivät lanttu-, peruna-, porkkana-, makaroni- ja maksalaatikkoja. Lanttulaatikon jälkeen suosituinta oli perunalaatikko, 62 perheellä.[102] Sitten oli 53 porkkanalaatikon, 24 maksalaatikon ja 11 makaronilaati-

102 "perunatuuvinkia", "imellettyä perunalaatikkoa", "perunalaatikkoa"

kon kannattajaa. Lopuksi oli neljä laatikkoa, joita kutakin söi vain yksi perhe: kaalijauheliha-, räätikkä-, kaali- ja papulaatikko.[103]

Lanttulaatikkoa söi (Turnip casserole)

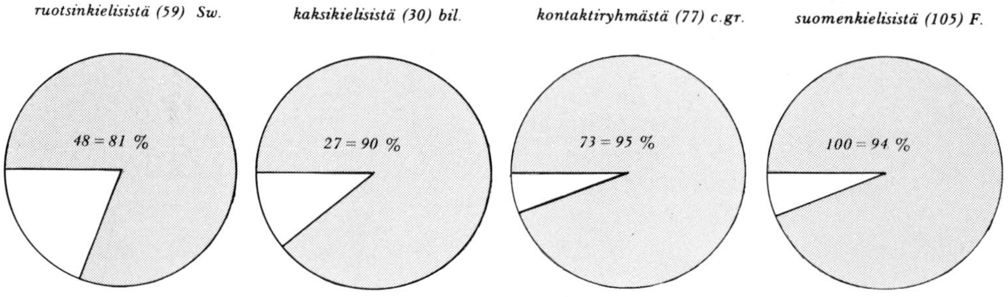

Kriittinen suhde suomen- ja ruotsinkielisten välillä on 2.33. Ero on melkein merkitsevä.

Muita laatikoita kuin lanttulaatikkoa söivät (Other casseroles)

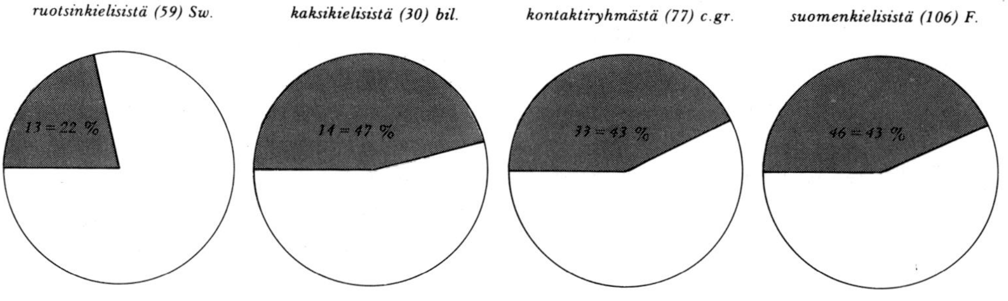

Kriittinen suhde suomen- ja ruotsinkielisten välillä on 2.93. Ero on merkitsevä.

Muut jouluruoat

Muita jouluruokia oli myös. 16 vastaajaa söi karjalanpiirakoita.[104] Näistä 10 oli syntyisin luovutetulta alueelta.[105] Muuten söi eräs "liha-, kala-, kaali- ym. piirakoita" ja kaksi "kålpiråg". Seitsemän söi lihalientä joko piirakoiden tai pasteijoiden kera. 18 perhettä söi paistia lisäruokanaan.[106] Lintua söi lisäksi jo edellä kerrottujen kalkkunansyöjien lisäksi neljä, näistä kolme kanaa ja yksi lisäksi vielä ankkaa.[107] Neljä söi keittoa.[108] Neljä söi lämmintä lohta.[109] Seitsemän mainitsi punakaalin tai punakaalisalaatin. Kaikkien näiden lajien lisäksi esiintyi muita vastaajien jouluruoiksi laskemia lajeja, joilla kuitenkin oli vain yksi tai muutama kannattaja.[110]

---

103 Tämän papulaatikon oli eräs kaksikielinen perhe omaksunut Kanadasta ja he kuvasivat sitä seuraavasti: "låda lagad av bruna bönör och som smaksättning litet rökt fläsk"

104 "Karjalanpiirakoita", "perunapiirakoita", "peruna- ja riisipiirakat", "piirakat ja perunavoi", "riisipiirasta", "piiraat"

105 Jaakkola 1976 s. 481

106 "stor kalvsted", "paistia", "karjalanpaistia", "vasikanpaistia", "lammaspaistia", "porsaan seläkepaistia"

107 Tällä perheellä oli ollut kahtena jouluna kalkkunaa lisäruokana, mutta nyt he siis eivät syöneet sitä.

108 Yksi näistä määritti tarkemmin "sekavihanneskeittoa"

109 "lämmin, kotona savustettu lohi", sanoi näistä yksi

Jälkiruoat

Kaikkien näiden jouluruokien jälkeen jaksoi huomattava osa vastaajista syödä vielä jälkiruokaakin, muutamat jopa useita lajeja. Voiton vei eräs suomenkielinen perhe, joka söi neljää perinteistä jälkiruokaansa: piimähyytelöä lakkahillon kera, kurpitsapuolukkasalaattia, luumukermahyytelöä ja puolukkapiirakkaa. Muutenkin suomenkieliset söivät selvästi enemmän jälkiruokia kuin ruotsinkieliset.

Yleisin jälkiruoka oli hedelmäkompotti, jota söi 88 perhettä. Erilaisia luumujälkiruokia nautti 33.[111] 17 söi jäätelöä.[112] Kymmenen vastaajaa mainitsi syöneensä joulupuuron jälkiruokana. 15 söi hedelmiä, jäätelökakkua yksi ja muita kakkuja viisi.[113] Myös muita jälkiruokia syötiin.[114]

Juomat

Tilastoista ilmenee, että useimmilla perheillä oli useita ateriajuomia. Muutamat selittivät, että maito oli lapsille tai että maitoa juotiin puuron kanssa. Muita juomia juotiin ruokalajista riippuen. "Beror på maten", sanoi eräs vastaajista.

Kotikaljaa tehtiin, ja monet kertoivat, että heillä oli vanha perinteinen resepti. Yksi kertoi siinä käytettävän katajanoksia. Yksi sanoi tekevänsä "hämäläistä sahtia", yksi "mallaskaljaa". Moni teki "pikakaljaa", ja monet ostivat kaljansa kaupasta.

Olut oli todella yleinen joulujuoma. Ruotsinkielisistä yksi selitti, että olutta juotiin "till lutfisk", ja toinen "till frukost". Muut eivät selittäneet juomatilannetta. Viinejä oli mitä moninaisimpia. Kaikkein yleisin juoma oli punaviini.[115] Virvoitusjuomia. vichyvettä ja piimää juotiin myös jouluaterian yhteydessä.

S n a p s i k i n on tietysti eräässä mielessä ateriajuoma tai ainakin aterian aikana juotava juoma. 75 vastaajaa eli vähän enemmän kuin yksi neljäsosa joi snapsia jouluaterialla.

138 perhettä joi g l ö g i ä eli lähes puolet kaikista. Ruotsinkielisillä ja kaksikielisillä glögin juonti oli yleinen tapa.[116] Monilla perheillä oli oma glögireseptinsä. Yksi kertoi ottaneensa sen Dagens Nyheteristä ja yksi saaneensa Helsingin Yliopiston piireistä.

---

110 "ost", "hillosipuli", "mustaviinimarjahyytelö", "pihlajanmarjahyytelö", "färssfylld kålrot", "julsnäcka", "verbens", "njurar", "potatis stekt med skorpsmulor", "stekt bacon", "punajuurisalaatti", "punajuuripiparjuurisalaatti", "salaatti", "munakas", "marjaruoka" (ei jälkiruokana!), "italiansalaattia", "kurkkusalaattia", "vihanneksia", "pikkelsiä", "punajuurta", "ananasta", "hillosipulia", "kurpitsahilloa", "kaurapuuroa" (huom! Samalla perheellä oli myös riisipuuroa), "makaronia", "kurkut", "ruskeat pavut", "omeletti"

111 "luumukompottia", "luumukiisseliä", "luumuhyytelöä", "luumuvanukasta"

112 yksi mainitsi ananasjäätelön. Monet söivät jäätelöä pakastemarjojen ja hedelmien kera

113 "taateli-hedelmäkakkua", "saksanpähkinäkakkua, vanha perinteinen resepti"

114 "shoklad", "saftkräm + vispgrädde", "charlotte russe", "blanc mangé", "paahtokiisseli", "juustot", "viktoriakiisseliä"

115 "rosé-vin", "vin av olika slag", "rödvin till skinkan", "puna- ja valkoviiniä", "rödvin", "punaviiniä", "valkoviiniä", "rosé", "kuohuviiniä", "jälkiruokaviiniä", "makeita viinejä", "luumuviiniä", "kotiviiniä", "Cotes du Rhone", "mietoa", "madeiraa (vähän)", "siideriä", "vermout rossoa", "madeiraa ja konjakkia kahvin kera", "rödvin och romtuting"

116 "aattona ennen ateriaa", "aaton aperitifina", "aattoillan alussa", "tultuamme hautausmaalta", "kirkosta tultua", "joulupukkia odotellessa", "lahjoja jakaessa", "aterian jälkeen", "vid flere tillfällen", "när vi fryser", "jouluaikana ulkoa tultua", "jouluaika", "adventti", "molemmat joulupäivät", "ylensyöneiden ystävien pistäytyessä", "tervetulojuomana vieraille", "bjuds åt gäster som välkomskål", "med gäster" jne.

Jouluna joi (Christmas beverages) maitoa (milk)

ruotsinkielisistä (60) Sw. | *kaksikielisistä (30) bil.* | *kontaktiryhmällä (78) c.gr.* | *suomenkielisillä (106) F.*

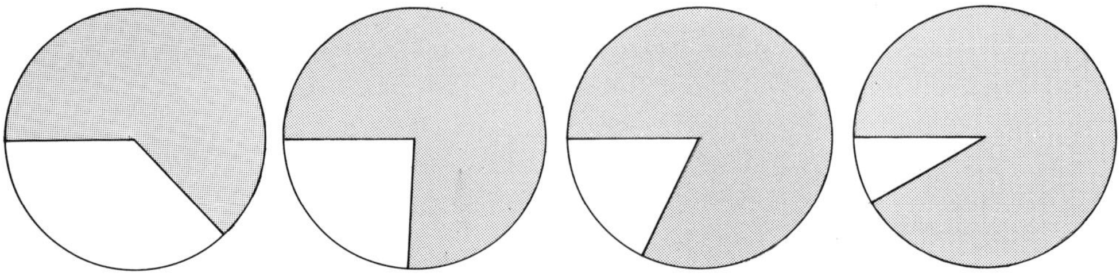

38 = 63 % | *23 = 77 %* | *65 = 83 %* | *99 = 93 %*

kotikaljaa (home brewed ale)

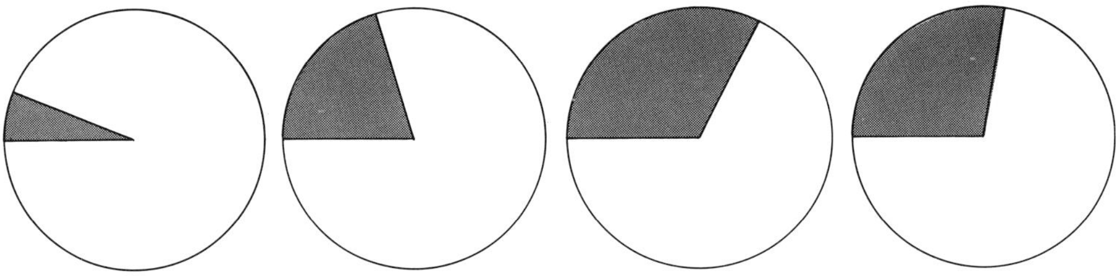

3 = 5 % | *6 = 20 %* | *25 = 32 %* | *29 = 27 %*

olutta (beer)

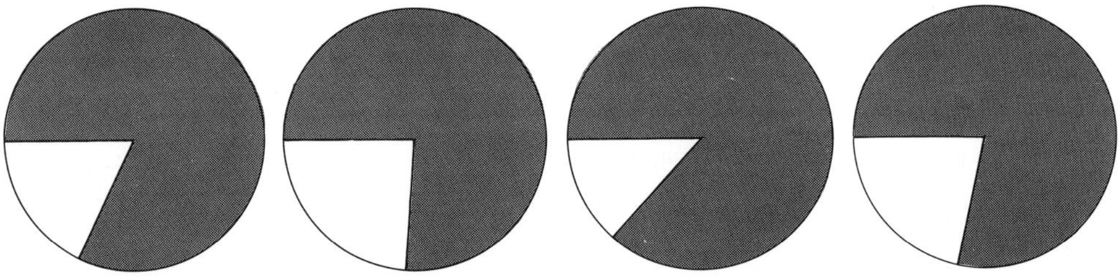

50 = 83 % | *23 = 77 %* | *69 = 88 %* | *83 = 78 %*

viiniä (wine)

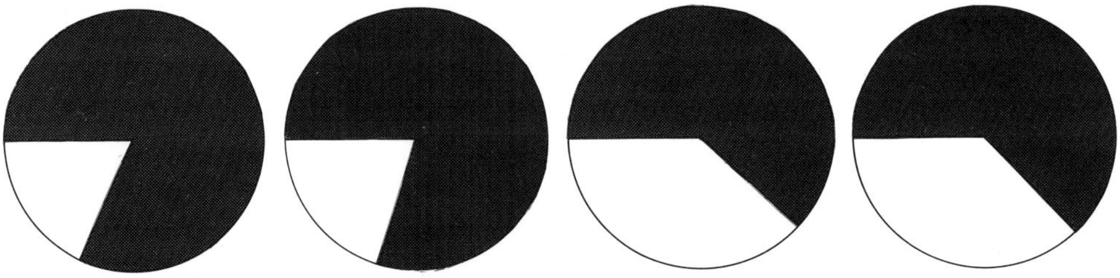

49 = 82 % | *24 = 80 %* | *48 = 62 %* | *67 = 63 %*

Glögiä joi (Spiced wine)

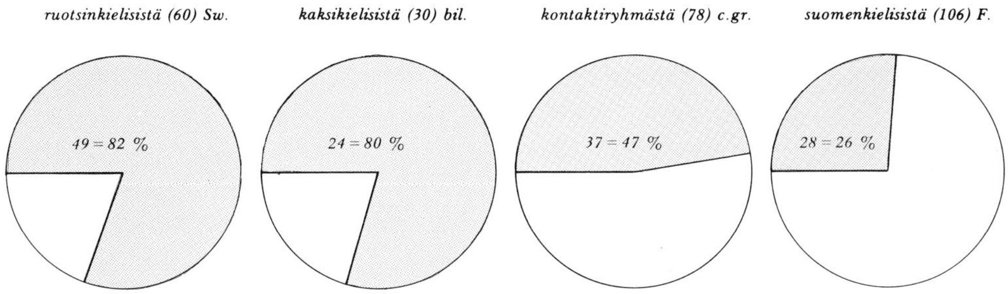

Kriittinen suhde ruotsin- ja suomenkielisten välillä on 8.4. Ero on erittäin merkitsevä.

Snapsia joi (The schnapps)

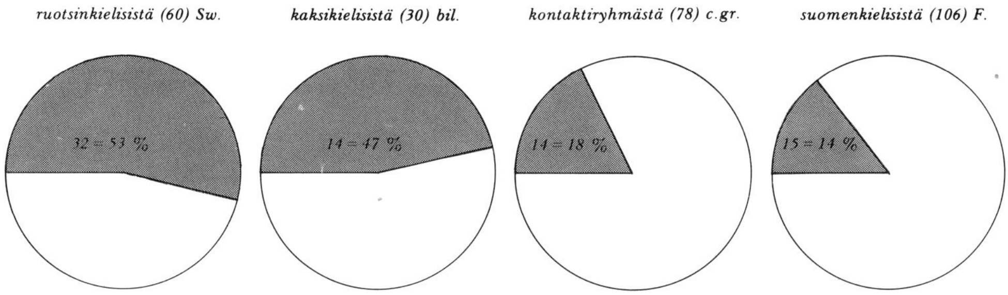

Kriittinen suhde ruotsin- ja suomenkielisten välillä on 5.39. Ero on erittäin merkitsevä.

Muut juomat

Muita juomia koskeva kysymys esiintyi valitettavasti vain ruotsinkielisissä kaavakkeissa. Silti pari suomenkielistäkin kertoi muista joulujuomistaan.[117]

Kuusi ruotsinkielistä kertoi erilaisista raittiusjuomista. Nämä olivat limonadia, vichyvettä ja virvoitusjuomia. Yhdellä ruotsinkielisellä oli aivan erityinen alkoholiton joulujuoma, "speciell saft, som kallas 'taikajuoma' ". Muut vastaajat kertoivat erilaisista alkoholijuomista.[118]

Itse joulunpyhinä oli ilmeisestikin raittiina kaksi ruotsinkielistä, neljätoista suomenkielistä, seitsemän kontaktiryhmäläistä ja kaksi kaksikielistä. Näistä yksi joi tosin glögiä, mutta se oli alkoholitonta; toinen joi "hämäläistä joulusahtia"; kolmas vietti joulua pappilassa ja neljäs oli sairaana ja lääkekuurilla. Uuden vuoden aattona muutamat näistä raittiista kertoivat juodun alkoholia vastaanottajaisissa, mutta koska kyseessä oli seurueen juoma, näitä vastauksia ei otettu tässä huomioon.

117 "piimää ja simaa", "limsaa"

118 likööriä, konjakkia, viskiä, punssia, sherryä, sampanjaa, jälkiruokaviinejä, etupäässä madeiraa ja portviiniä, "mumma".

Dopp i grytan

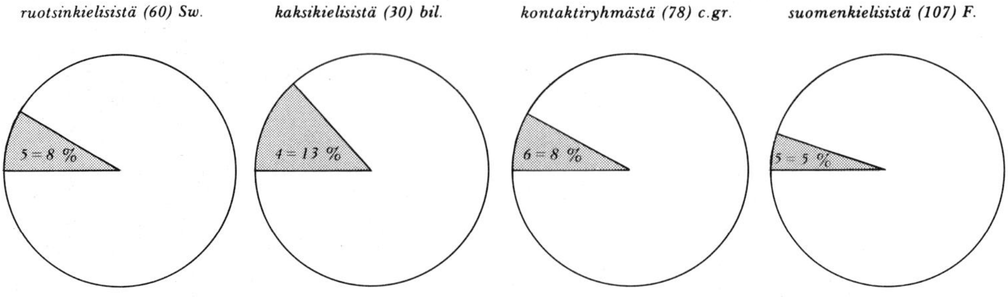

Kriittinen suhde ruotsin- ja suomenkielisten välillä on 0.89. Ero ei ole merkitsevä.

Doppaamista eli leivän kastamista kinkkua valmistettaessa syntyvään liemeen harjoitti vain 20 perhettä. Tapa oli siis harvinainen, eivätkä järin monet tuntuneet edes tietävän, mitä koko käsitteellä tarkoitettiin. Näiden lisäksi oli 11 vastaajaa, jotka olivat harrastaneet sitä aiemmin, mutta luopuneet siitä.[119]

Niistä 20:sta, jotka doppasivat tutkimusjouluna, harjoitti tapaa jouluaattona vain neljä. Näistä kolme kuului ruotsinkieliseen ja yksi kaksikieliseen ryhmään. Yksi sanoi heidän tekevän sen aamupäivällä. Tällöin he kattoivat tämän jouluisen ateriansa keittiöön. Toinen doppasi "i samband med julaftonens smörgåsbord".

Doppaaminen tapahtui siis useammin muulloin kuin aattona. Tavallisin ajankohta oli se päivä, jolloin kinkkua paistettiin.[120] Mainittiin myös muita jouluun liittyviä aikoja.[121]

Suomenkieliset vastaajat kutsuivat tapaa eri nimillä: kastajaiset, doppaaminen, toppaaminen, kastaa nappaveteen, doppa i grytan, kastaa, leivänkastajaiset, kinkun kastajaiset, toppaaminen (jo toinen vastaus). Tavan alkuperää kodeissaan selittivät suomenkieliset, kontaktiryhmäläiset ja eräs kaksikielinen.[122] 10 oli omaksunut tavan lapsuudenkodistaan, yksi näistä jo ennen sotia Kannaksella. Yksi oli omaksunut tavan toisella paikkakunnalla.

---

119 Yksi ruotsinkielinen vastaaja kertoi olleensa kerran kutsuilla, joilla oli dopattu. Tästä päätellen tällainenkin joulukutsujen muoto joskus esiintyy. Toinen kertoi, että hänen lapsuudenkodissaan oli aina dopattu, kun kinkku oli saatu paistetuksi. Tapa loppui itsestään, kun he alkoivat paistaa kinkkunsa alumiinipaperissa taikinakuoren asemesta. Yksi suomenkielinen sanoi: "Äiti on opettanut kotona." Toinen kertoi tutustuneensa tapaan 4—5 vuotta aiemmin. Kontaktiryhmässä eräs perhe oli omaksunut tavan asuessaan Ruotsissa 1951. Suomessa he luopuivat tavasta. Toisen vastaajaperheen äidin kodissa tapaa oli harrastettu. Kolmas ja neljäs perhe kertoivat harrastavansa tapaa muulloin, muttei joulun aikaan. Kaksikielisissä eräs perheenäiti oli tuonut tavan kotoaan, ja he harrastivat sitä silloin tällöin. Kahden muunkin lapsuudenkodissa tapa oli ollut käytössä, muttei enää omassa kodissa.

120 "när skinkan steks några dagar före julen", "kinkkua paistettaessa", "kun kinkku otetaan uunista", "aina kun valmistamme kinkkua tai karjalanpaistia", "riippuu siitä, milloin kinkku paistetaan", "När skinkan tagits ur ugnen, hälles såsen i en skål", "oftast redan den dagen, när skinkan steks"

121 "dan före dan", "aatonaattona" (3 vastausta), "aaton aluspäivinä", "joulun aikana iltapalana", "jatkuvasti", "joulun jälkeisinä iltoina", "22.—23.12. dukas i köket bröd o.d. samt dricka."

122 Kysymys esiintyi vain suomenkielisessä kyselykaavakkeessa

123 Muutamat kertoivat tarkemmin. Kaksi kertoi kokeilleensa jouluksi 1969 uutta reseptiä, jonka mukaan tortut tehtiin rahkasta. Joku muukin valmisti "rahkatorttuja", joku "kermatorttuja". Kaksi kertoi syövänsä tortut "med vispgrädde".

Tortut leivotaan perinteisesti kahteen eri muotoon: tähden ja puolikuun muotoisiksi.

Plum-filled tarts are traditionally baked either in the shape of a star or a half moon.

Leivonnaiset

Yleisimmät joulu
leivonnaiset olivat t o r t u t (252). Valtaosa oli kotona leivottuja.[123] Seuraavaksi eniten oli p u l l a a (215). Sitä maustettiin sahramilla (57) ja se leivottiin mitä moninaisimpiin muotoihin.[124] Osalla sellaisia, jotka eivät itse leiponeet, oli ostopullaa.[125]

J o u l u l e i p ä ä kysyttiin valitettavasti vain ruotsinkielisissä kaavakkeissa, joita oli myös osalla kaksikielisiä vastaajia. Kävi ilmi, että puolella ruotsinkielisistä, 30:lla, ja lisäksi 8:lla kaksikielisellä oli jouluIeipää.[126]

---

124 "flätor", "julkransar", "krans", "runda" (us. vastauksia), "kusar", "julkusar" (us. vastauksia), "lussekatter" (us. vastauksia), "kusar, runda, längder", "alla möjliga", "örfilar", "runda kusar", "kusar och runda", "gubbar och ringar", "ringar, gubbar, kronor", "Torskors, Luciakrona, lussekatte, Luciakuse", "prästens hår, runda, gubbar, gummor", "lussekatter i olika former", "kusar med russin", "stora prästskägg och Luaciakronor", "vanliga små bullar", "runda med mandel på", "tavallisia", "pieniä pyöreitä + rusinoita", "koristeellinen pitko, kotiperinne", "pyöreitä pikkupullia", "iso kiekko, ukkoja", "jokaiselle tehdään pullapoika tavallisen pullan lisäksi", "pullapoikia, rinkilöitä", "joulutontun muotoisia", "rusinoilla koristettuja", "nk. peikkoja", "joulukransseja", "nisu-ukkoja", "monen muotoisia", "joskus pikkurinkilöitä ja -pullia", "pyöreä joululimppu", "iso, rusinoilla ja kynttilöillä koristettu", "kaikenmuotoisia pikkupullia, lendiä", "Viipurin rinkelit, osa lapsille 'linnuiksi'", "rinkeli", "osa täytetään luumuilla, osa mantelisokeriseoksella", "rinkeleitä" (us. vastauksia), "joulu-ukkoja ja -akkoja ja kierteitä", "nisuäijiä", "pieniksi rinkilöiksi ja limpuiksi", "rusinaukkoja ja koristeellinen pitko", "nisset ja nasset, rinkilät, pullat", "kaikenlaisia", "rinkilöitä, solmuja ym.", "lussekatteja, rinkilöitä", "jos on pullaa, se on kranssi", "tonttuja", "bullar och längder", "stor krans", "som en bostonkaka", "ibland lussekatter eller wienerlängd", "vetelängder + småbullar", "lussekatter, tipuja, kranssi", "var och en får sin egen stor bulle ca. 15—20 cm genomskärn, den räcker ofta hela julen", "olika", "pieniä, erimuotoisia", "stor rund bulle med mandlar i mönster", "runda" (useita vastauksia), "joululimppu", "lussekatter", "bockar med russinögon och julbullar", "längd, olika små och krans", "gubbar"

125 Suomenkielisistä vastauksista ilmenee, että noin 90 %:lla oli pullaa, kun otetaan huomioon ostopullakin.

126 Lisäksi yksi kaksikielinen vastasi: "sällan numera, familjen tycker ej om 'sött' bröd"

Vastaajien piirroksia joulupullista.

Drawings made by the respondents of their sweet rolls.

Yhdellä vastanneista perheistä oli kotitekoista leipää, ja vastaaja lisäsi arvostelunaan "gott". Toinen oli ostanut myyjäisistä. Seitsemälle tuli leipä ilmeisesti entisiltä kotiseuduilta.[127] Olipa joukossa perhe, jolle tuli joululimppu kummankin vanhemman kotiseudulta. Muut olivat ilmeisesti ostaneet leipänsä lähempää.[128]

Piparkakkuja oli 189:llä. Sydämet, tähdet, possut, Aatamit ja Eevat[129] olivat lähes puolella vielä koristettu sokerikuorrutuksella. Kahdeksalla oli piparkakkupaikkakortteja. Yhdellä tällaiset oli lastenkutsuissa, ja toinen sanoi: "porsaassa jokaisen nimi, myös koiran". Yksi vastaaja kertoi, että he olivat leiponeet piparkakut pikkujouluksi ja syöneetkin ne silloin. Jouluksi he eivät enää valmistaneet piparkakkuja.

Vastaajien tavallisimpiin leivonnaisiin kuuluivat tortut ja piparkakut.

The most popular types of Christmas baking included sweet, plum-filled tarts and cookies.

127 "sötsurt från Österbotten", "Malax limpa" (2 perhettä), "svägerskan skickar från Österbotten", "åländskt svartbröd"

128 "rågkubb", "kokt, s.k. kubbe", "pomeransbröd", "jullimpa med sirap och kryddor", "kryddad limpa", "potatislimpa och jullimpa", "Mannerin juhlalimppu", "Manners jullimpa", "konditoriets jullimpa", "köpes", "mörkt", "sött", "sötsurt"

129 Sydämiä 138:lla, tähtiä 134:llä, porsaita 129:llä, Aatameja ja Eevoja 99:llä. Lisäksi oli paljon muuta: "bockar och hästar", "utskurna bockar, granar, mumin och marsmänniskor", "joulukuusia", "saappaita", "Nisset ja Nasset"

Joulutorttuja söi (Plum-filled tarts)

ruotsinkielisillä (60) Sw. · *kaksikielisillä (30) bil.* · *kontaktiryhmästä (78) c.gr.* · *suomenkielisistä (106) F.*

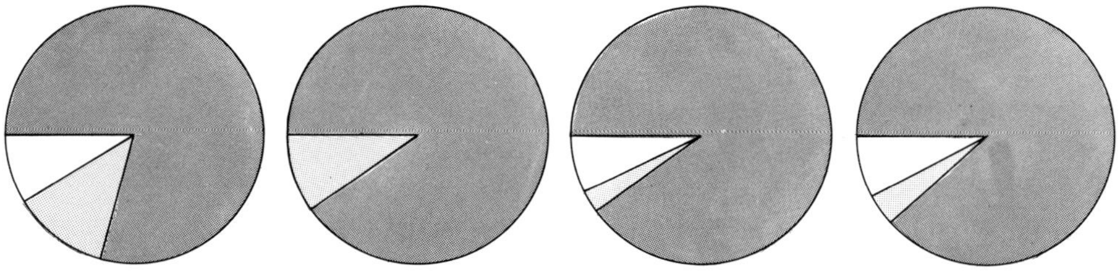

ruotsinkielisillä (60) Sw.	kaksikielisillä (30) bil.	kontaktiryhmästä (78) c.gr.	suomenkielisistä (106) F.
+ = *kaikki tortunsyöjät* 55 = 92 %	+ = *kaikki tortunsyöjät* 30 = 100 %	+ = *kaikki tortunsyöjät* 73 = 94 %	+ = *kaikki tortunsyöjät* 94 = 92 %
= *ostotorttuja syöneet* 7 = 12 %	= *ostotorttuja syöneet* 3 = 10 %	= *ostotorttuja syöneet* 2 = 3 %	= *ostotorttuja syöneet* 4 = 4 %

Kriittinen suhde suomen- ja ruotsinkielisten välillä kaikkien tortunsyöjien suhteen on 0.18. Ero ei ole merkitsevä.

Joulupullaa leipoivat kotona (Cakes and sweet rolls "pulla" baked at home)

ruotsinkielisistä (60) Sw. · *kaksikielisistä (30) bil.* · *kontaktiryhmästä (78) c.gr.* · *suomenkielisistä (106) F.*

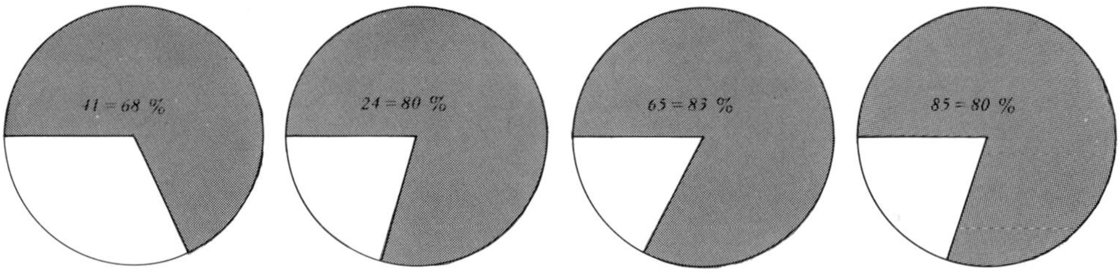

Kriittinen suhde suomen- ruotsinkielisten välillä on 1.66. Ero ei ole merkitsevä.

Kotipullan ja ostopullan suhde ("Pulla" made at home = large sector; and bought)

suomenkielisistä (106) F. · *kontaktiryhmästä (78) c.gr.*

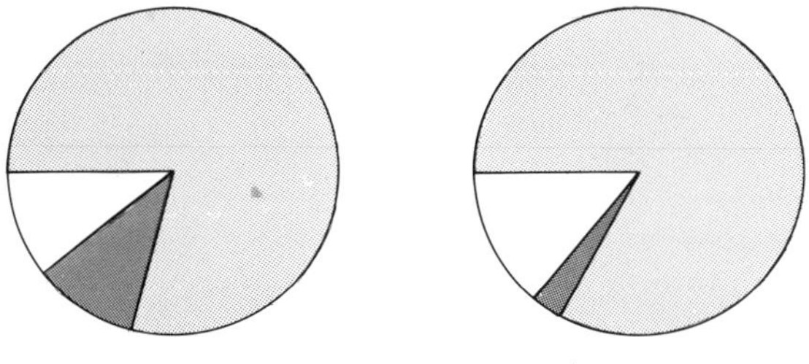

suomenkielisistä (106) F.	kontaktiryhmästä (78) c.gr.
= *pullaa leivottiin kotona* 85 = 80 %	= *pullaa leivottiin kotona* 65 = 83 %
= *pullaa ostettiin* 11 = 10 %	= *pullaa ostettiin* 4 = 5 %
muut = ei ollut pullaa	*muut = ei ollut pullaa*

Makeiset (Candy)

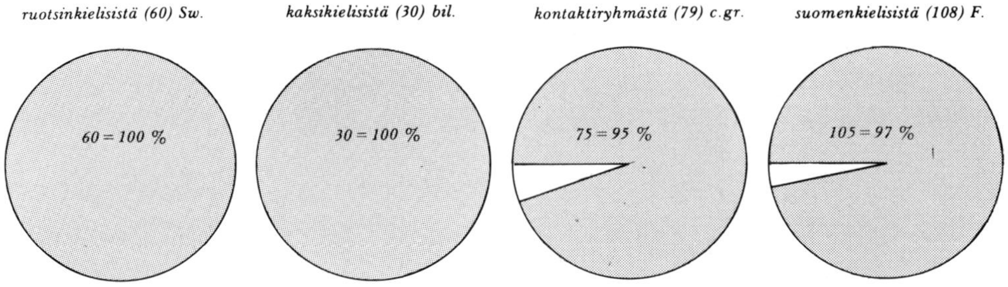

Kriittinen suhde ruotsin- ja suomenkielisten välillä on 1.76. Ero ei ole merkitsevä.

Makeisia oli 270:llä eli lähes jokaisella. Kysytyistä herkuista pähkinöitä, ruukkurusinoita ja kraakmanteleita sekä tryffeleitä oli kaikkia merkitsevästi enemmän ruotsinkielisillä kuin suomenkielisillä. Sokeroituja karpaloita oli sen sijaan suunnilleen yhtä harvoilla kummassakin ryhmässä.

Tryffeleitä tehtiin kotona jossain määrin kaikissa ryhmissä. Ruotsinkielisissä kaavakkeissa kysyttiin, mitä joulumakeisia tehtiin kotona. Tätä kysymystä ei valitettavasti esiintynyt suomenkielisissä kaavakkeissa. Silti muutamat suomenkielisetkin kertoivat omista kotitekoisista herkuistaan.[130] Ruotsinkielisistä kaavakkeista saatiin paljon useampia vastauksia.[131] Nämä eivät siis kuitenkaan ole vertailukelpoisia. Vastaavasti oli taas suomenkielisiin kaavakkeisiin tullut makeiskysymysten loppuun kysymys "Mitä muuta?" Sen vastauksista selviää, että suomenkielisillä oli runsaasti ostettuja makeisia.[132]

Makeisille ei suinkaan aina ole omaa pöytää. Tässä ne ovat hedelmien kanssa ruokapöydällä.

Sometimes the candy is not placed on a separate table, but on the dining table together with fruit.

Käydessäni suorittamassa jouluhaastatteluja ja -kuvauksia havaitsin, että useimmissa ruotsinkielisissä kodeissa oli erityinen pöytä hedelmille ja makeisille. Tätä kutsutaan nimellä snaskbord. Kaksikielisilläkin esiintyi tätä makeispöytää, mutta suomenkieliset asettavat makeisensa yleensä usampaan paikkaan. Yhden perheen äiti oli hammaslääkäri. Perheellä ei ollut makeisia periaatesyistä.

Makeiset olivat esillä koko joulun, tässä olohuoneen sohvapöydällä. Etualalla näkyy marmelaateja.

Candy was served all through Christmas, here placed on a small table in front of the davenport with marmalades at the front.

130 Kuusi suomenkielistä oli tehnyt "marmelaadia", samoin yksi kontaktiryhmän perhe. Toinen kontaktiryhmän perhe oli tehnyt "minttukaramelleja ja marmeladia". Kaksikieliset lisäksi "kermakaramelleja, marmeladia"

131 "fudge, kola", "marzipan", "marzipan, marmelad", "kola, karameller, tryffel fyllda dadlar", "knäck och karameller", "fudge", "knäck", "marzipan och tryffel", "marmelad och tryffel", "chokladkarameller", "kola, marzipan, marmelad", "tryffel, bollar", "marmelad, ischoklad", "marmelad, brända mandlar", "fyllda dadlar, marzipan". Tässä vain tavallisimpia yhdistelmiä. Kaksikielisilläkin oli kotitekoisia: "marzipan", "marmelad, chokladkonfekt", "ibland marmelad", "marsipan, kinuski, knäck", "knäck", "kinuski", "brända mandlar, marzipan"

132 "makeisia, hedelmiä", "hedelmiä", "suklaamakeisia", "viikunoita, taateleita", "suklaa", "rusinoita, suklaata", "suklaata, marmeladia", "luumuja", "mitä isä milloinkin tuo kaupastaan", "liköörikaramelleja", "viikunoita, taateleita, suklaata", "konvehteja", "toffeita, eril. karamelleja", "makeisia", "rusinoita, halvaa", "liköörikaramelleja, suklaakonvehteja". Kontaktiryhmässä esiintyi jotensakin samoja yhdistelmiä: "marmeladia", "hedelmiä", "hedelmiä ja suklaata", "suklaata ja marmeladia", "suklaakonvehteja", "suklaa, hedelmät", "taateleita ja viikunoita", "suklaata, rusinoita, taateleita, marsipaania, marmeladia", "halvaa, marmeladia", "suklaata, Fazerin sekalaisia", "suklaata, likööri-karamelleja", "nekkuja, rusinoita", "suklaata, ranskanpastilleja", "marsipaania ja hedelmiä" jne.

2.1.2.2.3. Joulun kulissit, kotien joulukoristeet

Joulupuu

Joulupuukysymykseen vastasivat kaikki. Kaikilla poikkeuksetta oli joulupuu, jopa niillä, jotka matkustivat jouluksi tai osaksi jouluaan pois. Heillä se oli joko omaisten luona tai sitten he pystyttivät puun kotiinsa jo ennen lähtöään tai heti tultuaan matkalta. Niin tärkeä koriste on kyseessä.

Vain viidellä vastaajalla ei ollut lainkaan kuusta. Näistä neljällä oli kataja. Yhdellä oli koivunoksa. Lisäksi kuudella muulla perheelläkin oli kataja. Näistä kahdella oli lisäksi sisäkuusi ja neljällä ulkokuusi.

Joulukuusista 11 oli ulkotiloissa, katajista ei yhtään. Vain kolmella perheellä ulkokuusi oli kodin ainoa joulupuu. Muilla oli lisäksi sisäkuusi tai -kataja.[133] Yhdellä perheellä oli ulkona kuusi ja sisällä tekokuusi.

Joulukuusi hankittiin useimmiten vähän ennen joulua. Jos se oli itse hankittava metsästä, se tuotiin usein joulua edeltävänä sunnuntaina. Monet vastaajat saivatkin kuusensa joko omista, esimerkiksi kesämökkiensä metsistä tai sitten sukulaisten metsistä. Toisille toi kuusen tuttu isäntä. Muutamat saivat työnantajaltaan.[134] Valtavasti suurin osa kuitenkin osti kuusensa.

Joulukuusi on kodin näyttävin joulukoriste. Se ulottuu lähes aina kattoon. Sähkökynttilät ovat yleiset. Tässä kuusessa tyypillinen latvatähti, välkenauhat ja tuomaanristi.

The Christmas tree is the most stately Christmas decoration in the home, nearly always reaching up to the ceiling. Here it is decorated with a typical star at the top, with glittering ribbons, and the Cross of St. Thomas.

Tämä atriumpihalle sijoitettu ulkokuusi oli kodin ainoa joulupuu, ja sitä oli koristettu sähkökynttilöiden lisäksi palloin.

This outdoor tree in the inner yard was the only Christmas tree in the house. It was decorated with candles and balls.

Joulukataja on jo mennyttä historiaa. Tästä katajasta puuttuivat kynttilät. Se oli koristettu kuusen koristein.

Juniper belongs to history as a Christmas tree. This juniper had ordinary decorations but no candles.

Kuusen alle kerätään satuhahmo toisensa viereen. Sulassa sovussa mm. tontut, peikot, tyttöhahmo, lumiukko ja Disneyn kääpiöt.

Fairy tale characters under the Christmas tree. Gnomes, trolls, a girl figure, a snow man and Walt Disney's dwarfs, all in perfect harmony.

133 Eräs vastaaja korosti, että heillä ulkokuusi oli varsinainen joulupuu. Sisällä oleva kataja oli oikeastaan pikkujoulupuu. Se hankittiin jo adventiksi, mutta säilytettiin sitten kylläkin paikoillaan yli joulun.

134 Varhemmin saivat Kymin Oy:n kaikki virkailijat yhtiöltä joulukuusen. Tämä käytäntö oli tutkimusjouluna kuitenkin jo loppunut. Nytkin silti saivat muutamat virkamiehet lahjakuusen. Näitä esiintyi myös parissa muussa työpaikassa.

Joulupuu esiintyi kaikilla vastaajilla (All respondents had a Christmas tree)
Muu puu kuin kuusi oli joulupuuna (Other than fir tree)

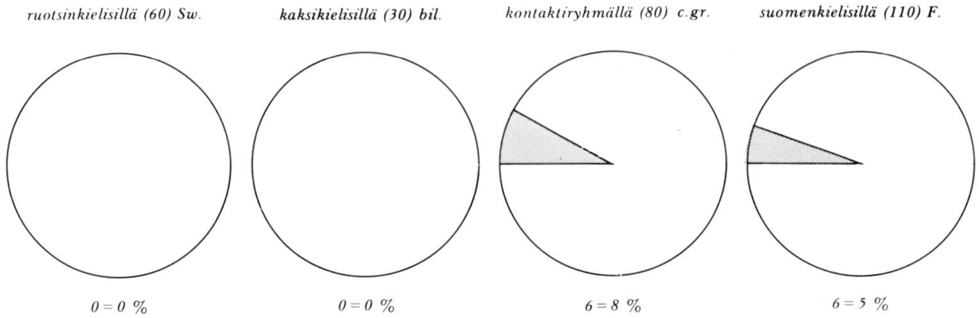

Kriittinen suhde suomen- ja ruotsinkielisten välillä on 2.32. Ero on melkein merkitsevä.

Ulkokuusi oli (Outdoor tree)

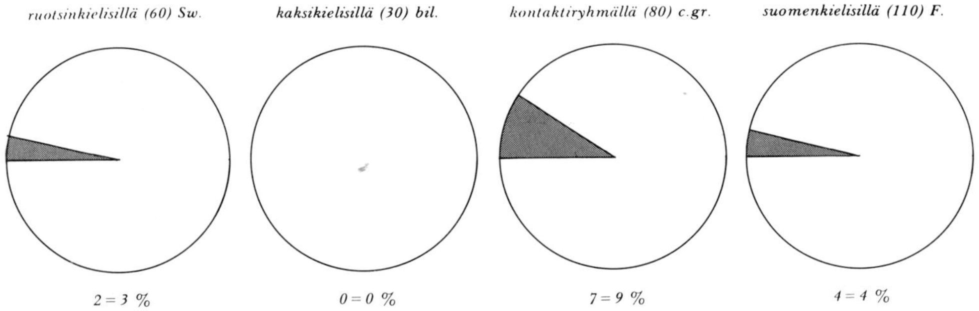

Kriittinen suhde suomen- ja ruotsinkielisten välillä on 0.10. Ero ei ole merkitsevä.

Joulupuussa oli sähkökynttilöitä ja/tai eläviä kynttilöitä (Electric candles, upper sector, and/or live candles in the Christmas tree)

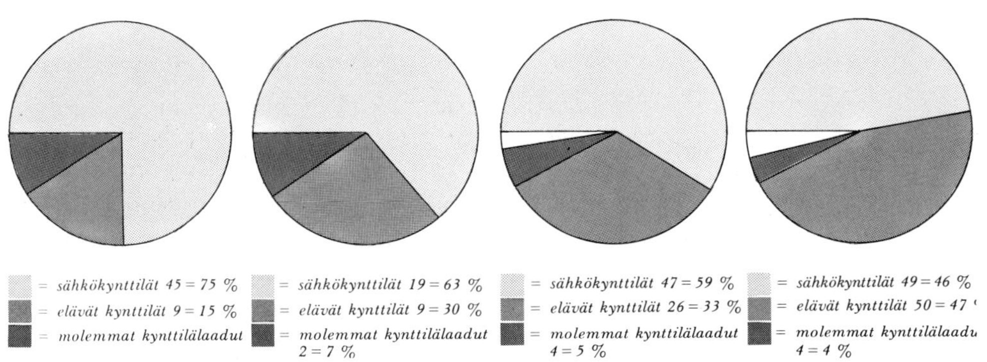

Kriittinen suhde ruotsin- ja suomenkielisten välillä sähkökynttilöiden suhteen on 3.96. Ero on erittäin merkitsevä. *muut = ei kynttilöitä* *muut = ei kynttilöitä*

---

135 Eräs kaksikielinen vastaaja kertoi heidän siirtyneen sähkökynttilöihin "eftersom ha varit med om 2 ggr till eldsvåda"

136 "Kymppi" s. 7, "Tampella tänään" 1969

Joulupuun kynttilät

Vain kuusi joulupuuta oli ilman mitään kynttilöitä. Nämä kynttilättömät puut olivat kaksi katajaa, yksi ulkokuusi, tekokuusi, koivunoksa ja yksi sisäkuusi, joka oli koristettu stanjolipaperein ja palloin. Toinen näistä katajan omistajista huomautti, että heillä oli kynttilöitä muualla. Oli sähkökynttilät kukkaikkunan laidassa ja lisäksi elävät kynttilät puisessa omenin koristetussa joulukynttelikössä.

Tilastosta näemme, että sähkökynttilät olivat ruotsinkielisillä yleiset, muilla melko yleiset, sillä vaikka vain 46 %:lla suomenkielisiä oli pelkästään sähkökynttilät, niin 4 %:lla oli sekä sähkö- että elävät kynttilät, joten summa on 50 %.

Sähkökynttiläin valintaa puolustavat tietysti ennen kaikkea turvallisuusseikat.[135] Toisekseen tulevat taloudelliset näkökohdat. Sähkökynttilät ovat paljon halvemmat ei vain käyttökustannuksiltaan vaan kokonaisuutenakin katsoen, silloinkin kun lasketaan hankintakustannukset, laitteiston kuluminen ja vieläpä sijoitetun pääoman korkotappiokin.[136] Lisäksi on otettava huomioon eräs paikkakuntaan liittyvä taloudellinen seikka, joka kallistaa vaa'an sähkökynttiläin puolelle etenkin ruotsinkielisillä, mutta myös osaksi kaksikielisillä ja kontaktiryhmäläisillä. Kymin Osakeyhtiö tarjoaa virkailijoilleen luontaisetuna ilmaisen sähkön.

Sähkökynttilöitä poltettiin selvästi useammin kuin eläviä ja mikäpä oli polttaessa, kun käyttökustannukset olivat halvat ja kun kynttiläin sytyttäminen ja sammuttaminen oli vaivatonta, eikä kenenkään tarvinnut jäädä tulipalovaaran takia kynttilänvahdiksi. Vain yksi sähkökynttiläperhe poltti kynttilöitä ainoastaan kahdesti ja yksi 10 kertaa. Muut polttivat usein.[137]

Elävien kynttiläin käyttäjistäkin jotkut polttivat "joka päivä uskollisesti", mutta useimmilla heistä kynttiläin poltto oli rajallista.[138] Eräs molempia laatuja käyttävä kertoi, että sähkökynttilöitä he polttivat yleensä aina, eläviä "silloin tällöin iltaisin". Tällöin he kuitenkin sammuttivat sähkökynttilät.

Joulupuun koristeet

Ensinnäkin kysyin latvakoristeista. Vain kahdessa kuusessa sellaista ei ollut lainkaan. Neljällä oli latvassa enkeli, kaikilla muilla "tähti", "Betlehemsstjärna".[139] Kahdella niistä perheistä, joilla oli latvatähti, oli latvassa tämän lisäksi myös enkeli. Kolme muuta perhettä oli asettanut enkelinsä vähän alemmas kuuseen. Yhdellä ruotsinkielisellä perheellä oli jo 60 vuotta vanha, suuri enkeli ja lisäksi paljon pikkuenkeleitä.

Kahdella muullakin ruotsinkielisellä perheellä oli kuusessaan vanhoja, perittyjä koristeita. Toisella näistä oli vanhoja lasipalloja, toisella isoisän lippurivistö.

Liput olivat selvästi enemmän ruotsinkielisten kuin muiden suosimia. Heillä ne esiintyivät noin joka toisessa kuusessa, muissa ryhmissä vain joka kuudennessa tai seitsemännessä.

---

137 "varje dag", "var kväll", "alla dagar", "alla kvällar", "var dag kl. 7—23", "utom natten", "hela julen", "praktiskt taget hela tiden", "nästan varje kväll", "24.12.—6.1.", "aina", "koko ajan", "aina jonkun ollessa kotona", "iltaisin kun on vieraita", "mahdollisimman paljon", "2 kertaa päivässä", "jatkuvasti", "12 tuntia päivässä", "joka päivä hämärtyessä" jne.

138 "melko usein", "pyhinä", "joka joulupäivä", "muutamia kertoja", "2 kertaa", "3 kertaa", "4 kertaa joulun aikana"

139 Muutamat kertoivat tarkemmin latvatähdestään. Kahdella oli olkitähti, yhdellä omatekoinen, kuusihaarainen tähti, yhdellä Betlehemissä valmistettu, helmiäisin koristettu tähti.

Kaikissa ryhmissä oli noin puolella vastaajista omatekoisia koristeita. Nämä vaihtelivat joulupiparkakuista kaikenlaisiin etenkin lasten tekemiin paperikoristeisiin.

Kaikkein suosituimpia koristeita olivat pallot ja erilaiset kiiltonauhat. Harvassa kuusessa niitä ei ollut. Karamellejä oli noin joka kolmannessa kuusessa.[140] Piparkakut ja omenat olivat myös yleisiä.

Olkikoristeita suosittiin. Eniten oli tähdenmuotoisia. Ne olivat usein omatekoisia. Kaksi perhettä oli koristanut kuusensa pienin olkihimmelein. Myös olkirenkaita ja -sydämiä esiintyi. Oli paperista leikeltyjä korimaisia koristeita.[141] Oli miltei mitä tahansa.[142] Erittäin paljon oli joko ostettuja tai itse valmistettuja tontun ja joulupukin kuvia tai tontturivistöjä.

Ruotsinkielisissä kodeissa oli asetettu joulukuusen juurellekin koristeita.[143] Oli joulupukkeja, olkipukkeja, tonttuja ja lyhtyjä. Erään perheen joulutonttu oli jo 35 vuotta vanha.

Ulkokuusia oli 13, mutta vain viisi vastaajaa kertoi, miten he olivat sen koristaneet. Yksi kuusi oli täysin koristeeton. Kaikissa muissa oli kynttilät, kaikissa niistä sähkökynttilät, minkä lisäksi yhdessä kuusessa oli vielä eläviäkin kynttilöitä. Yksi kertoi, että he polttivat ulkokuusensa kynttilöitä "dygnet runt".

Kaikissa koristelluissa kuusissa oli latvatähti ja kolmessa lisäksi muitakin koristeita.[144]

Viiden katajan koristelutapa kävi selville. Kahdessa ei ollut kynttilöitä, kolmessa oli elävät kynttilät. Latvatähti oli neljässä, ja kaikissa oli palloja. Lisäksi esiintyi "lunta", hopea- ja kultalankaa, ja yksi kataja oli koristettu pallojen lisäksi jopa omenin, piparkakuin ja lippurivistöin.

Kynttilät

Kynttilät kuuluivat itse asiassa kaikkien vastaajien jouluun. Vain yhdellä kontaktiryhmän perheellä ei vastausten mukaan ollut kotonaan lainkaan kynttilöitä. He olivat nuoripari, joka vietti joulunsa appivanhempien luona. He sanoivatkin: "Meille ei ole ehtinyt muodostua mitään omia joulutapoja".

Kaavakkeessa kysyin, oliko vastaajilla kynttiliköissä kynttilöitä. Vain seitsemän vastasi tähän kielteisesti. Yksi näistä oli siis em. nuoripari. Muilla kuudella oli toki muutoin paljonkin kynttilöitä.[145] Viisi perhettä teki itse kynttilöitä.[146] Pari kertoi, että heillä oli "paljon eläviä kynttilöitä", "kymmeniä kynttilöitä".

Kynttiliköissä oli eläviä kynttilöitä (Live candles in candle sticks)

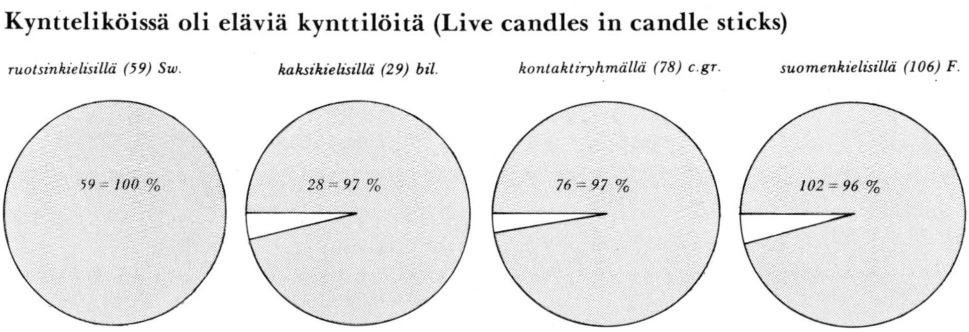

Kriittinen suhde ruotsin- ja suomenkielisten välillä on 2.02. Ero on melkein merkitsevä.

140 Eräs suomenkielinen vastaaja kertoi, että heillä oli yli 30 vuotta vanhat kuusenkaramellit

Paksu kynttilä pyörän keskiöstä tehdyssä kynttilänjalassa. Pieni tähtimäinen punainen liina on yleinen joulukoriste. Seinällä ja pöydällä ryijyt.
A thick candle in a candlestick made of the center of a wheel. A small table cloth in the form of a star is a common decoration. **Ryijy**-rugs on the wall and on the table.

Kodeissa oli todella paljon kynttilöitä. Paksut koristekynttilät ovat yleistyneet sotien jälkeen. Tässä niiden seurana kynttiläpuu.
The homes abounded in candles, and thick decorative candles became popular after the war. Here candles and a candle tree.

Kynttilöitä oli jopa lattioilla.
There were candles everywhere, even on the floor.

---

141 Vertaa Tillhagen 1965 s. 154; Tideman ja Bedre 1974 s. 74

142 lintuja, punatulkkuja, kelloja, lyhtyjä, helminauhoja, sydämiä, suklaakelloja, paperiruusuja, pikku mökkejä, pumpulia, suklaanukkeja, käpyjä, pähkinöitä, jääpuikkoja, kärpässieniä.

143 Sittemmin olen nähnyt näitä myös suomenkielisissä kodeissa, mutta kaavakekyselyssä eivät suomenkieliset kertoneet niistä.

144 Yhden oksilla oli kiiltonauhaa, toisessa oli palloja, stanjolipaperia ja sähiäisiä, kolmannessa, joka oli parvekekuusi, oli kotitekoisia olki- ja lastukoristeita sekä palloja.

145 Kaksi suomenkielistä kynttelikötöntä käytti kuusessaan eläviä ja kaksi sähkökynttilöitä. Näitä he polttivat "joka päivä", "iltaisin ja kun on vieraita", "kaikkina pyhinä ja joskus arkenakin". Kontaktiryhmän toinen kynttelikötön poltti kuusensa sähkökynttilöitä "1—2 tuntia joka päivä". Kaksikielinen kynttelikötön poltti kuusensa sähkökynttilöitä "joka päivä"

146 "Vi stöper el. snarare gjuter tjocka kulörta hemma någon vecka före jul", kertoi eräs ruotsinkielinen vastaaja. Tätä tapaa he olivat noudattaneet jo 8 vuotta. Eräs suomenkielinen vastaaja sanoi, että kaikki heidän kynttelikkökynttilänsä olivat käsin tehtyjä.

Kukat

Yhtä yleisiä kuin kynttilät olivat myös joulukukat. Taaskin samainen muuanne matkustanut nuoripari oli ainoa poikkeus säännöstä. Mitä kukkien laatuun tulee, niin lähes kaikilla oli sekä tulppaaneja, hyasintteja että joulutähtiä. Näiden lisäksi esiintyi myös muita kukkia.[147]

272 vastaajaa kertoi, miten he olivat kukkansa hankkineet. Useimmat (246) saivat lahjaksi joulukukkia. Ne, jotka eivät saaneet lahjakukkia, yleensä ostivat itse, mutta ostivatpa toki monet niistäkin, joille tuli lahjakukkia. Kaikkiaan 130 osti kukkia.[148] Kukkia kasvatettiin myös itse. Näin teki 76. Ainakin yritettiin.

Eräs vastaaja kirjoitti: "Yritin saada joulukaktustani kukkimaan, ei onnistunut tänä vuonna."

Kukkakauppiaat ovat markkinoineet joulukukkatapaa lehdistössä.
Iltasanomat 23.11.73

The florists have promoted Christmas flowers in their advertisements: "Remembering your business associate or client with flower is a nice Christmas custom."

Lahjaksi lähetetään usein juuri tällaisia kukkakoreja, joissa on joulutähtiä ja hyasintteja.

Flower baskets with hyacinths and poinsettias are often sent as Christmas presents.

---

147 Kieloja oli ainakin yli kymmenellä, useat mainitsivat myös azaleat, annansilmät, krookukset ja kuivakukat. Lisäksi esiintyi "tasetteja", "tähtimäinen eucaris", "joulukaktus" ja "sireeni"

148 Jotkut ostivat kukkia joulupöytänsä perinteistä koristetta varten.

Hyasintti on jouluun olennaisesti kuuluva kukka, joka usein sijoitetaan juuri näin joulupöytään parittain.

Hyacinths are traditional Christmas flowers often placed on the table in pairs of two.

Seimi (The manger)

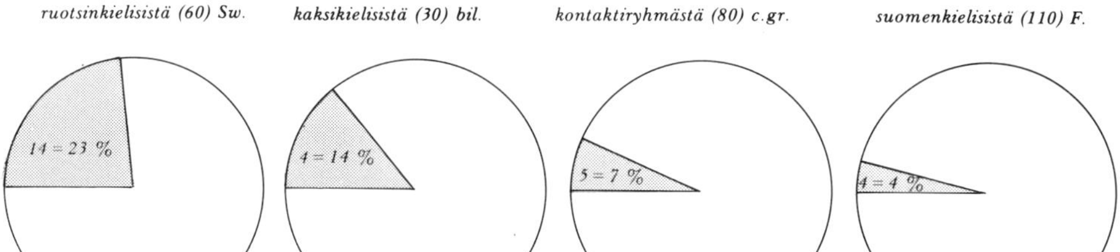

Kriittinen suhde ruotsin- ja suomenkielisten välillä on 3.41. Ero on erittäin merkitsevä.

Seimi oli harvinainen koriste. Se esiintyi vain 27 vastaajalla, ruotsinkielisillä merkitsevästi useammin kuin suomenkielisillä. Kolme muuta vastaajaa kertoi, että heillä oli aiemmin ollut seimi. Yksi näistä luopui seimitavasta, kun heidän seimensä paloi.

17 seimeen kuului seimen hahmoja ympäröivä seimirakennus. Näistä rakennuksista 10 oli valaistuja. Yhdessä muussakin seimessä oli ollut aiemmin puinen rakennus, mutta siitä oli luovuttu sen mentyä rikki.

Tämän seimen hahmot ovat Hollannista. Suomalaista tuntua antaa perheen isän tekemä hirsimökkiä muistuttava rakennus ja lattialle asetetut jouluoljet.

The figurines in this manger are Dutch, but a Finnish atmosphere is created by the building resembling a Finnish log cabin and the straw spread on the floor.

Jouluseimi ostetaan välistä matkamuistona ulkomailta niinkuin nämäkin Betlehemistä tuodut hahmot.
The manger is sometimes bought abroad as a souvenir like these figurines bought in Bethlehem.

Kahdella vastaajalla seimiä oli kaksi, joten seimiä oli kaikkiaan 29. Kaikkien seimien hahmot esittivät luonnollisestikin pyhää perhettä. Figuureja oli monista eri materiaaleista.[149]

Yhdeksän seimen tarkka hankintavuosi on tiedossa.[150] Uushankintojakin oli tehty, joten tapa voisi tämän perusteella olla elävä ja leviävä. Monet ilmoittivat hankinta-

---

149 Hahmot olivat 17 seimessä joko pahvisia tai paperisia, neljässä muovisia. Muuten hahmot olivat: savea, posliinia, kankaisia, kankaasta ja puusta, "små dockor sprejade med vitt", "puusta", "papier mache"

150 1946, 1954 (2 kpl), 1955, 1966 (2 kpl), 1967 (2 kpl) ja 1969

vuoden vähän suurpiirteisemmin.[151] Yksi kertoi: "sonen gör för varje år". Yksi perhe oli hankkinut seimen ensimmäiseksi omaksi joulukseen ja toinen "då barnen var små".

Seimistä oli viisi omatekoisia. Kahden tekijöiksi mainittiin perheen lapset tai lapsi. Yksitoista oli saatu lahjaksi.[152] Viisi oli ostettu ulkomailta, näistä kaksi Betlehemistä, kaksi Ruotsista ja yksi Hollannista. Yksi seimi oli ostettu huutokaupasta, muut oli ilmeisesti ostettu kaupasta.

Piparkakkutalo (Gingerbread house)

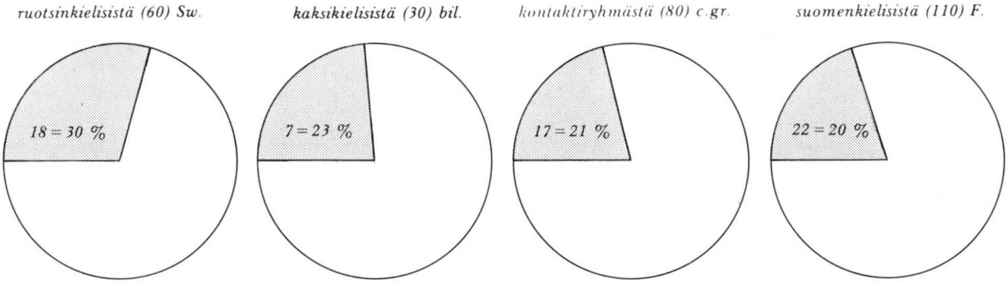

Kriittinen suhde on 1.42 Kieliryhmien ero ei ole merkitsevä.

64 vastaajalla oli piparkakkutalo. Se oli siis harvinainen. Kieliryhmillä ei ollut merkitsevää eroa. Tämä leivonnainen tai koriste — kummin vain halutaan — oli ollut aiemmin monellakin vastaajalla, kun lapset olivat pieniä.[153] Kävi selville, että 40 %:lla kaksikielisiä oli joko tänä jouluna tai joskus aiemmin ollut piparkakkutalo, mahdollisesti vieläkin useammalla, sillä kaavakkeessahan kysyttiin vain joulun 1969 tapoja, ja lisäilmoitukset olivat siis kaikki spontaaneja.

Talot olivat kahta lukuun ottamatta pikku mökkejä. Eräällä ruotsinkielisellä perheellä oli "ett slott" ja eräällä kaksikielisellä perheellä "i år kyrka".

Vajaa puolet taloista oli valaistuja.

Vastauksissa esiintyneistä 64 talosta 60:n hankintatapa kävi selville. 40 tehtiin itse, lahjaksi oli saatu seitsemän. Yksi oli voitettu arpajaisista ja loput ostettu. Parin ostopaikka oli leipomo.

Kolme vastaajista säilytti talon seuraavaan jouluun. Näille talo oli siis kiistatta koriste. Loput söivät talonsa. Tältä kannalta katsoen piparkakkutalo olisi siis oikeastaan tullut käsitellä joulun leivonnaisten joukossa.

Kysyin talojen syömisen ajankohtaa, koska arvelin, että tästä saattaisi kuvastua vastaajien kanta joulun loppumisen ajankohdasta. Kävikin ilmi, että "loppiaisena" tai "loppiaisen jälkeen" söi talonsa kaksi ruotsinkielistä, seitsemän suomenkielistä, kaksi kontaktiryhmäläistä ja kaksi kaksikielistä. Nuutin päivänä söi kuusi ruotsinkielistä, mutta ei yksikään suomenkielinen. Kontaktiryhmästä kaksi ja kaksikielisistä yksi söi talonsa nuuttina. Muuten esiintyi mitä vaihtelevimpia talonsyöntipäiviä.[154]

151 "15 år sedan", "10-15 år sedan", "tio år", "15 v. sitten", "8 v. sitten", "5 vuotta sitten", "15 vuotta sitten", "10 vuotta sitten".

152 lahjoittajat: sukulainen, anoppi, äidin lapsuuden koti, isovanhemmat, ystävät

153 "aiemmin", "lasten ollessa pieniä", "joskus", "tidigare", "ibland", "kerran koko perhe yritti syödä juhannuksena valmiit elementit, ei valmistunut".

154 "efter julen", "i januari", "joulun jälkeen", "joulupäivänä", "jouluna", "joulujen välissä", "uuden vuoden päivänä", "tyttären syntymäpäiväkutsuilla tammikuun alussa", "uuden vuoden jälkeen", "heti 1.1. jälkeen", "uuden vuoden aattona"

Ja kuka tai ketkä sitten söivät nämä makeat talot? Seitsemän taloa syötiin lastenkutsuilla "tyttären syntymäpäiväkutsuilla", "barnkalas", "barnkalas, 'granplundring' ". 39 taloa söivät perheen lapset, yhdessä perheessä söivät lapset ja koira yhdessä. 12 perhettä söi talonsa yhteisvoimin, ja yhden talon söi yksin perheen äiti.

Piparkakkutalo on yleensä pieni satumökki, joka on saanut alkunsa Hannun ja Kertun sadusta.

The gingerbread house is usually a small fairy-tale cabin that has its origin in the story about Hans and Gretchen.

Piparkakkutalon laatija käyttää mielikuvitustaan. Tämä on tonttujen talo, etualalla oikealla tonttu, talon vasemmalla puolella kuusi. Runsas munanvalkuaiskuorrutus symbolisoi lunta.

Imagination is used in making gingerbread houses. This house is inhabited by gnomes, and on the left you can see a Christmas tree. The frosting made of egg whites symbolizes snow.

Ovikoriste (Door decoration)

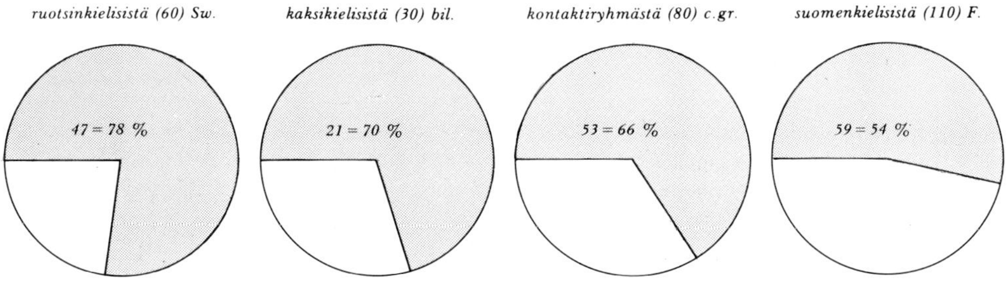

Kriittinen suhde ruotsin- ja suomenkielisten välillä 3.46. Ero on erittäin merkitsevä.

180 vastaajalla oli ovikoriste. Se oli toisin sanoen melko yleinen koriste, kun kaikki vastaajat otetaan huomioon. Ruotsinkielisillä ovikoriste oli yleinen, ja heillä sitä esiintyi merkitsevästi enemmän kuin suomenkielisillä.

19 vastaajalla oli kaksi ovikoristetta, jotka oli sijoitettu eri oviin. Koristeiden muotoja en kysellyt. Tässä suhteessa turvauduin omien silmieni ja valokuvauskoneen todistukseen. Yleisin koristeen muoto on jatkuvasti seppele. Se käy ilmi myös vastauksista.[155] Usein esiintyivät myös tontut.[156] Oksiakin oli. Niitä oli sekä sellaisinaan ja koristeltuina että myös koristeiden materiaalina.[157] Samoin oli käpyjä.[158] Palloja, kelloja ja kulkusia esiintyi myös joko koristemotiiveina tai koristeiden osina.[159] Erään vastaajan ulko-ovella oli öljylyhty.

Edellä on jo osa materiaaleistakin käynyt ilmi. Tätä modernia koristetta valmistettiin myös muovista, kuinkas muuten.[160] Ja muita materiaalejakin riitti.[161] Eräällä perheellä oli "olika varje år".

155 "granriskrans", "krans av halm med ax", "kransar av lingonris", "seppele muovia", "lasten taivuttama pyöreä", "käpykranssi", "kävyistä seppele", "seppele", "olkiseppele", "keinoseppele", "krans av kottar", "useita seppeleitä"

156 "tomtar av papp", "havuja tontun kainalossa", "lasten kanssa tehtyjä joulu-ukkoja", "pahvitonttuja", "paperisia joulutonttuja"

157 "en grön kvist med röda bollar", "oksista", "kuusenoksa ym", "enkvistar med dekorationer", "granris + gr.band", "enris och lingonris",

158 "kottar", "kottar, halm", "kottar + eterneller", "kottar + lingonris", "käpy + puolukka", "kävyistä" (useita vastauksia), "koristettu iso käpy", "käpyjä ja kulkusia", "kävyt + puuhelmet", "kävyt, oksat", "kävyt + puolukka", "kävyt + silkkinauha", "käpyjä, muovia, silkkinauhaa", "kävyt, puolukka", "kävyistä", "käpyjä, puuhelmiä", "kävyistä + puolukasta", "käpyjä, kuusenhavuja, kultapaperia", "käpyjä, kukkia, pähkinöitä", "kottar + grankvistar", "kottar + lingonris", "kottar", "kävyistä"

159 "lingonris + rött band + klockor", "havut, helmet, kulkuset", "palloja nauhassa", "tekoainetta, kelloja", "kankaasta + kulkusia", "kelloja, puuta, tekoainetta", "kelloja, paperia, nauhaa", "plastikpalloja", "puuta, metallia, kellot", "käpyjä, palloja, silkkinauhaa", "metallista, kelloja", "haapalastuista + kello", "hopeanväriset kellot", "palloja, helmiä, puolukkaa", "kelloja"

160 "muovia" (useita vastauksia), "muovi + metalli", "keinoainetta", "tekoainetta", "keinoaine", "plast" (useita vastauksia)

161 "lingonris" (useita vastauksia), "lingonris, ny varje år", "puolukanvarvuista" (useita vastauksia), "puolukka", "puolukka, kataja", "enris, lingonris", "enris + röda sidenband", "kataja, ikikukat", "av en", "granris + eterneller", "granris + glasbollar", "ris", "gröna glitterband och granna karameller i cellofan", "kreppipaperista", "kartonki + metallifolio", "paperi", "färgat papper", "gips och papper", "papper och plast, tyg", "aluminfolio + papper", "puuta ja paperia", "paperista (talonmies koristelee ovet)", "värillistä tinapaperiketjua", "paperista" (useita vastauksia), "kartonki", "gröna, lurviga band + rött och guld", "grön glittergirland", "hopea-vihreä-nauhasta", "halm" (useita vastauksia), "kankaasta ja oljesta", "oljesta" (useita vastauksia), "olkea" (useita vastauksia), "flätad halm", "olki", "lastua ja muovia", "lastua", "växter", "laakerilehdistä", "ikikukkia", "ikikukista" (useita vastauksia), "kuivakukista", "tekomisteli", "kankaasta ja metallista", "kankaasta" (useita vastauksia), "puusta,", "metall och trä", "puu + metalli"

Ovikoriste on usein seppelemäinen, mutta yhtä hyvin se voi olla puolipallo tai oksa-asetelmakin. Käpy on tämän koristeen suosituimpia materiaaleja.

A door decoration is often shaped as a wreath, or a halfball, or arranged from twigs. Cones are most often used as material.

Myös koristeiden hankinta-aikaa pyrin selvittämään. Monet vastasivat vain "kauan", "monta vuotta", "hela äktenskapet". 139 koristeen hankinta-aika kävi selville. Tehdystä tilastosta[162] ilmeni, että vanhin, ilmeisesti aivan satunnainen koriste oli hankittu jo 30 vuotta sitten. Muut ensimmäiset koristeet — ainakin ne, jotka vielä olivat käytössä — oli hankittu 20—24 vuotta ennen tutkimusjoulua. Vuosien 1955—1959 väliseltä ajalta olevia koristeita oli jo kaikissa ryhmissä. Tämä aika oli ruotsinkielisille vilkkainta ovikoristeen hankinta-aikaa. Sitten ovikoristemuoti jatkui ruotsinkielisillä suunnilleen samalla tasolla noin 10 vuotta. Vuodesta 1967 lähtien ruotsinkieliset olivat hankkineet enää 3 koristetta eivätkä tutkimusjouluksi yhtään. Muoti tuntuu olevan heillä jo menossa ohi. Kaksikielisten koristeista suurin osa oli hankittu 1960-luvun alkupuolella. eivätkä hekään olleet hankkineet uusia koristeita tutkimusjouluksi. Suomenkielisillä taas ovikoristehankinnat olivat olleet satunnaisia aina vuoteen 1960 asti, josta lähtien muoti alkoi levitä. Tutkimusjoulu oli tässä ryhmässä koristeen vilkkaan leviämisen aikaa. Sama koskee kontaktiryhmää, jossa kuitenkin jouluksi 1969 oli hankittu vain kaksi koristetta, kun suomenkielisistä yhdeksän oli hankkinut tällöin ovikoristeen.

166 koristeen hankintatapa saatiin selville. 69 oli ostettu, näistä yksi ulkomailta, Tukholmasta. Kymmenen kertoi ostaneensa ovikoristeen myyjäisistä, yksi oli ostanut kukkakaupasta. 54 oli itse tehtyjä.[163] Näiden lisäksi neljä vastaajaa ilmoitti, että he tekevät joka joulu uuden koristeen. 39 oli saanut koristeen lahjaksi.[164] Kolme oli saanut koristeensa ulkomailta, Oslosta, Kanadasta ja Sveitsistä.

---

162 Jaakkola 1976 s. 646

163 "tillverkas av dottern", "mannen gjort julklapp åt fästmön", "dottern gjorde", "hemmagjord", "gjort själv", "vaimo tehnyt", "lapset tehneet", "lapset + itse", "lapset tekevät", "tytär koulussa"

164 "av mor", "av vänner", "av hustruns mor"

Ikkunakoristeet

Ikkunatähtiä oli kaikkiaan 45. Se oli siis harvinaiseksi katsottava koriste. Ruotsinkielisillä se kuitenkin oli melko harvinainen. Kieliryhmillä oli merkitsevä ero.

Ikkunatähti (Window star)

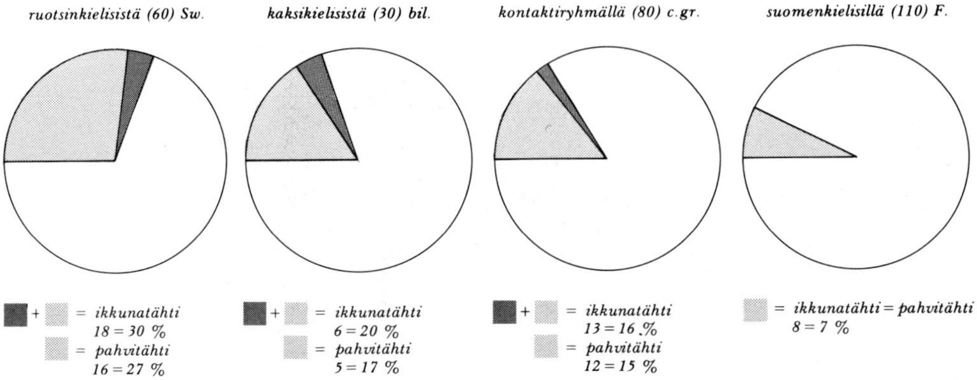

Kriittinen suhde ruotsin- ja suomenkielisten välillä ikkunatähden suhteen on 3.55. Ero on erittäin merkitsevä.

Suurin osa tähdistä oli tavallisia pahvitähtiä. Neljä tähteä oli metallisia. 22 tähden ikä selvisi. Vanhin tähti esiintyi kontaktiryhmässä. Se oli jo yli 20 vuotta vanha. Yksi ruotsinkielinen vastaaja kertoi, että heillä oli jo toinen tähti käytössä. Kaikkiaan 13 näistä 22 tähdestä oli hankittu vuosien 1959 ja 1966 välisenä aikana.

Kaksi tähteä oli kotitekoisia. Kaksi oli saatu lahjaksi, näistä toinen lapsuudenkodista. Muut oli ostettu, näistä yksi Tukholmasta.

Tro, hopp och kärlek

Tro, hopp och kärlek on harvinaislaatuinen, mutta kaunis koriste, jossa esiintyvät uskoa symbolisoiva risti, toivoa symbolisoiva ankkuri ja rakkauden symbolina sydän. Sekin on valaistu, väriltään punainen, paitsi että ristin jalka on vihreä.

Tätä koristetta ei esiintynyt missään muussa kuin ruotsinkielisessä ryhmässä ja heistäkin vain viidellä. Näistä perheistä jompikumpi vanhemmista oli neljässä tapauksessa Pietarsaaresta ja yhdessä tapauksessa Pietarsaaren maalaiskunnasta.

Neljä oli asettanut kaikki kolme valaistua koristetta riviin samaan ikkunaan, yksi vierekkäisiin ikkunoihin, yhden kuhunkin.

Yhdellä perheellä koriste oli ollut "hela äktenskapet", yhdellä "20 år". Yksi oli saatu vuonna 1946, yksi 1961 ja yksi 1968. Kaikki oli saatu lahjaksi. Yhden lahjoittivat miehen, toisen vaimon omaiset, muiden lahjoittajista ei ole tietoa.

---

165 Neljä "yli 10 vuotta sitten", yksi "10 vuotta sitten", kaksi "5 vuotta sitten", yksi "4-5 vuotta", yksi "3 vuotta sitten", neljä jouluksi 1967, yksi jouluksi 1968 ja yksi jouluksi 1969.

166 "poika koulussa", "perheen lapset", "tehty itse tavallisesta lyhdystä"

167 Toinen oli lapväärtiläisen jouluristin pienoismalli, joka kuului sieltä kotoisin olevalle ruotsinkieliselle perheelle. Se oli saatu lahjaksi.

168 "ljusrad (10 ljus)"; toisella sähköinen kynttilänjalka; kolmannella 35 vuotta vanha puinen 5-kynttiläinen kynttilänjalka; kahdella oli joulukuusen sähkökynttilärivistö asetettuna ikkunaan; yhdellä oli jo vuodesta 1956 lähtien ollut tapana asettaa isot kynttilät ikkunalle.

Usko, toivo ja rakkaus on pietarsaarelainen ikkunakoriste. Tässä kaikki kolme on asetettu samaan isoon ikkunaan.

"Faith, Hope and Charity" is a window decoration from the town of Pietarsaari. Here all three hanging in the same large window.

Lyhty (Lantern)

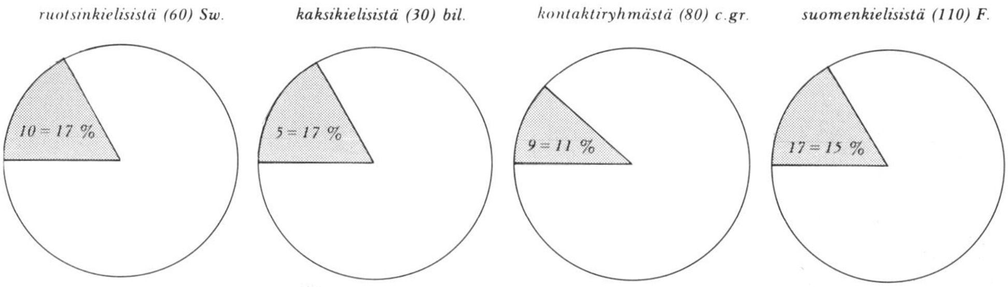

Kriittinen suhde ruotsin- ja suomenkielisten välillä on 0.2. Ero ei ole merkitsevä.

Lyhty esiintyi 41 perheellä, se oli harvinainen kaikissa ryhmissä. Kieliryhmillä ei ollut merkitsevää eroa. Kahdeksan lyhtyä oli sijoitettu parvekkeelle, siis ulkokoristeiksi. 33 oli ikkunakoristeena. Lyhdyistä 24 oli metallia tai metallia ja lasia, kuusi oli pahvia tai paperia, kolme puuta, yksi muovia, ja yhtä kuvasi vastaaja "vanhaksi tallilyhdyksi".

Pyrin selvittämään ikää. Vanhin oli 20 vuotta, seuraava "15—20 vuotta vanha". Muut olivat nuorempia,[165] ja olipa jouluksi 1969:kin hankittu yksi lyhty. Näyttää siis siltä kuin tämäkin olisi leviävä tapa.

Lyhdyistä oli neljä saatu lahjaksi. Itse oli tehty viisi lyhtyä, näistä yksi taaskin koulussa.[166] Muut oli joko ostettu, näistä yksi lähetysmyyjäisistä, tai ei ole tietoa hankintatavasta.

V a l a i s t u j o u l u r i s t i esiintyi kahdella vastaajalla.[167] K y n t t i l ö i t ä oli ikkunakoristeina kuudella.[168]

Edelleen oli kolme valaistua joulukoristetta, näistä yksi oli valaistu "t o m t e b o", toinen iso, valaistu, punainen muovikello ja kolmanneksi kaksi viisikynttiläistä messinkikruunua, jotka riippuivat ikkunassa.

Lyhty oli useimmiten ikkunakoriste, mutta se esiintyy myös ulkokoristeena.

A lantern usually appeared in the window, but also as an outdoor decoration.

Joululyhtyjä ja lintulauta. Lyhdyt on tehty jäästä, sisällä on kynttilä.

Lanterns and a bird house. The lanterns are made of ice with a candle inside. If the temperature is low enough, an ice lantern is made by letting the water in a bucket freeze overnight. It does not freeze through, and in the morning a hole is made in the bottom and the water poured away.

Ikkunaan liimatut koristeet (Decorations glued to the window)

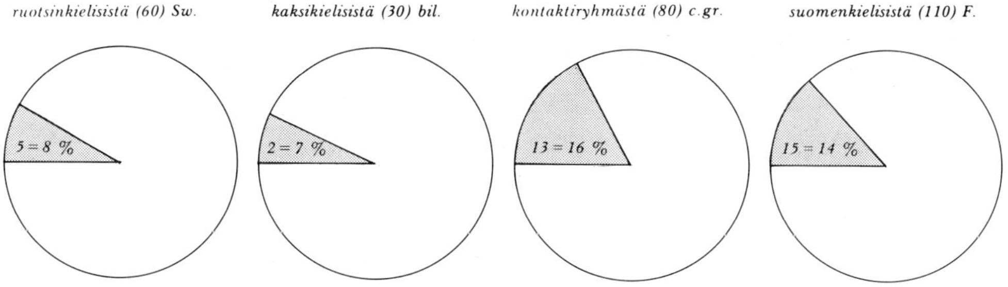

Kriittinen suhde suomen- ja ruotsinkielisten välillä on 1.10. Ero ei ole merkitsevä.

Eräässä mielessä on kuitenkin katsottava, että kaikkein yleisin ja näkyvin ikkunakoriste on kotien joulukuusi. Se on lähes aina sijoitettu olohuoneeseen niin, että ainakin osa siitä näkyy olohuoneen ikkunasta.

Kaikkiaan 43:lla vastaajalla oli ikkunaan liimattuja koristeita. Nämä koristeet olivat siis harvinaisia. Koristeita oli kahta tyyppiä, tähtiä tai lumihiutaleita[169] sekä tonttuja.[170] Tonttuja oli neljällä suomenkielisellä, neljällä kontaktiryhmän sekä yhdellä ruotsinkielisellä perheellä. Kaikki muut koristeet olivat lumihiutaletyyppiä. Liimatut koristeet olivat yleensä paperia,[171] yksi oli virkattu langasta ja yhdet tähdet oli valmistettu superlonista. Nämä koristeet olivat kaikki itse tehtyjä, usein lasten tekemiä tai lasten kanssa tehtyjä.[172] Useimmat tekivät koristeensa joka

Ikkunoihin liimataan mielellään tonttuja ja pukkeja. Tämän muovikoristeen jouluhahmo on enemmän amerikkalaisen Santan kuin oman joulupukkimme näköinen.

Pictures of Santa Claus and gnomes are often glued to the window. This plastic Santa looks more American than Finnish.

169 "stjärnor", "snöflingor", näiden ohella oli yhdellä ruotsinkielisellä perheellä ikkunaan liimattuna vielä virkattukin tähti, "tähtiä", "lumihiutaleita", "liuta tähtiä", "paperitähtiä"

170 "bockar och tomtar", "tonttuja"

171 "stanjolpapper", "metallpapper", "papper", "silkespapper", "silkkipaperia", "metallipaperia", "tinapaperia", "stanjolipaperia", "foliopaperia", "steariiniin kasteltu silkkipaperi"

172 "itse tehtyjä", "lasten leikkaamia", "lasten kanssa", "lapset tehneet", "lasten tekemiä"

jouluksi uudelleen, mutta eräs stanjolipaperinen tähti oli ollut käytössä jo 10 vuotta. Koristelutavan iästä kertoivat muutamat. Eräs perhe oli koristellut ikkunansa näin jo 30 vuoden ajan, toinen vuodesta 1945 lähtien, kaksi kymmenen vuotta, yksi 6—8 vuotta ja yksi kahden vuoden ajan.

Riippuvia ikkunakoristeita oli vastaajilla paljon. Oli monta materiaalia ja monta muotoa.[173]

Neljällä perheellä oli joko lasimaalaus tai sitä jäljittelevä kuva. Yhdellä kaksikielisellä perheellä oli aito, Itävallasta hankittu 15 × 20 cm suuruinen Neitsyt Maariaa ja Jeesuslasta esittävä lasimaalaus. Eräällä suomenkielisellä perheellä oli "paperinen lasimaalaus" ja eräällä ruotsin- ja eräällä suomenkielisellä perheellä "ikkunamaalauksia, jouluaiheisia". Nämä olivat perheen lasten tekemiä.

Ikkunalaudan koristeista kertoi kolme.[174] Kolmella oli verhoihin kiinnitettyjä koristeita.[175] Eräs oli pingottanut yläikkunaan verkon, johon oli kiinnitetty kaloja ja tähtiä. Tämä oli tehty tutkimusjouluksi.

---

173 "joulupalloista tehty rypäle", "itse tehty koriste, jossa on rullattuja kiiltopaperipalloja ja 'piikkejä'", "palloja" (3 vastausta), "renkaita ja palloja (tehty itse jouluksi 1969)", "pieniä erivärisiä lasipalloja", "erivärisiä muovipalloja", "glasbollar (granna färger)", "av barnen gjorda bollar av foliopapper", "spånringar", "stjärnor av spån", "itse viisi vuotta sitten tehtyjä lastulintuja", "haapalastukoriste", "kaksiosainen, värikäs haapalastukoriste (ostettu myyjäisistä kaksi vuotta sitten)", "lastunauhasta tehtyjä erikokoisia ympyröitä (saatu lahjaksi kaksi vuotta sitten)", "lastuhimmeli (tehty viisi vuotta sitten)", "lastuista tehtyjä lintuja ja kaloja (tehty itse viisi vuotta sitten)", "kaksi päresuikalepalloa (tehty itse jouluksi 1969)", "lasten jouluksi 1967 lastuista ja puuhelmistä tekemä koriste", "lastulasimaalaus (itse tehty)", "lastukoriste (tehty itse v. 1966)", lastutähti (saatu lahjaksi jouluksi 1966)", "lastukoriste (tehty itse jouluksi 1969)", "lastuista, rautalangasta ja lasihelmistä tehty koriste (itse tehty muutama vuosi aiemmin)", "ostettuja lastutähtiä", "lasturenkaita (saatu lahjaksi v. 1969)". Edelleen oli kolmella lastulintuja, näistä yksi perhe oli saanut omansa lahjaksi vuonna 1962; "sinivioletti koripunostyö", "metallspiral", "riippuvia hopeaköynnöksiä", "pitkät pyörivät hopealangat (ostettu muutama vuosi

Ikkunatähti on välistä näinkin koristeellinen. Keskellä oleva kuva esittää pyhää perhettä, sakaroissa enkeleitä ja tähtiä.

←

The window star can sometimes be very decorative. In the center, a picture of the holy family with angels and stars around.

Perheen poika oli tehnyt ohuesta paperista tämän "lasimaalauksen". Puinen punainen kolmihaarakynttelikkö on tavallinen joulukoriste.

→

The son of the family had made this decoration, resembling stained glass, on very thin paper. A red, wooden candlestick for three candles is a common Christmas decoration.

---

aiemmin)", "koriste, jossa on kullan- ja hopeanvärisiä paperiympyröitä langasta (tehty itse kaksi vuotta sitten)", "rundlar av silver- och guldpapper i svart tråd (gjort själv för 5 år sedan)", "julklocka", "snöflingor av strå", "ikikukkapallo", "krans och hjärta av lingonris", "appelsiini, johon on pistelty neilikoita", "piparkakkukoristeet", "lintuja valkoisesta paperista, niillä värillisestä paperista taitetut siivet", "rihmaan pujotetut pumpulipallot", "Aarikan 'Valokeinu'", "värillisestä lasimassasta tehty joulutähti (saatu vuonna 1965 lahjaksi Saksasta eräältä kirkkoikkunataiteilijalta)", "muovihimmeli", "halmstjärna", "flere halmstjärnor", "halmstjärna och halmringar", "halmhjärta", "olkitähtiä", "tähti oljista ja kaurantähkistä", "iso olkitähti", "olkitähdet", "olkilumihiutaleet", "stor tallkotte med konstgjorda tallkvistar", "silkkinauhaan sidottu käpypallo (ostettu muutama vuosi sitten)", "plasthjärta samt bollar av plast och glas", "julfigurer av plast", "ikkunahimmeli (saatu lahjaksi 1960)", "muovisia, hopeanvärisiä hiutaleita", "1964 ostetut 'lasimaiset' joulutähdet ja hiutaleet", "erivärisiä muovipalloja"

174 "Tuomaan risti", "kelloista, palloista ja kreppipaperista valmistettu 'joulukuusi'". Lisäksi oli jo aiemmin mainitun tonttukodon omistaja asettanut ikkunalaudalleen myös enkeleitä.

175 "tonttuja", "tähtiä, tonttuja ja kelloja (vuodesta 1956 lähtien)", "lastukoristeita verhossa"

Riippuvat koristeet

H i m m e l i n määritän tässä Suomen kielen etymologisen sanakirjan mukaisesti tarkoittamaan "oljista valmistettua, katosta riippuvaa koristetta".[176] 120 vastaajalla esiintyi himmeli. Se oli siis kaikki vastaajat huomioon ottaen melko harvinainen koriste, mutta itse asiassa se oli kaikissa muissa kuin ruotsinkielisessä ryhmässä melko yleinen koriste. Kieliryhmien ero oli merkitsevä.

Himmeli

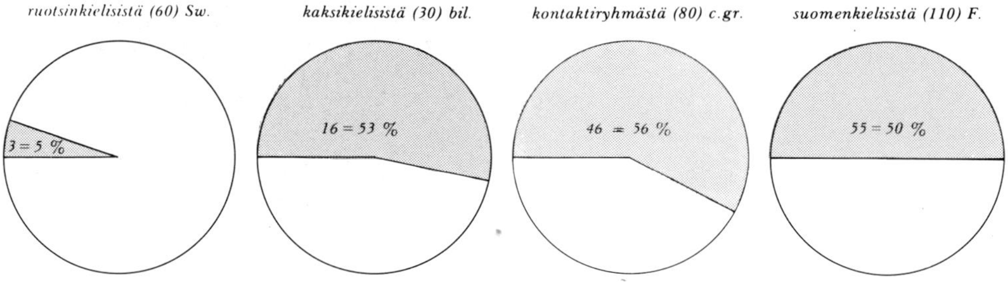

Kriittinen suhde suomen- ja ruotsinkielisten välillä on 8.13. Ero on erittäin merkitsevä.

Neljällä suomenkielisellä perheellä oli useampia kuin yksi himmeli. Kolmella näistä perheistä oli kaksi ja yhdellä peräti neljä himmeliä. Yhteensä siis himmeleitä oli vastaajilla 126. Näistä 110 oli perinteistä, geometristä mallia ja kuusitoista mielikuvituksellisia "design"-himmeleitä.

66 himmeliä oli ostettu. Ostopaikkoina mainittiin myyjäiset, sokeain kauppa, kotiteollisuuskoulu ja yksityinen valmistaja. 33 oli tehty kotona. Kahdeksan kertoi, mistä he saivat mallin tai idean himmeliinsä.[177] 27 himmeliä oli saatu lahjaksi.

112 himmelistä saimme myös tietoja niiden säilyttämisestä ja/tai uusimisesta. Kahdeksan perhettä hävitti joka vuosi himmelinsä ja teki seuraavaksi jouluksi uuden. Muut säilyttivät himmelinsä seuraavaan jouluun. Näistä 95 varastoitiin pois näkyvistä. Yhdeksän joko jätettiin paikoilleen ympärivuotiseksi koristeeksi tai siirrettiin jonnekin muuanne, kuten keittiöön tai saunatupaan.

Näiden isojen himmelien ohella oli kahdella vastaajalla joulukuusen koristeina pieniä olkihimmeleitä.

"Himmelit"

Vastaajilla esiintyi kaikissa ryhmissä koristeita, joita he nimittivät himmeleiksi, mutta jotka eivät olleet oljesta tehtyjä. Lisäksi oli vastaajia, joilla aiemmin oli ollut jokin himmeli, mutta josta he sittemmin olivat luopuneet, "tidigare tradition, gått sönder".

Kaikkiaan 23 vastaajaa kertoi tällaisista erilaisista himmeleistään. Ruo'osta tai kaislasta oli valmistettu kaksi himmeliä. Toinen näistä oli itse tehty, toinen saatu

---

176 Y. Toivonen 1955 s. 76

177 Yksi oli saanut mallin työpaikalta työtoveriltaan, toinen oli oppinut askartelukurssilla, kolmas oli ottanut geometrisen himmelin teko-ohjeet Kotiliedestä, neljäs oli soveltanut Omin Käsin-lehden ohjetta, viides myös Omin Käsin-lehdestä ottamaansa Saara Hopean suunnittelemaa design-himmelin mallia, kuudes oli saanut idean viikko-lehdistä ja kaksi oli suunnitellut himmelinsä aivan itse.

Himmeli on suomalaisten kotien näyttävimpiä joulukoristeita. Tämä himmeli on perinteistä geometristä mallia, mikä onkin himmelin tavallisin muoto.

→

H i m m e l i is one of the grandest Christmas decorations in Finnish homes. Here made in a geometric design, which is the most common.

Himmeli sijoitetaan usein olohuoneeseen jouluksi ja säilytetään seuraavaa joulua varten jossakin muussa huoneessa.

The h i m m e l i is often in the living room at Christmas time and "stored" in another room the rest of the year. It cannot be packed away because it breaks so easily.

↓

Muutamilla vastaajilla oli useampia himmeleitä.

Some respondents had several h i m m e l i s.

Naistenlehdet ja nykytaiteilijat ovat tuoneet perinteisten himmelimallien rinnalle tämän tyyppiset design-himmelit, joita kukin voi toki myös suunnitella oman makunsa mukaan yksinkertaisista peruselementeistä.

Ladies magazines and contemporary artists have created design h i m m e l i s to supplement the traditional ones. One can also make one's own design from the simple basic elements.

lahjaksi. Molemmat noudattelivat perinteisen himmelin geometrisia muotoja. Myös muovisia himmelinnäköisiä koristeita esiintyi. Näitä oli kuusi. Yhden näistä oli valmistanut perheen poika muoviputkista omaan design-malliin, kaksi oli ostettu, toinen myyjäisistä. Molemmat olivat tyypiltään geometrisiä. Kolme oli saatu lahjaksi. Näistä yhden oli lahjoittanut paikallinen Martta-yhdistys puheenjohtajalleen. Kaikki olivat geometrisiä, ja yksi, vuonna 1960 lahjaksi saatu, oli perheen ikkunassa.

Lastu oli kahden himmelin materiaalina. Toinen näistä oli ostettu design-himmeli ja toinen itse tehty geometrinen himmeli. Lisäksi oli lahjaksi saatu balsasta valmistettu design-himmeli. Yksi perhe oli saanut lahjaksi paperisen design-himmelin. Yksi kuvasi himmeliään sanoen, että se oli "oljista ja helmistä tehty riippuhimmeli". Lisäksi esiintyivät unkarilaisen mallin mukaan tehty ikikukkahimmeli, "tonttuhimmeli" ja "tinapaperihimmeli". Seitsemän himmeliä oli valmistettu perunasta tai omenasta pistelemällä siihen koristeita.[178]

Linnut

18 perheellä oli l i n t u j a sijoitettuina eri tavoin kotiin. Yhdeksällä linnut riippuivat katosta, kuudella ne olivat ikkunassa, ja kolme oli seinäkoristeina.

Monet linnuista olivat selvästikin lastulintuja.[179] Oli myös paperista tai pahvista valmistettuja.[180] Muutamien materiaalia ei ole selitetty.[181]

Joulukruunut ja seppeleet (Christmas wreaths)

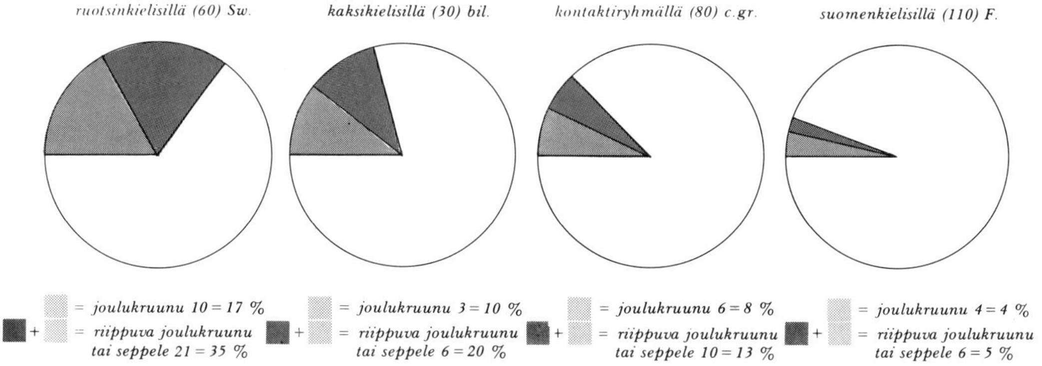

Kriittinen suhde ruotsin- ja suomenkielisten välillä kaikkien riippuvien seppeleitten ja kruunujen suhteen on 4.53. Ero on erittäin merkitsevä.

Vastauksista päätellen vastaajien j o u l u k r u u n u t j a r i i p p u v a t s e p p e l e e t — usein myös adventtiseppeleet — olivat yksi ja sama asia. Ne olivat seppelemäisiä, riippuvia koristeita, joissa toisinaan oli kynttilät.

Näitä oli kaikkiaan 43 vastaajalla. Ne olivat siis harvinaisia koristeita. Kahdella ruotsinkielisellä vastaajalla oli kotonaan kaksi tähän luokkaan laskettavaa koristetta.

---

178 "omenatähkähimmeli", "ruisperunahimmeli", "kauroista tehty, lahjaksi saatu", "peruna-kaurahimmeli", "perunahimmeli" (kahdella), "omenaan pisteltynä olkia ja kukkia"

179 "spånfåglar", "spånfåglar med utbredd stjärt", "lastulintuja", "puisia lintuja", "spånfågel"

180 "metallifoliolintuja", "lintuja valkoisesta paperista, niillä värillisestä paperista taitetut siivet", "fåglar av papp"

181 "julfåglar", "domherrar", "Karjalan käki", "klockor och fåglar gjorda av barn"

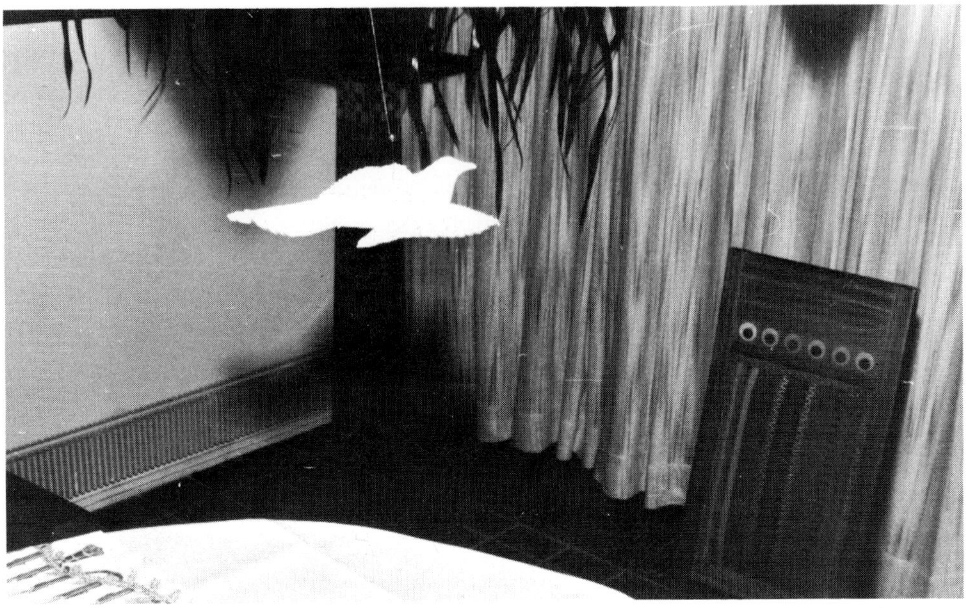

Lastulintu ruokapöydän yllä.

A bird made of wood shavings hanging above the dinner table.

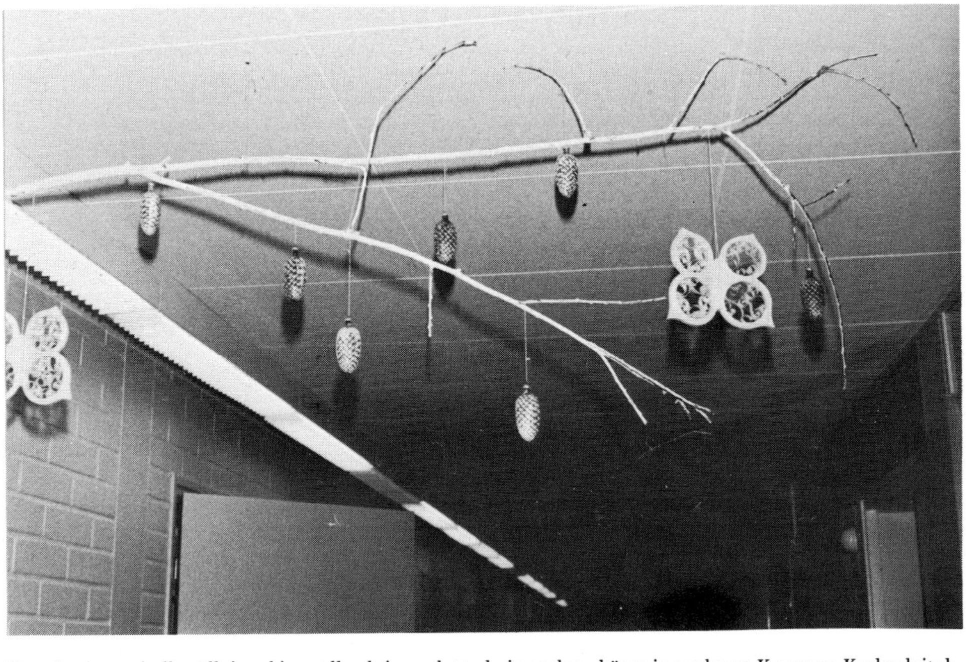

Kattokoriste voi olla tällainenkin: valkeaksi maalattu koivunoksa, kävyt ja perhoset Kuusaan Keskuslaitoksella.

A ceiling decoration can also look like this: a birch twig, painted white with cones and butterflies at the Institution for the Mentally Retarded at Kuusankoski.

Adventtiseppeleitä en käsittele tässä. Niistä on jo ollut puhe. Toiset vastaajat nimittivät koristettaan kruunuksi, toiset seppeleeksi, kolmannet renkaaksi. Aika monien materiaali oli olki, eikä tonttumotiivikaan tietysti puuttunut.[182]

Muut riippuvat koristeet

Muita riippuvia koristeita oli paljon. Materiaaleja oli monia, ja joulun suosituimmat materiaalit olki, lastu, risut ja kävyt olivat tietysti muiden mukana.[183] Motiivin puolesta suosituimpia olivat kellot, 53:lla,[184] sitten pallot, 26:lla.[185] Tontut riippuivat yhdeksällä,[186] samoin tähdet.[187] Muita motiiveja olikin jo vähemmän.[188]

Seinäkoristeet

Seinäkoristeina esiintyi kaikissa ryhmissä ensinnäkin j o u l u a i h e i s i a t a u l u j a , jotka olivat kankaasta tehtyjä ja usein käsitöitä.[189] Monet kertoivat myös kä-

---

182 Kruunuista oli kolme olkisia, kaksi välkekruunuja, yksi puolukanvarvuista tehty, yksi kuusen ja katajan havuista tehty, yksi katajanoksista, yksi messinkiä ja yksi puuta ja kuparia. Toisessa välkekruunussa oli piparkakkukoristeet; "kuivista kukista", "kukkakaupasta ostettu", "takorautainen kynttiläkruunu", "olkikruunu", "teko-olkinen kynttiläkruunu", "kynttiläkruunu", "av halm", "i matsalskronan hänger en krona av lingonris med små flätade halmhjärtan och silverklockor", "tomte i en halmkrans och glitterkransar", "julkransar", "lingonriskrans", "självgjord hängande julkrans", "julkrans av lingonris", "muoviseppele, jossa kaksi kultapalloa", "valaisimesta riippuva seppele", "jouluseppele", "kultaköynnösseppele", "pöydän yläpuolella riippuva koriste kynttilöineen", "seppele nauhoineen", "en gammal krans av plast som jag inte vet om jag fått eller köpt. Den är ful, men den måste hänga.", "tomte i en halmkrans", "halm-ring med hängande tro, hopp och kärlek över snaskbord", "halm-ring med bock", "olkinen kruunu", "olkikruunu",

183 "halmprydnader", "halmsaker", "halmbockar", "olkikoristeita", "olkitähtiä", "halmstjärna och kors", "lastukoriste", "lastukaloja", "renkaita", "lastuhimmeli", "pitkistä lastusäleistä tehtyjä 'himmeleitä' erivärisiä kuten punainen, sininen, keltainen, vihreä". (Näitä en hyväksynyt himmeli-lukuun, sillä mukana seurannut piirros esitti eri tavoin ryhmitettyjä rengaskimppuja.); "käpytonttuketju", "käpypallo", "joulukellot koristettu kuusenhavuin", "havunoksia", "käpy", "oksia", "kottar", "neilikkamandariineja", "appelsiiniin pistelty neilikoita" (2 vastausta), "snöflingor av strå", "glänsande metallspiraler", "hopeanauhoja", "stor hålkaka i taket, varmed hänger i röda band pepparkakor", "ikikukkasydän", "kuivakukkakoriste"

184 Esimerkkeinä: "julklockor med dek.", "2 förgyllda klockor papier maché", "julklockor", "hemgjorda förgyllda klockor i alla rum", "röd julklocka", "julklockor av olika material", "julklockor med tallris i dörröppningar", "2 joulukelloa", "omatekoisia paperikelloja", "tinapaperikelloja", "kelloja koristettuina kuusenhavuin", "soiva kello" (2 vastaajaa), "kello", "kelloja", "2 isoa kelloa", "joulukello", "kelloja nauharuseteissa", "mässingklocka hängande i en dörröppning"

185 "bollar", "olika bollar", "stor boll", "stora bollar i sidenband", "pallo", "palloja", "useita palloja", "pallomobile", "vaahtomuovisia lumipalloja", "itse tehtyjä metallifoliopalloja", "koristepalloja", "pallokimppu", "isoja palloja", "ikikukkapalloja", "nauhoja huopasydämistä ja puupalloista", "puolukanvarpupallo", "palloja, marjoja", "palloryhmä hopealangoista" jne.

186 "tomtar i en ring", "röda tomtar i en lampa", "tonttuja" (lukuisia vastauksia), "käpytonttuketju", "tonttumobile", "tonttuhimmeli"

187 "stjärnor", "tredimensionell snöstjärna", "olkitähtiä", "tähtiä", "katosta riippuvia tähtiä"

188 "joulukellomobile", "pallomobile", "tonttumobile", "oksista tehtyjä mobileja", "mobil av metallfolie", "soittorasia" (4 vastausta), "sydämiä", "enkelimobile", "riippuvat enkelikellot"

189 "i vardagsrummet säckvävsbonad med julgransmotiv" (Tämä oli perheen tekemä.), "julväggbonad av tyg med text 'Staffan var en stalledräng'", "av linne, en stor röd tomte på grå botten", "en bonad föreställer tomte med kärve, en annan med krubba och stjärna i halm på tygbotten", "jouluaiheinen vaate", "kangastaulu tontuista", "riippuva jouluaiheinen kangasnauha 20×80 cm", vanha kuvakudos esittäen jouluateriaa nauttivaa perhettä, äidin lapsuudenkodista", "pellavainen seinävaate, jossa poika, kuusi ja lahjakelkka", "ristipistoin tehty kirkkomaisema", "pellavainen taulu", "löpare av tyg med bilder av tomtar". Eräällä kaksikielisellä perheellä oli kaksi aida-kudokselle ommeltua taulua, joista toinen esitti "Jesus-barnet och Maria med herdarna runtomkring sig", ja toinen "en tomtestuga inifrån sedd med öppen spis — tomtar som dansar — julgran och klappar — väggklocka — ett fönster samt text inunder 'uti varje hus lyser juleljus'".

Kello on myös tavallinen joulusymboli. Tässä se on punaista paperia. Se symbolisoi ja muistuttaakin kirkon kelloja ja liittyy täten joulun uskonnollisiin koristemotiiveihin.

The bell is a common symbol of Christmas. Here it is made of red paper. The bell symbolizes and resembles church bells, and thus belongs to religious motifs among Christmas decorations.

Muovi on joulukoristeiden nykymateriaali ja pallot sekä oksat tavallisimpia motiiveja. Tässä ne esiintyvät seinäkoristeina, mutta samanlaisia koristeita oli ikkunaverhoissa ja riippuvina koristeina.

Plastic i a modern material in Christmas decorations with balls and twigs as the most common motifs. Here they appear on the wall, but they are common also in curtains and hanging freely.

Taulumaiset seinäkoristeet ovat usein eteisen seinällä. Tämän ostokoristeen kuviot on painettu kankaalle.

Wall decorations often hang in the hall. Father Christmas, gnomes, reindeer, Christmas presents, bells, hearts and birds, which are part of the Finnish Christmas, are in this case printed on cloth.

Käsin tehty ristipistotyö eteisen seinällä.

A gnome wishing "A Happy Holy Day" in a hand-made, cross-stiched decoration hanging in the hall.

Vaihteeksi tyttötonttu. Tällä kertaa valmistettu päällikeompelulla.

A girl "tonttu" for a change; this time in applique embroidery.

sityönä tehdyistä tauluistaan, mutta niiden motiivit eivät käyneet selville.[190] Muutamista ilmeni vain, että ne olivat kankaisia.[191] Oli myös yhdistetty kangasta ja paperia,[192] ja vielä useammin esiintyi tauluja, joissa oli yhdistelty kangasta ja olkea tai lastua.[193] Oli myös paperitauluja.[194]

Taulujen tavoin oli kahdeksan vastaajaa ripustanut seinäkoristeekseen adventtikalenterin.[195] Viidellä perheellä oli tapana ripustaa saapuneet joulukortit jouluisiksi seinäkoristeiksi.[196] Olki-[197] sekä lastukoristeet[198] osoittautuivat taaskin suosituiksi. Kävyt, risut ja niiden jäljitelmät kuuluivat kuvaan mukaan.[199] Parilla oli muovisia koristeita.[200] Yksittäisesiintymiäkin oli.[201]

Motiivin mukaan tarkastellessamme havaitsemme tonttujen hallitsevan aseman.[202] Muina motiiveina esiintyi sydämiä, tähtiä ja kelloja.[203]

---

190 "väggbonad av bomullstyg med korsstygn", "av tyg hemsydda", "tarhassa tehty pellavakoriste", "julbonader av aidaväv, korsstygn", "aidakankaalle ristipistotyö", "väggbonad sydd av dottern, idén från en tidsskrift", "vepa med applikationer"

191 "pellavainen taulu", "kankaalle painettu kuva", "3 tähteä kankaalla", "kankaasta"

192 "tyg- och papperbonader", "en stor tavla av tyg där en gran av papper är pålimmad med dekorationer i avvikande papper"

193 "röd tygvägglöpare med applicerad halmdekor", "olkikoristeita liimattuna punaiselle kankaalle", "olkikoristeita punaisella liinalla", "punainen kangas, jolla olkikoristeita", "lastukoriste kankaalla", "kangas + olkitaulu", "påsydda tyg applicerade med halmdekorationer"

194 "av papper köpta", "rund blå kartongskiva med guldpappersflikar och pålimmade kulörta blommor och fröhus", "av papper" (useita vastauksia), "papperslöpare", "kuvia", "paperikuvia", "jultavla av papper". Lisäksi oli yksi "julkortstavla", jonka materiaali ei käynyt vastauksesta selville. Vastauksessa oli kuva suuresta, katon reunasta riippuvasta seinäkoristeesta, jossa oli iso tähti. Vastaaja sanoi: "I tio års tid hade vi väggprydnad: betlehemsstjärna med himmel."

195 "adventskalender broderad, med plats för 'klappar' för barnen för dagarna 1.12.—24.12.", "av tyg en lång röd adventskalender", "en adventskalender där små presenter hängs upp dag för dag", "adventtikalenteri" (3 vastausta), "joulupukkikalenteri, kangasta", "adventskalender med små lådor"

196 "sydd hjärtformig påse för julposten", "Sedan några år har vi odlat en ny tradition. På midnattsblått papper (ungefär 2 × 1/2 m) tejpas efter hand alla jul- och nyårskort. Papperet fästes sedan på en murvägg. På så sätt kan vi under de långa helgen mera påtagligt njuta av dessa hälsningar från fränder och vänner", "kaikki joulukortit nauhaan eteisen seinälle", "saapuneet kortit seinälle sopivassa nurkkauksessa", "joulukortteja"

197 "olika halmstjärnor", "narussa riippuvat olkikoristeet", "olkitähtiä", "olki- ja stanjolitähtiä", "olkitähtiä"

198 "modern spånformation", "spåndekoration, egen konstruktion", "spånringar i granna färger", "ohuista lastuista tehtyjä seinäkoristeita", "lastukoristeita", "lastutöitä", "lastukoriste" (useita vastauksia), "Tuomaanristi + muita lastukoristeita", "lastu- ja olkikoristeita", "av spånor lagade figurer", "lastuista tehty 70 cm pitkä koriste"

199 "konstgjorda kvistar", "peilin päällä havukoriste", "3 pinjan käpyä koristettu kärpässienin ja havunoksin", "muovinen havu- ja käpykoriste", "männynoksa", "granris", "käpyjä"

200 "muovikoristeita", "Barnen har alla år samma julplanscher som är 'plastade'"

201 "hopeapaperikoristeita", "puusta ja paperista", "puisia", "poronsarvet, joissa musta lyhty punaisine kynttilöineen", "soittopallo"

202 "tomtar och bockar av rött papper", "papperstomtar", "stora tomtebilder", "tomtegubbar av papper", "tomtar, änglar, sjärngossar", "papptomtar och julgubbar i glada färger", "tonttukoristeita", "puutonttuja", "tonttuaiheinen kaitaliina", "tonttuja", "kankaisia tontunkuvia", "paperi- ja kangastonttuja", "joulupukkeja, tonttuja", "pahvitonttuja", "kartongista tehtyjä tonttuja", "paperinen tonttutaulu", "paperisia joulutonttuja", "paperitonttuja", "paperitonttuja ja satuolentoja", "punaisia kartonkitonttuja", "suuria punaisia kartonkitonttuja", "kartonkitonttuja", "pahvitonttuja", "puinen tonttu, paperinen joulupukkirivi", "kankainen tontunkuva"

203 "niinisydän savikirsikoin", "3 sydäntä nauhassa", "kimaltavia tähtiä", "kelloja", "pahvikelloja"

Eräs vastaaja oli piirtänyt kuvat koristeistaan.

Drawing made by a respondent of their Christams decorations. From the ceiling they had hung golden Christmas bells and an Advent wreath. On the wall they had a decoration made of fir twigs, pine cones and balls, and also a linen gnome motif. On the door a wreath with the text "Merry Christmas", a star in the window, jingling angels and gnomes on the table, and a straw goat on the cabinet.

Tuomaanristi (The Cross of St. Thomas)

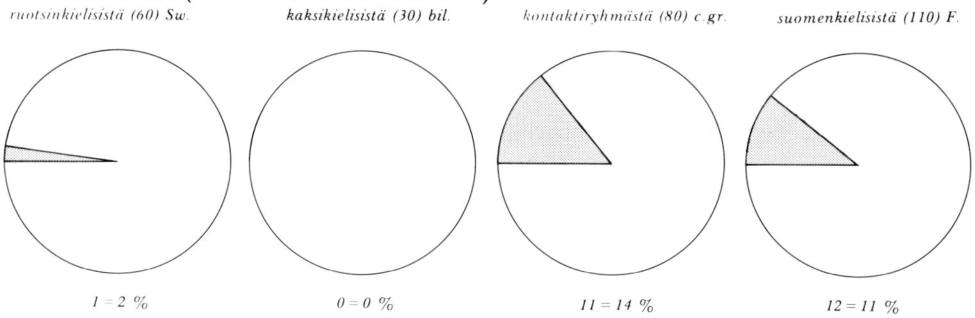

Kriittinen suhde suomen- ja ruotsinkielisten välillä on 2.71. Ero on merkitsevä.

Aiemmissa luvuissa olemme aina silloin tällöin tavanneet tuomaanristin. Tuomaanristi esiintyi kuitenkin vain 24 vastaajalla. Se oli siis harvinainen koriste, joka kuitenkin esiintyi merkitsevästi useammin suomen- kuin ruotsinkielisillä. Näitä ristejä esiintyi joulupöydän somisteena neljässä perheessä, yksi seinä- ja yksi ikkunakoristeena. Muiden sijoituspaikat olivat pöytien, kaappien ja televisioitten päällykset, joille muutenkin oli sijoitettu etenkin olkikoristeita.[204]

Lastu oli myös suosittua,[205] samoin risut, oksat ja lyhteet.[206] Olipa jokunen omenakoristekin.[207]

Tuomaanristi voi yhtä hyvin riippua myös ikkunan koristeena.

The Cross of St. Thomas can also hang at a window.

---

204 "halmbockar, -tupp och docka", "halmbockar" (lukuisia mainintoja), "halmbockar och halmljusstake", "40 cm hög och flere små halmbockar", "halmbock", "en halmbock på snaskbordet", "halmbockar, halmtupp", "bockar, tomtar av halm", "olkipukki", "olkipukkeja" (molemmista useita mainintoja), "kaapin päällä olkipukki", "olkipässi", "olkitähtiä ja olkipukkeja", "olkipukit", "julbockar av halm", "halmbockar under julgranen", "halmdekorationer", "olkikoristeita", "olkitähtiä", "olkiaurinko", "halmdockor och -gubbe"

205 "spåndekorationer", "lastukukkia", "lastukoristeita", "lastuista tehtyjä kaloja"

206 "oksia", "katajakiuluja, joissa puolukan- ja katajanoksia", "lyhteitä pöydillä", "katajanoksia pöydillä", "pöydillä pienet kauralyhteet", "kuusenoksakoristeita", "ikikukka-kataja-asetelmia", "värjättyjä lehtiä, oksia, marjoja", "lyhteen 'kaurakukkia' tuohikontissa ja maljakoissa ruokailutilan seinällä ja takkahuoneen pöydällä"

207 "pöydällä punaisia omenia, joissa ohran tähkiä", "tuohivasuja täytetty omenilla", "omenakoriste"

M u u t a m a t j o u l u i s i k s i k o e t u t m o t i i v i t toistuivat edelleen kaappien, pöytien ja televisioitten päälle asetelluissa koristeissa. Enkelit kuuluivat näihin.[208] Vielä yleisempi hahmo oli kuitenkin tonttu ja/tai joulupukki.[209] Muitakin hahmoja esiintyi.[210] Jouluisia mielteitä saattoivat herättää myös muutamat muut koristeet.[211]

Taaskin on mainintoja soittorasioista.[212] Kuultokuvistaan kertoi kaksi.[213] Kaitaliinoja oli muutoinkin kuin vain joulupöydän koristeena.[214]

Enkelikelloja esiintyi.[215] Moni kertoi vielä kynttilöistään.[216]

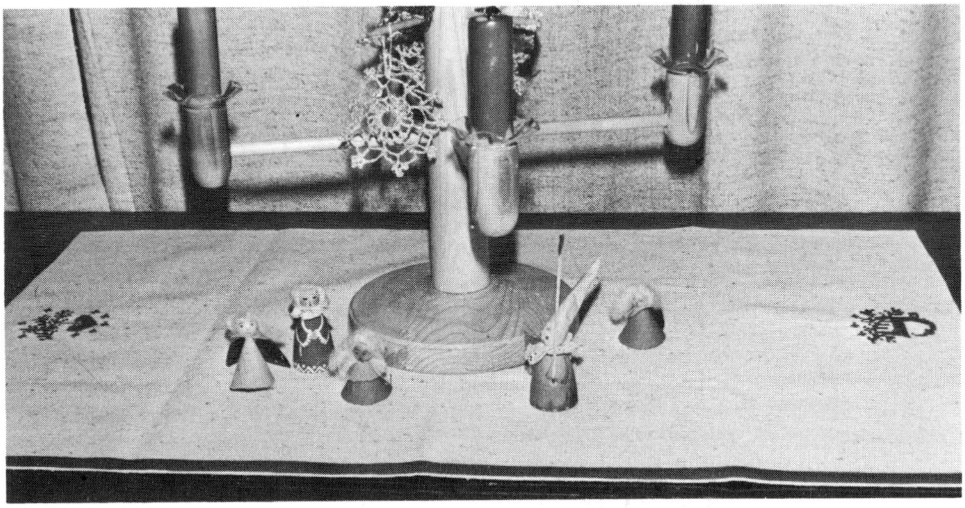

Eräänlainen enkeli- ja satumukaelma. Itse tehdyistä nukeista tunnistettavissa enkeli ja tähtipoika. Pieni kirjailtu joululiina ja kynttiläpuu.

One kind of fairy tale with angels and star boys, in this case home-made. A small Christmas table cloth and a candle tree.

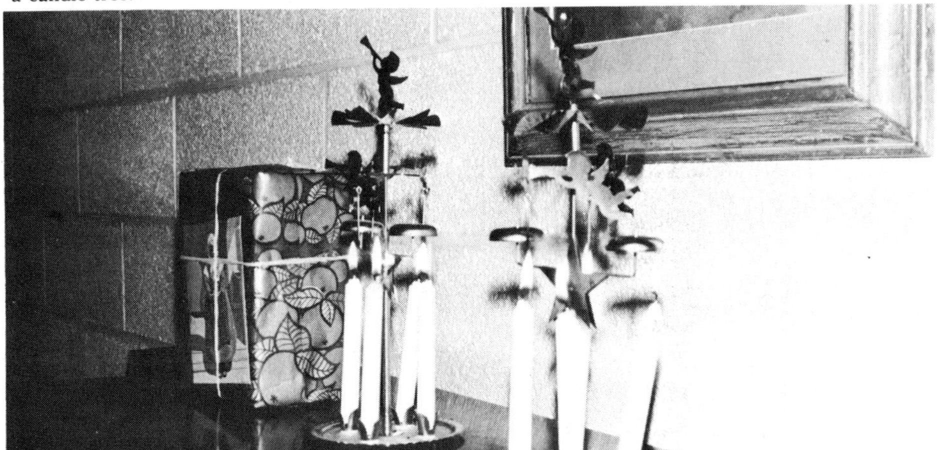

Myös enkelit joulusanoman julistajina kuuluvat suomalaiseen jouluun. Tällaiset liekkien lämmössä pyörivät enkelikellot ovat tavallisia kotien joulukoristeita.

As bearers of good tidings, angels also belong to the Finnish Christmas. Angel bells that rotate in the heat of flames are common Christmas decorations in Finnish homes.

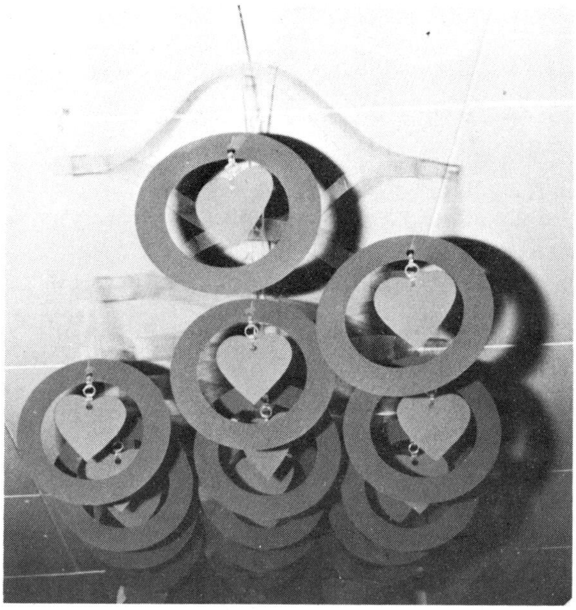

Punaiset sydämet ovat myös joulun koristemotiiveja. Tässä ne ovat Kuusaan Keskuslaitoksen kattokoristeina.

Red hearts also appear as motifs in Christmas decorations, here in the ceiling of the Kuusankoski Institution for the Mentally Retarded.

---

208 "änglar", "enkeleitä", "enkeli", "enkeleitä, paimenia", "enkeleitä ikkunalaudalla", "en ängel"

209 "tomtebo", "tomtar" (useita vastauksia), "julgubbsdocka under granen", "olika tomtar", "bockar, små ulltomtar", "ca 35 cm höga julgubbsdockor", "hustomte", "tomtar under granen", "handgjorda fina tomtar med handstickade kostymer", "en miniatyrsläde i näver fylld av paket, körd av julgubbe, tomtebo", "tonttuja" (useita vastauksia), "tonttuja pöydillä ja hyllyillä", "tonttuja, pukkeja pianon päällä ym.", "posliinia: Joulupukki, -pässi ja -muori hyllynreunalla", "tonttuja pöydillä", "epälukuinen määrä erilaisia tonttuja kaappien päällä ja hyllyillä", "parrakkaita tonttuja pöydillä", "tonttuja ja pukkia pöydillä", "tonttuja ym. lasten tekemiä pöydillä", "tonttuja pöydillä ja ikkunoilla", "paperisia tonttuja seinillä, peilissä ja ovessa", "iso tonttu kuusen alla", "namuilla täytetty reki, jota joulupukki vetää", "tonttuja pöydällä", "puuroa keittävä tonttu ja poroa ajava joulupukki", "tonttuja pöydillä", "paperisia joulupukkiketjuja kaappien päällä", "paperinen joulupukki", "tonttuja ja peikkoja", "tonttuja ja pukkeja", "punaisia tonttuja ja joulu-ukkoja", "iso joulupukki, poroja, pukkeja", "käpytonttuja", "paperitonttuja", "tonttu-ukko", "pukki", "tontturivistö kirjahyllyn päällä", "oljesta pukkeja ja tonttuja", "3 pientä tonttua"

210 "de tre heliga konungarna, virkade, på fönsterbrädet", "Lapinpoika ja tyttö, lumiukko", "pieniä pakkaspoikia (perintötavaraa)"

211 "julkyrka lagad av papper i barnens rum. Kyrkan är bestruken med lim och över den är det strött salt på så det ser ut som snö", "lampussa paperisia lumihiutaleita", "puisia pikku joulukuusia", " 'lumella' koristettu pienoisjoulukuusi radion päällä", "3 kulkusta oviverhossa", "suuret punaiset kellot ovenkarmissa", "kelloja"

212 "jouluaiheinen soittorasia", "soittorasia, jonka päällä Neitsyt Maaria, Jeesuslapsi ja enkeleitä", "klockspel"

213 "transparang", "ostettu, akvaarioaiheinen kuultokuva"

214 "snaskbord med löpare och ljus", "en gammal dyrgrip, som till julen placeras på farfarsskänken, är en jullöpare, handmålad på glasbattist. Min mans moster målade löparen ungefär 1912. En fantastisk sak med klockor, ljus, grankvistar, kottar och textad med God Jul. En smal, sirlig spets kantar duken", "pieniä joululiinoja pöydillä", "joululiinat pöydillä ja kuusen alla", "joululiinoja, seinäpapereita", "joulukaitaliinat pöydillä", "joululiinoja pöydillä", "useanlaisia joululiinoja pöydillä"

215 "kelloenkelit", "enkelikynttilänjalat", "joulukaruselli messinkipeltiä", "på öppna spisen ljusdekoration med änglar som röra sig och klinga då ljusen tändas"

216 "ljusstakar, en sjuarmad röd och stjärnor av porslin, röda runda av porslin", "i alla stakar röda ljus", "vanhoja kynttilänjalkoja", "kynttilöissä omatekoiset joulumansetit", "punaisia pikkuliinoja, kynttilöitä pöydillä ja kaapeilla", "kynttilöitä", "runsaasti erilaisia kynttilöitä kaikkialla", "iso puinen kynttilänjalka lattialla", "useita erilaisia, vain jouluna käytettäviä kynttilänjalkoja", "pöydillä kynttiläasetelmia", "julröda ljus och äppel", "useita erilaisia omatekoisia kynttelikköjä"

2.1.3. Kolmas näytös, välipäivistä joulun loppuun

2.1.3.1. Puitteet

Niin alkaa joulun kolmas näytös. Se alkaa useimpien osalta kovin arkisesti, aamuiseen herätyskellon pirinään. Juhla on äkkiä loppunut, arki, välipäivät, ovat saapuneet.

Ulkonaisesti näyttämö on sama kuin toisessa näytöksessä, mutta sisäisesti ja olemukseltaan se on sittenkin ihan toinen.

Tähän asti, jo ensimmäisestä näytöksestä alkaen, perheen koti on vähitellen kohonnut joulunäytelmän hallitsevaksi näyttämöksi. Arkielämän roolit ovat muuttuneet korostetusti perheen- ja suvunjäsenten rooleiksi. Me vietämme jouluamme perheemme jäseninä, sukumme jäseninä.

Nyt yhtäkkiä, ensimmäisen välipäivän alkaessa, meidän tärkein roolimme ei enää olekaan perheenjäsenen rooli. Me olemme taas tavallisia työtä tekeviä ihmisiä. Meidän kotimmekin on muuttunut. Se on taas muuttunut siksi kodiksi, jonka tunnemme vuoden kaikilta muilta yhdeltätoista kuukaudelta. Se ei enää ole paikka, jossa syödään ruokasalissa parhaalta astiastolta hopeaveitsin ja -haarukoin. Nyt on jokainen vapaa elämään niinkuin tavallisesti ja niinkuin itse mielii.

Kaikessa tässä on oma riemunsa, oma vapautumisen tunteensa. Ja muutakin hyvää tarjoaa tämä joulun viimeinen näytös. Kun ensimmäisessä näytöksessä vietimme pikkujoulua työ- ja yhdistystovereitten kanssa ja kun toisessa näytöksessä koko juhla käytännöllisesti katsoen kului sukulaisten kanssa, me tapasimme näitä kaikkia tietysti mielellämme. Mutta yhtäkaikki he olivat ihmisiä, joiden kanssa meidän oli pakko olla. Itse emme olleet heitä valinneet. Sukulaisistaan useimmat voimme valita vain yhden, aviopuolisomme. Muut tulevat meille ilman omaa myötävaikutustamme. Työpaikkamme ja yhdistyksemme voimme valita itse, mutta työtoverit ja yhdistystoverit tulevat niiden myötä. He tulevat pakosta meille ja meidän jouluumme. Nyt joulun kolmannessa näytöksessä me voimme tavata ne ihmiset, jotka me itse valitsemme seuraamme. Me voimme avata ovet ystävillemme.

Kaikille tämä muutos ei tapahtu näin täydellisesti ja rajusti. On pienten lasten vanhempia, joiden on edelleen jatkettava isä- ja äitinäytelmän leikkimistä. Mutta se on vain ajan kysymys. Eräs vastaajistani oli tajunnut asian. Hän kirjoitti: "Jouluileikit ja uudenvuoden leikit eivät vielä oikein ole paikallaan lasten pienuuden takia (3 v., 2 v., ja 7 kk). Tämä seikka myös sitoo joulunajan vierailuihin nähden, joiden frekvenssi lasten iän karttuessa noussee." Vastaaja siis odotti, ilmeisesti ilolla, tätä muutosta, aikaa, jolloin lapset olisivat isoja ja jolloin hänelläkin olisi tilaisuus muiden aikuisten kanssa osallistua joulun kolmannen näytöksen riemujen täyteen nautintaan.

Tämä kodissa tapahtunut roolien ja näyttämön, joulun puitteiden muuttuminen heijastuu kolmannen näytöksen muissakin puitteissa. Uuden vuoden aattona perheet hajaantuvat.

Uuden vuoden päivänä astuvat esille aivan uudet, koko joulunäytelmässä ainutkertaiset puitteet. Tällöin tapahtuvat viralliset uuden vuoden käynnit. Näiden käyntien näyttämöinä esiintyi vastaajilla viisi eri tilaisuutta. Kuusankoskella oli Koskelassa Kymin Osakeyhtiön virkamiehille tilaisuus, jossa kaikki toivottivat toinen toisilleen hyvää uutta vuotta. Tänne osanottajat kokoontuivat työtovereina ja klubin jäseninä. Jo astetta virallisempia olivat kouvolalaisten puitteet. Uuden vuoden tilaisuuden järjesti ensinnäkin kenraali kutsuen paitsi upseeriston myös huomattavimmat kouvolalaiset viranhaltijat aviopuolisoineen. Tänne kokoontuivat osanottajat viranhaltijain roolissa. Maaherra puolestaan järjesti tilaisuuden lääninhallituksen viranhaltijoille ja läänin kuntien toimihenkilöille. Vielä järjesti Tehdaspuu Oy:n toimitusjohtaja omalle virkamiehistölleen ja heidän puolisoilleen vastaavan tilaisuuden. Myös Kouvolan rovastilla oli uuden vuoden päivän tilaisuus, johon joku vastaajista oli osallistunut.

Loppiainen merkitsee suurelle osalle tätä pientä yhdyskuntaa, ruotsinkielisille ja kontaktiryhmälle sekä myös osalle kaksikielisiä Koskelan loppiaistanssiaisia, vuoden toiseksi suurinta juhlaa paikkakunnalla. Sillä näyttämöllä me näyttelemme ystävän roolia.

2.1.3.2. Ilmaisukeinot
2.1.3.2.1. Kolmannen näytöksen sisältö

Välipäivät

Välipäivien kutsuihin osallistui 190 vastaajaa joko isäntäväkenä tai vieraina. Tapa oli melko yleinen, eikä kieliryhmien välillä ollut merkitsevää eroa. Lisäksi oli vastaajia, jotka osallistuivat "ibland", "eventuellt", "ehkä", "toisinaan", "joskus". Näistä viimemainituista vastauksista kuvastuu näiden välipäiväkutsujen tyypillinen piirre, niiden välittömyys, epämuodollisuus ja se, etteivät ne suinkaan aina ole kauan harkittuja ja edeltä käsin suunniteltuja tilaisuuksia.

Välipäivien kutsuihin osallistui
(Attending parties between Christmas and New Year)

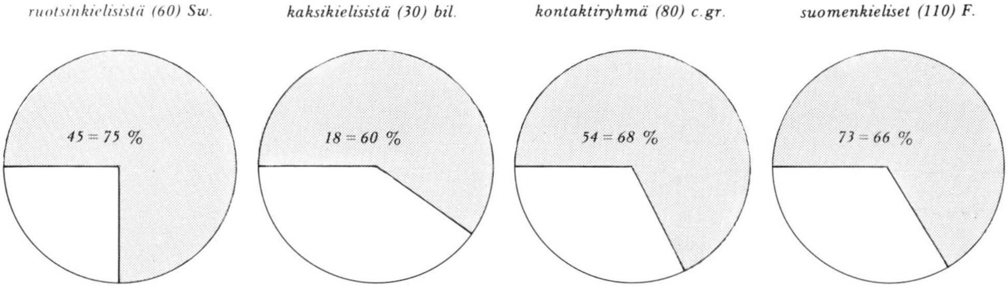

Ruotsin- ja suomenkielisten kriittinen suhde on 1.24. Ero ei ole merkitsevä.

Uusi vuosi

Uutta vuotta vastaanotettaessa perheet jakautuivat. 275 kertoi aiheesta. 149 osallistui uuden vuoden kutsuihin joko isäntäväkenä tai vieraina. 94 osallistui yleisiin, kunnallisiin uuden vuoden vastaanottajaisiin. 17 kävi aattona kirkossa. Teatterissa oli kaksi vastaajaa, ravintolassa yksi ja "kerholla" yksi. 114 vietti uuden vuoden aattoa kotona ilman vie-

Uudenvuoden aaton kutsuihin osallistui isäntäväkenä tai vieraana (Attending or hosting New Year parties)

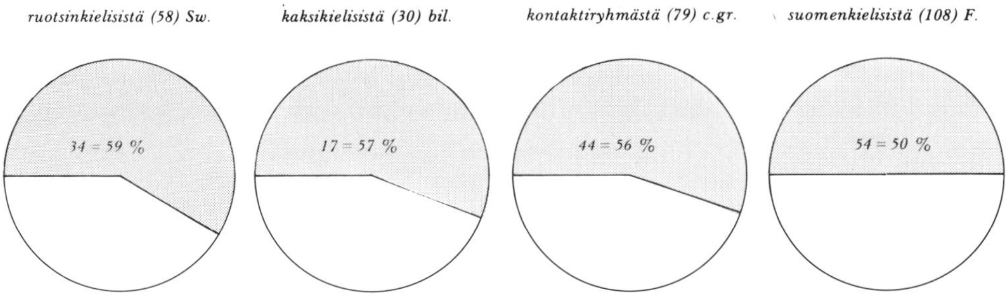

Kriittinen suhde ruotsin- ja suomenkielisten välillä on 1.07. Ero ei ole merkitsevä.

raita, ja kahdeksan jätti juhlimiset muiden huoleksi ja nukkui vuoden vaihteen yli.[1]

Olivatpa vastaajat nyt sitten kutsuilla tai kotona, heidän vuoden vaihteen vastaanottomenoihinsa kuului yleensä aina jotakin määräohjelmaa. Näistä ohjelmista tinan valaminen oli suosituin. Sitä harrasti 216 vastaajaa. Tapa oli yleinen. Ruotsinkieliset harrastivat sitä merkitsevästi useammin kuin suomenkieliset.[2] Muu taikuus olikin harvinaista. Sitä harrasti vain 24 henkeä.[3] Eräs vastaajista puolusteli taikuuden harjoittamista sanoen, että se oli "ohjelmanumerona vieraille".

Oman ilotulituksen oli järjestänyt 65. Yleisempää oli jo radion kuuntelu. Sitä harrasti 110.[4] 143 seurasi televisiota. Television seuraamista voimme pitää jo melko yleisenä ilmiönä.[5]

Kaksi tapaa, pikku seremoniaa, liittyi useitten vastaajien vuoden vaihtumisen hetkiin. Toinen oli maljan juominen eli skoolaaminen. Tätä harrastivat enimmäkseen ne, jotka osallistuivat kutsuihin, mutta myös monet sellaiset, jotka olivat vain kotona perhepiirissä.[6] Toinen oli suudelmat, jotka useimmiten liittyvät maljanjuontiseremo-

Vuodenvaihteen yli nukkui (Went to bed early on New Year's Eve)

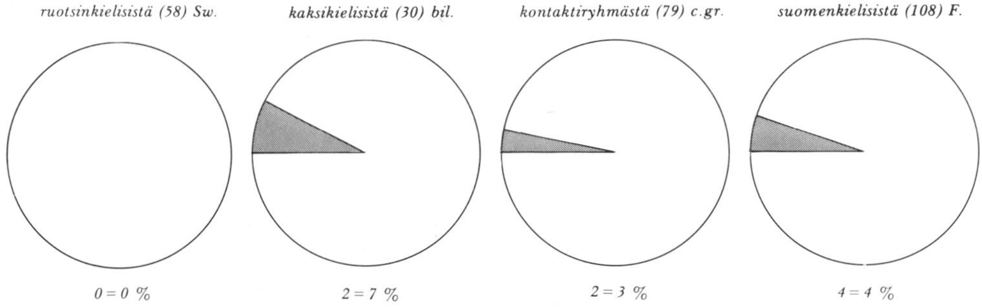

Kriittinen suhde suomen- ja ruotsinkielisten välillä on 2.03. Ero on melkein merkitsevä.

[1] Muutama kommentoi tätä asiaa tarkemmin. Eräässä perheessä perheen isä jäi kotiin ja kävi nukkumaan. Muut menivät seuraamaan yleistä ilotulitusta. Toinen vastaaja vastasi myönteisesti sekä nukkumiseen että kirkossa käyntiin. Rohkenen olettaa, että tässäkin perhe jakautui kahtia, eikä ollut kyse kirkkoon nukahtamisesta. Kolmas perhe kävi ennen vuoden vaihtumista nukkumaan, mutta sitä ennen he katselivat televisiota. Neljäs perhe seurasi sekä radiota että televisiota ja joi uuden vuoden maljatkin ennakkoon, mutta kävi kuitenkin ajoissa nukkumaan. Lisäksi yksi vastaaja kertoi, että heillä oli "aina toisinaan" tapana nukkua vuoden vaihteen yli. Tällä kertaa he olivat kuitenkin valvoneet seuraten illan mittaan radion ja television ohjelmaa, ja keskiyöllä he joivat maljat ja suutelivat toisiaan.

Uudenvuoden aattona valoi tinaa
(Observed the custom of pouring molten lead)

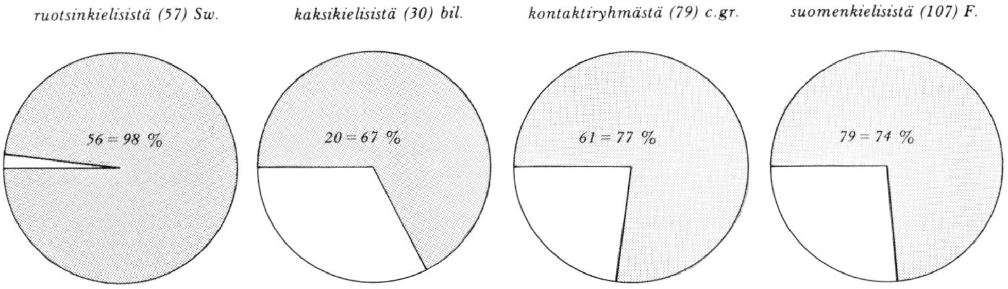

Kriittinen suhde ruotsin- ja suomenkielisten välillä on 5.82. Ero on erittäin merkitsevä.

Muita uuden vuoden taikoja kuin tinanvalantaa (kuppitaikuus, kengänheitto, puuromanteli) harjoitti (Other New Year magic)

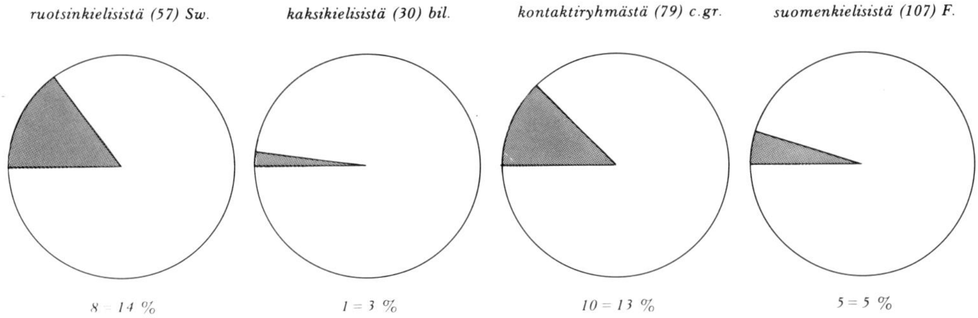

Kriittinen suhde ruotsin- ja suomenkielisten välillä on 1.86. Ero ei ole merkitsevä.

niaan. Maljan juonnin jälkeen jokainen seurueen jäsen vielä kilistää maljaansa erikseen jokaisen läsnäolijan kanssa vuorotellen. Miehet eivät suutele toisiaan, mutta naiset suutelevat toisiaan ja miehet ja naiset samoin toisiaan, kuitenkin vasta sen jälkeen, kun tämä seremonia on ensin käyty läpi oman aviopuolison kanssa.

79 vastaajaa eli vähän yli neljännes vaihtoi tällaisen uudenvuoden suudelman tai

2 Oli jälleen vastaajia, jotka olivat valaneet tinaa "joskus" ja "tidigare".

3 Näistä 21 nosteli kuppeja, joiden alle oli pantu joitakin ennustavia esineitä tai symboleja. Pari muutakin kertoi harrastaneensa tätä kuppitaikuutta aiemmin. Yksi näistä kuppitaikuutta nyt harrastaneista heitti lisäksi kenkää. Muut söivät uuden vuoden puuroa ja tulkitsivat sen mantelilla tulevia tapahtumia, näistä yhdessä perheessä avioliittoa ja toisessa tulevan vuoden onnea.

4 Radio-ohjelmista muutamat mainitsivat tarkemmin. He olivat seuranneet nimenomaan kahdentoista-lyöntejä ja Hymyilevää Apolloa. Ruotsinkieliset seurasivat merkitsevästi enemmän radiota kuin suomenkieliset. Kyselin jälkeenpäin muutamilta ruotsinkielisiltä vastaajilta, mitä oli seurattu, ja ne, joilta kysyin, olivat kuunnelleet selostusta vuoden vaihtumisesta Senaatintorilla. He korostivat, että heille vanhoina helsinkiläisinä se oli rakas ohjelma.

5 Monet vastaajat kertoivat, mitä televisiosta oli katsottu. Ja sehän oli tuo noiden vuosien rakas mammuttiohjelma "Peyton Place", jonka yksi jakso näytettiin tuona iltana. Kutsutkin siis keskeytyivät muun ohjelman osalta Peyton Placen ajaksi. Eräs vastaaja korosti, etteivät he seuranneet sen paremmin radiota kuin televisiotakaan, "koska niiden nykyohjelma ei kiinnosta."

6 22 vastaajaa kertoi, että he olivat kotona ilman vieraita. Vuoden vaihtuessa he joivat maljan. Eräs vastaaja kertoi, että he siirsivät kelloa tunnilla eteenpäin ja narrasivat näin lapsensa nukkumaan jo ennen puolta yötä. Oikean puolen yön aikaan vanhemmat sitten joivat keskenään kahvia ja skoolasivat kahvikupilla.

Oma ilotulitus oli uudenvuoden aattona (Own fireworks on New Year's Eve)

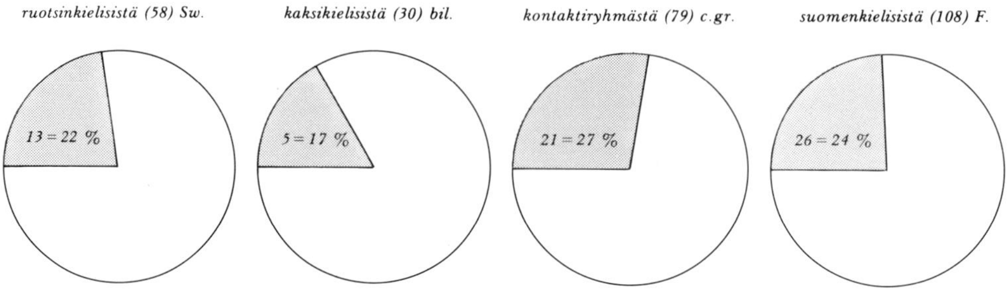

Kriittinen suhde suomen- ja ruotsinkielisten välillä on 0.24. Ero ei ole merkitsevä.

Uudenvuoden aattona skoolasi (New Year's toasts)

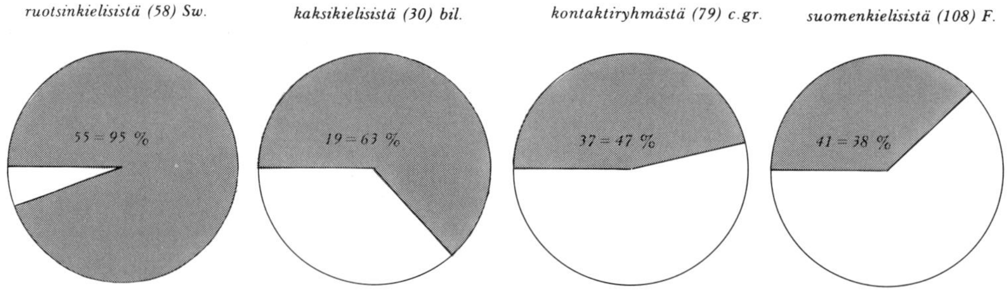

Kriittinen suhde ruotsin- ja suomenkielisten välillä on 10.33. Ero on erittäin merkitsevä.

Uudenvuoden aattona suuteli (New Year's kisses)

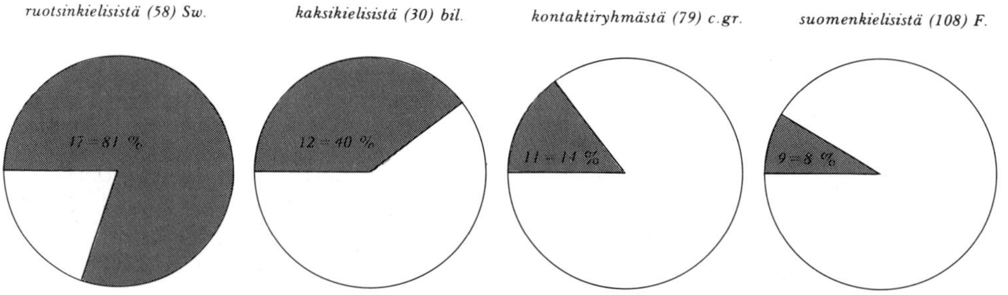

Kriittinen suhde ruotsin- ja suomenkielisten välillä on 12.54. Ero on erittäin merkitsevä.

---

7 Ruotsinkielisistä 34 oli kutsuilla. Näistä 28 kutsuilla sekä skoolattiin että suudeltiin. Lopuissa kutsuissa vain skoolattiin. Suomenkielisistä 54 oli kutsuilla. Vain neljissä kutsuissa skoolattiin ja suudeltiin, kuitenkin ilmeisesti vain omaa aviopuolisoaan, 26 kutsuilla skoolattiin, muttei suudeltu. Kontaktiryhmäläisistä kutsuilla oli 44. Näistä kutsuista yhdeksällä sekä suudeltiin että skoolattiin, 20 kutsuilla vain skoolattiin. Kaksikielisistä 17 oli kutsuilla. Seitsemillä kutsuilla sekä suudeltiin että skoolattiin, kuudella vain skoolattiin ja kolmissa kutsuissa kylläkin suudeltiin, mutta ei skoolattu.

8 Ruotsinkielisistä 23 perhettä oli kotonaan ilman vieraita. Näistä enemmistö, 15 sekä joi maljan että suuteli, viisi ainoastaan skoolasi ja kolme ainoastaan suuteli. Suomenkielisistä oli kotonaan 49. Vain neljä sekä skoolasi että suuteli, seitsemän skoolasi suutelematta, ja yhdessä perheessä suudeltiin. Kontaktiryhmästä oli kotona 32 perhettä. Heistä kaksi skoolasi ja suuteli, kuusi suuteli skoolaamatta, ja yksi miesvastaaja, joka ei kuulunut skoolaajiin, kertoi suudelleensa vaimoaan. Kaksikielisistä oli kotona 10. Kaksi perhettä skoolasi ja suuteli, neljä skoolasi suutelematta.

Uudenvuoden aaton vietti kotona ilman vieraita
(New Year's Eve spent at home without company)

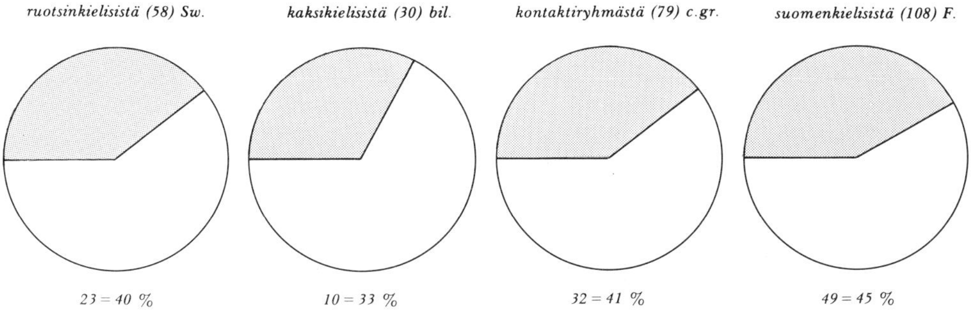

Kriittinen suhde suomen- ja ruotsinkielisten välillä on 0.71. Ero ei ole merkitsevä.

Uudenvuoden aattona seurasi radiota
(Listening to the radio on New Year's Eve)

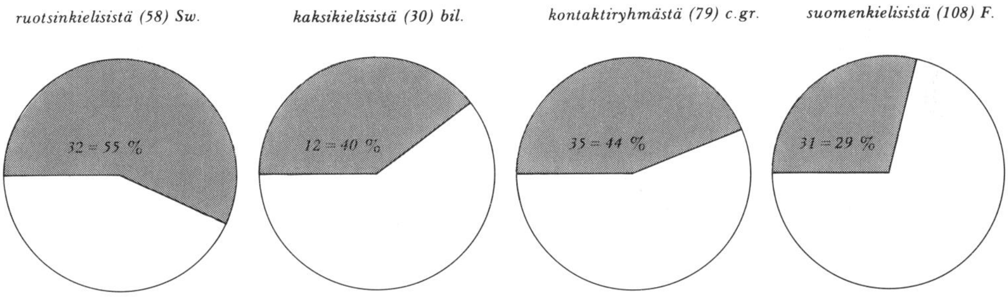

Kriittinen suhde ruotsin- ja suomenkielisten välillä on 3.37. Ero on erittäin merkitsevä.

Uudenvuoden aattona seurasi televisiota
(Watching TV on New Year's Eve)

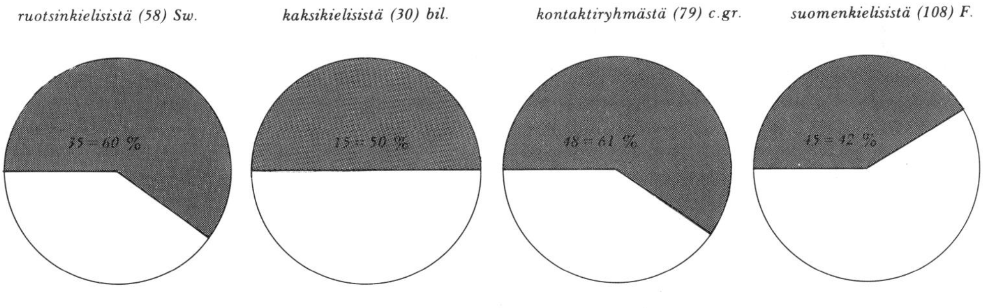

Kriittinen suhde ruotsin- ja suomenkielisten välillä on 2.34. Ero on melkein merkitsevä.

tällaisia suudelmia, osa kutsuilla,[7] toiset myöskin ollessaan kotona.[8] Ruotsinkieliset harrastivat sekä skoolaamista että suutelemista — jotka, kuten annetuista esimerkeistä käy ilmi, usein, vaikkeivät suinkaan välttämättä, kulkevat yhdessä — merkitsevästi enemmän kuin suomenkieliset. Lisäksi yksi suomenkielinen vastaaja kertoi, että vaikka he olivatkin kutsuilla sekä skoolanneet että suudelleet, niin suuteleminen rajoittui omaan aviopuolisoon, joten ilmeisesti kieliryhmillä on nyt kyse kahdesta eri

Uudenvuoden aattona kävi kirkossa (Attended church on New Year's Eve)

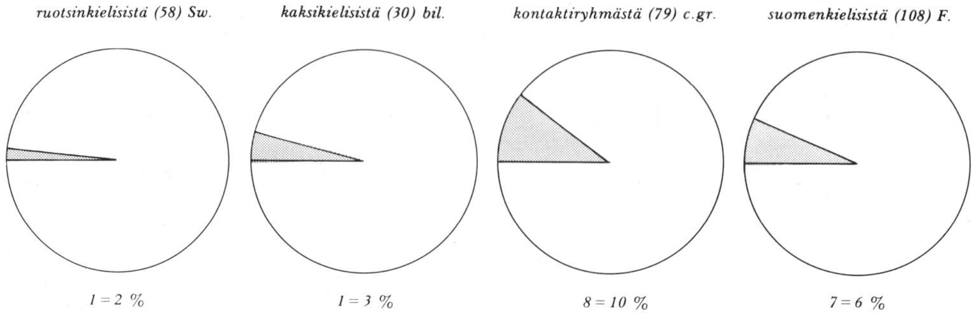

Kriittinen suhde suomen- ja ruotsinkielisten välillä on 1.66. Ero ei ole merkitsevä.

Yleisissä kunnallisissa uudenvuoden vastaanottajaisissa kävi (Attended public occasions on New Year's Eve)

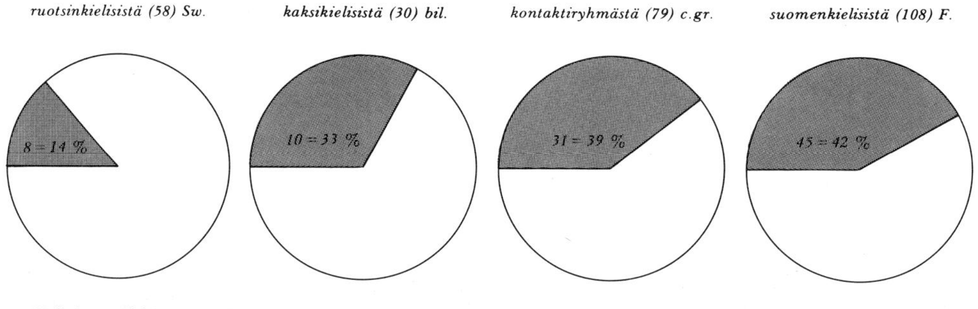

Kriittinen suhde suomen- ja ruotsinkielisten välillä on 4.25. Ero on erittäin merkitsevä.

tavasta. Kutsuilla, joihin eräs kontaktiryhmäläinen oli osallistunut, oli juotu maljat, ja sen jälkeen oli jokainen kädestä toivottanut toisille hyvää uutta vuotta.

Kutsuihinkaan ei välttämättä liittynyt sen paremmin suudelmia kuin maljojen juontiakaan. Ruotsinkieliset eivät osallistuneet tällaisiin seremoniattomiin vuoden vaihtajaisiin, mutta kylläkin 24 suomenkielistä, 15 kontaktiryhmäläistä ja yksi kaksikielinen.

Muusta vuodenvaihteen juhlakäyttäytymisestä antoivat vastaajat muutamia tietoja. Yksi perhe oli ollut vierailulla sukulaispappilassa, jossa ensin oli pidetty kutsut ja sitten menty joukolla kirkkoon. Eräs perhe oli ulkomailla ravintolassa. He joivat maljan keskenään ja suutelivat tavalliseen tapaansa. Eräs perhe osallistui yhdistettyyn teatteri- ja kutsuillanviettoon. Ensin mentiin ystäväjoukolla teattteriin ja sen jälkeen yhdessä myöhäiskutsuille.

K o t i e n u l k o p u o l e l l e kuuluu ja näkyy vuoden vaihde. Koko päivän myydään Kouvolassa kadunkulmissa paperihattuja, räikkiä ja muuta kamaa. Puolelta yöltä kansanjoukko kokoontuu kaupungintalolle, missä kaupunginjohtaja puhuu. Valokirjaimiin syttyvät uuden vuosiluvun numerot, ja seuraa ilotulitus. Humalaiset metelöivät kaduilla ainakin kolmeen asti.

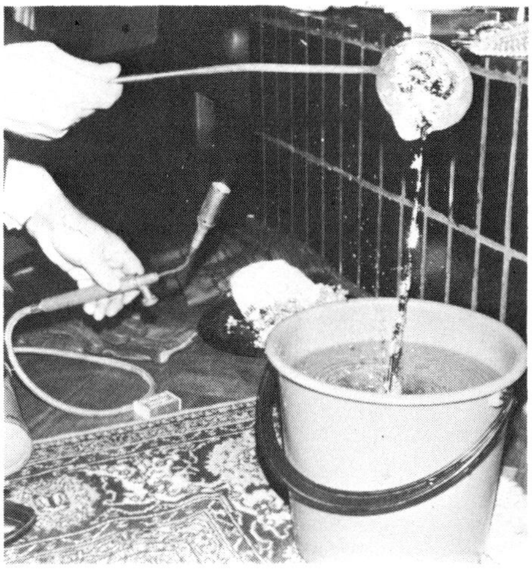

Tinan valaminen on uuden vuoden kutsujen tärkeä ohjelmanumero ja mantelin ohella joulun ainoa merkittävä taika. Tina kuumennetaan liekillä ja kaadetaan kylmään veteen. Sen muodosta, rosoisuudesta ja varjosta tulkitaan tulevia tapahtumia.

Melting lead forms an important part of the program at a New Year party, and besides the almond in the porridge, it is the only Christmas magic. The lead is heated with a flame and poured into cold water. Its shape, irrelugar surface and the shadow it casts are used to predict the future.

Uuden vuoden suudelma. Julkisuudessa eivät suomalaiset hevin suutele toisiaan. Siksi tämä tapa on sitäkin merkillisempi.

A New Year kiss. Finns do not often kiss each other in public, and so this custom is even more strange.

Uuden vuoden vastaanotto. Kolmen vuodenajan symbolit samassa pöydässä: käsin kirjottu joulukaitaliina, pääsiäisliljat ja elokuiset ravut.

A New Year party with the symbols of three season on the table: a hand-decorated table runner with Christmas ornaments, Easter lilies, and August crawfish.

Vuosi 1969 vaihtui vuodeksi 1970 Kouvolassa kaupungin järjestämän komean ilotulituksen merkeissä. Oikealla kaupungintalo, jonka edessä kaupunginjohtaja juuri on pitänyt puheensa kaupunkilaisille. Keskellä näkyvien autotallien yläpuolella on kansalaistori, jolle kouvolalaiset ovat kokoontuneet.

In Kouvola the year 1969 gave way to 1970 to the rhythm of a grand fireworks arranged by the town. On the right, the Town Hall, in front of which the Mayor has just made his speech to the townspeople gathered on the Civic Square above the garages in the middle.

Loppiainen (Twelfth Night)

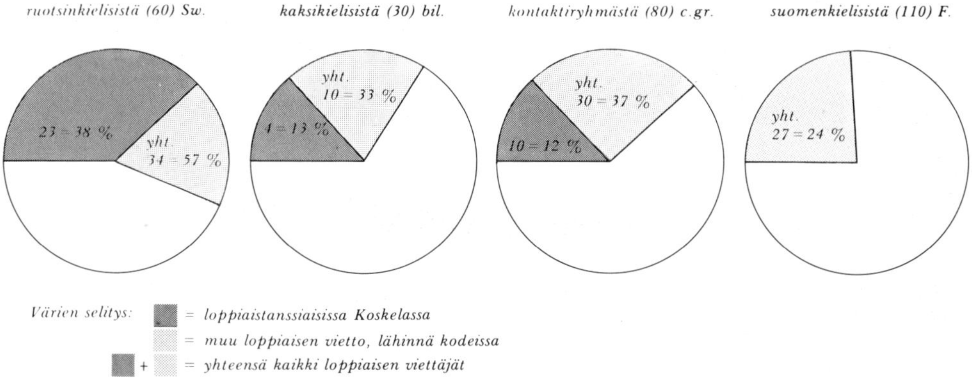

Kun jätetään Koskelassa tapahtunut loppiaisen vietto pois, on loppiaisen suhteen suomen- ja ruotsinkielisten kriittinen suhde 0.96. Ero ei ole merkitsevä.

Vain 101 vastaajaa vietti jollain tavoin loppiaista. Melkoisen osan loppiaisen viettäjistä muodostivat kaikissa muissa paitsi suomenkielisessä ryhmässä ne, jotka osallistuivat Koskelan loppiaistanssiaisiin. Kun tämä tilaisuus jätetään ottamatta huomioon, ei kieliryhmien välillä ollut merkitsevää eroa loppiaisen vieton suhteen.[9]

Yksi vastaaja vietti loppiaista kirkossa "ainakin radion", toinen kävi lähetysjuhlassa, ja yksi perhe lähti loppiaiseksi Kolille ja Tahkovuorelle viettämään tämän pyhänsä talviurheilun merkeissä.

Muutamat viettivät loppiaista kotona musiikin ja muistojen merkeissä. Kuusen riisumisesta ja koristeitten pois korjaamisesta muodostui perheille pieni juhlahetki. Muisteltiin, laulettiin, syötiin jouluruokia ja poltettiin kuusen kynttilät loppuun.[10] Jotkut kutsuivat vieraita tai vierailivat itse.[11] Toiset suhtautuivat loppiaiseen arkisesti,[12] ja kaksi luonnehti arjen paluuta näin: "Loppiaisena hapankaalikeitto", "loppiainen kun lopahtaa, kaalikuppi kopahtaa."

---

9 Kolme ruotsinkielistä sanoi: "bal", "dans" ja "man dansar alltid". Nämä saattoivat kyllä olla Koskelassakin käyneitä. Lisäksi yksi vastaaja kertoi, että he kävivät aina muulloin Koskelassa, mutta nyt heillä oli esteenä suruaika. Muita juhlimiseen liittyviä vastauksia olivat: "ungdomarna går på fest", "joskus ravintolassa tanssimassa", "menemällä ulos tanssimaan."

10 "lauletaan vielä joululauluja", "lasten tonttuleikkejä", "jouluruokia viimeisen kerran ja lauletaan joululauluja", "syödään kinkusta keitettyä hernekeittoa ja lasten kanssa muistellaan ja lauletaan", "lauletaan vielä joululauluja", "perheen kesken", "otamme makeiset joulupuusta ja syömme piparkakkumökin kahvipöydässä", "kotona kuusen luona", "lapset leikkivät kuusen ympärillä, lauletaan joululauluja", "plundrar granen", "kaffedrickning med ljus", "kuusen kynttilät poltetaan", "polttamalla kynttilät loppuun", "poltetaan viimeiset kynttilät", "kuunnellaan joululauluja, kynttilät kuusesta loppuun", "kynttilät loppuun, jouluherkut syödään loppuun", "kynttilät, joululauluja ym.", "poltetaan loput kynttilät kuusesta", "kuusen kynttilät palavat viimeisen kerran", "lopetellaan jouluruoat, poltetaan kynttilät loppuun", "granen tänds för sista gången", "ulkoillen, poltetaan kynttilöitä ja takkaa", "jouluateria loppiaisiltana", "syödään loput jouluruoat", "julmat"

11 "vierailemalla maalla sukulaisissa", "vierailemalla sukulaisissa", "käymällä isovanhempien luona", "sukulaisvierailu", "omaisten kanssa joululauluja laulaen", "käydään sukulaisissa", "matkustamme Savoon appivanhempien luo", "syömme jouluruokia ja käymme sukuloimassa", "sukulaisten tai ystävien luona tai jossain juhlassa", "gärna med gäster", "yleensä vierailemalla", "ystäväpiirissä", "pitämällä kutsut aattona", "kutsut kotona", "vierailemalla tai vieraita", "vierailuja", "kutsumme vieraita tai vierailemme (kynttilöitä)", "vieraita", "ystäväpiirissä", "kutsutaan koolle kouluaikaisia ystäviä", "kutsutaan vieraita, viimeisen kerran kynttilät", "hos en familj med barnen". Eräs kontaktiryhmän perhe järjesti kuusen riisujaiset, joihin oli kutsuttu muutamia vieraita. Kuusi poltettiin takassa.

12 "vi tar ner juldekorationerna", "riisumalla joulukuusi", "heittämällä kuusen ulos"

Nuutti

Jonkinlaista nuutinpäivän viettoa esiintyi 22 perheellä. Kyseessä oli siis jo sangen harvinainen joulutapa. Yksi vietti vielä joulua.[13] Yhdellä oli vieraita.[14] Yksi perhe oli vierailulla Savossa, ja siellä lapset söivät piparkakkutalon. Yhdeksän ruotsinkielisen ja kahden kaksikielisen perheen nuutinpäivän vietto oli joulun lopettamista.[15] Kahdeksassa perheessä oli nuutinlaulajia tai heistä jotkut esiintyivät nuutinlaulajina.[16] 32:sta vastauksesta ilmeni, että perheillä oli aiemmin ollut, muttei ollut enää nuutinlaulajia.[17]

Nuutinlaulajat (St. Knut's singers)

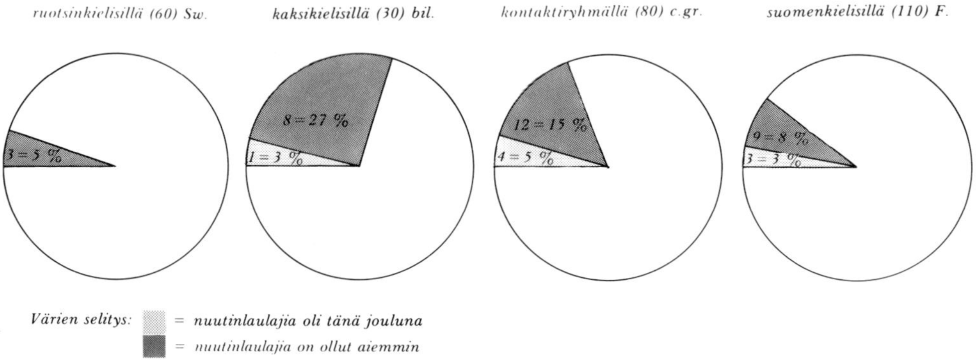

Koska vertailuprosentit ovat kovin pieniä, ei ole katsottu aiheelliseksi laskea kriittistä suhdetta.

---

13 "kuuntelemalla joululauluja"

14 "har gäster"

15 kaksikieliset sanoivat: "pepparkakshuset äts", "sopar ut julen". Yhdeksällä ruotsinkielisellä oli "granplundring"

16 Kolmella suomenkielisellä perheellä kävi nuutinlaulajia. He eivät kertoneet, keitä nämä olivat. Kontaktiryhmässä erään peheen tytär oli aina esiintynyt perheessä nuutinlaulajana. Nytkin, vaikka hän oli jo aikuinen, hän suoritti ohjelmansa. Toinen perhe kävi itse tuttavien luona nuutinlaulajina. Kolmannen perheen 11- ja 14-vuotiaat tyttäret kävivät kolmessa kylässä laulamassa. Kaksi muuta perhettä kertoi, että heillä oli nyt ja oli ollut aiemminkin nuutinlaulajia. Tarkemmin hekään eivät tapaa kuvanneet.

17 "under tidigare år i Kuusankoski", "tidigare fanns Knutsångare", "Knutsångare fanns i Jakobstad", "hämärä muistikuva", "on ollut (lapset)", "kymmenen vuotta sitten", "ollut itse lapsena Korialla", "on ollut", "on joskus", "aikaisempina vuosina kävi lapsia", "20 vuotta sitten täällä yleinen tapa, ei nykyään", "kerran Kuusankoskella", "joskus käynyt paikkakunnan lapsia", "tyttäret pienempinä kävivät laulamassa", "lapsuudessa kotiseudulla", "oli Verlassa asuessamme", "Sippolassa", "ibland", "före kriget hemma i Kuusankoski", "on ollut", "joskus", "joskus lapsuudessa", "sådana finns ej mera på orten"

18 "barnfest", "barnbjudning", "barnen och deras kamrater äter tjugondag Knut pepparkakshuset". Erään kaksikielisen perheen tytär kävi ensin mummolassa "granplundringilla" ja sitten piti vielä kotonaan vastaavat menot ystävilleen; "lauletaan laulu 'päättyi joulu, vaikkei kenkään sois', lapset syövät kuusen suklaakävyt"; "lasten kanssa muistellaan ja lauletaan"; "leikkiä ja laulua". Yksi vastaaja kertoi, että he korjasivat pois koristeet illalla ja söivät sitten samalla yhteisen illallisen. Edelleen: "granen slängs ut under dans och sång, pepparkakshuset äts"; "vi lyssnar på dans kring granen i Sveriges radio, granen bärs med vemod ut, till allra sist släckes stjärnan på glasverandan"; "lapset saavat viimeiset kuusen karamellit"; "barnen fick vara med och klä av granen och äta av snaskar"; "granplundring hålles tjugondag Knut, och pepparkakshuset äts"; "barnen är på snaskplundring"; "barnbarnen plundrar och äter snasket"; "lapset syövät jäljellä olevat namut"

19 "barnen tar ner allt", "lasten kanssa yhdessä", "koko perhe yhdessä riisuu kuusen", "lapset ja isä suorittavat riisumisen", "barn"

Kuusen riisujaiset

32 perheellä, näistä 15 oli ruotsinkielisiä, oli kuusen riisumiseen ja/tai piparkakkutalon syömiseen liittyviä menoja, granplundring. Näihin osallistuivat lapset. Eräs kontaktiryhmän perhe järjesti samoissa merkeissä kutsut aikuisille. Kuusi poltettiin tällöin takassa. Muutamilla oli ollut näitä riisujaismenoja lasten ollessa pieniä. Pari vastaajaa kuvasi tarkemmin:

”Man skaffade nya karameller till granen, och så lekte man ’resa till Jerusalem’ och andra lekar. Man hade barnbjudning med saft och sötsaker.” ”Nyt on jäänyt loppiaisen vietto kuuseen ripustettuine pikku paketteineen. Loppiaisillan päätteeksi riisuttiin kuusi ja useimmiten poltettiin takassa tai uunissa.”

Monet järjestivät oman väen kesken kuusen riisujaisia. Välistä näihin liittyi pikku seremonioita. Lapset saivat syödä namut ja piparkakkutalon.[18] Kuusen riisumisen suorittivat usein lapset tai ainakin se tehtiin heidän kanssaan.[19] Kuusta kohdeltiin usein pieteetillä kuin vanhaa valtakunnan lippua. Sitä ei heitetty roskiin, vaan se poltettiin.[20] Eräs vastaaja sanoi, ettei heillä ollut mitään riisujaismenoja, ”ei muuta kuin haikea mieli”.

Joulun loppu

Joulun katson lopuvan kodeissa siihen, kun joulukoristeet, tärkeimpänä tietysti joulukuusi, korjataan pois.

Jokaisessa ryhmässä oli varhaisia poistajia, jotka korjasivat kuusen pois jo uuden vuoden tienoossa. Heitä oli yhteensä 15. Toisilla se ilmeisesti oli heidän normaali ajankohtansa, toisilla taas poikkeus.[21] Valtava enemmistö poisti kuusen loppiaisena

Milloin joulukoristeet korjattiin pois
(Christmas decorations put away)

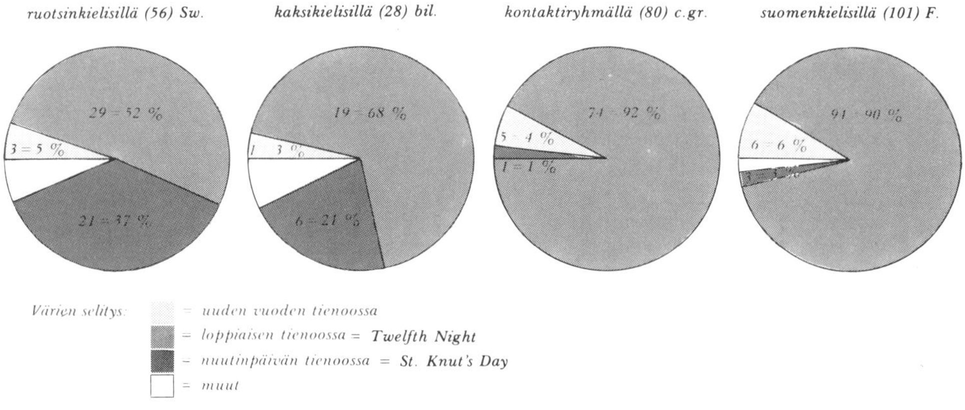

Kriittinen suhde loppiaisena pois korjaamisen suhteen on 5.17. Ero on erittäin merkitsevä.

---

20 ”kuusi poltetaan aina”, ”kuusi poltetaan uunissa”, ”joskus poltamme kuusen takassa”; tämä tapa voi myös olla vanhempaa perua. Sekä joulupuut että varhemmat hääpuut on poltettu monissa paikoin. Sillä on tahdottu antaa juhlalle sopiva loppu hävittämällä seremoniaesineenä toiminut puu, Wikman 1936 s. 43

21 ”29.12., koska kuusi kuivui silloin”, ”29.12. muuton takia”, ”uutena vuotena tai loppiaisena”, ”heti uuden vuoden jälkeen”, ”uuden vuoden jälkeen”, ”2.1.”, ”4.—6.1.”, ”uudenvuoden jälkeen”, ”2.1.”, ”3.1.”

tai kohta sen jälkeen.[22] Ruotsinkielisistä ja kaksikielisistä yhteensä 27 teki sen nuuttina, kun molemmissa suomenkielisissä ryhmissä vain neljä teki sen näin myöhään.[23] Loput antoivat epämääräisiä tai vaikeasti luokiteltavia tietoja.[24]

2.1.3.2.2. Välipäivien ja uuden vuoden ruoat ja juomat

229 vastaajaa antoi tietoja siitä, mitä he söivät välipäivinä. Näistä valtaisa enemmistö, 187 söi selvästi jouluruokaa,[25] kun taas 42 aivan ilmeisesti ei enää jatkanut jouluruokien syöntiä.[26]

Paljon useampi, 275, vastasi uuden vuoden päivän ruokia koskevaan kysymykseen, ja kävi ilmi, että myös paljon useampi, 213, söi jouluruokia uuden vuoden päivänä kuin välipäivinä. Tosin muutamat vastasivat kielteisesti ja olivat jopa alleviivanneet mielipiteensä "Ei!", "Nej!".

Uuden vuoden aaton maljastaan kertoi 153 vastaajaa. Ruotsinkieliset joivat paljon useammin sampanjaa kuin muut.[27] Muuten juotiin myös vahvoja juomia tai viiniä.[28] Osa ei kertonut, millä skoolattiin. Osa joi maljanaan raittiusjuomaa.[29] Toiset eivät pitäneet väliä juomalla.[30]

Jouluruokia jöi välipäivinä (Christmas foods eaten between Christmas and New Year)

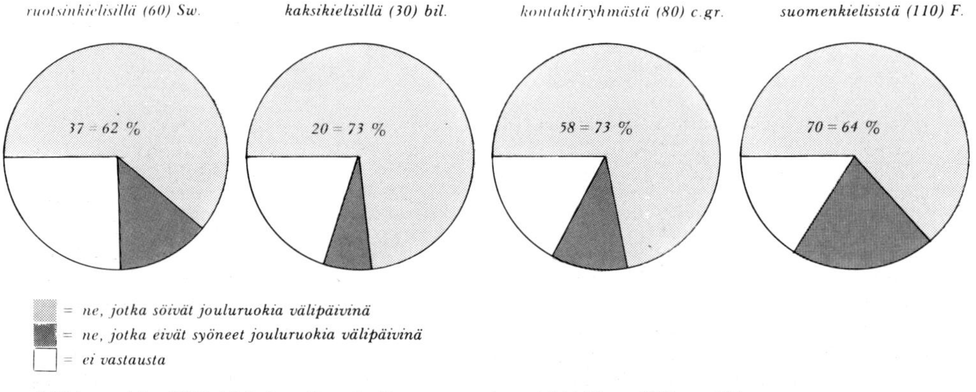

Kriittinen suhde välipäivinä jouluruokia syöneitten suomen- ja ruotsinkielisten välillä on 0.25. Ero ei ole merkitsevä.

Jouluruokia söi uutena vuotena (Christmas foods eaten at New Year)

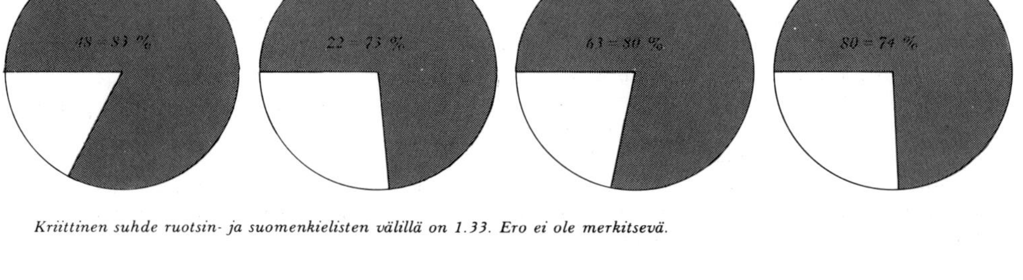

Kriittinen suhde ruotsin- ja suomenkielisten välillä on 1.33. Ero ei ole merkitsevä.

Välipäivän tarjoilua. Värikäs joululiina, jouluinen kaitaliina, joulukynttilänjalka, kinkku, karjalanpiirakat, tortut ja koristellut piparkakut.

Coffee between Christmas and New Year. A colorful table cloth, a runner with Christmas motifs, Christmas candles, ham, Karelian pastries, plum tarts, and decorated cookies.

---

22 "7.1." (lukuisia vastauksia). On huomattava, että vuonna 1969 loppiainen oli vielä vanhaan tapaan 6.1. "efter 13-dag", "nån dag efter trettondag", "några dagar efter trettondag", "efter 7.1.", "7.—8.1.", 7.—12.1.", "lördag efter 13-dagen", "6.—13.1.", "9.1.", "loppiaisen aikoihin", "loppiaispäivänä", "loppiaispäivän illalla", "loppiaispäivän iltapäivällä", " "loppiaisena tai kun kuusi varisee", "6.1. tai 7.1.", "8.1.", "hitaasti loppiaisen jälkeen", "viimeistään loppiaisen jälkeen," "kuusi loppiaisen jälkeen, himmelit tammikuun lopulla", "loppiaisena", "loppiaiselta", "heti loppiaisen jälkeen", "vähitellen loppiaisen jälkeen", "loppiaisen aikoihin"

23 "tjugondag Knut", "efter 20-dagen", "13.—19.1.", "nuutinpäivänä", "nuutinpäivän jälkeen", "20.1."

24 "granen 8.1., när den var torr, andra dekorationer 20-dag Knut", "då granen barrar", "i mars" (kyseessä ulkokuuset), "pyhien jälkeen", "tavallisesti loppiaisena, tänä vuonna kuusi rupesi kukkimaan, joten se saa olla pitempään", "granen efter trettondagen, andra efter tjugondag Knut"

25 "julmat" (lukuisia vastauksia), "rester", "lutfisk, gröt, skinka", "skinka, lutfisk, annan fisk, kallskuret", "skinka" (lukuisia vastauksia), "skinka, lutfisk, ostbricka, sill-crêpes, vol-au-vent", "skinka, sillsallad + julmat", "njur, kalkon, skinka, fruktkompott", "traditionell julmat, kaffe med julbröd", "skinka, sill, kålpiråg", "julens bakverk, kaffe", "julmat, kaffe, glögg, gotter, frukt", "skinka, buljong, piråg," "jouluruokaa" (useita vastauksia), "jouluruokaa osaksi", "jouluruokaa muunnellen", "jouluruoka + kevyttä", "jouluruokaa + kesäkeitto", "kinkkua" (useita vastauksia), "kinkkua ja keittoja", "jouluruokaa ja kalakeittoa", "jouluruokaa + tavallista", "jouluruokaa + arkiruokaa", "kinkkua, maksalaatikkoa, lohta, muikkuja", "kinkusta kuumennettuja ruokia", "kinkkua, piirakoita", "jouluruoan rääppiäisiä", "jouluruokaa + muuta", "jouluruokaa + tavallista ruokaa", "joulun rääppiäisiä", "jätteitä", "jouluruokia + niistä tehtyjä", "kinkkua voileivällä", "tähteitä + arkiruokaa", "lipeäkalaa, keittoja", "jouluruokaa + jotain kevyempää", "jouluruokaa + uuttakin", "jouluruokaa + kevyempää", "kinkkua + tavallista ruokaa", "jouluruokaa + kevyttä"

26 "vanlig mat", "från kaffe till mat", "grönsaks- och fiskrätter", "tavallisia kotiruokia", "arkiruokaa", "sukulaisissa mitä tarjotaan", "matkoilla", "ei mitään poikkeavaa", "tavallista arkista", "tavallista ruokaa", "keittoruokia + muuta kevyttä", "paistoksia, keittoja ym.", "kevyehköjä", "kesäkeittoa, munakokkelia ym.", "jotain pientä", "normaalia arkiruokaa", "ruokaa", "lihaa, lihakeittoa", "kevyempää", "kevyttä ruokaa", "hernekeittoa, pyttipannua ym.", "mitä sairaala tarjoaa, työpaikan ruokaa", "halpoja, keveitä (paljon keittoruokia)", "tavallisia ruokia", "ei erikoista", "kevyempää kuin jouluna", "tuoretta kalaa", "normaalia ruokaa", "tavallista arkiruokaa", "tavallisia aterioita"

27 Ruotsinkielisistä skoolasi 55, näistä 27 sampanjalla. Muiden suhdeluvut ovat seuraavat: Suomenkieliset 44/7, kontaktiryhmä 37/9, kaksikieliset 19/6

28 glögiä, sherryä, likööriä, grogia, viskiä, giniä + greippimehua, konjakkia, boolia, viinaa, pirtua, vodkalimea, vodkaa + puolukkamehua, vermuttia, bacardirommia, "vähän väkeviä"

29 "kahvilla", "hyvällä mehulla"

30 "damerna och herrarna sitt, något starkt", "olika", "mitä milloinkin", "ei sääntöä", "mitä sattuu olemaan", "juomalla ei traditiota", "ei niin nuukaa", "ei perinteitä", "millä vain", "mitä milloinkin", "alkoholilla", " + (?)", "ei muista"

Välipäivän kahvipöytä joulu- ja kaitaliinoineen, hyasintteineen ja joulukynttelikõineen.

Coffee being served between Christmas and New Year. Note the table cloth, the runner, the hyacinths and Christmas candles.

Sampanja oli tavallisin uuden vuoden skoolausjuoma. Isäntä tarjosi sen vieraille juuri ennen puolta yötä.

New Year was most often toasted with champagne served by the host just before midnight.

2.1.4. Kotien joulunäytelmän ohjaajat ja kotien joulussa vuosien mittaan tapahtuneet muutokset

Vain 206 vastaajaa lausui mielipiteensä siitä, kumman vanhemman osuus joulutapojen suhteen oli tärkeämpi. Osa ei osannut vastata.[31] Eniten (102) oli perheitä, joissa äiti oli vaikuttanut enemmän.[32] 75 oli sitä mieltä, että molemmat olivat vaikuttaneet yhtä paljon.[33] Vain 28 katsoi isän tapoja määrääviksi.[34] Vastaajat olivat lähes yksimielisiä siitä, että paikkakunta ei ole liiemmin vaikuttanut heihin.[35] "Stabilointi tapahtunut asuessamme täällä Pohjois-Kymenlaaksossa", sanoi eräs. Muutamat tosin sanoivat, että paikkakunnalla oli ollut selvästikin vaikutusta heidän perheensä joulutapoihin.[36] Monet vastaajat kertoivat jouluruoissa tapahtuneista muutoksista. Aivan yleisenä pyrkimyksenä näytti kaikissa ryhmissä olleen ruokien vähentäminen ja yksinkertaistaminen.[37] Parin perheen kohdalla oli taasen päinvastoin.[38] Yksinkertaistamispyrkimys näkyi myös jouluval-

---

31 "vaikea sanoa kummalta puolelta", "koska olemme viettäneet joulun omassa kodissamme vain kerran, eikä lastakaan vielä ollut, ei meille ole ehtinyt muodostua mitään omia joulutapoja", "joulu vietetty toistaiseksi kummankin vanhempien luona vuorotellen", "vet inte", "olemme luoneet ne itse",

32 "joulutavat ovat vaimoni perheen traditioita"

33 "molempien", "1/2 + 1/2", "fifty, fifty", "lapsuudenkotiemme joulusta", "jokseenkin yhtä paljon isän ja äidin tuomien tapojen pohjalta", "joulutavat muovautuneet jokseenkin yhtä paljon äidin ja isän tuomien tapojen pohjalta", "koska molempien perheet ovat samalta paikkakunnalta, ovat joulutavatkin olleet suurinpiirtein samanlaisia ja vain pienin muutoksin siirtyneet meidän perheeseemme"

34 Eräs vastaaja selitti, että heidän tapansa olivat muovautuneet miehen tapojen mukaan. Mies oli Kouvolasta ja "itse olen muuttanut tänne 14 vuotta sitten Pohjanmaalta".

35 "syyt eivät ole paikkakunnallisia, vaan henkilökohtaisia", "muuttuneet, mutta eivät paikkakunnan vaikutuksesta", "muutosten syyt hyvin vähän asuinpaikkakunnasta johtuvia", "joulutavat ovat kehittyneet lapsuuden kotien joulusta", "perittyjä tapoja kaikki", "joulutavat eivät ole paljon muuttuneet täällä", "joulunviettomme on tietty sekoitus maalais- ja kaupunkilaisjoulua... Kouvola/Kuusankoski ei ole vaikuttanut yllä kerrottuun", "joulutavat eivät ole paljon muuttuneet täällä. Perustavat Suursaaresta, mutta muutoksia on, esim. kirkossa käynti on jäänyt 'katseluun' ".

36 Pohjalainen rouva oli omaksunut miehensä kouvolalaiset tavat. Toinen sanoi: "Ne ovat muovautuneet paikkakunnan mukaan. Mitään erikoisheimollisia perinteitä ei ole noudatettu." Kolmas: "Nyt haemme kuusen itse, ennen ostimme sen" (Perhe muutti takaisin Kuusankoskelle perheen äidin kotiseudulle). Neljäs: "Enemmän vierailuja, uudenvuodenjuhlat ja loppiaistanssiaiset omaksuttu täällä."

37 "Vi har minskat på mat och kaffebröd särskilt", "mindre mat", "kalkon, inte så mycket mat som förr", "matordningen förenklat under de senaste åren", "mycket enklare, mycket mindre mat", "man har minskat på maten," "Krigsårens hushållsgris och anspråkslösa kosthåll blev småningom överflöd och frosseri. Nu avstå vi från smörgåsbord, ha kalkon och år för år allt mindre skinka. De traditionella julrätterna fördelas över flere måltider. Kålrotslåda endast då svärsonen är närvarande (det är hans tradition), vi äta den alldeles nog vid 'julfesterna' ". "Hos min morfar i Ingå åts alltid stuvad lake och lakrom på juldagen", "ruokalajit ovat vähentyneet, leikkelelautanen, jossa maksapasteijaa ja luumuja, on jäänyt pois, samoin jälkiruoka, joka useimmiten oli jäätelö", "ruokia on vähennetty, kun kaikki pelkäävät lihovansa", "kymmenen vuoden aikana joulun ruokapöytä on huomattavasti yksinkertaistunut: kinkku pienentynyt, kalkkuna jäänyt pois, joulupuuroa ei syödä, leikkeleiden lajit vähentyneet; pähkinät, mantelit ja rusinat jääneet pois, makeisia entistä vähemmän", "ruokia on yksinkertaistettu ja vähennetty", "viime vuosina on jouluaterioita 'kevennetty' ja yksinkertaistettu terveyden ja joulukiireiden vähentämisen takia", "yletön syönti on jäänyt pois", "joulumakeisten valmistaminen itse on jäänyt pois. Myös ruokalaji toisensa jälkeen on jäänyt joulupöydästä pois", "jäänyt pois ohranjauhomykyt, joita kasteltiin esim. karjalanpaistin rasvaan" (tarkka selostus mukana), "ruokalajeja vähennetty", "ruoat keventyneet", "järkiperäistynyt terveellisempään suuntaan ruoan määrän ja laadun suhteen", "ruokailutavat yksinkertaistuneet, ei niin monia lajeja samalla aterialla kuin ennen"

38 "kalkkuna tullut lisää", "voileipäpöytä lisätty", "ateriat hajoitettu jouluaattona kahdeksi eri ateriaksi", "jouluateria ja jouluruoat yritetty säilyttää mahdollisimman traditionaalisina, mutta makeisten ja erilaisten leivonnaisten lajiluku on lisääntynyt"

Vanhemmista vaikutti enemmän joulutapojen muovautumiseen (Which parent had more influence on Christmas customs)

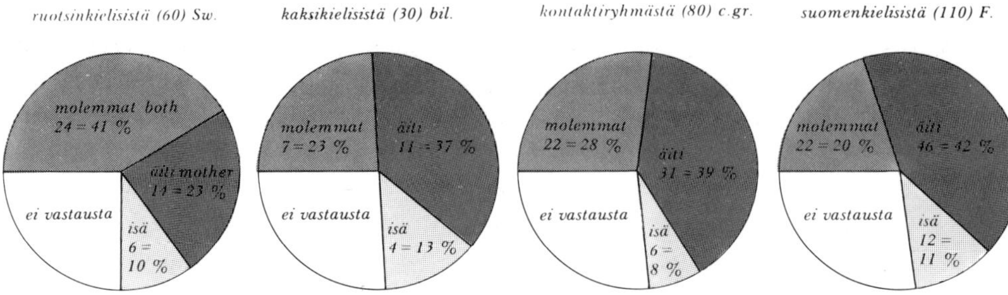

Kriittinen suhde suomen- ja ruotsinkielisten välillä äidin vaikutuksen suhteen on 2.57. Ero on melkein merkitsevä.

mistelujen vähenemisessä.[39] Joku järkiperäisti joululahjasysteemiään.[40]

Muutamat vastaajat kertoivat m u u t o k s i s t a j o u l u n u s k o n n o l l i s e s s a o h j e l m a s s a. Jollakulla uskonnollinen ohjelma oli vuosien mukana lisääntynyt, toisilla taas vähentynyt, jollakulla vain muuntunut toisenlaiseksi.[41] Pari ruotsinkielistä vastaajaa kaipasi entisille kotiseuduilleen.[42]

Kautta koko joulunäytelmän olemme nähneet, millaisia m u u t o k s i a j o u l u k o r i s t e i s s a on tapahtunut. Muutama vastaaja mainitsi edelleen tällaisista novaatioista joulussaan.[43] Muutamilla jokin koriste oli vain muuttunut toisenlaiseksi.[43] Jotkut olivat luopuneet vanhoista koristeistaan.[45]

Vastaajat korostivat, etteivät he olleet muuttaneet joulutapojaan.[46] Muutamat valittivat nuutinlaulun katoamista.[47]

---

39 "förut lagades allt hemma, nu har allt ändrats och blivit enklare", "förenklat förberedelserna", "pyritty yhä enemmän yksinkertaistamaan joulun valmistelua ja viettoa mahdollisimman 'rauhallisen joulun' aikaansaamiseksi", "maalaisjoulu on 'kaupunkilaistunut' ", "julfirandet har för vardera i stort sett blivit oförändrat, endast något förenklat"

40 "Joululahjat ovat nykyisin miltei yksinomaan käyttötavaraa ja kirjoja, ennen kaiken maailman rihkamaa."

41 "Gudstjänsten på julaftonsdagen har kommit till", "kyrkobesöket först efter kriget", "joulutavat ovat muuttuneet yksinkertaisemmiksi, hiljaisemmiksi ja hartaammiksi", "hautausmaalla käynti on tullut vasta täällä tavaksi. Uutta jouluaaton lastenkirkko (1969)", "Täällä on tullut muutos aattohartauteen osallistumisessa: mielellämme kävisimme kirkossa aattohartaudessa klo 17 tai 19 (kuten aiemmin on ollut tapana), mutta Kuusankoskella ei ole suomenkielistä (lasten takia) aattohartautta kirkossa," "vi besöker inte julkyrkan här", "uskonnollisuus vähentynyt", "maallistunut", "jäänyt pois hyvin varhainen nousu jouluaamun kirkkoa varten", "aikaisemmin käynti kirkossa aamulla kuului ohjelmaan", "joulukirkossa käynti ei kuulu jokajouluiseen ohjelmaan, koska TV on tuonut kirkon kotiin", "julottan har ersatts med eftermiddagsgudstjänst på julafton"

42 "Saknat Biskopens julandakt i Borgå domkyrka", "Julens religiösa program har kanske blivit mest lidande, emedan vi känner oss främmande i kyrkan och dess hägn, vi har ingen som känner våra tidigare förhållanden, vårt tungomål; våra kära anhöriga är begravna på andra orter långt härifrån."

43 "dörrdekorationen har kommit till", "himmeli ja oviseppele tulleet uutuuksina", "piparkakkutalo", "seimi, lyhty ja seppeleet"

44 "elektriska ljus i stället för levande", "julgranen har blivit enklare"; kolmas kertoi siirtyneensä sähkökynttilöihin kuusessaan: "oman talon valmistuttua kuusi on ulkona ja siinä sähkökynttilät", "joulukuusen sijaan kataja"

45 Eräs ruotsinkielinen vastaaja kertoi, että hänen isänsä ja isovanhempiensa kodissa oli kuusessa latvaenkeli ja kuusen ympärillä nauha, jossa luki "Ära vare Gud i höjden, frid på jorden åt människorna till vilka Han har behag". Nämä koristeet olivat jääneet pois vastaajan omasta kuusesta; "Himmeli ja omatekoiset joulutontut ikkunalla ovat jääneet pois"

Edellä on jo monenkin vastauksen yhteydessä tullut ilmi, minkä seikkojen vastaajat itse arvelivat vaikuttaneen joulutapojensa muuttumiseen. Ne liittyvät ihmiselämän luonnollisiin muutoksiin, avioliittoon, paikkakunnan muuttoon, lasten syntymiseen,[48] kasvamiseen ja poismuuttoon,[49] eläkkeelle menoon ja omaisten kuolemaan.[50] Eräs ruotsinkielinen vastaaja kuvasi asian erittäin hyvin: "Sederna har förändrats mycket beroende på att vi flyttat till Voikka som nygifta, sedan haft barn och allt större hus och småningom ungdomar och barnbarn. 1969 första gången som pensionerade." Erityisesti hautausmaalla käynti on tapa. joka alkaa, kun joku omaisista kuolee.

Yhteenvetona vastaajien mielipiteistä tulkoon mainituksi muutamien vastaajien ajatukset joulurauhan tärkeydestä:[51]

"Joulutavat ovat muuttuneet yksinkertaisemmiksi, hiljaisemmiksi ja hartaammiksi."; "Aika muuttuu, elämän olosuhteet muuttuvat, moni ulkoinen asia on muuttunut, mutta joulun sanoma ei muutu. Kunpa meillä olisi edes jouluna hyvä tahto ja iloinen joulumieli."; "Kun viettää joulun yksin hiljaisuudessa, mikä on ihanaa, ei ole erikoisia tapoja, juhlia, ruokia, on vain rauhaa."

2.2. Totta ja tarua joulutapojen taustasta — joulun historiaa ja folklorea

Tässä luvussa en käsittele joulun historiaa perinteisessä järjestyksessä. Pyrin tarkastelemaan joulun historiaa ja folklorea aineistoni pohjalta. Erityisesti yritän selvittää kunkin tavan suomalaisen historian, sen esiintymisen 1800-luvun lopulla toisaalta talonpoikais- ja toisaalta säätyläis- ja kaupunkilaiskodeissa uhraten eniten tilaa niille tavoille, jotka jollakin ryhmällä olivat yleisiä. Kiinnitän vähemmän huomiota melko yleisiin tapoihin ja vielä vähemmän melko harvinaisiin. Harvinaisten tapojen historian kuittaan muutamalla lauseella, ellei kyseinen tapa tämän työn kannalta muutoin ole erityisen kiintoisa. Yritän kuitenkin lähdeviitteiden avulla antaa informaatiota siitä, mistä lisätietoja minkin joulutavan kohdalla olisi saatavissa.

---

46 "Inga förändringar i seder", "Våra jultraditioner håller på och tar form, vi försöker hålla traditioner", "försökt ordna enligt tidigare traditioner".

47 "Knutsångare finns ej mera på orten", "Nuutin laulajia (kuusankoskelainen tapa) ei influenssan vuoksi voitu tänä vuonna ottaa vastaan", "Nuutinlaulu vuosikymmeniä sitten täällä entisessä Iitissä oli aivan yleinen tapa, nyt kai se on hävinnyt täältäpäin".

48 "lasten tultua alkoivat joulupukin vierailut, adventtiajan lastenlahjat ja tapanina käynti teatterissa", "vi har börjat julen hemma, förr firade vi julen hos släktingar. Barnen orsak.", "Muutoksia ovat tuoneet lapset ja lasten mummi."

49 "När barnen var små, hade vi granplundring."; Luciaa koskevassa luvussa on jo ollut selostus tämän tavan synnystä ja muuttumisesta eräässä perheessä; "julgubbsbestyret föll bort då barnen växte upp och julklapparnas antal har minskat"; "Lasten tultua täysikasvuisiksi ovat (tavat) jonkun verran muuttuneet"; "Lasten muutettua pois kotoa ovat tavat yksinkertaistuneet."; "Lasten tultua isoiksi jäivät pois joulupukin saapuminen ja pukin salaperäinen 'määkiminen' ennen joulua, joulurunojen kirjoittaminen paketteihin, kuusen koristerunsaus, käynti hautausmaalla, joulumakeisten valmistaminen itse."

50 "Joulunviettotapamme yksinkertaistuivat kovasti perheenemännän kuoleman jälkeen." Eräs vastaaja kertoi, että hänen lapsuudenkodissaan Kouvolassa oli tapana, että vielä jouluaattoiltana tavattiin parhaat ystävät. Nyt vanhempien ja myös näiden vieraiden kuoltua on tapakin loppunut, ja nykyinen perhe oli sen sijaan omaksunut tavan käydä aattona hautausmaalla; "Aattoillan hautausmaakäynti tullut tavaksi v. 1947 isäni kuoleman jälkeen"; "Så länge mina föräldrar levde och firade julen, höll vi strängt på gamla seder (till 1954), men efter deras frånfälle har vi förenklat julfirandet."

51 "Täysin uutta on joulurauhan julistuksen kuunteleminen yhdessä."

Jaan joulutavat aineiston perusteella yleisiin, melko yleisiin, melko harvinaisiin ja harvinaisiin tapoihin. Kunkin tavan sijoittumisen tälle neliosaiselle asteikolle ratkaisee sen frekvenssiltään voimakkain esiintyminen missä tahansa ryhmässä eikä tavan keskimääräinen suosio kaikkien vastaajien osalta.

Kaikkein laajimmin yleistäen voimme todeta, että kaikkien vastaajien jouluun kuului kolme eri komponenttia: joitakin j o u l u t a p o j a , siis jotain jouluista ohjelmaa, juhlallinen, siis ainakin arkisesta ateriasta poikkeava j o u l u a t e r i a ja joitakin k o r i s t e i t a .

Voimme laajentaa ja täsmentää edellistä ja tarkastella, millainen kuva muodostuu suomalaisesta joulusta, ottaen huomioon sen yleisimmät, yhteiset piirteet joulutapakyselyn perusteella. Jokin harras ohjelma tai tunneohjelma kuului jouluun yleisesti. Ystäviä ja omaisia muistettiin yleisesti, samoin eläimiä. Jonkinlainen joulupäivän tai joulun pyhitys, sen suojeleminen kodin ulkopuolisilta, on myös yleinen piirre. Uutta vuotta tervehdittiin myös yleisesti, sillä ainoastaan vajaa neljännes vastaajista nukkui vuodenvaihteen yli. Pakostakin oli jokaisen korjattava joulukoristeensa joskus pois, ja näin muodostui kaikille käsitys jostakin ajankohdasta joulukauden loppumisajankohtana.

2.2.1. Yleiset joulutavat

2.2.1.1. Kieliryhmien yhtäläiset ja yleiset tavat

Kieliryhmillä oli paljon yleisiä, yhtäläisiä joulutapoja, ja niille on ominaista, että ne kaikki liittyvät joulun toiseen näytökseen, itse jouluun, yhtä lukuun ottamatta, joka oli jouluruokien syöminen uutena vuotena.

Kolme tapaa liittyi ystävien muistamiseen ja lahjojen antoon ja ne olivat joulukortit, kukkien lähettäminen ystäville (jonka käsittelen kukkien yhteydessä) ja perheen sisäiset lahjat, joista viimemainitut esiintyivät kaikilla tutkituilla perheillä. Näille läheisesti sukua eräässä mielessä on lintulyhde. Liittyyhän se eläinten muistamiseen.

Jouluateriassa oli myös paljon yleisiä ja yhteisiä piirteitä, kuten kaitaliina, joulupuuro, puuromanteli, lipeäkala, voileipäpöytä, kinkku jouluaterian pääruokana sekä lanttulaatikko.

Muista ruokatalouteen liittyvistä asioista olivat yleisiä kotipulla, joulutortut ja makeiset.

Koristeista olivat yleisiä joulukuusi, kukat ja kynttilät sekä tietysti jo edellä mainittu lyhde, jos se käsitetään koristeeksi.

[1] Roomalaiset jakoivat lapsille lahjoja saturnaalioitten yhteydessä, Lehmann 1910 s. 609

[2] 1400-luvulla valitti böömiläinen munkki Alsso, että ihmiset antoivat joululahjoja taatakseen itselleen tulevan vuoden onnen, Miles 1912 s. 183; Ainakin jo 1460 jaettiin myös Konstanzissa joululahjoja lapsille, Weiser-Aall 1939 s. 46 ja 1963 s. 12

[3] V, 1008 jakoi Erik-jaarli miehilleen lahjoja uutena vuotena; Kustaa Vaasa taas tajusi asian toisin päin ja alkoi vaatia erityisveroa, j u l g ä s t n i n g, Nilsson 1938 s. 40; Tanskassa taas kuningas jakoi v. 1592—93 lähimmilleen arvokkaita lahjoja, ja tavalliset kansalaiset antoivat joululahjoja virallisille henkilöille, kuten papille jne., Troels-Lund s. 37; Ellekilde 1943 s. 285: Skoonessa jaettiin lapsille lahjoja 1600-luvulla.

[4] Belfrage 1935 s. 83; ainakin vuodelta 1670 on peräisin varma tieto lapsille jaetuista joululahjoista, Belfrage 1935 s. 76

[5] Celander 1928 s. 319, Nilsson 1938 s. 40

[6] Celander 1928 s. 97

[7] Munsterhjelm 1970 s. 43; Mäkeläinen 1972 s. 109—110; vanhin tunnettu tieto on Turusta vuodelta 1705, kun Gustaf Wittfoothin liikkeestä varastettiin joululahjoiksi tarkoitettuja tafti- ja atlassilkkinauhoja, Lönnqvist 1975 s. 2

Lahjat

Joululahjatavan alkujuuret on nähty antiikin juhlatavoissa,[1] ja varmaa on, että jo keskiajalla liittyi jouluun tai jouluaikaan eri maissa lahjojen antoa.[2]

Pohjoismaissakin oli tällaista joululahjojen varhaisesiintymistä.[3] Varsinainen nykyaikainen joululahjatapa kuitenkin levisi Ruotsiinkin vasta melko myöhään, todennäköisesti Saksasta.[4] Ensin tapa levisi korkeimpiin yhteiskuntakerroksiin ilmeisesti 1700-luvulla.[5] Vasta 1800-luvun puolivälissä alkoivat Ruotsin talonpoikaisperheet jakaa lahjoja.[6]

Suomenkin säätyläiset ovat tunteneet joululahjat jo 1700-luvulla.[7] Talonpoikaiskodeissa ei joululahjoja nykymielessä monin paikoin tunnettu vielä 1800-luvun loppupuolellakaan.[8] Silti oli muutamia joululahjatapaa ennakoivia tapoja. Ensinnäkin oli tapana antaa palvelusväelle ja nuorisolle syötävää ja välistä muutakin.[9] Toisekseen oli tapana heittää ovesta sisään pikku lahjoja varsinkin nuorisolle. Heittäjä kipaisi täyttä vauhtia pois.[10]

Kolmas ennakoiva tapa oli Ruotsistakin tunnettu verotuksen luonteinen tapa, kun esimerkiksi lukkarille annettiin itse asiassa hänen palkkansa joululahjan muodossa.[11] Neljänneksi mainittakoot uuden vuoden lahjat. Ruotsissa jouluun liittyvät lahjat jaettiin varhemmin uutena vuotena.[12] Sittemmin, kun jouluaatosta tuli lahjojen jakopäivä, saatettiin vielä palveluskunnan lahjat antaa uutena vuotena.[13] Suomessakin on tunnettu uuden vuoden lahjat.[14]

Talonpojilla lahjat olivat varhemmin hyvin vaatimattomia ja vähäisiä.[15] Samaa voi sanoa monien säätyläistenkin lahjoista.[16] On silti myös tietoja jopa ylettömistä lahjamääristä.[17] Tärkeänä pidettiin 1800-luvulla monissa perheissä, että lahjat valmistettiin itse.[18] Mutta jo vuonna 1903 oli tapahtunut muutos.[19]

Joululahjat ovat ilmeisesti lapsille olleet tavattoman tärkeitä, "se tärkein asia", kuten Wilhelm Lagus sanoi.[20] Niiden puuttuminen tai vähäisyys tai jopa toivotun lahjan vaihtuminen toiseen, ei niin toivottuun on pannut monien muistelijoiden kynän liikkeelle vielä vanhoilla päivillä.[21] Toiset muistelijat taas korostavat sitä, miten tyy-

8 Esim. Sippolassa ei annettu lahjoja vielä 1870-luvulla, Hellgren 1957 s. 376—377; Loimaalla ei lahjoja annettu edes v. 1883, Heikinmäki 1963 s. 3; Emsalössa alettiin 1880-luvun loppupuolella heittää lahjoja, Wahrman 1933 s. 89

9 Virtaranta 1953 s. 26—27, Paulaharju 1930 s. 170—171, Kallio 1962 s. 28—29, Lindroos ja Andersson 1912 s. 144

10 Paulaharju 1961 s. 126, Sjöberg 1917 s. 126, Ivars 1974 s. 658

11 Järvinen 1968 s. 20

12 Nilsson 1938 s. 40

13 Celander 1928 s. 319; Nilsson 1938 s. 40

14 v. Frenckell 1947 s. 153

15 Esim. Ivars 1974 s. 658, usein vain joulukortteja yms.

16 Munsterhielm 1970 s. 43; Borg-Sundman 1966 s. 52-54; M.Haavio 1972 s. 12-13

17 v. Frenckell 1943 s. 374 ja 1947 s. 153

18 Ramsay I 1966 s. 12, Koskivaara 1968 s. 183—185, Kaisla 1972 s. 28

19 Ramsay I 1966 s. 164: "Nykyisin sitä vastoin kaikki joululahjat ostetaan valmiina kaupoista näkemättä niistä itse mitään vaivaa. Enää ei pidetä arvossa sitä sääntöä, että joululahjojen tulee olla omin käsin tehtyjä."

20 W. Lagus 1904 s. 136-137

21 W. Lagus 1904 s. 136-137: "Entä joululahjat...Se oli vähäistä...Olisivatko rakkaat isä ja äiti unohtaneet meidät?"; Anders Ramsayn murheellisin joulu oli 1839, kun hän tottelemattomuuden takia jäi ilman joululahjoja, Ramsay I 1966 s. 16; Martta Salmela-Järvinen muistaa aina, ettei hän koskaan saanut unelmoimaansa nukkea, joka osasi sulkea silmänsä, Salmela-Järvinen 1965 s. 215-216; "Joulu on pettymyksiä varten," huokasi Sylvi-Kyllikki Kilpi, Kilpi 1963 s. 54-55

tyväisiä he osasivat jo lapsena olla vähäpätöisiinkin lahjoihin.[22] Jo aika kauan ovat myös liiketutuille jaetut "korruptiolahjat" olleet tunnettuja sekä Ruotsissa että Suomessa.[23]

Lehdistö on joutunut jo aivan vuosisatamme alusta asti puolustamaan joululahjatapaa, ja aina on vedottu siihen, että ilon levittäminen muille on tärkeää.[24] Aina välistä on perheissä päätetty, ettei lahjoja lainkaan jaettaisi, mutta tästä on toki "onneksi" luovuttu.[25]

Sota-ajalta on ristiriitaisia tietoja. On väitetty toisaalta lahjatavan jo lähes loppuneen,[26] toisaalta jopa lisääntyneen.[27] Kehotettiin myös pitämään yllä lahjatapaa lasten vuoksi.[28]

1950-luvulta lähtien kirjoittelu joululahjojen tarpeellisuudesta kiihtyi. Oli havaittu jouluun hiipinyt kaupallisuus, jota on pidetty erittäin pahana.[29] Olikin syytä karsia liian laajaa lahjoittelua.[30] 1960-luvulla epäiltiin koko lahjojen idean väistyneen elintasokilvan tieltä. Kilpailtiin laadun ja määrän tasosta eikä pysytty kohtuudessa.[31] Silti lahjoista ei pitänyt luopua, koska ne liittyivät muiden ihmisten muistamiseen ja auttamiseen.[32]

Ennen kaikkea lahjat kuuluvat lasten jouluun, "mutta niiden rahallinen arvo ei lapselle merkitse mitään."[33] Yleensäkin lahjan arvo riippuu siihen liittyneestä huolesta ja työstä.[34] Lahjojen hankkiminen on hauskaa.[35]

Omakätisesti valmistetut lahjat ovat aina suositeltavimmat.[36] "Kun antaa lahjan, jonka on itse tehnyt, antaa itseään, ajatuksiaan, aikaansa."[37] Tällaisina itse tehtyinä lahjoina lehdet suosittelivat nimenomaan 1960-luvulla joulumakeisia.[38]

Lehdet ovat myöntäneet, että jouluun liittyy myös pakollisia lahjoja, joilta ei voi toki vaatiakaan tunnearvoa.[39] Kukat tai syötävä soveltuvat näiksi pakkolahjoiksi.[40]

Paljon on korostettu, että kaunis pakkaus kohottaa lahjan arvoa.[41] 1930-luvulla oli perinteinen pakkaus vielä valkoinen, lakalla koristettu,[42] mutta alettiinpa jo suositella värillisiäkin papereita, joita sopi itse somistaa päälleliimauksin.[43] Itse piti vielä

---

22 "Oli ihmeellistä saada kaunis kuvakirja ja uudet sukat", Borg-Sundman 1966 s. 52-54
23 Tersmeden IV 1916 s. 13, Ahde-Kjäldman 1964 s. 118
24 HSM 1903 s. 183: "Säg inte så, det är ej onödigt att vilja sprida glädje i världen."
25 Esim. KL 23 s. 617 Jalava
26 HP 44/11 s. 21 Rankka
27 KL 46 s. 599 "Hilja Maria"
28 Astra 41 Julen s. 307, Centrallagets medlemslagin ilmoitus
29 lukuisista esimerkeistä seuraavat: KL 56 s. 1352 "A-L.S."; MN 58/12 s. 9 pääkirjoitus; KL 63 s. 1769 pääkirjoitus; KL 64 s. 1767 pääkirjoitus
30 KL 54 s. 827 "H.V."
31 KL 67/23 s. 15 pääkirjoitus
32 KL 69/24 s. 14 Kansanaho, jne. jne.
33 KL 48 s. 623 "Isoäiti"
34 KL 47 s. 557
35 KL 69/20 s. 36; "Lahjaan menneet vapaa-ajat on antajan myös riemu rajaton", KL 64 s. 1678 "Kieku ja Kaiku"
36 KL 45/22 s. 581 ja KL 66/23 s. 35
37 HP 22.12.66. s. 52 Markkula
38 "joulutervehdykseksi tuttaville, sukulaisille ja hyville ystäville", KL 68/24 s. 40; "sopivat mainiosti lahjapaketteihin", KL 62 s. 1811; "hauskoja lahjoja", HP 63/12 s. 102; "lahjoja, jotka maistuvat", Anna 13.12.66 s. 34 Salonen jne. jne.
39 KL 34 s. 954-955 "Rouva Kristiina"
40 MN 65/1 s. 10 Kalliala
41 HP 44/12 s. 2; OK 46/4 s. 24; KL 55 s. 1082; OK 61/4 s. 19; HP 64/12 s. 72 "Okariina"

vuonna 1947 valmistaa joulupaperit, koskei kaikkialta saanut ostaa joulupaperia ja se oli kallistakin.[44] 1950-luvulta lähtien, kun kaupat ovat antaneet yleensä paketit valmiissa joulupaperikääröissä, on silti suositeltu itse tehtyjä papereita, koska tämä askartelu on hauskaa ja tulokset ovat tyylikkäitä ja persoonallisia.[45] Lahjoihin sopii liittää runoja.[46]

Joululahjatavan alkuperää lehdistö ei ole suuremmin kommentoinut. On tosin vihjattu, että tapa on vanha,[47] jopa ensimmäisestä joulusta ja itämaan tietäjiltä periytyvä.[48] Toisaalta sen on katsottu omassa maassamme olevan vasta myöhäisen piirteen joulussa.[49]

Kortit

Joulukortit ovat peräisin Englannista. Tavan on arveltu syntyneen koululaisten tavasta piirtää kotiväelleen hyvän joulun toivotuksia.[50] Ensimmäisen varsinaisen joulukortin on piirtänyt akatemian jäsen Horsley vuonna 1843.[51] Joulukorttiteollisuus syntyi Saksassa 1860-luvulla.[52] Pohjoismaihin joulukortit levisivät 1880- ja 1890-luvuilla ensin ylempiin yhteiskuntaluokkiin.[53]

Suomen vanhin tunnettu joulukortti on vuodelta 1871, ja aluksi meillä kortit olivat saksalaista tai ruotsalaista alkuperää.[54] Maalaiskyliin ne levisivät vasta vuosisatamme alussa.[55] Kortit koettiin kuitenkin ilmeisesti tärkeiksi, koska niitä lähetettiin jopa nyrkkipostissa oman perheen jäsenille[56] tai heitettiin ovesta joululahjaksi naapureille.[57]

Joulukorttien rakkaimpia motiiveja on ollut tonttu. Rehnbergin mukaan tämä johtui siitä, että 1870-luvulla tuli Ruotsissa hyvin suosituksi Viktor Rydbergin runo tontusta, ja sitten alkoi nuori taiteilijatar Jenny Nyström piirtää joulu-ukkojaan kortteihin.[58] Nyströmin kortit levisivät myös Suomeen, "valitettavasti", kuten Haavio

---

42 KL 34 s. 960 "Ea."
43 Astra 35/24 s. 572 "Crux"
44 KL 47 s. 626
45 HSM 57/11 s. 35 "Ellan"; MBL 67/12 s. 235
46 KL 34 s. 960 "Ea."; Anna 21.12.65 s. 26 Karvonen
47 "Kaunis vanha tapa", KL 31 s. 1095; "Joulupaketti on kuin vuosikymmeniä sitten", Anna 14.12.65 s. 76, Elannon ilmoitus
48 Anna 21.12.65 s. 64, Haack
49 KL 54 s. 884; KL 64 s. 1767, pääkirjoitus
50 Miles 1912 s. 279; Ellekilde 1943 s. 342-344: tätä ennen on ollut uuden vuoden kortteja ja kirjeitä
51 Buday 1954 s. 6, 9, 11. Horsley piirsi kortin Henry Colen tilauksesta. Se painettiin, ja sitä myytiin noin 1000 kappaletta.
52 Vuorenjuuri 1968 s. 39
53 Norjan ensimmäiset joulukortit ilmestyivät v. 1883, Weiser-Aall 1954 s. 10; erään aatelisneidon muistelmien mukaan korttien lähetys käynnistyi Ruotsissa (arvatenkin yleistyi) vasta 1890-luvulla, Olsson 1964 s. 108
54 Vuorenjuuri 1968 s. 39
55 Leimu 1971 s. 60; Ennen varsinaisten joulukorttien leviämistä Suomeen lähettivät jotkut kuvattomia joulutervehdyksiä tai muita kortteja, kiiltokuvia ja käyntikortteja. Vasta 1920-luvulla alkoi varsinaisten joulukorttien voimakas leviäminen myös maaseudulle, Lönnqvist 1970 c) Hufvudstadsbladet 24.12.70
56 Salmela-Järvinen 1965 s. 215
57 Ivars 1974 s. 658
58 Rehnberg 1957 s. 22

sanoi.[59] Norjassa julenisse esiintyi jo ensimmäisten joulukorttihahmojen joukossa.[60] Toinen suosittu aihe on talveen, jäähän, lumeen ja kylmyyteen liittyvä motiiviryhmä. Nämä kuvat ovat ihmeellistä kyllä yleisiä sielläkin, missä jouluna ei koskaan sada lunta, kuten USA:n etelävaltioissa ja jopa Brasiliassa.[61]

Lehdistö on sekä vastustanut joulukortteja turhuutena[62] että puolustanut niitä katsoen, että joulukortin kuvan symboliikalla lähettäjä voi ilmaista asioita, joita ilmeisesti joulukorttitavan kilpailijaksi koettu puhelinsoitto ei voi ilmaista.[63] Postilaitoskin on katsonut aiheelliseksi ilmoittelulla edistää joulukorttitapaa.[64]

Lehdistö on selostanut joulukorttien historiaa ja kertonut, että ensimmäiset joulukortit lähetti kuningatar Viktoria vuonna 1844. Tapa levisi seuraavana vuonna hoviväen keskuuteen ja vähitellen yli koko maailman.[65] Suomessa tapa yleistyi 1880-luvulla.[66]

Vuodesta 1959 lähtien ja kautta 1960-luvun — siis samaan aikaan kuin omatekoisia makeisia ja joululahjapapereitakin pyrittiin suosittelemaan — yritti lehdistö innokkaasti kehottaa ihmisiä valmistamaan itse korttinsa. Niistä oli muka tullut "yhä suositumpia". Ne olivat "persoonallisia", "muoti ja harrastus", "hauska ja hyödyllinen tapa", "monin verroin hauskempi kuin kaupasta ostettu kortti". Kortteja voi valmistaa vaikka naavasta ja huovasta liimaamalla tai lähettää valokuvan.[67]

Eläinten muistaminen

Eläinten muistaminen johtui varhemmin talonpoikaiskulttuurissa kahdesta eri syystä. Ensinnäkin pyrittiin lisäämään hyötyeläinten menestystä tulevana vuonna.

Toisekseen oli vanha käsitys, että jouluna tuli osoittaa ystävällisyyttä myöskin eläimille. Saivathan nekin saapua Jeesuksen seimelle paimenten myötä. Tällaiseen hurskaaseen käsitykseen liittyviä tapoja on kuvattu ympäri Eurooppaa.[68] Myös Ruotsissa oli oltava ystävällinen sekä kissalle että koiralle.[69]

Suomen talonpoikienkin huolenpito kohdistui lähinnä hyötyeläimiin. Niille tarjottiin parhaita jouluruokia ja -juomia, "jolla tempulla uskottiin suojelushenget tulevan tyydytetyiksi."[70] Mutta joistakin tavoista kuultaa läpi myös kristillisen sanoman aate hyötynäkökohdan ohella.[71] Taivaan lintuja muistettiin viskomalla jyviä riihen portaille ja sanomalla: "Linnuille heitän".[72]

Säätyläisten varhemmista eläimiin kohdistuneista joulutavoista ei ole juuri tietoa. Puumalan sahan johtajan tytär muisteli kuitenkin, että vuosisatamme alussa annettiin joululahja kissoille ja koirillekin.[73]

---

59 M. Haavio 1938 s. 17

60 Weiser-Aall 1954 s. 10; samoin Tanskassa kissa mukanaan, Ellekilde 1943 s. 32

61 Barnett 1946 s. 59; myös Englannissa, Buday 1954 s. 136-137

62 Esim. pikkujouluista kirjoitetaan; "...ja postikorttien tuhotonta määrää, jonka jokainen kuljetti kotiin näistä juhlista", KL:n Joulu 34

63 KL 57 no 1 s. 2

64 Esim. E. 67/12 s. 115: "Joulun hyvää tahtoa tulkitsevat joulukorttimme, -kirjeemme ja -pakettimme omaisille ja ystäville."

65 HP 22.12.66. s. 50 "Okariina"; tosiasiassa hovimaalari Dobson, Buday 1954 s. 11

66 MN 14.12.66. s. 50; Astra 32/24 s. 564

67 OK 59/4 s. 18; OK 60/4 s. 26; KL 60 s. 1621 "M.H.O."; KL 61 s. 1425; OK 62/4 s. 29; OK 66/4 s. 23; OK 69/4 s. 7

Joululyhde on yleisin ulkokoriste, useimpien ainoa ulkokoriste. Sen avulla yritämme jakaa jotain joulun yltäkylläisyydestä taivaan linnuillekin.

A sheaf of grain is the most common, and often only, outdoor decoration. With it we try to share the abundance of Christmas also with the birds in the sky.

Lyhde

Lintulyhde on esiintynyt 1800-luvulla Saksassa.[74] Tanskassa lyhde esiintyi aiempina vuosisatoina, hävisi sitten, mutta on nyt taas tullut muotiin.[75] Norjassa on lyhde tunnettu ainakin 1700-luvulta lähtien, ja nyt se on levinnyt sekä kaupunkeihin että maaseudulle.[76] Ruotsin kohdalta vanhin varma tieto on vuodelta 1748 Taalainmaalta[77] ja seuraava kolme vuotta myöhemmin, sekin Taalainmaalta.[78] Nykyään joululyhde on Ruotsin yleisimpiä joulutapoja.[79]

---

68 Englannissa annettiin hyötyeläimille mutta myöskin villilinnuille jouluna ylimääräinen ruoka-annos, Wright ja Lones 1940 s. 219; Norjassa kuningas Otto I:n äiti Mathilde käski palvelijoitaan sirottamaan leivänmuruja laululinnuille, Feilberg I 1962 s. 144; Tanskassa oli muistettava karjaa, hevosia ja yhtä lailla kissaa, koiraa, ankkoja ja hanhia, Feilberg I 1962 s. 116; kautta Euroopan on myös levinnyt tarinoita, miten eläimetkin jouluyönä osallistuivat joulunviettoon, Feilberg I 1962 s. 276

69 Keyland 1919 s. 88 ja 133

70 Waronen 1898 s. 193

71 Ilomantsissa ja Suojärvellä annettiin lehmille leipäpalaset Vapahtajan nimeen, jotta ne kesällä tulisivat aikaisin kotiin, Juvas 1939 s. 276; eläimet saivat herkkujen ohella osakseen myös hyväntahtoista juttelua ja silityksiä, Salmelainen 1966 s. 67; Hailuodossa ihmiset kertoivat eläimilleen: "Nyt on joulu" ja lisäksi sytyttivät kynttilän palamaan sekä talliin että navettaan, Paulaharju 1914 s. 84

72 Helminen 1930 s. 8, Hämeestä Etolan kylästä

73 Kissat saivat tavallisesti tuoretta lihaa tai kalaa, ja koirien tavallinen lahja oli rinkilärihma kaulassa, josta niiden oli vaikea tavoitella rinkilöitä suuhunsa, Heporauta 1959 sanomalehti "Puumala" 9.1.59.

74 Siebenbürgenissä ja Etelä-Saksassa, Jahn 1884 s. 276—277

75 Nilsson 1938 s. 38

76 Bø 1970 s. 65—68

77 Eskeröd 1947 s. 279

78 Nilsson 1925 s. 121

79 Eskeröd 1947 s. 277

Lintulyhde on Suomessa ollut monin paikoin talonpoikien suosima.[80] Myös eräästä kartanosta on 1850- ja 1860-luvuilta tieto joululyhteestä.[81] Haminassa käytettiin lyhteitä 1920-luvulla kaupungissa.[82]

Ulkomailla lintulyhteen alkuperästä on esitetty erilaisia mielipiteitä. Sitä on pidetty Wuotanille tarkoitettuna uhrina, jotta hän varjelisi viljan lintujen syömiseltä.[83] Sen on katsottu toimineen vuodentulon ennustajana[84] tai edistäneen seuraavan vuoden viljaonnea.[85] Nilsson kirjoitti vuonna 1925, että ihmiset tahtovat asettaa lyhteen linnuille ateriaksi ja joululahjaksi[86] Kolmetoista vuotta myöhemmin hän kuitenkin oli jo sitä mieltä, että kyseessä oli myöhästynyt elonkorjuutapa.[87] Bø ei puolestaan tahtonut täysin torjua ajatusta, että kyse olisi aikoinaan ollut uhrista kasvullisuuden haltialle tai että se muuten olisi liittynyt hedelmällisyystaikuuteen. Nyt hän kuitenkin näkee tavan tarkoituksen kahtalaisena. Lyhde on talon ulkopuolinen merkki joulun tulosta ja samalla se kuvaa ihmisten hyvää tahtoa kaikkia, myös taivaan lintuja kohtaan.[88] Eskerödin mukaan tapa on ollut samantapainen joulun ulkonainen symboli kuin joulutangot,[89] ja nykyisin sen aatteena on antaa taivaan linnullekin vähäsen joulun yltäkylläisyydestä.[90]

Maanviljelystaikuuteen joululyhteen yhteydessä viittaa Suomessa se, että lyhde on ollut välistä ensimmäiseksi ja välistä viimeiseksi leikattu sitoma. Sen on toivottu aiheuttavan seuraavalle vuodelle hyvää viljaonnea.[91]

L e h d i s t ö on käsitellyt lintulyhdettä jossain määrin ja aina positiivisessa ja suosittelevassa hengessä. Vuonna 1910 suositettiin tapaa niinkuin nykyäänkin lintu-

Joululyhdettä emme voi pitää vain lintujen eineenä. Se on myös koriste ja joulun symboli. Tässä tontun käsissä lyhde ja lyhty. Sijoituspaikka modernisti televisio.

A sheaf of grain is not only food for birds; it is also used as a decoration and a Christmas symbol. Here we see a gnome holding a sheaf and a lantern on a television set.

jen kannalta hyväksi tavaksi "till föda och skydd åt våra vänner småfåglarna", mutta mainiota kyllä — ja tätä motivointia en ole enää havainnut myöhemmissä artikkeleissa — myös ihmisiä hyödyttävänä tapana: "Småfåglarna löna trädgårdsodlaren rikligt igen i vår och sommar, då de flitigt plocka och förgöra trädgårdens skadesinsikter och larver."[92]

1920-luvulla lyhde oli ilmeisesti katoamaan päin, koska vuonna 1928 Kotiliedellä oli aihetta markkinoida tapaa:

"Joululyhteiden asettaminen ulos on hyvin kaunis tapa, joka oli ennen paljon yleisempi kuin nyt...Joululyhteet kuuluvat nekin maalaiskodin joulutunnelmaan ja talviseen maisemaan. Toivottavasti ne, joilla on tilaisuus, ottavat tämän hauskan, hyvän tavan uudelleen käyttöön ja pystyttävät useampiakin joululyhteitä perheensä ja ilman siivettärien iloksi ja siunaukseksi...Joululyhteitä linnuille viemällä pelastamme vanhan kauniin joulutavan joutumasta unohduksiin."[93]

Ruotsinkieliset Martat markkinoivat lyhteitä vuonna 1938.[94] Sitten tapa yleistyikin, koska sotajouluna 1942 Kotiliesi saattoi tyynesti todeta: "Lintuja ei unohdeta jouluvalmisteluissa.[95]

Tavan taustaa valaisi vuonna 1951 Helmi Helminen, joka antoi sille uskonnollissävyisen selityksen.[96] Vuodesta 1959 lähtien tapaa on markkinoitu lehdissä melko usein. Sitä on sanottu "hyväksi vanhaksi perinteeksi...pikkulintujen symboliseksi jouleineeksi".[97] Siinä on myös nähty kristillistä symboliikkaa. [98] Ja joskus on vain sanottu: "Laita linnuille lyhde..."[99]

1960-luvulla joululyhde mainittiin Kouvolan Sanomissa torilla myytävien artikkeleiden joukossa.[100]

---

80 Esimerkiksi Porvoon maaseudulla asetti isäntä 1860-luvulla lyhteitä puihin, jotteivät linnutkaan jäisi ilman, K. Andersson 1935 s. 73; toisen samoilta seuduilta olevan tiedon mukaan lyhteet ja lintujen jyvät asetettiin siksi, etteivät linnut kesällä söisi siemeniä, E. Johansson 1930 s. 84; samoin Westerlund 1953 s. 48, Söderström 1915 s. 18 (Sipoosta); lintulyhdettä on käytetty myös ainakin Pedersöressä, Övermarkissa, Porvoossa, Raippaluodossa, Valkjärvellä, Etolassa, Kymenlaaksossa, Konginkankaalla, Jaakkola 1976 s. 237—238;

81 v. Törne 1937 s. 177

82 Toivonen-Siirala 1967 s. 46

83 Jahn 1884 s. 277, Saksasta

84 Jos linnut tulivat pian syömään, tuli vuodesta laiha ja kova, Ejdestam 1971 s. 29—30, Ruotsista

85 Celander 1925 hä. 4, s. 23

86 Nilsson 1925 s. 121

87 Nilsson 1938 s. 39

88 Bø 1970 s. 65—68

89 Eskeröd 1947 s. 298

90 Eskeröd 1947 s. 277

91 Helminen 1929 s. 67

92 HSM 10/12 s. 188 "O.L.-èn"

93 KL 28 s. 853—854, E. Ivalo

94 HSM 38/12 s. 256

95 KL 42 s. 675

96 KL 51 s. 813, Helminen: "Kohottamalla seipään nenään lintujen joululyhteen tämän maan entiset viljelijät ilmaisivat nöyrästi tietävänsä, että kasvullisuus ja jokapäiväinen leipä on taivaan ja ilmojen armoilla."

97 HP 59/12 s. 37 Sassi; MN 21.12.66 s. 53; OK 60/4 s. 4—5 "Perinteellistä joulua"

98 KL 59 s. 1386, Wiherheimo: "Lyhteen kimaltelevat oljet tuovat mieleen Lapsen ensi vuoteen."

99 Anna 20.12.66 s. 42, Vuorenjuuri

100 KS 10.12.60 viikonvaihteen sivut, 22.12.68 s. 3, 23.12.69 s. 6

Jouluateria

Euroopassa on jouluateria yleisesti ollut runsas.[101] Runsas juhla-ateria liittyi jo antiikin Kalendae-juhlaankin.[102] Runsaan aterian on ajateltu tuottavan yltäkylläisyyttä tulevana vuonna.[103] On ollut myös erityisesti onnea tuottavia ruokalajeja.[104] Tutkijat ovat päätelleet, että yltäkylläinen jouluateria on ollut yliluonnollisten olentojen ja vainajien palvontaan liittyvä uhriateria.[105]

Suomessa ei tiedettävästi ole ajateltu näin jouluateriasta. Sen sijaan on kekrin aterian ajateltu tuottavan onnea tulevana vuonna.[106] Kekriateria muistuttaakin paljon jouluateriaamme. Vain lammas on vaihtunut sikaan.[107]

Suomessa on monin paikoin maaseudulla syöty jouluna vaatimattomasti.[108] Toisin paikoin taas varattiin paljon erilaisia ruokalajeja.[109]

L e h d i s t ö s s ä oli perinne ennen sotia ehdottoman hyvä sana, kun puhuttiin jouluateriasta.[110] "Vanhat suomalaiset jouluruoat"[111] ja "skandinaavinen perinne"[112] olivat kunniassaan. Kalorit ja rasva olivat myös hyviä sanoja.[113]

Sota-aika muutti kaiken. Kinkusta voitiin vain unelmoida. Korvikkeita yritettiin keksiä, ja näin saapui esimerkiksi lintu joulupöytään.[114] Valtio jakoi myös välistä lohipalaset,[115] ja tämäkin herkku astui nyt korvikeruokana jouluateriaan. Pula koettiin kuitenkin myös hyväksi. Ei ollut enää eroa rikkaitten ja köyhien välillä.[115]

Sodan jälkeen keksittiin aterian herkullisen tuoksun arvo.[116] Lehdet alkoivat kuvata vanhoja jouluja, jotka muisteloissa kangastivat välistä ruoaltaan niukkoina,[117] välistä yltäkylläisinä. Yltäkylläisyyden syitä etsittiin sekä magiasta[118] että esi-isien ankeasta arkipäivästä.[119]

Vuonna 1949 esiintyi ensi kerran vallankumouksellinen ajatus jouluruoan keventämisestä.[120] Seuraava vuosi toi tullessaan "kansannousun ylensyömistä ja liikalihavuutta vastaan",[121] ja siitä pitäen onkin pääjuonena jouluateriakirjoittelussa ollut,

---

101 Serbokroateilla oli periaatteena, että joulupöydän tuli sisältää kaikkea, mitä puutarha ja pelto tuottivat, Schneeweis 1925 s. 54; Pohjois-Saksassa on jouluaaton iltaa kutsuttu täyden mahan illaksi, **Vollbauchsabend, Dickbauchsabend,** Weiser-Aall 1938/41 s. 883

102 Miles 1912 s. 181

103 Miles 1912 s. 181; norjalaiset söivät jouluiltana tehokkaasti, sitten sai syödä kyllikseen seuraavaan jouluun asti, Feilberg I 1962 s. 148 ja 154; Ruotsissa kirjoitti 1660-luvulla Uppsalan professori Scheffer, että kuta iloisemmin joulu vietetään ja mitä runsaammin pöytä katetaan, sitä enemmän saadaan seuraavana vuonna kaikkea yltäkyllin, Celander 1925 hä. 4, s. 20; Länsi-Göötanmaalla korostettiin, että ruokaa oli oltava niin paljon, ettei kaikkea pystynyt syömään, silloin kaikki onnistuisi ja kaikkea olisi yltäkyllin, Celander 1928 s. 178; runsas ateria jouluna oli nimenomaan vuoden alkajaisateria, Wildhaber 1959 s. 5

104 Sianliha ja vihannekset sekä voimakkaasti turpoavat herneet on Itävallassa katsottu tällaisiksi onnea tuottaviksi ruoiksi, Burgstaller 1957 s. 27

105 Esim. Miles 1912 s. 181, arvelee, että ruoka on ollut uhri yliluonnollisille olennoille, kuolleitten edustajille; Kroaatit jättivät joulupöydän korjaamatta kolmeksi päiväksi suvun vainajia varten, Schneeweis 1925 s. 54; Celander katsoi, että monet merkit, kuten kylpy ennen ateriaa, uudet vaatteet ja juhlatuli viittaavat siihen, että kyse oli uhriateriasta, Celander 1925 hä 4, s. 15

106 Helminen 1929 s. 38

107 Helminen 1929 s. 60; Porvoon seudulla Pajpisissa syötiin jouluna lammasta Ådahl 1951 s. 25—26

108 "Se jouluruoka nin se olj semmonen yksinkertanen", sanoi Jämsän seudulta kotoisin oleva kertoja, Virtaranta 1953 s. 22; Ilomantsin itäkylissä ei tehty monia ruokalajeja. Tehtiin vain useita lajeja piirakoita ja keitettiin kiisseliä, Leskinen ja Syrjänen-Kaukoranta 1939 s. 196; Lammilainen muistelija kertoi, ettei ennen tehty paljon, vain pari lajia tuuvinkia, ja jos saatiin rusinoita, tehtiin rusinasoppa. Lisäksi oli perunasoppa, johon oli pantu paistettu lampaanpää, Virtaranta 1953 s. 384; Tyrvännössä jouluateria vaihteli talon varallisuuden mukaan. Rikkailla oli kinkkua ja palvattua lehmänlihaa, varattomilla jotain muuta lihaa, Karila 1948 s. 266

Kolme sukupolvea jouluaterialla.

Three generations having Christmas dinner.

---

109 Waronen 1898 s. 197; vanhassa Iitissä varattiin ennen vuotta 1860 runsaasti ruokia. Vehnäsiä, limppuja ja lihaa oli riittämiin. Oluttakin oli tehty paljon, Halila 1939 s. 838; Pohjois-Karjalassa katettiin pöytä kukkuralleen vahvaa ruokaa, Sormunen 1946 s. 97; Ikaalisissa valmistettiin "kaikki ruoat, mitä osattiin tehdä ja mihin ainekset olivat saatavissa", Salmelainen 1966 s. 64; Tuulokselainen sanoo: "Hianoja ruakia laitettiin", Virtaranta 1950 s. 149; Hämeenkyrössä oli "juhlallinen auttoateria", Virtaranta 1947 s. 149; Ruotsinpyhtäällä tarjottiin jouluaterialla 1840—1850-luvuilla parasta mitä talo voi aikaansaada, läskiä, makkaraa ja ohrapuuroa. Mitään ei syöty päivällä, vaan vasta illalla, Kullberg 1926 s. 21—22

110 KL 24 s. 745 Olsoni-Quist; KL 23 s. 184 Syrjänen: "Miltähän tuntuisi joulu ilman lipeäkalaa taikka pääsiäinen ilman mämmiä!"; KL 27 s. 772 "Kotitonttu": "mitä on sittenkään joulu ilman näitä vaivoja... nehän liittyvät joulunpyhien oikeaan, vanhaan tunnelmaan"; KL 36 s. 953 Gebhard; KL 37 s. 1002 Seppänen

111 KL 29 s. 1012 Helaakoski

112 KL 23 s. 19 Artukka

113 KL 39 s. 852 Huttunen: "Ja mistäpä muusta juuri niin runsaasti kaloreitakaan saisimme kuin rasvaisesta kinkusta!"

114 KL 44 s. 696 Rantanen

115 Astra 44/12 s. 265 v. Schoultz

116 KL 47 s. 595 Putkisto

117 MN 12.12.62 s. 36 Vuorenjuuri: "Ihan vanhoina aikoina ruoka oli niin yksinkertaista, että oli syksyllä palvatut lihat ja sitten lähempänä joulua teurastettiin sika. Niistä tehtiin aattona soppa. Sitten oli päälle puuro ja makea soppa." (Mouhijärveläisen emännän Martta Alanapan haastattelu); MBL/HSM 62/12 s. 3 "M.G."; MBL/HSM 64/12 s. 5 Blomqvist: Saaristolaiset tyytyivät piparjuurihaukeen ja riisipuuroon. Välistä oli tosin torttujakin.

118 "Syöminen ja juominen on ollut uhraamista jumaluusolennoille. Samoin kuin kekrinä on joulunakin pitänyt syödä ja juoda ylenmäärin. Se, jolla joulun pyhinä on tyhjä vatsa, saa elää ilmasta ja tuulesta seuraavan vuoden." MN 12.12.62 s. 36 Vuorenjuuri

119 KL 62 s. 1692 Toikka-Karvonen; Anna 17.12.68 s. 41 Vuorenjuuri; ML 67/12 s. 84: "Tulis joulu että sais yölläkin syödä huokasivat esi-isät. Ylensyöminen ei ollut heidän harminaan."

120 KL 49 s. 666 Tennberg: "Hyvä ja kaunis joulupöytä kohottaa tunnelmaa, mutta ylensyönyt ei enää pysty olemaan juhlamielellä."

121 KL 50 s. 717 "Tuulia"

Joulupäivän ateria on useimmille jouluaterian toisinto. Joulupäivänä olivat sukulaiset kokoontuneet yhteen.
Christmas Day dinner was often a copy of the Christmas Eve dinner, but eaten in the company of relatives.

miten kevennys olisi suoritettava. Joku yksinäinen haastateltava tai kirjoittaja on vielä esiintynyt perinteen puolesta[122] tai esittänyt ambivalentteja kannanottoja.[123] Valtavasti suurin osa lehdistä vetoaa terveydellisiin ja taloudellisiin arvoihin jouluateriaa supistaessaan.[124] Kulinaarisetkin syyt puhuvat vähemmän ruoan puolesta.[125] Emäntien työtaakkaa on rajoitettava. Kaikkien on päästävä seurustelemaan ja ulkoilemaan.[126]

Jouluaterialla ei silti tarvitse laihtua. Riittää kun ei liho,[127] sillä "vanhan hyvän ajan joulu" loihditaan edelleen keittiössä.[128] Näihin päämääriin pyrkimiseksi on esitetty erilaisia suunnitelmia.

Voi syödä kaikkea, mutta vähentää määrää.[129]

Voi luopua joistakin lajeista ja lisätä ateriaan kasviksia ja hedelmiä.[130] Voi seurata kaikkea syömäänsä julkaistuista kaloritaulukoista.[131] On ehdotettu monia vaihtoehtoisia ohjelmia.[132] Yleisin on ollut ehdotus perinteisten ruokalajien jakamisesta eri aterioille ja päiville.[133] Jos kuitenkin kaikesta huolimatta joku sortuisi mässäilyyn, tarjosi lääketehdas Medica jotensakin makaaberissa ilmoituksessaan lääkkeet vaivoihin.[134]

Pöydän kattaminen

Ruotsin talonpojat kattoivat joulupöytänsä tavallista juhlavammin.[135]

Suomen ruotsinkielisistä talonpojista ovat erityisesti pohjalaiset kattaneet komeasti. Lapväärtiläisillä oli kolme liinaa päällekkäin,[136] ja ylintä, pikku finlakania voimme pitää jouluisen kaitaliinan edelläkävijänä maassamme. Toisin paikoin talonpojat eivät taas välittäneet joulupöytänsä ulkonäöstä paljonkaan.[137] Varallisuus sääteli kattamistyyliä.[138]

---

122 KL 58/24 s. 17 Pajula (haastateltu majuri Lylyä): "Vaikka ruokalista on vankka ja uuvuttava ja koko litania on yhdellä istumalla päästävä lävitse, se on yhtenä päivänä vuodessa toki kärsittävä."; Astra 66 Julen s. 298 "Eko": "Något matöverflöd skall det alls inte vara utan bara något smått och gott — det mår vi bäst av... Men inte vill vi offra traditionerna för kalorierna, eller hur?"

123 Anna 7.12.65 s. 7 Lyytikäinen: "Ennen joulua pohditaan toimituksessa, pitäisikö tällä kertaa hylätä vanha ruokaisa joulu ja esitellä uusi kaloriton nykyjoulu... se olisi terveellistä... Mutta... romutetaan ajatus nykyjoulusta ja pannaan kinkku paistumaan."

124 HSM 57/11 s. 23 Fredriksson: "Nu då allting blivit så dyrt... Under senare år har människor allt mera börjat bli kalorimedvetna... Låt inte julmaten försätta er ur balans härvidlag."; E. 63/12 s. 56—57: "Koska joulusta helposti muutenkin tulee nuoren parin kukkaroa rasittava ja koska nuoret mielellään huolehtivat linjoistaan, on ruokalista suunniteltava harkiten."; HP 55/12 s. 52 "V.H.": "Joulun lähestyessä käy lihavuuden ongelma erittäin ajankohtaiseksi." jne.

125 KL 67/23 s. 41: "Joulupöydän lajivalikoimaa on melkoisesti rajoitettu, jotta kaikkien, suurella huolella valmistettujen ruokien mausta pystyttäisiin nauttimaan."

126 KL 69/23 s. 44 Anttila: "Sillä joulu kuuluu jokaiselle, keittiössäkin häärijälle."; Anna 16.12.69 s. 39 Salonen: "Kenenkään ei tarvitse välttämättä seisoa tuntikausia kuuman lieden ääressä. Ja kaikilla on aikaa seurusteluun ja ulkoiluun."

127 E. 69/12 s. 63 Pukonen: "Pöydän kattajalla ei suinkaan ole tarkoitus laihduttaa sen äärellä kokoontuneita — pitäähän toki tolkku olla joulupöydän modernisoinnissakin — aattoillan aterian kokoonpanossa on vain pyritty siihen, etteivät syksyn mittaan hankitut kilot enää l i s ä ä n t y i s i joulupöydän ääressä... vaa'an lukema Tapaninpäivän jälkeisenä aamuna on sama kuin aatonaattona. Ja siihenkin saavutukseen on täysi syy olla tyytyväinen."

128 J. 66/12 s. 120—121 Rintala-Bossart

129 MBL 66/12 s. 265 Uggeldahl: "Tag inte bort trivseln vid julmiddagen genom att sitta och knapra på sallatsblad och morötter när familjen festar på skinka... En jul utan skinka eller något slag av fläskkött är väl otänkbar".

130 Mona Lisa 67/12 s. 84: "Me ehdotamme raskaiden perinteisten jouluruokien lisäksi (Huom!) kasvisruokia niille, jotka haluavat syödä järkevästi joulupöydän ääressä."; HP 55/12 s. 52 "V.H." tuomitsi kinkun, herneet, linssit, perunat, joulupuuron, valkokastikkeen, kakut, pikkuleivät ja tortut sekä ehdotti joulupöytään vihanneksia ja hedelmiä. "Lipeäkala on ainoa perinteellisistä jouluruoistamme, josta ei voi sanoa mitään pahaa."

131 E. 69/12 s. 63 Pukonen

132 Anna 19.12.67 s. 58—63 Vuorenjuuri ehdotti vaihtoehtoina "vanhalle kunnon joululle" "pienen perheen joulua", "kevennettyä perinnettä", "kevyttä joulua", "kiireisen purkkijoulua" ja "vähäkalorista joulua."

133 HP 18.12.69 s. 50 Tanttu: "Joulun perinteelliset ruokalajit jaetaan eri pyhien osalle... Joulupuuron voi nauttia aamuaterian yhteydessä. Lipeäkalaa ja kinkkua ei tarvitse mahduttaa samaan ateriaan... Jälkiruoan voi jättää kokonaan pois."; HP 14.12.67 s. 54 Tanttu ja Tapanainen: "Edistyksen askel on otettu, jos päätetään, että jouluherkkuja jaetaan aaton ja joulupäivien kesken."; Eeva 63/12 s. 56—57: "yhdellä aterialla ei hukuttauduta kaikkiin jouluherkkuihin, vaan jaetaan ruokalajeja säästeliäästi eri päiville, eri aterioille, jotta sitten voidaan kaksinverroin nauttia niistä. Esimerkiksi riisipuuro aiotaan nuoressa kodissa syödä jo jouluaaton aamiaisateriaksi pikku lisäkkeiden kera."; HP 60/12 s. 53: "Voisimme kuitenkin jakaa perinteellisiä — ja usein raskaita — ruokia eri pyhäpäiville, niin ettemme perinteelliseen tapaan tulisi syöneeksi liikaa... Monessa perheessä syödään joulupuuro aattona päivällä."; Anna 19.12.67 s. 58—63: "Jotkut syövät joulupuuron aamukahvilla, toiset aattopäivän yksinkertaisella lounaalla."; KL 61 s. 1587: "Lipeäkalan... sekä... riisipuuron ehdotamme tarjottavaksi jo aattopäivän aamiaisruokana. Missään tapauksessa niitä ei pidä sovittaa samalle aterialle täyttävän joulukinkun tai muun joulupaistin kanssa."; KL 53 s. 864 Valla: "Jouluna yleensä tarjotaan perinteellisiä ruokia, eikä ole mitään syytä niistä luopua... ehdotetaan joulukinkku tarjottavaksi vasta joulupäivänä."

134 KL 63 s. 1671 Medican ilmoitus: "Ylensyöminen... on suorastaan jonkinlainen perinne... Hyväntuulisuus on suuresti riippuvainen vatsan kunnosta ja toiminnasta. Ei siis kannata jättää jouluiloaan tältäkään osin sattuman varaan. Lääketehdas Medica haluaa auttaa Teitä ja perhettänne viettämään oikein iloisen ja terveen joulun". (Esitettiin kolme eri mahavaiva- ja ruoansulatuslääkettä).

135 Käytettiin valkoisia, värillisiä ja siniraitaisia liinoja. Reunat olivat usein koristeltuja, Celander 1928 s. 119.

136 Wadström 1910 s. 180; Närpiössä valkoinen lakana, Långgård 1917 s. 91; myös Ahvenanmaalla oli f r a n s d u k , Lindfors 1961 s. 19

137 "hur som helst", "hur man ville ha det", SLS Pä 382/61 ja 58; Tusbyssä ei varhemmin ollut mitään liinaa, sitten alettiin käyttää lakanoita, Lindberg 1911 s. 131

138 Kaarlepyyssä oli pöydällä lakana, puulautaset ja -vadit. Varakkailla oli posliiniastiat, SLS Kb 531/263; Porvoon seudulla levitettiin pöydälle jouluksi valkea liina, jollaista muutoin ei käytetty, Brunberg 1956 s. 44

Myös suomenkieliset talonpojat ovat paikoin käyttäneet erityistä liinaa tai tavallisuudesta poikkeavia astioista ja syömävälineitä.[139] Hämmentävää oli, että jouluna oli yritettävä käyttää veistä ja haarukkaa.[140]

Säätyläiskodissa Helsingissä 1880-luvulla pöytä katettiin komeasti hienoimmalla astiastolla ja kynttilöillä. Kukkia ei vielä ollut.[141] Vuosisadan vaihteen muistelija jo kertoo kaitaliinasta, j o u l u l ö ö p p a r i s t a.[142]

L e h d i s t ö s s ä jouluIiina oli ennen sotia aina valkea. Kauniisti yritettiin kattaa[143] ja samoin kuin jouluateriallakin, oli kattamisessa tärkeätä noudattaa perinteitä.[144] Vuonna 1926 pidettiin Helsingin tiedettävästi ensimmäinen katettujen pöytien näyttely, ja siellä voitti toisen palkinnon joulupöytä valkoisine liinoineen, kolmihaaraisine kynttilänjalkoineen ja huurrutettuine käpyineen ja kuusenhavuineen. Nämä koristeet vetosivat "kaikkien tosipohjoismaisten sydämiin."[145]

1920- ja 1930-luvulla lehdet suosittivat kaitaliinaa.[146] Sen saattoi ommella itse. Aiheiden piti olla jouluisia.[147] Varsinaisten pöytäliinojen materiaaliksi suositeltiin

---

139 Tyrväällä levitettiin pöydälle kirjava vaate ja sen päälle y l i s e e n p ä ä h ä n pöytäliina, Warelius 1855 s. 97; Härmässä hyvän talon joulupöytä peitettiin valkoisella h e t u l a l a k a n a l l a, Paulaharju 1947 s. 381; Tyrvännössä oli juhlan kunniaksi valkea pellavaliina ja kaksi- tai kolmihaaraisia kynttilöitä, Karila 1948 s. 265—266; Suur-Jämsässä asetettiin pöydälle t a l t e r i k i t, m a h t i t a l o i s s a tinaset lautaset. Katajainen olvituoppi ja puulusikat olivat myös pöydällä, samoin kynttilänjalat kynttilöineen, Helminen-Nordberg 1963 s. 110; Tyrvännössä ruoka oli kivikupeissa. Aivan vanhaan aikaan se oli ollut puuvadeissa ja pahkakupeissa. Jokaisella oli oma puulusikkansa. Myöhemmin tulivat tinalusikat käytäntöön. Jo 1800-luvun puolella alettiin suuremmissa taloissa käyttää posliinilautasia ja haarukoita, Karila 1948 s. 265—266.

140 Muulloin käytettiin lusikkaa, sormia ja puukkoa, Salmelainen 1966 s. 67

141 Bergholm 1944 s. 268

142 Ahde-Kjäldman 1964 s. 120—121

143 KL 23 s. 23: "Mieluisalta vaikuttaa aina hyvin katettu pöytä... Pöytäkalusto voi olla miten yksinkertainen tahansa, kunhan vain liina on hohtavan valkoinen ja hyvin mankeloitu, ja pöydällä on hiukan vihreätä, vaikkapa vain puolukanvarsia tai hienoja katajanoksia."

144 KL 32 s. 938 Tigerstedt: "Tässä ei ole pääasiana aines, jota käytämme, ei koristelumenetelmä, ei taiteellisuus, vaan se, että joulupöytä vuodesta vuoteen on... samanlainen."

145 Astra 26/17 s. 254

146 KL 23 s. 23: "Jos sattuu omistamaan pienen sievän liinan tai kaitaliinan tai hiukan kreppipaperia, pannaan se keskelle pöytää."; KL 24 s. 749 "Maiju": "Kirkasväriset silkkipaperit ja iloiset jouluaiheiset kaitaliinat ovat vähitellen meilläkin tulleet tavallisiksi."

147 KL 38 s. 889: "Mutta jos Teillä on lapsia, kehittäkää jouluunne uusia traditioita... ommelkaa täksi jouluksi vaikkapa kaitaliina... Kertokaa sen kuvioista lapsillenne satua tai joulun tarinaa."

148 KL 34 s. 695 (artikkeli käsitteli yleensä juhlaliinoja)

149 HSM 40/12 s. 184: "För julbordet finnas särskilda trevliga mönster med julrosor och tomtar och andra emblem, som passa för julen. Vi använda ju också i normala tider ofta papperslöpare för julbordet. Nu är det skäl att beklä hela bordet med papper... Julmaten smakar lika bra vid ett bord med pappersbordduk."

150 HP 43/12 s. 28, HSM 43/12 s. 217 ja Astra julnummer 43: "Eura-jouluIiina iloisine väreineen ja pirteine jouluaiheineen kuuluu jo aivan erottamattomasti joulutunnelmaan — jos meillä vain on se pöydällämme, on joulu, joulu sodasta ja pula-ajasta huolimatta!"; KL 44, joulunumero, takakansi, Euran Paperin ilmoitus: "Kun lapset saavat valita, valitsevat he Eura-liinan... Ja jouluhan nyt kerta kaikkiaan on lasten ikioma juhla."; HP 45/12 s. 31 Euran Paperin ilmoitus: " 'äiti, muistitko ostaa jouluIiinan?' — huutavat perheen nuorimmat kuorossa, kun äiti palaa jouluostoksilta."

151 OK 46/4 s. 32

152 OK 43/4 s. 17: "Jo vuosikausia olemme Suomessakin tottuneet käyttämään koreita paperisia kaitaliinoja... jotka väri-iloisina kiinnostavat varsinkin lapsia. Mutta paperikaitaliinaa monin verroin arvokkaampi on tietysti oikein käsin kirjottu juhlaliina, joko kaitaliina tai koko pöydän peittävä suuri liina, joka on ommeltu yksinomaan jouluna käytettäväksi... Tällainen juhlaliina olisi todella ikuinen, se kestäisi koko perheen iän ja jäisi vielä perinnöksi seuraaville polville."

pellavaa, "kuten muualla Euroopassa".[148] Sota-aika toi uutuuden, ison jouluaiheisen liinan. Se oli tietenkin paperia, ja sitä suositettiin pyykkisaippuan säästämiseksi.[149] Euran tehdas, joka valmisti näitä liinoja, mainosti niitä ahkerasti vedoten äitien helliin tunteisiin.[150] Kaikki eivät kuitenkaan pitäneet valmiista paperiliinoista, sen enempää isoista kuin kaitaliinoistakaan. Joku suositti itse tehtyä kreppipaperiliinaa,[151] toinen suunnitteli unelmoivasti millaisen ison käsin ommellun liinan voisi rauhan tultua valmistaa.[152] Ja kolmas väitti — outoa kyllä —, että "sodan iso luuta" olisi lakaissut pois paperisen kaitaliinan, jonka tilalle ehdotettiin olkiliinaa tai pellavaliinaa.[153]

Kahvi- ja teepöydässä karjalanpiirakoita. Kaitaliinassa kynttilämotiivi. Puinen kynttilänjalka vain joulua varten. Pellavaliinan suojana muovitabletit, joissa kuvattu rautatammen lehviä.

Karelian pastries served with coffee and tea. A candle motif in the runner, a wooden candlestick used only at Christmas. The linen table cloth is protected with plastic table mats with a holly design.

---

153 KL 42 s. 643: "Miksi me suomalaiset levittäisimme joulupöytäämme vierasaiheisen kirjavilla tontunkuvilla painatetun paperipöytäliinan, kun meillä on paljon kauniimpaa omasta takaa. Omakutoisella liinalla katetulle joulupöydälle levitämme kaitaliinaksi punakirjavan lipastonliinan, olkisen kudotun kaitaliinan tai paljaalle pöydälle kapean, pellavanhohtoisen käsiliinan"

Sodan jälkeenkin jäi olkiliina muotiin,[154] ja 1940- ja 1950-luvuilla oli aihetta vastustaa paperiliinoja, jotka "eivät sovellu oikeaan joulun tunnelmaan."[155] Jos oli aivan pakko lasten takia hankkia paperinen liina, oli paras antaa lasten tehdä se itse.[156] Iso ommeltu liina tuli käyttöön jo 1940-luvulla.[157]

1950-luvulla alettiin ilmeisesti ihailla antiikkitavaroita, vanhaa kuparia, tinaa ja pellavaa.[158] Tärkeämpi uudistus joulupöydässä oli kuitenkin värillisten isojen joululiinojen tulo muotiin. Punainen oli erityisen suosittu, mutta muukin väri kävi päinsä.[159] Päinvastaisena muotina isoille liinoille suositettiin kattamiseen myös tabletteja,[160] mutta ne eivät päässeet edes muotiin, ennen kuin niihin jo katsottiin kyllästytyn.[161]

1960-luvulla jatkui punaisen liinan voittokulku.[162] Kattauksista tuli monasti suorastaan ylellisiä.[163] Liike-elämä tuki tätä suuntausta, joka osin oli jo alkanut 1950-luvulla.[164] Ihailtiin damastia, kristallin loistoa, kullan ja hopean kimallusta.

Tätä ylellistä muotia eivät kaikki voineet seurata.[165] Ehdotettiin kodikasta keittiöjoulua[166] ja esitettiin pellavaliinalle korvikkeeksi puuvillaliinaa.[167] Välistä puuvillaliinaa kannatettiin innokkaasti sen halpuuden ja hyvien pesuominaisuuksien takia.[168] Moderneissa puuvillakankaissa nähtiin myös syvällistä symboliikkaa, patrioottisia ja kansallisia arvoja.[169]

---

154 KL 48 s. 524 Helminen: "Kynttilänvalossa kiiltelevä olkiliina on parhaita keksintöjä, mitä kansanomaisia joulutapoja uuteen elämänmuotoon sovellettaessa on tehty... Ja vaikka sen merkkikielen kaikki heti ymmärtävät, kenenkään elämä ei ole tarpeeksi pitkä siihen sisältyvien ajatusten ja tuntojen pohjaamiseen. Mutta olkiliinaa ei tämän vuoksi pitäisi käyttää muulloin kuin jouluna."

155 HP 59/12 s. 37 Sassi

156 KL 48 s. 524 Helminen. Hän piti paperikaitaliinoja jouluisista "seinäverhoista" tai "tapeeteista" kehittyneinä.

157 OK 49/4 kansikuva "Joulutunnelmaa luo oikea joululiina, suuruus 65 × 170"

158 E 58/12 s. 43: "Nyt pääsevät pellavaliinamme, kynttilät, vanha kupari ja tina sekä vehreät puolukanvarvut suurimpaan kunniaansa jouluisilla pöydillä."; KL 61 s. 1586: "Valkoinen pellavaliina on tietysti juhlallinen."; KL 63 s. 1693 Toikka-Karvonen: "Se on aina siistin ja juhlallisen näköinen ja kestää miespolven ajan... Käsinkudottu ryhdikäs pellavaliina mieluummin kuin painettu paperiliina, reikäleipä mieluummin kuin kermakakku."

159 HP 59/12 s. 37 Sassi: "Punaista, joulun lämmintä väriä käytetään erikoisesti pöytien koristeena."; KL 57 s. 1383: "Koivuhalko kynttilöineen, puolukanvarvut ja lämpimän punainen liina luovat tämän pöydän kodikkaan tunnelman."; KL 58/24 s. 20: "Ellei omista punaista tai valkeaa joululiinaa, voi joulupöydän rakentaa vaikkapa keltaiseksi, kultaiseksi ja vihreäksi."

160 HSM 52/11 s. 162—163: "Dessa vackra tabletter är väl just det som vi mest av allt önskar när julbordet skall dukas. Tabletterna äro sydda i korsstygn med äkta julmotiv."

161 ML 61/12 s. 62 Kolsi-Mäkelä: "Mutta kaikki palautuu... Niinpä tälläkin alalla aletaan kaivata isoäidin ajan isoja pöytäliinoja. Halutaan vaihtelua, kaivataan romantiikkaa."

162 MN 69/52 s. 66: "Voimakas punainen pöytäliina tekee yksinkertaisestakin joulupöydästä juhlapöydän."; KL 64 s. 1719: "Liinaksi levitimme joulunpunaisen vankan pellavakankaan."; KL 65/23 s. 38: "Punainen liina on itsessään jo niin hallitseva katseenvangitsija, että muita koristeita on käytettävä säästeliäästi."

163 MN 61/51—52 s. 28: "Joulussa on... juhlavuutta... Sitä... ilmentävät hehkuvan punainen ja kristallin loisto, hopean ja kullan kimallus... Ateria nautitaan kynttilöiden valossa, hämyisässä tunnelmassa."

164 KL 67/22 s. 95 Tampellan mainos: "Äidin pikku apulainenkin huomaa, että pellava on jotain erikoista ja arvokasta. Hän tuntee sen pienillä käsillään ja hänen synnynnäinen kauneudentajunsa sanoo sen hänelle. Aidon pellavan arvo ja kauneus säilyvät vuodesta vuoteen, sukupolvesta toiseen." KL 56 s. 1343 Riihimäen lasin ilmoitus: "Joulun valoa — kynttilän säihkettä jalon kristallin pinnassa — lämmintä juhlan tuntua. Y r j ö -lasisto kuuluu perinteiden jouluun, se tuo joulupöytään romanttisen entisajan juhlavaa loistoa."

Joulupuuro on joulun ehkä perinteisin ruoka. Sitä tarjottiin varhemmin myös tontulle, kodin haltialle.

Christmas porridge is perhaps the most traditional Christmas dish. Earlier the gnome, the good house spirit, also got his share.

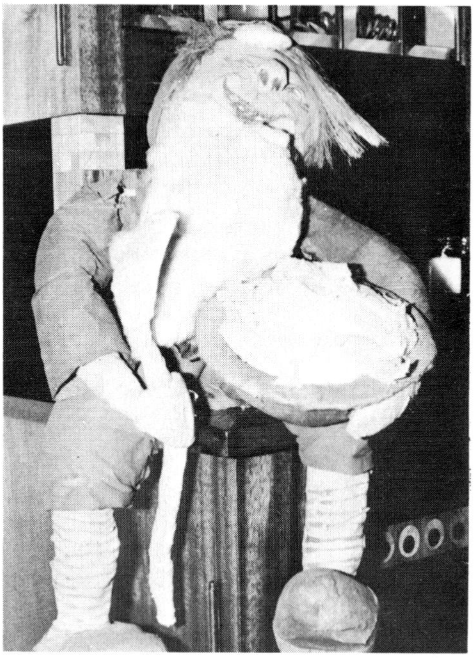

Puuro

Puuro on vanhastaan talonpoikainen juhlaruoka, jota on tarjottu miltei kaikissa talonpoikaisissa juhlissa.[170] Juhlaruokana sitä ovat käyttäneet kaukaisetkin kansat.[171] Norjalaiset kunnioittivat puuroa erityisin juhlamenoin.[172]

Ruotsissa joulupuuro on ollut yleinen lähes koko maassa.[173] Kerran olen löytänyt maininnan uunipuurosta ruotsalaisena joulupuurona.[174] Puuron tarjoamiseen sekä

165 KL 57 s. 1383: "Siihen ei välttämättä tarvita arvokkaita ja kalliita esineitä."; KL 58/24 s. 19: "Toisissa kodeissa otetaan esille perintöhopeat ja arvokkaat pellavaliinat, toisissa hilpeät punaiset kynttilänjalat ja raikas pumpuliliina."

166 Anna 13.12.66 s. 38 Vuorenjuuri: "Aattoiltana voi hyvin kotonakin kattaa näin keittiöön. Ruoat haetaan sieltä ja ateria syödään kynttilöiden palaessa joulupöydässä keittiössä tai sisällä ruokapöydässä."

167 ML 61/12 s. 62 Kolsi-Mäkelä: "Jos pellavainen sattuisi olemaan liian kallis, ei mikään estä näppärää emäntää loihtimasta liinaa vaikka sopivasta puuvillakankaan palasta. Joka on perinyt tai jolla on mahdollisuus hankkia damastipöytäliina, hän juhlistaa pöytänsä sillä. Ja jos jotakuta ei miellytä valkoinen väri, löytää hän nykyisin monia muita kauniita värisävyjä."

168 MN 61/51 s. 30: "On jo korkea aika... luopua käsityöliikkeitten kudotuista pellavaliinoista, jotka eivät kestä yhtäkään pesua... vaikka meillä on saatavissa erittäin kauniita yksivärisiä puuvillakankaita, jotka ovat niin halpoja... huolimatta siitä että se kestää monen monituista pesua."

169 HP 64/12 s. 6 "L.I.": "Meidän päiviemme suomalaisen joulupöydän ihmeellinen pöytäliina — käsinpainettua kangasta, raitaa, aaltoa, sinistä, ruostetta, oliivia ja metsänvihreää — suuri kynttelikkö ovat niin uutta designia kuin ajatella saattaa, mutta merkillisellä tavalla tämä upouusi on samalla kaikkein ikivanhinta, mitä maamme korpieläjien sielusta ja tajunnasta löytyy."

170 Celander 1925 hä. 4 s. 8

171 Se on esiintynyt kaukaisilla arjalaisilla kansoilla ja lienee uhriruokana leipääkin vanhempi, Hammarstedt 1899 s. 480—481; Marokossa puuro on ollut uuden vuoden ruokaa, Westermarck 1913 s. 57

172 Kun puuro kannettiin kynnyksen yli, ammuttiin pyssyllä laukaus, eikä kukaan saanut maistaa puuroa, ennenkuin oli lausunut jonkin riimin. Celander arvelee, että tällainen riimi on alunperin ollut jonkinlainen siunaus, Celander 1925 hä. 4 s. 8

173 Värmlannissa, Taalainmaalla ja Norrlannissa esiintyi puuron sijasta ohraryynivelli, Celander 1928 s. 177

174 Amiraali Tersmeden söi Haagissa suurlähettilään luona jouluaterian "på svenska". Siihen sisältyi lipeäkalaa ja uunipuuroa. Tersmeden 1915 s. 52—53

jouluna että muissakin juhlatilaisuuksissa, esimerkiksi häissä, on liittynyt Ruotsissa pakollinen riimittely.[175] 1700-luvulla tämä oli säätyläistenkin tapana.[176] Suomenkin talonpojilla puuro on ollut sangen yleinen jouluruoka. Välistä kuitenkin on puuron sijasta ollut velliä, ja toisinaan puuro ei ole kuulunut itse jouluateriaan, vaan vasta joulupäivän tai tapanin ateriaan.[177] Näyttää myös siltä, että joulupuuroa ei olisi varhemmin käytetty itä-Suomessa, vaan siellä esiintyivät ryyniruokana piirakat.[178]

Varhemmin puuro oli tavallisimmin ohrapuuroa, jonka tilalle vähitellen tuli riisipuuro.[179] Myös ruispuuroa[180] on ollut joulupuurona, samoin juuriskpuuroa[181] sekä kaurapuuroa.[182] Myös suomen-ruotsalaiset talonpojat söivät joulupuuroa joka varhemmin oli heilläkin yleensä ohrapuuroa, sittemmin riisipuuroa.[183]

Puuro valmistettiin läntisessä Suomessa yleensä keittämällä. Itä-Suomessa puuroa ei juuri esiintynyt, kuten edellä on jo todettu, ja näiden kahden alueen rajalle jää vyöhyke, joukko pitäjiä, joissa tietojen mukaan joulupuuro on valmistettu uunipuurona. Ruotsinkielisistä pitäjistä näitä olivat itäisen Uudenmaan pitäjät Porvoosta itään ja Pohjanmaan pitäjät Närpiöstä pohjoiseen.[184] Suomenkielisistä pitäjistä mainittakoon Suur-Jämsä.[185]

Lisäksi Sippolassa syötiin uunipuuroa 1870-luvulla.[186]

Myös monissa säätyläisten joulukertomuksissa esiintyi puuro.[187] Ainakin 1830-luvulta lähtien on Helsingissä puurona ollut nimenomaan riisipuuro.[188]

Lehdistö ei ole kovin paljon kommentoinut joulupuuroa. On tosin todettu, että "vanhojen perinnäistapojen mukaisesti juhla-aterialla syödään...lipeäkalaa, kinkkua, riisipuuroa ja joulutorttuja."[189] Kansatieteilijä Astrid Reponen herkistyi kirjoittaessaan joulupuurosta. Hänen mukaansa puuro on jäänne ajalta, jolloin "ihminen vielä oli lapsellinen luonnon määräämällä ja siis kauniilla ja oikealla tavalla."[190]

---

175 Celander 1928 s. 183, Olsson 1964 s. 20, Keyland 1919 s. 24 ja 64, Feilberg I 1962 s. 187

176 Celander 1928 s. 185

177 Vihervaara 1914 s. 223, Paulaharju 1914 s. 83

178 Esim. Valkealan Vuohijärvellä esiteollistuneella ajalla oli jouluruokana kinkkua, lipeäkalaa ja lanttulaatikkoa, puurosta ei puhuta mitään, Aukia 1973 s. 79; Häyhä 1955 s. 53, ryynpiirakat; Inkerin Keltossakin syötiin piirakoita, ei puuroa, Virtaranta 1964 s. 343; Suursaaressa ei varhemmin syöty puuroa, vaan riisi- ja muita piirakoita. Myöhemmin tuli riisipuurokin muotiin, Peltola 1960 s. 369

179 Karila 1948 s. 266, Ollila 1934 s. 135

180 Paulaharju 1965 s. 169, tieto Tenolta.

181 Kallio 1962 s. 30, Halikosta.

182 Jämsässä esiintyi keitettyä kaurapuuroa (Virtaranta 1953 s. 22) sekä uunissa paistettua kaurapuuroa (Helminen-Nordberg 1963 s. 110); Hämeenläänin Lammilla "omatekoisista (kauran)ryyneistä maitoon keitetty puuro", Helminen 1930 s. 6

183 Esim. Pietarsaaressa "korngrynsgröt, senare risgrynsgröt", Jaakkola 1976 s. 413

184 Ivars 1974 s. 660

185 Helminen-Nordberg 1963 s. 110

186 Hellgren 1957 s. 376

187 Noin vuodelta 1800 on kuvaus kartanon joulusta Lammilta. Oli leipää "samt den herrliga lutfisken och gröten förstås", R.v. Kraemer 1866 s. 20; 1840-luvulla joukko pohjalaisia ylioppilaita söi yhdessä "sötgröten", L.L.L. 1877 s. 130—132

188 Ramsayn kodissa Helsingissä syötiin 1830-luvulla jouluaterialla lipeäkalaa, riisiryynipuuroa, kinkkua ja joulutorttuja, Ramsay I 1966 s. 14; Wilhelm Lagus kertoi joulustaan Helsingissä vuonna 1832. Silloin he söivät leipää, lipeäkalaa, riisiryynipuuroa ja torttuja, W. Lagus 1904 s. 136; samainen Wilhelm Lagus söi jouluna 1850 Odessassa myöskin riisiryynipuuroa, H. Lagus 1936 s. 222

189 KL 36 s. 953 Gebhard, kuvaus presidentti Svinhufvudin perheen joulunvietosta

1940-luvulla oli sitten lehdillä aihetta kirjoittaa puurosta. Riisipuuron korvikkeeksi ehdotettiin hirsryynipuuroa[191] tai uunipuuroa.[192] Uunipuuro oli esitetty 1920-luvulla maalaisten jouluruokana. Kaupunkilaiset söivät keitettyä.[193]

1950- ja 60-luvulla puuro jo tuomittiin liian lihottavana ruokana[194] tai ehdotettiin sen korvaamista maitohyytelöllä, koska "vaihtelu virkistää".[195]

Puuromanteli

Puuromantelin alkuperäksi on ajateltu keskiaikaista puuropaputapaa.[196] Ruotsissakin esiintyi varhemmin puuropapu, joka paikoin pantiin joulupuuron sijasta hääpuuroon,[197] avioliiton enteeksi.[198] Nykyruotsalainen neuvokki kehottaa panemaan puuroon erilaisia papuja ja manteleita.[199]

Puuromanteli tai -papu ei tunnu olleen yleinen varhemmin Suomen talonpojilla. Orimattilassa se kuitenkin esiintyi uuden vuoden puurossa jo ennen vuosisadan vaihdetta.[200] Ruotsinkielisiltä seuduilta on tieto puuromantelista Porvoosta.[201] Toisen tiedon mukaan Porvoossa käytettiin mantelin sijasta luumua.[202] Myös muutamat säätyläismuistelijat kertovat puuromantelista. Se merkitsi joko avioliittoa, onnea ja onnistumista tai jotain hauskaa ja hyvää.[203] Eräs pappilan kasvatti mainitsi kuitenkin nimenomaan, etteivät he käyttäneet puuromantelia.[204]

L e h d i s t ö s s ä k i n on muutaman kerran mainittu puuromanteli. Presidentti Svinhufvudin perheestä sanottiin:

"...eikä tässä kodissa koskaan unohdeta vanhaa tapaa piilottaa manteli joulupuuroon — muistattehan vanhan uskomuksen, että joulupuuroon piilotetun mantelin saaja joutuu naimisiin seuraavana vuonna? Mutta kun presidentti tunnetussa hyväntahtoisuudessaan mielellään suo jokaiselle ilon löytää puuroannoksestaan mantelin, on hänellä tapana ennakolta kehottaa: 'Pankaa koko kourallinen manteleita puuroon, jotta kaikki saavat!"[205]

---

190 KL 36 s. 958 Reponen: "Joulu ja pikkujouluhan ovat ainoat juhlat, joiden 'juhlatunnelmaan' vielä nykyäänkin todella kuuluu puuro. Muutenhan... puuro yleensä on arkinen aamiaisruoka... Mutta toisaalta punalakkiset tontut valkoisen puuron ääressä ovat lapsesta saakka edustaneet meille joulun värejä samalla tavalla kuin punainen lakka ja valkoinen käärepaperi."

191 HSM 42/12 s. 195

192 KL 47 s. 595 Putkisto: "ja kaikkein tiukimmassa tapauksessa voimme valmistaa uunipuuroa, jolloin voimme ainakin osittain maidon korvata vedellä"; KL 49 s. 605 Sahrakorpi: "Jälkiruoaksi aattona tietysti joulupuuro. Maitorikkaissa perheissä oikein maitoon keitettynä. Päinvastaisessa tapauksessa sopii valmistaa uunipuuro."

193 KL 25 s. 634

194 Esim. HP 55/12 s. 52 "V.H."

195 E 64/12 s. 7

196 Jo keskiajan lopulla oli Englannissa, Saksassa ja Ranskassa tapana leipoa loppiaispuuroon tai -putinkiin papu, jonka saajasta tuli papukuningas tai -kuningatar. Hänen hullunkurisia määräyksiään oli kaikkien noudatettava sinä iltana, Bilfinger 1901 s. 72-74, Nilsson 1915 s. 146

197 Keyland 1919 s. 96, Värmlanti

198 Celander 1925 hä. 4 s. 9, Keyland 1919 s. 64, Upplanti

199 Makea manteli tietäisi naimisiinmenoa tulevana vuonna, karvasmanteli jäämistä naimattomaksi, ruskea papu aviopuolisoksi viisilapsista leskimiestä jne., Agnsäter 1964 s. 67

200 Hästesko 1910 s. 233

201 Jos sai vain puolikkaan mantelin, sai vain leskimiehen, Tillhagen 1965 s. 113; myös Ahvenanmaalla, Nordlund 1945 s. 77

202 Se oli avioliiton enne, SLS Bo 217/616

203 Ståhlberg 1966 s. 44, Matilda Wreden koti; v. Born 1948 s. 164; Ahde-Kjäldman 1964 s. 122

204 Tuulio 1966 s. 193; Långhjelm 1919 s. 147: "Böna brukades ej i gröten" (Ristiinan säätyläiset 1840-luvulla)

205 KL 36 s. 986 H. Gebhard

Eräs muistelija kertoi, että heillä pulajouluna 1918 käytettiin ohrapuurossa mantelin sijasta papua.[206]

Mantelitapa esiintyy erään lehtiartikkelin mukaan Englannissakin vain vähän toisenlaisessa muodossa.[207]

Lipeäkala

Jouluaatto on varhemmin ollut katolisissa maissa paastopäivä, ja tästä sen luonteesta on ollut kaksi seuraamusta, jotka vieläkin kuvastuvat joulutavoissa: varsinaisen aterian lykkääminen myöhäiseen ajankohtaan[208] ja kalan syönti.[209] Se, että kalasta on tullut paastopäivän ruoka, on taas voinut johtua siitä, että kalaa söivät juutalaiset jo vanhastaan sapatin kunniaksi perjantaisin.[210] Ja perjantaihan on ollut roomalaiskatolisten paastopäivä aivan nykypäiviin asti.[211] Siispä jo varhaiskristillisellä ajalla on saattanut tapahtua tämä yhdistäminen: perjantairuoka = kala = yleensä paastopäivän ruoka = myös jouluruoka.

Ruotsalaisten joulukala on lipeäkala.[212] Varhemmin lipeäkalaa on syöty Ruotsissa muulloinkin, koko kevätkauden.[213] Ulkomailla lipeäkalaa on pidetty suorastaan ruotsalaisena kansallisruokana, joka on esiintynyt hienoillakin joulupäivällisillä.[214]

Suomen suomenkielisiltä talonpojilta on paljonkin mainintoja joulukalasta, ja useimmin oli kyse lipeäkalasta.[215] Lipeäkalaa valmistettiin varhemmin muistakin kaloista kuin turskasta.[216] Paikoitellen on syöty muutakin kuin lipeäkalaa, mutta tämä on jo selvästi harvinaisempi ilmiö.[217]

Ruotsinkieliset talonpojat ovat syöneet tuoretta kalaa[218] tai lipeäkalaa.[219] Joskus sanottiin, että lipeäkalaa syötiin, ellei saatu haukea.[220]

Lipeäkala kuului 1800-luvulla säätyläistenkin jouluruokiin joulun ilmeisesti tärkeimpänä ruokalajina.[221]

Sen sijaan on olemassa tietoja, jotka viittaavat siihen, että lipeäkala ei vielä 1800-luvun alkupuolella eikä kotvan aikaa myöhemminkään kuulunut suomenkielisten talonpoikien jouluherkkuihin. Se olisi siis novaatio.[222]

Lipeäkala oli ennen valmistettava kotona kuivista kaloista. Se oli joulun työläin ruoka.[223] Lipeäkala oli emännän ylpeys, jota sai vertailla ja arvostellakin.[224] Toiset söivät kalansa voisulan ja toiset taas paksun valkokastikkeen kera.[225]

L e h d i s t ö on yleensä käsittänyt lipeäkalan vanhaksi keskiajalta periytyväksi paastoruoaksi.[226] Mutta onpa esitetty sellainenkin teoria, että lipeäkala olisi keksitty vaikeasti sulavan kinkun ja muiden jouluherkkujen vastapainoksi terveydellisistä syistä.[227] Lipeäkalaa on pidetty niin terveellisenä, että on toivottu sen yleistyvän ympärivuotiseksi ja jokaviikkoiseksi ruoaksi. Samalla on kuitenkin lehden ollut todettava, että on sellaisiakin surkuteltavia ihmisiä, joilla on synnynnäinen tai ehkä hankittu vastenmielisyys tähän ruokaan.[228] Onkin syytä harkita, onko lipeäkala todella mieleinen jouluruoka vai onko se vain ”välttämätön paha”.[229] Jotkut vieroksuvat sen hajuakin.[230]

Ennen sotia ehdotettiin lipeäkalan kanssa tarjottavaksi ”missä kodin varat myöntävät” sekä voisulaa että valkokastiketta.[231] Sotien jälkeen pulavuosina katsottiin lipeäkalan sopivan aattoaterian pääruoaksi.[232]

1960-luvulla väitettiin lipeäkalan olevan häviävä jouluperinne.[233]

---

206 KL 36 s. 930 "Toini-Maija"

207 MN 56/12 s. 16 "M.T.": "Joulukakkuun englantilainen perheenemäntä myös kätkee kaikenlaisia pieniä esineitä."

208 Paaston katsottiin loppuvan, kun ensimmäiset tähdet syttyivät taivaalle, Bilfinger 1901 s. 34 ja 22; Itävallassa jouluaattoa on kutsuttu joulupaastopäiväksi, W e i h n a c h t s f a s t t a g. Siellä on syöty vain kerran ja jätetty jouluaattona aamiainen nauttimatta, Burgstaller 1957 s. 27; Norjassa on jouluateria lykätty myöhään puoliyöhön perustellen sitä sillä, että se oli Vapahtajan syntymähetki, Feilberg I 1962 s. 146

209 Mm. Celander 1925 hä. 4 s. 15, 28 ja 177, Nilsson 1938 s. 44

210 Goodenough 1956 s. 42

211 Kokó Mary Douglasin teoksen, 1970, lähtökimmokkeena on ollut tämä perjantaipaaston ongelma, "bogirishin" indentiteettiongelmana.

212 Nilsson 1938 s. 44

213 Berg 1976 s. 17

214 " " s. 19

215 Lipeäkalaa on syöty Valkealassa (Aukia 1973 s. 79), Elkillä (Salmela-Järvinen 1965 s. 213-214) ja Härmässä (Paulaharju 1947 s. 381); l i p i ä k a l a a syötiin Kurikassa (Paulaharju 1961 s. 122); l i v e k a l a a Tyrvännössä (Karila 1948 s. 266), Ikaalisissa (Salmelainen 1966 s. 64) ja Nurmijärvellä (Ollila 1934 s. 135); l i k o k a l a a Kiikkalassa (Harva 1935 s. 28)

216 Kapakalaa on tehty maassamme ennen varsinkin hauista ja ahvenista, Valonen 1969 s. 16; Taivassalossa tehtiin ahvenista joululipeäkalaa, Vilkuna 1935 s. 166; Hailuodossa tehtiin k a p o j a eli k a p a k a l o j a kuivaamalla nortta, kiiskeä, maivaa, ahventa ja haukeakin, Paulaharju 1914 s. 29

217 Tenolla syötiin suolattua ja kuivattua lohta, Paulaharju 1965 s. 167; Savossa syötiin ennen vuotta -80 a a t t o k a l a a, Waronen 1898 s. 197; Punkalaitumella vaari tarjosi kalaryypyt, vaikkei kalaa tarjottukaan, Kotikoski 1912 s. 40

218 Porvoosta: "Julmaten bestod av fisk av egen fångst..", SLS Bo 217/562; Neljä korppoolaista informanttia kertoi, että jouluna syötiin haukea, SLS Ko 618/372, 375, 380 ja 384; yksi korppoolainen täsmensi syödyn "pepparrotsgädda", SLS Ko 618/384

219 Kimitossa lipeäkala oli valmistettu "av soltorkade abborrar", SLS Ki 277/253, 270 ja 276; Korsholmassa syötiin lipeäkalaa ja joulukinkkua, SLS Kh 533/478

220 SLS Ko 618/380

221 Noin vuodelta 1800 on kuvaus kartanon joulusta Lammilta. Siellä syötiin "den herrliga lutfisken", R v. Kramer 1866 s. 20; Herttoniemen kartanossa Lönnqvist 1968 s. 8; Paraisten pappilassa 1827 ja Lagusten perheessä Helsingissä vuonna 1832, W. Lagus 1904 s. 42 ja 136; pohjalaiset ylioppilaat, jotka eivät voineet matkustaa koteihinsa jouluksi, söivät Helsingissä 1840-luvulla "lufisken, sötgröten och tårtan" ja ryypytkin otettiin "före fisken och — på fisken", L.L.L. 1877 s. 130—132

222 Monin paikoin tämä tapahtui ehkä 1800-luvun loppupuolella. Lokalahdessa se ei ollut käytössä vielä 1910-luvullakaan, vaan vasta "myöhempinä vuosina", Heikkilä, Uudenkaupungin Sanomat 23.12.71; Suursaaressa alettiin syödä lipeäkalaa ainakin jo 1880-luvulla, Peltola 1960 s. 369; Hämeenläänin Lammilla ei livekalasta ennen tiedetty mitään, Helminen 1930 s. 6; Hauholle lipeäkala lienee tullut 1800-luvulla, Hämäläinen 1934 s. 287

223 Ikaalislaisessa kodissa niitä pidettiin kodassa pienenlaisessa pyykkipunkassa tuhkalipeässä likoamassa, Salmelainen 1966 s. 64; lipeäkala oli kaupungeissakin valmistettava itse kuivista kapakaloista, Holmström 1926-30 s. 13; niitä oli pehmennettävä viikkokausia ennen joulua, Salokannel 1964 s. 175; kalan lipeöiminen oli perheenemännän tärkeä tehtävä. Alkulipeöinnin jälkeen kalaa vielä liotettiin vedessä, jota aina välillä vaihdettiin, Bergholm 1944 s. 238; Kaisla 1972 s. 28; Porvoon lähellä Ilolassa alkoi lipeäkalan valmistus Annan päivän aikaan, A. Peltola 1950 s. 44

224 Bergholm 1944 s. 238 ja 150; "Ja att äta lutfisk är som att tugga luft", sanoi eräs jouluvieras, mutta otettiinpa sitä toinenkin lautasellinen, T. Helsingius 1947 s. 68

225 Ahde-Kjäldman 1964 s. 120

226 KL 28 s. 802 Suninen; KL 61 s. 1656 Ahlblad; Astra Julen 63 s. 335

227 KL 31 s. 1024 Lampio

228 KL 32 s. 28 "Kotitonttu"

229 KL 58 s. 1340

230 KL 57 s. 1372

231 KL 33 s. 800

232 KL 47 s. 595 Putkisto

233 HP 1.12.66. s. 59 Viljamaa: "Muuan joulutraditio, joka häviää juuri nyt, on lipeäkalan käyttö. Huolimatta siitä, että väkiluku Suomessa kasvaa vajaalla prosentilla, lipeäkalan menekki vähenee nykyisin jollakin 10-15 prosentilla joka vuosi...Tällä menolla muuan jouluperinne on menettänyt nykyisestä merkityksestään puolet, kun almanakasta revitään joulunseudun lehtiä v. 1971 ja kutistunut kymmenekseen tai seitsemännekseen -70 ja -80-lukujen vaihteeseen tultaessa. Niin, toista oli ennen."

Voileipäpöytä

Voileipäpöytä on seisomapöydän merkityksessä esiintynyt Ruotsin hovissa jo vuonna 1723, ja suomalainen keittokirja on suositellut sitä vuonna 1849[234] Jonkinlainen käsitys voileipäpöydän kuulumisesta jouluateriaan on täytynyt olla muodostunut jo joskus vuosisadan vaihteessa, koska pari muistelijaa kertoo tuon ajan jouluista ja sanoo, ettei heidän perheessän ollut voileipäpöytää.[235]

Ruotsissa on talonpojilla ollut erilaisia voileipäpöytäruokia.[236] Suomen säätyläiset ja kaupunkilaiset söivät erilaisia voileipäpöytäruokia. Haavioitten kotipappilassa oli jouluna seisova pöytä.[237] Kaksi hämeenlinnalaisperhettä söi sylttyä ja muutakin.[238] Helsinkiläinen kauppiasperhe söi "seitsemää sorttia".[239]

Talonpojat söivät makkaroita.[240] Toinen suosittu voileipäpöytälaji olivat syltyt,[241] lisäksi juustot[242] ja salaatit.[243]

L e h d i s t ö s s ä voileipäpöytä ja sen eri lajit ovat esiintyneet niin tuhkatiheään, että seuraavassa on tyydyttävä suppeaan katsaukseen.

---

234 Valonen 1969 s. 31

235 Ahde-Kjäldman 1964 s. 120 ja Tuulio 1966 s. 193

236 Makkaroita, erityisesti verimakkaroita mainitaan usein, samoin esiintyi muuta veriruokaa ja keitetty sianpää, Celander 1928 s. 167 ja 177; Keyland 1919 s. 17 ja 34; syltyistä mainitaan p r ä s s ö l t a ja r u l l s ö l t a , välistä näitä syötiin vasta toisena joulupäivänä, Keyland 1919 s. 34 Smoolanti ja 40 Smoolanti; juustoja esiintyi, ja välistä niiden mittasuhteet olivat valtavat, kuten Taalainmaalla ja Skoonessa, Celander 1928 s. 166 ja 168

237 J. Haavio 1972 s. 184, jouluna ja vain jouluna syötiin seisovasta pöydästä. Tällöin oli mm. makkaraa, piimäjuustoa ja suolalahnaa.

238 Toisessa äiti valmisti aina itse suolalihat, mullinpaistit, lampaankintut, rullasyltyt, prässyltyt ja rosollin. Kaisla 1972 s. 28; toisessa oli makkaroita, kääresylttyä ja joulupiiraita, Salokannel 1964 s. 177

239 Koskivaara 1968 s. 186: "Aloitettiin sillisalaatilla ja monilla muilla särpimillä, sitten seurasivat lihaliemi ja piirakka".

240 Karjalassa ja koillisella Pohjanmaalla ei ole tehty makkaroita, Vilkuna 1935 s. 168, mutta jotkut muistelmat kertovat toista. Pohjois-Karjalassa makkarat olivat joulun herkkua (Sormunen 1946 s. 97); samoin Suursaaressakin kotitekoinen makkara (Peltola 1960 s. 369); Inkerin Keltossakin syötiin k a l p a s s i i (Virtaranta 1964 s. 343); makkarat olivat jouluherkkua yleensä länsi-Suomessa (Vihervaara 1914 s. 223); Nurmijärvellä syötiin v e r i m a k k a r o i t a (Ollila 1934 s. 135); r y y n i m a k k a r o i t a syötiin Punkalaitumella (Kotikoski 1912 s. 41); Hämeenläänin Koskella piti aina olla j o u l u m a k k a r o i t a (Helminen 1930 s. 6); Kurikassa syötiin l ä n k k i m a k k a r a a (Paulaharju 1961 s. 122)

241 Aiemmin syltyllä on tarkoitettu teuraiden pehmeitä sisäosia, nykyisin kuitenkin suolattua ja hyvin maustettua lihahakkelusta, Vilkuna 1935 s. 165; länsisuomalaiseen jouluun kuuluivat syltyt, Vihervaara 1914 s. 223; Härmässä syötiin siansylttyä, Paulaharju 1947 s. 381; Suursaaressa p u n s a a, Peltola 1960 s. 369; Inkerin Keltossakin syötiin s y l t t y y, Virtaranta 1964 s. 343

242 Punkalaitumella tarjottiin useampia juustolajeja. Niiden valmistaminen oli alotettava jo syyskesästä, koska jouluna ei ollut saatavissa maitoa, r i e s k a a. Joulujuustot olivat tavallista isompia, Kotikoski 1912 s. 7; Orimattilassa juustot olivat erityisesti joulupäivän ruokaa, jota ei tarjottu aattona. Hästesko 1910 s. 181; Ruotsinkielisistä talonpojista myös jotkut söivät juustoja. Kaarlelassa se kuului joulupäivän ruokaan, SLS Kb 531/261, 267 ja 271; Teerijärvellä sai jokainen talon asukkaista juustonelj änneksen, SLS Tj 531/279; Lapväärtissä juustoa syötiin ensimmäisenä joulupäivänä, Wadström 1910 s. 180

243 Nurmijärvellä oli salaatti jouluherkkua, Ollila 1934 s. 135; Halikossa oli u u n s a l l a t t i, Kallio 1962 s. 30; Ikaalisissa jouluaaton ateria aloitettiin salaatilla, joka olikin nimenomaan jouluruoka. Melkeinpä vain sen vuoksi m u r e t t e r i a ja r e p e t t e r i a (porkkanaa ja punajuurta) viljeltiinkin, Salmelainen 1966 s. 64; Satakunnassa salaatteja tarjottiin jouluna ja muissakin juhlissa kauniisti koristeltuna ja monenmoisista aineksista valmistettuna, usein kalalla tai lihalla lisättynä. Eri nimiä esiintyi: r o s o l l i, s a l a t t i, s a l e t t i, s a l l a a t i ja s a l l a a t t i, Uusivirta 1969 s. 115—116; Paraisten ruotsinkieliset talonpojat söivät salaattia, SLS Pa 277/565, 643 ja 649

Voileipäpöydän ruokia on suositeltu ensinnäkin, koska ne ovat vanhaa jouluperinnettä.[244] Toiseksi motiiviksi on nähty, että perheenemäntä voi valmistaa monet kylmät ruoat etukäteen ja näin saada aikaa myös omaan joulunviettoon.[245] Kolmantena motiivina on esitetty monien voileipäpöytälajien taloudellisuus.[246] Aivan välttämätön ei toki voileipäpöytä lehtien mukaan kuitenkaan ole.[247]

Sota-aikana muisteltiin kaihoten aikoja, jolloin sai ostaa jouluherkut kaupasta. Nyt suositettiin paria lajia salaattia ja suolakalaa.[248] Hyvien aikojen taas tultua nähtiin, että "pienet lihapyörykät kuuluvat suomalaiskansalliseen voileipäpöytään välttämättömänä lisänä".[249] Myös saattoi valmistaa isoäidiltä perittyjen ohjeitten mukaisia kotoisia lihaleikkeleitä.[250] Lasimestarin silli ja sillisalaatti todettiin perinteisimmiksi jouluaterian alkupaloiksi.[251]

Lohi yleistyi lehtiartikkeleista päätellen 1960-luvulla, ja sitä suositettiin joko aterian pääruoaksi tai lisäksi voileipäpöytään.[252] Laskettiin, että kahden kilon merilohi ja kolmen kilon kinkku maksoivat suunnilleen saman verran.[253] Laskettiin myös, että jos pääruokana on lohi ja sen ohessa tarjotaan vain kevyitä lisukkeita, kertyy ateriasta vain noin 660 kaloria henkeä kohti.[254]

Eri ruokalajeja on erikseen vielä painotettu. "Kenellä ei ole lohta, hän valmistaa vaikkapa suutarinlohta."[255] Salaatit on koettu nykyaikaisiksi ja jopa välttämättömik-

---

244 Esim. KL 28 s. 855 Simberg: "Joulupäivälliselle kutsutaan tietenkin nuoriso ja lapsetkin, ja silloin on seisova pöytä hyvin sopiva... Vanhanaikainen voileipäpöytä on aina hauska ja sopii hyvin joulunaikana."; KL 25 s. 631: "Mutta missä teurastus maalla tapahtuu myöhemmin sekä kaupungeissa, joissa on helppoa torilta hankkia raaka-aineita, olisi yleisemmin otettava käyttöön tapa valmistaa kotona sellaisia vanhanaikaisia, jouluun kuuluvia liharuokia, joita ennen maailmassa ei koskaan saanut puuttua joulupöydältä ja joiden olemassaolo helpotti perheenemännän huolia itse pyhinä. Tällaisia ovat esim. joulu- tahi lihamakkara, painesyltty ja maksapiiras."

245 KL 48 s. 596 Ärjä: "Lähestyväksi jouluksi on meilläkin taas tilaisuus valmistaa säilyviä ruokia jo paljon ennen joulua ja välttää töiden kasaantuminen pyhien lähelle...Jouluajan voileipäpöytiin voimme valmistaa leikkeleeksi suolakieltä, suolalihaa, keitettyä maksaa, paine- ja kääresylttyä jo joulukuun toisella tai kolmannella viikolla."; KL 37 s. 938 Huttunen: "Kylmät voileiparuoat ovat nykyisin voittaneet yhä enemmän suosiota...Tällöinhän säästytään suuresta lämpimänäpitämisen vaivasta."; KL 46 s. 604 Sahrakorpi: "Työvoiman puute keittiössä panee yhä enemmän sommittelemaan aterioita, joille ruoan voi edeltäpäin valmistaa. Silloin emäntäkin ehtii hetkeksi istahtaa perheensä pariin. Voileipäpöydän ruoista tulevat ensimmäisenä mieleen sillit, sillisalaatit, savukalat, liha- ja vihanneshyytelöt sekä sienet."

246 KL 31 s. 1031 ja 996: "Makkaroiden valmistus jouluksi on ikivanha tapa....Painesyltty on halpaa ruokaa...Suolakalaa tarvitaan joulupyhinä myöskin...voileipäpöytäsilli...suutarinlohta...Tällaista hyvää ja halpaa einesruokaa on kodissa erityisesti juuri nyt valmistettava."; KL 47 s. 595 Putkisto: "Voileipäpöytäruokiin, joita joulupyhiksi varaamme, kuuluvat syltyt ja ryynimakkarat... ostajataloukssissakin on näiden valmistukseen mahdollisuuksia ja ne tulevat taloudellisemmiksi kuin nykyään kalliit ostoleikkeet."

247 KL 50 s. 808 Olsonen: "Ken pitää välttämättömänä, voi tarjota alussa vähän voileipäpöytäruokia: suolakalaa, savukalaa, paine- ja kääresylttyä, suolalihaa tai -kieltä, muikunmätiä tai lohta ja jotakin juustoa. Kolmekin hyvää lajia riittää hyvin: kala, liha ja juusto."

248 KL 44 s. 694

249 E 60/12 s. 50 Manninen ja Tähtinen

250 E 60/12 s. 53 Manninen ja Tähtinen

251 Anna 17.12.68 s. 41 Vuorenjuuri

252 Anna 13.12.68 s. 38 Vuorenjuuri

253 HP 9.11.67 s. 53 Merivesi

254 Anna 23.12.69 s. 28 Vuorenjuuri

255 KL Joulu 42 s. 701 Olsonen

si.[256] Silli on väliin koettu silakan pahaksi kilpailijaksi, väliin vanhaksi hyväksi jouluherkuksi ja väliin vain muiden kalojen korvikkeeksi.[257]

Kinkku

Kinkun liittymistä jouluun on perusteltu monenmoisin selityksin.[258] Se ei olekaan ollut pelkästään pohjoismainen jouluruoka.[259] Ruotsissa sitä on syöty kokonaisen porsaan ja sianpään kanssa vaihtoehtoisesti.[260] Paikoin vain varakkaat söivät kinkkua, muut porsaansylttyä.[261] Suomeen kinkku on tullut Helmisen mukaan Skandinaviasta.[262]

Mikäli on uskomista Hasseliin ja Penziniin, oli Suomessa kinkku tai jokin muu eläimen takareisi jo 1700-luvulla talonpoikien jouluruokaa.[263] Waronen tosin epäili, että väitöskirjassa mainitut "hyperborealaiset" eivät olisi suomalaisia vaan ruotsalaisia.[264] Milloin kinkku on tullut Suomen talonpoikien jouluruoaksi, on erittäin epäselvää. Päivättyjä tietoja ei ole. Jonkinlaista kinkkua, sikaa, sianlihaa tai siitä valmistettua ruokaa on joka tapauksessa esiintynyt eri puolilla Suomea jo 1800-luvulla.[265] Myös ruotsinkielisillä talonpojilla esiintyi kinkku esimerkiksi Ahvenanmaalla, jossa toiset taas söivät silavakeittoa.[266] Yleensä ruotsinkielisten jouluruokia olivat kala, kinkku ja puuro, joista viime mainittua on pidettävä yleisimpänä.[267] Kaikkialla esimerkiksi Närpiössä, ei kuitenkaan ollut kinkkua.[268]

Säätyläisten muistelmista saamme täsmennystä kinkun historiaan. Kahden kartanon joulusta 1800-luvun alusta kinkku aivan ilmeisesti vielä puuttui.[269] Ei syönyt Laguksen perhekään vielä vuosina 1827 eikä 1832[270] kinkkua, mutta jouluna 1850 söi Wilhelm Lagus Odessassa ollessaan kinkkua.[271] Kinkku siis ilmestyi tässä välissä heidän jouluunsa. Ramsayn perhe sen sijaan söi jo 1830-luvulla kinkkua.[272] Jo ennen mainitut pohjalaiset ylioppilaat sen sijaan eivät vielä 1840-luvulla syöneet kinkkua jouluateriallaan.[273]

---

256 KL 37 s. 938 Huttunen: "Nykyisin niin yleisiksi tulleet salaatit sopivat entisten herkkujen lisäksi ja höysteeksi joulupöydällekin."; KL 47 s. 595 Putkisto: "Salaatteja ilman emme osaa joulupöytäämme ajatella."; KL 69/23 s. 3 Anttila: "Silli kuuluu erottamattomasti jouluun."

257 KL 25 s. 484 Hellevaara: "on silakankalastus saanut kovan iskun... Jättäkää ulkolaisen suolasillin käyttö mahdollisimman vähäksi"; KL 47 s. 594-595 Putkisto: "Tänä jouluna saamme lupauksen mukaan vanhaan hyvään tapaan herkutella oikealla joulusillillä...Näiden puutteessa turvaudumme muuhun suolakalaan, siikaan, lahnaan, loheen tai silakkaan."; KL 34 s. 895 Järvinen: "Ellei ole silakoita, siikaa, lahnaa tai itseänsä lohta...on hankittava silliä."

258 a) kansanselitykset: kinkkua on toisaalta pidetty onnea tuottavana ruokana, toisaalta on kerrottu legendaa, että sikaa on syötävä, kun se ei antanut Jeesus-lapsen nukkua, vaan tökki häntä harjaksillaan Riemerschmidt 1962 s. 91; b) antisemitistinen selitys: Sixtus III:n ajoilta asti oli paavi syönyt kuurian kanssa juhlallisen jouluaterian keskiyön messun jälkeen. Kinkku oli mukana pilkaksi juutalaisille, Usener 1889 s. 279; c) muinaispohjoismainen selitys: joulukillassa oli viikinkien tapana antaa lupaukset pitäen käsiään sisään tuodun karjun selässä, Nilsson 1915 s. 209; d) ilmastollinen selitys: läski miellytti ankaran ilmaston takia pohjolan asukkaita, lisäksi sianlihaa sai tuoreena joulunaikaan Tanskassa ja etelä-Ruotsissa, Nilsson 1915 s. 209; e) hedelmällisyysmagiaselitys: jouluporsaalla olisi käsitetty olevan hedelmällisyyttä tuottavaa voimaa. Celander 1925 hä. 4, s. 4

259 Esim. Englannissa kalkkuna löi itsensä läpi jouluruokana vasta noin v. 1890. Sitä ennen sillä olivat kilpailijoina kinkku ja paisti sekä hanhikin, Wright ja Lones 1940 s. 264 ja Riemerschmidt 1962 s. 92

260 Keyland 1919 s. 46 ja Hammarstedt 1899 s. 479

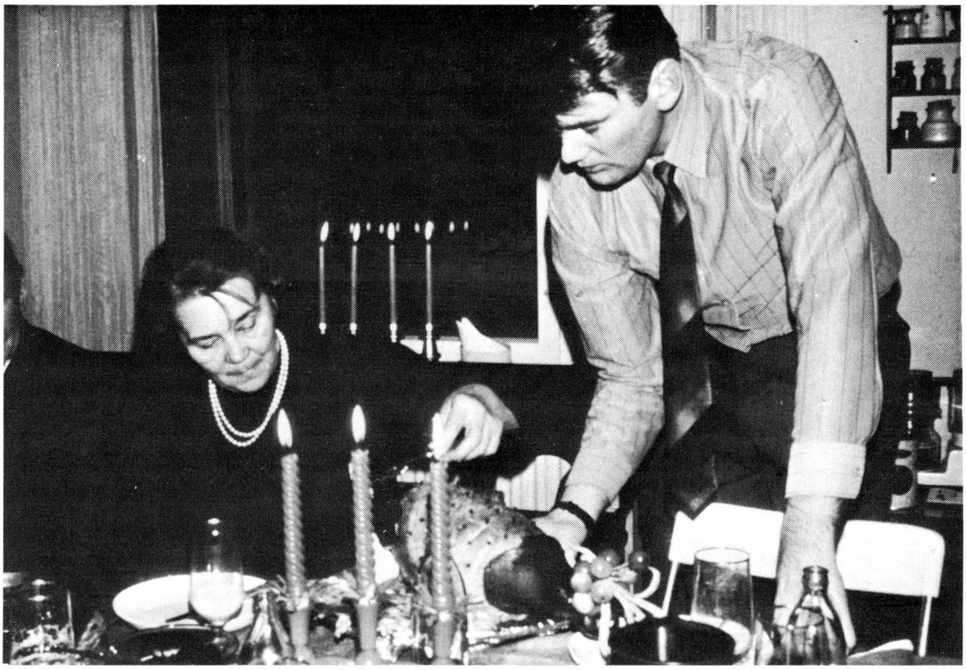

Jouluaterian pääruokana on useimmiten kinkku. Tässä se on kauniisti koristeltuna.

The main dish at Christmas dinner is usually ham, here nicely decorated.

---

261 Olsson 1964 s. 68, Arholma

262 Helminen 1929 s. 60

263 Ruokien joukossa mainitaan p e r n a (latinaa), joka voi olla kinkkuakin, Hassel ja Penzin 1748 s. 10

264 Waronen 1898 s. 197

265 Ennen sotia syötiin kinkkua Valkjärvellä, Seppänen ja Sihvo 1953 s. 153; Valkealan Vuohijärvellä kinkku oli 1900-luvun alussa yksi tärkeimmistä jouluruoista, Aukia 1973 s. 79; Jo 1870-luvulla syötiin kinkkua Sippolassa, Hellgren 1957 s. 374-376; Jämsässä (Virtaranta 1953 s. 22) ja Sysmässä (Virtaranta 1953 s. 286) syötiin s i j a n k i n k k u a; Nurmijärvellä olivat lehmän- ja sianpaisti vaihtoehtoisia ruokia, Ollila 1934 s. 135; Suursaaressa ei ennen sotia ollut varsinaista joulukinkkua, mutta palvattua kinkkua kylläkin, Peltola 1960 s. 369; Pohjois-Karjalassa ei vielä 1800-luvun lopulla syöty kinkkua, Sormunen 1946; Satakunnassa keitettiin joulupöytään sianlihaa, Valonen 1969 s. 18; Karjalassa tuli tarjolle "ruskeaksi paistunut ja meheväksi hautunut sianlihakönttä", Seppänen-Pora 1962 s. 96; Kurikassa tarjottiin s i a n l i h a t, Paulaharju 1961 s. 122; Punkalaitumella vaari kertoi, että ennen oli palvattu kokonainen porsas jouluksi. Nyt — ennen vuotta 1912 — paistettiin sianneljännes, joka vietiin kokonaisena suuressa puukupissa pöytään. Lisäksi palvattiin lihoja saunassa sauhupalvussa, Kotikoski 1912 s. 29 ja 40; Ikaalisissa tarjottiin sianlihaa muodossa tai toisessa, Salmelainen 1966 s. 64; Halikossa tuotiin pöytään l i h a t a l r e k k, Kallio 1962 s. 30

266 Celander 1928 s. 178

267 Nikander 1916 s. 227

268 Ivars 1974 s. 660

269 Lammilla syötiin v. 1800 lipeäkalaa ja puuroa, R.v. Kraemer 1866 s. 20; Herttoniemen kartanossa syötiin 1820-luvulla lipeäkalaa ja jouluna 1826 oli ollut hummeria ja 1827 hanhea, Lönnqvist 1968 s. 8; 1860-luvun Limingassa oli säätyläisten jouluruoka "lutfisk och risgrynsgröt", Långhjelm 1919 s. 148

270 W. Lagus 1904 s. 42 ja 136

271 H. Lagus 1936 s. 222

272 Ramsay I 1966 s. 14

273 L.L.L. 1877 s. 130—132

1800-luvun loppupuolella kinkku ilmeisesti levisi nopeasti yleiseen käyttöön. Kinkun kanssa syötiin linssejä ja omenasosetta säätyläisperheissä, maalla hernemuhennosta.[274]

Lehdistö on kinkun alkuperää selittäessään nähnyt sen vanhana pohjoismaisena viikinkiaikaan asti juontavana juhlaruokana.[275] Tai sitten sitä vain on nimitetty pohjoismaiseksi perinteeksi.[276]

Ennen sotia kinkku oli jouluaterian huippu tai ainakin se kilpaili asemasta lipeäkalan kanssa.[277] Eräs kirjoittaja piti sitä ehdottomasti aterian huippuna. "Ja mistäpä muusta juuri niin runsaasti kaloreitakaan saisimme kuin rasvaisesta kinkusta!"[278] huudahti kirjoittaja, jolle sanat kalori ja rasvainen aivan ilmeisesti eivät olleet vielä mitään pahoja sanoja. "Jokainen vain nieleksii vettä kieleltään ja näkee jo edessään rasvaisen kinkun", kirjoitti toinen joulun tuoksuista.[279]

Sitten kinkku katosi tavallisen suomalaisen joulupöydältä moneksi vuodeksi. Kinkkua toki kaivattiin, ja sen korvikkeiksi ehdotettiin jotain muuta sianlihaa tai kanaa, lintua tai mureketta.[280] Vielä vuonna 1949 oli ilmeisesti sianlihan saanti epävarmaa.[281] Kun 1950-luku koitti, ei kinkku enää ollutkaan sellainen itsestään selvyys kuin ennen sotia. Kannatti harkita, pitikö perhe ylipäänsä kinkusta.[282] Kinkun sijasta saattoi yhtä hyvin varata kalkkunan, naudan- tai vasikanpaistin.[283] Eikä oikeastaan tarvittu mitään lämmintä pääruokaa, kun oli voileipäpöytä, johon sopi kylmää kinkkuakin sijoittaa.[284] "Onko kinkku välttämätön?", kysyttiin. Etuselkä, sianseläke ja kassler kävisivät yhtä hyvin.[285]

1960-luvulla kinkkukirjoittelu kiihtyi lehdissä. Nyt oli kirjoituksia kinkkua vastaan kuten 1950-luvullakin, mutta alkoipa esiintyä kinkun puolustajiakin.

Kinkun vastustajista suurin osa oli kalkkunan kannattajia. Heihin palaan kalkkunan yhteydessä. Kinkkua vastustettiin, koska se on liian iso pienille ja nuorille perheille. Sen vaihtoehdoksi esitettiin sianseläkepaistia, täytettyä laparullaa ja porsaanselkää.[286]

Kinkun puolustajista väitti eräs kinkkua jopa "vanhimmaksi joulupöytämme perinteistä".[287] "Aina on kinkkua ja karjalanpiirakoita", todisti toinen.[288] Paistettu kinkku on erinomainen suomalaisen joulun ruokalistan runko, jota sopii tarjota pitkälti aattoillan jälkeen ja jonka herkullinen tuoksu leviää muiden joulutuoksujen kera ympäristöön.[289] Parhain kinkku tehdään edelleen vanhaan tapaan ruistaikinakuoressa.[290] Nuori pari valitsi kinkun vanhempiensa perinteen mukaisesti.[291]

Epäröivälle, mutta kinkkuun silti päätyneelle annettiin erilaisia kinkun valmistusohjeita.[292] Kinkun ystävää kehotettiin valitsemaan mahdollisimman rasvaton kinkku, vaikka vakuutettiinkin, että sen tilalle sopii mikä muu paisti tahansa.[293] Rasvaa pelkääville kerrottiin, että jos kinkusta leikkaa pois läskireunan, on lopussa lihassa vain kolme prosenttia rasvaa.[294] Ja ennen kaikkea kinkku on sianlihaa ja siten edullista. Sen rasvan vaarallisuuttakin on liioiteltu, ja rasvaisuus onkin vähentynyt.[295] Kinkun lisäruoat ovat taloudellisia, terveellisiä ja hyvänmakuisia.[296]

274 Helsingiuksilla aina linssien ja omenasoseen kera, T. Helsingius 1947 s. 68; Ignatiuksilla linssejä syötiin sekä kinkun että lipeäkalan kera, Bergholm 1944 s. 239; H. Meyer 1955 s. 9: hernemuhennosta Liljendalissa; Ristiinan säätyläiset söivät 1840-luvulla "skinka med gröna ärter," Långhjelm 1919 s. 147

275 Anna 21.12.65 s. 64 Haack; Astra 69 Julen s. 264 "Eko"

276 HSM 37/12 s. 352; HSM 54/Julen s. 245 Fredriksson

277 KL 30 s. 1058 Suninen

278 KL 39 s. 852 Huttunen

Lanttulaatikko

Päinvastoin kuin muut laatikot, jotka parhaimmillaankin olivat aineistossa melko harvinaisia, lanttulaatikko oli yleinen jouluruoka. Silti sen historiasta saadut tiedot ovat niukkaakin niukemmat.

Ruotsissa syödään paikoin lanttulaatikkoa jouluna,[297] nimittäin Norlannin pohjoisosissa, ja sinne se on tullut nähtävästi Suomesta.[298] Näin se olisi todellakin suomalainen, rajan yli levinnyt joulutapa.

Muutamat kansatieteilijät ja muistelijat mainitsevat lanttulaatikon, mutta hekin vain ohimennen.[299] Eräs itäsuomalainen tieto kertoo, ettei laatikoita syöty,[300] ja niukkoja ovat säätyläisten ja kaupunkilaisten asiasta antamat tiedot.[301]

L e h d i s t ö s s ä lanttulaatikko esiintyi ensi kerran vuonna 1925, jolloin Kotiliesi oli erikseen kuvannut kaupunkilaisten ja maalaisten jouluvalmistelut aikatauluineen. Lanttulaatikko kuului maalaisjouluun, ei kaupunkiin.[302] Sittemmin eivät lehdet ole tehneet eroa maalais- ja kaupunkijoulun välillä.

"Joulun pääherkkuja on oikea vanhanajan lanttulaatikko... Ja uunista tulee silloin aina niin herkullinen lemu. ettei kukaan kysy, mitä on tekeillä ja mikä hajuaa".[303]

---

279 KL 32 s. 951—952

280 KL 41 s. 730—731 Olsonen; KL 44 s. 696 Rantanen

281 KL 49 s. 605 Sahrakorpi: "Toivottavasti possut astuvat areenalle joulun tienoilla, niin että saamme aatoksi karjalanpaistia lanttu- ja perunalaatikon seuraksi."

282 KL 51 s. 738 "K.K."

283 KL 56 s. 1302

284 HP 59/12 s. 35 Sassi

285 KL 57 s. 1382—1385; KL 58 s. 1340—1341

286 KL 62 s. 1715; KL 66/23 s. 43; HP 16.12.65 s. 58

287 Anna 15.12.64 s. 69 Vuorenjuuri

288 KL 69/24 s. 33 Huuhka, lainopin kand. Turusen haastattelu

289 KL 68/23 s. 20—21

290 J. 65/12 s. 17 Rintala-Bossart

291 E. 63/12 s. 57

292 HP 14.12.67 Tanttu ja Tapanainen s. 61

293 KL 61/23 s. 1587

294 Astra 69 Julen s. 264 "Eko"

295 Anna 2.12.69 s. 50 Vuorenjuuri

296 KL 33 s. 795: "Varsinkin kinkku... vaatii ehdottomasti monenlaista 'kevennystä', jotta se pääsisi oikein oikeuksiinsa. Tällaisen kevennyksen hankkimiseen kehottaa meitä sekä kukkaromme että ruoansulatuksemme". Samassa lehdessä s. 799: "Rasvainen sianliha ja hapahko raikas omena kuuluvat luonnostaan yhteen, sen ihmiset ovat vaistomaisesti jo kauan sitten keksineet."

297 Vuorenjuuri 1968 s. 75

298 Agnsäter 1964 s. 24

299 Tuuloksessa syötiin l a n t t u t u u v i n k i a , Virtaranta 1950 s. 149; Nurmijärvellä l a n t t u - l o o r a a , Ollila 1934 s. 135; Tyrvännössä lanttulaatikkoa, Karila 1948 s. 266, samoin Ikaalisissa, Salmelainen 1966 s. 64; Hämeenläänin Koskella l a n t t u t u u v i n k i a , Helminen 1930 s. 6; SLS Ky 355/303; Sipoossa syötiin k å l r o t s l å d a , Gustafsson 1954 s. 15

300 Suursaaressa ei laatikoita käytetty, Peltola 1960 s. 369

301 Urjalan pappilassa syötiin lanttulaatikkoa, Borg-Sundman 1966 s. 53; Hämeenlinnalaisilla oli l a n t t u - ja p e r u n a l o o r a t , Salokannel 1964 s. 177 ja Kaisla 1972 s. 28; helsinkiläisen kauppiaan perheessä syötiin neljää laatikkoa: peruna-, lanttu-, makaroni- ja riisiporkkanalaatikkoa, Koskivaara 1968 s. 186

302 KL 25 s. 634

303 KL 32 s. 951—952

"Hyviä, perheen suosimia entisajan lanttulaatikoita... ei emäntä mielellään jätä pois."[304] 1930-luvulla lanttulaatikko siis näytti kuuluneen vanhaan, kunnon jouluun. 1940-luvulla olivat kaikki kirjoittajat ehdottomasti samaa mieltä: "Lanttulaatikko tuoksuineen kuuluu ehdottomasti joulutunnelmaan."[305] "Lanttulaatikko tuoksuineen kuuluu ehdottomasti jouluun, vaikkei kinkkua olisikaan."[306] "Johan lanttulaatikon tuoksu kuuluu olennaisena osana joulun tunnelmaan."[307] Laatikoita valmisti "ajatteleva emäntä" jo siksikin, että ne saattoi laittaa ennakkoon valmiiksi, ja näin hän saa pyhien tultua itsekin levähtää.[308]

Sotien jälkeen ei lanttulaatikkoa ole juuri mainostettu, ja vanhat mainesanatkin näkyvät unohtuneen. Eräs haastateltava kertoi koettaneensa karsia talon perinteitä, "men de 'hemska lådorna' skall det ändå vara".[309] Onpa lanttulaatikon tuoksukin, joka vielä 15 vuotta aiemmin oli hyvä, muuttunut vastenmieliseksi.[310]

---

304 KL 37 s. 938 Huttunen

305 KL 47 s. 595 Putkisto

306 KL 45 s. 594 Heikki

307 KL 44 s. 702 Rantanen

308 KL 45 s. 594 Heikki

309 MBL/HSM 63/12 s. 18 Fagerroth, haastattelu Tenalasta

310 E 60/12 s. 50 Manninen ja Tähtinen: "Lanttulaatikko on joidenkin mielestä suuritöinen ja liiaksi tuoksuja levittävä, mutta monessa perheessä nämäkin haitat kärsitään iloisina, koskapa lanttulaatikon tuoksu sittenkin on varmimpia joulun enteitä."

311 Berg 1963 s. 71. Kyse on todennäköisesti Saksasta, sillä kuva sisältyi saksalaisen nunnan Herrad von Landsbergin populaarisanakirjaan.

312 Höfler 1905 s. 71; Lippert 1882 s. 679 pitää muotoleipiä ikivanhoina

313 Rinkelit levisivät kaupungeista maaseudulle, ja siellä ne liittyivät pääasiassa jouluun ja häihin, Berg 1963 s. 79—80. Brezeleitä on Ruotsissa esiintynyt 1400-luvulta lähtien, Berg 1963 s. 79—80

314 Esim. 1600-luvulla, Berg 1963 s. 68—69

315 Esim. 1700-luvulla Ruotsista Suomeen, Berg 1963 s. 64

316 Värmlannissa täytyi maalaisten ostaa vehnäjauhot. Siellä tehtiin näin ollen pullaa harvoin. Oli kuitenkin kahdenlaisia joulupullia, sämpylöitä ja l u s s e k a t t e r, Olsson 1964 s. 45; Skoonessa oli jo 100 vuotta sitten vierasvarana pullaa, mutta talonväki ja palvelijat saivat sitä vain jouluna, Olsson 1964 s. 19

317 Reenstierna 1946 s. 468

318 Blekingessä leivottiin ukkoja, akkoja, lintuja, pukkeja ja possuja, Keyland 1919 s. 26; Gotlannissa alettiin käyttää sahramiakin maalaistaloissa, Keyland 1919 s. 30; Värmlannissa oli joulupullissa rusinoita, Keyland 1919 s. 100

319 Vanhassa Iitissä ennen vuotta 1860 varattiin jouluksi jo runsaasti vehnäsiä, Halila 1939 s. 838—839

320 Harva 1935 s. 22

321 Peltola 1960 s. 368

322 J. Lindroos 1956 s. 45

323 Vuonna 1673 tuli Turkuun 101 ja Viipuriin 107 tynnyriä rinkeleitä, Berg 1963 s. 68—69; 1754 myytiin Porvoossa Arbogasta tuotuja rinkeleitä ja vuonna 1760 Helsingissä myös arbogalaisia, Berg 1963 s. 64; myöhemmin levisi kotimainen Viipurin rinkeli yli Suomen, Berg 1963 s. 67

324 Lönnqvist 1968 s. 10

325 1860-luvulla leipoi 90-vuotias rouva Wendla von Gretten 18 lajia joululeivonnaisia kylmässä s k a f f e r i s s a ja vilustui siellä ja kuoli, v. Törne 1937 s. 134

326 Mannerheim-Sparre 1952 s. 134

327 Von Bornien yhdeksänlapsisessa perheessä Sarvilahdessa aloitettiin leipominen viikko ennen joulua. Lapsetkin saivat auttaa keittiössä. Vehnäpullaan käytettiin runsaasti rusinoita ja manteleita, ja sillä oli paljon maistelijoita. Siirappi ja mausteet tuoksuivat talossa. Maustekorppujakin tehtiin, v. Born 1948 s. 161

328 Vanhassa Raahessa leivottiin "monenlaiset leivät, kaakut, vehnäpukit, joulutortut ynnä mantelikranssit", Paulaharju 1965 s. 61; helsinkiläisperheessä leivottiin 1870- ja 1880-luvuilla sahramipullaa, piparkakkuja, mantelirinkilöitä, ässiä ja kaakkuja, Bergholm 1944 s. 239. Jouluaaton iltateen yhteydessä näitä sitten syötiin, mt. s. 247; Hämeenlinnassa sai piparkakkuja maistella jo aaton aattona. Torttuja leivottiin vielä aattona, ja siinä sai tytärkin olla mukana. Äiti leipoi itse brezelinmuotoiset jouluvehnäset raumalaiseen tapaan, Haahti 1956 s. 65—66

Leivonnaiset

Vanhin kuva yleensä rinkelistä esittää Viipurin rinkelin näköistä leivonnaista ja se on noin vuodelta 1170.[311] Joulun ja uuden vuoden leivonnaiset ovat Saksassa olleet useimmiten renkaan tai seppeleen muotoisia.[312] Ruotsissa vanhimmat vehnäsmuodot ovat olleet rinkeleitä, joita on kutsuttu b r e z e l e i k s i . Ne ovat alunperin kuuluneet kaupunkikulttuuriin,[313] ja niitä on sekä tuotettu Ruotsiin[314] että viety Ruotsista.[315]

Varhemmin eivät pienviljelijät Ruotsissa viljelleet vehnää, ja niinpä vehnäjauholeivonnaiset olivat pitkään harvinaisia maaseudulla, vielä 100 vuotta sitten.[316] 1800-luvun alkupuolella kartanot jo tekivät joululeivonnaisia maustaen niitä sahramillakin.[317] 1800-luvun lopulla joulupullat sahrameineen ja rusinoineen yleistyivät maaseudullakin.[318]

1800-luvun alkupuolelta ei ole paljon tietoja Suomen talonpoikien joulupullista.[319] Halikossa leivottiin myöhemmin n i s u k a k k u j a .[320] Suursaaressa ei ennen sotia leivottu vehnäleipää muuta kuin jouluksi.[321] Tämän vuosisadan alussa eli Kullossa Porvoon lähellä joulupullaa, mutta se leivottiin ruisjauhoista.[322]

Ainakin 1600-luvulta lähtien on myös Suomeen tuotettu rinkeleitä.[323] Joululeivonnaisia varten on Herttoniemen kartanossa käytetty sahramia jo 1820-luvulla.[324] Monien kartanoitten joululeivonnaisista on muistoja 1800-luvulta. Niitä oli välistä ylettömiä määriä.[325] Kartanon väelle annettiin jouluna Louhisaaressa kahvi- ja sahramipullakestitys.[326] Kartanoittenkin lapset pitivät leivonnaisia niin harvinaisina herkkuina, että he kokosivat niitä huoneisiinsa ja pitivät pikku juhlia.[327]

Kaupunkien porvaristo seurasi kartanoitten esimerkkiä.[328]

Säätyläiset valmistivat leivonnaisia välistä aivan ylettömästi. Kuvassa näkyy kaksi tavallista lajia, kahvikakku ja keskellä pikkupulla.

In the upper social classes Christmas baking had hardly any limits. Here two of the most common kinds, a cake and a sweet roll in the center.

Tortut

Torttuja ei juuri mainita pohjoismaitten ulkopuolelta. Ruotsalaisessa jouluneuvokissa ne esiintyvät joulun monien jälkiruokien kohdalla.[329] Suomalaiseen talonpoikaisjouluun ne eivät ilmeisesti vielä 1800-luvulla kuuluneet kovinkaan yleisesti muuten kuin kaupunkituomisina.[330] Säätyläiset käyttivät niitä jo enemmän.[331]

A busy house-wife can buy the dough in a store and still feel that she is baking her tarts and pastries herself.

Piparkakut

Piparkakut ovat vanhaa perua, ja ne ovat levinneet luostareitten välityksellä.[332] Piparkakkujen varsinainen kotimaa on Saksa.[333] Piparkakkujen ainekset ja mausteet ovat kautta aikojen vaihdelleet suurestikin. Nimensä ne ovat saaneet pippurista.[334] Saksassa piparkakut ovat olleet kansanomaisia juhlaleivonnaisia, ja niiden on katsottu liittyneen hedelmällisyystaikuuteen.[335]

Piparkakkuja on Ruotsissa esiintynyt Vadstenan luostarissa jo vuonna 1444.[336] Jo Wargin keittokirjassa kehotettiin tekemään piparkakut eri muotoihin "efter eget behag".[337]

Todennäköisesti piparkakut eivät kuitenkaan olleet mitenkään yleisiä joululeivonnaisia Ruotsissa vielä 1800-luvun alussa,[338] mutta vuosisadan loppupuolella ne yleistyivät.[339]

Nilsson näkee piparkakut viimeisinä joulun muotoleipien edustajina.[340]

Suomen osalta tiedot piparkakkujen historiasta ovat perin niukat. Talonpoikien jouluun ne eivät varhemmin lainkaan kuuluneet, ja vain pari muistelijaakin mainitsee niistä.[341]

L e h d i s t ö on käsitellyt jouluileipomuksia niin usein, että joudun pakostakin esittämään sen mielipiteet suppeassa muodossa.

Jo vuonna 1909 kehotettiin äitejä ottamaan lapset mukaan leipomispuuhiin.[342] Tämä neuvo on sitten toistunut siitä lähtien sota-aikaa lukuun ottamatta.[343] Ensimmäisessä neuvossa puhuttiin läkkisepällä teetettävästä piparkakkumuotista.[342] Vähän myöhemmin neuvottiin leipomaan "Nissejä ja Nasseja" joulukuuseen.[344] 1950-luvulla keksittiin, ettei piparkakkujen valmistukseen tarvittu muotteja. Mielikuvitus riitti.[345] 1930-luvusta lähtien on korostettu leivonnaisten hyvää tuoksua, ja piparkakut ovat aivan erityisesti tuoksuneet joululle.[346] 1940-luvulla keksittiin käyttää piparkakkuja paikkakortteina.[347]

---

329 Agnsäter 1964 s. 82–83

330 Ne ostettiin, kun "ei tämmössi osat tehr", Kallio 1962 s. 23; 1870- ja 80-lukujen Liljendalissa jo syötiin sekä piparkakkuja että torttuja sukulaisten kokoontuessa joulukahville, H. Meyer 1955 s. 11

331 Urjalan pappilassa niitä valmistettiin valtaisasta taikinasta, Borg-Sundman 1966 s. 51; Vanhassa Raahessa tehtiin sekä tähden että puolikuun muotoisia torttuja, Paulaharju 1965 s. 61; Ahde-Kjäldman 1964 s. 122

332 Weiser-Aall 1938/1941 s. 889

333 Berg 1963 s. 74

334 Berg 1963 s. 73–74

335 Luultavasti jo 1500-luvulta lähtien on pojilla ollut tapana vitsoa tyttöjä määräpäivinä. Vastalahjaksi he saivat piparkakkuja, Höfler 1905 s. 75. Vitsominen on liittynyt tapanin ja muidenkin päivien menoihin, Sartori 1914 s. 274 ja 52; Tapanin kunniaksi on myös tehty isoja valkealla sokerikuorrutuksella päällystettyjä Pflastersteine, Riemerschmidt 1962 s. 106

336 Berg 1963 s. 72

337 Warg 1809 s. 695

338 1800-luvun alkupuolella olivat Smoolannissa kartanoitten jouluherkkuina rintasokeri ja lakritsi, vasta myöhemmin tulivat muotiin rinkilät ja piparkakut, Olsson 1964 s. 44; vuodelta 1812 on tarkka kuvaus erään kartanon yhdistetyistä joulu- ja hautajaispidoista eikä siellä ollut piparkakkuja, Reenstierna 1946 s. 468

339 Jo 1840-luvulta on kuvaus pikkukaupunkilaiskodin joulupiparkakuista, jotka oli leivottu itse ja muotoiltu eläinhahmoiksi. Koristeluun oli käytetty lehtikultaa, Tillhagen 1965 s. 122; piparkakkuja käytettiin suikaleina vehnäpullien koristeluun tai leivottiin suuri porsaan muotoinen kakku keskelle joulupöytää, Keyland 1919 s. 18 ja 100

340 Nilsson 1915 s. 218

341 Urjalan pappilassa saivat tyttäretkin tehdä muotilla piparkakku-ukkoja ja -akkoja, Borg-Sundman 1966 s. 51; myös Katri Bergholmin (1944 s. 239) ja Hilja Haahden kotona (1956 s. 65) ne esiintyivät.

342 HSM 09 s. 185 "F.Sm.": "Stor glädje gör du dina barn om du tålmodigt låter dem taga del i julbakningen. Gif dem hvar en liten degkluns och låt dem efter egen fantasi forma figurer. Ännu större glädje bereder du dem om du från bleckslagaren på förhand beställer en pepparkaksform, föreställande en gris eller en gubbe."

343 KL 31 s. 998 "Kotitonttu": "Äiti leipoo, lapset auttavat. Ei ikinä lasten mielestä lähde äidin kanssa ilomielin suoritetut jouluIeipomiset."; KL 39 s. 889 Huttunen: "Leivosten kuorruttaminen siveltimellä on lapsillekin sopivaa ja mieluista jouluneduspuuhailua."; KL 57 s. 944: "Piparkakun paistaminen ja piparkakun maistaminen kuuluu kai erottamattomasti useimpien lasten mielikuvaan jouluvalmisteluista. Emme kai tänä vuonnakaan halua jättää heitä ilman tätä riemastuttavaa elämystä."; KL 58 s. 1339: "Jouluntuoksuisessa keittiössä vietetty yhteinen leipomispäivä kuuluu lasten onnellisimpiin joulueIämyksiin."; KL 51 s. 738 "K.K.": "Työ on lapsista erikoisen hauskaa puuhailua."; HP 59/12 s. 34 Sassi: "Olkoonkin että äiti ostaa piparkakkujen taikinan valmiina... hän ei saisi kieltää pikku apulaisiltaan tuota hupaisaa iloa päästä yhdessä äidin kanssa leipomaan ja muovailemaan. Pienimmätkin kätöset pystyvät possumuotilla... painamaan valmiita piparkakkuja."; KL 56 s. 1296: "Tuskin äidillä on koskaan innokkaampia pikku apulaisia kuin joulupiparkakkujen leipomisessa."; KL 50 s. 855: "Lapset ovat mielellään mukana jouluvalmistelupuuhissa. Mikä onkaan hauskempaa kuin saada hääriä 'joulutuoksujen' täyttämässä keittiössä äidin kanssa. Piparkakkujen leipomisen voivat isommat lapset mainiosti suorittaa äidin huolehtiessa vain paistamisesta." jne.

344 HSM 14/12 s. 202 "J.L."

345 KL 50 s. 855: "Joulupiparkakkujen malleja voi kukin keksiä ja sommitella mielensä mukaan. Kuviot leikataan voipaperista ja niiden mukaan taikinasta."

346 KL 30 s. 1060 Järvinen: "Joka vuosi tulee joulu meidän luoksemme samanlaisena: vanhanaikaisena, tuoksuvana, lämpöisenä ja vähän lapsellisena."; KL 39 s. 889 Huttunen: "Jo tuoksuu jouluIeipä."; KL 57 s. 1372: "Piparkakkujen jouluinen tuoksu tunkeutuu joka soppeen... Tällaista tulee olemaan jouluna!"; Astra Julen 50 s. 305 "Marga Rina": "och dofterna från köket bör helst vara de samma år efter år för att julen skall bli riktig."; KL 51 s. 738 "K.K.": "Niiden paistaminen tuo 'joulun tuoksun' ensimmäisenä kotiin."; KL 59 s. 1385 Vaasan Höyrymyllyn mainos: "Koristelu hetken ajaks kesken jää, kun pullan tuoksu kuusen luokse hiljaa leviää."; HP 59/12 s. 34 Sassi: "ja mikä ikimuistoisen hyvä tuoksu leviääkään leivinpelliltä."; KL 56 s. 1297: "Perinteellisten joulupiparkakkujen leipomisesta ei voi luopua, koska niiden tuoksu kuuluu useimpien mielestä ehdottomasti jouluvalmisteluihin."; KL 53 s. 912 Hietalahti: "Joulu tuoksuu leipomispäivänä."; HP 21.12.67 s. 71 Tapanainen: "Mikä on joulun tuoksu?... Sahraminkeltaisen jouluvehnäsen tuoksu..."; KL 66/23 s. 42: "Piparkakkujen tuoksujen levitessä koko taloon joulu on lapsista jo jännittävän lähellä."; KL 66/24 s. 18: "Kodin joulu syntyy lukemattomista pienistä yksityiskohdista: leivonnaisten ja kuusen tuoksusta."; KL 67/24 s. 51: "Piparkakkujen ja kardemummavehnäsen tuoksu on mauste, joka kuuluu erottamattomasti jouluun."; Anna 8.12.64 s. 42 Vuorenjuuri: "Tuoksuu pullalta... ja joulu-unelmilta, piparkakuilta, kodikkaalta lapsuuden joululta ja joulumuistoilta, jotka ovat yhtä ihania kuin joulutyöt juuri nyt."; Anna 7.12.65 s. 38 Vuorenjuuri: "On mukavaa jos talossa alkaa tuoksua joulun odotukselta."; MN 16.12.64 s. 8—9: "Kun keittiössä tuoksuu pulla, se on melkein onnea."; MBL 68/12 s. 294 Holmström: "Att baka hemma så att hela huset doftar jul." jne. jne.

347 KL 49 s. 666 Tennberg: "Leivomme siitä tonttuja, pukkeja, kuusia, ankkoja, Eevoja ja Aatameja. Kuinka suurta iloa ne tuottavatkaan pikkuväelle... kun jokaisen paikalle juhlapöytään ilmestyy sellainen."; HP 15.12.66 s. 60—62 Tapanainen: "Nimikkosydämet ovat suuria piparkakkusydämiä, joihin muun koristelun lisäksi on kirjoitettu kunkin oma tai 'kullan' nimi".

Torttujen leipomista neuvottiin vuonna 1914.[348] 1920-luvulla joulutorttu oli kohonnut "joulupyhien jälkiruoaksi ennen muuta".[349] 1950-luvulla alkoi torttujen suhteen esiintyä kahdenlaista ilmaa.[350] Kuitenkin vielä 1960-luvullakin oli tortuilla kannattajansa.[351]

1920-luvusta lähtien on esiintynyt runsaasti kirjoituksia erikoisen muotoisten joulupullien puolesta. Ne edustivat "vanhaa perinnäistapaa" ja "vanhaa perhetapaa."[352] Ne olivat "vanhoja pohjoismaisia muotoja."[353] Ne ilahduttivat lapsia ja edustivat lapsuudenkodin perinnettä.[354] Vasta 1950-luvulla ne alettiin havaita epäkäytännöllisiksi.[355]

1930-luvulla vähensi lama jouluIeipomuksia, mutta niistä ei toki silti tahdottu luopua.[356] Sota ja sitä seurannut pula-aikakaan eivät lopettaneet leipomispuuhia.[357]

1930-luvulta lähtien on suositeltu aina välistä joulupullien mausteeksi sahramia.[358] Tämä löikin itsensä ilmeisesti läpi, sillä 1940-luvulla koetettiin keksiä sillekin korviketta.[359] Sodan jälkeen se palasi.[360] 1950-luvulla sahrami kerrottiin ruotsalaiseksi mausteeksi, ja sen käytön suhteen oli eriäviä mielipiteitä.[361]

---

348 HSM 14/12 s. 202 "J.L.": "Varje Martha bakar ju hemma små tårtor."

349 KL 27 s. 722 "Kotitonttu"

350 HSM 54 Julen s. 247 Fredriksson: "också tårtorna har gamla traditioner på ett nordiskt julbord."; KL 56 s. 1297: "Joulutortut ovat vähitellen menettämässä suosiotaan rasvapitoisuutensa tähden."

351 MN 13.12.67 s. 41: "Kahvi ja tortut sopivat jouluIounaan jälkiruoaksi."; HP 7.12.67 s. 58 Tanttu: "Vaikka torttujen tekemisessä ottaisi varaslähdön, ei niihin kyllästy."; MN 8.12.65 s. 65 O.Y. Vehnän ilmoitus: "Pikkusisko saa nyt ensimmäisen kerran joulutorttua. Nyt hän oppii joulutortun, että se on päältä hyvän näköinen, mutta sisältä vielä parempi. Nyt alkaa pikkusiskon Hauska Joulu."; HP 7.12.67 s. 58 Tanttu: "Torttujen tuoksu on makea ja niiden maku rapea. Torttuja voi leipoa vaikka tänään, maistiaispaistajaisista tulee jouluinen tuoksu."

352 KL 23 s. 20 Artukka: "Perheissä, joissa esi-isiltä perityt perhetavat pidetään pyhinä, olemme yhä edelleen nähneet jouluIeivät valmistettavan edellämainitun muotoisiksi. Varsinkin jos perheessä on lapsia, ei tällaista iloa heiltä pitäisi riistää, sillä rakkaana lapsuudenmuistona se ehkä seuraa heitä läpi elämän."; KL 23 s. 707 Suninen ja Troberg: "Entisajan emännät leipoivat mielellään jouluIeipänsä tavallisuudesta poikkeaviin muotoihin. Sadut ja kertomukset... antoivat aihetta monen hauskan mallin keksimiseen. Perintötietoina kulkivat mallit polvesta toiseen. Joskin tällaiset vanhat perhetavat meidän päivinämme yhä enemmän alkavat kadota, on kumminkin perheitä, joiden joulupöytää vanhat mallit yhä vielä koristavat."

353 KL 27 s. 723

354 KL 59 s. 1428 "Rauni": "Vielä syödessään tuollaista 'kuvitettua' leipää lapsi nauttii sen muodosta... Juhlaleipä on juuri siksi juhlaa, että se on erimuotoinen kuin arjen... Emmekö voisi luoda jotakin suomalaista 'leivän keramiikkaa' vielä nykypäivänäkin? Ei kai naisten mielikuvitus ole kuoleutunut television päivinä?"; KL 51 s. 820 "K.T.": "Jouluvehnäsellä on monissa perheissä perinteellinen muoto... Hauskoja ovat myös erilaiset pikkupullat. Ne... ilahduttavat niin lasten kuin aikuistenkin silmää."; KL 56 s. 1296: "Ja työ on sitä hauskempaa, mitä useampia malleja saa valmistaa."; Anna 9.12.69 s. 46 Vuorenjuuri: "JouluIeipominen on lasten suuri ilo, ja sen takia varsinkin lapsiperheissä perinteiset jouluIeivonnaiset ovat yhä suosiossa."; KL 31 s. 998 "Kotitonttu": "...jouluvehnästen merkilliset muodot ja piparkakkukuvioiden mielikuvitusta liikkeelle panevat hauskat koristelut."; HSM 36/12 s. 299: "Gamla julbrödsformer kvarleva ännu och användas även i ganska stor utsträckning" jne.

355 KL 56 s. 1297: "Vähän mutta hyvää... Erimalliset pikkupullat ovat hauskannäköisiä, mutta kuivuvat nopeimmin."

356 KL 31 s. 998 "Kotitonttu": "Tärkeätä ei ole tällaisena surullisena aikana leipoa paljon eikä monia lajeja... ehkä jouluIeipominen onkin tärkein kaikista jouluruoan valmistustöistämme."

357 KL 46 s. 632 Koivisto: "Vaikka useita joulun tunnelmaan perinnäisesti 'kuuluvia' aineita ei ole saatavissa, yritetään taas tänäkin jouluna toteuttaa vanhoja tottumuksia."

358 KL 36 s. 986 Gebhard, presidentti Svinhufvudin perheen joulu: "...joulurinkeliä, johon joulun kuniaksi on pantu kullaksi saframia."

Sodan ja pulan loputtua nousi leipomiskeskusteluun uusia teemoja. Nyt korostettiin leipomisen hauskuutta ja sitä, miten tärkeitä olivat omat leipomispuuhat. Kunnon perheenemäntä ei sortunut liike-elämän tarjoamien ostopullien viettelyksiin. Leipominen on ilo.[362]

1930-luvulla todettiin, että jotain uuttakin olisi keksittävä.[363] Uusia reseptejä on toki aina tarjottukin, mutta vielä enemmän on korostettu perinteiden merkitystä. Äidin ja etenkin isoäidin reseptit oli syytä ottaa käyttöön.[364] Ellei niitä ollut omasta takaa, antoivat lehdet auliisti neuvoja.

1950-luvulla alettiin myös neuvoa "vähän mutta hyvää"-ohjelmaa, ja tällöin vedottiin sekä taloudellisiin että terveydellisiin arvoihin. 1960-luvulla sama suuntaus jatkui. Jouluvalmisteluja oli karsittava myös leivonnaisten osalta.[365]

---

359 KL 49 s. 666 Tennberg: "Sahramia sentään tuskin tänäkään jouluna saamme taikinaamme."; HSM 40/12 s. 181: "Finns det inte saffran, så kan vi lägga litet äggpulver i degen, då påminner färgen oss om saffran. Saffransmaken får vi vara utan."

360 KL 58/24 s. 16 Pajula: "Mutta saframipullaa valmisteaan joka joulu. Se on aivan pakollinen leivonnainen, eihän joulu muuten joululle tuoksuisikaan."

361 KL 58/23 s. 74: "Lyhteitä, liljoja, kruunuja eli monenmoisia joulupullia sahramitaikinasta... leivotaan naapurimaassamme Ruotsissa, mistä tapa on osittain levinnyt meillekin."; HSM 54 Julen s. 247 Fredriksson: "I vårt västra grannland utgöres den vanligtvis av en s.k. saffransbulle. Hos oss är saffransbullen mindre känd då saffran är en ganska dyr krydda, och dessutom har den en särdeles utpräglad smak som vi i Finland inte har blivit vana med. Men med mycket russin, kardemumma och smör i degen kan vi åstadkomma en riktigt fin julbulle av finländsk typ."

362 Mona Lisa 59/6 s. 35 Niska: "Vaikka liikkeiden hyllyt notkuvatkin mitä moninasimpien herkkujen runsaudesta, luo sittenkin oikean joulutunnelman kodin omatekoiset leivonnaiset ja makeiset, joiden valmistus on jo monessa perheessä muodostunut jokavuotiseksi tavaksi."; Astra Julen 51 s. 321 "Marga Rina": "Något litet hembakat till julen vill vi ha även om brödbutikerna dignar av allehanda godsaker. Dels blir de hemmagjorda kakorna billigare än de köpta och dels sitter traditionerna alltför djupt rotade för att slitas upp."; E. 53/12 s. 44 Kortteinen: "Leipoisinko itse joulupiparkakut? Kiirettä on aivan liikaa ilman leipomistouhujakin... Joulun alla tahtoo kuitenkin myös kukkaromme olla ylirasitettu ja sen määräyksestä yritämme päästä taloudellisesti niin vähällä kuin suinkin esimerkiksi leivonnaisissa."; KL 61 s. 1466 "Punahilkka": "Joulupiparkakut teen kotona... joulu voi olla aivan yhtä iloinen, vaikka makkara ja maksapasteija eivät olisikaan kotonavalmistettuja... Mutta mitä tulee joulupiparkakkuihin, on asia mielestäni vähän toinen... Ne kun voi valmistaa isoäidinäidiltä perityn reseptin mukaan."; Jaana 63/12 s. 4: "Tietenkin joululeivonnaiset voi ostaa myös leipurilta — mutta eikö aitoon jouluun sittenkin kuulu kotona leivottu? Silloin jouluherkkujemme maut ja tuoksut ovat kotoisia kuten lapsuudessakin."

363 KL 30 s. 1060 Järvinen: "Pitäisikö keksiä uutta, että joululla olisi oikein juhlan tuntu."

364 KL 54 s. 944: "Joululeivonnaiset valmistetaan tavallisesti äidiltä tai isoäidiltä perittyjen ohjeiden mukaan... Kaikilla ei ole suvun vanhoja perintöohjeita."; Astra Julen 50 s. 305 "Marga Rina": "Har ni någon samling mormors eller farmors kakrecept?... De forna småbrödssorterna är alla tiders."

365 KL 56 s. 1297: "Joululeivonnaisten valinnassa... pyritään tänä vuonna noudattamaan 'vähän mutta hyvää' periaatetta... Näin menetellen säästyy huomattavasti sekä aikaa että rahaa."; KL 56 s. 1297: "Vähän mutta hyvää"; E. 53/12 s. 44 Kortteinen: " 'Vähän mutta hyvää' on toivottavasti tunnuksemme tänä jouluna. Silloin ei joulustamme tule ylensyönnin juhlaa... Näin muutamme vääriä suomalaisia perinteitä."; HP 15.12.66 s. 60—62 Tapanainen: "Joulun herkkupöytä on ehkä viime vuosina hiukan keventynyt."; Anna 10.12.63 s. 39 Vuorenjuuri: "Tarvitaanko todella kaikki leikkeleet, lipeäkalat, kinkut, kanapaistit, puurot ja tortut? Jos kukaan perheenjäsenistä ei esimerkiksi erikoisesti välitä makeasta, niin miksi ei silloin tekisi vain yhtä ainoata joululeivonnaista, esimerkiksi torttuja tai sitten piparkakkuja."; KL 66/23 s. 9 "H.H.L.": "ja lapsi muistaa äidin laulut ja yhteisen askartelun varmasti mieluummin kuin väsyneen ja vihaisen äidin hienot pikkuleivät ja siivouskiireet."; KL 64 s. 1718: "Kuten huomaatte, olemme välttäneet ylen runsasta pullalajitelmaa. Joulutortut, piparkakut ja kaiken varalta hyvät pienet kardemummapullat riittävät mainiosti joulunajan runsaiden aterioiden välipaloiksi."; KL 62 s. 1711: "Joulun kahvipöytään ei pidä varata turhan monia lajeja, koska ateriat ovat yleensä runsaat."

1960-luvulla, jolloin monen muunkin jouluperinteen alkuperää alettiin pohtia, mietittiin myös joulupullien muodon arvoitusta. Niiden esikuvat löytyivät kirjoittajien mukaan joko kirkollisesta tai kaukaisesta pakanallisesta perinteestä.[366]

Makeiset

Jo vuosisatoja ovat makeiset kuuluneet ulkomailla joulun herkkuihin. Konvehdit, confetti, tarkoitti alunperin tosin vain vehnän ja ohran siemeniä.[367] Lübeckissä on jouluna ollut marsipaania ainakin jo vuonna 1407.[368] Pähkinöitä ja manteleita on myös käytetty kauan, ja näistä makeisista on Riemerschmidt löytänyt symboliikkaa.[369]

Jo 1800-luvulla kuului Ruotsissa talonpoikien jouluun omenoita, pähkinöitä ja rusinoita.[370] 1890-luvulla tehtiin konditoriassa jouluksi marsipaanimakeisia.[371]

Suomessa Herttoniemen kartanossa ostettiin jouluksi konvehteja jo 1820-luvulla.[372] Turussa vauhdittui joulumakeisten käyttö, kun Ruotsista muuttanut sokerileipuri Wiberg alkoi 1850-luvulla valmistaa konvehteja.[373]

Kaikesta laihduttamisvimmasta huolimatta tekevät makeiset kauppansa.

In spite of all dieting whims, candy is quickly eaten.

366 HP 11.12.69 s. 64—65: "Ne voivat olla hauskan mallisia Lucia-pullia tai tonttupoikia, joilla on rusinat silminä, suuna ja nappeina."; KL 69/23 s. 43 Anttila: "Leivotaan taikinasta iso papintukka, palmikkokierukka tai kierretään siitä paljon pieniä hauskannäköisiä vaunuja, porsaita, poikia tai tyttöjä."; KL 67 s. 1711 "K.T.": "Jouluvehnäsellä on monissa perheissä perinteellinen muoto."; Jaana 64/12 s. 40 Rintala-Bossart: "Vuosisatoja joulu__leivonnaiset ovat säilyttäneet alkuperäiset kirkolliset nimensä ja muotonsa: papin leipä, Jouluristi, Lucian kruunu, apostolin kakku."; MBL 68/12 s. 294 Holmström: "Ett stöd för det här antagandet, att julgrisen har anor från en fornnordisk offersed, har man funnit i att 'julkusen' av vetebröd traditionellt har formen av en galt."; KL 61 s. 1655 Ahlblad: "Oma mielenkiintoinen tarinansa on kuusoilla ja kaasoilla... Kaasan päällä on ikivanha aurinkoa symbolisoiva koriste... Kuusoja valmistivat lähinnä ammattileipurit. Ruotsissa on vastaavan leivän nimi 'julkuse'... Sen sijaan siellä ei lainkaan tunneta 'kasa'-sanaa, jonka suomalaiset leipurit lienevät itse keksineet. Kuusat olivat pitkulaisia, kaasat pyöreitä leipiä."

367 Lehmann 1910 s. 609

Helsinkiläiset muistelijat kertovat joulun makeisista, joiden hankinta lisääntyi Fazerin konditorian perustamisen jälkeen.[374] Urjalan pappilassa syötiin jouluna pähkinöitä, rusinoita ja karamelleja, jotka muuten olivat harvinaisuuksia.[375] Suomalaisilla talonpojilla ei juuri ollut joulumakeisia, mutta Halikossa oli kaupungista hankittuja rusinoita ja luumuja.[376] Porvoon tienoolla maalaiskylässä iloitsivat lapset muutamasta karamellista.[377]

Lehdistö on uhrannut paljon palstatilaa joulumakeisille, itse asiassa suhteettoman paljon muihin joulutapoihin verrattuna. Ennen sotia 1920- ja -30-luvuilla ilmaantuivat makeiset ja niiden valmistusohjeet naistenlehtiin. Kotitekoisia makeisia suositettiin "joulukestityksen vaihteluksi".[378] Todettiin, että makeisten syönti jouluna oli "vanha hyvä tapa".[379] Eikä kyseessä ollutkaan uuden tavan markkinointi, vaan vanhan elvyttäminen.[380] Tämä liittyi yleiseen tendenssiin kaiken itse tehdyn muodikkuudesta.[381] Tärkeimmät motiivit makeisten valmistamiselle kotona olivat se, että teko oli hauskaa puuhailua koko perheelle ja etenkin lapsille,[382] sekä se, että kotona

---

368 Muinoin käytettiin marsipaaniin myrrhaa, joka on ollut tuskia lievittävä aine, joka liittyy Kristuksen kärsimyshistoriaan, Riemerschmidt 1962 s. 106

369 "jumalallisen ilmoituksen salaisuuden symboli", Riemerschmidt 1962 s. 91

370 Oman omenapuun hedelmä annettiin lapsille, Keyland 1919 s. 65, Upplanti, s. 35 Smoolanti; Smoolannissa pidettiin pähkinätöntä joulua köyhänä, Keyland 1919 s. 35; Härjedalenista mainittiin rusinat, Keyland 1919 s. 124

371 Marsipaanista tehtiin tähtiä, luonnollisen näköisiä hedelmiä ja mansikoita sekä myös tonttuja. Näitä käytettiin myös kuusen koristeina, Olsson 1964 s. 37 ja 39

372 Lönnqvist 1968 s. 11

373 Konvehteja oli pehmeitä ja kovia, valkoisia ja punaisia. Toiset muistuttivat päärynöitä, toiset mansikoita. Niitä koristettiin kiiltokuvin ja myytiin koreissa papereissa. Näitä konvehteja lahjoitettiin joululahjoiksi ja lähetettiin jopa ulkomailla oleville perheenjäsenille, Lindberg 1921 s. 238, 240—241

374 Katri Bergholmin lapsuudenkodissa 1870- ja 1880-luvuilla oli makeisia vapaasti jouluna pöydällä lasten saatavissa. Muita hedelmiä ei ollut kuin omenia, mutta niitä isä tilasikin kokonaisen tynnyrin, ja sitten oli "ylioppilaskauraa", manteleita ja rusinoita. Vasta myöhemmin ilmaantuivat marmeladit ja karamellit. Sitten kun Fazer aloitti, osti isä aina perheelle ensimmäiseksi lahjaksi ison laatikon, missä oli marsipaaniporsas jokaiselle, Bergholm 1944 s. 247; Koskivaaran kodissa olivat namipaketit välttämättömiä. Marmelaatimakeiset oli pakattu mielikuvituksellisiin koteloihin, Koskivaara 1968 s. 185; Ahde-Kjäldmanin lapsuudenkodissa oli oikea jouluherkkupöytä, jota ei korjattu pois. Siihen vain lisättiin niin kauan kuin lisättävää riitti. Herkkuina olivat ruukkurusinat, kraakmantelit, viikunat, taatelit, pastilaa, marmelaadit, pähkinät, valnötit ja hedelmät, Ahde-Kjäldman 1964 s. 123—124

375 Borg-Sundman 1966 s. 54

376 Kallio 1962 s. 11

377 Brunberg 1956 s. 44 vuosisadan vaihteen maalaiskylästä läheltä Porvoota: "och var det några karameller till, var glädjen stor."

378 KL 23 s. 19 "G.S."

379 KL 36 s. 986 Gebhard (presidentti Svinhufvudin joulu): "...joita vanhan hyvän tavan mukaan talossa tarjotaan: Hedelmiä, rusinoita, manteleita ja makeisia."; HSM 38/12 s. 267 "T-a": "Till julen, då vi sedan gammalt... även gärna ser julgotter på bordet".

380 KL 33 s. 794: "Karamellintekoharrastus on yleensäkin ollut lamassa, kunnes viime vuosina uudet tryffeli- ja marmelaadireseptit ovat saavuttaneet valtavan menestyksen."

381 HSM 38/12 s. 267 "T-a": "Nu för tiden har allt hemmagjort kommit till heders mycket mer än vad fallet varit på länge."

382 KL 25 s. 638 Suninen: "Lapsetkin ottavat osaa tähän työhön suurella mielenkiinnolla, heistä on karamellien keittäminen vähintään yhtä hauskaa kuin niiden syöminenkin."; KL 33 s. 794: "Ja sitten lapset — nykyajankin lapset — iloitsevat niin vilpittömästi saadessaan häärätä ja omakätisesti keittiössä jotakin valmistaa."; KL 38 s. 950 Seppänen: "Makeisten valmistus on hauskaa ja hupaista askartelua niin isolle- kuin pikkuveljellekin ja kuuluu perinteiden mukaan oikeaan joulutunnelmaan."; HSM 38/12 s. 267 "T-a": "Hela familjen är intresserad av denna karamelltillverkning och isynnerhet barnen bruka vara stormförtjusta, om de få hjälpa mor."

tehdyt karamellit olivat taloudellisempia kuin valmiina ostetut.[383] Näitä itse tehtyjä sopi myös antaa joululahjoiksi.[384] Makeisten tuoksu oli myös havaittu.[385] Monia eri lajeja mainittiin.[386]

1940-luvulla ei paljonkaan kirjoitettu makeisista luonnollisista syistä. Sodan alkupuolella pyrittiin kylläkin keksimään niillekin korvikkeita. Tehtiin jopa perunamarsipaania.[387] Alkoi parempi aika, mutta karamellit olivat kalliita ja perheenemäntiä kehotettiin valmistamaan makeiset itse.[388] Valikoima oli laaja, ja makeisia ehdotettiin pikkujoululahjoiksi.[389] 1950- ja 1960-luvuilla oli makeisia kaupoissa vaikka millä mitalla, mutta kotona valmistetuilla oli oma "arvokkuutensa". Niihin liittyi perinnettä. Ne olivat jokavuotinen harrastus.[390] Taloudellisia arvoja ei unohdettu. Alkuun uskottiin, että kotimakeiset tulivat halvemmiksi kuin ostomakeiset;[391] sitten sanottiin, että ne tulivat halvemmiksi kuin kauppojen "kotitekoiset" makeiset,[392] ja lopulta, kun mikään laskelma ei oikein puoltanut makeisten kotikeittoa, vedottiin siihen, ettei kaikkea pidäkään mitata rahalla. On tärkeämpiäkin arvoja.[393] Näitä tärkeämpiä arvoja ovat ennen kaikkea perhearvot. Yhdessä pitää puuhata, lasten kanssa ja lasten takia.[394]

Makeispöytä on usein myös koristepöytä. Tässä makeisten, pähkinöiden ja hedelmien ohella joulutähti, kynttiläpuu ja pojan kangastilkuista sommittelema tekokuusi, kaikki olohuoneen sohvapöydällä.

The candy tray often acts as a decoration av well. This living room table is decorated with candy, nuts and fruit as well av with a poinsettia, a candle tree and a small Christmas tree made by the son out of small pieces of cloth.

---

383 HSM 38/12 s. 267 "T-a": "De hemmagjorda godsakerna bliva även billigare än de köpta."; KL 25 s. 638 Suninen: "...tuntuvat karamellit ja yleensä kaikenlaiset makeiset melko kalliilta. Kannattaa varsin hyvin valmistaa niitä itse, ne tulevat silloin paljon huokeammiksi."; KL 23 s. 19 "G.S.": "Kotitekoiset makeiset tulevat myöskin paljon halvemmiksi kuin ostetut."

384 KL 38 s. 950 Seppänen: "Keittäkää joululahjoja!"

385 KL 33 s. 794: "Oletteko unohtaneet, kuinka nekut ja kermakaramellit keitettäessä tuoksuvat ja kuinka jännittävää niiden leikkaaminen ja paperoiminen on?"

386 KL 33 s. 794: "tryffeli- ja marmeladireseptit... Älkää unohtako nekkuja ja kinuskeja!"

387 HSM 40/12 s. 182: "Julgotter i kristid... Julen är barnens högtid. Låt oss försöka glädja barnen... och göra något gott till julen (potatismarsipan)."; OK 41/4 s. 3 "R-a.": " 'jouluryynit' korvaavat marzipaanin"

388 HSM 48/11 s. 164: "I år gör vi julsnasket själv... De astronomiska siffrorna som betecknar de i handeln förekommande karamellernas pris... avgör saken."

389 KL 48 s. 597 Ärjä: "Jos aikaa ja aineita riittää valmistamme joulumakeiset, tryffelit, marmelaadit, maito- ja kahvikaramellit jo ennen pikkujoulua, jolloin voimme käyttää niitä jo pikkujoululahjoina."

390 KL 50 s. 868: "Vaikka kaupoissa on nykyisin runsaasti tarjolla erilaisia makeisia, on kotona valmistetuilla joulukaramelleilla siitä huolimatta sijansa."; KL 54 s. 945: "Nykyisin on tosin saatavissa lukemattomia tehdasvalmisteisia makeislaatuja, mutta kotitekoinen tuntuu kuitenkin arvokkaimmalta jouluna."; HSM 54 Julen s. 247 Fredriksson: "Trots det överflöd på sötsaker i handeln finns det kanske ännu mången bland oss som anser att hemmalagad konfekt absolut ingår i jultraditionerna."; HSM 55 Julen s. 243: "För många av oss är det kanske redan en tradition att koka karameller till julen."; HP 59/12 s. 37 Sassi: "Hyvät vanhat perinteet."; MN 4.12.63 s. 74: "Jouluperinteeseen ehdottomasti kuuluvat rusinat ja mantelit... Joulunpunaisessa lasimaljassa on tarjolla herkullisia suklaakonvehteja" (taiteilija Snellmanin perhe); HP 61/12 s. 32 "Saxifraga": "Jouluksi meillä emännillä, sellaisillakin, jotka useimmiten ostamme leivonnaiset ja makeiset valmiina, on tapana valmistaa ne omin käsin ja vanhojen koeteltujen reseptien mukaan."; KL 69/24 s. 45 Anttila: "Kotitekoisten makeisten keittäminen on monille jokavuotinen harrastus."; KL 65/24 s. 55: "Kaikenkokoisia, -näköisiä ja -makuisia makeisia on nykyisin tarjolla yltäkyllin, mutta siitä huolimatta monet valmistavat joulumakeiset kotona. Niiden keittäminen aloitettiin kai silloin, kun makeisia oli vaikea saada ja nyt ne kuuluvat jo monissa perheissä jouluperinteisiin."; Astra Julen 65 s. 315: "Kanske har ni någon gottetradition från forna tider då kakor och gotter var njutning och överflöd och symboler för gästfrihet och generositet... Det är sådant som har med ärvda vanor och väl bevarad tradition att göra. Sådant som gör julen."

391 KL 51 s. 739 "K.K.": "...samalla kuin äidin talousrahat säästyvät tärkeämpiin ostoksiin."; KL 57 s. 1463: "Kotitekoisilla makeisilla on aina oma viehätyksensä. Lisäksi ne tulevat halvemmiksi kuin ostomakeiset."; MN 61/49 s. 32: "Hiukan halvemmiksikin ne tulevat."; MBL/HSM 62/12 s. 24 "M.U.": "Hemgjort snask är trevligt, billigt och lättlagat."; Astra Julen 65 s. 315: "Men köpgotter blir mycket dyrare än de självgjorda. Gör därför något hemmalagt gott."; KL 61 s. 1670—1671: "Kotona valmistetut joulumakeiset ovat herkullisia ja yleensä huomattavasti halvempia kuin ostetut."

392 KL 65/24 s. 55: "Tehdasmakeisten kanssa ne eivät enää pysty juuri kilpailemaan hinnassa, mutta ovat kuitenkin huomattavasti halvempia kuin konditorioissa myytävät 'kotitekoiset' makeiset. Eikä kaikkea suinkaan aina voi arvioida rahassa. Herkullisen tuoksuisessa keittiössä yhteistyössä vietetyn kodikkaan illan arvoa ei toki voi verrata makeisrasian hintaan."

393 KL 69/24 s. 45 Anttila: "Makeiset tuskin tulevat halvemmiksi kuin ostettaessa. Pääasia kai lienee perheenjäsenten, isän ja lasten toiminta ja tunnelma, joka karamellitalkoissa syntyy."

394 HP 59/12 s. 37 Sassi: "Etenkin pikkuväen suurena ilona on... namuspöytä."; HSM 55 Julen s. 243: "Tonåringarna brukar gärna fördriva en hemmakväll med karamellkokning och låt de större barnen också hjälpa till."; KL 59/24 s. 1429: "...oman tehtaan makeisia... jos mietitte lomalla oleville koululaisillenne ajanvietettä, jossa yhdistyy mukavasti huvi ja hyöty."; KL 51 s. 739 "K.K.": "...mutta jos heidän annetaan itse valmistaa joulumakeiset, he saavat siitä hauskaa askartelua."; KL 62 s. 1811: "Leipominen ja makeisten valmistaminen kuuluvat hauskoihin, herkullisen tuoksuisiin jouluvalmisteluihin, joihin perheen nuorisokin kilvan osallistuu."; MN 68/50 s. 9: "Makeisten valmistaminen on lapsille mieluista puuhaa joulun odotuksen jännityksessä."; Anna 1.12.64 s. 34 Kumpulainen: "Jouluherkkujen valmistuksessa kenties mukavin, ainakin lasten mielestä, on kotoinen makeistehtailu. Niiden valmistukseen voi koko perhe ottaa osaa... Hyvän mielen puuha on kotitekoisten karamellien keittäminen. Se on lapsen pikkusormille onnellista näpertelyä."; MN 9.12.64 s. 41: "Ennen joulua lasten aika kuluu hitaasti ja päivät tuntuvat pitkiltä. He tahtovat osallistua joulun valmisteluihin ja heille varsin sopivaa puuhaa on makeisten valmistaminen."; HP 63/12 s. 102: "Karamellien keittäminen kuuluu ainakin nuorison mielestä hauskimpiin jouluvalmisteluihin."; HP 61/12 s. 32 "Saxifraga": "Perheen lapsetkin innostuvat varsinkin karamellien tekoon."; KL 61 s. 1670—1671: "Niiden valmistaminen on hauskaa askartelua lomalla oleville koululaisille."

Havaittiin kotitekoisten karamellien hedoniset arvot, niiden maku ja tuoksu.[395] Havaittiin, että makeisten keitto oli helppoa ja hauskaa.[396] Makeisista sai erinomaisia ja persoonallisia lahjoja.[397] Alettiin markkinoida koko joulun esillä olevaa namuspöytää.[398] Sille sopi asettaa myös pähkinöitä, joiden raksutus myös kuului jouluun.[399] Kaloripuoltakin ajateltiin ja keksittiin vähempirasvaisia tryffeleitä.[400] Annettiin myös seikkaperäinen katsaus makeisten yleismaailmalliseen historiaan.[401]

Lehdet ovat suosittaneet erityistä makeispöytää. Tässä se on laadittu avatulle lipaston kannelle. Keskellä perinteiset pähkinät, koristeena neilikkamandariini, miesten "makeisina" sikaareja.

Magazines have been suggesting a special candy table. Here traditional nuts and cigars for men have been placed on an opened writing desk decorated with a tangerine, in its turn decorated with cloves.

---

395 MN 61/49 s. 32: "Kotitekoiset karamellit ovat usein ostokaramellejä maukkaampia."; MN 63/49 s. 67: "Valmistaisimmeko jouluksi jotakin aivan erikoista? Pieniä herkkupaloja koristamaan pöytää ja nautittavaksi jouluruokien jälkeen."; Astra Julen 65 s. 315: "Vi tycker om att knäppa och knapra och mumsa och frossa lite grand när vi sitter där och trivs under de många helgaftnarna."; MN 68/50 s. 9: "Omatekoisten makeisten tuoksu liittyy keittiön jouluun yhtä läheisesti kuin piparkakkujen tai herkullisten jouluruokien."; HP 63/12 s. 102: "Keittiöstä läpi talon leviävät tuoksut houkuttelevat tavallisesti koko perheen keittiöön."

396 MN 61/49 s. 32: "Makeisten keittäminen on kovin hauskaa."; Anna 7.12.65 s. 40 Vuorenjuuri: "Joulukaramellejä on hauska tehdä."; Anna 13.12.66 s. 34 Salonen: "...sillä valmistaminen on helppoa ja hauskaa."; Astra Julen 65 s. 315: "I själva pysslet ligger en hel del av julglädjen."; MN 66/50 s. 83: "Joulumakeisten valmistaminen ei ole ollenkaan niin vaikeata kuin moni kuvittelee."

397 HSM 55 Julen s. 243: "...och förära vännerna hemmagjord konfekt i prydliga, självförfärdigade askar eller påsar."; Anna 1.12.64 s. 34 Kumpulainen: "Se on essumekossa viihtyvän aikuisen pikku lahjatöitä, ystävällisiä jouluisia ajatuksia."; Anna 13.12.66 s. 34 Salonen: "Omatekoiset joulumakeiset ovat persoonallinen lahja kenelle tahansa ja keneltä tahansa."; HP 63/12 s. 102: "Viime hetkellä pukin konttiin." jne. jne.

Joulupuu

Joulukuusen tunnettu historia alkaa 1500-luvun alusta.[402] Sen kotiseutuna ja lähtökohtana pidetään Strassburgia ja sen ympäristöä.[403] Erilaisia koristeltuja kuusia on esiintynyt muuallakin, mutta muualta kuin Strassburgista ei joulukuusitapa tiettävästi ole levinnyt.[404]

Joulukuusi levisi syntymäseudultaan suurella voimalla ympäri kristillisen maailman. Usein tavan levittäjiksi mainitaan saksalaiset.[405] Leviämisen yhteydessä kuusi koettiin voimallisesti protestanttiseksi koristeeksi, ja vasta 1800-luvulla tämä kiistatta katolisena aikana syntynyt[406] koriste pystyi taas uudestaan ylittämään uskontorajan roomalaiskatolisiin koteihin ja kirkkoihinkin,[407] jopa ilmeisesti kristittyjen kotien ulkopuolellekin.[408]

398 HP 59/12 s. 37 Sassi: "...namuspöytä kauniisti tarjolle asetettuine ruukkurusinoineen, manteleineen, pähkinöineen, taateleineen, makeisineen ja koristeellisine hedelmäasetelmineen."; HP 60/12 s. 51 Kivirikko: "Makeis- ja hedelmäpöytä pidetään joulunpyhinä aina tarjolla. Mutta kun herkuttelu kuuluu juhlapäivien tapoihin, niin jotakin voi pöydällä olla aatonaatosta loppiaiseen."; MBL 65/12 s. 35: "Julens gottbord... Dukar ni ett snaskbord till jul, ett bord som kanske får stå kvar hela helgen?"; Astra Julen 65 s. 315: "Gottbordet hör ihop med vår julglädje och vårt julfirande."; KL 61 s. 1670—1671: "...joulun makeis- ja hedelmäpöytä, joka saa olla katettuna koko pyhien ajan."

399 HP 23.12.65 s. 56—57 Vornanen: "Niks-naks — eikö tämä rikkoutuvan pähkinänkuoren raksutus kuulukin jouluun!"

400 KL 59 s. 1429: "Tryffelitkään eivät vaadi välttämättä niin paljon rasvaa kuin niihin on totuttu käyttämään. Sokeroidut karpalot ja kotitekoinen marmeladi sitä vastoin ovat vuodesta toiseen yhtä raikkaita ja maukkaita entiseen tapaan valmistettuina."

401 HP 68/joulunumero s. 43—45: "Makeisten tarina alkoi jo lähes neljätuhatta vuotta sitten Egyptissä... 1200-luvulla oppivat kiinalaiset keittämään sokerista ja hedelmistä eräänlaista marmeladia... 1600-luku merkitsi makeisten valmistuksen voimakasta kehityskautta... Suomalaisten makeisten valmistus sujui 1880-luvulle saakka melko vaatimattomissa puitteissa."

402 Ensimmäinen tunnettu tiedonmurunen on Strassburgista vuodelta 1508. Tällöin piti Geiler von Kaisersberg saarnan, jossa hän hyökkäsi pakanallisina pitämiään joulutapoja vastaan. Hänen mukaansa pakanat olivat kunnioittaneet uuden vuoden aikaan Januaria tai Janusta eri tavoin, tanssimalla, hyppimällä, antamalla lahjoja ja ilmeisesti myös kuusenhavuin koristelemalla, "anders mit Danreis legen", Kügler 1930 s. 133

403 Vuonna 1539 oli Strassburgissa leprasairaalassa joulukoristeina kuusia ja kuusenoksia, Weiser-Aall 1938 s. 146; Freiburgissa kiellettiin vuonna 1554 wyehenachtsmeyenin hakkaaminen, Weiser-Aall 1938 s. 145; Noin vuonna 1600 oli Elsassissa Schlettstadtissa, joka myös kuului Strassburgin hiippakuntaan, jouluaatoksi pystytetty kokoushuoneeseen, Herrenstubeen mai, joka oli koristettu omenin ja oblaatein. Lapset saivat ryöstää kuusen loppiaisena, Weiser-Aall 1938 s. 145; vuonna 1605 oli jo kyse kotiin pystytetystä kuusesta ja tapaa mainittiin vanhaksi strassburgilaiseksi tavaksi, joka vain oli outo vieraspaikkakuntalaisille, Weiser-Aall 1938 s. 146

404 Vuosina 1510 ja 1514 esiintyi koristeltuja kuusia Riiassa ja Räävelissä. Niissä kauppakilta "Schwarzhäupter" pystytti joulujuominkien päätteeksi kaksi kauniisti ruusuin koristettua kuusta, joiden ympärillä tanssittiin. Lopulta kuuset poltettiin. Vastaava tapa tunnetaan myös Danzigista, Weiser-Aall 1938 s. 148

405 Saksalaiset sotilaat toivat kuusen Yhdysvaltoihin itsenäisyyssodan aikana, Dobler 1962 s. 141; Tanskaan kuusi levisi noin v. 1806—1807 saksalaisten perheitten myötä, Feilberg II 1962 s. 140; Englannissa kuninkaallinen perhe, joka tunnetusti oli tuolloin voimallisesti saksalaisperäistä, otti kuusen käyttöönsä vuonna 1847, Wright ja Lones 1940 s. 247; Goethen "Werther" edisti kuusen leviämistä, Ellekilde 1943 s. 423—424; Saksaa puhuva Sveitsi omaksui kuusen ennen kuin maan muut osat, Escher 1959 s. 1

406 Weiser-Aall 1938 s. 147

407 Kotiseudultaan Strassburgista kuusi ennätti jo tyystin hävitäkin. Vuonna 1896 kirjoitti Schlettsstadter Zeitung halventavasti siitä ja nimitti protestanttisuutta "Tannenbaum-Religioniksi", Kügler 1930 s. 174; Protestantit ovat koristaneet kirkkoja joulukuusin jo 1840-luvulla. Katolisiin kirkkoihin kuusi ilmestyi 1890-luvulla, Weiser-Aall 1953 s. 23

408 Jouluna 1935 piti Moskovassa persialainen diplomaatti nuorisoillalliset, joiden koristeena oli joulukuusi ja havuköynnöksiä, M. Ivalo 1973 s. 353

Kuusi alkoi aikoinaan Elsassissa yhteisökuusena, sitten se valloitti kodit, ja nykyisin taas koristellaan sekä kodit että julkiset tilat jouluna kuusin. Tässä kuusi SPR:n laboratorion odotushuoneessa Kouvolassa.

The Christmas tree was first used in Elsass by a guild later on it spread to the home, and now both homes and public areas are decorated with it. This tree stood in the waiting room of the Finnish Red Cross Laboratories in Kouvola.

Joulukuusi herätti levitessään myös vastustusta, muistettakoon vain Keisersbergin saarna ja "wyehenachtsmeyenin" hakkaamiskielto.[409] Näistäkin jo ilmenee, mitä aikalaiset pitivät joulukuusen alkuperänä. Se oli m a i , tuo vihreä, siunausta tuottava oksa, jonka tarkoitus oli hedelmällisyyden varmistaminen tulevaksi vuodeksi.[410]

Joulukuusen alkusyntyyn liittyi sittemmin muitakin selityksiä. Yhtä niistä voimme kutsua vaikkapa luterilaiseksi selitykseksi, sillä sen mukaan Luther olisi keksinyt joulukuusen.[411] Selitys on todistettavasti väärä,[412] mutta yhtäkaikki se auttoi kuusen leviämisessä protestanttisiin maihin.[413]

Roomalaiskatoliset puolestaan halusivat nähdä joulukuusessa paratiisin omenapuun symbolin.[414] Tutkijan mielipiteen joulukuusen synnystä antoi Geiger, jonka mukaan nykyinen kynttiläpuu on kehittynyt varhaisemmasta lahjapuusta, joka puolestaan on kehittynyt esi-isien ja hyvien vainajien kulttiin liittyvästä siunausta tuottavasta oksasta, S e g e n s z w e i g i s t a .[415]

---

409 Johann Konrad Dannhauer julkaisi vuosina 1642—1646 teoksen "Katechismusmilch", missä hän hyökkäsi kotien joulunviettoa ja mm. joulukuusta vastaan. Hän kertoi, että ihmiset pystyttivät kotiinsa joulukuusen, koristivat sen nukeilla ja sokerilla ja sitten ryöstivät sen. Hän kutsui tapaa lasten leikiksi ja sanoi, ettei tiennyt, mistä tapa oli tullut, Kügler 1930 s. 133—134

410 Vertaa esim. Nilsson 1915 s. 67, 25 ja 31 sekä Wegelius ja Wikman 1916 s. 152; Lippert 1882 s. 543; Lauffer 1933 s. 236—237: muinaisgermaaninen tapa

411 Kerrottiin, että Luther oli keksinyt kuusen katsellessaan lumipeitteistä kuusimetsää ja sen yllä tuikkivia tähtiä. Hän oli tällöin heti kotiin tultuaan haetuttanut lapsilleen kuusen, jonka oksille hän asetti runsaasti kynttilöitä, Kyhlberg 1934 s. 150

412 Feilberg II 1962 s. 150

413 Vilkuna 1969 s. 330—331

Elävien kynttilöiden seurana iso karamelli, palloja ja Lastentautien Tutkimussäätiön hyväksi myyty tähti.

Real candles, a large candy bar, balls, and a star sold by the Research Foundation for Pediatrics.

Kynttilät liittyivät ilmeisesti kuuseen vasta myöhemmin, todennäköisesti 1600-luvulla.[416] Kynttilöiden liittymistä joulupuuhun — olivathan ne jo kauan olleet muuten jouluun elimellisesti liittyviä koristeita — tutkijat pitävät luonnollisena kehityksenä.[417]

Kuusen koristeet olivat alkuun syötäviä ja myöhemmin muuten vain omatekoisia. 1800-luvulta alkaen on myös tehdasvalmisteisia koristeita markkinoitu.[418] Betlehemin tähti ja enkeli ovat kilpailleet latvakoristeena.[419] Omenat, joulupukit, enkelit ja

---

414 New Catholic Encyclopedia III 1967 s. 659; P a r a d i e s b a u m , A d a m b a u m , Schneider 1965 s. 22, 32, 38 jne.

415 Geiger 1939/40 s. 235 ja 242, myös Christmann 1931 s. 84—85

416 Vertaa Nilsson 1915 s. 78; vuonna 1611 oli Briegin hovissa sadoin kynttilöin koristettu kuusi, joka kuitenkaan ei ollut jouluna, vaan uuden vuoden päivänä, Weiser-Aall 1938 s. 150; Pfalzin Liselotten kirjeissä vuosilta 1708 ja 1711 kirjoittaja kuvaa lapsuutensa jouluja 1660-luvulta. Tällöin oli heillä kynttilöin koristettu puksipuu, Geiger 1939/40 s. 231; Strassburgissa esiintyi kynttilöin koristettu kuusi varmuudella vasta vuonna 1785, Kügler 1930 s. 133; Berliiniin levisi kynttilätön joulukuusi 1600-luvulla, Kügler 1930 s. 165; Norjaan kuusi levisi kuitenkin nimenomaan kynttiläpuuna, Weiser-Aall 1953 s. 24; Weiser-Aall on kuitenkin sitä mieltä, että vaikka kynttilöitä ei varhemmissa kuvauksissa mainittukaan, niitä saattoi esiintyä, koska tiedetään, että Saksassa ja Irlannissa on jo varhain ollut kesään liittyviä, kynttilöin koristeltuja maipuita. Samoin on slaavilaisia hääpuita koristettu kynttilöin, Weiser-Aall 1938 s. 150

417 Nilsson 1915 s. 78 ja Weiser-Aall 1938 s. 150

418 Vuonna 1807 alettiin Dresdenissä myydä valmiiksi koristettuja kuusia, Nilsson 1915 s. 70; Norjaan levisivät tehdasvalmisteiset kuusenkoristeet vuodesta 1890 lähtien Saksasta, Weiser-Aall 1953 s. 28

419 Yleisin lienee tähti, Feilberg II 1962 s. 156, Dobler 1962 s. 145; enkeli on myös ollut yleinen, Feilberg II 1962 s. 158; Lutherin kuusesta levinneessä kuvassa oli latvaenkeli, Vilkuna 1969 s. 330

linnut ovat olleet mitä yleisimpiä kuusenkoristeita.[420] Monille koristeille ovat etenkin teologit mutta myös muut tutkijat tahtoneet löytää symbolisia tulkintoja.[421]

En voi luetella kaikkia maailman kuusenkoristeita. Feilberg on sanonut, että pääasia on hankkia jotain, joka todella loistaa.[422]

Ruotsiin kuusi levisi 1700-luvusta lähtien, ensin ylhäisöpiireihin[423] ja 1800-luvun lopulla myös talonpoikaiskoteihin.[424] Joulukuusitapaa levittivät Ruotsissa etenkin koulut,[425] mutta myös pyhäkoulut ja erilaiset hyväntekeväisyysjuhlat.[426]

Joulukuusitavalla on Ruotsissa ollut muutama edeltävä tapa, etenkin talojen ulkopuolelle pystytetyt joulupuut.[427] Tämän j u l r u s k a n lisäksi on esiintynyt myös kyläyhteisön tanssiaisissa varsinaisten joulupyhien jälkeen pieni kynttilöin koristettu kuusi, j u l b u s k e ,[428] Esiintyipä kuusi nimipäiväkoristeenakin.[429]

Kuusen koristelu on yhteinen asia. Välkenauhat, elävät kynttilät ja välkenauhasta tehty Betlehemin tähti.

←

The Christmas tree is decorated together. Glitter, real candles, and the Star of Bethlehem, here made of glitter.

Karamellit, pallot ja välke ovat perinteisiä kuusenkoristeita. Sähkökynttilät ovat esiintyneet jo ennen sotia mutta yleistyneet vasta niiden jälkeen.

→

Candy, balls and glitter are traditional Christmas tree decorations. Electric candles were used even before the war, but they did not become common until after it.

---

420 Vertaa Riemerschmidt 1962 s. 20, 23 ja 24, Feilberg II 1962 s. 157 ja 159

421 Omenista katsotaan kehittyneen ensin teko-omenien ja sitten joulukuusen pallojen. Ne symbolisoivat hedelmällisyyttä ja ovat toisaalta Aatamin ja Eevan sekä myös Pyhän Nikolauksen tunnuksia. Omenan väreissä, kun sen toinen puoli on punainen ja toinen vaalea, on nähty elämän ja kuoleman, tulemisen ja poistumisen, paratiisin ja syntiinlankeemuksen symboliikkaa, Riemerschmidt 1962 s. 20 ja 23; kirjavan sokerin on katsottu olevan Jumalan armon ja rikkauden merkki, Riemerschmidt 1962 s. 24; välkkeen heijastuksessa ja loistossa on nähty Vapahtajan loistetta, Kyhlberg 1934 s. 198; jopa ristinmuotoista jalkaa on pidetty Kristuksen ristin symbolina, Kyhlberg 1934 s. 201; omenat symbolisoivat paratiisin omenapuun omenia, oblaatit ristinkuolemaa ja ylösnousemusta, kirjavat paperiruusut ajallisesta nousevaa iankaikkista, Schneider 1965 s. 32

422 Feilberg II 1962 s. 159

423 Eräässä aatelisperheessä jo vuonna 1741, Vuorela 1957 s. 267; eräs toinen aatelisperhe omaksui kuusen 1817, Sjöberg 1909 s. 249

424 Sjöqvist 1964 s. 49

425 Celander 1928 s. 154

426 Kyhlberg 1934 s. 145

427 Nilsson 1925 s. 31; Keyland 1919 s. 54, Itä-Göötanmaa

Kuusen koristeet ovat Ruotsissa olleet pääasiassa samoja kuin muissakin maissa. Pitkään 1800-luvun lopulla koristeet olivat kotitekoisia.[430] 1800-luvun puolivälin porvariskodissa oli kuusessa koristeina vain kynttilöitä ja pumpulia. Hapsukaramellien aika tuli vasta myöhemmin.[431] Lisäksi käytettiin omenia, piparkakkuja ja lippuja. 1870- ja 1880-luvuilla tulivat muotiin kirjavapaperiset karamellit.[432] Kotona leikattiin värillisestä paperista pusseja, joihin pantiin makeisia ja pähkinöitä. Paperista leikattiin myös haitareita ja monia muita koristeita.[433] Paperisten korien ja pussien kausi jatkuu edelleen.[434] Kuusen omenilla on ollut myös käytännöllinen merkityksensä. Ne ovat pitäneet kynttilöitä suorassa.[435]

Suomeen joulukuusi saapui ilmeisesti 1800-luvun alussa.[436] Vuodelta 1829 on tie-

428 Hammarstedt uskoi tämän olevan peräisin häätavoista, Hammarstedt 1926 s. 18—20

429 Reenstierna 20.1.1801: Perhe valmisti isälle nimipäiväyllätyksen asettamalla kuultokuvan molemmin puolin kaksi kuusta, joissa oli kynttilät latvassa; myöhemmin samalla perheellä esiintyi myös joulukuusi, Reenstierna 1946 s. 416; nämä pensaat ja nimipäiväkuuset valmistivat tietä modernille joulukuuselle, K. Berg 1957 s. 72, 98—99; myös himmeleitä ja joulukruunuja on pidetty kuusen edeltäjinä, Forsslund 1923 s. 57—68

430 Nilsson 1915 s. 73; vuodelta 1809 on kartanonrouva Märta Helena Reenstiernan kuvaus kuusistaan. Niitä oli kaksi, niissä oli kultapaperisia pikku kelloja ja latvassa kultainen kruunu. Kuusien edessä, ei siis kuusissa, oli kaarelle asetettu kynttilärivi, Reenstierna 1946 s. 416

431 Tillhagen 1965 s. 96—97

432 Tillhagen 1965 s. 153

433 Olsson 1964 s. 82 ja 86; Tillhagen 1965 s. 154; K. Berg 1957 s. 74, 76, 80—81

434 Tideman ja Bedre 1974 s. 74

435 Sjöqvist 1964 s. 45

436 Se oli Ruotsin vallan aikana vielä Turussakin outo ilmiö, huomauttaa Harva, joka on myös kiinnittänyt huomiota siihen, että Charlotta Munsterhielmin päiväkirjassa ei vielä esiintynyt joulukuusta vuosina 1799—1800, vaikka joululahjat jo esiintyivätkin, Harva 1935 s. 28

dossa helsinkiläinen aateliskoti, jossa oli peräti kahdeksan joulukuusta.[437] Laguksilla ei vielä jouluna 1832 ollut Helsingissä joulukuusta.[438] Pohjanmaalla oli Uudessakaarlepyyssä monella joulukuusi ainakin vuosina 1837—1839[439] ja 1830—1840-luvuilla se oli jo levinnyt Lapväärtinkin säätyläisille.[440] Todennäköisesti nämä ensimmäiset ainakin Uudessakaarlepyyssä olleet kuuset olivat pieniä pöytäkuusia.[441] Vähitellen kuuset yleistyivät säätyläisillä ja muuttuivat myös isommiksi.[442]

Hämmästyttävän pian alettiin joulukuusta vastustaa kansantaloudellisiin arvoihin vedoten.[443]

Joulukuusi tuli talonpoikien koristeeksi Suomessa vasta myöhemmin. Jo 1850-luvulla esiintyi pohjois-Suomessa paikallisesti joulukuusia, mutta varsinainen tavan leviäminen alkoi 1870-luvulta lähtien.[444] Varsinais-Suomessa kuusi levisi melko varhain.[445] 1890-luvulla alettiin käyttää kuusta Sippolassa[446] ja Hailuodossa,[447] mutta monin paikoin kuusi levisi vasta vuosisadan vaihteessa tai tämän vuosisadan alussa.[448]

Joulukuusitapaa levittivät säätyläiskotien esimerkki ja koulut joulujuhlineen.[449] Myös yhdistykset voidaan mainita tavan levittäjien joukossa.[450]

Ruotsin tavoin on Suomenkin talonpojilla ollut pari joulukuusitapaa edeltänyttä tapaa. Ensinnäkin oli jo 1700-luvulta tunnettu tapa pystyttää jouluksi portille kaksi erikokoista mäntyä.[451] Toinen ennakoiva tapa oli nimipäiväpuu — aina ei ollut kyseessä kuusi —, joka esiintyi Suomessa kahdella alueella, pohjois-Suomessa ja länsi-Suomessa.[452]

Alkuun ei ilmeisesti ollut kovin suurta väliä, mistä kukin joulukuusensa hankki.[453] Helsinkiin järjestyi kuitenkin kuusikauppaakin ainakin vuosisadan vaihteen tienoossa.[454]

Joulukuusta sekä vastustettiin uskonnollisin perustein[455] että puollettiin uskoen sen olevan Lutherin keksimän.[456]

---

437 Paroni Klinckowströmillä oli suuret jouluaaton kutsut, joissa oli muodikkaita joulukuusia, jotka vielä tuolloin olivat suhteellisen tuntemattomia Helsingissä. Ainakin yksi kuusista on mahtanut olla melko iso, koska sen takana oli posetiivinsoittaja, v.. Frenckell 1947 s. 151—152

438 W. Lagus 1904 s. 136: "Bruket af julgran var ännu ej infördt".

439 Topelius 1932 s. 342: "...eräänlaiset lastentanssiaiset — kokonainen parvi kyynäränmittaisia eläväisiä, jotka tanssivat joulukuusen ympärillä" (1837); Topelius 1932 s. 523 (v. 1938): "joulukuusia useissa ikkunoissa"; mt. s. 743 (v. 1839): "täällä oli Joulukuusi sytytettynä ja hilpeys katossa". Topeliuksella itsellään ei ilmeisesti kuitenkaan tällöin ollut joulukuusta, vaan hän kertoo perinteisistä pohjalaisista joululyhdyistään.

440 Estlander 1918 s. 38: "Julen firades som vanligt på denna landsort i nästan alla ståndspersoners hem, där det fanns barn, med julgran, strålande af ljus från små, för ändamålet enkom gjorda dankar och bärande i toppen ett af de treeniga ljusen". Samaan aikaan Estlandereilla esiintyi vielä jouluristi, ja joululahjoja jakoi eläimenmuotoinen pukki, Estlander 1918 s. 34 ja 38; Långhjelm 1916 s. 147: Kuusi oli 1840-luvulla Ristiinan säätyläisillä.

441 Lönnqvist 1973 s. 4

442 Paason kartanossa oli 1850- ja 1860-luvuilla isossa salissa kaksi valtavaa joulukuusta. Pari vuosikymmentä myöhemmin oli Sarvilahden kartanon salissa keskellä lattiaa valtava, koristettu kuusi, jonka ympärillä tanssittiin, v. Törne 1937 s. 177

443 Helsinkiläisen kenraalimajurin tytär kertoi, että he eivät olisi saaneet joulukuusta 1864, ellei äidin sisar olisi ollut sitä mieltä, että lasten on saatava kuusi. Eräänä toisena jouluna he kuitenkin jäivät ilman kuusta. "Mamma hade påverkats av en broschyr, som framställde härjningen av skogens unga granar". Krook 1950 s. 144

444 Vilkuna 1969 s. 330; Porvoon lähelle Emäsaloon tuli ensimmäinen kuusi v. 1881, Johansson 1938 s. 38

445 Koskella oli joulukuusi jo v. 1875, Halikossa vuodesta 1882 lähtien, Harva 1935 s. 28

Viime aikoina ovat joulukuuset saanet sijansa myös kerrostalojen porraskäytävissä. Tämä kouvolalaisen talon kuusi näkyi kadulle. Sen takana on ovessa seppele.

Lately Christmas trees have also been placed in the stairways of apartment houses. This tree could be seen also from the street. Behind it, a wreath on the door.

446 Anton Huovila kertoi, että hänen sisarensa toi noin v. 1890 kotiin tarhalta löytämänsä kuusen latvan. Se koristettiin parilla kynttilällä ja ripustettiin kattoon, Hellgren 1957 s. 374

447 Paulaharju 1914 s. 86

448 Esimerkiksi Hollolassa, Laukaassa, Orimattilassa ja Tyrväällä kuusi oli paikoin jo 1800-luvun lopulla. Asikkalan ja Sysmän ensimmäiset kuuset muistetaan vuosisadan vaihteen tienoolta. Tammelassa ja Hausjärvellä nähtiin ensimmäiset kuuset 1900-luvun ensimmäisellä vuosikymmenellä, Leimu 1971 s. 60

449 Esim. Iitissä, Halila 1966 s. 592; Ahvenanmaalla, Lindfors 1961 s. 12

450 Hauhon Hyömäessä kuusi esiintyi koulun joulujuhlassa noin v. 1900, sitä esiintyi kodeissakin jo noin 1905, ja vuodesta 1908 lähtien järjesti työväenyhdistys kuusijuhlia jäsenilleen, aluksi tosin joulun jälkeen, Leimu 1971 s. 59; Martta Salmela-Järvinen näki kuusen ensin koulun juhlasalissa, sitten työkodissa ja myöhemmin vuosittain Helsingin Työväenyhdistyksen joulujuhlassa, Salmela-Järvinen 1965 s. 210, 213 ja 214

451 Hassel ja Penzin 1748 s. 5; On myös käytetty karsittuja kuusia, kuten Solvin pitäjässä. Nämä koristettiin paperiköynnöksillä. Tämä tapa loppui Solvista noin 1850, ja varsinainen joulukuusi levisi pitäjään 1880-luvulla, Rosenholm 1943 s. 144—145

452 Vertaa Talve 1966 s. 18, Mela 1955 s. 99 ja Helminen 1949 s. 592

453 Suursaaressa sai ennen sotia kukin ottaa kuusen sieltä, mistä kauneimman löysi, olipa se sitten omasta tai naapurin metsästä, Peltola 1960 s. 368; myös Hämeenlinnassa se haettiin vain itse metsästä, Salokannel 1964 s. 176; hakipa Sörnäisten tyttökin sen itse metsästä, Kilpi 1963 s. 55

454 Lähitalojen isännät toivat Helsinkiin kuusia myytäväksi jo hyvissä ajoin ennen joulua. Monet toki kuitenkin saivat kuusensa sukulaisten tai tuttavien lähettäminä, tinkimaidon tuojilta tilattuina tai ottivat metsästä oman käden oikeudella, Koskivaara 1968 s. 182

455 Eri puolilla Suomea jotkut pitivät kuusta synnillisenä, erityisesti laestadiolaiset, Kuuliala 1960 s. 86; myös pietistit, Schybergson 1940 s. 3

456 Vilkuna 1969 s. 330—331

Kuusessa, jonka koko perhe ja erityisesti sen lapset on koristellut, on lähes kaikkea: lippuja, piparkakkuja, karamellejä, lintuja, pukkeja, enkeleitä, tonttuja, sydämiä, palloja, ympyröitä, kelloja, tähtiä, kiillettä, käpyjä, suklaakäpyjä, erilaisia paperikoristeita, sähkökynttilät ja Joulumaa-mitali. ↑ →

This tree, decorated by the whole family and especially by the children, has got nearly everything: flags, cookies, candy, birds, Santa Clauses, angels, gnomes, hearts, balls, circles, bells, stars, glitter, cones — some made of chocolate — various paper decorations and a Santa Claus Land medal.

Aluksi talonpoikaiskodeissa kuuset kiinnitettiin kattoon, ja ne saattoivat olla välistä aivan kynttilättömiäkin. Pian alettiin kuitenkin käyttää koristeina etenkin namuja ja paperista tehtyjä koristeita.[457] Varhemmin koristeet olivat omatekoisia,[458] mutta ajan myötä alettiin hankkia runsaastikin ostokoristeita.[459]

Säätyläisten ja kaupunkilaisten kuusissa koristeita oli ilmeisesti enemmän. Käytettiin myös kalliimpia koristeita, sillä iltaisin kuljettiin esimerkiksi Raahessa ihastelemassa ikkunan läpi porvarien komeita kuusia.[460]

Kynttilöitä saattoi olla kymmenittäin.[461] Lippurivistöt mainitaan usein.[462] Erittäin suosittu oli kuvausten perusteella kuusta kiertävä marsalkanvyö, raamatunlause, jossa sanottiin "Kunnia olkoon Jumalalle korkeuksissa, maassa rauha ja ihmisille hyvä tahto."[462]

Rikkaissakin perheissä käytettiin omatekoisia kuusenkoristeita.[463] Sangen tärkeinä pitivät kartanonkin lapset nimenomaan syötäviä koristeita.[464]

Vuosien mittaan ovat kuusen koristemuodot vaihdelleet, ja suurimpia uudistuksia ovat sähkökynttilät. Ne ovat tuoneet mukanaan, kuten vastauksista ilmeni, joulukuusen kynttilöiden polttamisen muuttumisen perheissä joka-aikaiseksi.

457 Kuuliala 1960 s. 86; Varsinais-Suomessa käytettiin paperista tehtyjä f r a n s u j a , rusetteja, tähtiä ja kynttilöitä, Harva 1935 s. 28; Tyrvännössä ei alkuun ollut kuusessa kynttilöitä eikä koristeita. Sittemmin alettiin leikata sanomalehtipaperista koristeita, ja sitten ilmaantuivat kynttilät, omenat, karamellit ja vehnäpullat. Eräs isäntä ripusti kuuseensa pienen viinapullon, että hänellekin olisi kuusessa jotakin, hän kun ei välittänyt karamelleista, Karila 1948 s. 265; Porvoon seudulla tehtiin maalla paperiruusuja ja lisäksi oli kynttilöitä, A. Nyberg 1947 s. 31; sipoolainen kertoja kuvaa kuusen koristelua 1800-luvulla: "pryddes med färgade pappersband, senare granna hemgjorda pappersrosor, äpplen, julkarameller och pepparkaksgrisar som inköpts från Ville Sällströms handelsbod."

458 Pohjoiskarjalaisessa maalaistalossa oli tosin karamellejä, mutta ostokoristeet ja omenat olivat harvinaisia, Sormunen 1946 s. 97; Ikaalisissa taas riitti kotona kasvaneita omenia joka oksalle, minkä lisäksi oli h e l y j ä ja monenlaisia k r i m s k r a m s u j a , Salmelainen 1966 s. 66

459 Esimerkiksi Suursaaressa kuusi oli tavallisesti hyvin suuri. Se hipoi kattoa. Koristeina oli kynttilöiden lisäksi erivärisiä paperiketjuja, kaunispaperisia kuusenkaramellejä, rinkeleitä ja sokeritaikinahahmoja. Latvassa oli enkeli, joka huolellisesti talletettiin seuraavaan jouluun. Myöhempinä vuosina ilmestyivät vielä lippurivistöt ja kiiltävät ostokoristeet mukaan, Peltola 1960 s. 369

460 Paulaharju 1925 s. 73

461 Eräässä helsinkiläisessä filosofian tohtorin perheessä oli kynttilöitä peräti 69 kappaletta, lisäksi oli joukoittain omenoita, piparkakkupossuja ja Fazerin hienoimpia konvehteja. Ohuesta silkkipaperista tehdyt liput lepattivat kynttilöiden synnyttämässä ilmavirrassa, T. Helsingius 1947 s. 69

462 Esim. J. Haavio 1972 s. 183, Borg-Sundman 1966 s. 50—51

463 Mannerheimien joulukuusi puettiin hentoihin paperihuntuihin ja moniin kirjaviin, kotitekoisiin koristeisiin. Lisäksi oli kynttilöitä, kuusenkaramellejä, omenoita, makeisia ja kultapaperitähtiä. "Rintamme paisui ylpeydestä katsellessamme sitä meidän silmissämme täydellistä taideluomusta, joka entisaikojen joulukuusi oli", Mannerheim-Sparre 1952 s. 133

464 Von Bornien kartanossa oli omatekoisten koristeiden lisäksi rusina- ja mantelitötteröitä. Omenia oli niin paljon kuin oksat kannattivat, ja kauniit konvehdit kätkettiin yläoksille, mistä kukin lapsi sitten valitsi omansa. Nämä herkut sitten todella syötiin vähitellen joulun mittaan. Mitä enemmän kuusessa oli makeisia ja koristeita, sitä ylpeämpiä olivat sen koristajat, v. Born 1948 s. 161—162

Ulkokuusi atriumpihalla. Koristeina vain latvatähti ja kynttilät.

An outdoor tree in the inner yard decorated only with a star at the top and candles. The snow does the rest.

Ulkokuusi

Toinen moderni uudistus on ulkokuusi. Weiser-Aallin mukaan maailman ensimmäinen ulkokuusi pystytettiin vuonna 1912 New Yorkiin erään rouva Heresfordin toimesta.[465] Vähitellen sähkökynttilöiden yleistyessä alkoi ulkokuusia ilmaantua omakotitalojen pihoillekin[466] ja kerrostalojen parvekkeille.[467] Suomen vanhimpana ulkokuusena on pidetty Senaatintorin kuusta, joka ilmestyi paikoilleen ensi kerran vuonna 1930.[468]

Olen kuitenkin löytänyt molempia näitä esiintymiä varhaisemman ulkokuusen, joka siis mahdollisesti olisi maailman ensiesiintymä ja joka tapauksessa erittäin suurella todennäköisyydellä Suomen ensimmäinen ulkokuusi.

Eräässä aikakauslehden artikkelissa oli tieto Pietarsaaren torille vuosisadan alkupuolella pystytetystä ulkokuusesta, mutta ei ollut tarkkaa tietoa ajankohdasta.[469] Uskoa, toivoa ja rakkautta tutkinut opiskelija vahvisti tämän tiedon, ja mainitsi ulkokuusen olleen torilla vuosina 1906—07.[470] Käännyin Pietarsaaren kaupunginjohtajan Hans Finnen puoleen. Hän suoritti tiedusteluja ja sai selville, että vuonna 1906 oli torin pohjoislaidassa sähkölampuin valaistu ulkokuusi. Seuraavana vuonna joulukuusi oli torin etelälaidalla Ervastin talon kohdalla. Samalla kun kuusi saapui, poistettiin käytöstä Suurkadulla olleet vanhat usko, toivo ja rakkaus. Tämä herätti kaupunkilaisissa pahaa verta, ja he tahtoivat kuusen pois ja vanhat koristeensa takaisin. Vuonna 1908 olikin Pedersöre-Jakobstad-tidningenissä uutinen, että entiset koristeet oli palautettu.[471] Samalla ulkokuusesta luovuttiin. Hämeenlinnan torilla oli ulkokuusi vuonna 1929.[472]

Kuusi on ollut niin suosittu, ettei l e h d i s t ö n todellakaan ole tarvinnut markkinoida sitä. Vuosisatamme alussa kuusi oli "lasten suuri ilo" joulussa, ja se oli ilmeisesti vaatimaton, kodikas ja tyylikäs.[473]

1920-luvulla ei kuusen koristelu enää ollutkaan noin helppoa eikä yksiselitteistä. Ajat muuttuivat kiihkeässä tempossa. Oli tullut aika erotella erikseen aikuisten kuusi ja lasten kuusi. Aikuisten kuusi oli tyylikäs ja pelkistetty,[474] modernia makua vastaava. Lapsiperheitten kuusi oli täysi, rikas, iloinen. Siinä piti olla ennen kaikkea lippuja. Liput opettivat kansojen välistä ystävyyttä.[474] Mutta uutuudet olivat tulleet uhkaamaan aitoa kuusen koristelua. Oli vastustettava kaupallisia koristeita[475] ja kauheaa uutuutta, sähkökynttilöitä.[476]

1930-luvulla oli tullut aika pohtia joulukuusen alkuperää ja sen symbolista merkitystä. Se oli "keskeisin joulukoristus", "protestanttisuudesta noussut joulusanoman kuva", jolla kuitenkin oli juurensa vuosituhansien takana. Se toi metsän tervehdyksen kotiin.[477] Myös tällä vuosikymmenellä oli syytä puolustaa kotitekoisia kuusenko-

---

465 Weiser-Aall 1953 s. 46

466 Erixon 1956 s. 48

467 Esim. HSM/Stockholm 65/50—51 s. 38; 67/51 s. 34—35: "julstämning på balkongen", 69/50—51 s. 40

468 Vilkuna 1969 s. 308

469 Astra Julen 1955 s. 381 "SieE"

470 Lundström 1975 s. 7

471 Pietarsaaren sähkölaitoksen entinen johtaja Sune Holm s. 10.12.01, näki ulkokuuset ollessaan 5- ja 6-vuotias. Hän muisti niiden sijainnin. Asian vahvisti vielä prokuristi Enni Sjögren, joka on häntä vuoden nuorempi.

472 Sanomalehti Häme 28.12.29. s. 2

473 HSM 07/12 s. 182 Hult: "Barnens allra största glädje är dock — julgranen... Vackert är t.ex. af rödt silkespapper göra prydnader för granen samt att, om man så hafva kan, hänga några röda äpplen vid grenarna, men det vackraste af allt äro de strålande ljusen mot granens dunkla grönska."; Astra Julnummer 22 s. 29 "Anne-Marie": "stilren och stämningsfull i sin enkla skönhet. Bomull, vit som snö på grenarna, litet glitter och här och där skimrande vita ljus"; KL 29 s. 992—994: "Ei ollut enää 'hienoa' ripustaa kuuseen niin paljon tavaraa... vaan kaiken piti olla yksinomaan kauneutta varten... Yhä vähemmän hankittiin kuusenkoristeita, oltiinpa joinakin jouluina niin yltiöesteettisiä, ettei kuusessa ollut muuta kuin suolankimmellys huurteena."; KL 24 s. 720 "E.S-o": "Pohjolan joulukuusi... Se oli koristettu vain suolalla, hopealangoilla ja kynttilöillä."

474 KL 24 s. 720 "E.S-o": "Pikkuväen kuusi. — Sellaisessa kodissa, jossa on pieniä lapsia, koristetaan kuusi mieluimmin makeisilla, omenilla, piparkakuilla jms., josta lapset erikoisesti pitävät... Lipuista lapset myös pitävät, ja nehän tekevätkin kuusen iloisennäköiseksi kirjavuudellaan."; Astra 22/17 s. 29 "Anne-Marie": "Den strålande stjärnan i toppen, bredvid den två det egna landets flaggor, nedanom dem instuckna i grenarna eller i slingrande girlander alla världens andra flaggor, lärorika för barnen och minnande oss stora om samhörigheten emellan människorna och folken. Granna små tomtar, den vita bagaren, svarta sotaren och käcka löjtnanten... Sedan de mångskiftande glaskulorna... och slutligen den goda julgranskonfekten, smällkaramellerna och de röda juläpplena."; KL 29 s. 992—994 "-i-o": "Vartavasten äiti leipoi piparkakkuja... lapset puhdetöinään leikkelivät paperista somasti hetkuvia verkkoja... äidin laatikoissa valmiina ripsuniekkakonvehteja, oli liput... ja varmasti oli silkkipaperinen 'kunnia olkoon...' ynnä kuusen tuttu iso hopeatähti... Punaposkisia omenia."

475 KL 24 s. 720 "E.S-o": "joulukuusen koristus muuten on kernaimmin kototekoa... nykyään voidaan ostaa joulukuusen koristuksia ja kiloittain kirjaviin papereihin verhottuja huonoja makeisia".

476 KL 25 s. 595 Gebhard: "Sopusointua metsien hiljaisuudesta tuodun joulukuusen ja uudenaikaisten sähkölamppujen välillä ei voida koskaan rakentaa."

477 KL 38 s. 917 Helminen: "Joulukuusi, nykyisen joulupirtin keskipiste, on ahtaimmin käsitettynä protestanttisuudesta noussut joulusanoman kuva. Sitä ei tällaisenaan silti ollut vielä uskonpuhdistuksen aikana... Mutta joulupuita... on silti jo tuhansia vuosia käytetty sydäntalven juhlissa."; HSM 35/12 s. 299 Ehrnrooth: "Sök upp den skog, från vilken er julgran skall bringa sin hälsning."

risteita sekä taloudellisista syistä — oli lama — että perhettä kokoavana askarteluna.[478] Oli myös ilmestynyt uutuus, ulkokuusi.[479]

1940-luvulla pohdittiin edelleen joulukuusen alkuperää ja historiaa. Oli outoa tietää, että ensimmäinen kuusi oli Strassburgista vasta vuodelta 1642. "Meidän on mahdoton kuvitella joulua ilman kuusta."[480] Kuusen alkuperää arveltiin johtuvaksi pyhistä kristillisistä legendoista.[481] Kuusen koristeet piti antaa lasten tehdä, — etteivät he olisi tiellä muiden tehdessä tärkeämpiä jouluvalmisteluja.[482]

Kuriositeettina mainittakoon, että eräällä vastaajalla esiintynyt koivunoksa on myös esitetty lehdistössä.[483]

1950-luvulla oli havaittu joulukuusen tuoksun merkitys joulutunnelman luomisessa — samoihin aikoihin, kun muitakin joulun tuoksuja alettiin yleisemmin ihastella.[484] Koristeiden tuli mielellään olla vanhoja ja perinteisiä.[485]

Oljen ja lastun renessanssi kuvastuu lehtien ohjeissa.[486] Koristeet tuli mieluiten tehdä itse. Se tuli halvemmaksi ja oli sopivaa askartelua koko perheelle ja etenkin lapsille.[487] Kuusen koristaminen oli parasta jättää "perheenpäälle ja lapsille äidin saadessa rauhassa suorittaa omia askareitaan keittiössä."[488] Ulkokuusikin esiintyi kuvissa.[489] Ja nyt astui ensi kerran näyttämölle myös kataja joulupuuna, erään taiteilijan kodissa.[490]

Sitten koitti 1960-luku, ja tuntuu siltä, kuin kodin joulu joulupuun osalta olisi kokenut suuremman muutoksen kuin konsanaan. Katajaa, joka vain viitteellisesti oli 1950-luvun lopussa pilkahtanut suomalaisessa joulussa, suositettiin nyt "joulupöydän koristeena tai yksinäisen joulupuuna"[491] sopivana "virkanaisen yksiöön tai pienen perheen ahtaisiin tiloihin",[492] "sinun pieneen kotiisi".[493] Ei todella ollut enää väliä mikä puu oli joulupuuna, kunhan se antoi kuvan elämänpuusta.[494] Katajan tarun lopun jo tiedämmekin. Vuonna 1977 katajan myynti joulupuuksi kiellettiin luonnonsuojelun takia.[495] Myös ulkokuusi alkoi tulla koteihin tällä vuosikymmenellä. Oli toki ollut ulkokuusia jo 1920-luvulta lähtien,[496] mutta ne olivat ilmeisesti olleet enimmäkseen kollektiivikuusia toreilla, hautausmailla jne. Nyt ulkokuusi esiintyi kotikuusena lehdistössä. Sitä suositettiin ahtaitten kotien asukkaille, mutta sopipa se toki niillekin, joilla lisäksi oli sisäkuusi.[497] Ulkokuuseksi sopi myös pihalla kasvava elävä kuusi.[498] Vuonna 1966 oli eräs lehti koristellut monta joulukuusta suorastaan metsään.[499] Mutta yleensä eivät lehtien mukaan ulkokuuseen kuuluneet muuta kuin kynttilät. Sähkökynttilöitä pitivät toiset ainoina mahdollisina.[500] Joku taas käytti eläviä kynttilöitä ulkokuusessaankin.[501] Ulkokuusen tehtävänä näkivät lehdet saman kuin ikkunakoristeiden. Ne ilahduttivat ohikulkijoita.[502] Myös sisäkuusi tajuttiin täl-

---

478 KL 31 s. 1028 "Kotitonttu": "Joulukuusenkoristuksiinkin nähden on tänä ahtaana aikana pyrittävä tulemaan toimeen kotona valmistettavilla halvoilla esineillä... täten tarjoutuu erinomainen tilaisuus kodin nuorille osallistua omin käsin joulunvalmistuksiin... meidän täytyy pyrkiä kaikkeen, mikä y h d i s t ä ä , kaikkeen, mikä k o k o a a perheen jäsenet kotiin."

479 Astra 32/24 kansikuva "Julafton vid hjältegraven i Helsingfors". Kuusessa ei ollut kynttilöitä, mutta vähän puoliväliä korkeammalla oli iso, valaistu tähti.

480 HP 44/12 s. 5—6 Bergroth

481 HP 44/12 s. 32 Kemiläinen: "Tällaisilla pyhillä tarinoilla lienee oma merkityksensä sille, että myöhemmän ajan ihmiset alkoivat myös koristaa pyhäksi yöksi kotejaan jonkinlaisella kukkivalla puulla, joulukuusella, joka aluksi sitä tarkoitusta varten koristeltiin vain Jeesus-lapsen syntymää kuvaavilla tunnusmerkeillä ja myöhemmin sai vielä kaunistukseekseen kynttilät valaisemaan pimeintä yötä ja kuvaamaan taivaallisen valon koittoa."

482 HSM 41/12 s. 198 "A.J.": "Julprydnader, som våra yngsta kan göra själv... Det är bra att veta de kan sysselsätta med dagarna före jul, så de inte blir till besvär."

483 KL 42 s. 642 Kirjalainen: "Koivu- ja tähtiaihe sopii joulukoristeluunkin. Koivu on huurrutettu suolalla ja pumpulilla."

484 KL 55 s. 1067 "Liisa": "ja kyllä tämmöisessä kattoon tapaavassa on ihan eri hajukin kuin pienessä."; OK 57/4 s. 3: "Kun joulukuusi tuodaan sisään huoneeseen tuoksuvana ja raikkaana ja vihreänä, siitä muodostuu aivan luonnostaan eräänlainen joulutunnelman keskipiste."; OK 55/4 s. 3: "Raikastuoksuinen tummanvihreäoksainen joulukuusi"

485 MN 57/joulukuu Toikka-Karvonen: "Kuusessakin piti riippua niiden samojen, jo ammoin nuhraantuneiden ja kivettyneiden "paperikaramellien", jotka riippuivat siinä, kun me 3—4 vuoden iässä ensi kerran tajusimme, että on olemassa joulu."

486 OK 55/4 s. 3: "...oksilla riippuvat omatekoiset aidot koristeet, joiden pääasiallisena materiaalina on käytetty kullankeltaista olkea ja valkoista, veistäjän käsistä herkästi muovautunutta puuta. Mikä olisikaan kauniimpi oikean joulutunnelman levittäjä suomalaisessa kodissa niin maalla kuin kaupungissakin."

487 KL 54 s. 884: "...voivat pienetkin sormet näperrellä siihen koristeita. Jouluhan on perheen juhla, ja lapsille tuottaa iloa, jos he kaikki saavat osallistua valmisteluihin ja nähdä sitten oman luomuksensa jossakin kuusen oksilla leijumassa."; OK 57/4 s. 3: "...ja varsinkin lapset suunnittelevat jo kauan etukäteen mitä kaunista sen oksille ripustettaisiin. Ja herttaisimpien muistojen joukkoon kuuluvat varmaan monilla ne varhain pimenevät talvi-illat, jolloin on yhteistuumin suunniteltu ja valmistettu koristeita."; OK 55/4 s. 3: "Ja miten monta viihtyisää ja riemukasta iltahetkeä voikaan koko perhe... viettää koristeita valmistaen."; KL 52 s. 829: "Kauniita joulukuusenkoristeita ei ole aina kaupoissa ja ne saattavat monesta tuntua kalliiltakin. Sellaisia voi myös itse valmistaa ja mikä olisikaan sopivampaa askartelua lapsille näin joulun alla."; KL 57 s. 1446: "Joulukuusen koristeet ovat juuri niitä esineitä, joita meidän ei kannata ostaa kaupasta. Koristeiden valmistaminen on mitä sopivinta puuhaa kaikenikäisille perheenjäsenille."

488 MN 55/12 s. 73

489 HP 51/12 s. 8—9 Kuvissa isot ulkokuuset Lontoossa, Kööpenhaminassa, Pariisissa ja New Yorkissa.

490 MN 59/12 s. 32: "Me olemme kaikki tottuneet lapsuudestamme lähtien ajatukseen, että joulu ja joulukuusi kuuluvat erottamattomasti yhteen... Mutta katsokaapa... värikuvaa... Kuvassa aivan selvästi kataja (Toini Muonan kodissa)... Ja jouluna... kodin keskuksena on tuoksuva vihreä kataja omenineen ja viinirypäleineen."

491 Anna 15.12.64 s. 67

492 KL 66/24 s. 19

493 KL 62 s. 1666: "Se on vihreä ja elävä, ei karista neulasiaankaan kovin herkästi... Se ei tuota maksueikä kuljetusvaikeuksia, sen saa toriltakin ja se tuoksuu ja elää maljakossakin koko joulun."

494 KL 62 s. 1666: "Yhtä hyvin kuin kuusi se pystyy antamaan kuvan elämän puusta, jonka vertauskuvana tuttu kuusi on meillä suomalaisilla."; MN 9.12.64: "Joulupuu voi olla isokuusi, pikkukuusi tai kataja."; KL 68/24 s. 20: "Joulupuun ei välttämättä tarvitse olla kuusi. Se voi olla mänty yhtä hyvin kuin kuvamme tapaan kuivatuilla kukilla koristettu joulukataja."

495 Uusi Suomi 5.2.77. s. 3: "Katajaa ei saa kaupata joulupuuksi... Katajien myynti joulupuiksi kiellettiin... asetuksella... katajaa on ryhdytty käyttämään entistä enemmän kuusen sijasta joulupuuna. Myynti on paisunut jo niin suureksi, että etenkin suurten asutuskeskusten läheisyydessä on pelättävissä kaunismuotoisimpien katajien häviäminen... Normaalikokoinen joulupuuna käytetty kataja vaatii varttuakseen jopa parikymmentä vuotta... Puumainen kataja on maiseman kaunistus."

496 Anna 13.12.66 s. 59 Löfberg (akateemikko Vilkunan haastattelu): "Ulos pystytetty joulukuusi meillä on ollut 1920-luvulta lähtien ja ensimmäinen ulkokuusi oli Helsingissä Senaatintorin kauniisti valaistu kuusi. Tukholmassa ulkokuusia pystytettiin jo edellisellä vuosikymmenellä."

497 KL 61 s. 1687 "Minttu": "Hyvin voimakas uusi tuuli on puhaltanut joulukuusen kerrassaan ovesta ulos, pihalle ja parvekkeelle. Ahtaissa pienissä kodeissa kuusi vie paljon tilaa... perhe ehkä vaatii vielä toisen kuusen sisälle tuoksumaan ja tunnelmaa luomaan."

498 HP 22.12.66 s. 7 "Vihreäpukuinen": "Meidän joulukuusemme kasvaa ulkona, ikkunan takana."

499 MN 66/50 s. 41: "Joulu metsässä... Lempeä tuuli, joulutuuli suhahtelee puissa."

500 KL 61 s. 1687 "Minttu": "Sähkökynttilät ovat tietenkin ulkona ainoat mahdolliset."; KL 64 s. 1783: "Kuusessa on luonnollisesti sähkökynttilät ja muusta koristelusta pitää luonto huolen. Tällaista kuusta ei henno viedä pois heti loppiaisen mentyä, vaan sen valosta nautitaan koko sydäntalven ajan."

501 HP 22.12.66 s. 7 "Vihreäpukuinen": "Jos joulun sää on sopiva, sidotaan sen oksiin juhlan kunniaksi muutama elävä kynttilä."

502 KL 61 s. 1687 "Minttu": "Omakoti- ja rivitalojen avokuisteilla ja sisäpihoilla 'ulkokuusi' ilahduttaa ohikulkijankin silmää."; MN 69/52 s. 39: "Joku on ehtinyt sytyttää pihakuusen juuri sinne roskiksen viereen, mihin sitä viimeiseksi olisi odottanut! Joku on ehtinyt ajatella muitakin kuin itseään." (Viereisissä kuvissa lukuisia parvekekuusia)

Joulukuusi asetetaan yleensä lähelle ikkunaa. Tässä kuusessa elävät kynttilät. Tämän joulukuusen alusliina on kaupasta ostettu, punakuvionen.

The Christmas tree usually stands near the window. Here the candles are real, and the mat, bought in a shop, is decorated in red.

laiseksi ikkunakoristeeksi nyt.[503] Sama ajatus oli esiintynyt jo 1880-luvulla Raahen porvareilla.[504]

Eivätkä uutuudet loppuneet tähän. Nyt alettiin suositella jo tekokuustakin.[505] Ja sähkökynttilätkin, jotka 40 vuotta aiemmin olivat olleet kauhistus ja joulun kanssa täysin ristiriidassa, alkoivat nyt saada hyväksyntää, kunhan käytti kotona muutoin eläviä kynttilöitä.[506] Sähkökynttilöillä oli monta etua, niiden vaarattomuus, halpuus ja helppokäyttöisyys. Nyt saatettiin polttaa kuusen kynttilöitä milloin tahansa ja kuinka kauan tahansa.[507]

Esiintyi toki vanhojakin teemoja joulukuusikeskustelussa. Puhuttiin kuusen tuoksusta.[508] Myös lapsiteema esiintyi, joskin nyt selvästi harvemmin kuin ennen.[509] Oli päin vastoin havaittu, etä yksinäiset ja pienetkin perheet viettivät joulua, ja kuusi oli heitäkin varten, ei enää pelkästään "lasten suuri ilo".[510]

Lähes yksimielisiä oltiin siitä, että kuusen koristelu kaipasi vaihtelua. Kuusi voitiin koristaa monella tapaa ja eri lailla kuin ennen.[511] Muotiin olivat astumassa olki- ja

---

503 KL 64 s. 1785: "Valaistu talo on aina kutsuva. Erityisesti se on sitä jouluna, kun ikkunan lävitse näkyy valaistu joulukuusi. Tuuloksen pappilan salista loistaa valo maantielle ja ilahduttaa ohikulkijaakin."

504 KL 67/24 s. 14 Nokela (haastateltu rva Similää s. 1879): "joulukuusi... kuului kaupungissa enimmäkseen porvarisperheiden jouluvarusteluihin. Ja jouluaamuna... kuusi nostettiin ikkunan luo, mistä se kynttilöillään valaisi pimeässä matkaavien tietä."

505 KL 65/22 s. 34: "Namusia voi ripustaa myös 'leikkikuuseen', joka ei koskaan varista neulasiaan."; MN 66/50 s. 6: "Kauniin ja runsautta uhkuvan joulupuun voimme itse rakentaa pöydällemme, kaapin päälle tai ikkunalaudallemme koristeeksi."; ML 69/12 s. 85: "On tietenkin tuhat tapaa koristaa joulukuusi, mutta tässä opimme 11 tapaa valmistaa itse joulupuu — ja jos asunto on pieni, yksi tällainen saattaa olla kylliksi tuomaan tunnelmaa."

Kuusi ei välttämättä ole ikkunakoriste. Tämän kuusen latvatähti muistuttaa lähinnä isoa kultaista aurinkoa, ja sen oli perheenäiti tehnyt tanskalaisesta neuvokista ottamansa ohjeen mukaan.

The Christmas tree is not necessarily in front of the window. Here the star, which resembles a large golden sun, was made by the mother according to a pattern in a Danish Christmas book.

506 KL 64 s. 1782: "Joulukuusi on saattanut saada sähkökynttilät, mutta niiden vastapainoksi on muualle kotiin sijoitettu kokonaisia kynttiläasetelmia."

507 Tampella tänään, joulunumero 1969 s. 7 "Kymppi"; KL 61 s. 1685 "Minttu": "uudet tuulet joulukuusessamme... Suurin ja mullistavin muutos lienee, että ne ovat puhaltaneet elävät kynttilät sammuksiin ja korvanneet ne sähkökynttilöillä... kuusen on loistettava ennen muuta valon lähteenä." s. 1695: "Kun aamulla nousemme, napsautamme kuusen kynttilät palamaan, ja ne palavat sitten iltaan saakka koko joulun ajan valaisten pitkiä, pimeitä päiviä." (Lisäksi artikkelissa perusteltiin sähkökynttiläin käyttöä tulipalovaaraan vedoten.); KL 60 s. 1618—1619 "Mikko" (Pakina, jossa kerrottiin, miten perhe aluksi yksimielisesti vastusti sähkökynttilöitä, mutta hankki ne lopuksi ja oli tyytyväinen.): "Mutta illalla kaikilla oli niin mukavaa. Sähkövalot kiiluivat kuusessa ja vanhanaikaiset kynttilät tuikkivat pöydillä ja ikkunoilla... Ja aina vain kuusen kynttilät loistivat kirkkaina. Meilläkin."

508 KL 66/24 s. 18: "Kodin joulu syntyy lukemattomista pienistä yksityiskohdista: leivonnaisten ja kuusen tuoksusta..."; KL 66/24 s. 36 Tolvanen: "Kuusentuoksuisessa, kynttilöin valaistussa kodissa vallitsee joulurauha."; KL 67/23 s. 40: "Joulu tulee, kun kuusentuoksu tulvahtaa saliin."; HP 22.12.66 s. 7 "Vihreäpukuinen": "Kuusen tuoksu on joulun tuoksu kynttilöiden ja omenien (ja kinkun) tuoksun rinnalla."; KL 64 s. 1782: "Tuoksuva kuusi, kukka ja kynttilä tuovat joulun tänäkin vuonna."

509 OK 63/4 s. 30: "Uusien koristeitten valmistaminen on lapsille joulua odoteltaessa mieleistä puuhaa."; KL 65/22 s. 34: "Lapsiperheissä näperretään mielellään itse joulukuusen koristeita"; KL 67/24 s. 17—18 Nokela (muistelmia Karjalan Kannakselta)

510 Anna 15.12.64 s. 67 "yksinäisen joulupuu"; KL 66/24 s. 19 "virkanaisen yksiöön tai pienen perheen ahtaisiin tiloihin" jne.

511 MN 65/51—52 s. 21: "Kuusi voidaan koristella monella tavalla"; MN 66/50 s. 41: "Joulukuusen ei tarvitse enää välttämättä olla kirjava kuin joulukuusi. Voimme koristaa sen minkälaiseksi haluamme, hillityksi ja hienostuneeksi, leikilliseksi ja lapselliseksi."; OK 67/4 s. 2 (kuvaus Stockmannin joulukuusinäyttelystä): "Uskollisuutta perinteille, maaseudun joulun mieleen tuovaa hiljaista rauhaa ja oman aikansa sykkeen tuntumassa elävän ihmisen nykyhetken sävyttämää joulua heijastelivat tunnettujen helsinkiläisten koristamat joulukuuset."; MN 13.12.60 s. 45 Vuorenjuuri: "Ei joulukuusen aina tarvitse näyttää samanlaiselta." jne.

Perheen ystävä oli sommitellut karamelleista tämän tekokuusen pöytäkoristeeksi. Jouluista tunnelmaa luovat lisäksi kukkalaite kynttilöineen ja punainen, tähdenmuotoinen, tonttukuvioinen pikkuliina.
←

An artificial tree made of candy by a friend. A flower arrangement with a candle and the small star-shaped table cloth decorated with gnomes add to the Christmas atmosphere.

Joulukuusen matto on välistä tällainen itse tehty käsityö.
→

The Christmas tree mat is sometimes decorated by hand.

lastukoristein koristetut kuuset.[512] Ehdotettiin "pohjoismaista kuusta",[513] "matkamuistokuusta",[514] "sadunhohtoista ruusukuusta",[515] "juhlavaa hopeapallokuusta",[516] "itse tehtyä kuparipeltikoristelua"[517] ja kuvattiin kansanedustaja Pirkko Aron sommittelemaa "elintasokuusta" muovikoristeineen.[518] Myös joulukuusen maton tarpeellisuus oli nyt havaittu. Se suojasi steariinilta — paradoksaalista, kun juuri siirryttiin sähkökynttilöihin.[519]

Nyt alettiin myös pohtia lehdissä joulukuusen historiaa ja kuusen symbolista merkitystä. Vielä 1920-luvulla oli tällaista pohdiskelua pidetty turhanaikaisena.[520] Eräs kirjoittaja tiesi, että kuusi on kaikista joulusymboleista nuorin ja tullut meille Saksasta 1800-luvun alussa.[521] Toinen piti sitä "elämän varpuna" ja viittasi legendaan paratiisin puusta.[522] Kolmas piti puuta kristillisenä ja sanoi Topeliuksen tuoneen sen Suomeen.[523] Neljännellä oli kansallinen näkemys.[524] Viides piti joulukuusta valon ja rakkauden symbolina.[525] Kuudes tarjosi muita monimutkaisempaa ja hiukan apokryfiseltä kuulostavaa selitystä.[526]

---

512 MN 65/51—52 s. 31: "...ja kuusia, joiden koristeet ovat oljista ja lastuista."; OK 67/4 s. 2: "Suuria olkipalloja... punaisia omenia ja punatulkkuja... kaurojen keskellä. Lienee vaikea keksiä kuusta, joka paremmin symbolisoisi suomalaisen maaseudun rauhaa ja sen jouluun vanhastaan liittyviä koristeita kuin tämä Salme Katajavuoren kuusi koruttomassa suomalaisuudessaan."; OK 64/4 s. 7: "Kotitekoisin olkinauhoin, tähdin ja haapalastupalloin on lääket.lis. Helvi Paljakalla tapana koristaa perheen tunnelmaltaan perisuomalainen joulukuusi."

513 MN 65/51—52 s. 21: "pohjoismaisittain kirjavan, iloisen omena-, lippurivistö- ja piparkakkukuusen."

514 OK 62/4 s. 4—5: "Meillä meidän aikamme paljon matkusteleville ihmisille joulukoristeista on tullut hauska ja kiinnostava keräilyn kohde."

515 OK 67/4 s. 20–21: "Joulu on romanttinen ja värikäs... Kuusi voi myös kukkia sadunhohteisia metallikukkasia... Joulupuu on puhjennut kukkaan ja sen punaiset ruusut hehkuvat hyvää tekevän lämpiminä"; MN 65/51–52 s. 21: "kuusia, jotka on koristettu paperikukin"

516 MN 65/51–52 s. 21

517 MN 13.12.60 s. 45 Vuorenjuuri, ohjeet kuparipellistä valmistettaville sydämille ja tähdille

518 OK 67/4 s. 2: "Pirkko Aro oli valinnut käyttämänsä koristeet nykyaikaisella ennakkoluulottomuudella. Hänen kuusensa oksilla riippui kimaltelevia muovikoruja... Se oli iloisen ylellinen 'korkean elintason kuusi'."

519 KL 64 s. 1630: "Joulukuusen kynttilöistä lattialle tippuva steariini jättää helposti rumia jälkiä. Siksi suojaliina kuusen alla on sekä hyödyllinen että koristeellinen."

520 KL 29 s. 992–994 "i-o": "Kiistelkööt sinusta, joulukuusi, kansatieteen viisaat miehet ja sopikoot jos voivat siitä, kuka sinut ensiksi toi kotiinsa ja sytytti kynttilät oksallesi. Me muut emme sitä kysele, meille riittää se, että joulun lähestyessä sinun kuvasi ensimmäisenä kohoaa muistiimme."

521 Astra 62/12 "Eko": "Av alla julens attributer är granen yngst. Seden att ta in det doftande trädet kom oss från Tyskland i början av 1800-talet men blev inte allmän förrän i mitten århundratalet, först i högreståndsfamiljer och därefter bland allmogen."

522 MN 19.12.62 s. 46 Vuorenjuuri: "Näyttää siltä, että joulukuusi ja elämän varpu polveutuvat samasta alkulähteestä, elämänpuusta. Elämänpuulla on kansojen keskuudessa ollut keskeinen sija erikoisesti hedelmällisyyden antajana. Legenda kertoo, että se oli paratiisin tiedonpuun oksasta Aatamin haudalla kasvatettu puu, josta Kristuksen risti tehtiin."

523 Anna 21.12.65 s. 64 Haack: "Itse joulukuusikin on kristinuskon vaikutuksesta myöhemmin tullut... Yleisempään käyttöön maasamme tuli joulukuusi setä Topeliuksen toimesta. Sakari Topelius teki siitä runojensa sekä kertomustensa ja satujensa avulla kiinteästi jouluun kuuluvan käsitteen. Hän teki siitä joulujuhlan vertauskuvan."

524 KL 64 s. 1782: "Kuusi on suomalaisen joulun juhlistaja."

525 MBL/HSM 62/12 s. 3 "M.G.": "Vi vill att granen skall vara en symbol för julens strålglans och värme, för ljuset och kärleken i världen och i människohjärtan."

526 HP 22.12.66 s. 7 "Vihreäpukuinen": "Tämän mykän ja miettiväisen, omaan itseensä tuijottavan, kestävän, ikivihreän puun olemme korottaneet joulutunnelman vertauskuvaksi... Onko tässä jotakin arvojen uudelleen arvioimista, todellisen luonteen paljastumista tärkeällä hetkellä, vaatimattoman ja itsestään melua pitämättömän nostamista arvoon ja kunniaan silloin, kun asioitten ja elämän todellinen merkitys punnitaan?"

Kukat

Joulututkijat ovat käsitelleet kukkia sangen vähän.[527] Ehkä ne eivät ole muualla yhtä tärkeitä joulun elementtejä kuin meillä. Joulukukistamme tulppaanin ja hyasintin eurooppalainen historia alkaa 1500-luvulta. Molemmat ovat peräisin Vähästä Aasiasta.[528] Sireeni saapui kesäkukkana Suomeen vuonna 1728.[529] Joulukukkien historia alkaa maassamme kuitenkin vasta jouluna 1879, jolloin Helsingissä oli kukkakaupan ikkunassa kukkiva hyasintti.[530] Varakkaisiinkaan koteihin joulukukat eivät päässeet vielä 1880-luvullakaan.[531]

Tiedämme, että vuonna 1914 ostettiin maahamme jo runsaasti tulppaanin sipuleita,[532] ja ainakin 1920-luvulla oli jo runsaasti joulukukkia.[533] Sotien aikana kukkien tuonti oli lamassa. Tuontisäännöstely purettiin vuonna 1957.[534]

Suoritin kukkien suhteen muutamia joulutapahaastatteluja, joista ilmeni, että hyasinttia on maassamme lukumääräisesti myyty eniten. Jouluna 1968 tapahtui joulutähden läpimurto. Tulppaanien suosio on vastaavasti laskenut. 1920-luvusta lähtien on paikkakunnalla myyty joulukukkia.[535]

L e h d i s t ö on antanut vuosien mittaan paljonkin informaatiota joulukukista. Toisaalta se on myös kirjoitellut niistä melko tunneperäisesti. Ensimmäiset kirjoitukset joulukukista ilmaantuivat seuraamiini aikakauslehtiin 1920-luvulla. Vuonna 1923 voitiin kotona hyötää jouluksi ainoastaan hyasintteja,[536] kolme vuotta myöhemmin jo muutamia tulppaanilaatujakin.[537] Azalea oli kallis joulukukka 1920-luvulla,[538] mutta kukkien tarjonta oli vielä vähäistä.[539]

Tulppaaneja on sekä koreissa että leikkokukkina, kuten tässä eteisen pöydällä tuomaanristin seurassa.
Tulips are used either in baskets or in vases, like here on a table in the hall.

1930-luvulla lehdistö esitteli kaksi uutta joulukukkaa, jouluruusun ja joulutähden.[540] Näistä edellistä kuvattiin myöhemminkin, ja siihen liitettiin hurskaita legendoja.[541] Joulutähtikin aloitti ilmeisen harvinaisena kasvina, jota 1940-luvulla kaihoten muisteltiin. Siihenkin liitettiin legendoja, eikä se täysin hävinnyt ilmeisesti sodankaan aikana.[542] 1930-luvulla oli joulukukkien lähettämisestä tullut tapa, jota lehdistö innokkaasti puolsi.[543] Myös liike-elämä alkoi ilmoitella joulukukista.[544]

1940-luku oli kukkienkin suhteen pula-aikaa. Keksittiin korvikkeita.[545] Sodan jäl-

---

527 On toki kuitenkin muutamia tarinoita, jopa keskiajalta asti joulukukkasista. Tunnetuin on pyhiinvaeltajien tuoma, jouluksi "kukkimaan" saatava Jerikon ruusu, Nilsson 1915 s. 77 ja Feilberg I 1962 s. 272; Englannista tunnetaan tarunomainen Glastonburyn ruusu, Nilsson 1915 s. 77 ja Feilberg I 1962 s. 274; Ranskassa on jo vanhastaan joululahjapöytä koristettu ikivihrein oksin. Tämän tavan toivat ranskalaiset emigrantit Berliiniin. Etelä-Saksassa on jo varhemminkin koetettu saada hedelmäpuun oksa kukkimaan sisällä jouluksi, Bilfinger 1901 s. 66

528 Siivonen 1957 s. 54

529 Simonen 1961 s. 66. Tällöin apteekkari Synnerberg istutti ensimmäiset sireenit Turkuun.

530 Simonen 1961 s. 134—136

531 Bergholm 1944 s. 248

532 Simonen 1961 s. 303, ei kuitenkaan sanota, liittyivätkö nämä tulppaanit jouluun

533 "Jouluksi on kyllä runsaasti kukkia", Simonen 1961 s. 336

534 Simonen 1961 s. 336

535 Jaakkola 1976 s. 603—606

536 KL 23 s. 555 Tigerstedt: "Ainoastaan hyasintit voidaan saada jouluksi kukkaan käyttämällä erityisesti prepareerattuja sipuleja"

537 KL 26 s. 573 Tigerstedt: "...voidaan muutamia tulppaanilaatuja hyötää jo jouluksi."

538 KL 27 s. 709 Tigerstedt: "Azalaea, joka säännöllisesti joulun aikaan ilmestyy kukkakauppojemme ikkunoihin... houkuttelemaan rahakkaita ostajia."

539 KL 28 s. 849 Tigerstedt: "Kukista köyhä on Pohjolan joulu. Ensimmäiset, usein vielä kitukasvuiset hyasintit ja tulppaanit ja kielot, alppiorvokit ja jokuinen myöhästynyt annansilmä, siinä kaikki, mitä puutarhurit joulun aikaan voivat yleisölle tarjota."

540 KL 30 s. 976 Tigerstedt: "Jouluruusu ja joulutähti ovat kaksi joulunaikaan kukkivaa kasvia, jotka varmaankin monelle Kotilieden lukijalle ovat tuntemattomia, mutta jotka hyvin ansaitsisivat päästä koristamaan joulupöytiämme."

541 HP 57/12 s. 62 "V.H.": "Jouluruusu eli Helleborus on merkillinen kukka. Silloin kun kaikki muut kasvit ovat käyneet talvilepoon..., nostaa jouluruusu jonakin kirkkaana talvipäivänä kukintonsa... Jouluruusu... on... leinikkien sukulainen."; KL 51 s. 813 Helminen: "Jouluruusut ja muut talvella kukkivat kukat ovat legendojen mukaan puhjenneet Jeesus-lapsen ...askelten jäljistä."

542 KL 44 s. 555: "ehdotus kukkivista ruukkukasveista vuoden joka kuukaudelle... XII. Joulukaktus ja Joulutähti."; KL 48 s. 524 Helminen: "Joulutähdestä, joita meillekin ennen tuotiin ulkomailta jouluksi, kulkee paljon kauniita joulukertomuksia. Niiden mukaan joulutähtikukka on jouluyön kylvöä, puhjennut lumesta Maarian jalanjälkiin. Joulutähden käyttö joulukoristeluissa perustuukin sen kasvumaissa tähän legendaan, mutta myös kukan väriin ja sen muotoon. Harras perimätieto näki siinä tähtimaailman peilikuvan... niin että se on kukka, joulun kunniaksi puhjennut."; HP 57/12 s. 62 "V.H.": "Joulutähti... liittyy kaunis legenda" (Enkeli Gabriel toi kukat pikku tytölle vietäväksi Jeesus-lapselle.)

543 KL 30 s. 1045 "Annette": "Me lähetämme poissaoleville viestimme todisteeksi siitä, etä heitä ajattelemme. Yhdellä on viestinä lahja, toisella kirje ja monen monella joulukukat... Joku ehkä väittää, että joulukukkien ostaminen on tuhlausta. Mutta onko rakkauden ja ystävällisyyden osoitus tuhlausta?"; KL 36 s. 20 Ketonen: "Vakiintuneeksi tavaksi on jo tullut sekin, että joulutervehdykseksi lähetämme punaisen joulutulppaanin tai muun talvikukan... Olkoonpa kysymys halvoista tai kallishintaisista kukista, niin aina ne osoittavat hienotunteisesti ystävyyttä, rakkautta, kunnioitusta tai muistossa pitämistä."

544 Astra 32/24 s. 573 monien liikkeiden yhteisilmoitus "Amanda Espgren och hennes julbord": "Till helgen vill ja att mitt hem skall grönska/ i blomsterprakt från Dan. Wards affär Alexandersg.../ Till alla de jag trevlig jul vill önska/ jag sänder så en vacker jardiniere."

545 OK 41/4 s. 3 "R-a": "Meillä ei ole paljon kukkia, ei ainakaan tavanomaisia joulutulppaaneja, mutta pihlajantertut — oikeat tai teko-oksat — sekä männyn- tai kuusenhavut koristavat kenties punaraitaisella karjalaisella liinalla peitettyä pöytäämme."

keen alkoi kukkia taas tulla, mutta ne olivat kovin kalliita.[546] Niitä saatiin kuitenkin jo kotihyötöönkin.[547]

1950- ja 1960-luvuilla on kukista kirjoitettu paljon. Vähän väliä todettiin kukkien yleensä ja tulppaanien erityisesti kuuluvan jouluun,[548] jopa suomalaiseen jouluun ja jopa sen symboliksi.[549] Tulppaanin teki jouluiseksi sen punainen väri.[550] Hyasintti viehätti tuoksullaan ja julisti kevään ja valon voittoa.[551] Yleensäkin arveltiin kukkien symbolisoivan elämän voittoa.[552] Todettiin, että jokaisella on oma mielikukkansa, jota ilman joulu ei tunnu joululta.[553] "Jouluna me tarvitsemme kukkien hiljaista, rauhallista kauneutta."[554] Lehdet antoivat myös asiatietoja kukista.[555] Kukkakauppojen joulukukkalaitteita vastustettiin joulun rihkamana.[556]

Joulukukkatavan lehdet arvelivat juontavan juurensa vihreän oksan perinteestä.[557] 1960-luvun todellinen iskelmä joulukukka-alalla oli joulutähti. Se ei tosin ollut uusi kasvi. Se oli lehtien mukaan kotoisin joko Brasiliasta[558] tai Meksikosta ja Keski-Amerikasta, josta se oli tullut Eurooppaan jo 1830-luvulla.[559] Lehtien mukaan tämä joulukukka oli "viime vuosien tulokas" suomalaisessa joulussa, ja alkuun se saikin melkoisen menestyksen.[560]

Valitettavasti kasvi osoittautui hyvin kestämättömäksi. Se oli yliherkkä vedolle ja lämmölle. Sitten tekivät puutarhurit töitä ja kehittivät lajikkeen, joka kesti kotioloissa hyvin. Se alkoikin saada mainetta juuri pitkäikäisyytensä takia.[561] Siitä tuli "juh-

Joulutähti löi itsensä läpi suomalaisen joulun suosikkikukkana 1960-luvulla. Tässä se on valkoisena muunnoksena.

The poinsettia became one of the most popular Finnish Christmas flowers in the 1960s. Here it is white.

546 OK 46/4 s. 32: "Elävät joulukukat ovat tietysti vertaansa vailla, mutta ne ovat nykyisin niin kalliita ja varsinkin maaseudulla usein vaikeasti saataviakin, että ne koristavat vain harvojen kotien joulupöytiä."

547 HSM 48/12 s. 186 Fagerlund: "Att vintertid driva blomsterlökar, granna tulpaner, doftande hyacinter och tazetter, är varje husmors glädje."

548 KL 36 s. 20 Ketonen: "Joulutulppaani tai -hyasintti kuuluu jo oleellisesti joulupöydän koristeluun."; MN 53/12 s. 26—27: "Joulu ja tulppaanit kuuluvat yhteen. Nuo punaiset kukat täydentävät joulun tunnelmaa kodeissa."; KL 51 s. 813 Helminen: "Nyt joulutulppaanista on tullut yhtä kansannomainen ja tunnusomainen joulun merkki kuin joulukuusesta."

549 KL 53 s. 905: "Suomalaista joulua luovat punavalkoruutuinen liina, pajukori ja laakea hedelmävati. Sipulista kasvatettu tasettikin tuntuu kotoiselta."; KL 62 s. 1734 Toikka-Karvonen: "Suomalaisen joulun tunnelmaa... Kukkanen, vaikka kuinka yksinkertainen, kuuluu jouluun."; KL 53 s. 904—905: "Siinä joulun tunnuskuvat — kynttilä ja kukka."

550 HP 57/12 s. 62 "V.H.": "Pienten ruukkutulppaanien väri on joulun oma punainen, mutta muuten ei tulppaaneilla varsinaisesti ole mitään perinnettä nimenomaan joulunvietossa. Kuitenkin meidän mielestämme punainen ruukkutulppaani on juuri joulujuhlien ajalle ominainen kukka."

551 HP 57 s. 904—905 "V.H.": "Aivan erityisesti meitä viehättää ihanasti tuoksuva hyasintti... Hyasintti on myös kevään ensi airut, ja juuri joulun mukanahan valo alkaa taas palata maan päälle."; MBL/HSM 69/12 s. 291—292 "M.B.": "Men för många blir det jul först när en doftande hyacint eller röd tulpan står inne i stugan."; KL 62 s. 1734 Toikka-Karvonen: "punainen tulppaani tai hyasintti, jonka tuoksussa on kuin hyvän tahdon mirhamia, tai itse hyödetty tasetti- tai kieloryhmä ikkunanlaudalla."; OK 66/4 s. 11: "Tuoksuvat hyasintit kuuluvat jouluun."; HP 11.12.69 s. 38—39 Walfridson: "Hyasintissa ei niinkään tehoa värikkyys, vaan... ennen kaikkea tuoksu."

552 KL 51 s. 813 Helminen: "Joulukukkien mukana annamme ja saamme viestejä siitä, etä kaikki, mikä nyt on sairasta ja kärsivää, kuihtuvaa ja kuolevaa, kerran paranee ja elpyy ja kukkii, koska joulu on tullut julistaen elämän voitollisuutta."; KL 53 s. 904: "Syklaami ja Annansilmä ikkunalaudalla tuo kesää talven keskelle."

553 HP 57/12 s. 62 "V.H."

554 HP 11.12.69 s. 38 Walfridson

555 Tulppaani saapui Suomeen 1867. Artikkeli ei mainitse. tuliko tällöin joulutulppaani vai yleensä tulppaani, Ylä-Vuoksi 24.12.67; Erityisiä joulukukkia ovat tulppaani, hyasintti, kielo, krookus, joulutähti, jouluruusu, syklaami, atsalea ja annansilmä, Anna 20.12.66 s. 28, Mattsson; HP 11.12.69 s. 38—39 Walfridson: "Kun tulppaani kestää neljä päivää, kestää joulutähti... neljä viikkoa."; MBL/HSM 69/12 s. 291—292 "M.B.": "Utom tulpaner finns det ju Crocus och liljekonvaljer. Men liljekonvaljerna är väldigt dyra i år."

556 KL 62 s. 1734 Toikka-Karvonen: "Mutta älkäämme... salliko kukkakauppiaan hukuttaa kukkiamme räikeänväristen silkkinauhojen, hopealangan ja kreppipaperin paljouteen... Tuo on kaikki sitä rihkamaa, jonka avulla meiltä narrataan kohtuuttomasti rahaa meidän saamatta vastaavasti silmän iloa ja mielen virkistystä."; MBL/HSM 69/12 s. 291—292: "Stora arrangemang där korg och rosetter och flugsvampar ser ut att vara lika viktiga som själva blommorna, känns oriktiga på något sätt... blommor gör sig bäst utan alltför mycket konstgjort krafs."

557 HP 57/12 s. 62 "V.H.": "Kodin koristeleminen jouluksi vihreillä oksilla on hyvin vanha tapa."

558 HP 11.12.69 s. 38—39 Walfridson: "tämä brasilialainen kaunotar"

559 MN 63/51—52 s. 48 Puupponen: "Se on tunnettu Euroopassa jo lähes 130 vuoden ajan. Laji on kotoisin Meksikosta ja Keski-Amerikasta.'

560 HP 27.11.69 s. 52 Nicolaisen: "Ja viime vuosien tulokas tähän iloisenväriseen joukkoon on joulutähti. Aluksi se sai valtavan menestyksen."

561 HP 27.11.69 s. 52 Nicolaisen: "Mutta kukat oli kiihotettu aukeamaan liian nopeasti eivätkä kestäneet kauan huoneen lämmössä... ja heidän (puutarhurien) onnistuikin kehittää kukka."; HP 11.12. 69 s. 38—39 Walfridson: "Aikaisemmin se oli mahdottoman herkkätuntoinen... Mutta nyt tämä brasilialainen kaunotar alkaa olla jo kannattava hankinta. Kun tulppaani kestää neljä päivää, kestää joulutähti... neljä viikkoa. Antakaa sille kunniapaikka pöydässä."; MBL/HSM 69/12 s. 291—292 "M.B.": "har blivit allt populärare. I år kommer det att finnas mycket av den. Den kan hålla länge."; Ylä-Vuoksi 24.12.67: "Muutamia vuosia sitten joulutähdellä oli huonomlainen maine. Se oli ihan yliherkkä vedolle... Mutta kasvien jalostajat ovat tehneet lujasti työtä ja saaneet kehitetyksi lajikkeita, jotka viihtyvät kotioloissa hyvin."

Ikikukat tulivat muotiin 1960-luvulla. Niistä valmistettuja palloja ovat myyneet kukkakauppiaat.

Everlasting flowers became popular in the 1960s. They were often made into balls like this and sold at the florist's.

562 HP 11.12.69 s. 38—39 Walfridson

563 HP 27.11.69 Nicolaisen: "Nykyajan joulutähti, jota myydään koko talven, on oikeastaan taideteollinen tuote, jonka takana on joukko perusteellisia tutkimuksia ja kokeita laboratorioissa ja kasvihuoneissa... Puutarhurit ovat syystäkin harmissaan sievästä nimestä joulutähti: se estää ihmisiä ostamasta kukkaa muulloin kuin varsinaisena jouluaikana. Ja koska joulutähtiä nyt voidaan valmistaa melkein koko vuoden kukkivana..."

564 HP 27.11.69 s. 52 Nicolaisen: "Puutarhurien ainoa toive on nyt kansainvälisessä nimessä poinsettia."

565 MBL/HSM 69/12 s. 291—292 "M.B.": "Julstjärna — eller lyckostjärnan som man nu velat döpa om den till."

566 Kouvolan Sanomat 21.12.66 s. 5

567 Kouvolan Sanomat 15.12.63, 18.12.64, 17.12.65, 22.12.66, 14.12.68 ja 12.12.69

568 Astra 26/18 s. 289—290. Kyseessä jouluseppeleen valmistusohjeet: "och för att göra kronan gladare fäster man med ståltråd några färgglada eterneller här och var."

569 Anna 64/46 s. 24—25: "Ikikukka on talven ja joulun kukka. Se on aito luonnonkukka, hyvänmielenkukka pitkän talven kukattomassa lumimaisemassa... Ikikukkaseppeleitä valmistaa Helsingissä vain yksi kukkakauppa... Pitkän aikaa ikikukat ovat olleet poissa muodista." (17.11.)

570 Anna 64/47 (24.11.) s. 24: "Ikikukkaseppeleitä saatte nyt ANNAN mallipalvelun kautta."

571 Anna 23.11.65 s. 64—65: "Ilon kukka on monenkirjava. Se kukkii iloisena tervehdyksenä ovessa tai pöydän yläpuolella... Se kukoistaa talven pakkasessakin eikä sitä tarvitse kastella. Se on IKIKUKKA... Mutta löydät niitä ainakin isoilta kauppatoreilta ja joistakin kukkakaupoista. Jouluksi valmistat niistä keltaisen seppeleen, joka toivottaa jouluvieraasi tervetulleeksi."

572 HP 1.12.66 s. 40: "Tämän joulun kukat eivät lakastu joulunpyhien jälkeen, eivät tarvitse hoitoa, kastelua, huolehtimista."

573 KL 69/21 s. 25 (valtakunnallisesta puutarhanäyttelystä): "Sidontatöiden suuressa joukossa silmä pysähtyi ihastuttaviin ikikukkapalloihin... Kotonakin voi tällaisia kukkapalloja sommitella... Afrikkalaiset kuivatut kasvit ovat nyt suurta muotia... Ostamalla näitä eksoottisia kasveja voi ainakin kuvitella tukevansa hiukan kehitysmaita."

574 Lehmann katsoo niiden siirtyneen jouluun roomalaisista saturnaaliatavoista, Lehmann 1910 s. 609; Riemerschmidt pitää kynttilöitä muinaisitalialaisina tai etruskilaisina, Riemerschmidt 1962 s. 19; Helminen viittaa vanhoihin egyptiläisiin, Helminen 1933 s. 276; Mehiläisvahasta on kynttilöitä osattu valmistaa jo esihistoriallisena aikana ja keskiajalta lähtien on tehty talikynttilöitäkin, Rehnberg 1965 s. 204

lava keskitalven tervehdys lämpimistä maista".[562] Joulutähden olivat kehittäneet laboratoriot ja kasvihuoneet oikeastaan taideteolliseksi tuotteeksi, jota olisi saatettu myydä ja käyttää mihin vuodenaikaan hyvänsä. Sen suomalainen nimi liitti sen kuitenkin jouluun, eivätkä asiakkaat huolineet sitä muuhun kuin joulun aikaan.[563] Turhaan yrittivät kauppiaat ristiä sitä "poinsettiaksi"[564] tai "onnen tähdeksi".[565] Näkemykseni on, että kun oli luotu joulun symboli, se ei enää irronnut joulusta. Kouvolan Sanomat esitti joulutähden uutuuskukkasena vuonna 1966.[566] Muutenkin Kouvolan Sanomat on useasti kirjoitellut joulun kukista.[567]

Toinenkin joulun kukkauutuus murtautui läpi 1960-luvulla, ikikukat. Ikikukista ei ole kirjoitettu kovin paljon, mutta se vähä, mitä on kirjoitettu, kannattaa lukea tarkoin, sillä se on mainio esimerkki siitä miten mainonta ja liike-elämä — tässä ensin eräs lehti — luo tarpeen, sitten antaa keinot sen tyydyttämiseen, ja lopulta ihmiset luulevat tuon markkinoidun asian jotenkin "kuuluvan" jouluun ja hyväksyvät sen. Ikikukkia oli esiintynyt joulukoristeiden somistuksena ilmeisesti satunnaisesti jo kauan ennen sotia,[568] mutta varsinaisesti ikikukan taru alkoi vasta marraskuussa 1964 Anna-lehdessä. Se todettiin romanttiseksi "hyvänmielenkukaksi" joka pitkään oli ollut poissa muodista. Sitä sai vain yhdestä Helsingin kukkakaupasta.[569] Voimme kuvitella lukijattarien murheen, kun he turhaan etsivät tätä nimeltä mainitsematonta liikettä. Mutta eipä hätää! Anna toi pelastuksen jo seuraavalla viikolla. Nyt saivat lukijat tilata ikikukkaseppeleensä Annan mallipalvelusta.[570] Seuraavana vuonna lehti edelleen mainosti ikikukkaa, ja nyt sitä oli saatavissa jo "isoilta kauppatoreilta ja joistakin kukkakaupoista".[571] Vuotta myöhemmin alkoi jo toinenkin lehtitalo kertoa ikikukista "tämän joulun kukkina",[572] ja vuosikymmenen lopulla ne olivat jo muotia, jota noudattamalla sai tuntea hyvää omaatuntoa, kun tuki kehitysmaita.[573]

Kynttilät

Kynttilöiden käyttö juhlavalaistuksena on erittäin vanhaa perua.[574] Joulukynttilä on esiintynyt eri puolilla Eurooppaa.[575] Sen on katsottu liittyvän kuoleman ja hedelmällisyyden enteiseen[576] tai symbolisoivan auringon ja elämän paluuta.[577]

Ruotsissa kynttilät liittyivät keskiajalla katolisen kirkon juhlamenoihin, sittemmin talonpojilla juhliin ja säätyläisillä arkeenkin.[578] Ruotsissa on käytetty paitsi kuusen kynttilöitä myös muita joulukynttilöitä laskujeni mukaan kuudella eri tavalla.[579] Sähkön tultua käyttöön kynttiläin suosio ensin laski, mutta 1920-luvulta alkoi kyntti-

---

575 Serbokroateilla perheenisä tavallisesti itse valmisti kolmihaaraisen kynttilän, Schneeweis 1925 s. 67; Englannissa piti ison, noin 18 inchin läpimittaisen kynttilän palaa koko joulupäivän keskellä pöytää, Wright ja Lones 1940 s. 215

576 Schneeweis 1925 s. 67; Weiser-Aallin mukaan kynttilöitä on käytetty niiden suojaavan ja torjuvan voiman takia, Weiser-Aall 1959 s. 7

577 Riemerschmidt 1962 s. 19

578 Rehnberg 1965 s. 204

579 Ensinnäkin on esiintynyt yksi iso, katolisten kirkkojen pääsiäiskynttilää muistuttava kynttilä; toisekseen kolmihaarainen kynttilä, jonka esikuvana ovat olleet kirkkojen seitsenhaaraiset kynttelikköt; kolmanneksi on esiintynyt tapa tehdä kynttilä erikseen talon isännälle ja emännälle tai kaikille perheenjäsenille, Nilsson 1938 s. 30; neljänneksi on käytetty kynttilöitä kynttilänjaloissa ja kattokruunuissa, Celander 1928 s. 136; viidenneksi oli tapana asettaa jouluaamuna kansan ajaessa joulukirkkoon parittaiset kynttilät ikkunoihin. Tämä tapa säilyi paikoin 1880-luvulle asti, Keyland 1919 s. 15, 21 ja 36; kuudenneksi on ollut kirkkojen juhlava kynttilävalaistus, Keyland 1919 s. 21

läin renessanssi.[580] Ilmiö lienee yleinen ja sitä on sanottu "joutilaan luokan" asenteenmuutokseksi.[581]

Suomessa kynttilät mainitaan usein joulukirkon yhteydessä. Moni muistelija kertoo, miten valtaisan vaikutuksen valaistu joulukirkko teki.[582] Eri paikkakunnilla joulun juhlavalaistus sekä kesti erilaisia aikoja [583] että taloudellisesti organisoitiin eri tavoin.[584]

Myös kaupunkilaiset käyttivät kynttilöitä. Itse ne oli heidänkin valmistettava. Ja maan tavan mukaan esiintyivät joulukynttilöinä myös kolmihaarakynttilät.[585] Kovin yleisiä eivät kynttilät varmaan vielä 1800-luvun alussa olleet, koska koulun joulujuhlan kynttiläloistoa keräännyttiin joukolla ihmettelemään ja ihailemaan.[586]

Talonpojilla ympäri Suomen oli myös kynttilöitä, jotka valmistettiin itse. Ei vain tiedetä kuinka kauan. Varmuudella jo 1800-luvulla, mutta tuskin ainakaan yleisesti sitä ennen.[587] 1800-luvun loppupuolella oli ainakin paikoitellen kynttilöitä hyljeksivä muoti, kun lamput ilmaantuivat käyttöön.[588]

Sivuutan tässä kuusen kynttilät, joista olen jo puhunut. Suomalaiset ovat ruotsalaisten tavoin käyttäneet kotonaan joulukynttilöitä ainakin viidellä eri tavalla. Ensinnäkin oli paksuja kynttilöitä, joita poltettiin koko yö.[589] Yleisiä olivat monihaarayleensä kolmihaarakynttilät.[590] Kynttiläkruunuissa ja himmeleissä oli kynttilöitä.[591] Talleissa oli kynttilät hevosille.[592] Ympäri maata kerrotaan jouluaamun kynttilöistä, jotka sytytettiin ikkunoille kansan rientäessä kirkkoon.[593]

Kynttilät valmistettiin varhemmin talista. Noin vuonna 1864 tulivat markkinoille turvallisempina pidetyt paraffiini- ja steariinikynttilät.[594]

Joulukynttilätapaan on liittynyt uskomuksia ja tapoja,[595] ja tutkijat ovat tulkinneet jouluyönä palavan kynttilän tapaa kukin uskollisesti oman viitekehyksensä mukaisesti. Helmisen mukaan navettaan jätettiin kynttilä haltiaa varten.[596] Hautalan mukaan jouluyö oli henkien liikkuma-aikaa. Kynttilät suojasivat liikkuvilta vainajilta.[597] Wegeliuksen ja Wikmaninkin mukaan kynttilöitä poltettiin koko yö, koska ha-

---

580 Rehnberg 1965 s. 204—206

581 "Kynttiläin valo on nykyisin pehmeämpää, vähemmän rasittavaa sivistyneille silmille kuin öljy-, kaasu- tai sähkövalo". Veblen 1957 s. 156

582 Esim. Ahde-Kjäldman 1964 s. 271

583 Vanhassa Iitissä paloivat kirkossa kynttilät joka pyhä adventista kynttilänpäivään asti, Halila 1939 s. 838—839; Lapväärtissä poltettiin kirkon kynttilöitä vain joulupäivinä, uuden vuoden päivänä ja loppiaisena, joita kutsuttiin nimellä ljusdagar, Wadström 1910 s. 184

584 Somerolla annettiin kynttiläveron keruu jonkun vapaaehtoisen huoleksi. Vero kerättiin jokaiselta rippillä käyvältä seurakuntalaiselta, ja sen kanto lakkasi vasta vuonna 1881, Aaltonen 1958 s. 205; Tyrvännössä talot veivät penkkiin kukin oman kynttilänsä, lisäksi tuotiin kirkon kruunua varten määrätaloista kynttilät, Karila 1948 s. 268; niinpä olivatkin penkkeihin tuodut kynttilät milloin hirmuisen paksuja milloin taas monihaaraisia, Warelius 1855 s. 7; Raippaluodossa lahjoitti jokainen talo yhden tai useampia kynttilöitä kirkkoon. Niitä oli kruunuissa, seinälampeteissa, kynttilänjaloissa, saarnastuolissa, alttarin kaiteella ja penkkien selkänojissa, Sjöberg 1917 s. 127; Raahessa keräsi unilukkari tuomaanpäivämatkallaan kirkon sadat kynttilät, Paulaharju 1965 s. 64; Närpiössä vei joka talo kirkkoon ison kynttilän. Se valettiin teurastetun naudan ruokatorveen, joka pantiin sitä varten talteen puupropulla täytettynä, Ivars 1974 s. 653

585 Helsinkiläisessä professorinperheessä oli jouluna 1832 pöydällä monihaarainen joulukynttilä, W. Lagus 1904 s. 136; kristiinankaupunkilaisessa kodissa valmistettiin 1850—1870-luvuilla jouluksi myös kolmihaaraisia kynttilöitä, Holmström 1926—30 s. 13

586 L.L.L. 1877 s. 245—252, tarkka kuvaus Vaasan triviaalikoulun lucia-juhlasta, jossa muuten ei ollut luciaa.

Kynttilät asetetaan nykyisin usein tällaiseen puuta muistuttavaan jouluiseen kynttilänjalkaan, jota kutsutaan kynttiläpuuksi.

Candles are often placed in a candlestick shaped in the form of a tree and called a candle tree.

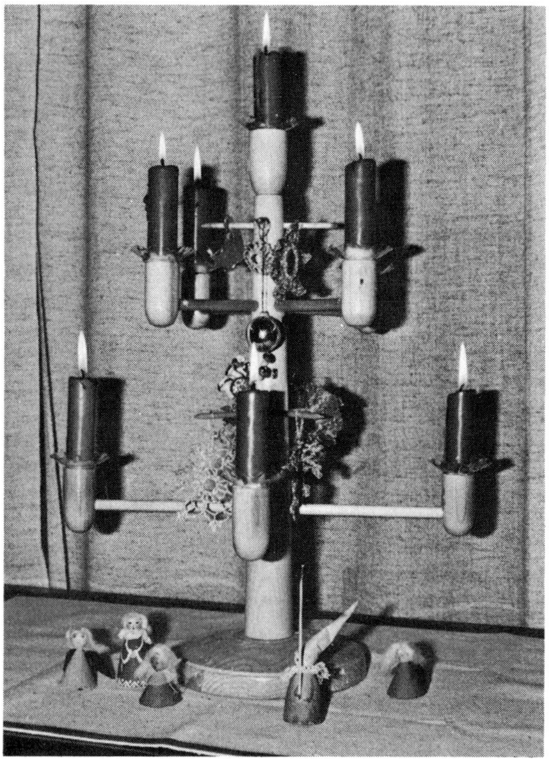

587 Helminen arveli, että kynttilät liittyivät talonpoikaisjouluun "ainakin jo viime vuosisadalla", Helminen-Nordberg 1963 s. 104; sippolalainen Anton Huovila, joka muisteli 1870-luvun jouluja, ei ollut varma, oliko hänen lapsuudessaan jo kynttilöitä, mutta sanoo, että varhainhan ne kuitenkin jo tulivat käyttöön, Hellgren 1957 s. 374; vanhassa Tyrvännössä olivat sekä paksut että monihaaraiset kynttilät käytössä jo v. 1854, Warelius 1855 s. 7; vanhassa Iitissä valettiin joulukynttilöitä jo ennen vuotta 1860, Halila 1939 s. 838—839.

588 Suur-Jämsässä oli 1870-luvulla väliaikaisesti kynttilöitä hyljeksivä muoti. Silloin tuotiin markkinoilta tuikkulamppuja, joita pidettiin hienompina kuin kynttilöitä, Helminen—Nordberg 1963, s. 104; ruotsinkielisilläkin alueilla annettiin välistä lampun palaa tuvassa kynttilän sijasta, Wegelius ja Wikman 1916 s. 137

589 Sjöberg 1917 s. 126; Porvoon Pellingessä valmistettiin kaksi isoa kynttilää, molemmat kyynäränpituisia ja tuumanpaksuisia. Toisen tuli palaa joulu- ja toisen uuden vuoden yönä. Lisäksi oli varakkaissa taloissa paljon pikku kynttilöitä, Lindroos ja Andersson 1912 s. 143

590 Suur-Jämsässä oli kaksi-, kolme- ja nelihaaraisia kynttilöitä, Helminen-Nordberg 1963 s. 104; Espoolaisessa tuvassa paloi kaksi monihaaraista kynttilää pöydällä koko joulyön, Wikman 1914 s. 1; Mustasaaressa oli pöydällä yksi monihaarainen kynttilä, ja lisäksi saivat lapset usein pienen kynttilän itselleen erityiselle pöydälle. Ikkunan ääressä riippui vielä kynttilöin valaistu puinen ljuskrona, Wiik 1913 s. 11—12; Närpiössä tehtiin kolmi- ja välistä viisihaaraisiakin joulukynttilöitä, Ivars 1974 s. 653

591 Nurmijärvellä riippui tuvan katossa himmelin ohella puinen kynttiläristi eli -kruunu, jossa paloi 4 tai 8 kynttilää, Ollila 1934 s. 135—136

592 Esim Paulaharju 1930 s. 171 ja Wegelius ja Wikman 1916 s. 137

593 Esim. Rengosta: "Koko kirkkotien vieri oli kauniisti valaistu; joka ikkunalla tien vierellä oli kaksi kynttilää, olipa välillä oikea kynttilätelinekin kuten kirkon ikkunoissa", Kuuliala 1960 s. 190; myös Helsingin esikaupungeissa, kuten Hermannissa, paloivat kynttilät jouluaamuna ikkunoilla 1800-luvun lopulla, Lampén 1944 s. 10

594 Krook 1950 s. 129—130

595 Etolassa Hämeessä ei kynttilää saanut sytyttää, ennenkuin tähti syttyi taivaalle, Helminen 1930 s. 7; usein vanhin perheessä sytytti kynttilät, kaikki samalla tulella, Helminen 1933 s. 276

596 Helminen 1949 s. 603

597 Hautala 1946, Karjala 46:297

luttiin suojaa vaarallisia voimia vastaan.[598] Kuulialan mukaan kynttilöiden poltto perustui joulutekstiin.[599] Wareliuksen mukaan kynttilää poltettiin, että olisi "hupainen nousta puoliyö-ruvalle".[600]

L e h d i s t ö on 1920-luvusta lähtien kirjoittanut innokkaasti kynttilöistä ja markkinoinut niitä. Jo 1920-luvulla oli sähkö kulkenut voittokulkuaan, mutta "viime vuosina" oli havahduttu huomaamaan, "että sähkövalollakin on omat rajoituksensa". Havainto tehtiin ensin Ruotsissa, missä alettiin poistaa kirkkojen alttareiden sähkökynttilöitä. Meilläkin oli syytä tehdä samoin, sillä elävät liekit olivat valon vertauskuvia ja loivat oikeaa tunnelmaa. Kynttilät olivat hartaana rukoilevan ihmissydämen symboleja.[601] Joku kirjoittaja näki kynttilävalaistuksen liittyvän yleiseen kristilliseen perinteeseen,[602] toinen taas pohjolan jouluperinteeseen[603] ja kolmas jopa kansalliseen perinteeseen.[604] Joka tapauksessa kynttilä nyt 1920-luvulla yleistyi ja pääsi käyttöön kahvi- ja ruokapöydillekin.[605]

1930-luvulla jatkui elävien liekkien ylistäminen. "Nykyajan kiireinen ihminen" tarvitsisi aivan erityisesti niiden suomaa tunnelmaa.[606] Kansatieteilijä Helmi Helminen kirjoitti kahteen otteeseen kynttilöistä. Hänen mukaansa kynttilä oli joulun symboli[607] tai joulusanoman symboli, ja suomalainen joulupirtti oli suorastaan musikaalisesti koristettu tämän symbolin ympärille.[608]

---

598 Wegelius ja Wikman 1916 s. 137

599 Kuuliala 1960 s. 80

600 Warelius 1855 s. 7

601 KL 25 s. 593 Gebhard: "Kun talviyöt olivat pimeimmillään ja pisimmillään, tunnettiin palavien kynttilöiden elävät liekit valon vertauskuviksi... Mutta sähkö kulki voittokulkuansa... Viime vuosina on kuitenkin ruvettu ymmärtämään, että sähkövalollakin on omat rajoituksensa... tärkeämpää on sellaisen elävän — tuikkivan tai lepattavankin — valon hankkiminen, joka osaltaa luo erityistä t u n n e l m a a." s. 594: "emme silti näe alttarilla palavissa kynttilöissä ainoastaan valaistuslaitteita, vaan myöskin tavallaan palavan, hartaana rukoilevan ihmissydämen symboleja...Ruotsissa...sähkövalo poistetaan, missä se on jo ehditty sovittaa alttarien vanhoihin kynttilänjalkoihin."; Astra 27/18 s. 329 Varubodenin mainos: "Det är icke alltid nog att erhålla en mer eller mindre stark belysning, stundom är det viktigare att erhålla ett levande — tindrande eller flämtande ljus, som bidrager att öka en viss stämning."

602 KL 28 s. 852 Ellinor Ivalo: "Ja kun joulua alettiin viettää Kristuksen syntymäjuhlana, haluttiin silloin loihtia esiin valoa, paljon valoa ja siksipä oli valoa esittävillä ja valoa antavilla esineillä tärkeä sija tässä juhlassa, joka sattui vuoden pimeimpään aikaan."

603 KL 28 s. 828 Salonen: "Sytytetty kynttilä, pohjolan kotien kirkas vieras."

604 KL 25 s. 593 Gebhard: "Mutta kerran vuodessa on tämä vaatimattomasti elävä, säästäväinen kansa tahtonut nähdä juhlallisesti valaistuna mahdollisimman monilla kynttilöillä kotinsa yhtä hyvin kuin... kirkkonsa: joulunpyhinä."

605 KL 27 s. 774 "Kotitonttu"

606 HSM 34/11 s. 246—247 Holmberg-Palmqvist: "att vi åter allt mera börjat söka uppnå feststämning genom att tända levande ljus. — Jag tror att särskilt vi nya tidens barn behöva detta — att för en kort stund hejdas i jäktet och låta oss gripas av en stämning."

607 KL 37 s. 978 Helminen: "Jos ihmiselle annettaisiin valittavaksi vain yksi kaikista maallisista, jolla hänen ilman sanoja pitäisi ilmaista joulu, niin se olisi kynttilä. Yksikin palava kynttilä riittäisi."

608 KL 38 s. 917 Helminen: "Ylhäisin ja samalla yksinkertaisin ja puhtain kuva joulusanomasta on kuitenkin aina ollut kynttilä. Suomalainen joulupirtti oli valmiiksi koristeltuna musikaalisesti rakennettu. Keskus oli kynttilä ja sen joulusanoma. Muut koristeet liittyivät siihen kuin orkesteri, josta valo soi ja kaikui."

609 KL 42 s. 698: "Joulun ikioma kynttilä voi nyt tuskin valaista kotejamme ja korsuja siellä jossakin. Mutta sittenkin haluamme säilyttää kynttilöiden vuosituhantisen perinteen tämänkin ajan yli. Sota-ajankaan lapset eivät saa jäädä vaille noita oman lapsuusaikamme herkimpiä, kirkkaimpia muistoja. Valmistamme siksi 'korvikekynttilöitä.' "

Tuli 1940-luku ja kynttilät loppuivat. Niistä ei paljon kirjoitettukaan. Ei kuitenkaan tahdottu elää aivan ilman tätä "vuosituhantista perinnettä", ja niinpä keksittiin korvikekynttilöitä paperista.[609] Ruotsinkielisten Marttojen lehti johti joulukynttilöiden historian keskiajalta alkavaksi ja sanoi sen olevan osan "ruotsalaista perintöämme" ja sitä kautta osan länsimaista perintöämme.[610] Kynttilöiden steariinin tuoksu oli joulun tuoksua.[611]

Kynttilöiden tunnearvoa korostettiin 1950-luvulla ja sanottiin, että "viime aikoina on jälleen ihastuttu kynttilöihin".[612] Kynttilä ja kukka toivat joulun pöytään "pilkahduksen valosta ja elämästä".[613] Aivan uuden näkökulman kynttiläkeskusteluun toi eräs lehti, joka totesi, että "kynttilän valossa nainen on kaunein."[614]

1960-luvulla kynttilöistä kirjoitettiin enemmän kuin koskaan ennen. Todettiin, että kynttilät kuuluvat jouluun, suomalaiseen jouluun.[615] Jokunen joulumuistelma toki muisteli sellaisiakin aikoja, jolloin joulutunnelmaa loi petrolilamppu[616] tai kolmihaarakynttelikölIä oli perheessä oma nimi,[617] mutta nyt 1960-luvulla ei kynttilöitä pitänyt säästää.[618] Kynttilät tuoksuivat hyvältä.[619] Ne toivat oikean, aidon joulutunnelman.[620] Ne symbolisoivat lämpöä ja ystävällisyyttä ja saarnasivat täten myös Jeesuksesta.[621] Ja kun käytti tarpeeksi monta kynttilää, ei tarvinnut muuta valoa vaan saattoi lukeakin kynttilän valossa.[622] Ei kuitenkaan ollut yhdentekevää, millaisia

---

610 HSM 40/11 s. 147 Lindholm: "Vårt svenska arv... men treenighetsljusets flammor ha lyst oss som ett minne ända från julaftnarna under medeltiden och ända fram till vår egen tid och minna oss om vårt samband med västerlandet."

611 HSM 40/12 s. 167 v. Kraemer: "JUL! Det medför dofter av lack, smält stearin, gran, kåda och nybakad bulle."

612 HP 58/12 s. 94 "Saxifraga: "Kynttilöiden tunnelma-arvosta on aina oltu yhtä mieltä. Jouluun kynttilät kuuluvat ehdottomasti... Viime aikoina on jälleen ihastuttu kynttilöihin."; MN 57/12 s. 5 pääkirjoitus: "Ylelliset ja kalliit joululahjat, komeinkaan joulukuusi tai suussa sulavat joulutortut eivät pysty luomaan samaa tunnelmaa kuin hiljalleen lepattavat kynttilät."

613 KL 56 s. 1294

614 HP 58/12 s. 94 "Saxifraga"

615 KL 68/23 s. 40 Nokela: "Kodin jouluun kuuluvat erottamattomasti kynttilät, punaiset tulppaanit, pähkinät, taatelit ja ruukkurusinat vadilla."; KL 62 s. 1734 Toikka-Karvonen: "Suomalaisen joulun tunnelmaa... Myös kynttilä kuuluu erottamattomasti jouluun"

616 MBL/HSM 62/12 s. 3 "M.G." (muistelmia ulkosaaristosta): "Julnatten fick petroleumlampan brinna hela natten."; MBL/HSM 64/12 s. 5 Blomqvist: "Då släcktes inte lampan. Den skulle lysa under hela julnatten, så Josef och Maria i sitt sökande skulle se, att det fanns hus att komma in i."

617 KL 61 s. 1630 Wiherheimo: "Tähän kolmihaaraiseen, jota meillä ennen sanottiin nimellä Usko, Toivo, Rakkaus."

618 HP 61/12 s. 33 "Saxifraga": "Kynttilöitä emme saa unohtaa. Niitä ei kukaan saa jouluna säästää. Jokainen talon kynttilä palamaan."; OK 66/4 s. 9: "tuntuu siltä kuin kynttilöitä ja kynttilänjalkoja ei koskaan olisi liikaa."; MN 63/50 s. 28: "Sytyttäkää jokainen oma kynttilänne, kodikas, turvallinen, lämmin joulun valo."

619 Anna 20.12.66 s. 45: "Kohta huoneessa on vain sammutetun kynttilän sydämen vienoa tuoksua, putoavan kuusenneulasen ripsahdus...Joulutalo nukkuu onnellista unta."; KL 61 s. 1633 Vaasan Saippuan ilmoitus: "Minä puhallan joulun tuoksumaan. Oikean joulukynttilän tuntee tuoksusta, siitä tuoksusta, joka jää väreilemään huoneeseen, kun liekki on puhallettu sammuksiin."

620 MN 68/51—52 s. 32: "Mutta tuo ainoa oikea kynttilänvalo ja sen mukana rauhallisen joulun tunnelma on vielä saavutettavissa."

621 Astra Julen 61 s. 340—341 v. Kraemer: "Det bor längtan efter ljus i vårt väsen... Julen har många stämningsfulla symboler. En av de allra djupast menade är ljuset. En lysande låga som tänds för att sprida värme och vänlighet."; Astra Julen 64 Borgar: "Ljuset lyset... Ljuset värmer... Ljuset brinner ner. Det hör till dess väsen att ge ut sig själv för att lysa och värma och glädja andra. Också i det stycket är julljuset en strålande predikare om Jesus."

622 HP 61/12 s. 33 "Saxifraga": "Kyllä kynttilöittenkin valossa voi lukea joulukirjaa, kunhan niitä on vain tarpeeksi monta. Nojatuoli makeispöydän lähettyville, kynttilät palamaan ja kirja käteen."

kynttilöitä poltti. Piti olla tyylikäs kynttilä. Monet kynttilät ovat suorastaan tyrmistyttäviä eivätkä näin luokaan oikeaa tunnelmaa.[623] Kynttilät sopivat mainiosti myös lahjoiksi.[624]

Jos 1930-luvun kiireinen ihminen jo tarvitsi kynttilöitten rauhoittavaa vaikutusta, niin tarvitsipa sitä lehtien mukaan toki 1960-luvunkin kiireinen henkilö kiireisen päivän päätteeksi. Kynttilä oli suorastaan stressiä poistava tekijä.[625] Samalla se oli suomalainen perinne.[626]

Ja nyt tulee 1960-luvun paradoksi. Kiireinen ihminen tarvitsi kynttilän rauhoittuakseen, mutta lehdet lisäsivät kiireisen kiireitä, sillä nytpä kuuluikin asiaan tehdä kynttilänsä itse. Kynttiläin valmistaminen oli hauskaa ja oikeastaan helppoakin.[627] Lapsetkin pitivät kynttilänteosta ja oppivat niitä tekemään.[628] Kynttilänteko viritti tekijät entisajan joulujen tunnelmiin.[629] Käsityö oli arvokasta[630] ja sopi lahjaksi.[631] Lisäksi se oli edullista ja soi luomisen iloa.[632]

---

623 MN 68/51—52 s. 32: "rauhallisen joulun tunnelma... alkaa tavallisella valkoisella kruunukynttilällä tai muutamalla antiikkikynttilällä."; KL 62 s. 1734 Toikka-Karvonen: "Mutta kynttilänkin on jouluna oltava juhlallinen ja ryhdikäs... Kaikenlaiset moniväriset, kruusatut, kierretyt kynttilät... ovat kaikkea muuta kuin juhlallisia. Kerrassaan tyrmistyttäviä... ovat tontun, merimiehen, noppakuution, olutlasin, kukan muotoiset kynttilät."

624 HP 16.12.65 s. 56: "Jouluna sytytämme monta kynttilää ja annamme lahjaksikin."

625 Anna 14.12.65 s. 5 Juhavan ilmoitus: "Kynttilä on ystävänne. Antakaa sen olla mukananne. Kiireisen päivän päätteeksi suokaa itsellenne rauhallinen tuokio jouten oloon: istukaa vain, katselkaa kynttilän liekkejä ja rentoutukaa... Ja arkipäiväkin alkaa iloiten, kun aamun kahvipöydässä loistaa kynttilä. Kynttilä on iloisia ajatuksia."; OK 60/4 s. 3: "Nykyisen hermostuttavan kiireen aikana me voimme niiden avulla luoda ympärillemme hiljaista, hyvää tekevää, mietiskelevää rauhaa, 'onnellisen olemisen' olotilan, jossa ei tapahdu mitään, mutta on vain niin ihmeellisen hyvä olla."; OK 61/4 s. 4 Niilonen: "Niistä on tullut meille kiireellisille ihmisille rauhoittavan ja juhlistavan tunnelman luojia."; Astra Julen 61 s. 340—341 v. Kraemer: "Det är rogivande att se på en öppen eld, ett fladdrande ljus."

626 OK 61/4 s. 4 Niilonen: "Jouluna ne palavat jälleen, ja niiden tuike on kuin ketju uusia helmiä siinä kynttilöiden nauhassa, joka maassamme on palanut monen monien sukupolvien aikana valaisten ja mieliä lämmittäen."

627 MN 65/51—52: "Kynttilänvalanta on hauskaa."; Mona-Lisa 64/12 s. 49: "Täksi jouluksi valamme itse joulukynttilät. Se on oikein rattoisaa puuhaa."; Anna 10.12.63 s. 34: "Tänä jouluna valetaan kynttilät itse. Se on hauskaa touhua."; HP 16.12.65 s. 56: "Kauniita kynttilöitä voi tehdä itse ja viettää hauskan illan niitä valaen."

628 MN 65/51—52: "Lapsetkin voivat olla kynttiläin teossa mukana."; Anna 10.12.63 s. 34: "ja niin helppoa, että lapsetkin voivat siihen osallistua."; Mona-Lisa 64/12 s.49: "ja mieluista etenkin perheen nuorelle väelle."

629 Anna 10.12.63 s. 34: "virittää meidät entisajan joulun tunnelmiin."

630 OK 63/4 s. 33: "Käsintehdyllä kynttilällä on kuten kaikella käsityöllä aivan toinen, lämpimämpi ja inhimillisempi tunnelma kuin meidän koneellistuneen aikakautemme tehdastyöllä. Siksi yhä vieläkin kastetaan kynttilöitä joulun alla niin meillä kuin muuallakin."

631 OK 66/4 s. 9: "ja kotitekoiset kynttilät ja kynttilänjalat ovat yhtä tervetulleita omaan käyttöön kuin lahjakääröihinkin."

632 Mona Lisa 64/12 s. 49: "Omassa 'tehtaassamme' valetut kynttilät tulevat monin verroin halvemmiksi kuin ostetut. Oman kynttilän loisteessa lämmittää mieltä 'luomisen ilo'."

633 Erityisen paljon on tehty pukkeja, mutta myös ukkoja, Celander 1925 hä. 4 s. 26 ja 1928 s. 145; Upplannissa tähtipojat kuljettivat näitä mukanaan, Keyland 1919 s. 71; Upplannissa oli myös tapana heittää aterian aikana sisään olkipukki, Keyland 1919 s. 80; olkiristejä on esiintynyt Smoolannissa, Celander 1928 s. 146; Olsson 1964 s. 97, Södermanland

634 Nilsson 1925 s. 31

635 Celander 1932 s. 94; Nilsson 1938 s. 39

636 Rehnberg 1957 s. 17

637 Rehnberg 1957 s. 14

638 Wegelius ja Wikman 1916 s. 146

Olkikoristeet

Ruotsissa on talonpojilla ollut runsaasti olkikoristeita. Niiden valmistus oli hyvää ajankulua.[633] On myös katsottu olkihahmojen edustavan sadonhaltiaa.[634]

Tällä vuosisadalla ovat olkikoristeet kokeneet Ruotsissa renessanssin, jonka luonne suurelta osalta on kaupallinen.[635] Etenkin olkipukista on tullut joulutunnelmaa luova, erittäin levinnyt kotiteollisuusartikkeli.[636] Rehnberg katsoo, että olki on hyväksytty nykykoristeiden materiaaliksi, koska sitä tiedetään ennen käytetyn talonpoikaiskodeissa ja se herättää näin ollen menneisiin aikoihin viittaavia mielikuvia. Oljesta on nykyisin valmistettu tähtiä, enkeleitä ja raamatunhistoriallisia hahmoja, joilla ei itsellään ole mitään kansanomaisia perinteitä. "Men pyntet behöver ju inte vara sämre för det", sanoo Rehnberg.[637]

Suomessa on jouluolkien ja oljista valmistettujen esineiden katsottu liittyvän toisaalta henkiuskoon, toisaalta hedelmällisyyskäsityksiin.[638] Närpiössä tehtiin jouluksi olkiukkoja.[639] Ahvenanmaalla heitettiin jouluaattona olkipukkeja piloillaan naapureille.[640]

Olkinen kaitaliina on tullut käyttöön 1940-luvulta lähtien. Tässä oljen renessanssin ohella lastun renessanssia tuomaanristin muodossa. Olohuoneen sohvapöydällä näiden lisäksi joulukukkia.

A table runner made of straw dates back to the 1940s. This straw renaissance is here supplemented by the renaissance of wood shavings in the form of the Cross of St. Thomas. In addition, this living room table is decorated with flowers.

---

639 SLS Nä 215/4
640 SLS Ec ja Ha 192/14

Lehdistöön olkikoristeet saapuivat 1930-luvulla — himmelin käsittelen kokonaan erikseen. Olkikoristeet muodostuivat heti markkinoille tullessaan 30-luvulla muotitavaraksi, joka "sopi jouluun"[641] ja joka "meni kuin kuumille kiville." Tämä johtui tietysti suomalaisista perinteistä.[642]

1940-luvulla tuli jo olkiliinakin muotiin. Sen ja olkien yleensäkin katsottiin "levittävän aitoa joulutunnelmaa",[643] ja oljet ovat ihana materiaali, josta voi itse luoda hienoja koristeita.[644] Olkien historiaa mietittiin. Se johti kirjoittajien mielestä toisaalta vanhaan suomalaiseen (Sic!) pakanuudenaikaiseen henkien eli vainajien juhlaan, toisaalta kristilliseen perinteeseen, seimiaiheeseen.[645]

Tonttu

Tonttu nykymuodossaan Suomessa on sukua kahdelle ulkomaalaiselle jouluhahmolle, Norjan julenisselle ja Ruotsin tomtelle. Norjassa esiintyy kahdenlaisia julenissejä, iso, joka muistuttaa meidän joulupukkiamme ja pieni, kääpiömäinen, joka muistuttaa meidän tonttuamme.[646] Tämän nisse-nimen Bø arvelee tulleen Nikolauksesta,[647] Weiser-Aall taas johtuvan kansanuskon nissestä, kansanomaisesta kääpiömäisestä haltiasta, talon tontusta.[648]

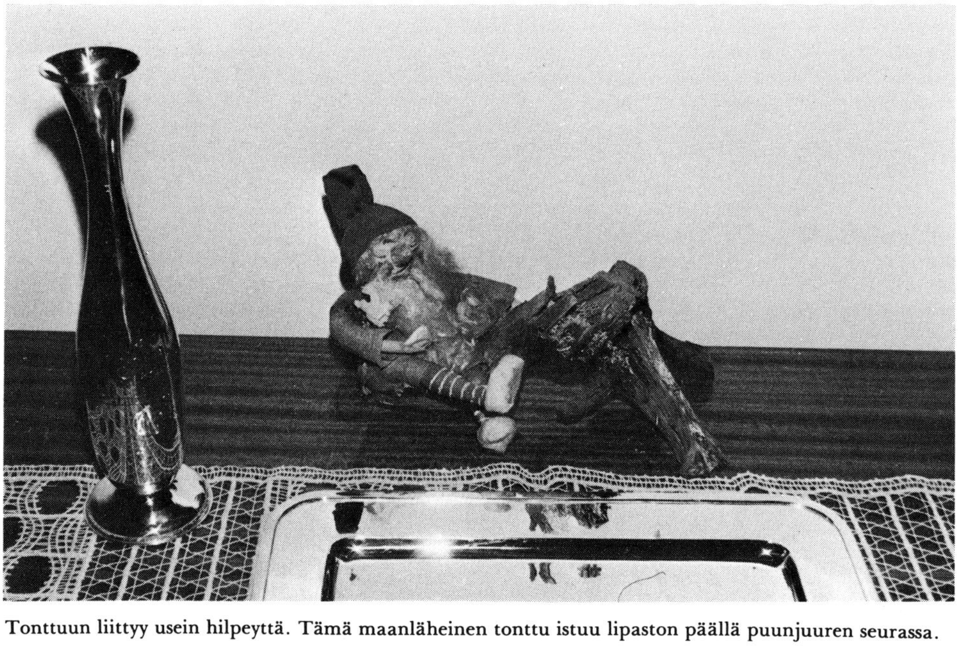

Tonttuun liittyy usein hilpeyttä. Tämä maanläheinen tonttu istuu lipaston päällä puunjuuren seurassa.

A gnome is often a gay figure. This rustic gnome on the cabinet is sitting next to the root of a tree.

Ruotsissa lahjojen tuojana on nimenomaan t o m t e n. Talon tonttu on jo vanhastaan käsitetty taloon kuuluvaksi hyväksi haltiaksi, jolle on jouluna annettu myös osuutensa joulun herkuista. Häntä on pidetty rakkaana ja tervetulleena.[649] Tonttu ei ole alunperin ollut lahjojen tuoja, vaikka onkin sitten saanut tämän roolin.[650] Lahjoja tuovan tontun historia alkoi 1870-luvulla, jolloin Viktor Rydbergin runo tontusta oli tullut kovin suosituksi ja perustettiin erityinen seurakin "Jultomtarna". Jenny Nyström alkoi piirtää suosittuja joulukorttejaan ja antoi tontulle sen tyypillisen hahmon.[651] Tontun asu, harmaa puku ja punainen hiippamyssy, on vanha pohjoismainen talonpojan puku.[652]

Suomen sana t o n t t u eli t o n t t i johtuu ruotsin tomten-sanasta ja on alunperin merkinnyt talon paikkaa. Se esiintyi ensin yhdyssanoissa kuten tomtråd ja tomtegubbe. Jälkiosa sanasta katosi sittemmin, ja sana sai persoonallisen merkityksen.[653]

Tonttua on kuvattu yksinäiseksi olennoksi, talon haltiaksi, joka asui milloin riihessä, milloin saunassa, tallissa, navetassa, myllyssä tai ullakolla. Sitä on kuviteltu äreäksi äijäksi, joka helposti riitaantuu muiden tonttujen kanssa. Paikoin on tonttua ajateltu isoksi ja yksisilmäiseksi, paikoin kääpiömäiseksi. Tonttu on myös paikoin käsitetty varallisuuden tuojaksi, ja sille on Suomessa jo vanhastaan jätetty jouluna sahtia ja syötävää.[654]

Lahjoja tuovan tontun historia maassamme alkaa v. 1881, jolloin Helsingissä painettiin ruotsinkielellä alunperin saksalainen lastenkirja, missä pienet kääpiömäiset tontut esiintyivät lahjojen tuojina suuren joulu-ukon kanssa.[655] On myös syytä olettaa, että Viktor Rydbergin kirja, jonka Jenny Nyström myöhemmin kuvitti, olisi

---

641 KL 37 s. 934: "Olkitähdet sopivat joulukuuseen ja joulupöytään."

642 KL 38 s. 887 Helminen: "Jouluoljet ovat suomalaisille niin rakas jouluperintö, että ne kaikin mokomin tahdotaan saada näkyviin. Pienet lintulyhteet, pienet pukit, kaikki mikä suinkin olkea on, menee joulumarkkinoilla kuin kuumille kiville."

643 OK 44/4 s. 30—31

644 HSM 43/11 s. 44 Dyhr: "Ett härligt material för julprydnader är halmen. Den gör sig utmärkt både i den glänsande halmlöparen på julbordet såväl som till prydnaderna i granen och ger ett hemtrevligt och gediget uttryck."; HSM 44/11 s. 183 "S.M.W.": "Men det är också trevligt, om vi kan få något nytt, något som vi själva har gjort... halm, som är ett utmärkt material till julprydnader. En stjärna av tröskade rågax... En lykta av 12 strån är, trots att den är så enkel, mycket dekorativ i granen."

645 HSM 43/11 s. 44 Dyhr: "Julhalmen har traditioner från hedentiden, samtidigt som den utgör en påminnelse om Kristusbarnets...bädd i krubban, varför den också har en djupare betydelse för oss."; HP 44/12 s. 6 Bergroth: "Ennen kristinuskon tuloa vietettiin Suomessa keskitalven juhlaa, joka oli pyhitetty hengille, etenkin vainajille... Vainajia koetettiin saada viihtymään... Muutamat oppineet otaksuivat, että olkien levittäminen lattialle oli sekin tätä suuren hiljaisuuden tavoittelemista. Toiset kyllä otaksuivat, että se on puhtaasti kristillinen tapa, seimen muistoksi syntynyt."

646 Weiser-Aall 1954 s. 20; Bø 1970 s. 49

647 Bø 1970 s. 49

648 Weiser-Aall 1954 s. 12

649 Celander 1928 s. 211—212

650 Vertaa ruotsalaisen tontun historiaa, Svensson 1969 s. 110—121, v. Sydow 1935; jo 1850-luvulta "nisse" oli pilalehtihahmo Tanskassa ja Ruotsissa, Berglund 1958 s. 160, 170—171

651 Rehnberg 1957 s. 22

652 v. Sydow 1935 s. 139

653 K. Krohn 1915 s. 94

654 M. Haavio 1938 s. 17—27 ja 1942 s. 115—123

655 Weiser-Aall 1954 s. 14

Tonttu on suomalaisen joulun rakkain koristemotiivi, satuhahmo, joka esiintyy monissa paikoissa. Tässä on punaisia pahvista leikattuja tonttuja ikkunaan liimattuina koristeina erään työpaikan, terveyskeskuksen ikkunassa. Ikkuna on atriumpihalle päin.

The Christmas gnome, tonttu, is the most popular Finnish Christmas motif. The picture shows gnomes cut from red cardboard and glued to the window of the Health Center.

saapunut tännekin (Lille Viggs äfventyr på julaftonen). Vuonna 1895 se julkaistiin suomalaisena käännöksenä, ja eräässä toisessa lastenkirjassa oli jo vuonna 1890 pikku tonttuja. Samana vuonna kuin ensimmäinen tonttuja käsittelevä lastenkirja Suomessa julkaistiin, siis v. 1881, pidettiin Ylioppilastalolla joulunäytelmä, jossa esiintyi pikku tonttuja.[656]

Pikku tontut esiintyivät sittemmin lahjojen tuojina joulujuhlissa. Esimerkiksi Helsingin Työväenyhdistyksen joulujuhlassa vuosisadan alussa tuli saliin oikea, kultasarvinen pukki, jonka seurueeseen kuului pikku tonttuja.[657]

Lehdistöön tonttu astui jo vuosisatamme alussa. Tonttu keskusteli kodikkaasti rouva Axelsonin kanssa ja puolusti joululahjatapaa.[658] Kuitenkin tontut vielä pitkään koettiin välistä uutuuksiksi ja nimenomaan muualta tulleiksi uutuuksiksi.[659] Jokunen silti suosittikin niitä.[660]

Tontut nähtiin välistä kaiken positiivisen ja perinteisen edustajina, välistä joulun symboleina, jopa "ikivanhana symbolina".[661] Niillä oli huomattavaa kasvatuksellista käyttöä,[662] ja ne sopivat erinomaisesti joulupöydän koristeiksi.[663] Lasten sopi pukeutua tontuiksi, ja tonttupukujen valmistusohjeita annettiin.[664] Mutta sopipa ylimmän valtiovallankin, eduskunnan, pikkujouluissaan pukeutua tonttumyssyihin jouluruokia syödessään.[665]

Tontusta annettiin myös informaatiota. Haavio kertoi, että tontun alkuperä on toisaalta H.C. Andersenin tonttusaduissa, toisaalta suomalaisten ja ruotsalaisten ikivanhoissa mytologisissa haltiakäsityksissä. Ruotsissa tontusta oli tullut jopa joulutapojen keskusolento. Haltiat liittyivät puolestaan vainajauskoon, ja näin tonttuuskoonkin liittyi sekä kunnioitusta että kammoa ja myös kodissa häärivän ja sen hyvinvoinnista huolehtivan kodinhaltian palvontaa.[666]

Tonttula on tonttujen koti. Tämän tonttulan rakentaminen oli koko perheen askare, ja se valtaa joulun aikaan kokonaisen pöydän. Tonttulassa näemme mm. tonttujen joulukuuset ja punaisen auton.

Gnomes live in a gnome house. The whole family took part in making this one, and at Christmas it occupies the whole table. They have their own Christmas trees and red cars.

---

656 Vilkuna 1969 s. 334–335

657 Salmela-Järvinen 1965 s. 211

658 HSM 03 s. 183 "M.N."

659 KL 39 s. 852: "Ei meidän jouluumme tarvita eikä siihen ole lupa tuodakaan uudenaikaisia keksintöjä, punaisia paperitonttuja, jouluaiheisia kaitaliinoja tai muuta, mitä ei ennen ole ollut."; KL 42 s. 634: "Miksi me suomalaiset levittäisimme joulupöytäämme vierasaiheisen kirjavilla tontunkuvilla painatetun paperipöytäliinan, kun meillä on paljon kauniimpaa omasta takaa."

660 KL 27 s. 726 "F.C.": "Meilläkin ovat joulutontut tulleet joulun seuduissa siksi tutunomaisiksi olennoiksi, että moni ehkä mielellään valmistaisi niitä kotinsa tai yhdistyksensä joulujuhlan hauskuuttajiksi."

661 KL 33 s. 16 "Tuulia": "Mikä sinä olet, oi tonttu? Sinun voimasi tulee varmaan vuosikymmenien takaa, siitä, mikä edellisten polvien kodeissa on ollut parasta, vankinta ja lämpimintä... Sinä olet kaikkien kotiemme hyvien ajatusten, kirkkaitten unelmain, terveen työn, elinkelpoisuuden, uskalluksen ja toivon summa."; KL 36 s. 957 Reponen: "Mutta toisaalta punalakkiset tontut valkoisen puuron ääressä ovat lapsuudesta asti edustaneet meille joulun värejä samalla tavalla kuin punainen lakka ja valkoinen käärepaperi, tulien loimu ja lumen valkeus."; OK 46/4 s. 32: "Joululla on jo ikivanhat symbolinsa: tontut, kellot, havut ja lyhteet, jotka vuodesta vuoteen puolustavat paikkaansa joulukoristeina."

662 KL 49 s. 624: "Näitkö, tonttulakki taas vilahti ikkunan takana. Ja mitä ihmeitä saa sen heilahdus aikaan. Se panee puuron menemään liukkaasti alas. Se lopettaa äkkiä kuohahtaneen kiukunpuuskan lyhyeen. Ja ennenkaikkea se vetää sykähdyttävän salaperäisyyden verhon kodin ylle."

663 KL 42 s. 643: "Punapukuiset, valkopartaiset, veikeät tontut tuovat iloa joulupöytiin."; KL 42 s. 698: "Korvikekynttilät antavat eloa pöytäämme tonttu-ukkojen käydessä piiriin niiden ympärille."; OK 54/4 s. 8: "Lasten joulutunnelmaan liittyvät tontut, kynttilät, piparkakkuporsaat, makeiset jne... Antakaamme heidän näpertää.. sieviä, hauskoja koristeita joulupöytään."; KL 63 s. 1714: "Huolitellun yksinkertainen, mutta värikäs jouluinen pöytä pienine tonttutyttöineen ja -poikineen antaa oikean joulun tunnelman."

664 MN 61/50 s. 31 Norros: "Olin aivan näkevinäni...pieniä tonttuja sadunkirkkaissa puvuissaan... Toivotan hyvää joulua — ehkä teilläkin on tänä jouluna monta pikkutonttua ympärillänne!"

665 Suomen Kuvalehti 56/51–52 s. 14–15

666 KL 42 s. 887 ja 704 Haavio

Jouluruokien syönti uutena vuotena

Uutta vuotta kutsutaan Kuusankoskella ja Kouvolassa yleisesti uudeksi jouluksi. Niin on sitä kutsuttu myös muualla Suomessa,[667] ja sen vietto on etenkin ruokapuolen osalta ollut Suomen talonpojilla hyvin samantapaista kuin joulun vietto, ei kuitenkaan yhtä juhlallista kuin jouluna.[668]

Säätyläisten muistelmista ei käy ilmi, että uutta vuotta tai sen aattoa olisi vietetty nimenomaan jouluruokia syöden. Sen sijaan kylläkin järjestettiin juhlia, välistä aattoiltana,[669] välistä uuden vuoden päivänä.[670] Lohjan pappilan uuden vuoden päivän tanssiaisten ruokalistankin tiedämme 1800-luvun alusta.[671]

L e h d i s t ö pohti uuden vuoden ruokaa 1930-luvulla. Vuonna 1930 oli vielä selvää, että syötiin jouluruokia.[672] Kolme vuotta myöhemmin jo pyrittiin vaihteleviin, keveisiin ja emännän töitä säästäviin ruokiin.[673]

Sitten kului kauan, ennen kuin uuden vuoden ruokaa alettiin miettiä. 1960-luvulla tarjottiin pieni kylmä illallinen vuoden vaihtuessa[674] tai järjestettiin "kunnon hipat".[675] Missään tapauksessa ei enää pitänyt syödä perinteisiä jouluruokia.[676]

---

667 Esim. Helminen 1932 s. 133 (Hartola); Helminen-Nordberg 1963 s. 114—115 (Jämsän seutu); Karila 1948 s. 270—271 (Tyrväntö)

668 Tyrvännössä uusi joulu oli miltei vanhan veroinen. Ruoat olivat samat kuin jouluna, Karila 1948 s. 270—271; Etolassa Hämeenläänin Koskella ei uusi joulu ollut niin suuressa kunniassa kuin ensimmäinen joulu. Samat ruoat tosin tehtiin kuin jouluksikin, Helminen 1930 s. 10; Orimattilassa ei uuden vuoden aatto vetänyt vertaa jouluaatolle, "vaikka se koettikin kohottaa joulutunnelmaa." Illallisruokana oli tavallisesti samaa kuin jouluaattonakin, Hästesko 1910 s. 181; Punkalaitumen Oriniemessä vihdottiin myös tavallista aikaisemmin, koska oli juhlan aatto. Sitten syötiin e h t o o l l i n e n, joka ei kuitenkaan ollut niin moniruokainen kuin jouluna, Kotikoski 1912 s. 86; Raippaluodossa vietettiin uutta vuotta joulupyhien jatkona. Aattona syötiin riisipuuroa ja kalaa, joka oli joko tuoretta kalaa tai lipeäkalaa. Nuoriso kävi nyt heittämässä vastalahjat niille, joilta olivat itse saaneet joululahjan, Sjöberg 1916 s. 30—31; "Nyårsaftonen firades närmast lika högtidligt som julaftonen med god mat och dryck", Nordlund 1945 s. 81, Ahvenanmaa

669 Ruotsinmaalainen amiraali Tersmeden otti vuoden 1763 vastaan Helsingissä eräillä kello 4:ään asti kestäneillä kutsuilla, Tersmeden IV 1916 s. 175; seuraavana vuonna oli Tersmedenien kohdalla vielä pitempään, aina 8:aan kestäneet kemut edelleen Helsingissä, Tersmeden IV 1916 s. 194—195; vuonna 1819 viettivät Turun hienoston jäsenet kahdesti uutta vuotta, toisen kerran venäläisten kanssa heidän uuden vuotensa kunniaksi, Heinricius 1914 s. 120—121; uuden vuoden aattoa vietettiin vuonna 1829 komeasti paroni Klinckowströmillä Helsingissä eräänlaisten nyyttikutsujen merkeissä. "Champagnen rinner i strömmar.", v. Frenckell 1947 s. 153

670 Vuonna 1748 amiraali Tersmeden oli Ahvenanmaalla, jossa hän osallistui rovastin juhliin ja saattoi todeta jouluilojen olevan täällä niin samanlaisia kuin muuallakin, ettei pienintäkään eroa voinut havaita, Tersmeden IV 1916 s. 19; Oulussa maaherra järjesti Ruotsin vallan aikana kotonaan uuden vuoden päivänä jo varhain aamupäivällä alkavat kutsut, joihin kaikki Oulun johtavat perheet kerääntyivät, Halila 1953 s. 677; Turussa järjesti vuonna 1819 rikas kauppaneuvos Gestrin mitä komeimmat uuden vuoden tanssiaiset korttipeleineen ja illallisineen, Kapten Puff (Pinello) 1868 s. 99—100; Liuksialan kartanossa oli 1830- ja -40-luvuilla tapana pitää uuden vuoden päivänä tanssiaiset, Meurman 1909 s. 39—40; vuonna 1830 uuden vuoden päivänä Helsingissä kokoontui Helsingin ylhäisö uuden vuoden kutsuihin, joissa oli lapsetkin mukana ja joissa jaettiin 140 lahjaa, v. Frenckell 1947 s. 154

671 Kello 11 (23) tarjottiin frakkipukuisille ja krinoliinihameisille vieraille illallinen, johon kuului voileipäpöytä, olutta, pikku ryyppy ja yksi, korkeintaan kaksi lämmintä ruokaa. Kahvia ei tarjottu, mutta vanhoille miehille tarjottiin totia ja nuorille punssia, G.A. Helsingius 1927 s. 24—25

672 KL 30 s. 1059 Suninen: "Uudenvuodeniltana ja monin paikoin loppiaisiltanakin uudistuu jouluillan ruokaohjelma joskin vähemmän juhlallisin menoin."

673 KL 33 s. 28 Helaakoski: "on seuraavassa ruokalajit tahallisesti järjestetty hieman keveiksi... Pääseikkana valinnassa on ollut vaihtelevaisuus, ruokalajien nopea tai muuten käytännöllinen valmistustapa. Näin jää nykyisellekin ruoanvalmistajalle aikaa...perheseurusteluun."

2.2.1.2. Yleiset tavat, jotka olivat enemmän ruotsinkielisten suosiossa

Yleisiä tapoja, joita ruotsinkieliset suosivat merkitsevästi enemmän kuin suomenkieliset, olivat joulun toiseen näytökseen kuuluvat joulukirkko, joululiina, glögi ja ovikoriste sekä kolmannen näytöksen kolme uuden vuoden vastaanottotapaa: tinanvalanta, maljanjuonti ja suudelmat. Joululiina on jo käsitelty.

Joulukirkko

Joulukirkossa käynti on kautta kristityn maailman ollut yksi joulun tärkeimmistä ohjelmista. Suomessa on vanhastaan tapana järjestää joulujumalanpalvelus joulupäivän varhaisille aamutunneille.[677] Kaupungeissa on jouluaattona pidetty iltapäiväjumalanpalveluksia ainakin 1880-luvulta lähtien.[678]

Kirkossa käynti on ollut aivan yleinen tapa jouluna sekä talonpojilla että säätyläisillä.[679] Kirkkoon menivät ilmeisesti nekin, jotka eivät siitä sen suuremmin nauttineet, koska paljon on myös kertomuksia järjestyshäiriöistä joulukirkossa.[680]

L e h d i s t ö s s ä joulukirkkoa muisteltiin 1920-luvulla haikeansuloisena lapsuuden elämyksenä, jossa kirkas juhlavalaistus ja virrenveisuu tekivät lähtemättömän vaikutuksen.[681] Kirjoitusten johtoajatuksena oli tietenkin se, että itsekukin jatkaisi tätä lapsuuden kaunista tapaa ja ottaisi omat lapsensakin mukaan joulukirkkoon suodakseen heille saman elämyksen.

---

674 MN 61/51—52 s. 60: "Pieni illallinen klo 12:n lyömällä...Tarjoamme lämmintä tunnelmaa ja kylmää ruokaa."

675 HP 18.12.69 s. 47: "Tervemenoa vanha vuosi, nyt toivotetaan uusi vuosi tervetulleeksi. Eikö sen kunniaksi kannatakin pitää kunnon hipat."

676 MN 67/1 s 66 Sirkiä: "Uuden vuoden ja loppiaisen tarjoilussa ei enää noudateta suomalaisen joulun perinteellistä linjaa. Nyt tarjoillaan nuorekkaasti eikä kovin juhlavasti."

677 Paikoin on järjestetty kaksikin aamujumalanpalvelusta. Esim. Suursaaressa oli varhaisempi kirkko kello kuudelta, myöhempi yhdeksältä. Näin mahtuivat kaikki mukaan, Peltola 1960 s. 369

678 1880-luvulta lähtien on Vanhassa Kirkossa Helsingissä ollut aattohartaus kello 17, Bergholm 1944 s. 242; saksalaisessa kirkossa Helsingissä oli samoin kello 17 ainakin jo v. 1895, Ahde-Kjäldman 1964 s. 117—118; Krohnin perhe suosi myös iltakirkkoa, G. Krohn 1967 s. 180

679 1700-luvulla kävivät säätyläisetkin tunnollisesti joulukirkossa, vaikka saarnakin kesti monia tunteja, Mäkeläinen 1972 s. 110; 1820-luvun Helsingissä joulu ei ollut harras juhla. Maaseudulla sen sijaan mentiin tällöinkin joulukirkkoon. Asenteet muuttuivat pietismin ja romantiikan myötä v. Frenckell 1943 s. 375

680 Kainuun mailla "uskoton kansa ryyppäsi viinaa" sekä kirkkomatkalla että kirkonmäellä, Paulaharju 1958 s. 174—175; Somerolla 1860-luvulla joukko mummoja maisteli e l ä m ä n e l i k s i i r i ä niin runsaasti, etteivät he lopulta tienneet, olivatko jo kulkeneet kirkon ohi, Aaltonen 1958 s. 570; Kymin kirkossa löi eräs renki toista joulukirkossa v. 1657, koska tämä nukkui. Loppiaisena lyöty kosti ja mojautti vuorostaan lyöjää; Kuopiossa oli jouluna 1669 ehtoollisvierailla niin kiiru pois, että he olivat vähällä polkea saarnan jälkeen erään vanhan mummon kuoliaaksi, Simolin 1909 s. 278; vuonna 1923 Yläneen kirkossa nuoriso rymisti niin, että poliisin oli mentävä rauhoittamaan, J. Haavio 1973 s. 44

681 KL 29 s. 986 Virkkunen: "rakkaita muistikuvia, ennen kaikkea käyntimme kotipitäjän joulukirkossa, johon isän ja äidin turvallisessa seurassa pääsimme. Tuo vanha juhlallinen pyhättö otti meidät lapsetkin ikäänkuin avoimin sylin vastaan... Me näimme sen olevan kirkkaassa juhlavalaistuksessa ja ääriään myöten täynnä harrasta juhlakansaa."; KL 29 s. 987 Voipio: "Vai saatiinko jo pieninä päästä mukaan joulukirkkoon, jossa monilukuisten kynttiläin loiste ja vielä monilukuisemman seurakunnan valtava virrenveisuu jäivät unohtumattomasti mieleen?"

1930-luku ei joulukirkosta kirjoitellut, ja kun 1940-luku koitti, oli kirjoituksissa pessimistinen sävy. Mahtoiko joulusaarnalla olla mitään merkitystä?[682] Saman vuosikymmenen lopulla oli samalla kirjoittajalla jo optimistisempi mieli. Ehkemme olekaan niin epäuskoisia kuin luulemme. Ehkä siirrämme sukupolvelta toiselle jotain harrasta.[683] Toinen kirjoittaja kehotti niitäkin, jotka muuten eivät käy kirkossa, nyt jouluna viemään lapsensa kirkkoon.[684]

1950-luvulla ei niinkään enää ajateltu lapsia ja heidän jouluaan. Nyt oli havaittu, että joulukirkko oli hyvä asia kiireisille ja stressatuille ihmisille.[685] Joulukirkon oikea hetki "kiireisenä nykyaikana" on jouluaaton iltapuolella ennen kotien joulunvieton alkamista.[686] Joulukirkko on itse kullekin tie takaisin lapsuuteen, sen uskoon ja lapsenmielisyyteen.[687]

1960-luvulla surtiin sitä, että monet karsivat joulustaan pois sen varsinaisen sisällön, johon joulukirkkokin kuuluu.[688] Kuitenkin joulukirkko on osa suomalaista joulua, meidän kansallista perintöämme. Suomalainen joulu on aina ollut vakava.[689]

---

682 HP 40/joulunumero s. 6 Bergroth: "Kirkossa kuultuna joulusaarna on omalla tavallaan todellinen, ja se sopii koko siihen ympäristöön ja jätetään lähtiessä sinne omaan arvoonsa. Ulkona maailmassa sitä ei ole olemassa, se ei vaikuta poliittiseen elämään, ei talouselämään (paitsi että siitä tehdään rahaa), ei tieteeseen eikä yleensä taiteeseenkaan."

683 HP 48/12 s. 5 Bergroth: "Mutta ehkä ne, jotka luulevat olevansa 'epäuskoisia', lopultakaan eivät ole niin epäuskoisia kuin luulevat! Ehkä he sittenkin antavat lapsilleen henkistä ravintoa elämän ajaksi. Ehkä he ottavat itse sen ravinnon etäisistä lapsuudenjouluistaan ja ojentavat sen sitten lapsilleen, tietämättä, että heidän joulutunnelmansa on perintöä aikaisemmalta aikakaudelta."

684 KL 48 s. 623 "Isoäiti": "Onko teidän joukossanne... ainoatakaan, joka uskaltaisi riistää omalta lapseltaan tämän pyhimmän joulumuiston? Jos teillä itsellänne onkin kasvanut umpeen kirkkotie, niin avatkaa se ainakin nyt, jouluna. Antakaa lapsillenne se muisto, että he isän ja äidin taluttamana kerran kulkivat jouluaattona yhdessä valaistuun joulukirkkoon. Se on kirkas muisto, joka säilyy."

685 MN 58/12 s. 9, pääkirjoitus: "Tämän vuosisadan ihminen kaikkine kiireineen ja nykyaikaisine ajatuksineen kaipaa ennen muuta vanhan kunnioitetun joulukirkon harrasta tunnelmaa."

686 KL 51 s. 813 Helminen: "Joulukirkko on juhlan keskipiste ja huippukohta... Kiireisenä nykyaikana on ihmisille hyväksi, että siirtyminen arjesta juhlaan tapahtuu jouluaaton iltapuolella jo ennen kuin kotien joulunvietto alkaa. Käydään haudoilla, muistetaan vainajia, mennään perhekunnittain jouluaaton jumalanpalvelukseen."

687 E. 58/12 s. 3 Viro: "Niille, jotka käyvät vain jouluna kirkossa... Joulukirkko on tie takaisin lapsuuteen... lapsuuden uskoon, lapsenmielisyyteen... Sinne sittenkin täytyy mennä etsimään paennutta lapsuuttaan ja ammoin paennutta lapsuuden uskoa... Ja myös tulin antaakseni lapsilleni mahdollisuuden omistaa sen uskon, jota minulla itselläni ei enää ole mutta jota niin syvästi kaipaan... Täytyy olla Jumalankin maailma... Kaikista näistä syistä palaan lapsuuteni joulukirkkoon."

688 MBL/HSM 62/12 s. 16—17: "Men på många håll håller vi på att tappa bort julevangeliet, julpsalmerna och -sångerna och t.o.m. julottan. Just det som är julens verkliga innebörd."

689 KL 62 s. 1962 Toikka-Karvonen: "Suomalainen joulu on aina ollut vakava... Suomalaiseen jouluun kuuluu joulusauna, joulukirkko, käynti hautausmaalla, missä tuhannet kynttilät lepattavat hankien keskellä, jouluateria, joulun tutut, koskaan kulumattomat laulut, joulukuusi ja tietysti myös joulupukki."

690 Feilberg I 1962 s. 290

691 Esim. Agnsäter 1964 s. 117

692 Esim. Olsson 1964 s. 130: madeiraa, ranskalaista konjakkia ja arrakkia, valmistusastiaksi hopeakattila

693 Itä-Göötanmaalla oli järjestettävä kesken joulujumalanpalveluksen tauko, jolloin säätyläiset keittivät glögiä pitäjäntuvan kaakeliuuneissa, Olsson 1962 s. 92; glögi on myös kuulunut tehdaspaikkakunnan säätyläisten talvisten rekiretkien ohjelmaan, Hallerdt 1957 s. 178

694 Regnan pitäjässä kulkivat 1840- ja 50-luvuilla pojat talosta taloon glögiä mukanaan ja laulaen Tapanin laulua. Kun sitten välipäivät koittivat ja järjestettiin tanssit, näissä tarjottiin glögiä, Hagberg 1927 s. 3; Upplannissa glögiä tarjottiin joulutansseissa 1860-luvulla juhlallisissa puitteissa, Keyland 1919 s. 73 ja 82; smoolantilaisissa kodeissa glögiä juotiin tapanina jo aamusta, Keyland 1919 s. 37; länsi-Göötanmaalla glögiä tarjottiin joulukirkosta palaaville jo pihalla, ennen kuin he ehtivät nousta reestä ylös, Keyland 1919 s. 47

Glögi on Ruotsista tullut tapa, joka on yleistynyt sotien jälkeen. Tässä Ruotsista tuodut glögiastiat.

Spiced wine, g l ö g i, is an originally Swedish custom which started spreading after the war. The cups are Swedish.

Glögi

Glögillä tarkoitetaan yleensä viinistä ja viinasta valmistettua, kuumaa, maustettua joulujuomaa.[690] Myös alkoholittomia glögejä esiintyy.[691] On esiintynyt myös mitä kalleimpia ja hienoimpia reseptejä.[692] Glögin käyttö tunnetaan Ruotsista 1800-luvulta lähtien. Sitä suosivat säätyläiset[693] ja myös talonpojat.[694]

Suomessa glögi ei ole esiintynyt sen paremmin talonpojilla kuin säätyläisilläkään.[695] Se on tyypillinen novaatio, joka varmaankin on tullut Ruotsista.[696] Se on usein opittu nuoremmilta tai naisten lehdistä.[697]

Jouluglögi esiintyi l e h d i s t ö s s ä jo ennen sotia, 1930-luvulla. Se oli kaupallinen tuote, jota markkinoitiin vanhana tapana.[698]

1940-luku tuli ja meni eikä glögiä tarvittu, ehkei kaivattukaan. 1950-luvulla oli Jalostaja alkanut markkinoida omaa jouluglögiään ja sanoi glögiä "perinteellisek-

695 Ainoa muistelija, jonka tekstistä olen löytänyt 'jouluglögin' on hämeenlinnalainen Akseli Salokannel 1964 s. 177, mutta tekstistä käy ilmi, ettei suinkaan ollut kyse varsinaisesta glögistä.

696 Esim. suomalainen diplomaatinrouva tutustui glögiin Ruotsissa viettäessään joulua 1929 lähetystön virkailijoitten kanssa, M. Ivalo 1973 s. 191

697 Suuronen 1973 s. 8

698 Astra 32/24 s. 572 monien liikkeiden yhteisilmoitus nimeltä "Amanda Espgren och hennes julbord":

"En jul förutan glögg? Det vore skada;
då Nordfors Julglögg fås i var butik!
Den varma drycken hör till julens glada
och goda gåvor! Gammal sed ej svik!"

si".[699] Tällaiset valmiit glögit havaittiin kuitenkin kalliiksi, jos niitä tiuhaan käytti. Syntyi tarve laatia alkoholittoman glögin reseptejä. Silloin sitä voi käyttää vilujuomana muulloinkin kuin jouluna.[700]

1960-luku oli sitten kirjoituksista päätellen glögin todellisen läpimurron vuosikymmen. Se oli nyt mitä suositeltavin juoma, eräänlainen cocktailin vastike, jota käytettiin jouluateriaa odoteltaessa.[701] Myös voi järjestää varsinaiset glögikutsut joulun aikaan.[702] Nopeasti piipahtaville vieraille se on oivallinen tarjoilu.[703] Aikuiset juovat glögiä jouluiltana pantuaan lapset ensin nukkumaan.[704] Glögistä oli tullut muotiasia ja vähän juhlallinen ohjelmanumero. Raittiinkaan ei tarvinnut olla ilman glögiä.[705] Näkipä eräs lehti glögitavassa syvällistä symboliikkaakin. Se kirjoitti: "Tumma pöytä on glögipöytä...Sitten on suuri valkoinen boolimalja, lämmin antamisen symboli."[706]

Glögin historiaa selvitettiin eräässä lehdessä. Jo 2000 vuotta sitten oli Apicius kirjoittanut keittokirjan, jossa oli kuuman, maustetun, punaviinistä ja hunajasta valmistetun juoman resepti. Ranskalaisessa keittokirjassa oli 1000 vuotta sitten toinen yhtä käyttökelpoinen resepti. Glögin pohja on siis ikivanha ja peräisin Välimeren viinimaista. Rusinat ja mantelit ovat ruotsalainen lisä.[707]

Ovikoriste

Ovikoristeen kotimaana pidetään Yhdysvaltoja.[708] Ruotsin osalta olen seurannut asiaa tukholmalaisesta Husmodern-lehdestä. Siinä on vuodesta 1924 lähtien kuvattu useaan otteeseen jouluseppeleitä, mutta vasta vuonna 1950 ensi kerran kehotettiin asettamaan seppele ovelle.[709] Sen jälkeen lehti on lukuisia kertoja kuvannut ovikoristeita, ja vuonna 1957 — siis seitsemän vuotta ensiesittelyn jälkeen — lehti jo julisti tavan vanhaksi.[710]

---

699 HP 50/12 s. 3 Jalostajan mainos: "Siitä on tullut joulutapa...Perinteellinen Jalostajan jouluglögi, jossa ovat aidot glögimausteet, kuuluu jo kymmenissätuhansissa perheissä joulupöytään."; HP 51/12 takakansi Jalostajan mainos: "Joulun malja — hienomausteinen jouluglögi tulee Jalostajasta. Se sekoitetaan kiehuvaan veteen ja siihen voidaan lisätä muutama manteli tai rusina."

700 E. 59/12 s. 47 alkoholittoman mustaherukkaglögin resepti; KL 58/23 s. 54: "Jouluglögiä voisi erinomaisesti nimittää pakkas- tai vilujuomaksi, jonka nauttiminen on paikallaan muulloinkin kuin joulun tienoilla. Glögiekstraktista saa mainion juoman, mutta sen jatkuva käyttö tulee varsin kalliiksi. Yksinkertaiseen glögiin tarvitaan puna- tai mustaherukkamehun lisäksi vain sokeria ja mausteita. Rusinat ja kuoritut mantelitkin voi jättää pois."

701 MN 61/51—52 s. 31: "Pienelle sivupöydälle on katettu glögitarjoilu taloon tullutta sukua varten tarjottavaksi ennen kuin käydään varsinaiseen joulupöytään."; MN 67/50 s. 36: "Jouluruokien lämpiämistä odotellessa juodaan lasillinen kuumaa jouluglögiä."; Anna 16.12.69 s. 42 Salonen: "Tällainen se on, mieto, joulumieltä ja ruokahalua herättävä" (ehdotus nuoren parin jouluaterian alkajaisiksi)

702 MN 69/52 s. 66: "Glögikutsut liittyvät iloiseen jouluun. Hyvät ystävät kokoontuvat maistelemaan, juttelemaan, laulamaan ja nauramaan."

703 Anna 17.12.63 s. 59: "Nopeasti piipahtavia vieraita varten on kaikkein kätevintä järjestää esille vati hedelmiä ja pähkinöitä ja rusinoita ja tarjota sitten vain kuumaa jouluglögiä. Se on monille vieraille kaikkein mieluisin tarjoilu, sillä usein on kuitenkin juuri syöty kotona."

704 Anna 20.12.66 s. 43: "Aikuisten glögipöytä olohuoneen istuinryhmässä aattoiltana sitten kun lapset nukkuvat."

705 HP 60/12 s. 51 Kivirikko: "Joulunajan tapoihin on yhä enemmän alkanut kuulua myös jouluglögin tarjoaminen. Sitähän saa kaupoista myös alkoholittomana."; MBL/HSM 63/12 s. 23 "O & S": "Litet festligt och färdigt för helgen" (alkoholittoman glögin resepti)

706 Anna 21.12.65 s. 43

707 HP 16.12.65 s. 58 (Topi Törmän haastattelu)

Ovikoriste on Suomessa löytänyt kansallisia muotoja. Tässä materiaalina lastu, josta on muovailtu suomalaisen joulun rakkain hahmo, tonttu.

Traditional motifs and materials are also used for door decorations in Finland. Here t o n t t u, the dearest motif of Finnish Christmas, is made from wood shavings.

Husmodern on katsonut ovikoristeen tehtäväksi hyvän joulun toivottamisen.[711] Seppelten ohella on esitetty sydämen muotoisia koristeita. Myös punottua jättikoria on suositettu.[712] Koristetta ei lehden mukaan tarvitse välttämättä sijoittaa ovelle, vaan sen voi panna myös ikkunaan.[713]

Suomen osalta ovat oviseppelettä tutkineet Turussa Eenilä ja Laine. Turkulaisilla havaittiin tällöin kolme eri ovikoristetyyppiä. Jouluseppele ei liittynyt lapsiperheisiin. Se esiintyi etenkin sellaisissa pienissä taloyhtiöissä, missä asui ensimmäisen sosiaaliluokan perheitä, ja tapa oli ensin levinnyt ruotsin- ja sitten vasta suomenkielisille. Mitään syvällistä merkitystä turkulaistutkijat eivät nähneet koristeessa, vaan pitivät

708 Vuorenjuuri 1968 s. 97; Eenilän ja Laineen mukaan alkuperäinen kotimaa on kuitenkin Englanti, mutta todelliseksi muotikoristeeksi oveen kiinnitetyn seppeleen muodossa misteli on kehittynyt Amerikassa. Muut pohjoismaat ovat levittäneet tätä s e p p e l k u l t t i a (Sic!) Suomeen, Eenilä ja Laine 1969 s. 3—4

709 Husmodern/Stockholm 50 no 52 s. 7: "Julen börjar vid dörren", se julisti kansikuvan ja neljän sisäsivun voimalla.

710 Husmodern/Stockholm 57/50 s. 45: "Dekorera er dörr i jul. En gammal sedvänja vid jul är att pryda sin dörr med en vacker dekoration."

711 Husmodern/Stockholm 55/50 s. 23: "Låt redan ytterdörren önska God Jul med sitt hjärta av lingonris". Kuvassa oli ovelle ripustettu puolukanvarpusydän; 62/51—52 s. 18—19: "Ett välkomnande helghjärta kan man binda av vilket ris som helst." Kuvassa oli taaskin sydämenmuotoisia ovikoristeita.

712 Husmodern/Stockholm 62/51—52 s. 18—19: "På dörren eller i fönstret passar en flätad jättekorg bra."

713 Vertaa ed. alaviitettä. Lisäksi Husmodern/Stockholm 58/48 s. 31: "lika lätt att hängas på en dörr som mot en fönsterruta," kuvassa puolukanvarpusydän ja -seppele.

sitä vain kauniina joulukoristeena, joka sellaisenaan on hyvä esimerkki joulutapojemme kansainvälisestä taustasta.[714]

Lehdistöstä olen Suomessa voinut seurata ovikoristeen voittokulkua aina vuodesta 1954 lähtien.[715] Niinkuin tässä ensiesiintymässäkin jo viitattiin, on lehtien mukaan ovikoristeen tehtävä meilläkin hyvän joulun toivottaminen.

Seppeleen lisäksi on esitetty tuohikonttia ovikoristeeksi.[716] Omin Käsin katsoi vuonna 1969 jo aiheelliseksi suositella suomalaiskansallista muunnosta.[717] Lehdet ovat kertoneet koristeen alkuperästä.[718]

Jouluseppelettä on myös suositeltu monikäyttökoristeeksi.[719] Onpa ovikoriste kerinnyt liike-elämän mainoskampanjoihinkin.[720]

---

714 Eenilä ja Laine 1969 s. 2—4. Ensinnäkin oli "kuusen tai katajanhavuista tai puolukanvarvuista valmistettu rengas". Koristeena siinä oli punaisia silkkinauhoja, joulukelloja, palloja, sieniä ja jopa kynttilöitä. Tätä seppeletyyppiä esiintyi myös muovista ja silkkipaperista valmistettuna. Toinen seppeletyyppi oli oljista palmikoitu, joko sydämen tai ympyrän muotoinen. Keskellä oli koristeena usein olkinen tonttu tai kippurasarvinen joulupukki. Kolmas seppele oli valmistettu kävyistä liimaamalla.

715 KL 54 s. 884: "Joulu on ovella. Joulun vieminen oven ulkopuolelle ilahduttaa vierasta ja ohikulkijaa. Palmikoiduista oljista ja tähkistä saa hauskan koristeen."

716 MN 18.12.63 s. 65: "Niin on hyvän joulun toivotus valmiina ripustettavaksi ovelle."; KL 65/24 s. 37: "Ulko-oven koristeena toivottaa tulijoille hyvää joulua pieni tuohikontti, joka on täytetty erilaisilla ikikukilla"; OK 68/4 s. 21: "On mukavaa, jos joulu tulee jo ovella vastaan... 'kranssin' muodossa."

717 OK 69/4 s. 21: "Oveen ripustettu jouluseppel on meillä viime aikoina yleistynyt ulkomaisten esikuvien mukaan. Kotimainen katajanoksa ja siihen lahjapaketin mukana ystävältä saatu muutama paperikukka koristeeksi kiinnitettynä voisi olla suomalaisen kodin jouluoven koriste."

718 HP 57/12 s. 63 "H.V.": "Kimaltelevin palloin ja loistavin kelloin koristettu rautatammiköynnös riippuu monien amerikkalaisten kotien ulko-oven päällä joulun aikaan."; HP 59/12 s. 37 Sassi: "Anglosaksisissa maissa, Ruotsissa ja meilläkin jo monissa kodeissa on tapana kiinnittää ulko-oveen ...seppel joulun merkiksi."

719 Marthabladet/Husmodern 59 s. 13 Uggeldahl: "Kransen kan läggas på bordet som den här, hängas i taket eller på en vägg. Ja, ni alla som har egna dörrar på landet. Gör en liten krans och häng den på ytterdörren."

720 Kouvolan Sanomat 17.12.68 s. 3 Tavaratalo Ympäristön ilmoitus

721 Valkuaisesta on ennustettu siten, että ensin on tehty neulalla reikä vasta munitun munan suippoon päähän ja tästä on valutettu kolme pisaraa vesiastiaan. Valkuaisen muodosta tulkittiin samoin kuin tinan ja lyijyn muodostamista möhkäleistä, mitä tulevaisuus tuo tullessaan, Wright ja Lones III 1940 s. 291

722 Miles 1912 s. 332

723 Cornwallissa on valettu lyijyä juhannuksen keskipäivällä, Wright ja Lones III 1940 s. 18; Virossa on valettu tinaa sekä uudeksi vuodeksi että loppiaiseksi, Waronen 1898 s. 218 ja 221

724 Tersmeden IV 1916 s. 90: Tersmeden kuvasi uuden vuoden vastaanottoaan Ruotsissa kotikartanossaan. Heillä oli aattona vieraita, mutta joulupuuro syötiin jo hyvissä ajoin klo 21, jotta oltaisiin aamulla valmiita pukeutumaan onnentoivotuksia varten. Tämä koski miehiä. Naiset ja lapset jäivät lyijyä valamaan ja odottamaan kellon lyömistä. Tersmeden itse meni ylös huoneisiinsa, inventoi rahavaransa ja kiitti Jumalaa.

725 Celander 1928 s. 226

726 Nikander 1938 s. 42—44: Vöyrin kesäkäräjillä v. 1706 syytettiin papin vaimoa, erästä talonpoikaa ja papin renkiä edellisenä uuden vuoden aattona tapahtuneesta tinanvalamisesta. Pari nuorta miestä oli tuonut tavan Tukholmasta. Lyijy ja tina olivat Suomessa varhemmin harvinaisia ja kalliita. Sotilailla taas oli lyijyä, joten Nikander epäilee tavan alkaneen sotilaista.

727 Hästesko 1913 s. 233

728 Waronen 1898 s. 274

729 Karila 1948 s. 270—271

Tina

Kaikenlaiset enteet ja taiat ovat kautta maailman luonnostaan liittyneet uuden vuoden menoihin. Yleisimpiä ennustelutapoja on ollut tinan, lyijyn tai munanvalkuaisen valaminen.[721] Lyijyn valaminen on ollut suosittu aattokutsujen ohjelmanumero etenkin Saksassa.[722] Valaminen on paikoin liittynyt muihinkin päiviin kuin uuden vuoden aattoon.[723]

Ruotsissa lyijyn valaminen oli ylhäisöperheessä jo vuonna 1751 vanha tapa elikkä g a m m a l t k ä r i n g p r a t, niinkuin amiraali Tersmeden sen ilmaisi.[724] Lyijyä ja munanvalkuaista ovat käyttäneet valamiseen myös Ruotsin talonpojat.[725]

Nikanderin mukaan tinanvalu lienee tullut Suomeen 1700-luvun alussa.[726] Suomen talonpojilta on säilynyt paljon muistoja tinan valamisesta. Tapa oli Hästeskon mukaan yleinen kaikissa kansankerroksissa.[727] Waronen katsoo, että tapa on ollut yleinen kautta maan ja säilyttänyt selvän yhteyden henkien palvontaan, vaikka se lieneekin myöhäsyntyisempi.[728] Tyrvännössä uuden joulun aattoiltana valettiin tinaa ja nostettiin lautasia. Tinan valaminen oli vanha tapa, kun taas r o l l o n n o s t a m i n e n eli lautasleikki oli uudempaa.[729]

Tinan valu riippui tietenkin siitä, oliko saatavissa tinaa. Tinan valuun ja tulkintaan liittyi paikkakuntaperinteitä. Kaikki eivät valaneet tinaa. Paikoin se oli lähinnä

Tinat säilytetään esillä pitkään yli joulun. Useimmiten ne ovat takan koristeita. Suomeen lienee tinan valanta tullut 1700-luvun alussa.

The pieces of lead are kept long after Christmas, usually on the fireplace. The custom of pouring the molten lead is thought to have come to Finland at the beginning of the 18th century.

Modernein muoti tinanvalannassa on kaataa sula tina kovalevylle. Nämä litteät "design-tinat" saavat olla seinäkoristeina koko vuoden. Kynttilöitä on kodeissa eri muotoisia ja eri värisiä.

The most modern way is to pour the molten lead on a piece of hard cardboard. These flat "design leads" are left on the wall for the whole year. Note the candles in various sizes and shapes.

nuorten huvittelua.[730] Yleensä pidettiin tarkkaa järjestystä, kenelle ensin valettiin.[731] Kaikki eivät osanneet valaa tinaa, tai eivät halunneet. Tällöin kutsuttiin joku auttamaan joko valamisessa tai kuvien tulkinnassa.[732]

Vaikka tapa on useimmiten liittynyt uuteen vuoteen, on Suomessakin valettu tinaa paikoin muinakin päivinä.[733]

Säätyläiset ja kaupunkilaisetkin valoivat tinaa muistelmien mukaan sangen yleisesti. 1836 nimitti Topelius tapaa vanhaksi.[734] Toiset uskoivatkin tinan taikaan, toiset eivät.[735] Tinaa valettiin pappilassakin.[736] On se silti koettu synniksikin.[737] Tinanvalu oli toisilla rauhallisen perheillan ohjelmaa.[738] Toisilla se liittyi uuden vuoden vieraskutsuihin.[739]

L e h d i s t ö on kommentoinut tinanvalantaa vain pari kertaa. Se on "lasten iloksi".[740] On myös viitattu siihen, että siihen on varhemmin uskottu. Nyt se kuitenkin on enää pelkkä rituaali, jäänne.[741]

Uuden vuoden maljat

Maljan juonti uuden vuoden koittaessa on laajalle levinnyt tapa.[742] Suomen säätyläiset ovat voineet oppia maljan juontitapoja ruotsalaisilta.[743] Joka tapauksessa Suomen säätyläiset ovat juoneet uuden vuoden maljoja ainakin jo vuonna 1819. Uutta vuotta otettiin tällöin vastaan sekä Helsingissä että Turussa myös venäläisten kanssa heidän ajanlaskunsa mukaisesti. Näyttää siltä, että venäläisten tapojen saapuminen maahamme ei vähentänyt maljojen juontia, taisipa päin vastoin vauhdittaa asiaa.[744]

730 Pattijokelainen kertoja, Virtaranta 1964 s. 216; Halikossakin oli otettava tinanapit pöksyistä, "kunne tina mistä saattu", Kallio 1962 s. 51, 1880-luvulta; Konginkankaalla tinan valu oli yleistä, Helminen 1929 s. 76; Hauholla sanotaan vain joidenkin valaneen, Hämäläinen 1934 s. 290; Punkalaitumella lähtivät nuoret virsien veisuun jälkeen t i n n a a v a l l a a n, Kotikoski 1912 s. 86; Valkealan Vuohijärvelläkin tinanvalu oli nuorten huvitus, Aukia 1973 s. 24

731 Närpiössä valettiin ensin uudelle vuodelle, sitten perheenjäsenille ikäjärjestyksessä, ja viimeksi t o m t e g u b b e n i l l e, Långgård 1917 s. 91; Kainuussa valettiin tina ensin m a a n h a l t i a l l e, sitten isännälle, emännälle ja muille vanhimmasta nuorimpaan, lopuksi hevosille, lehmille ja lampaillekin, Paulaharju 1958 s. 175; jollei Tammelassa h a l t i a n l y k k y ä valettu ensimmäisenä, ei tullut ihmisille k o r e i t a k u v i a, Reponen 1929 s. 77—78; Etolassa Hämeessä v a l e t t i i n k u v i a ensin talolle, sitten isännälle, emännälle ja muille talon asukkaille. Helminen 1930 s. 10

732 Hartolassa kutsuttiin vanhoja naisia valamaan, Helminen 1932 s. 134; Kainuussa oli seurueessa yleensä aina joku s e m m o i n e n r o h v e s s o r i, joka osasi selittää mitä mikin tinakuva merkitsi, Paulaharju 1958 s. 175; Korpilapissa Sompiossa p o o v a r i saarnasi tinan salaisuuksia, Paulaharju 1939 s. 285; tinavedessä täytyi olla lunta Akonlahdessa, Jyrinoja 1965 s. 128; samoin oli Suur-Jämsässä, missä tina ennen sulatettiin m e h t ä m i e s t e n k u u l a n v a l u k a u h a s s a. Tinaa kaadettaessa ja tulkittaessa piti olla hyvin hiljaa, Helminen-Nordberg 1963 s. 114—115; Tulkinta oli yleensä hyvin samantapaista, rosoinen, j ä k ä l ä i n e n tina tiesi rikkautta. Akonlahdessa nähtiin tytöillä helposti sorokka, vanhuksilla ruumisarkku. Jyrinoja 1965 s. 128

733 Paikoin se kuului kekritapoihin, Snellman 1887 s. 168; Helminen 1929 s. 76—77; Tyrväällä valettiin tinaa 1850-luvulla pyhäinpäivän aattona, Warelius 1855 s. 99; Marttilassakin valettiin pyhäinmiesten päivänä. Ensin valettiin tontuille tai joillekin henkiolennoille, sitten isännälle ja emännälle ja lopuksi muille, Waronen 1898 s. 166; Pihtiputaalla suoritettiin valaminen jouluaattona, ensin m a a n h a l t i a l l e, sitten isännälle, emännälle ja muulle väelle, Waronen 1898 s. 197; Joroisissa valettiin vuonna 1886 loppiaisena, Waronen 1898 s. 220; Etelä-Hämeessä valettiin sekä uuden vuoden yönä että pääsiäisyönä, jokaiselle perheenjäsenelle erikseen. Paikoin katsottiin itse tinan muodosta, paikoin sen luomasta varjosta, mitä tulevaisuus toisi tullessaan, Waronen 1898 s. 214

734 Topelius 1932 s. 346

735 Birgitta Gadolin sai v. 1812 tinalaivan ja pääsikin matkalle, B. Gadolin 1971 s. 135—136; Hilja Haahti sanoi tinaa kiintoisaksi uuden vuoden leikiksi, Haahti 1956 s. 68

736 Tuulio 1966 s. 195

737 Viipurissa 1910-luvulla kokoontui perhe sukulaisineen saliin parhaissa vaatteissaan. Palvelustytötkin kutsuttiin mukaan tinan valuun, mutta toinen kieltäytyi, koska se oli hänestä syntiä, Arni 1953 s. 32—33

738 M. Ivalo 1973 s. 45

739 Vanhassa Raahessa seurueen nuoret herrat valoivat tinaa jokaiselle suvun jäsenelle, poissa olevillekin, Paulaharju 1925 s. 75; Katri Bergholmin kotona ei valettu tinaa, vaan erään m u s t e r i n kutsuilla, Bergholm 1944 s. 251; Ahteilla oli aattoiltana aina vakiovieraat, jotka valoivat tinaa lastenkin kanssa. Kiiltävä tina tiesi surua, Ahde-Kjäldman 1964 s. 125

740 KL 53/1 pääkirjoitus: "Olemme omaisten piirissä viettäneet uudenvuodenaaton, ehkä lasten iloksi valaneet tinasta 'onnemme' ja tähyilleet sen varjokuvaa seinältä."

741 "Tinan valaminen on muuttunut taiasta tavaksi. Se on rituaali niin kuin kuusen koristelu...Valaminen on kuitenkin hyvin vanha ja laajalle levinnyt tapa maassamme. Ja kerran sen yksinomaisena tarkoituksena ei ollut perheen hauskuttaminen uudenvuodenvalvojaisissa.", MN 69/1 s. 16—17 Lyytikäinen

742 Skotlannissa perhe tai seurue juo kuumaa alkoholijuomaa. Kaikki toivottavat toisilleen hyvää terveyttä ja onnellista uutta vuotta ja puristavat toistensa käsiä, Miles 1912 s. 327; Saksalaisetkin puristavat käsiä, juovat maljoja ja toivottavat P r o s i t N e u ' J a h r, Miles 1912 s. 322 ja Feilberg II 1962 s. 293; Brysselissä ravintolan isäntä tarjosi vuonna 1908 kaikille ravintolan asiakkaille sampanjat, Ylppö 1964 s. 26; Moskovan diplomaatit ottivat uuden vuoden vastaan vuonna 1936 juhlallisesti sampanjalasit käsissä Tanskan ministerin päivällisillä, M. Ivalo 1973 s. 353

743 Helsingissä ottivat Tersmedenit vuoden 1764 vastaan Ehrensvärdien kutsuilla, joissa juotiin kuninkaallisten maljat u n d e r m u s i q u e o c h s å n g, kellomäärää ei tosin mainita, Tersmeden IV 1916 s. 194—195

744 Turkulainen hovioikeuden asessori oli omana uutena vuotenamme eräissä tanssiaisissa. Siellä syötiin illallinen, mutta Winter ei kerro maljojen juonnista. Venäläisten kanssa vietetyissä vastaanottajaisissa sen sijaan tapahtui yöllä klo 12 "allmän uppståndelse" ja venäläisille toivotettiin hyvää uutta vuotta, Heinricius 1914 s. 120—121; Helsingissä pidettiin samaan aikaan "en stor middag i anledning av ryska nyåret med skålar i mängd i synnerhet för kejsaren och Rehbinder.", v. Frenckell 1943 s. 171

Sittemmin tapa on jatkunut.[745] Suomen talonpojat eivät tiettävästi ole juoneet uuden vuoden maljoja, eikä lehdistö ole kommentoinut asiaa. Maljan juonnilla vuoden vaihtuessa on siis yleiseurooppalainen tapatausta. Sillä on kuitenkin muutakin perinnettä. Muinaispohjoismaisen joulun juhlallisin hetki oli, kun isäntä esitti juotavaksi Kristuksen tai uuden vuoden maljan.[746] Lehdistö ei ole markkinoinut tapaa.

Uuden vuoden suudelmat

Suudelmat liittyivät seremoniaalisina juhlamenoina jo antiikin Rooman senaatissa uuden vuoden toivotuksiin.[747] Hienona hovitapana tapaamme ne Napoleon III:n hovista vuodelta 1852.[748]

Erilaisia suutelutapoja on ollut eri puolilla Eurooppaa.[749] Suomessa sen sijaan eivät suudelmat ole kuuluneet sen paremmin säätyläisten kuin talonpoikienkaan uuden vuoden seremonioihin. Eräs perhe tosin kertoo suurista halauksistaan.[750]

Myöskään lehdistö ei ole kertonut uuden vuoden suudelmista.

745 Topelius 1932 s. 346; 1910 joi drack det nya året till Gadolinien seurue isoäidin kutsuissa Emäsalossa, B. Gadolin 1971 s. 78—80; Annikki Arnin perheessä Viipurissa skoolattiin, Arni 1953 s. 33

746 Troels-Lund 1929—31 s. 41

747 Nilsson 1916—19 s. 53

748 Bilfinger 1901 s. 65. Hovi oli kokoontunut prinsessa Mathilde Bonaparten luo. Mukana oli tuleva keisarinna Eugenie äiteineen. Täsmälleen klo 24 kääntyi — vanhan ranskalaisen tavan mukaan, jota prinsessa Mathilde harrasti — jokainen kavaljeeri oikealla puolellaan istuvan daaminsa puoleen ja pyysi saada suudella tämän otsaa. Äitinsä kiellon takia Eugenie kieltäytyi keisarin suudelmasta, ojensi vain kätensä ja sanoi, ettei Espanjassa ollut sellaista tapaa. Keisari vastasi: "Hyvä señora, ensi uutena vuonna en kuitenkaan tule suutelemaan vain kättänne ja otsaanne, vaan saan myös suudella suloista suutanne."

749 Belgiassa kaikki joivat toistensa maljoja ja suutelivat toisiaan, Dobler 1962 s. 154; uuden vuoden suudelma mistelin alla on tyypillisesti englantilainen tapa, jolle analoginen tapa on esiintynyt Itävallassa. Siellä ripustettiin kattoon kuusen oksa ja kun erityisesti joku nuori, sievä tyttö tuli sen alle, riensi Sylvesteriksi pukeutunut henkilö häntä suutelemaan. Kello 24 ajettiin Sylvester yhteisvoimin ulos huoneesta, Bilfinger 1901 s. 65 ja Miles 1912 s. 274

750 Haahti 1956 s. 68: Kaikki perheenjäsenet muodostivat piirin käsivarret toistensa ympäri ojennettuina ja pyysivät toisiltaan anteeksi, mitä menneen vuoden aikana olivat toisiaan vastaan rikkoneet. Kyyneleet kohosivat silmiin ja toivotettiin toisille hyvää uutta vuotta.

751 Marokkolaisilla; espanjalaiset kylpivät meressä tai kieriskelivät kasteessa juhannusaattona, Westermarck 1913 s. 100; Portugali, Dias 1972 s. 511

752 Lehmann 1910 s. 609

753 Suolahti 1924 a) s. 17. Se on ollut elämää uudistava ja kuulunut niihin menoihin, joilla torjuttiin henkien pahoja tekoja ja suostuteltiin niitä tuottamaan menestystä talon asujaimille, karjalle ja pelloille.

754 Ainakin 1700-luvulla joulusauna esiintyi Norjassa, Troels-Lund 1929—31 s. 32; myöhemmin tapa muuttui niin, että tupaan tuotiin kylpyamme, jossa kylvettiin, ensin isäntä, sitten emäntä, lapset ja palvelijat, kaikki tyynni samassa vedessä, Feilberg I 1962 s. 145

755 Viron rannikon Eibokansa meni jouluaattona saunaan koko perheen voimalla. Lapsia lyötiin saunassa pajunoksilla, Feilberg I 1962 s. 191

756 Celanderin mukaan Tanskasta puuttuisivat tiedot joulusaunasta, Celander 1928 s. 108; Nilsson uskoo tavan olleen varhemmin käytössä Tanskassakin ja viittaa tanskalaisiin humoristisiin sananlaskuihin, Nilsson 1938 s. 29

757 Carlsson 1947 s. 113

758 Nilsson 1916—1919 s. 122

759 Nilsson 1915 s. 194; Värmlannissa jokaviikkoinen saunominen säilyi 1860- ja 1870-luvuille, suomalaismetsissä tälle vuosisadalle. Joulusaunominen säilyi tätäkin kauemmin, Keyland 1919 s. 88; myös Norrlannin suomenkielisissä pitäjissä on saunottu myöhemmin, Talve 1957 s. 48

2.2.1.3. Yleiset tavat, jotka olivat enemmän suomenkielisten suosiossa

Suomenkielisten suosiossa oli kolme yleistä tapaa, joulusauna, joulukoristeiden korjaaminen pois loppiaisena sekä haudoilla käynti, joka tosin oli vielä enemmän kontaktiryhmän suosima. Seuraavassa käsittelen joulusaunan, hautakynttilätavan, joulun loppumisen ja loppiaisen vieton.

Joulusauna

Erilaisiin juhliin liittyviä ja niitä edeltäviä seremoniaalisia kylpyjä ja puhdistusmenoja on selostettu kaukaisillakin kansoilla.[751] Joulukylvyn on väitetty periytyvän roomalaisten saturnaalioista.[752]

Juhliin liittyvä saunatapa on tavattu kaikkialla, missä saunakin. Se on ollut juhlan oleellinen osa, jonka uskotaan liittyneen uhraamiseen ja juhla-ateriaan. Tavan alkuperää on Suolahden mukaan etsittävä germaaneilta ja slaaveilta.[753]

Joulusaunomista on esiintynyt varmuudella Norjassa,[754] Virossa[755] ja mahdollisesti myös Tanskassa.[756] Ruotsissa saunat olivat keskiajalla aivan yleisiä.[757] Nilsson pitää joulusaunomista pohjoismaisena joulutapana.[758] 1700-luvulla sauna alkoi hävitä Ruotsista, mutta joulusaunatapa säilyi paikoitellen vielä pitkään tämänkin jälkeen.[759]

Joulusauna oli eri ryhmissä melko harvinainen, melko yleinen tai yleinen tapa. Oma saunahan kuuluu lähes jokaiseen omakotitaloon. Tässä saunan pukuhuone on koristeltu joulukuusen palloin.

The Christmas sauna was either rather rare, rather common, or common depending on the group. There is a sauna in nearly every house in Finland. Here the dressing room has been decorated with Christmas balls.

Saunojen hävittyä muuttui Ruotsissakin joulukylpy Norjan tapaan ammekylvyksi,[760] johon liittyi paikoitellen uskomuksia ja tapoja.[761]

Suomen talonpojilla joulusauna on ollut aivan yleinen joulutapa. Saunomaan on menty nimenomaan aattona ja saunominen on suoritettu kautta maan sangen varhaisesti, ennen hämärää, puolipäiviltä, hämypäivissä.[762] Paikoin mentiin saunaan vuorottain, paikoin koko väki yhdessä.[763]

Joulusaunaan liittyi paikoin erityisiä tapoja ja uskomuksia.[764] Aivan erityinen tunnelma vallitsi myös: "Kummallisinta oli se, että saunaan mentiin jo iltapäivällä. Koko kristillinen maailmanjärjestys näytti hiukan horjahtavan raiteiltaan, niin erottamattomasti sauna ja iltapuhde yhtyivät mielikuvissani. Kun tuli saunan uuniin sytytettiin jo puolen päivän tienoissa, tuntui se yhtä jännittävältä ja pelottavalta kuin omenavarkaissa olo tai kiroileminen... Mutta saunasta palattua olin jo ihan levollinen, saavutin uudenlaisen juhlamielen."[765]

Myös suomenruotsalaisille talonpojille joulusauna on ollut tärkeä.[766] Varhain oli myös ruotsinkielisten saunottava.[767] Aiemmin meni Lapväärtissä koko väki yhtaikaa joulusaunaan.[768] Joulusaunatavalle ovat kansanihmiset antaneet erilaisia selityksiä. Sitä on perusteltu käytännön syin ja uskonnollisin selityksin. On uskottu saunomisen vaikuttavan seuraavan vuoden satoon. Tapa on myös liitetty haltiauskoon.[769]

---

760 Länsi-Göötanmaalla kylpivät ensin pienimmät lapset, sitten äiti, sitten täysikasvuiset tyttäret, perheenisä, piiat ja rengit, kaikki samassa vedessä, Keyland 1919 s. 51; paikoin kylvetettiin vain lapset, Keyland 1919 s. 35, Smoolanti

761 Uskottiin, että kylpeminen tuli suorittaa ennen auringon laskua, sillä silloin tuli hustomten saunaan, Celander 1928 s. 110; Järnskogissa Värmlannissa pantiin ammekylvyssä käytettävään veteen edellisenä juhannuksena poimittuja kukkia, Keyland 1919 s. 98

762 Iitissä sauna lämmitettiin jo puolipäiväksi, niin että kaikki ehtivät kylpeä ennen hämärää, Halila 1939 s. 839; Sippolassa mentiin toisissa taloissa saunaan jo puolelta päivin, Hellgren 1957 s. 375; Suursaaressa aloitettiin kylpeminen puolen päivän aikaan, Peltola 1960 s. 368; Härmässä sauna lämmitettiin jo aamupäivästä, Paulaharju 1947 s. 381; Orimattilassa oli saunomisen oltava ohi hämärän tullessa, Hästesko 1910 s. 179; Hauholla mentiin saunaan iltapäivällä hämärissä, Hämäläinen 1934 s. 286; Etolassa Hämeessä oli kylvettävä päivän valolla, Helminen 1930 s. 6; tiedetään myös saunotun pärevalaistuksessa hämypäivissä, Kuuliala 1960 s. 76

763 Karjalassa pojat kipaisivat ensinnä lauteille, sitten tytöt pesivät heidän päänsä lipeällä ja maasaippualla, jonka jälkeen pojat taas uudestaan menivät lautasille. Sitten olivat vuorossa vanhemmat miehet, sitten naiset ja lapset, Häyhä 1955 s. 45—46; välistä miehet saunoivat ensin, ja naiset levittivät sillä aikaa jouluolkia, Vuorela 1960 s. 193; Nurmijärvellä menivät miehet ja naiset yhdessä, Ollila 1934 s. 135; Kurikassa saunaan meni "koko väki, miehet ja naiset, minkä mahtui, meni vielä viimeiseksi saunaton mökkiväki ottamaan lopputuhahduksia", Paulaharju 1961 s. 123

764 Akonlahdessa kieriteltiin saunan jälkeen hangessa, Jyrinoja 1965 s. 111—112; Längelmävedellä joulusaunan löylyt lyötiin sahdilla, joka meni päähän, Helminen 1949 s. 600; Saunassa ei saanut puhua vallatonta leikkiä, sillä "saunatie on pyhä tie", Koski 1897 s. 147; Helminen 1929 s. 71

765 Salmelainen 1966 s. 66—67

766 Paraisissa oli pakko mennä saunaan; eräskin eukko sanoi, että se oli miltei ainoa kerta vuodessa, Eklöf 1945 s. 58; Lapväärtissä ei kukaan saanut 1860-luvulla istuutua joulupöytään käymättä saunassa, Klemets 1942 s. 94; Ahvenanmaallakin saunottiin jouluisin, Nikander 1911 s. 392

767 SLS Tu 239/33: "alla upp i god tid... till klockan tolv skulle allt arbete vara färdigt och då skulle det badas."; Porvoossa alettiin saunan lämmitys jo edellisenä yönä, että se olisi varmasti valmis, kun kello 12—14 alettiin saunoa, Wikman 1914 s. 2; Pellingissä lämmitys tapahtui aikaisin aamupäivällä ja kello 12 alkoivat naiset saunomisen, heidän jälkeensä menivät miehet, Lindroos ja Andersson 1912 s. 143; Nauvossa mentiin saunaan aikaisin iltapäivällä, SLS Na 27/158; maalla lähellä Porvoota menivät miehet ensin saunaan 13—14 aikaan "för att, som man sade, ta bort den värsta 'tikuran' ". Vasta sen jälkeen menivät naiset ja lapset, Fuhrer 1952 s. 49

768 Wadström 1910 s. 180

Tutkijat ovat tulkinneet tapaa viitekehyksensä mukaisesti. Hautalan mukaan valmistuttiin ottamaan vastaan osittain rakastettuja, osittain pelättyjä vainajia.[770] Wegelius ja Wikman katsoivat, että veden suojaavat ja puhdistavat ominaisuudet varjelivat joulunajan monilta vaaroilta.[771] Kuulialalla oli hurskas selitys.[772]

Saunominen on Suomessa kuulunut myös muiden juhlien,[773] erityisesti kekrin yhteyteen.[774]

Säätyläiset eivät ole Suomessa liiemmälti harrastaneet joulusaunaa. Pari pappilan lasta muistelee kuitenkin joulusaunaa.[775] Parista kartanosta kerrotaan kyllä saunomisesta, vaikkei ilmeisesti ollut joulusaunatapaa.[776] Lapväärtin pappilassa joulusauna lämmitettiin väelle.[777] Pikkukaupungin pieneläjät saunoivat.[778]

L e h d i s t ö on esittänyt monenlaisia kannanottoja joulusaunakysymyksessä. Vuonna 1925 se oli maalaisten tapa. Kaupunkilaiset menivät edellisenä päivänä kylpyyn.[779] Joulusaunassa on nähty usein jotain romanttista ja aitoa, joulua, josta jokainen suomalainen haaveilee, ja jota hän eniten kaipaa ulkomailla joulua viettäessään.[780] Runollisimmin on asian ilmaissut Helminen, jonka mukaan suomalainen ko-

---

769 Harvan mukaan saunaan mentiin varhain, että kaikki kerkisivät peseytyä, Harva 1935 s. 27; sippolalainen muistelija 1870-luvulta sanoi, että suurta juhlaa varten oli ruumiskin saatava puhtaaksi, Hellgren 1957 s. 375; Orimattilassa katsottiin myöhään kylpeminen synniksi ja luultiin, että piru tulisi silloin kylvettäjäksi, Hästesko 1910 s. 179; Etolassa uskottiin, että se joka ensinnä ennätti töiltään saunaan, sai kesälläkin työt ensinnä tehdyiksi, Helminen 1930 s. 6; Suur-Jämsässä sauna oli lämmitettävä aikaisin, mutta heti ei sinne menty; sillä välin sai haltia kylpeä, Helminen-Nordberg 1963 s. 110

770 Hautala Karjala 1946: 297

771 Wegelius ja Wikman 1916 s. 140

772 Kuuliala 1960 s. 76—77. Sauna on lämmitetty Kannaksella Heinjoella yöksi, jotta Jeesuksen syntymähetkellä olisi saunassa, siis synnytyshuoneessa, lämmintä. Yleensäkin Kuuliala uskoo koko joulusaunatavan perustuvan näihin synnytykseen liittyviin käsityksiin.

773 Ortodoksisessa Karjalassa puhdistauduttiin ennen suurta jumalanpalvelusta veden ääressä, talvella avannossa. Salmista kerrottiin, että Miikkula päästi kirkkoonsa Valamossa vain puhtaat ja peseytyneet pyhiinvaeltajat, Mansikka 1941 s. 191 ja Hautala 1941 s. 66—67

774 Ganander 1960 s. 85; Snellman 1887 s. 163; K. Krohn 1915 s. 54; Helminen 1929 s. 29

775 Tuulio 1966 s. 192—193; J. Haavio 1973 s. 183

776 Von Kraemer, joka syntyi kartanon poikana Lammilla, ylisti jokaviikkoista saunaa, mutta ei puhu joulumuistojensa yhteydessä joulusaunasta, R. v. Kraemer 1866 s. 18—19; Ilmonien jouluvieras meni 1810-luvulla kohta ryypyn ja teen nautittuaan saunaan, muttei hänkään ilmeisesti pitänyt tätä joulusaunana, Ilmoni 1946 s. 19

777 "åt folket", Estlander 1918 s. 38—39

778 Kaisla 1972 s. 27; Toivonen-Siirala 1967 s. 49; Nyström 1918 s. 147

779 KL 25 s. 634: "23.12.: Kaupunkilaiset kylpevät illalla joulukylpynsä. 24.12.: Maalaiset... ovat valmiit hyvissä ajoin menemään joulusaunaan."

780 KL 29 s. 1009 "Annette": "Mutta joulusauna mahtaa sentään aina olla samanlainen...Siellä se loppuu arki ja alkavat arvonsa mukaisella tavalla suuret pyhät." Pakina jatkui. Maalaissukulainen yritti selittää, miten epämukavaa oli mennä talvella pihan yli vetoiseen saunaan; KL 36 s. 988 Gebhard: "ja aatto alkaa. Ensimmäisenä on silloin edessä sauna, jonne kuljetaan lumista polkua." (kuvaus Perhosta); MN 52/4 s. 23 "S.K.": "Olin kerran joulun naapurimaassa, Ruotsissa, mutta mieleeni jäi tästäkin ainoasta ulkomaan Joulustani outo maku... Kaipasin suomalaista joulusaunaa ehkä eniten, sehän saa aina tuntemaan Joulun läheisyyden."; E. 62/12 s. 52: "Hämärtyvässä illassa vaelletaan lumisen pihan yli saunaan, missä tuoksuvat vihdat ja pellavaiset pyyhkeet... Tämä on jokaisen toive, täydellisen joulun olennainen osa, toive joka ei ehkä kaikille toteudukkaan, mutta josta kuitenkin jokainen kaupungissa ja kaukana vieraille maillakin vuoden suurinta juhlaa viettävä suomalainen haaveilee."; Anna 16.12.69 s. 42: "Joulusaunan jälkeen kotikaljaa ja hyvää rukiista leipää. Joulu parhaimmillaan on yksinkertainen ja eleetön."

kee joulusaunassa esi-isiensä hengen perinnön, tuntee yhteyttä sukunsa poismenneisiin ja saa itselleen puhtaan, uudistuneen mielen.[781]

Pari kirjoittajaa suhtautui saunaan muita käytännöllisemmin. Se oli syytä siirtää aaton aattoon, etteivät lapset väsyisi.[782] Aaton aaton tapana se oli paikoin esiintynytkin.[783]

Eräs koetti innostaa lapsia joulusaunaan joulupukilla pelottelemalla,[784] ja viimein piti eräs koko jouluista saunomistapaa älyttömyytenä, vaikkakin perisuomalaisena.[785]

Hautakynttilätapa

Hautakynttilätapa on Euroopassa vanha, Feilbergin mukaan jo pakanuuden ajoilta peräisin. Vuosien 800—1000 välillä siitä tuli kirkollinen, kaikkien pyhien ja kaikkien sielujen päivään liittynyt tapa.[786] Vanhimmat varmat tiedot ovat Saksasta vuodelta 1367 ja Ranskasta vuodelta 1665.[787] Katolisista maista tapa alkoi hävitä 1800- ja 1900-luvuilla,[788] mutta 1900-luvulla se siirtyi yli uskontorajan protestanteille muuttuen samalla pyhäinpäivätavasta joulutavaksi.[789] Myös katolisissa maissa, kuten Portugalissa tapa on nyttemmin liittynyt jouluun, ja samalla se on alkanut uudelleen yleistyä.[790]

Ruotsissa hautakynttilöillä on ollut paikallinen edeltäjä 1800-luvulla, mutta muuten tapa on levinnyt vasta 1900-luvulla.[791] Tukholmassa tapa alkoi 1913—1914, mutta varsinainen läpimurto Ruotsissa oli vuosina 1938—1947.[792] Tapa on ensinnä omaksuttu suuremmilla paikkakunnilla, mistä se on levinnyt eräänlaisena pisaratartuntana seudulta toiselle.[793]

Suomeen hautakynttilätapa on levinnyt varhemmin ja intenssiivisemmin kuin muihin pohjoismaihin.[794] Jo vuosisatamme kahtena ensimmäisenä vuosikymmenenä

---

781 KL 51 s. 812 Helminen: "Jouluinen kyly kynttilöineen: jouluihmisen syntymäsija. Joulusaunassa suomalaisen sielua hipaisee kansan hienoin muinainen jouluperintö. Se hengenlaatu, joka kauan sitten, joulusaunan ensi kertaa saapuessa Pohjolaan, synnytti runot Marjatasta. Joulusaunan kynttilänvalo kirkastaa oman kansan menneisyyden maisemat, tuo lähelle suvun poismenneet, antaa kuin vuosisatojen taa ulottuvan muistin. Joulusaunan löylyssä tuli ja vesi, metsä ja itse ilma ikäänkuin haltioituvat ihmisen sielussa. Saunapuhtaalla joulunviettäjällä on uusi, puhdistunut mielikin ja on uusi, entistä henkisempi näkö ja kuulo."

782 KL 51 s. 777 Hietalahti: "Ainakin lapsiperheissä on joulusauna lämmitettävä jo aaton aattona, jottei väsymys pilaa pienten iloa aattoiltana."

783 MBL/HSM 64/12 s. 5 Blomqvist (muistelijan kotipaikkakuntaa ei ilmoitettu): "Dagen före julafton badades bastu. En stor så med kokhett vatten, och därtill full stoppad med björkkvastar, bundna vid midsommartiden, fördes till bastun."

784 MN 61/51—52 s. 32: "Tiedättekö, että jouluna tarvitsee olla puhdas... Ja isä sanoi, että jos ei pojat kiillä puhtautta joka kohdasta, niin joulupukki tykkää huonoa."

785 HP 18.12.69 s. 77 "Nina": "Todellinen perisuomalainen ei juuri keksi jouluaattoonsa muuta kohokohtaa kuin varaa itselleen normaalia pitemmän saunomisajan... Suomalaisella on tilaisuus saunottaa itseään vähintään kolmenasatana muuna päivänä vuodessa... On itsestään selvää, että monien ihmisten on vielä aattona tehtävä sellaisia töitä, jotka vaativat perusteellisen puhdistautumisen. Muiden kohdalla juttu on lähes mysteeri."

786 Feilberg 1962 II s. 308

787 Rehnberg 1965 s. 33 ja 43

788 Rehnberg 1965 s. 51

789 Rehnberg 1965 s. 54

790 Rehnberg 1965 s. 52—53

791 Rehnberg 1965 s. 95

792 Rehnberg 1965 s. 103

se on esiintynyt paitsi kaupungeissa myös maalla.[795] Tapaa ovat levittäneet Suomessa ylemmät yhteiskuntaluokat.[796]

Hautakynttilätapa liittyy Kouvolassa erityiseen sankarihautajuhlaan, josta jo edellä on ollut puhe. (1957 lähtien) Sankarivainajien muiston kunnioittaminen on muuallakin kuin Suomessa esiintyvä ilmiö. Sankarimuistomerkkien tärkein tehtävä on ilmaista yhteiskunnan arvoja ja asenteita muistelun kohteena olevia henkilöitä ja tekoja kohtaan.[797] USA:ssa on kaatuneille omistettu erityinen muistopäivä, M e m o r i a l D a y, jolloin eri etniset ja uskonnolliset ryhmät esiintyvät yhteisissä kulkueissa ja muistelevat solidaarisesti "meidän vainajiamme".[798] Tämän muistopäivän tarkoituksena on nähty sen antama hyvänolon ja ryhmävoiman tunne. Sen pääteema on sotilaan sankarillinen kuolema ryhmän puolesta ja elävien velvollisuus uhrata henkilökohtaiset etunsa ryhmän hyväksi.[799] Sankarikuolemista tulee mahtavia pyhiä symboleja, jotka organisoivat, ohjaavat ja jatkuvasti elvyttävät yhteiskunnan ja kansakunnan kollektiivisia ihanteita.[800]

Omassa maassamme on jo kauan ollut tapana sytyttää jouluna kynttilä sankarihaudoille ja sittemmin myös muille haudoille. Jo vapaussodan jälkeen tämä hautakynttilätapa alkoi Suomessa.[801]

Hautakynttilätapa ja jouluinen hautausmaalla käynti ilmaantuivat l e h d i s t ö ö n 1930-luvun lopulla. Todettiin iloiten, että oli tullut tavaksi käydä hautausmaalla jouluaattona tai ennen jouluaamun jumalanpalvelusta viemässä jouluseppele tai kynttilöitä.[802] Tapaa kuvattiin runollisesti ja kehotettiin lukijoita noudattamaan sitä.[803] Muuan kirjoittaja perusteli tapaa näin makaaberilla tavalla: "Perheen äiti, kun näin teet ja opetat lapsesi näin tekemään, niin ei sinunkaan hautasi aikanaan jää jouluyönä ilman palavaa kynttilää ja jouluseppelettä."[804]

Vuonna 1940 oli pula kynttilöistä. Ne oli säästettävä eläville. Haudalla silti käytiin kukkia vieden,[805] ja vielä seuraavanakin vuonna kirjoitettiin hautakynttilätavasta.[806] Sitten koko vuosikymmenen loppuun asti ei asiasta enää puhuttu.

---

793 Rehnberg 1965 s. 138

794 Rehnberg 1965 s. 63 ja 66

795 Rehnberg 1965 s. 66

796 Rehnberg 1965 s. 66

797 Barber 1950 s. 65

798 Klapp 1956 s. 18; näissä muistopäivissä kuvastuu hallituksen symboliikka. Suuren seremonian luonne korostaa palvonnan elementtiä vallan psykologiassa. Kun ihmiset osallistuvat näihin seremonioihin samalla tavoin, niiden suorittamisesta syntyy tyydytyksen tunne, Merriam 1950 s. 105 ja 107

799 Warner 1953 s. 3

800 Warner 1953 s. 26

801 Rehnberg 1965 s. 63–65

802 KL 38 s. 978 Sahlberg

803 KL 38 s. 968 Paalanen: "Ellet ole sitä ennen tehnyt, niin tee se nyt tänä jouluna... katso, tuolla syttyy pienoinen liekki valkoiselle hangelle, tuolla toinen ja sitten yhä useampia... kukkiakin, kirkkaita ja loistavia, on jälleen puhjennut kumpuja kaunistamaan. Vainajien puisto on muuttunut Jumalan puutarhaksi".

804 KL 38 s. 978 Sahlberg

805 KL 40 s. 610 "Tuulia": "Olemmehan jo oppineet rakastamaan aattoiltaista Jumalan puistoa, jonka hämärissä... lempeät valot värisevät... Tänä jouluna meidän on varmaan paras säästää kynttilämme eläville... Koristamme tänäkin vuonna ne kummut... nopeasti jäätyvillä kukillamme ja havuseppeleillä. Mutta kynttilän sytytämme sydämeemme".

806 KL 41 s. 657: "Kaunis tapa on mennä jouluaattona haudoille...Kynttilät tuikkivat hämärässä tulkiten joulun ilosanomaa...Juuri rauhan puolesta ovat sankarimme taistelleet ja kaatuneet. Kiitos heille".

1950-luvulla hautausmaatapaa taas markkinoitiin lehdissä. Kehotettiin viemään kukkia ja seppeleitä,[807] mutta kynttilöitäkin jo pidettiin "hyvänä vanhana perinteenä".[808]

1960-luvulla selostettiin tavan alkaneen 1920-luvulla.[809] Hautausmaalla käynti on joulun ihanimpia hetkiä,[810] ja ulkomaalaisetkin ihastelevat jouluista hautausmaata.[811]

Joulun loppu

J o u l u n l o p p u m i s e n a j a n k o h t a on tavattomasti kiehtonut joulututkijoita. Tiedetään nimittäin, että kun loppiainen on yleisesti kristikunnassa ollut joulun ehdoton loppu,[812] niin pohjoismaissa Tanskaa lukuun ottamatta[813] joulun loppu on siirtynyt keskiajalta lähtien,[814] etenkin Ruotsissa, joulun kahdenteenkymmenenteen päivään, eli t j u g o n d a g - K n u t i i n.[815] Tässä siirrossa — itse asiassa Knutin päivän siirrossa, koska oikea Knutin muistopäivä on 7.1.[816] — ovat tutkijat nähneet heijastuvan joulua edeltäneen vanhan muinaisgermaanisen Jul-juhlan.[817] Tosin on esitetty myös Jul-juhlan merkitystä vastustavia mielipiteitä.[818]

Weiser-Aall on osoittanut Norjan osalta, että vaikka sielläkin on toisilla käsitys joulun loppumisesta Nuutin päivänä ja vielä useammilla sen loppumisesta loppiaisena, tämä ei ole vielä missään yhteydessä siihen, milloin koristeet, eritoten kuusi, korjataan pois.[819]

---

807 HP 56/12 s. 63 "V.H.": "Jouluna muistamme myöskin rakkaittemme hautoja ja koristamme ne kuusi-, mänty-, tai rautatammiseppeleillä sekä hyasinteilla ja tulppaaneilla."

808 Eeva 53/12 s. 13 "Rouva Suorasuu": "Ovella olevana Jouluna ja vuodenvaihteessa syttykööt uudet ja entistä useammat kynttilät hautausmailla julistamaan Rauhaa."; HP 59/12 s. 47 Sassi: "Hyvät vanhat perinteet...Monessa kodissa...aloitetaan joulunvietto viemällä kynttilöitä ja kukkia näille poismenneille omaisille. Kynttilöin valaistun hautausmaan harras, juhlava tunnelma merkitsee monelle kiireiden unohtamista ja todellisen joulun alkua."

809 Anna 13.12.66 s. 59 Löfberg (Kustaa Vilkunan haastattelu): "Varhaisin tapaamani tieto kynttilän sytyttämisestä luterilaiseen kalmistoon jouluksi on vuodelta 1921, jolloin Helsingin vanhalla hautausmaalla oli sytytetty yksi kynttilä erään nuoren vainajan haudalle."

810 MBL/HSM 63/12 s. 19 (helsinkiläisen Inger Forsénin haastattelu): "alla älskar den där vandringen på kyrkogården som massor av gravljus lyser upp. Det är också en av de underbaraste stunderna."

811 HP 62/12 s. 62 Kivirikko (taiteilija Jäderholm-Snellmannin haastattelu): "Rouva Snellman... kertoi kerran vieneensä ranskalaisen arkkitehdin jouluaattona Helsingin hautausmaalle ja myöhemmin tämä muistelee joulukirjeissään siellä näkemäänsä kynttiläin runsautta."

812 Cornwallissa on jopa uskottu, että jokainen loppiaisen yli säilytetty ikivihreä lehti tuottaa taloon kummituksen, Sartori 1914 s. 73

813 Celander 1928 s. 337

814 Kaikkein vanhimmat tiedot ruotsalaisten joulusta osoittavat, että Ruotsissakin joulu loppui varhemmin 7.1., Klein 1924 s. 45; keskiaikaisissa riimukalentereissa ja 1600-luvulta lähtien muissakin kalentereissa Ruotsissa on joulun loppuna joulun kahdeskymmenes päivä, Klein 1924 s. 52

815 Tiedetään, että Englannissa Arcturuksen väki juhli joulua kaksi viikkoa, kun mahtavammat, p o t e n t i o r e s, eli pohjoismaiset valloittajat juhlivat 3 viikkoa, Klein 1924 s. 48; Knut Lavardin murha tapahtui ensimmäisenä arkipäivänä joulurauhan loputtua, Beckman 1913 s. 183; 1700-luvulla vakiintui ruotsalaisten kalenterien käytäntö, ja Knutin päivä sekä joulurauhan loppu tuli olemaan 13. tammikuuta, Lindhagen 1913 s. 175, 180-182

816 Knut Lavard oli tanskalainen, hänet murhattiin 7.1.1131. 7.1. tuli hänen päiväkseen pyhimykseksi julistamisen jälkeen, Klein 1924 s. 44

817 Nikander 1916 s. 199; Klein 1924 s. 61 ja 66; Celander 1936 s. 50-51; Nilsson 1938 s. 57-58; Feilberg I 1926 s. 92

818 Bilfinger 1901 s. 132 sanoo pontevasti, ettei joulusta tarkoin tutkittaessa voida löytää mitään muuta muinaisgermaanista kuin nimi Jul.

Loppiainen on joulukauden vanhin kristillinen juhla.[820] Sillä on ollut kolme eri uskonnollista aihetta.[821] Vuonna 567 Toursin kirkolliskokous liitti loppiaisen viralllisesti joulukauteen päättämällä, että joulukausi alkaa Kristuksen syntymäjuhlasta 25.12. ja päättyy tietäjien juhlaan 6.1.[822] Luther säilytti sekä juhlan että sen aiheen ja piti loppiaista eräänä kirkkovuoden suurimmista juhlista.[823]

Ruotsissa joulukauden katsotaan loppuvan tjugondag-Knutiin,[824] ja tätä Nuutin päivää on vietetty tanssien ja naamiohuvien merkeissä.[825] Loppiaista on myös vietetty, samoin kuin sen aattoa, kylien suurten tanssiaisten merkeissä.[826] Ylimystö piti tahollaan hienoja tanssiaisia[827] tai kävi ravintolassa.[828]

Ruotsissa ja meilläkin esiintyvien kuusen riisujaisten on katsottu kehittyneen 1800-luvulla. Tällöin oli tapana antaa vieraille muistoksi makeisia perhejuhlissa, kuten häissä, ristiäisissä ja hautajaisissa.[829]

Suomen talonpojat viettivät loppiaista kirkkopyhänä.[830] Paikoin vielä syötiin vähän juhlavammin.[831] Punkalaitumella oli havaittu loppiaisen vietossa tapahtuneen muutosta arkisempaan suuntaan.[832]

Loppiaista seurannut päivä 7.1. oli sen sijaan h i i v a - n u ù t t i eli N u u - t i n p ä i v ä , jona suomalaiset yleisesti viettivät joulun loppumista.[833] Tällöin kulkivat Länsi-Suomessa jos jonkinlaiset nuuttipukit.[834] On myös ollut paikkakuntia,

---

819 Weiser-Aall 1953 s. 28

820 Se esiintyi jo toisella vuosisadalla Egyptissä. On arveltu että kristityt halusivat järjestää kastepäivän uusille kristityille Niilinveden juhlapäiväksi, Nilsson 1938 s. 53; toinen olettamus on, että se olisi ollut kristittyjen veto 5.1. vietetyille Dionysioksen juhlille, A. Meyer 1913 s. 13—14

821 Alkuun loppiainen oli gnostikkojen juhla, Jeesuksen kasteen muistoksi vietetty. 300-luvulla tämä juhla yleistyi koko kirkossa, Bilfinger 1901 s. 1; sittemmin loppiaista alettiin viettää Jeesuksen syntymäjuhlana, kunnes v. 354 länsimainen kirkko alkoi viettää syntymäjuhlana 25.12., Feilberg I 1962 s. 225; tämän jälkeen sai loppiainen muuttua itämaan tietäjien käynnin juhlaksi, Wirén 1933 s. 59

822 Klein 1924 s. 46

823 Wirén 1933 s. 59

824 "Tjugondag Knut dansas julen ut", Keyland 1919 s. 111; on tosin säilynyt 1800-luvulle asti käsityksiä myös joulun loppumisesta loppiaiseen, Celander 1928 s. 338; on oltu myös sitä mieltä, että joulu loppuu vasta Nuutin päivän jälkeisenä päivänä, T j u g o n d a g-e t t, Olsson 1964 s. 125

825 Keyland 1919 s. 93 ja 127; Celander 1928 s. 344

826 Celander 1928 s. 331; loppiainen on ollut f a r ä n g l a d a g e n (enkelien lähtöpäivä) Cederblom 1913 s. 193

827 Tersmeden IV 1916 s. 268—269, 1700-luvulta

828 Reenstierna 1946 s. 216, vuodelta 1800

829 Conradson 1975 s. 122

830 Kainuussa loppiainen meni kuin tavallinen pyhä, Paulaharju 1958 s. 175; Perttelissä herätti v. 1702 suurta pahennusta seurakuntalaisissa, kun muutoinkin hunsvotiksi tunnettu isäntämies Matti Matinpoika Kärri ajoi kirkon ohi juuri, kun kansa kokoontui jumalanpalvelukseen, Oja 1958 s. 346

831 Hauholla oli samantapaiset, mutta vaatimattomammat aattomenot kuin jouluna ja uutena jouluna, Hämäläinen 1934 s. 290; Hailuodossa muistuttivat leipä ja jouluruoat joulusta, Paulaharju 1914 s. 87; Tyrvännössä syötiin vielä jouluruokia, mutta sanottiin, että loppiaisesta alkavat selkäviikot ja reikäleivät tai härkäviikot ja sarvileivät, Karila 1948 s. 271; Etolassa oli l o p p u j o u l u, työ alkoi, Helminen 1930 s. 10

832 Ennen loppiaista vietettiin joulun tavoin, mentiin tavallista varhemmin saunaan ja laulettiin e h t o o l l i s e n s y ö t y ä loppiaisvirret. Myöhemmin loppiaista alettiin viettää kuin tavallisia pyhäpäiviä, Kotikoski 1912 s. 89

833 Vilkuna 1969 s. 30

834 Punkalaitumella nuoret kulkivat sahtia norkoilemassa, Kotikosti 1912 s. 91; Suur-Jämsässä riu'un vetäjät vaativat olutkestitystä. Oli naamioituja hahmoja, taloissa tanssittiin ja laulettiin, Helminen-Nordberg 1963 s. 115-116; Tyrvännössä tehtiin joku joukosta nuutiksi, tuohi kasvoille, turkki nurinpäin päälle. Mukaan liittyi seurue, joka kulki talosta taloon kysyen: "onko vielä hiivoja; jos ei niin tappi tynnyristä,"Warelius 1855 s. 97

joilla Nuuttia vietettiin 13.1. tai sekä 7.1. että 13.1.[835] Nuuttipukkien perinne on paikoin jatkunut aina meidän päiviimme.[836]

Maassamme on esiintynyt vielä kolmaskin käsitys joulun loppumisesta, nimittäin kynttilänpäivä.[837]

Ruotsinkieliset talonpojat pitivät Lapväärtissä isot tanssiaiset loppiaisiltana, mutta tanssittiinpa siellä vielä, kun koitti t j u g o n d a g . Silloin tanssittiin joulu ulos, sytytettiin viimeinen joulusoihtu ja syötiin viimeinen lipeäkala. Pöydälle astui taas arkileipä, k v a d a g s b r ö.[838]

Närpiön nuoriso järjesti nuuttina naamiaiskulkueen, joka kierteli päivällä kylästä kylään. Illalla oli sitten tanssiaiset. Kulkueeseen kuului morsiameksi puettu, tavallisesti köyhä tyttö, jonka kanssa sai sitten illalla maksusta tanssia. Juhlan nimi olikin l a p p b r u k a l a a s.[839]

Säätyläiset eivät näytä viettäneen nuuttia. Kuusikin korjattiin pois eri perheissä eri aikaan.[840] Loppiainen sen sijaan tai sen aatto on ollut toisille kodin ja suvun juhlaa,[841] toisille tanssiaisten ja huvitusten aikaa.[842]

L e h d i s t ö ei ole huomioinut paljonkaan joulun loppumista. 1920-luvulla kerrottiin kuusen riisujaisista, joihin sukulaiset kokoontuivat.[843] Ennen sotia suosittiin ilmeisesti sukujuhlia joulun lopuksi. 1940-luvullakaan ei tahdottu luopua tavasta, jonka pelastamiseksi keksittiin erilaisia perunaruokia.[844]

1960-luvulla muisteltiin vanhan ajan loppiaisia runsaine ruokineen kaiholla ja arveltiin loppiaisen vieton perustuneen venäläisten joulun viettämiseen — heidän kalenterinsahan kulki jäljessä.[845] Nytkin tahdottiin tavata ystäviä aterioimisen merkeissä.[846] Kehotettiin kuitenkin tarjoamaan vain vähän ja kevyttä.[847]

---

835 Hauholla oli sekä S a k k a- e l i H i i v a-N u u t t i että l o p p i a i s e n r u n t u, joina r i u v u n v e t ä j ä t kulkivat, Hämäläinen 1934 s. 290; Tammelassa Nuutti oli 13.1., jolloin kylänvanhin keräsi taloista illanviettoa varten ruokia, olutta ja viinaa. Väliin kulki myös itse Nuutti juhlatarpeiden keruussa olkiin verhoutuneena ja olkihattu päässä, Helminen 1933 s. 278-279; monin paikoin Hämeessä ja muualla länsi-Suomessa 13.1. olikin vasta oikea maakylän ilojuhla, jolloin vietettiin kylänmiesten yhteisiä juominkeja, Virtanen 1938 s. 13

836 Bregenhøj ja Vento 1975

837 Iittiläiset katsoivat joulun alkavan adventista ja jatkuvan kynttilänpäivään. Tänä aikana paloivat kirkossa joka pyhä kynttilät, Hästesko 1910 s. 182; Tammelassa kynttilänpäivää kutsuttiin v i i m i s p y h ä k s i. Tynnyrinpesijät kulkivat vasta silloin, Reponen 1929 s. 80-81

838 Klemets 1942 s. 95

839 Ivars 1974 s. 664

840 Von Bornien kartanossa kuusi oli koristettu namuin, joita lapset söivät. Kun ne loppuivat, vietiin kuusi pois ja joulukin loppui, v. Born 1948 s. 165—166; Tuulion pappilassa joulukuusi korjattiin pois jo uuden vuoden aattona lasten suureksi suruksi, Tuulio 1966 s. 195

841 Krohnilla sytytettiin viimeiset kynttilät, seitsemän 'pyhä luku', isä puhalsi viimeisen sammuksiin, G. Krohn 1967 s. 180; Soveliusten suku Raahessa piti sukupäivällisiä, Paulaharju 1925 s. 75; Ignatiuksilla Helsingissä 1870-luvulla loppiaisaattona syötiin samoin kuin jouluaattona. Sen jälkeen sytytettiin kuusen kynttilät salissa, sisaret lauloivat ja isä luki ylentäviä runoja, Bergholm 1944 s. 252

842 1846 lähti Mäntyharjusta kahdeksan reellistä nuoria ihmisiä huvittelemaan Mikkeliin. Kaksi yötä meni valvoen ja juhlien, H.Lagus 1936 s. 198; Tampereella oli 1800-luvun lopulla Seurahuoneella suuret loppiaistanssit, johon menivät nuoret naiset e s i l i i n a n kanssa, Hirsjärvi 1946 s. 177; Viipurissa vietettiin 6.1. suuria naamiaisjuhlia, mutta kun venäläisten joulu osui tälle päivälle, ne siirrettiin 1837 tai mahdollisesti jo 1832 seuraavalle päivälle, Hoving 1960 s. 147

843 KL 29 s. 993 "-i-o": "kuusen ryöstäminen välipäivinä, kun kaikki serkut tulivat vierailulle, ja äiti oli salaa ripustanut kuusen oksille oikeita pieniä joululahjojakin. Oi sitä autuuden kyllyyttä."

844 KL 41 s. 26 Uotinen: "Ennen meillä on ollut perheessä aina tapana pitää loppiaisaattona joulun päätökseksi sukulaisillalliset."

2.2.2. Melko yleiset joulutavat
2.2.2.1. Kieliryhmien yhtäläiset, melko yleiset tavat

Melko yleisiä ja yhtäläisiä olivat seuraavat tavat: Hoosianna, joulun viettäminen kotona, joulun viettäminen sukulaisten kanssa, joulutervehdykset puhelimitse, lahjat ystäville, joulupukki, joulupäivän vierailukielto, välipäivien kutsut, jouluruokien syönti välipäivinä, uuden vuoden aaton kutsut ja uuden vuoden televisio.

Näistä ystävien lahjat on jo käsitelty luvussa 2.2.1.1. ja uuden vuoden kutsut luvussa 2.2.1.2. Joulutervehdykset puhelimella ja uuden vuoden aaton televisio ovat selviä novaatioita, joiden historiaa meidän ei tarvitse lähteä mistään hakemaan. Näin saamme viisi tapaa, joiden historiaa ja esiintymistä käymme tarkastelemaan: joulun odotuksen kirkollinen perinne, joulun vietto talon ja perheen juhlana, joulupukki, joulupäivän vietto ja välipäivät.

Adventti

Adventtia on alettu todennäköisesti viettää 400-luvulla Galliassa.[1] Jo vuodelta 420 on peräisin vanhin säilynyt adventtisaarna, mutta virallisesti adventin vietto järjestettiin vasta 500-luvulla. Alkujaan adventilla oli ankara katumusluonne, mutta vähitellen sen syrjäytti Kristuksen riemullinen odotus.[2] Adventti oli myös varhemmin paastoaikaa.[3]

Hoosianna

Ensimmäiseen adventtiin liittyvän Hoosianna-hymnin on säveltänyt saksalainen apotti Georg-Joseph Vogler.[4]

Ruotsissa ensimmäinen adventti muuttui 1900-luvulla jotensakin tavallisesta pyhästä suureksi kirkkopyhäksi.[5]

L e h d i s t ö s s ä on Hoosiannan tunnelma-arvo myönnetty. Se on vanha rakas hymni, joka luo mieliin rauhaa ja lämpöä. Näin 1910-luvulla.[6]

1930-luvulla eräs säveltäjä kylläkin myönsi Hoosiannan arvon perinteisenä juhlamenona, joulun lähestymisen symbolina ja kirkon täyttäjänä, mutta katsoi sen sävellyksenä niin ala-arvoiseksi, että se voi tyydyttää vain kehittymätöntä musikaalista

---

845 MBL/HSM 63/12 s. 17 Örnmark (muistelmat Tenalasta): "I mitt hem firades trettondagsafton som en stor helg: hela julmeny till middagen och mandel i gröten. Det var den gamla ryska julen som gick igen. Men nu är det mest danser och bjudningar den kvällen."

846 MN 63/1 s. 32 Vuorenjuuri: "Joulun tienoo on kyläilyjen aikaa ja nyt on taas pyhäpäivä, jonka aattona on aikaa tavata ystäviä päivällispöydän ääressä."

847 MN 61/1 s. 44: "Kaiken jouluruoan runsauden ja raskauden jälkeen tarjoamme vain vähän ja kevyttä."

1 Kyhlberg 1934 s. 75

2 Wirén 1933 s. 33

3 New Catholic Encyclopedia III 1967 s. 655

4 Haapanen, Kuusisto, Poijärvi ja Helasvuo = Musiikin tietokirja s. 559—560

5 Rehnberg 1965 s. 207—209; Hoosianna on tärkeä tekijä, Bringéus 1956 s. 225

6 HSM 10/12 s. 180 "A.C.": När den kära, gamla Hosianna-sången klingar... då klappar månget hjärta, som länge kändes dött och kallt, åter varmare, och en stilla frid sänker sig öfver bittra sinnen."

makua. Säveltäjä Vogler työskenteli aikoinaan Ruotsissa, joten sävellyksellä on pohjoismaisia perinteitä.[7]

Tavallinen perhe ei ollut näin yliesteettinen. 1950-luvun perheelle Hoosianna oli joulun alku, "joulun riemukasta viritysmusiikkia."[8] 1960-luvulla Hoosianna liikahdutti paatuneintakin sydäntä ja pani ajattelemaan toisia, lähimmäisiä.[9] Hoosianna kuului erottamattomasti adventtiin.[10] Sävellyksenä se kylläkin oli lähinnä romantisoivaa maallista musiikkia ja kuoroteoksena helppo oppia. Sen pääansio oli, että se toi kirkkoihin sellaisia kuulijoita, jotka muuten olisivat jääneet pois.[11]

Joulu talon ja perheen juhlana

Olsson on osoittanut, että 1800-luvulla joulun luonne muuttui Ruotsissa kyläyhteisön juhlasta kotien juhlaksi.[12] Suomen talonpoikaisjoulun tapoja seuratessamme näemme, että se ei puolestaan ollut pääasiassa kyläyhteisön, vaan talojen, tuotannollisten yksikköjen juhlaa. Joulu ei ollut myöskään mikään sukulaisjuhla.

Toisenlainen kuva syntyy 1800-luvun säätyläisjoulusta. Joulu oli nimenomaan perhejuhla, johon esimerkiksi kartanoiden palveluskunta kutsuttiin vain kurkistamaan, saamaan lahjansa ja juomaan kahvinsa. Sukulaisia ja ystäviä saattoi tulla pitkienkin matkojen takaa joulun viettoon.

L e h d i s t ö on korostanut joulun luonnetta perheen ja ennen kaikkea lasten juhlana. 1930-luvulla todettiin, että varhemmin joulu oli aina kunkin ydinperheen — taloudellisen yksikön — juhla ja vierailut tehtiin vasta joulun jälkeen.[13] Nyt oli tullut tavaksi, että perheen kaukanakin asuvat lapset saapuivat jouluksi vanhempiensa kotiin.[14]

1950-luvulla korostettiin joulun luonnetta perhejuhlana[15] ja vastustettiin aikuisten lasten matkustamista vanhempien luo joulunviettoon. Kunkin perheen tuli viettää omaa jouluaan.[16] 1960-luvulla kerrottiin positiivisesti ideasta matkustaa jouluksi muualle, kuten Lappiin.[17]

---

7 KL 31 s. 1006 Kuusisto: "meillä ensimmäisenä adventtina kirkot täyttyvät väenpaljoudesta... tämän laulun sävelkulut... voivat tyydyttää vain kehittymätöntä musikaalista makua... Hoosiannahymni... on sarja muistoja, se on peritty juhlameno ja joulun lähestymisen symboli... Sen tekijä Georg..Vogler (1749—1814) toimi 1786—99 Tukholmassa hovimusiikin johtajana. Ruotsalaiset voivat siis tavallaan lukea hänet omakseen, ja on ymmärrettävää, että mekin olemme perineet osuutena hoosiannahymnin."

8 KL 58/24 s. 15 Pajula (rouva Ilse Kolin haastattelu)

9 KL 68/23 s. 13, pääkirjoitus: "Ne ovat viestejä, jotka panevat meidät ajattelemaan toisia, omaisiamme, ystäviämme, tuntemattomiakin lähimmäisiämme."

10 KL 63 s. 1698 "Minttu"

11 KL 63 s. 1699 "Minttu" (Teol. tohtori Kurki-Suonion haastattelu)

12 Olsson 1964 s. 9—10

13 KL 38 s. 995 Helminen: "Oli kyllä ennenkin tapana, että perheen naimisissa olevat tyttäret tulivat miehineen ja lapsineen vanhempien jouluvieraiksi, mutta tavallisesti tultiin vasta toisena joulupäivänä."

14 KL 32 s. 938 Tigerstedt

15 Mona Lisa 59/6 s. 19: "Joulu on ennenkaikkea perheen ja kodin juhla."

16 KL 54 s. 932

17 KL 67/24 s. 20 Virtala: "Lapin kaamoksessa kokee joulutunnelman aivan erikoisena ja koskettavana."

18 Pyhä Nikolaus oli pyhimyspiispa. Hän esiintyy lahjojen tuojana edelleen Hollannissa ja Espanjassa, ei tosin jouluaattona, Vuorenjuuri 1968 s. 10—11; tämä piispahahmo levisi Amerikkaan hollantilaisten tuomana ja Uudesta Englannista takaisin vanhalle mantereelle, Englantiin, Wright ja Lones

Joulupukki

Joululahjojen tuojina on esiintynyt eri maissa ja eri aikoina erilaisia pukeutuneita tai kuviteltuja olentoja. Näistä on meidän kannaltamme Pyhä Nikolaus tärkein, koska hänen piirteitään voimme erottaa omassakin pukissamme.[18] Saksassa kehittyi monien vaiheitten jälkeen 1800-luvulla Nikolaus-piispaa muistuttava maallinen hahmo, Weihnachtmann, joka on jotensakin tarkalleen samantapainen kuin oma joulupukkimme. Tämä joulu-ukko muodostui pohjois- ja keski-Saksan protestanttisten osien lahjojen tuojaksi.[19]

Ruotsissa esiintyi varhemmin paikallisena Nikolauskin[20] ja eläimenmuotoiset pukit jakoivat myös lahjoja,[21] mutta lopulta peri lahjojen tuojan viran tonttu.[22] Nykyisin esiintyy Ruotsissa sekä mainoksissa että kodeissa iso lahjojentuoja-tonttu, sillä hän on usein isä.[23]

Suomen talonpojilla esiintyi varhemmin joulun kulkuehahmona pukki, jolta lahjojen tuojamme on saanut nimensä. Pukki oli puettu eräänlaiseksi eläinhahmoksi,

Pukilla on välistä oikea joululahjasäkkikin, jonka suusta sukset tässä pilkahtavat.

Sometimes Santa has a real sack for the presents, here with a pair of skiis showing.

1940 s. 193; tästä Sint Klaasista tai San Klaasista kehittyi sitten amerikkalaisten Santa Claus eli Santa, jota Hagstrom jo pitää puhtaasti amerikkalaisena ilmiönä, amerikkalaista yhteiskuntaa yhdentävänä tekijänä, jonka Hagstrom uskoo vähitellen myös leviävän muualle maailmaan, Hagstrom 1966 s. 249 ja 252; onpa Santa levinnyt yli uskontorajankin juutalaisille, joilla hahmo esiintyy nimellä Uncle Max the Hanukkah Man, Herberg 1960, s 191; Santa, joka muinoin oli nihti tai ystävällinen isä, on muuttunut sukupuolettomaksi. Hän on lihava, iloinen, vanha ja äidillinen, Duncan 1962 s. 358—359.

19 Weiser-Aall 1954 s. 14

20 Belfrage 1935 s. 76; Etelä-Gotlannissa St. Niklas, Svensson 1955 s. 116

21 Celander 1932 s. 92; Rehnberg 1957 s. 22; Svensson 1955 s. 122, 1965 s. 141

22 Rehnberg 1957 s. 22; Keyland 1919 s. 56

23 Svensson 1955 s. 120—121

turkki nurinpäin päällä, eikä hän aiemmin jakanut lahjoja.[24] Yksi tieto tosin kertoo, että pukki olisi jakanut lahjojakin.[25] Muuten hän yleensä päinvastoin itse kerjäsi ryyppyjä ja muuta kestitystä.

Tämä joulupukkihahmo esiintyi Suomessa myös säätyläisillä. Kaikissa säilyneissä kuvauksissa hän kuitenkin säätyläisillä oli jo lahjojen tuoja eläinhahmostaan huolimatta.[26] Vähitellen tämä eläinhahmo sai antaa paikkansa joulu-ukkohahmolle eli muuntua sovinnaiseksi St. Nicolauksen muunnokseksi, kuten Martti Haavio prosessia heidän perheessään kuvasi.[27] Tämä muuntuminen tapahtui siis ilmeisesti joskus 1900-luvulla tai paikoin sitä ennenkin.[28]

Tällä välin oli Suomeen saapunut saksalainen Weihnachtsmann-hahmo, joka vuonna 1881 esiintyi Helsingissä painetussa lasten kirjassa.[29] Yleisradio julisti joulupukin kotipaikaksi Korvatunturin vuonna 1927.[30] Tästä uudesta joulupukista on paljon kuvauksia.[31]

Pukki auttaa myös lahjojen aukaisussa.

Santa Claus also helps children open the presents.

---

24 Wikman 1914 s. 4; Paulaharju 1947 s. 382—383; Paulaharju 1930 s. 171; Paulaharju 1961 s. 125—126; Paulaharju 1914 s. 86; Paulaharju 1937 s. 274; Paulaharju 1958 s. 175; Rytkönen 1934 s. 40; Helminen 1930 s. 9—10; Helminen 1949 s. 604—605; Vilkuna arvelee joulupukin tulleen jouluun suomalaisista syksyn työjuhlista, köyripukki, raiskollispukki, Vilkuna 1946 s. 61 ja 73

25 Helminen 1930 s. 9—10, Hämeenläänin Kosken Etolassa

26 W. Lagus 1904 s. 42; Ramsay I 1966 s. 13; I Heikel 1945 s. 79; Estlander 1918 s. 38; M. Haavio 1972 s. 12

27 M. Haavio 1972 s. 12

28 Myös Ylppö kuvaa joulua 1890, jolloin heillä kuvauksesta päätellen oli vielä eläintä muistuttava pukki keittiövispilä partana, Ylppö 1964 s. 12

29 Weiser-Aall 1954 s. 14

30 Vilkuna 1969 s. 334—335; jo tätä ennen oli Hauholla 1925 kuviteltu joulupukki Lapista tulleeksi, Hämäläinen 1934 s. 287

L e h d i s t ö totesi jo vuonna 1925, että joulupukki asui Lapissa.[32] 1930-luvulla oli jo maalaiskylienkin lahjanjako muuttunut. Nyt kulki "ajanmukainen joulupukki taloissa". Ennen lahjat heitettiin itse oven raosta.[33] Joulupukkia ylistettiin. Hän oli "antamisen ilon symboli kaikille ihmisille, myös aikaihmisille.[34]

Sota-aikana oli kaikki toisin kuin ennen, mutta joulupukin oli edelleen tultava.[35] Sodan jälkeen kävi taas joulupukin vajassa kilke ja kalke.[36] Joulupukkia puolusteltiin julkaisemalla "maailman eniten luettu sanomalehtiartikkeli" vuodelta 1897. Se oli vastaus 8-vuotiaalle amerikkalaiselle pikku kyselijälle kysymykseen, onko Pyhä Klaus olemassa.[37]

Myös 1950- ja 1960-luvut näkivät paljon hyvää joulupukissa. Sillä oli "hieno sukupuu, ja sen mukana astuu jouluun kaikissa juhlissa niin välttämätön huumori, jota ilman todellista tasapainoa ja rauhaa ei olisi".[38] Ja vaikka kukaan ei uskokaan oikeasti joulupukkiin, ei joulupukki ole tarpeeton. Jollei pukkia ole, "silloin ei tunnu

Useimmiten lahjat asetettiin koriin kuusen juurelle. Usein pukki toi korin. Pukittomissa perheissä kori vain 'ilmestyi' kuusen viereen.

Usually the presents were placed in a basket under the Christmas tree. Often Santa Claus brought the basket or, if Santa did not come, the basket just "appeared" by the tree.

31 Esim. Leimu 1971 s. 59—60; Karila 1948 s. 266; Helminen 1930 s. 9—10; Kaisla 1972 s. 28; Ahde-Kjäldman 1964 s. 124

32 KL 25 s. 612 Sarasto: "Joulupukin lelupajassa, kaukana Lapissa oli tulinen kiire."

33 KL 36 s. 988 Gebhard (kuvaus Perhosta)

34 KL 36 s. 971 Mika Waltari

35 KL 41 s. 722 Oksanen: "Me kaikki olemme velvolliset luomaan lapsille niin turvallisen ja myönteisen ilmakehän kuin kulloinkin on mahdollista...Joulupukki-kyselyihinkin on vain yksi oikea vastaus: 'Kyllä varmaan joulupukki koettaa tänäkin vuonna tulla jokaisen kiltin lapsen luokse!' "

36 KL 46 s. 576

37 E. 48/12 s. 14: "Kyllä Pyhä Klaus on olemassa, Virginia. Hän on olemassa yhtä varmasti kuin rakkaus ja jalomielisyys ja uhrautuvaisuus ovat olemassa."

38 KL 51 s. 813 Helminen

oikein joululta. On sellainen tyhjä kohta kun lahjoja ruvetaan jakamaan".[39] Todettiin myös, että tämä ystävällinen satuolento vastaa myös aikuisten ihmisten ajattelua, sopii ja kuuluu myös hänen jouluunsa.[40] Kustaa Vilkuna antoi lisätietoja Korvatunturista.[41]

Kouvolan Sanomissa joulupukki on esiintynyt lähinnä joulupukki-ilmoituksissa.[42]

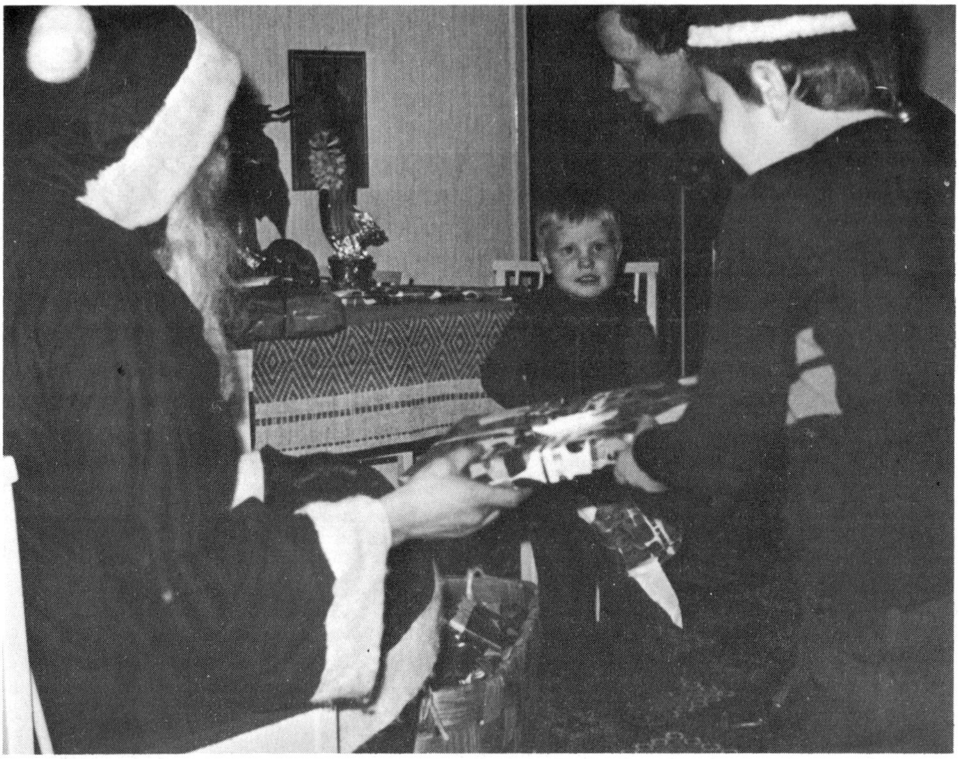

Palkkapukeilla on välistä vartavasten teetetty joulunpunainen, valkoisella päärmätty asu. Tämän pojan tonttumyssy on neuletyö.

Hired Santa Clauses sometimes wear specially made, Christmas red costumes lined with white. The boy is wearing a knitted pixie hat.

---

39 MN 58/12 s. 67 Satu Waltari

40 MN 65/50 s. 30: "tämä ystävällinen satuolento vastaa myös aikuisten ihmisten ajattelua. Hänhän on aistimusvoimainen, käsin kosketeltava hyvä tahto, joka paketteja välittäessään sanoo lähimmäiselle ne kiitoksen, rakkauden ja anteeksipyynnön sanat, joihin kielemme ei ehkä koskaan taivu. Hän on olemassa. Ja kappale hänen Korvatunturiaan on meissä, kun lämpimin käsin kiedomme paketeiksi lahjojamme."

41 Anna 13.12.66 s. 59 Löfberg (Kustaa Vilkunan haastattelu): "Korvatunturista tuli joulupukin ja hänen väkensä asuinpaikka v. 1927, kun Markus-setä kertoi eräällä lastentunnillaan radiossa tuosta tunturista, jolla on korvat. Ne kuulevat, mitä lapset puhuvat ja toivovat. Ne kuulevat riitaisat ja kiltit puheet."

42 KS 23.12.60 s. 3 oli uutinen: "Joulupukkipalvelua ovat Kuusankosken retkeilijät järjestäneet Kuusaalla ja Voikkaalla kolmena vuonna ja aina yhä lisääntyvällä menestyksellä."

43 Celander 1928 s. 241; Nilsson 1938 s. 48

44 Celander 1928 s. 244; Nilsson 1938 s. 48; Bø 1970 s. 122—123

45 Schneeweis 1925 s. 75 ja 81

Joulupäivä

Käsitys joulupäivän rauhoittamisesta vierailuilta on esiintynyt ainakin Tanskassa,[43] jossain määrin Norjassa[44] ja serbokroaateilla.[45]

Ruotsin talonpojat vastustivat myös joulupäivän vierailuja.[46] Vain sukulaisvieraat tai tärkeät talouteen liittyvät seikat olivat poikkeuksena.[47]

Ruotsin säätyläiset puolestaan suorittivat vierailuja joulupäivänä.[48]

Suomen talonpojat pitivät lähes kaikkialla[49] joulupäivää sopimattomana vierailupäivänä. Veisattiin, luettiin, laulettiin ja torkuttiin. Lapsetkaan eivät päässeet ulos.[50] Näin menettelivät myös kaupunkien pieneläjät ja jokunen porvarikin.[51]

Vierailukieltoa ovat perustelleet eri puolilla sekä kansanihmiset että tutkijat. On uskottu joulupäivän ensimmäisen vieraan ennustavan tulevan vuoden onnea ja ajateltu naisten tuottavan epäonnea.[52] Toisaalta on uskottu kävijän itsensä menettävän oman onnensa.[53] Vierailuja on pidetty häpeällisinä[54] ja synnillisinä.[55] Niiden on myös ajateltu tuottavan onnettomuutta.[56]

Tutkijan mielipiteenä Helminen esitti, että vierailukielto johtuu joulun luonteesta henkien juhlana.[57] Waronen oli jo aiemmin esittänyt samantapaisen ajatuksen.[58] Wegelius ja Wikmankin yhdistivät sen vainajauskoon.[59]

Säätyläisten tavat olivat toiset. On tosin muisto säätyläistenkin hiljaisesta joulupäivän vietosta,[60] mutta monien mielestä joulupäivä oli sopiva päivä suurille sukujuhlille[61] tai muille päivällisille.[62] Kartanoissa saatettiin myös tarjota päivällinen väelle.[63] Tai oli jopa tanssiaisia, kuten Tampereen seurahuoneella.[64]

---

46 Keyland 1919 s. 22, 28, 37, 45, 65 ja 82; Celander 1928 s. 255—257

47 Taalainmaalla saatettiin kutsua sukulaisia, Keyland 1919 s. 115; Lapissa sai käydä vieraissa petoeläinten tai porojen takia, Keyland 1919 s. 133

48 Reenstierna 1946 s. 288; Feilberg I 1962 s. 198

49 Ilomantsissa ja Suojärvellä käytiin r o s t o v a n a t s a s o u n a s s a, syötiin juhlaruokia, vierailtiin ja tanssittiin, Juvas 1939 s. 276; kulkuehahmot liikkuivat Nurmijärvellä ja Tammelassa jo joulupäivänä, Ollila 1934 s. 136—137; Reponen 1929 s. 80; Uudellakirkolla Karjalassa kulkivat joulupäivinä 1840-luvulla pukeutuneet ihmiset, suomalaiset, venäläiset ja saksalaiset talosta taloon tanssimassa ja toivottamassa hyvää joulua, Långhjelm 1919 s. 147

50 Kotikoski 1912 s. 54; Karila 1948 s. 269; Helminen-Nordberg 1963 s. 113; Virtaranta 1964 s. 165; Paulaharju 1930 s. 174 ja 1947 s. 388; Seppänen ja Sihvo 1953 s. 153; Peltola 1960 s. 370; Hellgren 1957 s. 377; Hagman 1948 s. 26

51 Toivonen-Siirala 1967 s. 50; Koskivaara 1968 s. 186—187

52 Schneeweis 1925 s. 75 ja 81 serbokroaatit

53 Celander 1928 s. 244 norjalaiset

54 Keyland 1919 s. 37, Smoolanti

55 Paulaharju 1930 s. 174; Sormunen 1946 s. 99—100; Wadström 1910 s. 183

56 Tontut muuttaisivat talosta tai häirittäisiin kuolleitten jumalanpalvelusta, joka jatkui kokonaisen vuorokauden, Celander 1928 s. 255—257, Ruotsista Bergslagenista; Halikossa on ajateltu kyläilyn aiheuttavan yleensä jotain pahaa, Harva 1935 s. 30

57 Helminen 1929 s. 75

58 Waronen 1898 s. 189: "...ovat yhtäpitäviä vainajainhenkiä palveltaessa huomioonotettujen menojen kanssa."

59 Uskottiin kuolleitten omaisten saapuvan tuolloin vierailulle, Wegelius ja Wikman 1916 s. 142

60 Ilmoni 1946 s. 18—20; Borg-Sundman 1966 s. 55

61 Paulaharju 1925 s. 74—75

62 Suolahti 1906 s. 117—118; Topelius 1923 s. 56—58; Tersmeden IV 1916 s. 191; Bergholm 1944 s. 248—249; Ståhlberg 1966 s. 43

63 Karila 1948 s. 269 Tyrväntö

64 Hirsjärvi 1946 s. 177

Ne harvat kerrat, kun l e h d i s t ö on kommentoinut joulupäivän viettoa, se on asettunut sen pyhittämisen kannalle.[65] Tapa on kuitenkin toimittajien mielestä ilmeisesti ollut väistyvä, koska sitä on ylistetty "entisenä tapana",[66] "hyvänä vanhana perinteenä"[67] ja kysytty: "Säilytämmekö jouluperinteemme?"[68] On kuitenkin myös esitetty vastalause liian tylsälle joulun pyhien vietolle.[69]

Välipäivät

Katolinen kirkko on pyhittänyt tapania seuraavan päivän, ensimmäisen välipäivän, evankelista Johannekselle ja seuraavan päivän viattomille lapsille. Vuonna 1772 nämä säädettiin arkipäiviksi Ruotsi-Suomessa, mutta kansantapaa ei käynyt niin vain muuttaminen. Niistä tuli eräänlaisia puolipyhiä Ruotsissa ja Suomessakin. Kompromissina välipäivistä muodostui Suomessa monissa paikoin talkoopäiviä, jolloin yhdistettiin työnteko ja naapuriapu hankkimalla rakennustarvikkeita.[70]

Varattomat ja ammattilaiset saivat puut aamupäivän toiminnan tuloksena, iltapäivällä jo syötiin ja juotiin.[71] Nurmijärvellä koski naisia välipäivinä puolittainen työntekokielto.[72]

Monin paikoin ei toimiteltu tällaisiakaan askareita. Kyläiltiin, juhlittiin, tanssittiin ja juotiinkin.[73]

Säätyläiset ja kaupunkilaiset vierailivat, leikkivät, tanssivat ja juhlivat.[74] Tehtiin myös rekiretkiä ja ulkoiltiin.[75]

L e h d i s t ö on käsitellyt tapaninpäivän ja välipäivien ohjelmaa, niiden kutsuja, ruokaa ja leikkejä. Leikkeihin palaan myöhemmin.

Joulun välipäivät ja tapani on kautta linjan käsitetty vierailujen ajaksi, jolloin kylään kokoontuu joko sukulaisia tai ystäviä.[76] Erityisesti tapani oli sopiva sukulaispäivällisten aika.[77] On kuitenkin tahdottu vastustaa yletöntä sukulaiskutsujen määrää. Joulukutsut sinänsä kuuluvat "suomalaiseen jouluun", mutta jos niitä vähennettäisiin, jäisi aikaa myös ihmisille itselleen, lukemiseen, musiikin kuuntelemiseen, mietiskelyyn ja ulkoiluun.[78]

Jonkinlainen tylsistyminen on havaittu tällaisilla kutsuilla.[79] Tylsistymisen vastustamiseksi ehdotettiin leikkejä ja näyttelemistä.[80]

1960-luvulla oli televisio tunkemassa pois perinteistä joulukutsujen ohjelmaa.[81] Oikein ja perinteisesti vietetyt joulukutsut antavat hauskoja muistoja kauas elämän varrelle.[82]

Välipäivien kutsujen ruoasta ei ole annettu paljonkaan ohjeita. Ruoka muovaillaan kätevästi joulusta jääneistä herkuista ja kinkkua hyväksi käyttäen.[83] Pöytä katetaan "joulun perinteellisin värein."[84]

---

65 KL 67/24 s. 11 pääkirjoitus: "Tosin kuuluu jo hyviin tapoihinkin, että joulupäivänä ollaan kotona."

66 KL 54 s. 932: "Ennen sitoi joulun samoin kuin muiden kirkkopyhien viettoa syvälle juurtunut tapa. Tiedettiin hyvin, mitä ei saa tehdä. Ei ollut sopivaa mennä vieraisille ensimmäisenä pyhänä, aattoillasta puhumattakaan."

67 HP 59/12 s. 37 Sassi: "Jouluaamuna menemme sitten koko perhe yhdessä kirkkoon, emmekä tapaa ystäviämme ennen kuin vasta 'Tapaninpäivänä'."

68 MBL/HSM 63/12 s. 19 (Inger Forsénin haastattelu): "Den stilla juldagen kommer sen. Och jag vill att den skall vara en stilla dag."

69 KL 34 s. 953 Bergroth: "Ajatelkaa itse, millaisia olette joulupyhinä. Laiskoja, vähän ikävystyneitä, läähättävän kylläisiä... Kun pyhät loppuvat, tuntuu teistä, että oikea järjellinen ja terve elämä alkaa taas. Heräätte vähitellen joulutylsyydestä tavalliseksi toimeliaaksi ihmiseksi... Ohjelmamme tulisi olla: Kevyempiä aineellisia ruokia, painavampia henkisiä. Yleensä terveempi leima joulupyhien viettoon. Ei vain pikkutylsää aterioiden odottamista, vaan suuren juhlan innostavaa viettämistä."

2.2.2.2. Melko yleiset tavat, jotka olivat enemmän ruotsinkielisten suosiossa

Melko yleisiä tapoja, joita ruotsinkieliset harrastivat enemmän kuin suomenkieliset, olivat jouluruokien syönti adventtiaikana, adventtikynttelikkö, snapsi, joulukuusen sähkökynttilät ja radion seuraaminen uuden vuoden aattona. Näistä sähkökynttilät on käsitelty luvussa 2.2.1.1. Jouluruokien syönnillä adventtiaikana ja radion seuraamisella ei vielä ole sellaisia perinteitä, että niiden historiaa voitaisiin kirjoittaa. Niinpä seuraavassa käsittelen adventtikynttelikköä ja snapsin juontia.

Adventtikynttilät

Adventtikynttelikkö tai adventtikynttilät on yksi niitä tapoja, jotka todennäköisesti ovat tulleet meille Ruotsista. Rehnberg on tutkinut asiaa ja todennut, että vanhin tieto neljästä adventtikynttilästä Ruotsissa on vuodelta 1896. Hän arvelee adventtikynttilätavan kehittyneen Ruotsissa adventtikuusitavasta. Sekä kodeissa että kirkoissa on nimittäin usein sytytetty pikkujoulupuun kynttilät vähitellen adventtipyhien mukaan.[85] Tanskassa adventtikynttilätapa on esiintynyt ainakin 1920-luvulla.[86]

Nilsson puolestaan on arvellut adventtikynttilätavan olevan alkuperältään saksalaisen sikäli, että se on Saksassa esiintynyt adventtiseppeletapana, jonka ruotsalaiset sitten ovat muuntaneet kynttelikkötavaksi.[87]

---

70 Vilkuna 1969 s. 342—345

71 Helminen 1949 s. 605

72 Jos kehräsi, tuli päistäreitä. Sukkia ja lapasia sopi silti neuloa, Ollila 1934 s. 137

73 Paulaharju 1930 s. 175—176, 1947 s. 389; Helminen 1930 s. 10; Karila 1948 s. 270; Seppänen ja Sihvo 1953 s. 154; Peltola 1960 s. 370

74 Tersmeden IV 1916 s. 192—194; Bergholm 1944 s. 249

75 Paulaharju 1965 s. 65—66; Borg-Sundman 1966 s. 55

76 KL 55 s. 1088: "joulun aikoihin on luvassa kokoontua koko serkussarja."; HP 48/12 s. 20 Varjo: "Joulu on kuitenkin sellainen juhla, jonka aikana ystävät tapaavat toisiaan kodeissakin." jne.

77 KL 67/24 s. 48: "Tapanina sukuloidaan... tapanin sukulaisvierailut tuskin jäävät kovin pian unhoon, ovathan entisajan suuret sukukutsut hauskoja supistetussakin muodossa."

78 KL 67/24 s. 11 pääkirjoitus: "Mutta eiköhän jälleen tapanilta kutsujen sarja leikkaa tämänkin joulun yhtämittaiseksi tulemiseksi ja menemiseksi sekä ylensyömiseksi."

79 HSM 53 Julen s. 242, Kurt Forsman: "Men trots att det är skönt att få koppla av, så vill det ändå ofta under mellandagarna uppstå döda punkter."

80 KL 55 s. 1088 "Joululomalla näyttelemme."; HP 48/12 s. 20 Varjo: "Tällöin, varsinkin jos seurassa oleville on vaikea löytää yhteistä mielenkiintoista keskustelukysymystä, kannattaa ryhtyä kokeilemaan vanhaa hyvää seurustelumuotoa — leikkiä."

81 Mona Lisa 64/12 s. 4 "Joulutonttu": "Jouluvieraat leikkimään... Kun joulupyhinä tulee kotiin vieraita, sulkekaapa tällä kerralla hetkeksi töllötin ja pankaa vaihteeksi joululeikki käyntiin."

82 MBL/HSM 69/12 s. 294 Arho: "släktbjudningar, dans runt granen och sällskapslekar i långa banor hör ihop med julen. Julkalas är roliga och festliga stunder som man minns långt fram i livet."

83 KL 31 s. 31 "Kotitonttu": "Emme tosin ole tottuneita käyttämään tähteitä vieraskutsuissa, mutta edempänä tahdomme osoittaa, että erinomaisesti voimme senkin tehdä... viljelemällä vähäsen kekseliäisyyttä ja hyvää makua."; MN 59/12 s. 25: "Näin joulun aikaan kinkkua on joka perheessä, ja juuri se on perusaineena juhlavassa pikkupäivällisessämme."

84 E. 64/12 s. 52

85 Rehnberg 1965 s. 211—215

86 Ellekilde 1943 s. 448—449

87 Nilsson 1958 s. 7; tälläiset adventtiseppeleet ovat saksalaisen tutkijan mukaan kehittyneet puolestaan joulukruunuista erityisesti erään liikkeen Dürerhausin, markkinoimina vuosisatamme alkupuolella, Kügler 1930 s. 172

Minun nähdäkseni adventtikynttilätavalle ei tarvitse etsiä monimutkaisia kehityskulkuja Ruotsissa. Se on voinut siirtyä sellaisenaankin valmiina tapana Saksasta.[88]

Seuraamassani ruotsinmaalaisessa Husmodern-lehdessä tapaa on myös esitetty kuvin, joista yksi oli kynttilätehtaan mainoksessa.[89]

Suomessa on kyse uutuudesta, jota en ole löytänyt kirjallisuudesta. L e h d i s t ö on maininnut tämän koristeen. Vuonna 1945 surtiin Kotiliedessä: ”Niin, poissa ovat... paksut kynttilät, joita jokaisena adventtisunnuntaina tuli yksi lisää kertomaan valon juhlan lähestymisestä.”[90]

Tästä päätellen (artikkeli käsitteli sodan lopettamia tai keskeyttämiä joulutapoja) tapa oli ollut Suomessa jo ennen kynttiläin loppumista eli siis ainakin 1930-luvulla.

1950-luvulla adventtikynttelikkö ilmaantui uudelleen lehdistöön. Nyt surtiin, että sen symboliikka oli jäänyt kovin etäiseksi.[91] 1960-luvulla oli muutamia kertoja lehdissä ensimmäinen kynttilä sytytettynä lähestyvän joulun merkiksi.[92] Tämä neljän adventtikynttilän tapa selitettiin saksalaiseksi ja roomalaiskatoliseksi.[93]

Adventtikynttilätapa on lähtöisin Saksasta ja levinnyt Ruotsin välityksellä meille. Tässä jouluinen keittiönpöytä. Kaikki kynttilät palavat jouluna. Muina koristeina tonttuja, pukkeja ja kaitaliina.

Advent candles originated in Germany, and came to Finland through Sweden. Here all the four candles are lit on the kitchen table at Christmas. On the table runner also Santa Clauses and gnomes.

---

88 Erzgebirgessä esiintyi tällainen adventtikynttilätapa ”vielä” vuosisadan vaihteessa eli oli ilmeisesti sieltä silloin tosin jo häviämään päin, Sartori 1914 s. 15; 1830-luvulla Hampurissa lapsikylässä, Bausinger 1971, s. 12—13

89 HSM/Stockholm 49/49 s. 13, 51/51 s. 11, 56/48 s. 46 (Liljeholmenin mainos)

90 KL 45 s. 621

92 KL 60 s. 1395 ”H.—H.L.”; MN 67/49 s. 90; HP 28.11.68 s. 50

93 ML 66/12 s. 3 ja 54 Aalto. Kyseessä turkulainen, mutta saksalaista alkuperää oleva perhe. Heidän adventtikynttilätapansa poikkesi kuitenkin ilmeisesti hiukan suomalaisluterilaisesta tavasta: ”Neljä adventtikynttilää sytytetään vuorotellen, yksi kunakin adventtisunnuntaina ja sitten jouluaattona iltapäivän kahvipöydässä kaikki neljä.” Tekstiin liittyvässä kuvassa neljä kynttilää paloivat yhtaikaa ja yhtä pitkinä.

Snapsi

Maljan juontia on väitetty pohjoismaisen joulun vanhimmaksi tavaksi, d r i c k a j u l.[94] Muinaisgermaanisena aikana ei kuitenkaan ollut kyse varsinaisesta snapsien juonnista, sillä viinan valmistus ja juonti alkoivat pohjoismaissa 1500-luvulla.[95] Ruotsissa juotiin viinaa jouluna ainakin 1700-luvulta lähtien.[96] Paikoin oli kaikkien juotava,[97] paikoin joivat vain vanhemmat.[98] On juotu sekä runsaasti,[99] että kohtuullisesti.[100]

Suomen suomenkielisillä talonpojilla on myös ollut laajalti tapana juoda viinaa jouluna. Sitä on sekä keitetty itse[101] että käyty ostamassa kaupungista.[102] On jopa viety viinaa saunaankin ryypättäväksi.[103] Välistä piti lastenkin maistaa jouluviinaa.[104]

Ruotsinkieliset talonpojat joivat myös yleisesti, jopa sellaisissakin taloissa, missä muuten ei käytetty viinaa.[105] Kaikille tarjottiin, jopa lapsille.[106] Paikoin juotiin ilmeisesti paljonkin.[107]

Säätyläisten snapsin juonnista jouluna ei ole tietoa. Paljon on sensijaan mainintoja erilaisista viineistä ja punssista. Tämä ei tietenkään vielä todista, etteikö viinaa silti olisi voitu juodakin.[108] Kerran on tosin mainittu pohjalaisten ylioppilaitten joulunvietosta. He joivat ryyppyjä kalalle ja kalan jälkeen.[109]

On sitten eri asia, onko ylioppilaat ylipäänsä katsottava säätyläisiksi.

On myös tieto, että joulu on käsitetty ja käsitetään edelleen sellaiseksi uskonnolliseksi juhlaksi, jossa viinaa ei sallita.[110] Tämä lienee pietismin vaikutusta. Onhan joulutapojen kohdalla muutenkin nähtävissä, kuinka pietismi on muovannut tapoja.[111]

L e h d i s t ö ei ole todellakaan markkinoinut tätä joulutapaa. Tapa on tosin joskus todettu,[112] ja sitä on vastustettu.[113]

---

94 Celander 1955 s. 11, 14 ja 17. Myöhemmin maljat juotiin kristillisenä aikana Kristuksen ja Neitsyt Maarian kunniaksi, Nilsson 1938 s. 45

95 Celander 1928 s. 22; viinan valmistus on omaksuttu melko valmiina menetelmänä kaupunkikulttuurista, Berg ja Svensson 1969 s. 152

96 Reenstierna 1946 s. 83 ja 336

97 Keyland 1919 s. 20, Skoone, s. 64 Upplanti, s. 125 Härjedalen

98 Keyland 1919 s. 35, Smoolanti

99 Länsi-Göötanmaalla juotiin r ä t t m y c k e t , Keyland 1919 s. 52

100 Keyland 1919 s. 133, Lappi

101 Raussi 1966 s. 153; Häyhä 1955 s. 21

102 Helminen 1930 s. 5; Kallio 1962 s. 11—12

103 Helminen-Nordberg 1963 s. 110; sysmäläinen kertoja epäili, että saidat talot tarjosivat jo saunaan viinaa, etteivät rengit jaksaisi illalla syödä, Virtaranta 1953 s. 286

104 Paulaharju 1914 s. 84

105 SLS Kb 382/75

106 SLS Si 217/80

107 SLS Bo 382/32

108 Usein ei tavallisista asioista mainita muistelmissa mitään, Wallin 1935 s. 13

109 L.L.L. 1877 s. 130—132; turkulainen raatimies oli iloinen voidessaan juoda "ett glas med sina herrar söner", Schybergson 1940 s. 3

110 Suuronen 1973 s. 8

111 Esim. tanssiminen Meurmaneilla, Meurman 1909 s. 39—40; joulupäivän vietto Ilmoneilla, Ilmoni 1946 s. 21—22

112 KL 36 s. 988 M. Gebhard: "Jouluaamuna syönnin päälle, ennenkuin pitkälle kirkkomatkalle lähdettiin, piti varsinkin ennen vanhaan jokaisen ottaa viinaryyppy, vaikka muulloin olisikin ihan raitis."

113 HSM 05 s. 190: "En sorglig julsed är bruket af brännvin! Stora mängder brännvin hämtas från städerna ut till landsbygden till julen."

2.2.2.3. Melko yleinen tapa, joka oli enemmän suomenkielisten suosiossa

Himmeli

Himmeli on varhemmin esiintynyt laajalti Euroopassa.[114] Ruotsissa koriste on tunnettu nimellä h a l m k r o n a[115] tai o r o.[116] Himmeli on kadottanut kaikesta päätellen suosionsa Ruotsissa.[117] Seuraamassani aikakauslehdessä se esiintyi vuosina 1924 —1969 vain kerran.[118] Sitä on kuitenkin eräs kodin neuvokki suosittanut taas nykykotien koristeeksi, mutta sanoo, että sen valmistus sopii vain "hyvin varmakätisille."[116]

Suomessa himmeli on esiintynyt sekä suomen- että ruotsinkielisillä talonpojilla. Ruotsinkielisiltä se ilmeisestikin on saanut nimensä. Himmeli oli nimittäin varhemmin jouluun kuulunut juhlalaite, jonka keskustassa oli olkikruunu.[119] Sittemmin itse laite jäi pois, mutta suomenkieliset omaksuivat nimen h i m m e l i, jota he käyttivät o l k i k r u u n u n tai j o u l u k r u u n u n ohella.

Vanhojen himmeleiden kuvia Kansallismuseon arkistosta. Niissä esiintyi koristeena mm. tähkiä ja nauhoja. Nämä puuttuvat nykyhimmeleistä.

Pictures of old h i m m e l i s in the Archives of the National Museum of Finland. They were decorated with e.g. heads of grain and ribbons not found in present-day h i m m e l i s.

Himmelin ja myös himmeli-nimen varsinainen kanta-alue on ollut suurin piirtein Varsinais-Suomi, Satakunta, Häme ja Uusimaa.[120] Kaikkialla himmeliä ei ole edes tunnettu.[121] Ruotsinkielisistä alueista himmeli on esiintynyt Pohjanmaalla, Turun saaristossa ja etenkin Uudellamaalla.[122]

Himmeli menetti asemansa kansanomaisena joulukoristeena siinä jo 1870-luvusta lähtien.[123] Paikoittain sen käyttö kuitenkin jatkui.[124]

Himmeli on yleensä tehty oljista. On silti käytetty myös ruokoa,[125] puuta,[126] kaisloja,[127] jouhia[128] pajunvarpuja,[129] pärettä[130] ja putkia.[131]

Himmelit tehtiin geometrisen näköisistä monikulmioista yhdistellen niitä välillä hyvinkin isoiksi ja monimutkaisiksi.[132] Niitä koristettiin välistä kynttilöin,[133] välistä oljet värjättiin.[134] Koristeina käytettiin myös paperikoristeita, monivärisiä kukkasia, pärereistejä, tähkäristejä, kattolintua, monivärisiä papereita, nauhoja, rusetteja, koreita papereita, painajaisenpolvia, olkisormuksia, höyhen- ja tähkätupsuja sekä kultapaperisia tähtiä.

Himmeli oli kansanomaisena koristeena yleensä kertakäyttötavaraa ja uusi tehtiin joka jouluksi.[135] Se on poistettu paikoin juhannuksena, paikoin syyskesällä tai keväällä.[136]

Himmelille ovat tavan käyttäjät antaneet erilaisia selityksiä. Niitä valmistettiin tulevan vuoden sadon, etenkin ruissadon turvaamiseksi.[137] On myös selitetty, että himmeli tehtiin muistuttamaan Kristuksen kruunusta.[138] Toiset tekivät himmeleitä vain koristukseksi[139] tai ajankuluksi.[140]

114 Itse asiassa kaikkialla lukuunottamatta Itä-Eurooppaa, Ränk 1955 s. 107; varhemmin ne liittyivät yleensä juhliin, kuten häihin, juhannukseen ja jouluun. Viime vuosisadalla niistä tuli nimenomaan joulukoristeita, Weiser-Aall 1953 s. 36; Norjassa niiden nimi oli u r o , koska ne liikkuivat koko ajan, Nilsson 1938 s. 26

115 Esim. Celander 1928 s. 119 ja 133; Rehnberg 1957 s. 28 ja Nylén 1969 s. 83

116 V. Forsberg 1957 s. 40—43

117 Forsslund 1923 s. 61: "Vielä tehdään olkikruunuja eräässä syrjäkylässä" (Örebron lääni)

118 HSM/Stockholm 33 N:o 51 s. 42: "Halmkrona från Östra Torn i Skåne." Kuvassa oli eräänlainen himmeli.

119 Kuvaus Nauvosta SLS Na 618/398: "I stugans tak, ovanför bordet som stod i en knut, fästes dukar och schalar. Närmast taket fästes ett lakan. Sedan en grann silkes-duk och sedan en mindre duk i granna färger. I mitten hängdes en krona av halm. Kronan hade inte ljus. Hela denna takdekoration kallades julhimmel." Esimerkkejä olisi muitakin.

120 Vuorela 1957 s. 273

121 Esim. Konginkankaalla Helminen 1929 s. 67

122 Jaakkola 1976 s. 683

123 SLS He 203/175: himmelin käytön sanottiin loppuneen noin 1879; Helminen-Nordberg 1963 s. 104: 1870-luvulla joulukuusi valtasi himmelin ja joulukruunujen paikan; myös Wikman 1924 s. 87; Rosenholm 1925 s. 140: "bortlämnade"

124 Vuonna 1916 kirjoitti Nikander s. 219, että himmelitapa eli vielä paikoittain itäisellä Uudellamaalla ja Turun saaristossa; Kurtze 1944 s. 44; vuonna 1909 sanottiin ruotsinkielisten Marttojen esitelmässä, että lapset koristavat maalla tuvan oljista tehdyllä kruunulla, Edelfelt 1909 s. 9

125 Esim. Helsingin pitäjä, Hiittinen ja Kemiö, SLS He 203/175, Hi 226/101; Harva 1935 s. 23, rannikoilla

126 SLS Es 203/141, Espoosta

127 Karila 1948 s. 263, Tyrväntö, käytettiin myös olkisia

128 Hämäläinen 1934 s. 287, Hauhossa, myös olkisia

129 Vuorela 1957 s. 269, Lappeella, käytettiin myös rukiinolkia; Helminen 1949 s. 598—599, Längelmävedellä, miehet tekivät metrisiä himmeleitä aineksina pärettä, pajunvitsaa, olkea ja tähkiä. Himmelin keskustaan sommiteltiin Betlehemin seimi.

130 Vertaa edellä Helminen 1949 s. 598—599; SLS He 203/175

131 Nurmijärvellä putkia ja olkia, Ollila 1934 s. 134—135

132 Porvoossa tehtiin eräässä talossa kolme himmeliä, joista isoimmassa oli 36 oktaedria, SLS Bo 217/7; Sipoossa uskottiin, että tuleva vuosi oli sitä parempi, mitä isompia himmelit olivat SLS Si 217/8

133 Esim. SLS He 203/175 ja Bo 217/121, Vuorela 1957 s. 269

134 Esim. SLS Es 203/141, Si 239/76 ja 74, Si 217/96, Bo 239/77, Ko 618/378, Helminen 1930 s. 8, 1949 s. 598—599, Vuorela 1957 s. 269

135 Esim. SLS Bo 239/76

136 Esim. SLS Bo 239/76; Bo 217/7; Helminen 1930 s. 8

137 SLS Si 217/8, Bo 239/72, He 203/175, Si 217/96; ettei ruislaari tyhjenisi piti himmelin olla paikoillaan juhannukseen asti Porvoon tienoolla, Nikander 1917, Svenska Tidningen 22.12.17

138 SLS Si 217/96

139 SLS Bo 239/73 ja 75

140 SLS Si 239/75

Geometrisen, perinteisen himmelin peruskuvio on oktaedri. Näitä voi yhdistellä mielensä mukaan ja koota täten mieleisensä himmelin.

The basic shape in a traditional h i m m e l i is an octahedron. They can be combined in various ways and thus one can make any design one likes.

Tutkijoita asia on myös askarruttanut. Wegeliuksen ja Wikmanin mukaan tapa on lähtöisin siitä, että kattoon heitettiin olkia ja koetettiin saada tietoa tulevan vuoden sadosta.[141] Vuorela taas näkee tässä tupakulttuuria, halua luoda käytettävissä olevista oljista kekseliäisyyttä vaativia rakennelmia.[142] Eräs ulkolainen tutkija uskoi niiden torjuvan pahoja voimia.[143]

Säätyläisjouluun himmeli ilmeisestikään ei ole kuulunut.

Himmeli koettiin 1920- ja 1930-luvuilla l e h d i s t ö s s ä jo hävinneeksi tai häviäväksi koristeeksi.[144] Puhuipa Helminen tapojen rappeutumiskaudesta.[145]

Himmeliä yritettiin kuitenkin neuvoa ottamaan uudestaan käytäntöön. Annettiin ohjeita himmelin valmistukseksi. Näin teki jo Vaskela v. 1932 sanoen: "Olisi kovin suotavaa, ettei tätäkään kansallista tapaa kokonaan unohdettaisi."[146]

Vuonna 1936 kehoitti ruotsinkielisten Marttojen lehti ottamaan himmelin ja muiden olkikoristeiden valmistamisen perhetavaksi, joka siirtäisi vanhat jouluperinteet tuleville polville.[147] Samana vuonna Martat pystyttivät joulukoristeiden myyntinäyttelyn, ja vuonna 1938 oli uusi näyttely ja näistä näyttelyistä selostus. Näyttelyssä pyrittiin markkinoimaan tuomaanristejä, himmeleitä ja joululyhteitä.[148] Samana vuonna hyökkäsi Helminen tällaisten koristeiden uutta käyttöönottoa vastaan. Nykyisellään ne on katsottava rihkamaksi, "niin kauan kunnes ne taas tajutaan kuvina."[149]

---

141 Wegelius ja Wikman 1916 s. 149
142 Vuorela 1957 s. 274—276
143 Lauffer 1933 s. 236—237
144 KL 28 s. 853 E. Ivalo kertoi, että himmeli oli ollut maassamme hyvin yleinen; KL 32 s. 935 Vaskela: "Himmeleitä näkee enää siellä täällä. Sen taitavat tekijät löydämme nykyään pienistä pirteistä vanhan väen keskuudesta. Nuoret osaavat enää harvoissa tapauksissa himmeliä tehdä."
145 KL 38 s. 886, Helminen
146 Vaskela m. art. s. 936

Helmisen vastustuksesta ei ollut hyötyä. Vuodesta 1940 lähtien himmeliä on propagoitu lehdissä suorastaan rajusti informaatiota antaen ja ohjeita välittäen.[150] Ja on merkille pantavaa, että ruotsinkieliset lehdet nyt lähestulkoon vaikenevat koko himmelistä.[151]

Himmeli alkoi lehdistössä saada myös uusia muotoja 1950-luvulta lähtien. Syntyivät nk. design-himmelit.[152] Todettiin kuitenkin välistä, että aikaa on "liian vähän himmelin tekoon," joten ehdotettiin sen korvikkeeksi yksinkertaisempia olkikoristeita.[153] Myös puolukanvarpuseppelettä on markkinoitu himmelinä,[154] samoin lanttukoristetta, josta häikäilemättömästi kirjoitettiin: "Kokeillaanpa miten vanha, unhoon jäänyt himmeli tuo joulutunnelmaa nykyaikaiseenkin kotiin."[155] Myös olkitähtiä on kutsuttu himmeleiksi,[156] samoin kuparista ja helmistä kokoonpantuja koristeita,[157] tähkä-omenakoristetta[158] ja haapalastukoristetta.[159] Välistä lienevät toimittajat tajunneet käyttävänsä väärin himmeli-sanaa, koska ovat antaneet sille myös määreitä: pallohimmeli,[160] kuparihimmeli.[161] Puhuttiin myös "jouluroikosta eli himmelistä,"[162] "jouluhärvelistä"[163] ja "pimmelistä."[164]

Lehdistö on luonnollisesti esittänyt perusteluita himmelin käyttöön otolle, ja yleisin perustelu on, että kyseessä on vanha tai kansallinen tai suomalainen koriste:

---

147 HSM 36/12 s. 304—307 Norrgård: "I nästan alla delar av Finland är 'julhimmeln' denna skira ständigt svängade krona känd. Långt före julgranen fanns 'himmeln'. Det var den synliga medelpunkten i hemmet. Den pyntades med papperskors och ulltofsar i granna färger. På Åland fanns kransen av flätad halm... Vad vore kärare än att vi ur forntiden kunde frammana dessa enkla, stilrena symboliska föremål i guldglänsande råg och havrehalm. Huru vackert, att i denna tid med sina spridda intresser kunna samla familjemedlemmarna vid halmarbetet... Låt barnen vara med om att skapa dessa nya insatser, tagna ur förgånga seder och bruk, och det gamla vackra julpyntet, de hederliga julbruken föras vidare."

148 HSM 38/12 s. 256 "I.L.": "Vackrast var kanske själva mittelpartiet av salen med de skira halmkronorna och fågelkärvarna."

149 KL 38 s. 886 Helminen

150 Jaakkola 1976 s. 687—693

151 Vain kerran enää löytyy himmelinkuvia Husmodernista. Ne ovat pieniä kuusenkoristeita, mutta tekstissä niistä ei puhuta muuta kuin: "På bild 2 ser vi olika föremål gjorda av halm." HSM 43/11 s. 44

152 OK 55 n:o 4 s. 5: "modernisoidun pienoishimmelin" ohjeet; OK 58 n:o 4 s. 2—3; "Himmeli on syntynyt uudelleen... Eivätkä ne enää liity vain jouluun... Himmelistä on tullut eräänlainen suomalainen mobile, liikkuva veistos, joka oikeana muunnelmana tuntuu ympäristöään hauskasti elävöittäen olevan kokonaan (täytynee olla kotonaan) melkeinpä missä tahansa ja milloin tahansa."

153 OK 44 n:o 4 s. 30—31

154 OK 47 n:o 4 s. 32

155 OK 52 n:o 4 s. 6

156 OK 67 n:o 4 s. 7

157 OK 60 n:o 4 s. 13

158 E. 62/12 s. 49: "punaiseen omenaan pistellyistä tähkistä luotu himmeli"

159 KL 62 s. 1822: "Kotitekoinen jouluhimmeli syntyy... haapalastusta"

160 KL 66/24 s. 18, kuvassa muovisista mehupilleistä valmistettu geometrinen melko yksinkertainen laite koristeenaan muovipalloja

161 KL 62 s. 1620 Jormakka

162 Anna 20.12.66 takakansi: "Jouluroikko eli himmeli on hopeisena kimmeltävä mobili (ikiliikkuja), jossa voi polttaa tähtisadetikkuja," kuvassa merkillisen näköinen hopeapaperein ja hopeapalloin koristeltu laite

163 MN 63/49 s. 73 Tikkanen: "Juhlallisen olkihimmelin sijasta voimme valmistaa jouluksi helppotekoisemman... jouluhärvelin."

164 KL 67/22 s. 10: "Kattoon ripustettaville pienistä mäntypalikoista kootuille koriste-esineille Helena Tynell oli antanut nimen pimmeli erotukseksi oljesta valmistetusta himmelistä."

"kansallista tapaa,"[165] "vanha kansallinen koristeemme",[166] "vanhanaikainen joulupirtti",[167] "joulun yksinkertainen. kaunis, kansallinen koriste",[168] "aitoa suomalaista joulutunnelmaa",[169] "tuo samalla mukanaan myös suomalaisen juhlatapakulttuurin tuulahduksen koteihimme",[170] "vanha, unhoon jäänyt himmeli",[171] "kotipellon oljista on joulun iltapuhteina muodostunut tekijäinsä voimakkaan kauneudenkaipuun ilmauksena kullankimalteisia, herkkiä ja koristeellisia himmeleitä luomaan juhlantuntua kodikkaaseen, siivottuun tupaan",[172] "vanha suomalainen joulunajan koriste",[173] "himmeli on aina kuulunut suomalaisen joulun kuvaan",[174] "himmelillä on vuosisataiset perinteet, se on kansanomaisista joulukoristeistamme juhlavin, mutta myöskin suuritöisin".[175]

Himmeliä on myös propagoitu uskonnollisena koristeena, vaikkakin vähemmän.[176] Myös on vedottu himmelin kauneusarvoon: "Silitetystä, kullankimaltavasta oljesta tehty himmeli on kaunis."[177] On myös kerrottu, että himmelin valmistus on hauskaa ja aika helppoakin. Sitä on suositeltu joulutalkoitten askarteluksi.[178] Kouvolan Sanomista ilmenee, että himmeli on erittäin suosittu myyjäisartikkeli, jopa niin, että kun Myllykosken yhteismyyjäiset vuonna 1966 avattiin klo 18, olivat kaikki himmelit jo klo 18.01 tehneet kauppansa.[179] Himmelin tekijöinä paikkakunnalla mainittiin tyttölyseolaiset, Kouvolan sosialidemokraattiset nuoret, Myllykosken naisjärjestöt, Sippolan koulukodin pojat ja Inkeroisten naisjärjestöt.[180]

Myös erilaiset kotiteollisuusjärjestöt kuten Suur-Helsingin Kotiteollisuusyhdistys[181] ja Kotiteollisuusjärjestöjen Keskusliitto[182] ovat antaneet himmelin valmistusohjeita.

2.2.3. Melko harvinaiset joulutavat

2.2.3.1. Kieliryhmien yhtäläiset, melko harvinaiset tavat

Kieliryhmien yhtäläiset, melko harvinaiset tavat olivat pikkujoululahjat, jouluiset tervehdyskäynnit, piirileikit, uuden vuoden vietto kotona ilman vieraita, loppiaisen

165 KL 32 s. 936 Vaskela
166 KL 42 s. 642
167 KL 42 s. 687 M. Haavio
168 KL 43 s. 656—657 Visapää
169 OK 44 n:o 4 s. 30—31
170 OK 49 n:o 4 s. 11
171 OK 52 n:o 4 s. 6
172 OK 58 n:o 4 s. 2—3
173 OK 65 n:o 4 s. 22—23
174 Kouvolan Sanomat 24.12.67 s. 8 Grönlund
175 MN 4.12.68 s. 54
176 KL 38 s. 886 Helminen: "emmekä me näe himmelipallon sisällä Betlehemin seimeä... Kuvien muodot eivät ole mielivaltaisia, vaan vuosisatojen halki joulusanoman kanssa rinnan kulkeneita"; KL 55 s. 1038 Wiherheimo: "ja jouluhimmelimme tuo seimen oljet aivan käsiemme kosketella"; KL 57 s. 1372: "Se on niin kaunis, niin kaunis! Oljet kuuluvat jouluun — niillähän Kristuslapsi seimessä makasi."; Kouvolan Sanomat 24.12.67 s. 8 Grönlund: "Oljen vertauskuvallista merkitystä — ne symboloivat Kristus-lapsen seimen olkia — nykyisin tulemme tuskin edes ajatelleeksi, mutta silti ihailemme oljen kauneutta."
177 MN 15.12.65 s. 6
178 KL 32 s. 936, Vaskela: "Onhan himmelin tekeminen helppo ja yksinkertainen asia... Himmelin tekeminen syystalven iltoina on nuorille hauskaa ajanvietettä"; MN 18.12.63 s. 65; MN 4.12.68 s. 54
179 Kouvolan Sanomat 17.12.66 s. 3
180 Jaakkola 1976, s. 692—693
181 KL 57 s. 1453
182 Vuorela 1957 s. 271

vietto, vain yhden aattoaterian syöminen ja piparkakkutalo. Näistä loppiainen on käsitelty luvussa 2.2.1.3. Pikkujoululahjat ja jouluiset tervehdyskäynnit eivät ole vielä ehtineet saada historian patinaa. Uuden vuoden vietto kotona ilman vieraita on pikemminkin tavan puuttuminen kuin tapa. Käsittelen siis piiri- ja muut leikit, vain yhden aattoaterian ja piparkakkutalon tässä yhteydessä.

Piirileikit

Piirileikit ovat kehittyneet keskiaikaisista tanssileikeistä, jotka Tanskassa ja muualla Euroopassa jo melko varhain muuntuivat lasten leikeiksi.[1] Ruotsissa nuoriso tanssi jouluisissa juhlissaan ympäri maan näitä leikkejä,[2] kunnes 1840-luvulta lähtien ne alkoivat liittyä myös kotien joulunviettoon,[3] ja vähitellen koko joulutanssiperinne 1800-luvun puolivälistä lähtien heikkeni, kun joulu alkoi muuttua perhekeskeiseksi.[4] Nilsson syytti opettajia, että he turmelivat perinteen muuttamalla tanssit lasten leikiksi.[5] Myös muita leikkejä on leikitty Ruotsissa jouluna jopa kuninkaallisessa hovissa.[6]

Piirileikkiä lasten leikkikoulussa. Lapset ovat pukeutuneet piparkakuiksi.

Ring games in kindergarten with the children dressed as cookies.

1 Tillhagen 1965 s. 141; Nilsson 1915 s. 263
2 Keyland 1919 s. 29, 74 ja 81
3 Tillhagen 1965 s. 122, Feilberg I 1962 s. 289
4 Olsson 1964 s. 9—10; Ranskassa on havaittu joulun nykyään muuttuvan perhejuhlan lisäksi myös yhteisön juhlaksi, Dumazedier 1967 s. 57
5 Nilsson 1915 s. 262
6 SAOB J 1935—1952 s. 248; Celander 1928 s. 296 ja 303; Tillhagen 1965 s. 22

Suomen talonpoikien joulussa "tanssit ja hypyt" eivät ole kovin vanhaa perinnettä.[7] Kannaksen Valkjärveltä[8] ja muutamilta ruotsinkielisiltä[9] paikkakunnilta tunnetaan silti myös piiri- ja tanssileikit. Muuten on esiintynyt erilaisia voimainkoetusleikkejä, sisäleikkejä, arvoituksia, panttileikkejä, sokkoleikkejä.[10] Tämäkin perinne laimeni vähitellen. Hästeskon mukaan tilalle astuivat "uudemman ajan uudet harrastukset ja toimettomuus".[11]

Myös säätyläiset ovat leikkineet tanssileikkejä.[12] Lisäksi on näytelty, harrastettu seura- ja ulkoleikkejä.[13]

L e h d i s t ö s s ä katsottiin 1920-luvulla, että nuorimpien on sallittava pyöriä kuusen ympärillä ja leikkiä joululeikkejä.[14] 1940-luvulla, kun leikki taas pujahti esiin joulukeskusteluun, oli se jo kaikkien, eikä enää nuorimpien asia.[15] 1950-luvulla ehdotettiin näyttelemistä nuorison huvitukseksi[16] ja leikkejä sekä nuorille että vanhoille jouluvieraille.[17]

Mutta vasta 1960-luku näyttää havahduttaneen toimittajat tosissaan suosittelemaan leikkejä. Pari ruotsinkielistä kirjoittajaa suositteli piirileikkejä ja korosti niiden perinteisiä arvoja.[18] Leikin katsottiin myös olevan onnen omiaan juuri nykyajan ihmiselle.[19] Lapset ovat tyytyväisiä, jos vanhemmatkin osallistuvat leikkiin.[20] Leikki sopii kaikenikäisille.[21] Aivan erityisen suositeltavana pelinä ovat lehdet pitäneet palapeliä, jota myös Englannin kuninkaallinen perhe harrastaa jouluisin.[22]

Palapeli on suosituimpia huvituksia jouluna.

Jig-saw puzzles are popular Christmas entertainment.

---

7 Harva 1935 s. 36

8 Seppänen ja Sihvo 1953 s. 152 ja 154

9 Wikman 1914 s. 4—5; G. Lindberg 1911 s. 132; Klemets 1942 s. 95

Vain yksi aattoateria

Ei ole epäilystä siitä, etteikö jouluaaton ateriain rajoittaminen vain yhteen, joka sekin usein on syöty illan suussa, perustuisi vanhaan, sittemmin vuonna 1966 poistettuun paastomääräykseen.[23] Tosin sitä ovat ihmiset perustelleet sillä, että on ollut liian kiire aamupäivällä.[24] Tai on sanottu, että piti paastota, jotta illalla jaksaisi paremmin syödä.[25] Lähes nälän näkemisestä aamupäivällä on kerrottu.[26]

Piparkakkutalo

Piparkakkutalo on syntyisin Saksasta, jossa sokerileipurit innostuivat Grimmin sadun ja Humperdinckin oopperan johdosta valmistamaan Hannun ja Kertun satumökkejä.[27] Ruotsissa piparkakkutalon ohjeet ilmestyivät ainakin vuonna 1929 Prinsessojen keittokirjassa,[28] ja samasta vuodesta lähtien on ohjeita esiintynyt useita kertoja myös seuraamassani ruotsinmaalaisessa Husmodern lehdessä.[29]

Koska kyseessä on näin uusi tapa, koetin selvittää asian taustaa muutamin haastatteluin. Vanhin jäljittämäni — ja kukaties koko maamme vanhin piparkakkutalo — on vuodelta 1919, Högvallan talouskoulun silloisen, alunperin ruotsinmaalaisen rehtorin Runa Melanderin valmistama. Hän oli oppinut talon valmistuksen talouskoulussa Uppsalassa vuonna 1913, ja vuonna 1919 hän joutui pyytämään talon tarvikkeet pula-ajan takia Ruotsin lähetystöltä.

---

10 Enäjärvi-Haavio 1933 ja 1938; Hämäläinen 1934; Harva 1935 s. 36; Virtaranta 1964 s. 218—219; Klemets 1942 s. 95; Wikman 1914 s. 4—5.

11 Hästesko 1910 s. 191

12 v. Törne 1937 s. 177; Mannerheim-Sparre 1952 s. 134; Estlander 1918 s. 42.

13 Borg-Sundman 1966 s. 54—55; Ilmoni 1946 s. 21; Bergholm 1944 s. 249; Gallen-Kallela 1965 s. 273—274; Arni 1953 s. 61; ainakin 1800-luvulla levisi Ruotsista Suomeen joululeikkikirjoja, Lönnqvist 1974, Vasabladet 24.12.74

14 KL 28 s. 855 Simberg: "Nuorimmat tahtovat tietysti pyöriä kuusen ympärillä tai leikkiä joululeikkejä — sallittakoon se heille, se kuuluu joulunviettoon ja lisää tunnelmaa."

15 HP 48/12 s. 20 Varjo: "Leikki innostaa kaikkia ihmisiä."

16 KL 55 s. 1088: "Joululomalla näyttelemme."

17 KL 57 s. 1454 "Narsku": "Leikitään!"; HSM 1953 Julen s. 242 Kurt Forsman: "Dessutom är man ju pliktig att se till att gästande släktingar trivs och att ungarna har roligt."

18 MBL/HSM 63/12 s. 19: "Sen leker man litet sällskapslekar och pappa, mamma alla gå i dansen"; MBL/HSM 69 s. 294 Arho: "dans runt granen och sällskapslekar i långa banor hör ihop med julen."

19 KL 62 s. 1804 Kuusilehto: "Juuri nykyajan kiireiselle järkevälle aina asiallisesti ajattelevalle ihmiselle leikkiminen on verraton tapa rentoutua ja antaa huolten levähtää . . . Leikki vetää vanhat ja nuoret yhteiseen iloiseen piiriin."

20 KL 67/24 s. 66 Pasila: "Ja mikäpä estäisi myös varttuneempia liittymästä leikkiin. Lapset kokevat vanhempien mukanaolon erikoisena suosiona ja ilo tarttuu."

21 Mona Lisa 64/12 s. 4 "Joulutonttu": "se on hupaisaa seurustelua, johon voivat osallistua kaikenikäiset läsnäolijat!"

22 KL 62 s. 1809 "Minttu"; MN 66/51—52 s. 23 "P.S."; MN 63/51—52 s. 55 Fisher: "jotka erottamattomasti kuuluvat kuningasperheen joulunviettoon."

23 New Catholic Encyclopedia III 1967 s. 655

24 Karila 1948 s. 264—266

25 SLS Bo 217/119

26 SLS St 228/226

27 Hansen 1968 s. 149; Jaakkola 1976 s. 539—540 (tieto tohtori Hahnilta): Saksassa taloihin liitettiin taidokkaita ihmishahmoja. Erilaisia syötäviä taloja on esiintynyt jo varhemminkin.

28 SAOB 1935—1952 Bd 19 P 624

29 Jaakkola 1976 s. 541—542

Colombian leipomossa Helsingissä valmistettiin 1930-luvulla jouluisin ikkunaan "Hannun ja Kertun mökki". Helsinkiläiset suurleipomot alkoivat myydä valmiita piparkakkutaloja ja niiden osia vasta 1950-luvulta lähtien. Kouvolan ensimmäinen leipomossa leivottu talo oli todennäköisesti se kondiittori Niilo Mannerin vuonna 1933 leipoma talo, joka valmistui Kymen Hovin vihkiäisiin. Se herätti paikkakunnalla suurta huomiota ja ihastusta, koska se oli leivottu vihittävän hotellin näköiseksi.

L e h d i s t ö s s ä piparkakkutalo esitettiin jo vuonna 1923.[30] Se esiintyi sitten 1930-luvulla pari kertaa[31] eikä täysin hävinnyt sota-aikanakaan.[32] Vuodesta 1948 lähtien se on ollut lehdissä vähän väliä.

Piparkakkutalo on yleensä esitetty tehtäväksi lasten takia.[33] Viitattiin satuun ja tonttuihin.[34] Mökki sopii tehdä lasten kanssa[35] tai jättää peräti heidän tehtäväkseen[36] tai tehdä talkoovoimin.[37] Koko perhe voi ainakin seurata rakentamista.[38] Eräs lehti järjesti kerran julkimoille tilaisuuden sommitella omat piparkakkutalonsa.[39] Lehdet ovat vakuuttaneet, että piparkakkutalon teko on sekä helppoa että hauskaa.[40] Siitä saa sopivan lahjankin.[41] Piparkakkutaloa on mainostettu sekä pitkäikäisenä koristeena[42] että kertakäyttötavarana, joka on hauska joulun jälkeen syödä.[43] Piparkakkutalo joutuu siis useimmiten syötäväksi, ja usein ylistetäänkin sen hyvää makua.[44] Se mainitaan usein pieneksi.[45] Sen sievyyttä ihaillaan. Se tulee vielä mukavammaksi, kun se valaistaan sisältä taskulampulla.[46] Jo vuonna 1950 se edusti perinnettäkin.[47]

---

30 KL 23 s. 708 ja 710

31 Helsingin Sanomien viikkoliite 12.12.1937 Tennberg; HSM 33/12 s. 304

32 HSM 41/12 s. 193 "T.a": "För barnens skull böra vi försöka glömma den dystra, tunga tiden och föra julhögtiden så festligt som möjligt . . . Har vi tillfälle därtill, baka vi ett litet pepparkakshus."

33 KL 48 s. 535: "Kun Heidi täytti jo kolme vuotta"; HP 15.12.66 s. 62 Tapanainen: "Piparkakkuleikki"; MN 61/49 s. 34: "Tonttula lastenkamarin ikkunalle"; KL 49 s. 667: "Satumökki sopii lasten joulutunnelmaan."; HP 50/12 s. 26: "Piparkakkutalo on mieluinen yllätys lapsille"; HP 53/12 s. 36—37: " 'satumökki' sekä lasten että aikuisten iloksi"; HSM 54 s. 246 Fredriksson: "den näppaste lilla stuga åt sina små"; HSM 52 Julen s. 200 "Ge": "Barnens eget hus av pepparkaksdeg."; HSM 33/12 s. 304: "Barnens julbord."

34 katso ed. alaviitta. Lisäksi: KL 62 s. 1709: "Soma satumökki"; KL 67/24 s. 50:"Piparkakkumökin tonttuineen ja patoineen"

35 HSM 57/11 s. 25: "Baka ett pepparkakshus med mej, mamma"; HSM 52 Julen s. 200 "Ge": "Småningom kan ungarna börja hjälpa till."

36 KL 67/24 s. 50: "Piparkakkumökin . . . valmistavat perheen kouluikäiset lapset parissa illassa."; KL 62 s. 1709: "Isosisko tai kummitäti ehtii sen varmasti valmistaa."

37 HP 53/12 s. 36—37: "Lämpimän ruskea piparkakkutalo syntyy joulun kynnyksellä talkoovoimin."

38 HSM 52 Julen s. 200 "Ge": "Hela familjen med när huset växer upp"; vertaa edellinen alaviitta; HP 7.12.67 Tanttu: "ja aina sen ympärille riittää suuria ja pieniä, ihailevia asiantuntijoita. Arkkitehtiä ei tarvita, mökki rakennetaan 'tee-se-itse'-menetelmällä kaavojen mukaan."

39 HP 22.12.66 s. 68—69 Nykänen: "Fazer oli organisoinut tilaisuuden, jossa tehtiin viisi erilaista taloa. Näistä yksi oli sauna ja yksi palvelutalo 'Juttala'."

40 HSM 57/11 s. 25: "Det är inte så svårt alls, utan bara roligt."; HSM 54 Julen s. 246 Fredriksson: "Om mamma är litet behändig"; KL 67/24 s. 50: "rakentaminen on monelle aikuisellekin mieluisaa puuhaa pikku näpertelystä huolimatta."

41 HSM 52 Julen s. 200 "Ge": "Det är en lämplig julklapp att skänka åt familjer med småbarn."

42 HSM 48/11 s. 163 "Mor Maja": "Vi vill kanske ändå göra n å g o t mera arbetsdrygt... Gör då någonting av mera 'bestående värde' som t.ex. ett p e p p a r k a k s h u s. Det... kan sparas från år till år..."

43 HP 7.12.67 Tanttu: "Piparkakkutalo on kertakäyttöinen."; myös KL 48 s. 535; KL 49 s. 667

44 KL 48 s. 535: "Kuinka makea talo se olikaan!"; myös HP 7.12.67 Tanttu; HSM 41/12 s. 193 "T-a"; KL 67/24 s. 50

2.2.3.2. Melko harvinaiset tavat, jotka olivat enemmän ruotsinkielisten suosiossa

Melko harvinaisia joulutapoja, jotka esiintyivät enemmän ruotsin- kuin suomenkielisillä oli kaksi, ikkunatähti ja riippuvat seppeleet.

Ikkunatähti

Ruotsinmaalaiset tutkijat ovat selvittäneet, että ikkunatähti on alunperin lähtöisin Herrnhutista Saksasta. Se on levinnyt kahdessa eri vaiheessa Ruotsiin, hajaesiintyminä jo ennen ensimmäistä maailmansotaa ja sittemmin 1930-luvulta lähtien voimakkaasti.[48] Tähden suurin suosio alkoi sotavuosina johtuen ehkä kynttiläpulasta. Myöhemmin sitä alettiin pitää banaalina ja kutsua proletaaritähdeksi.[49] Tähdelle ei Egardtin mukaan enää voi löytää elävää symboliikkaa. Kyseessä on vain koriste, vaikkakin se vielä jotenkin yhdistetään Betlehemin tähteen. Aluksi oli asia toisin. Silloin se levisi kirkollisissa piireissä ja oli ilmeisesti uskonnollinen koriste.[50]

Ikkunatähti tai pahvitähti tässä kullanvärisenä muunnoksena. Ikkunatähti levisi maahamme Ruotsista sotien jälkeen ja oli vuoden 1960 vaiheilla todellinen muotikoriste.

A window star here made of golden carboard. This decoration came to Finland from Sweden and around 1960 it was very fashionable.

45 HP 15.12.66 s. 62 Tapanainen: "Pieni piparkakkumökki on varmaan kodikkaamman näköinen ja nykyaikaisiin pienehköihin asuntoihin sopivampi kuin suuri komea talo"; HP 7.12.67 Tanttu: "ruskea pikku mökki"; HP 53/12 s. 36—37: "Mökki on tosin pieni kuin varpusen häkki."; HSM 54 Julen s. 246 Fredriksson: "den näppaste lilla stuga"; HSM 41/12 s. 193 "T-a": "ett litet pepparkakshus"

46 HSM 52 Julen s. 200, "Ge"; HSM 54 Julen, Fredriksson

47 HP 50/12 s. 26: "Niin kuin ennen vanhaan kotona"

48 Asian historiaa ovat selvitelleet Erixon 1956, Nilsson 1958 ja Egardt 1959

49 Erixon 1956 s. 49, Rehnberg 1965 s. 224

50 Egardt 1959 s. 124

Suomessa ei ikkunatähden historiaa ole tarkemmin selvitetty. Suoritin haastatteluja paikkakunnan joulutarvikkeita myyvissä liikkeissä ja sain kuulla, että joulutähtiä alettiin myydä noin vuonna 1950. Niiden suosio kohosi nopeasti ja oli suurimmillaan jouluna 1960. Sitten alkoi tähtien menekki laskea, mutta jouluna 1969 oli taas havaittavissa myynnin lisääntymistä. Tähtiä oli havaittu menevän eniten omakotitalojen asukkaille. Lisäksi olivat 1960-luvun lopulla askartelukerhot hankkineet tähtien tarvikkeita.

L e h d i s t ö s s ä se on esiintynyt melko harvoin, varmuudella kuitenkin vuodesta 1946 lähtien, jolloin annettiin kahdeksansakaraisen tähden valmistusohjeet.[51] Kerran aiemminkin oli samantapainen tähti jo esiintynyt eräässä kuvassa, mutta siitä ei voinut päätellä, oliko se ikkunassa vai ei.[52] Vuonna 1959 oli tähti tulossa erään lehden mukaan "yhä yleisemmäksi",[53] ja vuonna 1963 se oli toisen mukaan jo väistyvä perinne.[54]

Joulutähden on katsottu edustavan Betlehemin tähteä.[55] Se "tuo pimeän illan kulkijalle viestin valon ja lämmön juhlasta".[56] Yleensä ikkunakoristeiden tehtäväksi on nähty, että ne "suovat myös ulkopuolisille hieman joulun tunnelmasta".[57]

Joulukruunut ja riippuvat seppeleet

Erilaisia, etupäässä oljesta valmistettuja, usein silkkipaperein ja kynttilöin koristettuja juhlakruunuja on esiintynyt yleisesti ympäri Euroopan. Viime vuosisadalla ne alkoivat liittyä jouluun. Ruotsissa esiintyi samantapaisia olkiseppeleitä ennen joulukuusen käyttöönottoa, joka tapahtui noin 1870-luvulla.[58] Ruotsissa on myös esiintynyt vihreällä verhottuja kynttiläkruunuja, j u l k r o n o r .[59]

Koska vastaajilla ei näyttänyt olevan eroa jouluseppeleitten ja adventtiseppeleitten välillä, mainitsen viime mainituista, että ne ovat kehittyneet vuosisatamme alkupuolella Saksassa joulukruunuista. Niitä on markkinoinut eräs berliiniläinen liike.[60]

Saksasta tämä adventtikoriste on myös levinnyt muihin maihin, mm. Ruotsiin, jossa se on esiintynyt ainakin jo vuonna 1911.[61]

Suomessakin on talonpojilla esiintynyt erilaisia j o u l u k r u u n u j a , jotka usein muistuttivat kirkkojen kruunuja.[62] Joulukruunun leviämisalue on ollut pääasiassa sama kuin himmelin.[63] On myös esiintynyt yksinkertaisempia laitteita.[64] Ahvenanmaalla Hammarlandissa sidottiin nykyisiä jouluseppeleitä muistuttavia koristeita katajanoksista, joiden ympäri kiedottiin koreita nauhoja.[65]

L e h t i i n jouluseppeleet ilmaantuivat 1920-luvulla. Ruotsinkielinen lehti kertoi tavasta vuonna 1922 ja sanoi sen tulleen Ruotsista. Kyseessä oli puolukanvarpuseppele punaisine nauhoineen.[66] Neljä vuotta myöhemmin puhuttiin "nykyaikaisista kuusenhavuseppeleistä" ja ehdotettiin niille jo vaihtelua, olkiseppelettä.[67] Pari vuotta myöhemmin alkoi suomenkielinenkin lehti ylistää näitä "kauniita ja kodikkaita" koristeita, joita voi koristaa monin eri tavoin. "Joskaan ehkä eivät alkuperältään suomalaisia", sanoi lehti.[68] "Vaikka se onkin alkuperältään vieras", sanoi toinen kirjoittaja männyn- ja katajanhavukruunuista.[69]

1930-luvulla seppele oli kai jo tunnetumpi, koska se ilmaantui ilman kommenttejakin jouluisiin valokuviin.[70] Vuonna 1939 seppelettä pidettiin jo vakiintuneena koristeena, perinteenä, vastakohtana uudenaikaisille koristehömpötyksille.[71]

Jouluseppele on nykyisin usein tekoainetta vaikka se jäljitteleekin havuja. Tähän seppeleeseen on liitetty kolme isoa aitoa käpyä, matkamuistoja etelästä.

The Christmas wreath is nowadays often made of artificial material resembling fir sprigs. Three cones, brought back from the south as souveniers, hang from this wreath.

51 KL 1946 s. 594

52 KL 1941 s. 755

53 HP 59/12 s. 37 Sassi: "Yhä yleisemmäksi on tullut tapa kiinnittää himmeä joululyhty taikka tähti ikkunaan ja pitää se siinä tuikkimassa pyhien ajan"

54 MBL/HSM 63/12 s. 18: (Inger Forsénin haastattelu): "Julstjärnan hör till oberoende av att det inte är 'modernt' mera".

55 Anna 21.12.65 s. 64 Haack

56 KL 46 s. 594

57 KL 64 s. 1710

58 Weiser-Aall 1953 s. 36—37

59 Celander 1928 s. 137; Forsslund 1923 s. 60—62; Lauffer 1933 s. 236, Siebenbürgen

60 Kügler 1930 s. 172; Bausingerin mukaan taas adventtikynttilätavasta, Bausinger 1971 s. 13—14

61 Rehnberg 1965 s. 211—215, 222

62 Harva 1935 s. 25—26; Lund 1928 s. 108: ne olivat sorvattuja 6—8 kynttiläisiä

63 Vuorela 1957 s. 273

64 Laihialla pärelyhty, Vuorela 1957 s. 273; Sompiossa kynttilöin koristettu päreristi, Paulaharju 1939 s. 281; Längelmäveteläisessä jouluk ruunussa oli kaksi ristikkäistä pärettä ja niiden päissä kynttilät, Helminen 1949 s. 599; Helsingin pitäjässä kutsuttiin kruunuksi yksinkertaista vuolemalla koristettua keppiä, SLS He 203/175

65 SLS Ha Mörby 382/50

66 Astra 22/17 s. 29

67 Astra 26/18 s. 289—290

68 KL 28 s. 853 Ellinor Ivalo

69 KL 28 s. 855 Simberg

70 KL 31 s. 1083 ja 1091

71 KL 39 s. 852 "Maria": "ja punanauhainen seppele riippui kuten aina ennenkin lampussa. Ei meidän jouluumme tarvita eikä siihen ole lupa tuodakaan uudenaikaisia keksintöjä."

1940-luku toi taas uuden materiaalin seppelten tekoon, kartongin. Malli oli tällä kertaa Tanskasta.[72] Sitten seppeleen suosio näyttää vähentyneen. 1969 se tosin pääsi erään lehden kansikuvaan. Nyt oli käytetty käpyjä. "Jouluseppel kutsuu juhlan kotiinne", julistettiin.[73] Näinä aikoina alkoivat seppeleet siirtyä oville, ja näyttää siltä, että niitä nyt vähemmän markkinoitiin riippuvina koristeina.

2.2.3.3. Melko harvinaiset tavat, jotka olivat enemmän suomenkielisten suosiossa

Melko harvinaisista joulutavoista olivat suomenkielisillä yleisempiä jouluaattoinen evankeliumin luku ja virsien veisuu kodeissa, muut laatikot kuin lanttulaatikko ja osallistuminen kunnallisiin uuden vuoden vastaanottajaisiin. Näistä viime mainitulla ei ole selostettavaa historiaa, joten käsittelen tässä yhteydessä joulun harrasta ohjelmaa, johon lasken evankeliumin luvun, virsien veisuun ja myös joulumusiikin, sekä muita laatikoita.

Kotien harras ohjelma

Tanskassa on jouluhartauteen kuulunut jopa eräänlainen liturgiakin. Ruotsissa joulun normaaliin ohjelmaan kuuluivat rukoukset, virsien veisuu ja evankeliumin luku.[74] Tillhagen on tehnyt sangen huomattavan havainnon. 1840-luvulla ei kodeissa vielä veisattu virsiä, vaan tapa alkoi vasta pietismin myötä.[75]

On esitetty, että Suomessakin pietismi ja romantiikka olisivat 1830-luvusta lähtien muuttaneet joulutapoja hartaammiksi.[76] Virolahdella oli taas havaittu 1800-luvun lopulla uskonnollisten tapojen vähenemistä.[77]

Kuulialan mukaan Suomen kodeista 97 prosentissa luettiin ennen ainakin evankeliumi.[78] Kuulialan tiedot ovat peräisin kirkollisesta keruumateriaalista, joten prosenttiluku lienee liian optimistinen. Evankeliumin luvusta on joka tapauksessa paljonkin tietoja ympäri Suomea. Paikoin se tapahtui joulunvieton aluksi, heti joulusaunan jälkeen.[79] Paikoin taas lukeminen tapahtui aterian jälkeen.[80] Useissa perheissä veisattiin virsikin. Toisista kuvauksista ei käy selville tarkemmin, milloin illan kuluessa evankeliumin lukeminen ja virsien veisuu tapahtuivat.[81] Välistä ei ilmeisesti luettu evankeliumia — tokko kaikki niin lukeakaan osasivat — vaan tyydyttiin vain laulamaan virsiä, joita saatettiinkin sitten laulaa jopa "koko jouluyö", vaikkapa paikoin juotiinkin välillä omakeittoista jouluviljaa, kuten Sompiossa

72 HSM 46/11 s. 51

73 HP 18.12.69 kansikuva ja s. 7

74 Celander 1928 s. 200

75 Tillhagen 1965 s. 122

76 v. Frenckell 1943 s. 375

77 Raussi 1966 s. 159: Virolahdella tosin vielä jouluna laulettiin värssy, mutta arkipäivien kiitosrukoukset ja ateriasiunaukset laiminlyötiin. Pitempiä ruokalukuja kainosteltiin.

78 Kuuliala 1960 s. 88

79 Iitissä jo ennen vuotta 1860, Halila 1939 s. 839; Suursaaressa, Peltola 1960 s. 369—370

80 Ikaalisissa, Salmelainen 1966 s. 67; Hauhossa, Hämäläinen 1934 s. 287; Nurmijärvellä, Ollila 1934 s. 136; Tyrvännössä, Karila 1948 s. 266—267

81 Härmässä, Paulaharju 1947 s. 383; Pattijoella Virtaranta 1964 s. 217; Parkano, Virtaranta 1964 s. 165; Nivalassa, Saalasti 1973 s. 111; Helminen-Nordberg 1963 s. 111

82 Paulaharju 1930 s. 171—172; 1961 s. 124; 1939 s. 281; Kotikoski 1912 s. 39—41; Sippolassa, Hellgren 1957 s. 377

tai pantiin sahtituoppi kiertämään parin virren päästä kuten Punkalaitumella.[82] Luettiinpa saarnakin niissä paikoin, missä ei päästy joulukirkkoon.[83] Inkerin Keltossa luettiin yhteisesti isämeitä, uskontunnustus ja herransiunaus.[84] Myös Häyhän itäsuomalaiset lukivat isämeidän ja herransiunauksen ja monia muitakin rukouksia. Veisattiin ja naiset polvistuivat lattialle, miehet kumarsivat päänsä käsien päälle.[85] Akonlahdessa ortodoksinen kansa rukoili joulupäivänä äänettömästi, risti kätensä ja kukin polvistui o p r e s a n s a eteen ja kumarteli maahan saakka.[86]

Kun Valkealan Vuohijärvi siirtyi maanviljelyskaudelta teollisuusaikaan, vähenivät sekä joulukirkossa käynti että joulun muu uskonnollinen ohjelma.[87]

Myös ruotsinkieliset talonpojat ovat viettäneet aattohartautta. Tusbyssä luettiin pöytärukoukset ennen ja jälkeen aterian. Sitten isäntä vielä luki ääneen Raamatusta tai virsikirjasta tai laulettiin jouluvirsiä.[88] Nauvossa isäntä luki joulutekstin.[89] Porvoossa ruokaluku oli vartavasten opetettu ja annettu jonkun lapsen tehtäväksi. Ruoan jälkeen oli vielä hartaushetki illalla. Luettiin ja veisattiin virsiä.[90] Lapväärtissä koko perhe rukoili isännän johdolla.[91] Närpiössä veisattiin virsi jouluaterian päätteeksi, ja ennen ateriaa oli ruokarukous.[92]

Säätyläisten vanhemmat joulumuistelmat eivät kerro hartaushetkistä. Mahdollisesti niitä ei pidetty. Käytiin joulukirkossa, ja se ehkä riitti.

Vuosisadan vaihteen muistelijat kertovat myös kotihartaudesta, mutta näistä on suuri osa pappilan lapsia.

Wreden aateliskodissa oli jouluaattoinen hartaushetki salissa. Eräs täti soitti jouluvirren ja isä luki joulutekstin.[93]

Neljä helsinkiläistä kertoi lapsuuden jouluistaan. Kaikkien näiden jouluaaton viettoon kuului hartaita musiikkiesityksiä, joita säestettiin pianolla jopa nelikätisesti. Evankeliumia ei luettu.[94]

Kolmen varakkaan ei-helsinkiläisen perheen lapset muistelivat jouluaaton hartauttaan. Yhdessä perheessä isä tai veli luki evankeliumin ja sen jälkeen veisattiin yhteisesti jouluvirsiä.[95] Toisessa äiti luki joulusaarnan, ja kaikki lauloivat "Enkeli taivaan" pianon säestyksellä.[96] Kolmannessa perheessä tyydyttiin ilmeisesti vain yhteisveisuuseen.[97]

---

83 Kainuussa, Paulaharju 1958 s. 174—175; Jämsässä, Virtaranta 1953 s. 23
84 Virtaranta 1964 s. 342
85 Häyhä 1955 s. 52—53
86 Jyrinoja 1965 s. 113
87 Aukia 1973 s. 79
88 G. Lindberg 1911 s. 131
89 SLS Na 301/4; Porvoon Pellingessä vanhat asettuivat aterian jälkeen oljille lepäämään, nuoret lukivat "läsförhörsläxorna" ja koko katekismuksen. Tätä ohjelmaa kesti klo 21 asti, jolloin kaikki lauloivat virsiä ja rukoilivat ennen nukkumaan menoa, Lindroos ja Andersson 1912 s. 144
90 SLS Bo 217/121
91 Wadström 1910 s. 180
92 Ivars 1974 s. 655—660
93 Ståhlberg 1966 s. 42
94 Ahde-Kjäldman 1964 s. 122—123; G. Krohn 1967 s. 179; Haahti 1956 s. 66; Gallen-Kallela 1965 s. 275
95 Haahti 1956 s. 66
96 Nurmela 1953 s. 14
97 Kalima 1962 s. 14

Kaikki pappilan joulujen muistelijat kertovat nimenomaan musiikista. Oli pianon ja harmonin soittoa, yhteislaulua, kuorolaulua ja kaksinlaulua. Oli lisäksi eri perheissä vähän vaihdellen rukousta, evankeliumin ja postillan lukua.[98] 1930-luvulta on "joulurauhan" julistus liittynyt aaton ohjelmaan.[99]

L e h d i s t ö on kommentoinut kotien jouluhartautta kovin vähän. On tosin esitetty evankeliumin luku perinteisenä vanhana tapana,[100] on ihasteltu sitä kirjallisena ilmauksena, joka on sikäli ajankohtainen, että se tuo mieliin meidän aikamme pakolaiset.[101] Ja on surtu jouluhartauden vähenemistä kodeissa.[102]

Paljon enemmän palstatilaa on varattu joulun musiikille. 1930-luvulla yritettiin joulun musiikkiohjelmaa perustella sen perinteisyydellä. Nähtiinpä tämän perinteen ulottuvan hamaan pakanuuden aikaan asti.[103]

Virsien veisuulla pyrittiin ennen vanhaan talonpoikaistaloissa karkottamaan pois haltiat.[104] Jouluinen nykymusiikki puolestaan edustaa romantiikan aikaa. Joululaulut ovat "viehkeitä soivia joulukoristeita".[105] Lehdet totesivat kuitenkin, että "juuri joululauluissa lapsuusmuistot elävät herkintä, hienointa ja lämpimintä elämäänsä",[106] ja että joulun musiikillinen puoli kuului joulun parhaisiin hetkiin.[107] "Joululaulujen ihanat sävelet virittivät mielen suureen juhlaan." Musiikki loi "suomalaisen joulun tunnelmaa."[108] Kotien musiikkiharrastus oli kuitenkin vähentynyt.[109] Soittajat olivat saaneet väistyä radion ja levysoittimen tieltä.[110] Harrasta musiikkia ehdotettiin elvytettäväksi ryhtymällä yhdessä veisaamaan virsiä jouluisilla kylämatkoilla.[111]

Laatikot

Laatikot ovat aivan ilmeisesti suomalaista jouluperinnettä.[112] Lanttulaatikosta on jo puhuttu luvussa 2.2.1.1. Tämän ohella voimme poimia kirjallisuudesta muitakin laatikkoruokia, joista perunalaatikko ilmeisesti on ollut tärkein. Esiintyi p e r n a t u u v i n k i a,[113] p e r u n a t u u v i n k i a,[114] p e r n a l a a t i k k o o,[115] p o t e t t i l o o r a a,[116] p e r u n a l a a t i k k o a.[117] Halikossa syötiin k r i i s k r y y n l o o r a, k u o l r u s i n o i j o u k o s,[118] Hämeenkyrössä k e i t e t t i i n r e e t i k k ä h a u t o o. Siitä tehtiin l o o l o o.[119]

98 Borg-Sundman 1966 s. 53—54; M. Haavio 1972 s. 12; H. Haavio 1968 s. 35—36; J. Haavio 1972 s. 184—185; Estlander 1918 s. 39; Tuulio 1966 s. 193—194

99 Tapa on esiintynyt Turussa 1600-luvulta lähtien, Rapola 1924 s. 104, Dahlström 1942 s. 5—6; Yleisradio alkoi julistaa "joulurauhaa" 1930-luvun alussa, KL 1934; "Sen jälkeen aatto tuntuu aatolta", HP 16.12.57; Oulussa ja Kokkolassa 1600-luvulla, Nikander 1947 s. 20—22

100 MBL 65/12 s. 5 "L.S": "Jul i den gamla byn... I de gårdar där någon 'läsare' fanns lästes julevangeliet av far eller farfar."

101 KL 58/24 s. 15 Pajula (rouva Kolin haastattelu)

102 MBL/HSM 62/12 s. 16—17

103 KL 32 s. 958 Kuusisto: "tradition lujasti juurruttamaa käytäntöä... Pakanallisen keskitalven juhlan loitsulaulut ovat tuoneet jo ammoin siihen niinikään omat piirteensä."

104 KL 42 s. 704 Martti Haavio

105 KL 62 s. 1781 Nummi

106 KL 42 s. 676—677 Elmgren-Heinonen

107 KL 66/24 s. 57 "Minttu"

Suomenruotsalaiset talonpojat eivät olleet kovin innokkaita laatikonsyöjiä. Paraisilla tosin syötiin peruna- ja maksalaatikkoa.[120]

Säätyläisistä tuntuivat vain yhden pappilan asukkaat syöneen p e r u n a l o o t a a ja r ä ä t i k k ä l o o t a a.[121] Hämeenlinnan pieneläjille jo maistui p e r u n a l o o r a .[122] Helsinkiläinen sekatavarakauppiaan perhe söi lanttulaatikon lisäksi peruna-, makaroni- ja riisiporkkanalaatikkoa.[123]

Voimme vetää johtopäätöksen, että laatikot esiintyivät lähinnä länsisuomalaisten talonpoikien ja pieneläjien jouluruokina.

Laatikot eivät ole esiintyneet l e h d i s t ö s s ä kovin tiuhaan. Ne olivat niitä ruokia, jotka 1920-luvulla eriteltiin maalaisten jouluruoiksi.[124] Laatikoita on ylistetty hyviksi ja sopiviksi, ja niiden käyttöä on suositeltu myös perinteeseen vedoten. Tärkein syy valmistaa laatikoita jouluksi on kuitenkin lehtien mukaan se, että ne voi tehdä etukäteen. Näin helpottuvat emännän puuhat pyhinä, ja hänkin saa levähtää.[125]

2.2.4. Harvinaiset joulutavat

2.2.4.1. Kieliryhmien yhtäläiset, harvinaiset tavat

Yhtäläisiä ja harvinaisia joulutapoja olivat pikkujoulupuu, valvojaiset, joulusähkeet, dopp i grytan, ulkokuusi, joululyhty, liimatut ikkunakoristeet, muut uuden vuoden taiat kuin tina ja puuromanteli, uuden vuoden vastaanotto kirkossa, uuden vuoden hetken yli nukkuminen ja oma ilotulitus. Näistä ulkokuusi on jo käsitelty luvussa 2.2.1.1. Uuden vuoden hetken yli nukkuminen on enemmän tavan puuttuminen kuin tapa. Joulusähkeillä, joululyhdyllä, liimatuilla ikkunakoristeilla, uuden vuoden kirkolla ja omalla ilotulituksella ei ole merkittävää historiaa. Tässä käsittelen siis pikkujoulupuun, valvojaiset, dopp i grytanin ja muut uuden vuoden taiat.

---

108 Eeva 58/12 s. 15
109 KL 62 s. 1734 Toikka-Karvonen
110 KL 46 s. 490—491 Carlsson: "Suomessa on koteja, joissa ei enää lauleta ainoatakaan laulua, ei soiteta mitään soitinta."
111 KL 67/24 s. 68 Hakkarainen
112 Vuorenjuuri 1968 s. 75
113 Tuuloksessa, Virtaranta 1950 s. 149
114 Hämeenläänin Koskella, Helminen 1930 s. 6
115 Orivedellä, Virtaranta 1950 s. 374, lisäksi oli r ä ä t i k k ä l a a t i k k o.
116 Nurmijärvellä, Ollila 1934 s. 135
117 Tyrvännössä, Karila 1948 s. 266; Ikaalisissa oli lisäksi r ä ä t i k k ä l o o l a a, Salmelainen 1966 s. 64; Punkalaitumella, Kotikoski 1912 s. 40; Karkussa lisäksi r ä ä t i k ä i s - ja ryynilaatikkoa, Valonen 1969 s. 18
118 Kallio 1962 s. 30
119 Virtaranta 1947 s. 149
120 SLS Pa 277/649
121 Tuulio 1966 s. 193
122 Salokannel 1964 s. 177; Kaisla 1972 s. 28
123 Koskivaara 1968 s. 186
124 KL 25 s. 634
125 KL 44 s. 702 Rantanen; KL 45 s. 594 Heikki; KL 47 s. 595 Putkisto; MBL/HSM 63/12 s. 18 Fageroth

Pikkujoulupuu

Pikkujoulupuun historiaa ei ole selvitetty meillä, eikä lehdistökään ole sitä propagoinut. Sen kotimaana pidetään Saksaa,[1] josta se on levinnyt ainakin Sveitsiin[2] ja Ruotsiin.[3]

Kynttiläpuu tai sorvattu kuusi, kuten sitä myös nimitetään on koriste, joka yleensä otetaan esille jo pikkujoulupuuksi ja pidetään sitten esillä koko joulun.

A candle tree or a turned Christmas tree as it is also called, is a decoration that is often used from pre-Christmas time all through the Christmas season.

Valvojaiset

Jouluvalvojaiset tunnetaan ainakin Viron ruotsalaisilta.[4] Myös Suomen talonpojilta on pari tietoa joulun valvojaisista.[5]

Valvojaiset ovat olleet selvästi säätyläisten suosimia. Tehtiin käsitöitä, valmistettiin joululahjoja, juotiin teetä ja kahvia. Perheenisä saattoi lukea ääneen.[6]

Ennen sotia lehdistö kuvasi vanhan kansan puhdetöitä, joihin liittyi "henkinen toiminta".[7] Nykyihmisellekin pitkät pimeät illat olivat joululahjakiireiden aikaa oppsitukvällar, joihin kokoontuvat sekä nuoret että vanhat paitsi lahjoja tekemään myös iloisesti leikkimään.[8]

---

1 Kyhlberg 1934 s. 165

2 Nilsson 1915 s. 67

3 Kyhlberg 1934 s. 165

4 oppsito, Gärdström 1932 s. 51

5 SLS Pe 239/76, julkronor på oppsito; Tohmajärvellä oli valvojaiset, joissa tehtiin makkaraa, sahtia ja kynttilöitä, Sormunen 1946 s. 94; Porvoon tienoolla pidettiin jokin yö valvojaisia jouluvalmistelujen takia. Tehtiin esimerkiksi himmeleitä, Fuhrer 1952 s. 48; Raippaluodossa oli erityisiä "oppsito"-leikkejäkin, kuten blindanbock, Sjöberg 1914—15 s. 64

6 v. Born 1948 s. 159; H. Krohn 1942 s. 148; Paulaharju 1965 s. 61; Bergholm 1944 s. 240; Kuula 1968 s. 50—51

7 KL 38 s. 886 Helminen: "Puhdetöitä tehdessä arvuuteltiin toisiaan, kerrottiin satuja ja tarinoita. Tällä tavoin entisajan kansa sielullisesti valmistui jouluun."

8 HSM 32/12 s. 360 Steiskal

Sitten tuntuvat koko valvojaiset unohtuneen seuraavaksi vuosikymmeneksi, mutta 1950-luvulla ne keksittiin uudelleen. Nyt niitä suositettiin oikean toverihengen synnyttäjinä, kaikkia kodin jäseniä kokoavina, lasten vuoksi, vuoden hauskimpina iltoina.[9] Mutta kaikki eivät olleet näin positiivisia. "Jokainenhan tietää, miten voimille ottavia joululahjavalvojaiset saattavat olla," huokasi eräs kirjoittaja. "Joulun pyhiksi on sitten väsynyt, loppuunuupunut ihan itkettymään asti."[10]

1960-luvulla tuntui valvojaisten tahti vain kiihtyvän. Kun varasi oikein pitkän illan, syntyivät koristeet ja lahjat ihan itsestään, ja ilta tuli viettää tunnelmallisesti kynttiläin palaessa ja takkavalkean ääressä tai iltalampun alla.[11] Nyt oli tehty myös uusi keksintö. Istuessa ja valvoessa täytyi myös syödä. Mutta syöminen oli toki vain "pikkuhyvää", "pieni iltapala", "jotain hauskaa" tai "tilanteeseen sopivaa, pientä ja yksinkertaista".[12]

Dopp i grytan

Dopp i grytan on tunnettu laajalti Ruotsissa, jossa se etenkin varhemmin oli suosittu joulutapa.[13] Se on syntynyt aikana, jolloin ruokaa ei ollut yhtä runsaasti kuin nyt.[14] Onpa nähty tässä tavassa vanhan uhriaterian jatkekin, eräänlainen jäänne.[15] Dopp i grytan oli joulujuhlan juhlallinen alku Ruotsin pohjoisemmissa maakunnissa. Skoonessa se oli hätäinen ateria m o l j e b r ö . Varhemmin tapaa on Skoonessa harjoitettu muulloinkin kuin jouluna. Jouluna sen käytön motiivi on Bringéuksen mukaan ollut paastomääräysten kiertäminen. Eihän pelkkää kastamista voitu pitää lihan syöntinä.[16]

Suomesta olen löytänyt sen talonpoikaisena tapana neljästä ruotsinkielisestä pitäjästä, Oravaisista, Helsingin pitäjästä, Korppoosta ja Liljendalista.[17] Eräs säätyläismuistelija kertoi myös siitä.[18]

Kinkun kastamista on l e h d i s t ö s s ä esitetty vanhaksi ruotsalaiseksi tavaksi. Se oli erään lehden mukaan "Ruotsissa, varsinkin maaseudulla, aivan yleisenä tapana". Lehden mukaan tapaa oli meilläkin seurattu monin paikoin Ruotsin vallan aikana, "niin ainakin kertovat monen perheen perinnäistiedot."[19]

Eräässä lehdessä kerrottiin pohjoismaisista joulutavoista 1950-luvulla. Tällöin kävi ilmi, että tapa esiintyy myös Norjassa.[20] Täkäläiset ruotsalaissyntyiset harrastavat

9 KL 55 s. 956: "suoritettu työhän on niitä parhaita oikean toverihengen synnyttäjiä, mitä voi keksiä."; KL 55 s. 1066: "Kaikki kodin jäsenet voivat olla mukana tässä juhlan valmistuksessa... Ilon kimmellystä koetaan jo hauskana talkooiltana."; KL 54 s. 884: "On ajateltava ennen kaikkea lapsia."; OK 59/4 s. 16—17: "Nyt alkavat jälleen vuoden hauskimmat illat... jolloin niin suuret kuin pienetkin askartelevat innokkaasti."

10 KL 58/23 s. 43

11 MN 6.12.60 s. 44 H. ja M. Vuorenjuuri; KL 60 s. 1395; Astra Julen 63 s. 322 "Eko"

12 MN 68/49 s. 52; HP 2.12.65 s. 61 Tapanainen; HP 12.12.68 s. 50; Anna 12.12.67 s. 45 Salonen

13 Celander 1928 s. 88; Nilsson 1915 s. 187 ja 1938 s. 25; Ejdestam 1971 s. 27; Keyland 1919 s. 19, 27, 39, 44 ja 85

14 Rehnberg 1957 s. 24

15 Hammarstedt 1899 s. 478

16 Bringéus 1973 s. 125—126

17 SLS Or 382/71, He 282/66, Ko 618/376; H. Meyer 1955 s. 9

18 Haahti 1956 s. 66

19 KL 30 s. 1058 Suninen; lisäksi MN 20.12.60 s. 32

20 Astra Julen 54 s. 370 "E.v.K.": "klockan tolv på julaftonsdagen... äter man mölje som motsvarar rikssvenskarnas dopp i gryta. På landsbygden håller befolkningen alltjämt fast vid detta bruk, men stadsborna har i allmänhet lämnat bort den detaljen ur sin jul."

kinkun kastamista.[21] Vain kerran olen löytänyt kinkun kastamisen ohjeet, joissa ei viitattu tavan ruotsalaisuuteen.[22]

Uuden vuoden taiat

Kuppitaikuus on tunnettu Saksasta,[23] kenkätaikuus Saksasta, Norjasta, Italiasta ja Tanskasta.[24] Ruotsissa kenkätaikuus on ollut yleinen.[25] Suomen talonpojilla kuppitaikuus on ollut niin yleinen, että sitä on pidetty yhtä yleisenä kuin tinan valantaa.[26] Kengänheitto on ilmeisesti ollut jo harvinaisempi tapa.[27] Lisäksi on ollut muutamia muitakin taikatapoja.[28]

Säätyläisillä tällainen taikuus lienee ollut harvinaisempaa. Vain Ahde-Kjäldman kertoo l a u t a s l e i k i s t ä ,[29] ja Birgitta Gadolin taikapeilistä, jonka taikaan Gadolinin sisarukset muuten lujasti tuntuivat uskovan.[30]

L e h d i s t ö ei ole markkinoinut näitä tapoja.

2.2.4.2. Harvinaiset tavat, jotka olivat enemmän ruotsinkielisten suosiossa

Harvinaisia, enemmän ruotsinkielisten suosimia joulutapoja oli neljä: lucia, joulukalkkuna, jouluseimi ja tro, hopp och kärlek. Vaikka nämä kaikki olivatkin harvinaisia, ne ovat sinänsä niin mielenkiintoisia, että uhraan niille enemmän tilaa kuin muille harvinaisille tavoille.

Lucia

Lucia on saanut nimensä sisilialaisesta pyhimyksestä.[31] Erilaisia luciahahmoja ja luciauskomuksia on esiintynyt eri puolilla Eurooppaa.[32] Vastaajilla esiintyneen lucianeidon kotimaa on kuitenkin ilman mitään epäilystä Ruotsi, jossa ensimmäinen varma tieto valoisasta lucia-neidosta, tosin vielä ilman kynttiläkruunua ja sen sijaan enkelin siivet harteilla, on vuodelta 1746 länsi-Göötanmaalta.[33] Kaikki tiedot kansanomaisesta lucianeidosta kulkuehahmona ovat länsi-Ruotsista Vänern-järven ympäriltä.[34] Värmlantilainen osakunta ja Skansen ottivat lucia-tavan vaalittavaksi,[35] mutta lucian varsinainen läpimurto tapahtui vuonna 1928, kun Stockholms Dagblad järjesti ensimmäisen kerran kauneuskilpailut Lucian valitsemiseksi ja organisoi luciakulkueen.[36]

Tämän ratkaisevan läpimurron jälkeen kehittyi kolme eri lucia-tyyppiä. Ensinnäkin on kotien kiltti aamukahvi-lucia, jota Eskeröd kutsuu porvarilliseksi luciaksi. Tällä hahmolla ei ole paljonkaan tekemistä kansantavan kanssa.[37] Toinen on kaupunkien ja lopulta pikkupaikkakuntien kulkue-lucia.[38] Hän on syntynyt stimuloimaan joulukauppaa ja luomaan vähän juhlallisuutta.[39] Kolmas on liikelaitosten ja yhdistysten lucia, joka kuuluu siihen joulujuhlaan, jota ihmiset työpaikkansa tai yhdistystensä puitteissa viettävät yhdessä.[39]

Lucian alkuperä on luonnollisesti askarruttanut tutkijoita. On viitattu siihen, että koko maassa on ollut varhemmin tähtipoikakulkueita, joita paikoin on kutsuttu nimellä l u s s i g o s s a r n a .[40] Celander ei pidä luciaa tällaisten tähtipoikien joulumorsiamena, j u l b r u d i n a , vaan enkelihahmona, jonka kynttiläkruunu symbolisoi enkelin sädekehää.[41] Von Sydow uskoo, että kyseessä on Saksassa Elsassissa ja

Lucia ja tähtipoika, sisar ja veli. Tässä lucia on vielä pieni ja hänellä on välkenauha kruununa.

Sister and brother as Lucia and "star boy". Here she is still small and wearing glitter instead of a crown on her head.

21 Astra Julen 60 s. 327 "Eko": "en hos oss mindre vanlig specialitet, det i Sverige traditionella juldoppet... Doppet sker naturligtvis i det julpyntade köket med grytan stående på spisen." (haastateltu Linköpingistä syntyisin olevaa Louise Palmgrenia)

22 Anna 10.12.63

23 Feilberg II 1962 s. 112

24 Feilberg II 1962 s. 108—109; Ellekilde 1943 s. 320

25 Keyland 1919 s. 65, 111 ja 124; Celander 1928 s. 226

26 Hästesko 1913 s. 233; kuppitaikuutta on kuvattu ainakin seuraavilta paikkakunnilta: Konginkankaalta, Helminen 1929 s. 76; Tammelasta, Reponen 1929 s. 77—78; Hämeenläänin Koskelta, Helminen 1930 s. 10; Tyrvännöstä, Karila 1948 s. 270—271; Jämsästä, Virtaranta 1953 s. 28—29; Valkealan Vuohijärveltä, Aukia 1973 s. 80

27 Kengän suunta osoittaa tässä enteessä, tuleeko lähtö kotoa esim. miehelään tai tuonelaan, vertaa esim. Vilkuna 1969 s. 22, Helminen-Nordberg 1963 s. 114—115, Wegelius ja Wikman 1916 s. 143

28 Helminen-Nordberg 1963 s. 114—115; Vilkuna 1969 s. 21; Aukia 1973 s. 24

29 Ahde-Kjäldman 1964 s. 125

30 B. Gadolin 1971 s. 78—80

31 Kretzenbacher 1959 s. 10

32 Miles 1912 s. 222; Sartori 1914 s. 20; Weber-Kellermann 1958 s. 305—307; Schneeweis 1925 s. 8; Kretzenbacher 1959 s. 11

33 Celander 1950 s. 435

34 Erixon 1956 s. 50; Nilsson 1938 s. 21; Keyland 1919 s. 4

35 Erixon 1956 s. 50

36 Lönnqvist 1966, Hufvudstadsbladet 13.12.66

37 Eskeröd 1953 s. 197 ja 200—201

38 Eskeröd 1953 s. 197

39 Rehnberg 1957 s. 8; Österman 1964 s. 195—196: Yhdistykset alkoivat levittää tapaa 1930-luvulta. Nykyisin lucia on lähes jokaisella työpaikalla.

40 Olsson 1964 s. 15

41 Celander 1950 s. 435

Reinin alueella esiintyneen *Christkindleinin* ruotsalainen muunnos, joka olisi tullut Ruotsiin protestanttisena aikana, mahdollisesti samaan aikaan kuin joulukuusi.[42] Esketöd on myös Christkindleinin kannalla ja uskoo, että maahan muuttaneet saksalaiset käsityöläiset, liikemiehet ja herrasväki ovat tuoneet tavan Ruotsiin.[43] Nykytavasta on ehkä asian ytimeen parhaiten osuva käsitys Nilssonilla, jonka mukaan lucia on loistava esimerkki siitä, kuinka tavasta voi tulla suosittu, jos sillä on tiettyjä luonnollisia ja vetäviä edellytyksiä: kaupallisuutta, valoa ja kauniita tyttöjä vastamyrkkynä talven pimeydelle.[44]

Suomen luciaperinteessä on Lönnqvistin mukaan kolme eri kerrostumaa. On ensinnäkin ollut vanha koulutapa juhlavalaistuksineen Lucian päivänä ja sitä seuranneet tähtipoikien kerjäyskulkueet. Toiseksi on vuosisadan vaihteesta lähtien suomenruotsalaisessa koti- ja koulupiirissä esiintynyt riikinruotsalainen luciahahmo, jolla on kynttiläkruunu ja kahvitarjotin. Kolmanneksi on vuonna 1930 omaksuttu tapa järjestää virallisia kauneuskilpailuja ja kulkueita.[45] Suomenkieliselle puolelle lucia ei oikeastaan ole päässyt tunkeutumaan, vaikka joitakin yrityksiä on ollutkin, näistä huomattavimpana Tampereen Valon Neidon valinta vuodesta 1966 lähtien.[46]

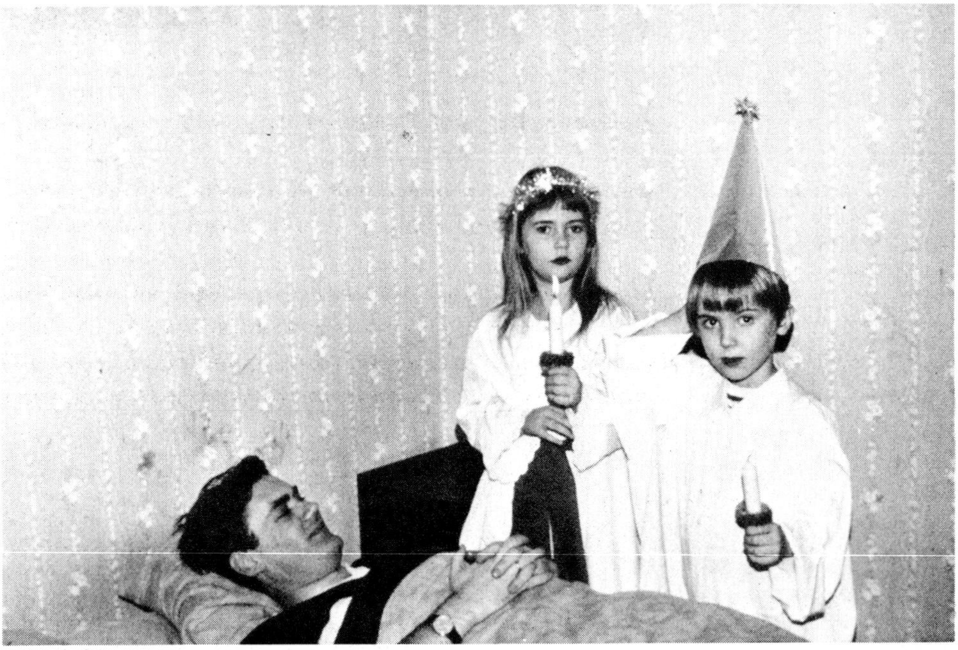

Isäkin sai varhaisen herätyksen Lucian päivän aamuna.

Daddy was also woken up early on Lucia Day.

---

42 von Sydow 1931 s. 72—74

43 Eskeröd 1953 s. 197

44 Nilsson 1958 s. 10; Tamm-Götlind 1961 s. 293: Nykylucia on ennen kaikkea kauneuselämys.

45 Lönnqvist 1972 a) s. 50; koulujen luciajuhlissa ei ollut viime vuosisadalla luciaa. Ne olivat kuitenkin kaupungin suurtapauksia, kuten Vaasassa, jossa trviaalikoulun luciajuhla keräsi paljon ihmisiä ihailemaan kynttiläloistoa (L.L.L. 1877 s. 245—252) ja Tammisaaressa (Bäckman 1919 s. 87); Lönnqvist 1970 b): Ennen v. 1930 oli lucia Suomessa satunnainen. Högvallan talouskouluun lucian toi 1919 eräs värmlantilainen opettaja.

46 Lönnqvist 1966 Hufvudstadsbladet 13.12.66

Lucia on kasvanut ja saanut kynttilä-kruunun. Yllään hänellä on valkoinen puku, jota äiti on vuosien kuluessa jatkanut brodyyrisomistein.

Lucia has grown up and is wearing a candle crown. She is dressed in a white costume which her mother has lengthened with lace during the years.

Lucia vieraili neitojen ja tähtipoikien kanssa Kuusankosken Soroptimisti-klubin joulukuun kokouksessa.

Lucia and her escorts visited the December meeting of the Kuusankoski Soroptimist Club.

L e h d i s t ö s s ä lucia on esiintynyt kauniina tapana niin suomen- kuin ruotsinkielisissäkin lehdissä. Se on "vanha ruotsalainen tapa", jota "ajatellessa voi vielä tuntea lapsuuden ajoilta runouden kevyen tuulahduksen", kirjoitettiin ennen sotia.[47] 1940-luvulla tätä romanttista tapaa ylistettiin myös Topeliukseen viitaten. Tekstissä ei tosin sanota, että Topelius olisi sitä harjoittanut tai mainostanut, mutta pikaisempi lukija saa kyllä helposti sen käsityksen.[48] Edelleen 1940-luvulla saatiin nähdä, miten prinsessatkin olivat pukeutuneet luciaksi ja jouluenkeliksi "vanhoja ruotsalaisia tapoja noudattaen."[49]

1950-luvulla lucia pääsi kansikuvaankin.[50] Ruotsinkielinen lehti teki propagandaa lucian puolesta ja kehotti perheitä omaksumaan tämän tavan.[51] Lucia on valon tuojatar toisen lehden mukaan, eikä hänen yhteydessään pidä ajatella kauneuskilpailuja. Lucia tahtoo levittää iloa ympärilleen.[52] Merkillisin oli eräs artikkeli, joka oli syventynyt lucian historiaan ja näki siinä suorastaan ikimuistoisen, pakanuuden ja keskiajan perinteeseen johtavan norjalaisen tavan.[53]

1960-luvulla lehdissä kuvattiin leppoisasti perhe-luciaa[54] ja suomenkielisessä lehdessäkin luciaa esiteltiin.[55] Vuonna 1966 valittiin 17:s kollektiivi-lucia, ja nyt oli tapaa käyty jo vastustamaankin. Sitä pidettiin Hufvudstadsbladetin piilomainontana ja sen yhteydessä suoritettavaa keräystä huonon sosiaalisen omantunnon turruttamisyrityksenä. Astra tahtoi tapaa kuitenkin jatkettavan. Muutkin lehdet kuin Hufvudstadsbladet toki valitsevat omat kandidaattinsa; rahan keräävät monasti vähävaraiset ihmiset, eikä antia pidä halveksia. Jollei tapa nyt ole aivan alkuperäinen, niin ovatko joululahjat tai joulukatukaan.[56]

---

47 KL 36 s. 906 Cederberg

48 KL 42 s. 706 Helminen (tekstin vieressä kuva kynttiläkruunuisesta, kahvitarjotinta kantavasta lucia-neidosta): "Lucia (13.12.) on entinen koulujen joulujuhlapäivä ja sellaisena sitä ympäröi viehättävä kynttilätuikkeinen tunnelmakehä... Se tuo mieleen kulkusten helinän joululomaisilta rekimatkoilta, Topeliuksen ajat ja tähtipoikien matkat."

49 HP 47/12 s. 7: "Tanskan kuningashuone valmistautuu jouluun vanhoja ruotsalaisia tapoja noudattaen. Prinsessa Margarethe Luciana ja prinsessa Benedikte jouluenkelinä"; sama kuva ilmestyi uudelleen HP 50/12 s. 34

50 KL 52/23 kansikuva. Pikkuinen tyttö yöpaidassa, päässä kyntilätön puolukanvarpuseppele, kädessä sytytetty kynttilä, joka on pistetty taalainhevoseen.

51 MBL/HSM 59/11 s. 13 Uggeldahl

52 Astra 56/12 s. 353 Renvall: "bara tacksamt om viljan att vara god och hjälpsam och sprida glädje omkring sig. Det vill varje Lucia."

53 HP 50/12 s. 8 Huber: "Kaukaisessa muinaisuudessa oli Lucian-päivä vaarallinen ja pelätty päivä... Odinin hurja ajo jylisi korkealla sinisenmustan taivaan alla... Mutta koska yötä pidettiin vaarallisena... syntyi tapa karkoittaa pimeyttä tulien ja soihtujen avulla, jotka myöhemmin muutettiin kynttilöiksi... Kun kristinusko saapui Norjaan, yritettiin antaa tälle valon ja ruoan juhlalle kristillistä tuntua liittämällä se legendaan... Lucia-neidosta. Joku talon tyttäristä tai apulaisista huolehti kestityksestä 'valonenkeliksi' puettuna." S. 46: "Katolisuuden aikana... 13:na joulukuuta nunnat kokoontuivat luostarikirkkoon laulaen ja kantaen kynttilöitä."

54 MBL/HSM 62/12 s. 16 Örnmark. Tässä oli Lucian vietto ilman itse luciaa. Tytär kieltäytyi ryhtymästä luciaksi, mutta kolme poikaa pukeutui tähtipojiksi: "Luciakaffe med saffranskransar, pepparkakor och levande ljus. Tre stjärngossar... tassar omkring i farfars uppträcklade skjortor med toppmössor och stjärnstavar."

55 HP 7.12.67 s. 62 Tapanainen: "Joulukuun 13. päivänä kaikuvat jälleen 'Santa Lucian' sävelet ja valkopukuiset Luciat juhlistavat pimeän aamun."

56 Astra Julen 66 s. II "K.L.": "Låt Lucia vara i fred."

57 Birket-Smith 1951 s. 138; Berg 1976 s. 47

58 Vuonna 1516 lähetti piispa Alexander Geraldin kalkkunakukon paavi Leo X:lle; 1530-luvulla kalkkuna levisi Espanjaan, Saksaan ja Englantiin sekä pian tämän jälkeen moneen muuhun maahan, Berg 1976 s. 47

Kalkkuna

Kalkkuna on ollut yleinen villilintu Yhdysvaltain eteläosissa ja Meksikossa, jossa se on kesytetty jo 1500-luvun alkupuolella.[57] Ensimmäiset linnut saapuivat Eurooppaankin jo tuolloin.[58] Englannissa kalkkunasta tuli joululintu jo 1500-luvulla.[59] Amerikassa siitä tuli joulun lisäksi kiitospäivän juhlaruoka.[60] Jo 1550-luvulla kalkkuna esiintyi Ruotsissakin, jossa siitä pian tuli hieno juhlaruoka. Jouluun se ei kuitenkaan liittynyt varhempina aikoina.[61] Ruotsinmaalaisessa Husmodernissa se on esiintynyt jouluruokana 1920-luvusta lähtien.[62] Suomeen kalkkuna lienee tullut 1600-luvulla.[63]

L e h d i s t ö ö n kalkkuna ilmaantui sotien jälkeen. Varhaisin löytämäni artikkeli kalkkunasta on eräs pakina vuodelta 1949. Siinä kerrotaan, että kalkkunaa on saanut Helsingin hallista "sodan jälkeen". Pakina kertoo, että atsteekit kesyttivät kalkkunan jo sangen varhain Meksikossa. Ranskaan se tuli kuningas Kaarle IX:nnen häihin kultalautasella. Vallankumousta paennut suuri keittiökuningas Brillat-Savarin tutustui kalkkunaan Amerikassa ja väitti sitä erääksi hienoimmista lahjoista, mitä vanha maailma on saanut uudelta.[64]

1950-luvulla kalkkuna sitten jo esiintyikin useita kertoja. Taas vedottiin Brillat-Savariniin. Lisäksi todettiin, ettei tämä herkku ole juuri kinkkua kalliimpaa.[65] Kalkkunaa suositettiin "vaihteeksi" esimerkiksi uudeksi vuodeksi, ellei halua sitä nimenomaan jouluaterialle.[66] Lisäksi todettiin, että se oli saavuttanut "viime vuosina suuren suosion joulupaistina". Sitä suositettiin "helpommin sulavana" kuin kinkku.[67]

Eräänlaisena kalkkunan edelläkävijänä on ollut yleensä linturuoka, jota sota-aikana suositettiin kinkun korvikkeeksi.[68] Myöhemmin on lintua suositettu tapaninpäivänä kevyemmäksi ruoaksi.[69]

1960-luvulla jatkui kalkkunan voittokulku lehdistössä. Sitä suositeltiin sen rasvattomuuden takia.[70] Sen liha on "laihaa mutta maukasta".[71] "Parasta kalkkunassa on lihan keveys ja rasvattomuus.[72]

---

59 Miles 1912 s. 284; Berg 1976 s. 58; taru kertoo, että kuningatar Elisabeth I söi jouluaattona 1588 kalkkunaa, kun hänelle tultiin kertomaan Armadan tuhosta. Tästä johtuen kalkkuna olisi jäänyt hovin jouluruoaksi, Riemerschmidt 1962 s. 92; Kuitenkin vasta 1890-luvulla se lopullisesti syrjäytti kilpailijansa Englannissa: paistin ja Yorkin kinkun, Wright ja Lones 1940 s. 264; Berg 1975 s. 14

60 Dobler 1962 s. 120—121 ja 146; Berg 1976 s. 59

61 Berg 1976 s. 49—58

62 Husmodern/Stockholm 25/51 s. 1765, 33/52 s. 24, 37/52 s. 32

63 N. Westermarck 1934 s. 5: "Ei tiedetä, milloin ensimmäiset kalkkunat tuotiin Suomeen, mutta on luultavaa, että lintu tuli meillä tunnetuksi samoihin aikoihin kuin muissa pohjoismaissa... Espanjasta kalkkunanhoito levisi Euroopan muihin maihin 1600-luvulla, ja... sai jalansijaa Pohjoismaissakin."; suomalais-uppsalalainen professori Sigfridus Aronus Forsius kertoi vuonna 1611, että kalkkuna oli tullut yleiseksi "i alle land", Forsius 1611—1954 s. 281

64 HP 49/12 s. 33 "Lila"

65 KL 56/23 s. 1303 "Tiina T.": "Ranskalainen makufilosofi Brillat-Savarin on väittänyt... että kaikkein yrmeimmänkin... otsarypyt siliävät... jos... hänen eteensä ilmestyy mehevä kalkkunapaisti."

66 MN 56/12 s. 89

67 KL 57 s. 1382—1385; KL 58 s. 1343

68 KL 41 s. 730—731 Olsonen

69 KL 50 s. 809 Olsonen

70 KL 63 s. 1712: "Kalkkuna on komea ja riittoisa joulupaisti niille, jotka pitävät sianlihaa rasvaisena."

71 J 69/12 s. 22—23 Rintala-Bossart

72 MN 15.12.65 s. 90

Kalkkunaa mainostettiin anglosaksisena[73] ja amerikkalaisena[74] sekä "englantilaiseen tapaan valmistettuna".[75] Sitä on pidetty edullisena hinnaltaan.[76] On kylläkin myönnetty, ettei kalkkunalla vielä ole perinteitä Suomessa. Kalkkuna on kuitenkin riittoisaa syötävää, josta riittää juhlaruokaa yli joulun pyhienkin, joten se tarjoaa emännällekin joulurauhan.[77]

Osa kirjoittajista ehdotti jouluksi sekä kinkkua että kalkkunaa, joko aatoksi kinkkua ja joulupäiväksi kalkkunaa[78] tai sitten jouluaterialle kalkkunaa ja vasta myöhemmin kinkkua.[79]

"Jouluaika on pitkä, kyllä pyhiä riittää kalkkunallekin. Mahtavan kinkun voi tänä jouluna korvata pikkuisen pienempi kinkku ja sen lisäksi pieni kalkkuna."[80]

Eräs lehti ei tahtonut tyytyä vain kalkkunaan, vaan esitti "joulun paisteina" myös syöttökukkoa, ankkaa, hanhea tai fasaania. Näistä viimeksi mainittu on lehden mukaan Ruotsin kuninkaallisten jouluruokaa.[81]

Kouvolan Sanomatkin on neljästi 1960-luvulla esittänyt jouluruokana kalkkunaa.[82]

Seimi

Seimen alkuperäksi on katolisen kirkon taholta ilmoitettu kolme seikkaa: Betlehemin luola, luolan kuvaus Santa Maria Maggioren kirkossa Roomassa ja Pyhä Franciscus Assisilainen, joka toi seimen yleiseen käyttöön.[83] Franciscus Assisilainen järjesti nimittäin vuonna 1223 Greccion metsässä seimikuvaelman, jossa elävät eläimet esittivät kedon eläimiä.[84] Seimen leviäminen roomalaiskatolisiin kirkkoihin, luostareihin ja koteihin tapahtui 1300- ja 1400-luvuilla.[85] Leviämiskeskuksina ovat olleet Betlehem ja Italia.[86] Erityisesti jesuiitat ovat markkinoineet seimeä.[87] Protestantit ovat tosin muunnellen omaksuneet sen Erzgebirgessä.[88] Vaikka seimi onkin selvästi kristillinen aiheeltaan, on eräs tutkija epäillyt sen alkuperäksi Adoniksen kulttia.[89] Vuonna 1915 Nilsson kertoi, että seimi oli joskus löytänyt tiensä Ruotsiin, muttei yleistynyt.[90] Vuonna 1958 hän totesi, että se on peräisin Saksasta, tuontitavaraa ja harvinainen.[91] Vähitellen seimi on kuitenkin levinnyt Ruotsissa jopa kirkkoihin.[92] Seuraamassani ruotsinmaalaisessa Husmodern-lehdessä seimi on esiintynyt vuodesta 1926 lähtien useita kertoja.[93] Lehti tiesi kertoa, että eräässä

73 MN 13.12.61 s. 26—27
74 HP 12.12.68 s. 49 Tanttu
75 KL 65/23 s. 39
76 KL 65/23 s. 39
77 J 69/12 s. 22—23 Rintala-Bossart
78 Anna 16.12.69 s. 40 ja 42 Salonen
79 KL 65/23 s. 39
80 HP 12.12.68 s. 49 Tanttu
81 Eeva 61/12 s. 50—51
82 KS 18.12.60 s. 6, 13.12.62 s. 6, 15.12.65 s. 5, 22.12.66 s. 3
83 New Catholic Encyclopedia III 1967 s. 659
84 Riemerschmidt 1962 s. 64
85 Miles 1912 s. 107
86 A. Meyer 1913 s. 65
87 Riemerschmidt 1962 s. 83
88 Miles 1912 s. 108 ja Riemerschmidt 1962 s. 55
89 Usener 1889 s. 283
90 Nilsson 1915 s. 245

Suomeen ei seimi ole juuri levinnyt. Sen sijaan on kodeissa muita jouluisia asetelmia, usein itse näperrettyjä. Tässä olkipukkeja, joulupukki, tonttu lyhtyineen ja tähtipoikia, jotka muistuttavat vanhoista joulun kulkuehahmoista.

The manger never became very popular in Finland, but we find other Christmas figures in the homes, often home-made. Here Santa Claus, straw goats, a gnome with his lantern, and "star boys" reminding us old Christmas pageant figures.

tehdasyhdyskunnassa Upplannissa oli seimi ollut joulukoristeena jo 200 vuoden ajan luterilaiseen kirkkoon kuuluvien vallonien kodeissa. Sama artikkeli kertoi, että Erstan Diakonissalaitoksessa on "joka vuosi" seimi. Samalla kuvattiin keskiruotsalaista joulupöytää, julbordet, joka välistä saattoi sisältää seimiaiheen, välistä taas kuvata lumista ruotsalaismaisemaa järvineen, kirkkoineen ja taloineen. Samanlaisia seimettömiä joulupöytiä esiintyi sitten lehdessä useinkin, mutta sivuutan ne tässä. Mainittu artikkeli oli erittäin positiivinen seimelle: "Julkrubban, ett julens konstverk i varje hem!"[94]

Seimen valmistusohjeita on myös ollut lehdessä,[95] ja vuonna 1962 tiesi lehti jo kertoa, että seimiä oli ostettavissa kotiteollisuusliikkeistä.[96] Sittemmin seimeä on esitetty ulkolaisilla sekä arkkitehti- ja diplomaattiperheellä. Viime mainitun perheen rouva huudahti: "Vad vore julen utan julkrubba!"[97]

Suomen osalta on meidän tyytyminen lehtitietoihin. Jouluseimi on vuodesta 1932 lähtien esiintynyt suomalaisten lehtien palstoilla myönteisesti kuvattuna ainakin yhtä usein kuin seuraamassani ruotsinmaalaisessa lehdessä.[98] Ensimmäisessä löytämässäni

91 Nilsson 1958 s. 9

92 Edsman 1951 s. 71; Bringéus 1972 s. 184 ja 187: Ersta oli tiennäyttäjä. Tapa on yleistynyt Ruotsin kirkoissa etenkin 1960-luvulla.

93 Jaakkola 1976 s. 625—627

94 Husmodern/Stockholm 26/51 s. 36—39; myös Provencessa ovat seimen hahmot esittäneet kansanihmisiä, Bosch 1930 s. 4—13

95 Husmodern/Stockholm 31/52 s. 35; 32/52 s. 12—13; 65/50—51 s. 42 (viime mainitussa kerrottiin, että hahmot voi ostaa valmiina); 46/51 s. 30

96 Husmodern/Stockholm 62/50 s. 27 ja 29: "Krubba och gottebord det vill vi ha."

97 Husmodern/Stockholm 43/52 s. 13; 53/52 s. 16; 65 julnummer s. 13

98 Jaakkola 1976 s. 628—631

artikkelissa kuvattiin silloisen arkkipiispa Ingmanin kotona olevaa jouluseimeksi nimitettyä kuultokuvamaista taulua, jonka rouva Ingmanin isä oli maalauttanut vuonna 1869 saksalaisen esikuvan mukaan.[99] Siis ainakin näin kauan on jouluseimi esiintynyt maassamme. On myös pari muutakin sukua, Fazerit ja Hackmannit, joissa jouluseimi on ollut perinteenä ei ainoastaan entisessä kodissa Viipurissa, vaan aina perheitten alkukodista Saksasta asti.[100]

Husmodern suositti lukijoilleen vuonna 1935 joulualttaria. Sen esikuvaksi mainittiin katolisten kotien seimi. Kerrottiin, että Suomessa taiteilija Hanna Frosterus-Segerstråle valmisti näitä. Perheet saattoivat myös tehdä pelkän seimen sijasta yhdistetyn makeis- ja seimipöydän tai lumimaiseman tonttuineen.[101] Lehdet ovat muulloinkin antaneet tietoja seimen alkuperästä katolisten kotien joulukoristeena.[102] Eräs kirjoittaja oli hankkinut seimensä Salzburgista, jotta Jeesus-lapsi syrjäyttäisi tontun heidän joulussaan.[103]

Välistä lehdet ovat sanoneet, että seimi on "Suomessa harvoin joulukoristeena esiintyvä" ja "tunnelmallinen",[104] välistä on koriste esitetty vanhaksi, perinteiseksi koristeeksi.[105] Seimen merkitystä on selitetty uskonnollisena koristeena.[106] Sitä on myös markkinoitu arvokkaana ja kauniina koristeena.[107] Vuonna 1959 Kotiliesi todella yritti tehdä siitä kaikkien lukijoittensa perheperinteen lähettämällä joulunumeronsa mukana paperiseimen.[108] Lehdistä ilmenee myös, että Ebeneserseminaarilla on usein ollut seimiä joulunäyttelyssään.[109] Kouvolan Sanomat on kertonut seimestä lukijoilleen ja sanonut sitä pienoisveistosryhmäksi, "joka koristaa monia amerikkalaisia koteja joulun aikana."[110] Erilaisia ohjeita on ollut lehdissä vähän väliä.[111]

Seimiäkin silti esiintyi. Kaapin päällä itse tehdyt hahmot. Paimenet tuntee sauvoista.

There were however also mangers. This one, placed on a cabinet, had been made at home. The Shephards can be recognized by their staffs.

---

99 KL 32 s. 966

100 KL 60 s. 1593

101 HSM 35/12 s. 296 Strömberg

102 HP 46/12 s. 9 "A.K."; Jaana 66/12 s. 12—13 Hallakorpi

103 Astra Julen 52 s. 352 Lille: "Ingen jultomte skulle få sitta i högsätet hos oss denna jul... Jultomten håller nämligen på att slå ut lilla Jesus-barnet i både barns och äldres medvetande."

104 KL 54 s. 885

105 OK 47/4 s. 30: "Vanha tuttu seimiaihe... luo tunnelmaa kotiin. Tavallisesti näkee seimen paperista."; OK 49/4 s. 9: "Seimi ja Jeesuslapsi kuuluvat monien kotien joulutraditioihin."; OK 59/4 s. 2: "Monissa kodeissa on tullut tavaksi rakentaa joulun ajaksi pieni seimi... otetaan vuodesta toiseen esille."

Pietarsaarelaisen kodin ikkuna Kuusankoskella. Tässä rakkauden sydän. Usko ja toivo oli sijoitettu viereisiin ikkunoihin.

The heart of Charity in Kuusankoski in the window of a family from Pietarsaari. Faith and Hope were placed in the adjacent windows.

Uskon, toivon ja rakkauden historiaa on käsitelty parissa yliopistollisessa työssä.[112] Lisäksi Pietarsaaren museon hoitaja on kirjoittanut aiheesta[113] ja vuosina 1936[114] ja 1955[115] siitä on kirjoitettu kahdessa ruotsinkielisessä aikakauslehdessä. Seuraavassa en käsittele näitä lehtiartikkeleita erikseen, vaan kokoan kaikkien tiedot.

Usko, toivo ja rakkaus on todennäköisesti kehittynyt pohjalaisesta joulurististä.[116] Jossain määrin epäluotettavien tietojen mukaan olisi tämän kolmiosaisen koristeen edelläkävijänä esiintynyt Pietarsaaressa jo 1840-luvulla kaupallinen koriste. Muutamat kaupat pystyttivät jouluksi valaistun ristin tai jättiläissydämen.[117] 1850-luvulla koriste sitten olisi jo muuttunut kolmiosaiseksi, ja sitä olisi kutsuttu jo nimellä usko, toivo ja rakkaus, vaikka siitä nyt (Sic!) teknisten vaikeuksien vuoksi puuttuikin sy-

---

106 OK 53/4 s. 3: "Valmistakaamme pieni, värikäs näytelmä kotiimme muistuttamaan lapsille ja aikuisillekin joulun alkuperäistä merkitystä."; Tuulio KL 48 s. 622: "Mitä kaikkia säteitä, mitä kultaisia säikeitä lähtee Betlehemin seimen äärestä vuosisatojen pimeyteen! Lukemattomien lasten iloksi on eri maissa rakennettu jouluna 'seimiä' henkilökuvineen."

107 KL 37 s. 946

108 KL 59, joulunumero, liite

109 OK 47/4 s. 30; 60/4 s. 3, 49/4 s. 9

110 Kouvolan Sanomat 24.12.60 s. 5

111 Jaakkola 1976 s. 628—630

112 Kristina Lundström: TRO, HOPP OCH KÄRLEK — Etnologisk studie av en jultradition i Jakobstad, Fackuppsats i Nordisk etnologi, Åbo 1975; Gunnevi Kortell-Vedmar TRO, HOPP OCH KÄRLEK I JAKOBSTAD, uppgift i etnologi Uppsala Universitet 1975

113 Pekka Toivonen: Tro, hopp och kärlek i Jakobstad, Vasabladet 22.12.76

114 S.E-son: "Julen i Trons, Hoppets och Kärlekens tecken", HSM 36/12

115 SiE: "Julstämning i trons, hoppets och kärlekens tecken", Astra 55 JUL

116 Nikander 1940 s. 162

117 Kortell-Vedmar s. 4; HSM 36/12 s. 290

dän, jonka tilalla oli toinen risti.[118] Koriste oli alunpitäen valaistu, monista lyhdyistä kokoonpantu, ja se sijaitsi aina samassa paikassa Suurkadulla,[119] josta näin aivan ilmeisesti — sekä toteutus että idea oli paikkakunnan liikemiesten[120] — muodostui Suomen ylivoimaisesti vanhin joulukatu. Koristeet valaistiin aluksi tali-, sittemmin steariinikynttilöillä, ja kaupungin saatua sähkövalon tämän vuosisadan alussa, myös nämä koristeet sähköistettiin, ja nyt otettiin käyttöön myös sydän. Tämän tapauksen ajankohta on ollut joskus vuosina 1912—1917. Tällöin koristeiden ylläpito siirtyi Pietarsaaren kaupungille.[121]

Kyseiset kolme koristetta ovat aina olleet hyvin suuria, korkeudeltaan nykyisin yli kolme metriä. Ne olivat varhemmin vielä isompia. Jokaisessa koristeessa on noin 40 lyhtyä. Niiden päällysteenä oli ennen öljy-, sitten vahapaperi ja 1960-luvulta lähtien muovi.[122]

Koristeet on varhemmin asetettu esille jouluaattona ja poistettu loppiaisena.[123] Nykyisin ne asetetaan paikoilleen jo Lucian päivänä.[124] Välillä on ollut myös vuosia ilman näitä koristeita. Sota, sateet, rajuilmat ja kerran liikenneonnettomuus sekä öljykriisi ovat joko estäneet tai rajoittaneet niiden käyttöä.[125] Ne myös koetettiin vuosisadan alussa korvata valaistulla isolla ulkokuusella, mutta kaupunkilaiset halusivat rakkaat koristeensa takaisin.[126]

1930-luvusta lähtien ovat ensin kaupungin sairaala ja sitten yksityisetkin hankkineet tämän koristeen pienoismalleja, jotka kodeissa toimivat ikkunakoristeina. Näiden miniatyyrien valmistajia ja myyjiä on useita.[127]

Usko, toivo ja rakkaus ovat kristinuskon kolme kardinaalihyvettä. Asiaa tutkineet ovat kuitenkin sitä mieltä, että Pietarsaaren uljas merellinen menneisyys on todennäköisesti tehnyt tämän koristeen juuri pietarsaarelaisten koristeeksi.[128] Arvatenkin tähän sisältyvä ankkuri on tehnyt näistä hyveiden symboleista merimiesten rakastamia.

Kolmiosainen koriste koetaan Pietarsaaressa hyvin kotipaikkakunnalliseksi, jopa niin, että on oltu pahoillaan, jos joku kaupunkiin vasta muuttanut on sen hankkinut. Sen eivät monet toivokaan suuremmin leviävän.[129] Toisaalta toiset pietarsaarelaiset ovat lähettäneet sitä lahjaksi jopa liiketutuille. Kysyntää koristeella on jopa ulkomaille asti, kuten Ruotsiin, USA:han ja Neuvostoliittoon.[130]

Pietarsaaressa on muutenkin vaalittu jouluperinteitä. Vielä 1930-luvulla kulkivat tähtipojat, ja vanhoja jouluristejä pystytetään yhä monien talojen ulkopuolelle, porraskäytäviin, ikkunoihin ja eteisiin. Ovatpa suuret ulkojoulukuusetkin saaneet nyttemmin myönteisen vastaanoton. Vesitornin, palotornin ja maalaiskunnan kirkon huipulla loistavat isot Betlehemin tähdet yli kaupungin.[131]

---

118 Kortell-Vedmar s. 4—5; Lundström s. 5; HSM 36/12 s. 290; Astra Julen 55 s. 381; toisten tietojen mukaan näiden kolmen koristeen käyttöön otto tapahtui 1850-luvulla, toisten mukaan 1862—1863. Joka tapauksessa tämä oli jo vakiintunut perinne 1870-luvulla, Toivanen s. 8

119 Esim. Lundström s. 7

120 Lundström s. 7; HSM 36/12 s. 290; Kortell-Vedmar s. 6

121 Lundström s. 6, tällöin otettiin käyttöön sydän ja koriste sähköistettiin; yleisimmin uskotaan sähköistyksen tapahtuneen 1912 tai 1913, mutta erään tiedon mukaan se olisi ollut vasta suunnitteilla vuonna 1916, Kortell-Vedmar s. 8; Toivasen mukaan myös 1913, P. Toivanen s. 8; samoin Astra 55 Julen s. 381; HSM 36/12 s. 291: "För c. 20 år sedan"

122 Kortell-Vedmar s. 9

123 HSM 36/12 s. 291; Astra 55 Julen s. 380

124 Lundström s. 6

Tuomaanristi sai alkunsa korppoolaisena paikallistapana, joulun merkkinä ja varokeinona pimeitä voimia vastaan. Se levisi 1930-luvulta lähtien kotiteollisuusartikkelina.

The Cross of St. Thomas was initially a local custom from Korppoo, a symbol of Christmas and a shield against evil forces. Since the 1930s it has been spreading as a product of home handicrafts.

2.2.4.3. Harvinaiset tavat, jotka olivat enemmän suomenkielisten suosiossa

Suomenkielisten enemmän suosimia harvinaisia joulutapoja olivat tuomaanristi ja tapaninajelut.

Ristit, tuomaanristit ja lastukoristeet

Suojaamistarkoituksessa on jouluna käytetty tervaristejä Norjassa ja Tanskassa.[132] Suomalaisten jouluristien sukulaiset, karsitut kuuset, ovat myös esiintyneet Saksassa, Itävallassa ja Norjassa.[133]

Ruotsissa on kansanomaisena koristeena esiintynyt pihoilla erilaisia ristejä ja tankoja, joita on kutsuttu myös joulutähdiksi. Monasti on ollut kyse vain yksinkertaisista karsituista puista, joihin on jätetty latvatupsu, mutta Mälarin pohjoispuolella on myös esiintynyt isoja ja pieniä, sirosti vuoltuja ristejä.[134]

125 HSM 36/12 s. 291; Astra Julen 55 s. 381; Lundström s. 7; Kortell-Vedmar s. 6
126 Astra Julen 55 s. 381; Lundström s. 7
127 Lundström s. 9—12: Ensimmäiset miniatyyrit asetti esille Malmin sairaala noin vuonna 1930.
128 HSM 36/12 s. 291; Lundström s. 14; Toivanen katsoo, että koristeilla on hyvin voimakas uskonnollinen luonne alunperin, mutta että ne yhdistetään yleensä merenkulkuun ja ovat tulleet kaupunkiin merenkulun myötä, Toivanen s. 8; Kortell-Vedmarin mukaan haastateltavista osa pitää näitä vain kristillisinä symboleina, osa merenkulkuun liittyvinä. Itse hän ei tahdo ottaa tähän selvää kantaa, vaan uskoo, että alkuperäisenä ajatuksena on ollut "hurskas kolmiyhteisyys", Kortell-Vedmar s. 8
129 Kortell-Vedmar s. 12
130 Lundström s. 11
131 Astra Julen 55 s. 381
132 Feilberg I 1962 s. 141 ja 117
133 Weiser-Aall 1940 s. 40
134 Keyland 1919 s 11; Celander 1928 s. 54; Nilsson 1938 s. 24; Eskeröd 1953 s. 207; Berg ja Svensson 1969 s. 237

Tuomaanristissä ei välttämättä ole jalkaa. Tällainen pikku risti voidaan ripustaa kuuseen.

The Cross of St. Thomas can also be stemless and hung on the tree.

Kansatieteilijät ovat pohtineet ristien merkitystä. Keylandin mukaan uskottiin ristin vaikuttavan ruissatoon.[135] Celanderin mukaan jouluristi pystytettiin suojaksi peikkoja vastaan ja myös joulun alkamisen merkiksi.[136] Berg ja Svensson katsovat, että kyse on eräänlaisista oven vartijoista, suojelevista ja taikuudelta varjelevista puista.[137] Eskerödin mielestä ne ovat vain joulun alkamisen merkkejä.[138] Von Sydow näkee niissä havupuiden symboliikkaa. Niiden hyvä viihtyvyys ja vastustuskyky on haluttu siirtää myös kotiin ja karjaan. Lisäksi niillä on ollut suojaava merkitys.[139] Pohjalaiset talonpojat itse pitivät niitä Betlehemin tähden symboleina.[140]

Seuraamassani ruotsinmaalaisessa aikakauslehdessä on lasturistejä esiintynyt kahdesti. Toisella kertaa niille ilmoitettiin nimikin A n s g a r s k o r s .[141] Ainakin pohjois-Suomessa jouluristien pystyttäminen oli 1700-luvulla ilmeisesti tavallinen tapa.[142] 1600-luvulla jouluristit esiintyivät Pirkkalassa, ja hämäläiset ja pohjalaiset lienevät käyttäneet niitä myöhemminkin. Kemissä Linné oli tavannut joulutankoja. Tavan alkaessa loppua ne esiintyivät pääasiassa ruotsinkielisillä.[143]

---

135 Keyland 1919 s. 11
136 Celander 1928 s. 54
137 Berg ja Svensson 1969 s. 237; tämän selityksen antoivat myös korppoolaiset itse, Boldt 1914 s. 13
138 Eskeröd 1953 s. 205
139 v. Sydow 1926 s. 33
140 E.G. 1912 s. 7
141 Husmodern/Stockholm 59 no 51 s. 22 ja 1960 no 50/51 s. 18
142 Hassel ja Penzin 1748 s. 8
143 Sirelius 1921 s. 346

Tunnetuimmat ja varmaan komeimmat jouluristit maassamme ovat olleet pohjalaisten monin lyhdyin koristetut ja valaistut ristit.[144] Pohjanmaalla kuului jouluristi lyhtyineen myös säätyläisten koristeisiin.[145] Myös Porvoosta,[146] Askolasta[147] ja Längelmävedeltä[148] on kuvattu erilaisia ristejä. Merkittävä jouluristialue oli Turun seutu, jossa ristejä on ollut ainakin 1600-luvulla.[149] Kuuluisin jouluristeistä — nykyisen muotikoristeen tuomaanristin esikuva — on ollut korppoolainen jouluristi. Ristit on asetettu usein oville tai tallien oville nimenomaan Tuomaan päivänä, ja ne muistuttavat ristiä, jonka Linné oli vuonna 1732 tavannut Taalainmaalta Siljanjärven seudulta.[150]

Tuomaanristin historiasta olen saanut tietoja Y. Heikelin jälkeenjääneistä papereista[151] ja kahdesta Husmodernin artikkelista.[152] Yhdistelen nämä tiedot.

Lehtiartikkelit ovat yhtä mieltä siitä, että tuomaanristi on vanha, jo pakanuuden aikaan periytyvä, pahoilta voimilta suojaava auringon merkki.[152] Kristinuskon myötä vain pidennettiin rungon keskiosaa, ja näin syntyi risti, joka sai nimekseen T h o - m a s k o r s .[151]

Artikkelit ovat yksimielisiä siitä, että koriste oli joko ruotsalainen tai esiintyi myös Ruotsissa varhemmin.[152] Ruotsista se kuitenkin hävisi jo aiemmin, mutta vielä 1920-luvulla oli tällainen risti käytössä Virossa.[153] 1860-luvulla tiedetään pastori Engblomin Iniöstä käyttäneen jouluisena alttarikoristeena suurta, 75 cm korkuista ja 50 cm levyistä, kolmella kynttilällä koristettua tuomaanristiä. Se asetettiin alttarille joulujumalanpalveluksen ajaksi, ja tapanina saivat tähtipojat ristin kulkueensa käyttöön, kun he kulkivat kynttiläin palaessa talosta taloon.[152] Seuraava tieto tuomaanrististä kertoo, että 1920-luvulla valmisti maanviljelijä Petter Dahlström näitä lasturistejä Korppoon Länsi-Kalaxin kylässä ja asetti ne Tuomaan päivästä Nuutin päivään ulko-oven päälle.[154] Hänen kuoltuaan paikkakunnan suutari Anton Dahlström alkoi valmistaa ristejä, ja nyt alkoi ristien leviäminen Korppoon ulkopuolellekin, jopa ulkomaille.[155] Näitä korppoolaisia ristejä alkoi sitten 1930-luvulla markkinoida ruotsinkielinen Martta-järjestö. Vuonna 1934 niitä myi Marttojen toimisto Helsingissä ja eräs rouva — arvatenkin Martta — Turussa.[156] Vuonna 1938 oli ruotsinkielisillä martoilla toisen kerran suuri joulumyyntinäyttely "Nordisk jul" Helsingissä. Siellä myytiin mm. tuomaanristejä.[157] Jouluna 1943 ja 1945 julkaistiin lehdissä "Norna

144 Virtanen 1938 s. 8; Sjöberg 1917 s. 126; Wadström 1910 s. 182; Y. Heikel 1925 s. 112; SLS Mu 521/168, Pö 524/400; Ivars 1974 s. 651—652

145 Uusikaarlepyy, Topelius 1932 s. 340 ja 523; Lapväärti, Estlander 1918 s. 34 ja 36; Raahe, Paulaharju 1925 s. 73—74

146 Hautala 1941 s. 76; Nikander 1916 s. 208; Fuhrer 1952 s. 48

147 Nikander 1916 s. 205

148 Helminen 1949 s. 598

149 Waronen 1898 s. 198 kertoo, että vuonna 1672 Turun tuomiokapituli käsitteli erään talonpojan tapausta. Hän tunnusti pystyttäneensä pihallensa Paattisiin ristin siinä lujassa luottamuksessa, että hän siten saisi hyvän vasikkaonnen.

150 Harva 1935 s. 26; Nikander 1916 s. 207; Wikman ja Boldt 1914 s. 13; SLS Ko 489/343 ja 341

151 Y. Heikel 1942 s. 124 (SLS:n hallussa)

152 HSM 34/11 s. 272 ja HSM 43/11 s. 44 Dyhr

153 HSM 34/11 s. 272

154 Y. Heikel m.art.; HSM 34/11 s. 272; HSM 43/11 s. 44 Dyhr

155 Y. Heikel m.art.

156 HSM 34/11 s. 272

157 HSM 38/12 s. 256—257

hemslöjdin" ilmoitus, jossa oli valokuvassa tuomaanristi ja lastulintu.[158] Nyt oli risti siis ilmeisesti jo siirtynyt kotiteollisuusliikkeitten myyntiartikkeliksi.

Tuomaanristin esikuvana ovat Nikanderin mielestä olleet kirkkojen takorautaiset ristit.[159] Hautalan mukaan kyse on lännestä saadusta lainasta.[160] Erilaisten ristien tarkoituksena on ollut Warosen mukaan manalaisten tai liiemmäisten saapumisen estäminen.[161]

Suomenkieliset lehdet eivät ennen sotia puhuneet tuomaanrististä. Lastutöistä kerrottiin kyllä, lähinnä linnuista, mutta niistäkin imperfektissä.[162] 1940-luvullakin kuvattiin lastulintua.[163] Vuonna 1948 Helmi Helminen ylisti kansanomaisia joulukoristeita ja sanoi, että "upea tuomaanristi on vanha suomalainen joulukoriste Länsi-Suomen vanhalta asutusalueelta."[164] Kolme vuotta myöhemmin Helminen kirjoitti: "Tuomaanrististä näkee, että sen on veistänyt päreitten kiskomiseen tottunut ja savupirtissä kasvanut ihminen... Tuomaanristit ovat vanhoja joulurauhan merkkejä."[165] Omin Käsin taas oli löytänyt vuonna 1950 tuomaanristien ja muiden lastutöiden valmistajan. Tämä oli kotoisin Parikkalasta ja oli ottanut tuomaanristin mallin Suomen Kuvalehdestä. Itse hän ei ollut näitä aiemmin nähnyt.[166]

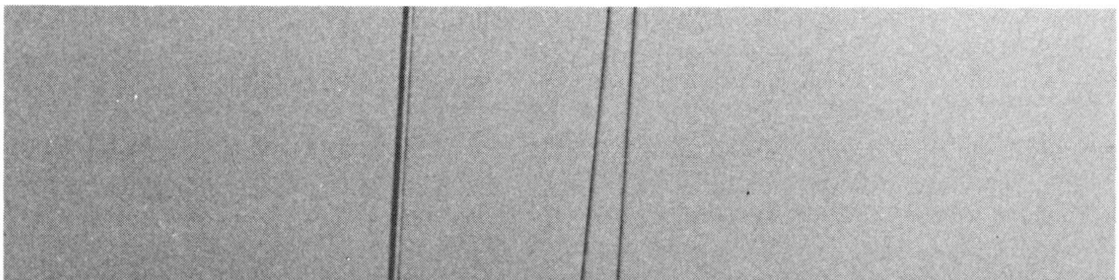

Folklorististen materiaalien ja koristeiden renessanssi toi jouluun myös lastulinnun. Tämän koristeen myyjä kutsui sitä nostalgisella nimellä "Karjalan käki".

The renaissance of folkloristic materials and decoration brought also a bird made of wood shavings. The boy selling it had given it the nostalgic name "The Cuckoo of Karelia".

1960-luvulla tuntuu tuomaanristi lyöneen itsensä läpi joulukoristeena. Omin Käsin tiesi nyt, että tuomaanristi oli esiintynyt "kansanomaisena pienellä alueella Varsinais-Suomessa". Ristien esikuvina yleensä ovat olleet katolisen ajan ristit.[167] Kotiliesi yhdisti raahelaisessa ristissä pohjalaisen jouluristin ja tuomaanristin.[168] Kyseessä ei ollut kuvauksesta päätellen pohjalaistyyppinen lyhtyristi, vaan puusta veistetty tuomaanristin tapainen koriste.[169]

Lehdet kertoivat lahjavihjeissään, että tuomaanristiä sai ostaa sopuisaan hintaan kotiteollisuusliikkeistä.[170] "Kaunis kansallinen joulukoristeemme" sopi mihin tahansa joulupöytään.[171]

Muistakin lastukoristeista ovat lehdet kertoneet. "Lastutkaan eivät ole roskia, jos ne vain joutuvat oikeisiin käsiin."[172] "Joululintu tosin tunnetaan kaikista pohjoismaista ja on sinänsä Pyhän Hengen vertauskuva,"[173] mutta se on myös "kaunis kansallinen koristeemme",[171] "kansanomainen vanha malli".[174] Hiukkanen romanttista satua ja perinteen viehätystä on yhdistetty maalaamalla lintu siniseksi.[175] Näin on sadun sininen lintu myös joululintu. Kouvolan Sanomat sanoi tuomaanristeistä, että ne olivat "supisuomalaisen tuntuisia puuesineitä".[176] "Kotiteollisuustuotteiden viimeistelty ja yksilöllinen kauneus tekee niistä iättömiä ja sukupolvesta toiseen käyttökelpoisia."[177]

---

158 Astra Julen 43 s. 287; HSM 45/11—12 s. 171

159 Nikander 1940 s. 161

160 Hautala 1941 s. 77; vertaa Wegelius ja Wikman 1916 s. 151

161 Waronen 1898 s. 198—199

162 KL 28 s. 853 Ellinor Ivalo: "Joskus valmistettiin kyllä 'joulukiehkura' sekä 'joulukyyhkynen' iloisen sanoman tuojaksi."; KL 32 s. 970 Helminen: "Puinen tai päreistä tehty lintu... kuuluu varmasti monen joulumuistoihin itse joulun hengen vertauskuvana."

163 KL 41 s. 762—764 Helminen

164 KL 48 s. 525 Helminen: "Jos hankitte kotiinne puisia kansanomaisia joulukoristeita, tulette kokemaan, miten niistä hohtaa ihmeellinen puhtauden ja hartauden tuntu."

165 KL 51 s. 813 Helminen

166 OK 50/4 s. 12—13 "O.K." (haastateltu porari Eero Nokelaista)

167 OK 60/4 s. 4—5

168 KL 67/24 s. 14 Nokela (haastateltu 1879 syntynyttä raahelaista Fanny Similää, joka muisteli 1880-luvun jouluja Raahessa) Hän kertoi tuomaanrististä (valokuvassa haastateltu ja tavallinen tuomaanristi): "oli tapana pystyttää jouluaattona pihamaalle miehenkorkuinen Tuomaanristi... suomenruotsalaisen Pohjanmaan vanha joulutapa ja lienee kulkeutunut maahamme Ruotsista. Fannyn Farfar... Johan Uljens, joka oli kotoisin Närpiöstä, toi tämän... perinteen Raaheen... Risti... oli runsaasti koristettu. Pysty- ja poikkipuu olivat täynnä veistoksia ja sakaroiden väliset koristelastut riippuivat tiheissä ryppäissä kuin krysanteemit."

169 Närpiöläisristi on kuvien mukaan yhdellä kärjellään seisova, koristeltu puinen neliö, Ivars 1974 s. 651—652

170 KL 67/24 s. 71; KL 68/24 s. 53 Katila

171 HP 61/12 s. 33

172 OK 67/4 s. 22

173 OK 60/4 s. 5

174 OK 50/4 s. 12—14 "O.K."

175 KL 52 s. 828—829: "joulun tullen ikkunaruutuun lennähtää sininen lintu, jonka tekotapa yhdistää meidän juhlamme menneisiin vuosikymmeniin. Puulintu on maalattu petsivärillä sinisen säihkyväksi. Olisi toivottavaa, että tällaisia aitoja joulukoristeita olisi enemmän saatavissa."

176 Kouvolan Sanomat 19.12.65 s. 3

177 Kouvolan Sanomat 15.12.69 s. 2

Tapaninajot

Ainakin Saksassa, Itävallassa ja Englannissa tapaninpäivä on jollakin tapaa yhdistetty hevosiin.[178] Tutkijat ovat pohtineet, johtuuko Tapanin hevospatronaatti jostain vanhemmasta, esikristillisestä hevostavasta, joka olisi sattunut juuri Tapanin päivän ajaksi, vai onko tämä hevospatronaatti päin vastoin synnyttänyt päivän hevosiin liittyvät perinteet.[179]

Ruotsissa tapaninpäivä ja hevoset on yhdistetty jo ainakin keskiajalla Olaus Magnuksen mukaan.[180] On esiintynyt tapaninratsastusta, tapaninajelua ja jopa tapaninkävelyä, gå Staffan. Vanha tapaninratsastus säilyi Hallannissa 1800-luvun loppupuolelle asti.[181]

Suomestakin on laajalti tietoja tapaniin ja hevosiin liittyvistä tavoista. Yleisin on ollut tapaninajelu.[182] On myös paikoin ratsastettu[183] ja jopa ruotsalaiseen malliin kävelty, Staffans gång.[184] Mutta onpa tietoja myös paikkakunnista, joilla tapanina ei ole ajettu. "Herrat ne vain ajoi tapania", sanottiin Kainuussa.[185] Tohmajärvelläkään ei vielä viime vuosisadalla tiedetty mitään myöhemmin muotiin tulleista rekiretkistä.[186]

Säätyläiset eivät näytä harrastaneen tapaninajoja. Pikkukaupungin porvarit sen sijaan ajelivat hevosella.[187]

Sittemmin tapaninajelu on hevosten vähentyessä saanut uuden muodon ja muuttunut autoajeluksi, umfunktioniert.[188]

Lehdistö on kyllä tuntenut tapaninajot. "Tapanina ei sovi unohtaa tapaninajelua",[189] mutta "romanttiselle tapaninpäivän rekiretkelle vain harvoilla on tilaisuus nykyaikana päästä."[190]

Suomessa on esiintynyt myös tapaninlaulua.[191]

---

178 Höfler 1905 s. 72; Nilsson 1938 s. 49—50; Wright ja Lones 1940 s. 275

179 Celander 1928 s. 268; Feilberg I 1962 s. 220—222

180 Nilsson 1938 s. 49

181 Celander 1928 s. 259, 268, 281, 284 ja 285; Celander 1950 s. 350; Norrman 1938 s. 13

182 Kuuliala 1960 s. 196: Renko, Kalanti, Lappee, Sysmä, Valkjärvi; Hailuoto, Paulaharju 1914 s. 85; Tyrväntö, Karila 1948 s. 269; Härmä, Paulaharju 1947 s. 388; Ilomantsi ja Suojärvi, Juvas 1939 s. 277; Kurikka, Paulaharju 1961 s. 127; Ristiina, Långhjelm 1919 s. 148

183 Suur-Jämsä, Helminen-Nordberg 1963 s. 113—114; Savo, Karjala ja Inkeri, Waronen 1898 s. 200

184 Celander 1928 s. 277

185 Paulaharju 1958 s. 175

186 Sormunen 1946 s. 100

187 Kaisla 1972 s. 27, Hämeenlinna

188 Vilkuna 1969 s. 336

189 HP 59/12 s. 37 Sassi

190 KL 67/24 s. 48

191 Tapaninlaulun muunnoksia on tavattu Suomestakin noin sata kappaletta, varhaisimmat on kerätty 1800-luvun alussa Satakunnasta, Kuusi 1972 s. 28; Tapani ajateltiin Herodeksen palvelijaksi tai tallirengiksi, Strömbäck 1972 s. 24—27; ruotsinkielisillä on edelleen suosittu laulu "Staffan var en stalledräng". Sen erilaisia muunnoksia lauloivat mm. houtskäriläiset, O. Andersson 1909 s. 12—13

3. Joulun luonne

3.1. Etnisyyteen liittyvät kysymykset
3.1.1. Kieliryhmien tavat
3.1.1.1. Ruotsinkielisten tavat
3.1.1.1.1. Kvalitatiiviset erot

Vastauksista ilmeni kaksi joulutapaa, jotka esiintyivät vain ruotsinkielisillä tai kaksikielisillä vastaajilla, mutta eivät yhdelläkään suomenkielisellä. Nämä olivat lucia ja tro hopp och kärlek. Viimemainittua ei kuitenkaan ole katsottava kieliryhmään liittyväksi joulutavaksi, koska sitä ei esiintynyt kellään muilla kuin pietarsaarelaisilla, joten käsittelen sen paikallisperinteiden yhteydessä. Lucia sen sijaan on kiistatta kieliryhmään liittyvä tapa, suorastaan ruotsalaisuuden symboli. Se oli tullut Suomeen osin jo vuosisadan vaihteessa, osin 1930-luvulla. Näinä aikoina kävivät kieliriidat kiihkeinä, joten lucia varmaan helposti leimautui ruotsalaiseksi tavaksi myös suomenkielisten silmissä. Niinpä se ei ole vieläkään kunnolla pystynyt ylittämään kielirajaa, vaikka sen positiiviset puolet on suomenkielisessäkin lehdistössä tuotu esiin.

Kun puhun luciasta ruotsalaisuuden symbolina, en tarkoita pelkästään sitä, että se olisi käyttäjilleen suomenruotsalaisuuden symboli. On selvää, ettei lucia ole suomenruotsalainen, vaan nimenomaan riikinruotsalainen tapa. Näin se yhdistää Suomen ruotsinkieliset ruotsinmaalaiseen jouluperinteeseen, luo sillan rakkaaksi ja läheiseksi koettuun ruotsalaiseen kulttuuriin. Haluaisin suorastaan nimittää luciaa ruotsalaisetniseksi tavaksi.

Toinen ruotsalaisetninen tapa on glögi. Se on kuitenkin pystynyt ylittämään kielirajan, joten palaan siihen vasta seuraavassa luvussa.

Ruotsalaisetnisyyteen palaan käsitellessäni nationalistisia arvoja.

3.1.1.1.2. Kvantitatiiviset erot

Luvussa 2.2. esitetystä joulutapojen historiasta olen koonnut joulutapataulukon (taulukko 4). Tässä esitän joulutavat luokiteltuna sen mukaan, kumpi kieliryhmä niitä suosi enemmän (pystysuora akseli) ja sen mukaan, katsonko kyseisen tavan olleen 1800-luvun jälkimmäisellä puoliskolla enemmän talonpoikien vai säätyläisten tai kukaties yhtä paljon molempien suosiossa (vaakasuora akseli). Keskimmäisessä pystysuorassa sarakkeessa ovat ne tavat, jotka olivat joko yhtä lailla molempien suosiossa tai joita ei ainakaan mainittavasti esiintynyt 1800-luvun lopulla, siis novaatiot.

TAULUKKO 4.

Kieliryhmien suosimat joulutavat vertailtuna niiden esiintymiseen Suomen talonpoikien ja säätyläisten joulussa 1800-luvun jälkipuoliskolla.

Vastauksista saadut tiedot ↓ / Joulutapojen historiasta saadut tiedot →	Enemmän talonpoikien suosiossa	Ei kummankaan suosiossa = novaatiot		Enemmän säätyläisten suosiossa
Enemmän ruotsinkielisten suosiossa	A. 47	B. 3 6 7 32 48 55 58 59 60	C. 13 35	D. 34
Yhtäläiset tavat	E. 22 23 37 45	F. 1 2 5 9 16 17 19 20 26 27 29 30 33 50 51 54 56 61 62	G. 4 8 25 36 38 39 40 43 44 57	H. 15 18 21 31 42 49 52 53
Enemmän suomenkielisten suosiossa	I. 10 24 41 46 63	J. 14 28	K. 11 12	L.
	Enemmän talonpoikien suosiossa	Molempien suosiossa		Enemmän säätyläisten suosiossa

Taulukko 4:n koodiselostus:

1. Hoosianna
2. Pikkujoululahjat
3. Jouluruokien syönti adventtiaikana
4. Jouluvalvojaiset
5. Pikkujoulupuu
6. Adventtikynttelikkö
7. Lucia
8. Jouluaaton viettäminen kotona
9. Jouluaaton viettäminen sukulaisten kanssa
10. Joulusauna
11. Jouluevankeliumin luku kotona
12. Virsien veisuu kotona
13. Joulukirkossa käynti
14. Hautausmaalla käynti
15. Joulukortit
16. Kukkien lähettäminen ystäville
17. Jouluiset puhelintervehdykset
18. Lahjojen anto ystäville
19. Joulusähkeet
20. Jouluiset tervehdyskäynnit
21. Joulupukki lahjapukkina
22. Joulun lintulyhde
23. Joulupäivän vierailukielto
24. Tapaninajelu
25. Välipäivien vierailut
26. Jouluruokien syönti välipäivinä
27. Piirileikit kodeissa lasten kanssa
28. Kunnalliset uuden vuoden vastaanottajaiset
29. Uuden vuoden vastaanotto kirkossa
30. Oma ilotulitus
31. Uuden vuoden kutsut
32. Radion seuraaminen uuden vuoden aattona
33. Television seuraaminen uuden vuoden aattona
34. Maljan juonti vuoden vaihtuessa
35. Tina
36. Muu uuden vuoden taikuus
37. Jouluruokien syönti uutena vuotena
38. Loppiaisen vietto kodeissa
39. Vain yksi aattoateria
40. Joulupuuro
41. Uunipuuro
42. Puuromanteli
43. Lipeäkala
44. Kinkku
45. Lanttulaatikko
46. Muut laatikot
47. Snapsi
48. Glögi
49. Kotona leivottu pulla
50. Joulutortut
51. Piparkakkutalo
52. Makeiset
53. Joulukuusi
54. Ulkokuusi
55. Joulukuusen sähkökynttilät
56. Kukat
57. Kynttilät
58. Seimi
59. Ovikoriste
60. Ikkunatähti
61. Joululyhty
62. Ikkunaan liimatut koristeet
63. Olkihimmeli

Ristiintaulukointia ei suoritettu seuraaville tavoille:

1. Vuoden vaihteen yli nukkui
2. Uuden vuoden vastaanottaminen kotona ilman vieraita
3. Uuden vuoden suudelmat
4. Joulukoristeiden poiskorjaamisen ajankohta
5. Erityinen joululiina
6. Kaitaliina
7. Voileipäpöytä
8. Dopp i grytan
9. Joulukruunut ja riippuvat seppeleet
10. Tuomaanristi
11. Tro, hopp och kärlek

Pystysuoran akselin suhteen tavat ovat oikeilla paikoillaan. Nehän on sijoitettu sinne aineiston mukaan. Vaakasuoralla akselilla ne sen sijaan voivat siirtyä ruudusta toiseen, jos ja kun meillä joskus tilastoidaan ja tarkemmin selvitellään eri joulutapojen historiaa. Nyt on taulukko käsitettävä tässä suhteessa lähinnä viitteelliseksi.

Ruotsinkielisten suosimia tapoja tarkastellessamme havaitsemme, että heillä on yksi talonpoikaisjoulusta peräisin oleva tapa, snapsin juonti. Se voi tietysti todellakin olla peräisin suomenruotsalaisilta talonpojilta, mutta aivan yhtä hyvin myös voileipäpöytään liittyneestä ja usein edelleen liittyvästä snapsin juontitavasta. Snapsin juonti on todennäköisesti ollut varhemmin säätyläistapa, joka on levinnyt sitten kartanoitten, pikkukaupunkien porvareitten ja merimiesten kautta myös maalaisväestölle. Se, että snapsin juonti on mainittu talonpoikaistapana ja harvoin säätyläistapana joulussa, voinee johtua parista luonnollisesta seikasta. Viinan juontihan tuskin on missään ollut kovin ihailtu ja kunniakas tapa. Niinpä säätyläiset, joiden joulunvietosta keräämäni tiedot ovat pääasiassa muistelmista, ehkä mielellään jättävät tämän tavan mainitsematta. Toisekseen monet muistelijat ovat pappilan lapsia, joten heidän nuoruuden ympäristönsä lienee todella ollut raittiimpaa kuin muiden. Kolmanneksi tapa on voinut olla niin tavallinen, että se juuri tavallisuutensa takia on jäänyt muisteloista pois.[1] Talonpoikien joulun kuvaukset taas ovat muiden, kansatieteilijöitten, pitäjähistorioitsijoiden ja kansanperinteen kerääjien laatimia, joten ne lienevät objektiivisempia.

Säätyläisjoulusta on myös peräisin vain yksi tapa, maljan juonti vuoden vaihtuessa. Suudelmien historia on niin selvittämättä, että sitä ei voitu sijoittaa.

Joulukirkossa käynti ei ruotsinkielisillä aivan varmaan johdu siitä, että he olisivat uskonnollisempia kuin suomenkieliset, vaan syyt ovat muualla. Ensinnäkään paikkakunnalla ei ollut jouluna 1969 suomenkielistä aattojumalanpalvelusta, mutta ruotsinkielinen aattohartaus oli sekä Kuusankoskella että Kouvolassa. Tämä jouluinen ruotsinkielinen jumalanpalvelus on samalla myös yksi niitä harvoja tilaisuuksia, joissa paikkakunnan ruotsinkieliset voivat esiintyä ryhmänä. He tietävät hyvin, että näitä tilaisuuksia ei järjestettäisi, jollei niissä käytäisi, ja näin syntyy ryhmän painetta tavan hyväksi.

Tina on ilmeisesti vanha yleismaailmallinen ja Suomessa vallinnut uuden vuoden tapa. Sen suosimisen näen ruotsinkielisten konservatiivisuuden osoitukseksi.

Novaatioiden joukossa kuusi tapaa on Ruotsista tai todennäköisesti Ruotsin välityksellä tulleita ja enemmän ruotsinkielisten suosiossa. Tämä puhuu sen puolesta, että ruotsinkieliset edelleen toimivat välittäjinä siirtäen kulttuuripiirteitä Ruotsista Suomeen.

3.1.1.2. Suomenkielisten tavat

Suomenkielisillä ei esiintynyt siinä mielessä kieliryhmään liittyviä tapoja, että jokin tapa olisi esiintynyt ainoastaan suomenkielisillä. Kvantitatiivisia eroja kuitenkin havaitsimme.

Kun tarkastelemme joulutapataulukon alinta riviä, havaitsemme sen merkittävän seikan, että ei ollut yhtään sellaista suomenkielisten enemmän suosimaa tapaa, joka olisi peräisin 1800-luvun säätyläisjoulusta.

---

[1] Vertaa Wallin 1935 s. 13

Ei myöskään ollut yhtään Ruotsista saapunutta novaatiota. Alkaa näyttää siis siltä, että suomenkieliset eivät omaksu vaikutteita suoraan Ruotsista, vaan että ne todella saapuvat ruotsinkielisten välityksellä. Suomenkielisten suosimiksi novaatioiksi osoittautui kaksi tapaa, hautakynttilätapa ja kunnalliset uuden vuoden vastaanottajaiset. Viime mainittujen suosio johtunee suurelta osin niiden suomenkielisyydestä. Hautakynttilätavan esiintymiselle enemmän suomenkielisillä on kaksi luonnollista selitystä. Ensinnäkin suomenkielisistä ja kontaktiryhmäläisistä huomattava osa on lähiseudulta kotoisin ja voi näin ollen vähällä vaivalla käydä aattona omaistensa haudoilla. Toiseksi suomenkielisistä vastaajista on merkittävä osa Kouvolassa asuvia, ja juuri siellähän on sankarihautajuhla muodostunut aaton suurtapaukseksi, joka ohjelmanumerona vastaa ruotsinkielisten aattojumalanpalvelusta.

Kaikki muut suomenkielisten suosimat tavat ovat peräisin talonpoikaisjoulusta.

3.1.1.3. Kieliryhmien yhteiset tavat

Kun tarkastelemme joulutapataulukkoa, havaitsemme, että kieliryhmillä oli paljon enemmän yhteisiä kuin toisistaan poikkeavia tapoja. Kaikkiaan 63:sta taulukoidusta tavasta 41 oli molemmille yhteisiä. Tähän yhteiseen jouluun on saatu aineksia säätyläisjoulusta, yhteissuomalaisesta jouluperinteestä, talonpoikaisjoulusta ja myös joko Ruotsista tai Ruotsin välityksellä muualta.

Taulukoimatta on jätetty 11 tapaa. Näitä tapoja ovat kukat ja kukkien lähettäminen joulutervehdyksenä. Molemmat ovat kaupallisia tapoja, joita kukkakauppiaat ovat edistäneet.[2] Kaitaliinalle tuskin tarvitsee etsiä Helmisen tapaan esikuvia ruotsinmaalaisista seinätauluista.[3] Lehdistö on viitannut tavan vierasperäisyyteen,[4] ja paperiset kaitaliinat ovatkin varhemmin tulleet, kuten joulupaperitkin, ulkomailta. Tämäkin on siis kaupallinen koriste. Voileipäpöytä on selvästi peräisin säätyläisjuhlista. Jouluun se ei kuitenkaan näy varhemmin yhdistyneen. Puuromanteli on jossain määrin esiintynyt sekä säätyläisillä että talonpojilla, mutta se näyttää yleistyneen vasta luultavasti 1800-luvun lopulta lähtien. Sinänsä se on yleiseurooppalaista perinnettä. Jouluruokien syönti välipäivinä lienee käytännön sanelema ratkaisu ilman sen kummempia esikuvia. Kun on paljon hyvää ruokaa, on se toki syötävä pois. Ei ihme, ettei näin itsestään selvästä ilmiöstä ole kirjoitettu. Vain yksi aattoateria perustuu vanhoihin paastomääräyksiin ja on varmaan ollut sekä säätyläisten että talonpoikien tapa. Sekin on kuitenkin ollut sellainen itsestäänselvyys, että joulumuisteluissa siitä ei mainita. Sen oikea paikka olisi siis todennäköisesti keskimmäisessä sarakkeessa.

Kieliriitojen tiimellyksessä 1930-luvulla kutsui Gadolin suomalaista kulttuuria käännöskulttuuriksi, översättningskultur.[5] Joulutapoja tarkastellessamme voimme nyt havaita, että Gadolin on osunut paljolti oikeaan. Lisäisin vain,

---

[2] Samaan tapaan kuin äitienpäivän kukkatapa omaksuttiin ja markkinoitiin, Simonen 1961 s. 310–311

[3] KL 48 s. 524

[4] KL 42 s. 634

[5] C. Gadolin 1938 s. 113

että myös suomenruotsalainen kulttuuri on osoittautunut käännöskulttuuriksi. Aitoa suomalaista joulua edustanevat itse asiassa vain karjalanpiirakat. Aitoa suomenruotsalaista joulua taas edustaa vain tro, hopp och kärlek. Yhteistä suomalaista joulua edustavat tuomaanristi (tosin jonkinlainen vastine Ruotsissakin), pikkujoulu monine systeemeineen, uunipuuro ja laatikot. Jopa niinkin suomalaisiksi koetut joulutavat kuin himmeli ja joulusauna ovat jo yhteiseurooppalaista tai ainakin yhteispohjoismaista perinnettä.

Tämän työn tehtävänä ei ole suinkaan ruotsinmaalaisen eikä minkään muun kuin suomenmaalaisen joulun arvioiminen. Silti lienee paikallaan yksi selventävä lause. Joulun tapoja tarkasteltaessa ei ruotsinmaalainen joulu osoittaudu juuri sen kummemmin omaperäiseksi kuin suomenmaalainenkaan. Sen lähes ainoa tosi-ruotsalainen ilmiö luciakin on katsottu käännöslainaksi saksalaisesta Christkindleinistä.

3.1.2. Muista kuin kielellisistä syistä johtuvat erot

3.1.2.1. Vanhaan kotipaikkakuntaan liittyvät tavat

Vastauksista ilmeni yksi joulukoriste, jota voidaan hyvällä syyllä kutsua paikallistavaksi. Kyseessä on ruotsinkielisessä ryhmässä muutamilla perheillä esiintynyt ikkunakoriste "tro, hopp och kärlek." Se esiintyi ainoastaan pietarsaarelaista alkuperää olevilla perheillä, ja ruotsinkielisten joukossa oli vain yksi sellainen Pietarsaaressa syntynyt, jolla ei ollut kyseistä koristetta. Voimme katsoa, että kyseessä on pietarsaarelainen paikallistapa.

Haastatteluista sain vaikutelman, että pietarsaarelaiset eivät erityisemmin toivokaan tämän koristeen leviämistä muille. Eräs haastateltava sanoi minulle: "Näenpä tämän koristeen missä tahansa, tiedän, että siellä asuu pietarsaarelaisia." Usko, toivo ja rakkaus on heille nostalginen lapsuuden joulujen koriste. Muut vanhaan kotipaikkakuntaan liittyvät tavat eivät olleet näin kauniisti ryhmiteltävissä. Niitä kuitenkin esiintyi. Oli perhe, joka sai jouluksi joululeivän kummankin vanhemman kotipitäjästä. Oli toinen, jolla oli ikkunassa entisessä kotipitäjässään valmistettu pohjalaisen jouluristin pienoismalli. Kotipaikkakuntaan ja sen perinteeseen liittyvät myös monet joulun ruokatalouden piirteet, joita käsittelen seuraavassa luvussa itäisinä ja läntisinä tapoina.

3.1.2.2. Itä-länsiraja

Vastauksissa oli havaittavissa muutamia tapoja, joissa kuvastuvat toisaalta itä-, toisaalta länsisuomalaiset jouluperinteet. Kaikki tässä tarkoitetut tavat kuuluvat jouluateriaan. Historiallisten tietojen perusteella karjalanpiirakat on katsottava jouluruokana itäiseksi ilmiöksi, läntiseksi laatikkoruoat. Keitetty joulupuuro on myös aivan ilmeisesti läntinen perinne, ja uunipuuro puolestaan tuntuu olevan itäinen ilmiö, joka on ulottunut Kymenlaaksoon, itäiselle Uudellemaalle, keski-Suomeen ja Pohjanmaalle saakka.[6]

Vastaajien syntymäpaikkoja ja heidän maakuntatunnettaan tarkasteltaessa saadaan vahvistusta tähän käsitykseen. Piirakan syöjät ovat keskimääräistä useammin itäsuomalaisia, samoin uunipuuron syöjät. Keitetyn puuron syöjiä löytyy

---

6 Uunipuuro liittynee niihin itäisiin kansankulttuurin piirteisiin, joita Talve 1972 s. 188—201 ja Valonen 1974 a) s. 444—475 ovat selvitelleet.

lähes kaikkialta Suomesta, myös itäsuomalaisten vastaajien joukosta, ja onkin todennäköistä, että se on leviävä ilmiö. Koulut ja monet yhdistykset syövät keitettyä puuroa joulupuurona. Näin voi idea keitetystä puurosta oikeana joulupuurona levitä syrjäyttäen uunipuuron.

Lanttulaatikko osoittautui niin yleiseksi, että sitä söivät sekä länsi- että itäsuomalaiset vastaajat. Muiden laatikkoruokien kohdalla asia oli jo toisin. Tosin oli itäsuomalaisiakin laatikonsyöjiä, mutta pääosa laatikkoja syöneistä oli kuitenkin kotoisin lännestä.[7] Vastausten perusteella on mahdotonta vetää sen paremmin laatikoiden kuin uunipuuron tai piirakoidenkaan kohdalla tarkkaa esiintymisrajaa. Kartat ovat vain viitteellisiä. Ovathan vastaajatkin henkilöitä, joista useimmat ovat joutuneet muuttamaan muuanne alkuperäisiltä kotiseuduiltaan. Kun tarkastelee karttoja ja vertaa niitä joulun historiasta saatuihin tietoihin, herää kuitenkin ajatus, että uunipuuro olisi esiintynyt läpi Suomen ehkä Pähkinäsaaren rauhan rajaa myötäilevällä vyöhykkeellä, jonka länsipuolella sitä vastasi jouluateriassa keitetty puuro ja itäpuolella taas piirakat. Se, että ruokaperinne näkyy vastaajilla näinkin selvästi ja erottaa heidät Suomen vanhojen itärajojen viitoittamien linjojen mukaisesti[8], kertoo puolestaan miten konservatiivista jouluruokaperinne on.[9]

3.1.2.3. Kymenlaaksolaiset tavat

Vastaajat eivät katso omaksuneensa juuri mitään tapoja Kymenlaaksossa. "Joulutavat eivät ole paljon muuttuneet täällä", "Kouvola/Kuusankoski ei vaikuttanut ylläkerrottuun", "Muutosten syyt hyvin vähän paikkakunnasta johtuvia", "Muuttuneet,mutta eivät paikkakunnan tapojen vaikutuksesta", "Syyt eivät ole paikkakunnallisia", näin sanoivat vastaajat. Muutamat tosin kertoivat nuutinlaulusta vanhana kymenlaaksolaisena tapana, mutta sekin näytti jo lähes hävinneen.[10] Ainoaksi kymenlaaksolaisten tavaksi jäi jo edellä kerrottu jouluinen uunipuuro, joka sekään ei näy levinneen uusien kymenlaaksolaisten keskuuteen.

3.1.2.4. Kuusankosken ja Kouvolan tavat

Tarkastelen, voidaanko mitään tapaa pitää joko Kuusankoskeen tai Kouvolaan liittyvänä.

Tähän kysymykseen voimme vastata myönteisesti. Aineistoluvusta on ilmennyt, että itse asiassa melko montakin perheitten joulunviettoon vaikuttavaa tapaa liittyy Kymin Osakeyhtiön Virkamiesklubin vuotuisohjelmaan. Oli yhteinen perheitten pikkujouluillallinen, oli kokoontuminen toivottamaan hyvää uutta vuotta, oli loppiaistanssiaiset. Kuusankosken ruotsinkielisen koulun joulujuhlakin on monien perheitten jokajouluista ohjelmaa. Kukaties uuden vuoden suudelmatkin liittyvät tämän tehdaspaikkakunnan perinteisiin.

Kouvola puolestaan on luonut varuskuntakaupunkina vaikuttavan sankarihautajuhlan soihtukulkueineen ja kokoaa näin vuosi vuodelta omat asukkaansa yhteiseen jouluaaton hartaaseen ja samalla isänmaalliseen viettoon.

---

7 Uunipuuroa,piirakoita ja muita laatikoita kuin lanttulaatikkoa syöneiden syntymäpaikkakartat: Jaakkola 1976 kartat 6—12

8 Valonen 1974 a) s. 444—475

9 Fjellström 1970 s. 148

10 Tapa esiintyy nuuttipukkitapana kaukana Kymenlaaksosta, Bregenhöj ja Vento 1975

3.1.3. Etnisten piirteiden siirtyminen

Vastauksista kävi ilmi, että todella etniset tavat, kuten usko, toivo ja rakkaus, jonka muutkin kokevat pietarsaarelaiseksi, ja lucia, jonka muutkin kokevat ruotsalaiseksi, eivät lainaudu. Sellaiset tavat taas, jotka eivät ole näin leimautuneita voivat hyvinkin siirtyä.

Vastaajien syntymäpaikkakartoista voimme havaita, että itä-suomalainen voi joutua syömään laatikoita ja länsisuomalainen uunipuuroa. Tämä ilmiö selittyy, kun tarkastaa heidän aviopuolisoittensa syntymäpaikkoja tai maakuntasidonnaisuutta. Perheen jouluruoka ja yleensä joulutavat ovat aina kompromissi kahden perheen perinteistä.

Kieliryhmien väliset erot eivät olleet jyrkät. Lähinnä erot olivat kvantitatiivisia. Eräs tämän tutkimuksen lähtökohdista oli halu tutkia, leviääkö myös joulutapoja kieliryhmältä toiselle, kuten olin havainnut seurustelutapojen leviävän ruotsinkielisiltä suomenkieliselle kontaktiryhmälle. Kaikkeen jo esitettyyn materiaaliin nojautuen voin vastata kysymykseen myöntävästi. Tapoja siirtyy paikkakunnalla kielirajan yli sekä ruotsinkielisiltä suomenkielisille että päinvastoin.

Joulutapavastauksista ilmeni muutamia kielirajan ylittäviä tapoja. Oli (ruotsinkielinen) vastaaja, joka oli saanut himmelinsä, tosin muovisen, lahjaksi suomenkielisiltä martoilta. Oli toinen (kaksikielinen) vastaaja, joka puolestaan kertoi saaneensa oman himmelinsä lahjaksi suomenkieliseltä ystävättäreltään.

Katson, että jos jokin tapa on merkitsevästi enemmän ruotsin- kuin suomenkielisten harrastama ja jos kontaktiryhmä harrastaa sitä enemmän kuin suomenkieliset, voimme ilman muuta katsoa tavan siirtyvän tai/ja siirtyneen paikkakunnalla ruotsinkielisiltä kontaktiryhmälle, siis suomenkielisille.

Johtopäätös on itsestään selvä. Ovathan suomenkieliset ja kontaktiryhmäläiset muuten samanlaisia suomalaisia paitsi että kontaktiryhmällä on kontakteja ruotsinkielisiin. Siispä nämä vaikutteet — kuten jo tutkimuksen alussa mainitut seurustelukäyttäytymiseen kuuluvat tavatkin — on omaksuttu ruotsinkielisiltä.

Tarkastelkaamme, voimmeko materiaalin avulla tukea tätä johtopäätöstä. Voimme ottaa kaksi esimerkkiä. Ovikoriste yleistyi ruotsinkielisillä ja kontaktiryhmässä "10—14 vuotta sitten", suomenkielisillä vasta "5—9 vuotta sitten."[11] Aivan varmasti tähän on ollut vaikuttamassa se, että huomattava osa ruotsinkielisistä ja kontaktiryhmäläisistä asuu samoissa taloissa, joiden porraskäytävissä asuntojen ovilla ovikoristeen puuttuminen jo herättäisi huomiota.

Toinen esimerkki on glögi, ruotsinmaalainen joulujuoma. Joku ruotsinkielinen vastaaja oli ottanut reseptinsä suoraan ruotsinmaalaisesta lehdestä. Itse olen havainnut, että ihmiset saavat toisiltaan glögireseptejä aivan samoin kuin muitakin ruokatalouteen liittyviä reseptejä. Näin siis leviävät sekä glögin nauttimisen idea että itse glögireseptit paikkakunnalla, ja suunta on ruotsinkielisiltä kontaktiryhmälle.

Se, että tapoja useammin lainautuu ruotsinkielisiltä suomenkielisille kuin päinvastoin, johtunee useasta seikasta. Ruotsinkielisillä on ensinnäkin useammin kontakteja ulkomaille kuin suomenkielisillä. Etenkin Ruotsiin on monilla siteitä. Me näimme myös, että Ruotsista omaksuttiin tapoja, jopa ostettiin koristeita. Toiseksi on merkil-

---

11 Jaakkola 1976 s. 646
12 Hughes 1946 s. 70

le pantavaa, että seuraamistani aikakauslehdistä molemmat suomenruotsalaiset olivat sangen vaatimattomia, suppeita ja värittömiä verrattuna suomenkielisiin naistenlehtiin. Näin ruotsinkieliset jo luonnostaan haluavat täydentää aikakauslehtiään lukemalla myös ruotsinmaalaisia lehtiä. Tähän ei suomenkielisillä ole samaa tarvetta. Naisten lehdet ovat monessa mielessä naisten "ammattilehtiä". Reseptien ja ohjeitten luku käy helpommin omalla kielellä. Näin joutuvat ruotsinkieliset omaksumaan monia uutuuksia ennen suomenkielisiä. Lopuksi lienee niin, että ruotsinkieliset koetaan paikkakunnalla tapojen suhteen asiantuntijoiksi, joiden esimerkkiä on totuttu seuraamaan. Vähän sama asetelma kuin Kanadan ranskalaisilla, joita englanninkieliset pitävät kauneuden asiantuntijoina.[12]

3.2. Joulutapojen leviämiset

Tämä työ kohdistui paikallisesti sangen rajalliseen väestöön. Kuitenkin voidaan jo syntymäpaikkakartoista havaita, että vastaajat olivat syntyisin monilta eri puolilta Suomea. Osa oli syntynyt jopa ulkomailla. Näin on vastaajilla voinut jo perinteenä olla erilaisia joulunviettotapoja.

Kysymyksillä pyrin myös selvittämään monien joulutapojen, etenkin muutamien muodikkaiden joulukoristeiden omaksumista. Vastauksista saattoi päätellä, että sekä kauko- että lähivaikutus esiintyvät joulun uutuuksien leviämisessä. Kluckhohm on valittanut, että tutkijat ovat kiinnittäneet liian vähän systemaattista huomiota siihen ongelmaan, miten spesifiset kulttuurin palaset siirtyvät yksilöltä toiselle kussakin yhteiskunnassa.[1] Tämän luvun puitteissa pyrin selvittämään esimerkein, millaisia leviämismekanismeja joulutapojen kohdalla ilmeni.

3.2.1. Julkinen sana

Vastauksista ilmeni lukuisia tapauksia, joissa sanoma- ja aikakauslehdet sekä radio ja televisio ovat antaneet virikkeitä joulutavoille. Radio ja televisio ovat itse asiassa suorastaan luoneet uusia joulutapoja. Monet perheet kokoontuivat seuraamaan joulurauhan julistusta Turusta. Toinen radion luoma perinne on "Hymyilevä Apollo" vuoden vaihtuessa. Useat vastaajat kertoivat kuunneelleensa tätä ohjelmaa. Iloisen juhlan keskellä noustiin seisomaan ja hiljennyttiin kuuntelemaan vuosittain toistuvaa sanomaa: "Paha ei ole kenkään ihminen, vaan toinen on heikompi toista." Kolmas hyvin suosittu radio-ohjelma oli Hoosianna. Vaikka esimerkiksi joulurauhan julistus on ollut vanha turkulainen paikallistapa, se on nyt uudelleen elvytettynä ja radion kaikelle Suomen kansalle välittämänä tullut yleiseksi joulutavaksi, jolla jo nyt on keskusjohtoinen historia. Myös radio- tai TV-kirkon jouluvirsi oli monien kuultava.[2]

Radio ja televisio ovat myös muuntaneet vanhoja tapoja toisenlaisiksi. "Joulukirkossa käynti ei kuulu jokajouluiseen ohjelmaan, koska TV on tuonut kirkon kotiin" ja "TV ja radio vallanneet ohjelman omilta lauluilta ja lukemisilta" ovat vastauksia, jotka kuvaavat tällaista muutosta. Suurin osa vastaajaperheistä seurasi jouluna jotain radion ja/tai television ohjelmaa. Olipa uuden vuoden aattona 1969 eräs televi-

---

1 C. Kluckhohn 1962 s. 244

2 Ruotsissa ja myös ruotsinkielisille vastaajille se on "Var hälsad sköna morgonstund", vertaa Bringéus 1956 s. 225 sekä E.v. Kraemer 1959 s. 6 ja 9; suomenkielisille "Enkeli taivaan"

sio-ohjelma, joka ei mitenkään liittynyt vietettävään joulujuhlaan, mutta joka siitä huolimatta ilmeisesti oli tärkeä tekijä monelle juuri sen nimenomaisen juhlaillan vietossa. Kyse on noiden vuosien suositusta jatko-ohjelmasta Peyton Place, jota jopa kutsuilla keräännyttiin katselemaan. Muutamat taas eivät ilmeisesti hyväksyneet näitä joulun julkisia osia, koska he eivät seuranneet näitä ohjelmia lainkaan. Osa niistäkin, jotka seurasivat radiota tai televisiota, korosti, että he seurasivat vain "joskus" tai "vähän". Yksi vastaaja ilmoitti painokkaasti, että heidän perheessään ei seurattu sen paremmin radion kuin televisionkaan ohjelmaa, "koska niiden nykyohjelma ei kiinnosta".

Myös joulun alla seurattiin vastausten mukaan varsinkin radion ohjelmia. Kuunneltiin valvojaismusiikkia, ja eräs ruotsinkielinen vastaaja kertoi, miten heillä kuului Lucian päivän perinteeseen seurata Ruotsin radion aamuohjelmaa.

Julkinen sana antaa myös runsaasti informaatiota joulunviettotavoista. Etenkin sanoma- ja aikakauslehdissä on vuosittain paljon artikkeleita. Edellä on esimerkkejä tällaisista kirjoituksista. Niiden antaman informaation ei ole suinkaan tarvinnut olla kovinkaan totuudenmukaista. Tästä olkoon esimerkkinä ruotsinmaalainen lehti Husmodern, joka vuonna 1950 esitteli oviseppeleen uutuutena ja seitsemän vuotta myöhemmin jo sanoi, että oven koristaminen jouluksi kauniilla koristeella on vanha tapa.

Vastauksista kävi selvästi ilmi, että julkisen sanan informaatiota seurataan ja että se menee myös perille. Pelkästään jo himmelin kohdalla nähdään, miten ohjeita on otettu Kotiliedestä, Omin Käsin-lehdestä, "viikkolehdistä". Joulutapoihin vaikuttavat ilmeisesti sekä kotimaiset että myös ruotsinmaalaiset lehdet.

Tutkimuksesta käy kuitenkin myös selville, että julkinen sana ei silti pysty määräämään, miten ihmiset viettävät joulunsa. Voimme tarkastella, miten aikakauslehdet ovat Suomessa propagoineet toisaalta himmeliä ja toisaalta seimeä. Esimerkiksi Kotiliesi on vuosikausia mainostanut seimeä, jopa lähettänyt keran pahvisen seimen jokaiselle tilaajalleen. Vastauksista nähdään silti, että seimi ei ole lyönyt itseään läpi suomalaiseen jouluun kuuluvana koristeena.

Toisin on käynyt himmelin. Sen saama myönteinen propaganda on todella tehonnut joulunviettäjiin. Himmelistä on tullut varsin lyhyessä ajassa suosittu suomalaisen kodin joulukoriste.

Nämä kaksi esimerkkiä saavat ajattelemaan, että joulutapaa ei juuri voi levittää julkisen sanan mahdillakaan, jos ihmiset eivät hyväksy tai koe läheisiksi niitä arvoja, joita tämä tapa heidän käsityksensä mukaan edustaa. Sen sijaan lehdistö voi hyvän muotitaiteilijan tavoin ennakolta aistia ajassa tapahtuvat muutokset. Kun se sitten oikealla hetkellä ja oikein sanoin tuo esille jonkin novaation, tämä saattaa yleistyä suorastaan uskomattoman nopeasti.

Lehdistön joulua koskevat artikkelit voidaan jakaa periaatteessa kahteen suureen ryhmään, jotka eivät kuitenkaan poikkea täysin jyrkästi toisistaan. Toisaalta on käytännön neuvoja, lahjavihjeitä, kakkureseptejä jne. Tähän materiaaliin en ole puuttunut. Toisaalta on kantaa ottavia artikkeleita, joissa lehdet enemmän tai vähemmän tietoisesti pyrkivät vaikuttamaan lukijoihinsa, kuten kertomukset joulutapojen historiasta, kuvaukset vanhasta joulusta ja joulusta eri kodeissa, kuvaukset uutuuksista ja sitten suuri — ehkä suurin ryhmä artikkeleita, joissa muodollisesti on vain käytännön neuvoja, mutta jotka tekstissään sisältävät selviä arvostuksia.

Edellä olen siteerannut useitten naistenlehtien artikkeleita. Jonkinlaista eroa voi havaita eri lehtien kirjoittelussa. Kotiliesi ottaa selvästi enemmän huomioon myös maalaisten joulun kuin muut lehdet, mutta varsinkin 1960-luvulla sekin on ottanut muiden lailla huomioon virkanaiset ja pikku perheet.[3] Suurin ero ei ole selvästikään eri lehtien välisissä kannanotoissa vaan eri aikojen, eri vuosikymmenien kannanotoissa.[4]

Osa lehtien kirjoittelusta on tietoista vaikuttamista, jopa selvästi taloudellisen edun vuoksi tehtyä.[5] Osa on aivan yhtä varmasti tiedostamatonta ajan hengen seuraamista, muotivirtausten mukana kulkemista. Arvattavaksi jää, miten jokin uutuus, joka yhtenä vuonna pulpahtaa esiin yhdessä lehdessä, niin äkkiä — yleensä jo yhdessä, kahdessa vuodessa — yleistyy moniin lehtiin, esimerkkinä vaikkapa himmeli. Matkivatko eri lehtitalot kilpailijoitaan vai onko kyseinen idea jo niin yleistynyt, niin nykyaikaan liittyvä, että herkkävaistoinen toimittaja aistii asian ja toimii vain ajan hengen tulkkina? Todennäköisesti molemmat vaikutusmekanismit toimivat.[6]

Ainakin yksi joulutapa tai paremminkin tavan muuttuminen on johdettavissa lehtien omaan kehittymiseen, nimittäin joulupöydän kattaminen. Kun lehtien kuvat olivat pelkästään mustavalkoisia, oli joululiinakin tekstien mukaan aina valkoinen. Kun värikuvaustekniikka ja painotekniikka kehittyivät, alkoivat lehdet tulvia kuvia toinen toistaan kauniimmista ja värikkäämmistä joulupöydistä, ja yhtäkkiä havaittiin värien merkitys joulussa. "Joulunpunainen" ja muutkin värit astuivat esiin.[7]

Todennäköistä on, että joulukoristeiden suorastaan massiivinen esiinmarssi pohjautuu myös tähän samaan tekniikan kehitykseen. Kun ennen oli turvauduttava vain suusanallisiin ohjeisiin, piirroksiin ja melko avuttomiin mustavalkoisiin valokuviin, ei koristeitakaan esitetty yhtä paljon kuin sitten, kun loistavat värikuvat saattoivat osoittaa lukijalle, miten ihana on jouluinen oviseppele, miten herkkä himmeli jne.

Lehtien kirjoittelussa joulusta on havaittavissa muutamia selviä yleisiä suuntaviivoja, ajatuksia, jotka toistuvat vuodesta vuoteen. Lehdet luovat lukijoilleen tietoisen tai alitajuntaisen ihannekuvan joulusta, ja ne luovat sen hämmästyttävän yhtenäisten periaatteiden mukaan. Tämä kuuluu jo julkisen sanan piilovaikutukseen, johon kuuluvat myös monet erilaiset ennakko-olettamukset, presuppositiot,[8] joissa esimerkiksi kuvataan jotain asiaa nykyisin huonona ja samalla automaattisesti luodaan lukijalle mielikuva siitä, että joskus on asia ollut toisin ja paremmin.

Ensinnäkin on näistä suurista suuntaviivoista mainittava kiire. Kiire on lehtien mukaan nykyaikaan liittyvä ja erittäin paha ilmiö. "Nykyajan kiireinen ihminen",

3 Esim. kataja sopi (KL 66/24 s. 19) "virkanaisen yksiöön tai pienen perheen ahtaisiin tiloihin" tai (KL 62 s. 1666) "sinun pieneen kotiisi"

4 Vertaa esim. lukua 2.2.1.1. 1930-luvulla kinkun suhteen "rasvainen" ja "kalorit" olivat hyviä sanoja, 1960-luvulla taas kauhistus.

5 Vrt. lukua 2.2.1.1., miten Anna ovelasti markkinoi omia ikikukkiaan.

6 Meidän on muistettava, miten Martta-järjestö, Seurasaarisäätiö ym. järjestöt ovat markkinoineet himmeliä. Eri lehdet ovat voineet tietysti saada pääasiallisen kipinänsä näiltä tahoilta.

7 Vrt. esim. KL 52 s. 828: "Punainen on joulun väri. Se toistuu joka puolella."; KL 69/23 s. 20 Anttila: "Punainen on meille suomalaisille joulun perusväri. Joulunpunaista on helppo käyttää hyväksi myös pöydän kattamisessa."; HP 18.12.69 s. 68—69 Tanttu: "Mikä on joulun väri?... Onko joulu punainen? Vai onko se havunvihreä... yönsininen... lumenvalkea tai kullanvärinen?"; HP 61/12 s. 33 "Saxifraga": "Hopea kimaltelee kynttiläin loisteessa ja punainen ja vihreä, joulun värit ilahduttavat mieltämme."

8 Vertaa Hemánus 1973 s. 72

"nykyinen kiireinen aika" ovat erittäin huonoja asioita, kun joulunviettoa ajatellaan. Kiireinen on äreä, ei jaksa ottaa lapsiaan mukaan joululeipomuksiin, vihottelee, pilaa ihmissuhteet eikä itsekään nauti oikealla tavalla joulusta. Kiireitä ei luo vain arkielämä, vaan "kiire tuntuu vain lisääntyvän vuosi vuodelta, sillä elintason nousu tuo mukanaan aineellisesti yhä runsaampia jouluja... Näin paisuu joulunvalmistajajan taakka miltei yli voimien käypiin mittoihin."[9]

Mutta lehdet eivät ole toivottomia. Presuppositio leijuu ilmassa. Aina ei ole ollut kiirettä. Kiire on vain nykyaikaa. Joskus on ollut aika, jolloin joulun valmistelijalla ei ollut kiirettä. Ja tähän aikaan on syytä palata. Miten sitten? Paljon hyviä neuvoja tulvehtii. Voi sytyttää kynttilän, nauttia elämästä ja antaa kiireen mennä ohi.[10] Voi laiminlyödä joulusiivousta.[11] Voi valmistaa ruokia ennakkoon.[12] Voi ottaa muut perheenjäsenet avuksi, mikä on kaikkein parasta, koska se lisää perheen yhteenkuuluvuutta.[13]

Ja milloin sitten alkoi seuraamissani lehdissä tämä kiire? Se alkoi vuonna 1906. Silloin oli uusi aika kuumeisine kiireineen tunkeutunut maahamme.[14] Eikä se sen jälkeen ole hellittänytkään otettaan.

Toisena läpikäyvänä ajatuksena lehdissä on esiintynyt maallistuminen ja kaupallistuminen. Ne esiintyvät teksteissä niin yhteenliittyneinä käsitteinä, että niitä ei voi erottaa toisistaan. Nekin ovat molemmat hyvin pahoja asioita, ja sitä paitsi ne synnyttävät edellä mainittua kiirettä.[15] Ne poikkeavat kiireestä siinä, että ne ilmaantuivat joulukeskusteluun vasta 1950-luvulla. Kirjoittelun ydin on, että joulun vietto ja sisältö muuttuvat. Liike-elämä on itsekkäästi luonut markkinatunnelman, perustanut joulukadun, joka ulottuu etelästä hamaan Lappiin saakka. Kaupallinen joulu houkuttelee lapsia ja aikuisia, pakottaa ihmiset tuhlaamaan, vaikuttaa kuin hypnoosin tavoin ja panee unohtamaan joulujuhlan alkuperäisen merkityksen.[16] Toisaalta on kaupallisuuden vastustamisen havaittu myös menneen lopulta yli äyräiden. "Tavallinen ihminen saa pelkotiloja ja komplekseja."[17]

---

9 KL 58 s. 1321 "M.P."

10 Vertaa kynttilöitä koskevaa lukua

11 Esim. KL 51 s. 776 Hietalahti: "Ei enää joulun rasittamaa perheenemäntää... Siisteys ja siivoaminen on oikein ja asiallista, mutta ennen joulua se on sittenkin alistettava tärkeämpien tehtävien alaisuuteen."

12 Esim. KL 45 s. 594 Heikki: "Ajatteleva emäntä varaa joulunaluspäivinä niin paljon valmiiksi laitettuja ruokia kuin mahdollista, että hänkin saisi pyhien tultua levähtää."

13 Esim. KL 69/24 s. 30 Huuhka: "Perheenäidinkö pitäisi uupua jouluvalmisteluissa? Ei toki, onhan perheessä muitakin jäseniä, esimerkiksi isät ja pojat."; KL 69/24 s. 45 Anttila: "Pääasia kai lienee perheenjäsenten, isän ja lasten toiminta ja tunnelma, joka karamellitalkoissa syntyy."

14 HSM 06/12 s. 178 Nissinen: "En ny tid med sin feberaktiga brådska har brutit in i vårt land."

15 KL 67/24 s. 13 Simojoki: "Puhumme joulun kaupallisesta luonteesta, joka peittää alleen pyhän juhlan oikean sisällön ja synnyttää tavattoman kiireen ja turhanpäiväisen hälinän."

16 Esim. MN 58/12 s. 9 pääkirjoitus: "Viime vuosina joulu on yhä enemmän kaupallistunut. Suuresta kirkkopyhästä tehtiin markkinajoulu."; KL 56 s. 1352 "A-L.S.": "Kaupallisuus pyrkii leimaamaan vanhoja perinteitä, puhutaan joulun maallistumisesta."; Suomen Kuvalehti 56/51—52 s. 25: "joulua on pahoinpidelty ja kiusattu, koko käsite on turmeltu, joulusta on tehty markkinat."; KL 62 s. 1692 Toikka-Karvonen: "on joulunvietto kuitenkin arveluttavaa vauhtia aineellistumassa ja pintapuolistumassa. Jo marraskuussa alkaa liikemaailma kiihottaa ja houkutella meitä ostamaan, ostamaan, ostamaan."; KL 63 s. 1769 pääkirjoitus: "Näyttää siltä, ettemme enää voi sille mitään, sillä se lankeaa ylitsemme kuin summaton luonnonvoima: joulumarkkinoiden pauhu."; KL 67/23 s. 15 pääkirjoitus: "Kaupallinen joulu on yleistynyt ilmiö, jolta ei säästy enää maaseudunkaan asukas. Joulukatu ulottuu etelästä...Lappiin."

Myös maallistumista ja kaupallistumista voimme vastustaa, aivan samoin kuin kiirettäkin. Ohjeiden käytännöllisyystaso vaihtelee kuitenkin melkoisesti. Jokin neuvo "hengittäkää vapaasti ja iloisesti"[18] on niin henkevä, että se jättää lukijaparan aivan ymmälle. Toinen jo antaa selkeämmän ohjelman: "Takaisin jouluun... takaisin vanhaan jouluevankeliumiin ja vanhoihin jouluvirsiin ja joululauluihin."[19] Kolmas on maanläheinen kanta: Kaupallisuudesta päästään, kun aletaan tehdä jouluvalmistelut itse.[20] Kaikkia näitä ohjetyyppejä esiintyy lehdissä runsaasti, ja niistä onkin edellä ollut useita esimerkkejä, etenkin itse tehdyn joulun ylistämisestä.[21]

Kaikki edellä kuvattu voidaan vielä laskea kuuluvaksi avointen kannanottojen piiriin eli propagandaan.[22] Ne sisältävät kuitenkin selvän presupposition, itsestään selvän sisäänupotetun väittämän,[23] että aina ei ole ollut näin onnettomasti kuin nykyisin. On ollut olemassa aika, jolloin joulussa ei ollut kiirettä, ei maallisuutta eikä kaupallisuutta. Näin lähestytään piilovaikutusta.

Lehdet eivät suoraan kerro, milloin tuo ihmeellinen, myyttinen, onnellinen joulu on ollut, mutta lukija saa siitä vähitellen kyllä käsityksen. Saamme myös tietää, missä tuota ihannejoulua on vietetty: omassa maassamme. Viitataan joulun tuhatvuotisiin,[24] satavuotisiin,[25] keskiajalta periytyviin perinteisiin,[26] jopa ihmeelliseen muinaissuomalaiseen, pakanuuden aikaiseen joulujuhlaan.[27] Puhutaan Topeliuksen ajan tunnelmasta.[28] Paljon viitataan myös lapsuuden kodin jouluun ja sen tunnelmaan.[29] Viitataan myös epämääräisemmin "entisaikaan", jolloin "päreitten kiskomiseen tottunut ja savupirtissä kasvanut ihminen" veisteli tuomaanristejä,[30] tai puhdetöitä tehden ja tarinoita kertoen valmistui henkisesti jouluun ja näki himmelin "välittömänä kuvana maailmaa koossapitävän muodon laeista" ja tajusi sen sisällä Betlehemin seimen.[31]

Nämä ovat kuitenkin kaikki kovin kaukaisia ja romanttisia mielikuvia. Myyttinen ihannejoulu on ollut — sen alkaa lukija vähitellen uskoa — paljon lähempänä, itse

---

17 HP 19.12.68 s. 9 "Ukonhattu": "Olin naistoimikunnan järjestämissä joulumyyjäisissä... Oliko naistoimikunta syyllistynyt joulun kaupallistuttamiseen myydessään joulun kunniaksi ja flyygelin hankkimiseksi pullaa ja revinnäistöitä?... Enpä luule. Nykyisin kaupallista joulua vastustava propaganda vain on niin voimakasta, että tavallinen ihminen...saa pelkotiloja ja komplekseja."

18 KL 67/23 s. 15 pääkirjoitus

19 KL 67/24 s. 13 Simojoki

20 Mona Lisa 64/12 s. 40: "Joulu ei tunnu joululta, jos hankkisimme kaiken valmiina: piparkakut leipomosta ja lahjat tavaratalosta. Ei! Oma vaivannäkö ja näppäryys — hiukan kärventyneet omatekoiset joulupossut ja jokin viimeisinä yön hetkinä aikaansaatu pikku esine ovat uskomattoman tärkeitä oikean joulutunnelman tavoittamisessa."

21 Vertaa esim. makeisia koskevaa lukua.

22 Vertaa Minkkinen, Nordenstreng, Rand ja Starck 1975 s. 174

23 Vertaa Hemánus 1973 s. 72

24 KL 51 s. 813 Helminen, puhutaan joulukirkosta

25 KL 62 s. 1692 Toikka-Karvonen, puhe jouluateriasta ja korvenraivaajasukupolvista

26 HSM 40/11 s. 147 Lindholm, puhe kynttilöistä

27 KL 62 s. 1692 Toikka-Karvonen: "Suomalaisen joulun tunnelmaa... Joulu on kautta aikojen ollut arvokkaan ilon juhla, jonka juuret ulottuvat kristillisten vuosisatojen tuolle puolellekin, kaukaiseen pakanuuden aikaan, jolloin keskitalven juhlaa vietettiin pimeyden väistymisen ja valon voittamisen kunniaksi."

28 KL 42 s. 706 Helminen, puhe luciasta

29 runsaista esimerkeistä vain yksi KL 30 s. 1058 Suninen: "Jospa vielä kerran saisi sellaista kinkkua, jota äitimuori ennen valmisti."

30 KL 51 s. 813 Helminen

31 KL 38 s. 886 Helminen

asiassa hänen omassa suvussaan. Ja sen järjestäjänä ja ylläpitäjänä on ollut hahmo, jota lehdet yleensä kutsuvat nimellä "isoäiti", välistä myös "esiäiti", "entisajan emäntä" tai "isoäidinäiti".

Tässä ilmenee lehtien piilovaikutus selvemmin. Tämä "isoäiti" ei ole kukaan määrähenkilö, vaan kaikkien lukijattarien kuviteltu kollektiivi-isoäiti, jolla oli paljon työvoimaa käytettävänään ja jolta näin ollen puuttui kiire.[32] Häneltä ovat peräisin hyväksi koetellut lihaleikkeleiden ohjeet.[33] Hän jätti tyttärelleen ja tyttärensä tyttärelle niin ihania joululeivän reseptejä, että "kun siitä saa voileivän, hylkää riemuiten jokapäiväiset ostopullat".[34] Hän kirjoitti suussa sulavien jouluIeivonnaistensa reseptit perintövihkoon, ja tulokset olivat "alla tiders".[35] Hän leipoi joululeipänsä "tavallisuudesta poikkeaviin muotoihin".[36] Hän teki piparkakkuja "juuri oikean reseptin mukaan."[37] Hän valmisti myös hienoa maustesilliä.[38]

Kaikesta edellä esitetystä näemme, että myyttinen isoäiti ei ollut mikään köyhä tyttö tai torpparin vaimo, ei myöskään palvelusväkeen kuuluva henkilö. Lehdet luovat näin kohteliaasti kaikille lukijattarilleen hienon, kuvitellun suvun, myyttisen menneisyyden, missä "isoäiti" oli vähintään suuren talon emäntä, kukaties kartanonrouva tai hieno kaupunkilaisrouva.

Lehtien luomaa mielikuvaa joulusta ei voi sanoa edes konservatiiviseksi, jos nyt konservatiivisyydellä ymmärrämme asennetta, joka tahtoo säilyttää olevia oloja. Se on taaksepäin katsovaa, retrospektiivistä, sanoisinpa suorastaan taantumuksellista, ellei tämä sana jo olisi varattu toisenlaiseen, poliittiseen ja pejoratiiviseen käyttöön.

3.2.2. Kaupallinen joulu

Kaupallisella joululla tarkoitetaan yleensä nimenomaan runsasta joululahjojen ostamista. Tässä työssä en pyri arvioimaan, millaisia summia perheet käyttivät joululahjoihin. Joululahjoistakaan en tarkoituksellisesti kysynyt, koska pidin kysymystä liian intiiminä.

Vastauksista ja lasten kirjoittamista aineista ilmeni kuitenkin selvästi, että lahjoja annettiin ja ostettiin runsaasti. Käytännöllisesti katsoen kaikki perheet jakoivat keskuudessaan jonkinlaisia joululahjoja, minkä lisäksi useat antoivat tai lähettivät niitä sekä sukulaisilleen että ystävilleen. Esiintyipä vastaajilla paljon pikkujoululahjojakin. On selvää, että suurin osa näistä lahjoista on kaupallista joulua.

Kaupallinen joulu kukoistaa ennen kaikkea kukkien kohdalla. Käytännöllisesti katsoen kaikki vastaajat ostivat ja/tai saivat joulukukkia. Useimmat sekä ostivat että saivat niitä. Tämä jos mikä on kaupallista joulua.

Muuten käy vastauksista ilmi se hämmästyttävä tendenssi, että monet perheet pyrkivät ilmeisesti aivan tarkoituksellisesti tekemään mahdollisimman paljon itse sekä koristeiden että ennen kaikkea ruokien ja leivonnaisten ollessa kyseessä, mutta tehtiinpä myös lahjoja. Tämä kävi selvästi esille lasten aineista. Perheet jopa välistä valoivat itse kynttilänsä. Itse tehtyjä olivat useissa tapauksissa himmelit, adventtikynt-

32 KL 29 s. 1012 Helaakoski
33 Eeva 60/12 s. 50 Manninen ja Tähtinen
34 KL 36 s. 916
35 Astra Julen 50 s. 305 "Marga Rina"
36 KL 23 s. 707 Suninen ja Troberg
37 KL 61 s. 1466 "Punahilkka"; KL 65/23 s. 65
38 KL 62 s. 1716

teliköt, seimet, ovikoristeet, seinäkoristeet ja jopa joulukuusen koristeet. Itse oli useimmissa perheissä leivottu joulupullat, itse oli yleisesti valmistettu kaljat. Joulu-glögi sekoitettiin omien reseptien mukaan, ja joulutorttuihin käytettiin myös omia erikoisreseptejä. Itse ja/tai ystävien seurassa valmistettiin piparkakkutalot. Vastaajien joulu oli suorastaan hämmästyttävässä määrin itse tehtyä ja siis sangen vähän kaupallista. Itse tehdyn korostaminen ja kaupallisuuden välttäminen on sellainen joulun piirre, joka saattaa olla tyypillistä nimenomaan näitten vastaajien kaltaisen ryhmän joulunvietolle.

On kerrankin hauska valmistella suurta juhlaa kaikessa rauhassa, leipoa itse omat pullat ja valaa omat kynttilät. Se ei ole tehokasta, mutta se suo juhlalle aivan uutta merkitystä. Oma työ erottaa juhlan arjesta.

Himmelistä ja tuomaanrististä saamme selkeimmän esimerkin siitä miten itse tehty on arvossaan. Niitä alettiin lehdissä mainostaa samanaikaisesti. Samat arvot liitettiin niihin, mutta tuomaanristiä pystyy tuskin kukaan tekemään itse, ja se jäi harvinaiseksi koristeeksi. Himmelin valmistus on lehtien mukaan helppoa ja hauskaa. Siitä tuli melko yleinen koriste.

3.2.3. Myyjäiset

Myyjäisiä en pidä kaupallisen joulun osana, vaikka niiden pitäisi päällisin puolin tarkastellen luonnostaan kuulua siihen. Myyjäiset muodostavat nimittäin havaintojeni mukaan kaupallisesta joulusta täysin poikkeavan joulutapojen välitysmekanismin, joka on monessa suhteessa lähempänä seuraavassa luvussa käsiteltävää henkilökohtaisten vaikutusten mekanismia kuin kaupallista joulua. Sieltä ei osteta niin kuin kaupasta jotain määrätavaraa, vaan mennään ostamaan jotain sopivaa joltain määräjärjestöltä tai joltakulta tuttavalta. Myyjäiset olivat joulutapakyselyn valossa tärkeäksi katsottava tekijä joulutapojen siirtymisessä paikkakunnalla. Myyjäisistä ostettiin ensinnäkin monenlaisia joulukoristeita, kuten ovikoristeita, himmeleitä ja piparkakkutaloja. Myös ruokatalouden alalla myyjäisillä on merkitystä. Niissä myydään etenkin leivonnaisia ja karjalanpiirakoita. Sen sijaan en ole nähnyt myytävän jouluruokia.

3.2.4. Henkilökohtaiset vaikutteet

Tärkein vaikuttaja on tietysti perhe, lapsuuden koti, jossa opitaan juhlatapakäyttäytymisen kaavat, eikä ainoastaan suuria puitteita, vaan kaikenlaisia yksityiskohtiakin, jotka sitten vuosien vieriessä seuraavat lapsuuden kodista omaan kotiin ja kukaties vielä eteenpäin seuraavallekin polvelle. Näin syntyy joulun ihmeteltävän stabiili runko, ja selvittyy se merkillinen tosiseikka, että 63:stä tilastoidusta joulutavasta 33 kuului jo 1800-luvun loppupuolella suomalaiseen jouluun.

Toisena tärkeänä henkilökohtaisten vaikutteiden mekanismina ovat edellä mainitun pystysuoran perinteen lisäksi erilaiset vaakasuoraa leviämistä edistävät tekijät. Vastauksista ilmeni, että koulut opettavat etenkin monien joulukoristeitten valmistusta. Kouluissa olivat lapset tehneet ovikoristeita, adventtikynttelikköjä ja joulukuusen koristeita. Adventtikynttelikköjen kohdalla koulu ei ollut vain valmistuttanut näitä koristeita. Se oli myös opettanut miten kynttelikköä käytetään. Koulu oli siirtänyt uuden joulutavan kokonaisuudessaan perheille. Vastauksista ilmeni myös, että lasten koulussa tekemät koristeet otettiin perheissä esille vuosi toisensa jälkeen. Koristettiin kuusi lasten koulussa valmistamilla, ehkä jo virttyneillä koristeilla. Nostalgiset tunnemielteet estivät perinnettä sammumasta. Vastauksista ilmeni myös, että askartelukerhot ovat joulukoristeuutuuksien siirtäjiä.

Onpa moni naisten yhdistyskin katsottava askartelukerhoksi, joka kokouksen ja kahvinjuonnin ohessa valmistaa esimerkiksi koristeita joulumyyjäisiin. Monia koristeita, mutta myös useita leivonnaisia, makeisia ja jopa ruokatavaroita annetaan yleisesti joululahjoiksi. Näimme jo vastauksia käsittelevistä luvuista, miten esimerkiksi pietarsaarelaisten koriste "tro, hopp och kärlek" oli usein saatu lahjoituksena. Lahjoituksina oli saatu myös piparkakkutaloja, himmeleitä, ovikoristeita ja paljon muuta. Osa näistä lahjoituksista on ainutkertaisia, esimerkiksi juuri "tro, hopp och kärlek", joka joulun jälkeen aina pakataan laatikkoon ja otetaan taas esille seuraavaksi jouluksi, tai himmeli, joka monessa tapauksessa jäi paikoilleen johonkin huoneeseen liittyvänä ympärivuotisena koristeena. Toisaalta lahjoitus voi olla toistuva. Joku saattaa lahjoittaa monena jouluna peräkkäin piparkakkutalon tai karjalanpiirakoita. Eräästä vastauksesta kävi ilmi, että lahjoitukset eivät joulutapojen luomisessa rajoitu pelkästään koristeiden ja joulun herkkujen piiriin. Tapa voi syntyä myös lahjoituksen antaessa sille sysäyksen. Eräs ruotsinkielinen perhe oli alkanut lucia-tavan, koska he olivat saaneet lucia-kruunun lahjaksi.

Vastauksista kävi selville, että ystäväpiirit kokoontuivat valmistamaan joulukoristeita tai vaikkapa jouluherkkuja. Ystäviltä ja työtovereilta olivat monet joulutapakyselyn vastaajat saaneet vaikutteita ja ohjeita. Koristeita ei tarvinnut välttämättä tehdä yhdessä. Saatettiin vain nähdä koriste ystävien luona tai kuulla työtoverien kertovan, miten he olivat valmistaneet vaikkapa himmelinsä. Tämä on ilmeisesti sangen yleinen leviämismekanismi.

3.3. Joulunäytelmän analyysi

3.3.1. Joulun motiivi eli tilanteet.[1] Tapojen hyväksymiseen ja hylkäämiseen vaikuttavat seikat

Suhtautuminen jouluun ei ole kenellekään niin vapaaehtoista kuin monet kuvittelevat. Joulu on ensinnäkin virallinen, kalenteriin sisältyvä vuotuisjuhla vapaapäivineen, jotka jo sinänsä säätelevät ihmisen käyttäytymistä. Kaikilla yhteiskunnilla, primitiivisiä myöten, on oma seremoniaalinen vuotuiskalenterinsa. Toistuvat juhlat antavat koko yhteiskunnnalle yhteisen syklisen toimintarungon.[2] Kalenterin tehtävä on koota ihmiset yhteen, korostaa heidän samanlaisuuttaan ja yhteistä alkuperäänsä, vähentää heidän välisiään eroja ja vaikuttaa ihmisten ajatteluun, tunteisiin ja toimintaan.[3]

3.3.1.1. Julkinen joulu

Joulun vietto jakaantuu karkeasti jaotellen kahtia sen mukaan kuinka julkisista tai intiimeistä tilanteista on kyse. Intiimiä, perheen keskeistä joulunviettoa pystyy yksityinen henkilö määräämään. Hän ei sen sijaan voi välttää kohtaamasta joulua julki-

---

1 Motiivit ja tilanteet ovat sama asia, Burke 1954 s. 218—221
2 Klapp 1956 s. 18
3 Warner 1953 s. 2
4 Lipset ja Zetterberg 1966 s. 563—566

sena juhlana. Hänen on huomioitava kauppojen, ravintoloiden, virastojen ja koulujen aukioloajat. Käydessään kaupoissa hän kohtaa väistämättä kaupallisen joulun. Jopa kerrostalojen rappukäytävät koristeluineen ovat joulua, jota hän ei voi välttää. Joulutervehdykset, kortit ja usein myös lahjat kohtaavat ihmistä, halusipa hän sitä tai ei. Edes ulkomaille matkustamalla ei voi välttää joulua. Useimmissa hotelleissa tarjotaan ainakin jouluateria ja usein järjestetään muutakin jouluohjelmaa. Monet virat pakottavat haltijansa osallistumaan yhteiseen joulun viettoon. Opettajatkin joutuvat virkansa puolesta tekemisiin joulun vieton kanssa. Esimerkkinä eräs opettaja-vastaaja, joka kertoi, että hänen on virkansa puolesta kuunneltava joka vuosi Hoosiannaa.

3.3.1.2. Asunto

On myös muita seikkoja, jotka säätelevät lähes automaattisesti joulutapojen hyväksymistä. Esimerkiksi asunnon suuruus ja laatu ovat tärkeitä tekijöitä. Vain yhdessä kodissa olen nähnyt kuusen sijoitettuna irralleen seinästä, vaikka aivan keskellä lattiaa se ei tässäkään kodissa ollut. Tässä perheessä siis saatettiin tanssia piirissä kuusen ympärillä, ja niin todella tehtiinkin. Useimmille tällainen ei ole mahdollista. Asunto säätelee myös esimerkiksi sitä, missä jouluateria nautitaan.

3.3.1.3. Taloudelliset seikat

Taloudelliset seikat säätelevät suurestikin joulun viettoa. Rikas kuluttaa enemmän kuin köyhä. Varakkaat voivat vaikkapa valita joulun etelän mailla tai lomahotellissa, köyhän on pysyminen kotonaan.

Taloudelliset seikat, jotka säätelevät joulua, ovat välistä satunnaisia. Eräs vastaaja matkusti kerran jouluksi ulkomaille saatuaan veronpalautuksen. Lamajoulu 1976 osoitti aivan yleisesti koko maassa, että joulumarkkinat supistuivat, mutta ne eivät tyrehtyneet. Ihmiset ostivat vähemmän ja halvempaa tavaraa kuin ennen. Eniten huono taloudellinen tilanne vaikuttaa joulussa lahjasysteemiin, vähemmän jo jouluateriaan. Koristeisiin, kukkia lukuun ottamatta, se ei vaikuta paljonkaan. Entisiä koristeita voidaan käyttää. Joulukuusi voidaan hankkia monin tavoin, useimmat koristeet voidaan tehdä itse. Joulun ohjelmaan lama puree vähiten. Kaikki julkiset ohjelmat ovat ilmaisia. Vain kuljetus joulukirkkoon tai hautausmaalle on kunkin kustannettava, ja television lupamaksu on tietysti aikanaan maksettava.

Taloudelliset seikat eivät kuitenkaan vaikuta ainoastaan rajoittavasti. Monimutkainen käsite elintaso on taloudellinen. Ihmiset, joilla on suurin piirtein samanlainen elintaso ja samat kulutustottumukset muodostavat oman kulutusluokkansa, jonka jäsenillä on samanlainen elämäntyyli ja yhtäläinen arvostus. Toisia elämäntyylejä ja toisia kulutusluokkia arvostetaan enemmän kuin toisia. Jos yhteiskunnassa suositaan korkeaa kulutustasoa, sen jäsenet pyrkivät kohottamaan omaa kulutustasoaan. Henkilön kokonaistulo asettaa lopultakin vain äärirajat kulutukselle.[4]

Voimme sanoa, että ihmisten elämäntapa määrää heidän kulutusluokkaansa, mutta myös heidän kulutusluokkansa määrää heidän elämäntapaansa. Hugo Pippingin mukaan elintaso tai elämäntaso koostuu monista eri tekijöistä, alastandardeista, ja kulutustaso on yksi näistä.[5] Elintasolla on tapojen tapaan normatiivista voimaa.[6] Ryhmän jäsen, joka ei saavuta ryhmänsä yleisiä standardeja, kokee tyytymättömyyttä.[7] Varmastikaan joulun vietto, sen enempää kuin iltapuvun omistaminenkaan ei perustu mihinkään tarpeeseen. Se on kuitenkin nähdäkseni suomalaisen elämäntyylin, kulutustason ja elintason osa.

"Taloudelliset lait eivät säätele joulua, vaan joulu taloudellisia lakeja", väittää Duncan.[8]

3.3.1.4. Tahdikkuus

Tahdikkuus on sosiaalisessa elämässä niin tärkeätä, että sitä on verrattu merkitykseltään sotilaan urhoollisuuteen, papin hurskauteen ja opettajan viisauteen. Tahdikas ihminen asettaa sosiaaliset arvot kaikkien muiden edelle. Tahdikkuus voidaan määrittää tarkkanäköisyydeksi sen suhteen, mitä on sopivaa tehdä tai sanoa oltaessa tekemisissä toisten kanssa.[9] Tahdittomat ihmiset ovat epäsosiaalisia.[10] Joulussa tahdikkuus edellyttää esimerkiksi, että jos joku saa lahjaksi joulukoristeen, sitä on pidettävä esillä sinä jouluna ja usein säilytettävä seuraavaksikin. Olisi tahditonta heittää koriste menemään, piti siitä tai ei.

3.3.1.5. Joululahjainstituutio

Edelleen voimme käsitellä joululahjatapaa puolipakollisena instituutiona, josta tuskin kukaan voi kokonaan irrottautua. Haastatteluista on ilmennyt, että useat perheet ovat luopuneet perheenkeskeisistä joululahjoista lasten tultua suuriksi. Yksikään näistä perheistä ei ole kuitenkaan päässyt irrottautumaan muusta joulutervehdys- ja -lahjajärjestelmästään. Ystäviä ja liiketuttavia, esimiehiä ja alaisia on muistettava.

Lahjojen antamisella todetaan ihmisten välisiä suhteita ja saadaan aikaan tasapainoa.[11] Antamalla ja vastaanottamalla lahjoja me osallistumme toisiimme.[12] Ilman joululahjoja meidän perhe- ja ystävätietoisuutemme vähenisi paljon, ja samalla vähenisivät myös huolenpidon, yhteyden ja velvollisuuden tunteet. Lahjojen antaminen herättää ideoita ja tunteita, jotka tukevat perheen ja yhteiskunnan organisaatiota.[13]

3.3.1.6. Ikäryhmät ja joulu

Kodin joulua ihmiset voivat muovata vapaammin kuin julkista joulua. On kuitenkin otettava huomioon, että tavat eivät ole irrallaan sosiaalisesta organisaatiosta tai sen ulkopuolella. Ne kuuluvat siihen.[14] Perheitten joulutavat riippuvat sangen suuressa määrin siitä, onko perheessä lapsia ja kuinka vanhoja he ovat. Yleensäkin on todettu, että monet, ehkä useimmat perherituaalit kehittyvät lasten tullessa ja että monet rituaalit on tarkoitettu vaikuttamaan nimenomaan lapsiin. Lapset ovat keskipisteinä ja usein myös osallistujina.[15] Monet joulutavat, kuten joulupukki, tontut ja

---

5 H. Pipping 1953 s. 146 ja 257
6 H. Pipping 1953 s. 118
7 H. Pipping 1953 s. 122
8 Duncan 1962 s. 265
9 Duncan 1972 s. 118—119

lucia ovat lapsiperheitten suosiossa, mutta suorastaan puuttuvat lapsettomilta perheiltä. Lucia-tapa ei riipu pelkästään lasten iästä, vaan myös sukupuolesta. Se aktuaalistuu, jos perheessä on sopivanikäisiä — peruskoulun ala-asteella olevia — tyttäriä. (Kävi tosin ilmi, että kaikki ruotsinkielisetkään perheet, vaikka heillä oli sen ikäisiä tyttäriä, eivät olleet omaksuneet lucia-tapaa.) On myös paljon vastauksissa ilmenneitä tapoja, joita lapsettomatkin perheet harrastivat, mutta jotka olivat enemmän lapsiperheitten suosiossa. Tällainen on esimerkiksi evankeliumin luku, joka monissa perheissä oli lasten tehtävänä. Eräs vastaaja kertoi, että jouluevankeliumi luettiin lapsille. Muutamat koristeet kuten adventtikynttilät ja joidenkin perheitten jouluseimi olivat lasten tekemiä, samoin useasti kuusen koristeet. On myös selvää, että tonttukoristeet on useimmiten valmistettu lasten iloksi. Tapaninajelu, piirileikit, piparkakkutalot, kuusen riisujaiset ja hauskanmuotoiset pullat ovat myös lapsiperheitten suosimia.

Muutamat joulun elementit eivät näytä riippuvan lasten iästä. Joulukuusi tai yleensä joulupuu hankitaan, onpa lapsia tai ei. Jouluateria on juhlallinen ateria kaikille, eivätkä lapset näytä juuri vaikuttavan sen kokoonpanoon. "Maitoa lapsille" on lähes ainoa jouluateriaa koskeva, lapsiin liittyvä vastaus. Myös monet koristeet, kuten kukat ja kynttilät liittyvät käytännössä kaikkien perheitten jouluun. Muutamat tavat lisääntyvät, kun lapset kasvavat isoiksi. Joulunajan vierailut lisääntyvät, kun ei tarvitse enää huolehtia pienistä lapsista. Nuorisoa varten pannaan puuroon avioliittoa ennustava manteli. Uudenvuoden maljojen juonti ja uudenvuoden kutsut samoin kuin loppiaistanssit ovat aikuisten tapoja, glögi ja snapsi aikuisten joulujuomia.

3.3.1.7. Muoti ja perinne

Tutkimuksessa kohtasimme monia joulutapoja, joita hyvällä syyllä voimme kutsua muoti-ilmiöiksi. Toisaalta oli myös perinteitä. Muoti-ilmiö voi esiintyä joulutavoissa niiden missä ryhmässä tahansa, itse juhlatavoissa, ruoissa tai koristeissa. Uutuus ilmestyy näyttämölle ensin muotina, mutta se voi jäädä pitkäaikaiseksi tai jopa pysyväksi tavaksi, jolloin siitä muodostuu perinne. Joulun historiasta saamme lukuisia esimerkkejä tällaisesta kehityksestä. Joulukuusi tuli koko maailmaan ja Eurooppaan, niin myös meidänkin maahamme, ensin muoti-ilmiönä, mutta tällä hetkellä se on jo kiistatonta perinnettä. Kalkkuna levisi Amerikan löytämisen jälkeen Eurooppaan ja pääsi etenkin Englannissa 1890-luvulla ja sen jälkeen joulun pääruoaksi syrjäyttäen kinkun ja hanhen. Kalkkuna näyttää jo nyt Englannin joulutapojen perinteiseltä elementiltä. Meidän jouluumme kalkkuna on pyrkinyt vasta tällä vuosisadalla, viimeisten sotien jälkeen, mutta edelleen voimme pitää sitä muoti-ilmiönä. On viitteitä siitä, että tämä muoti olisi jopa tällä hetkellä jossakin määrin väistyvää. Eräs vastaaja esimerkiksi kertoi, että he olivat syöneet muutamana vuonna kalkkunaa, mutta sitten siirtyneet taas takaisin kinkkuun.

---

10 Duncan 1962 s. 23
11 Warner 1953 s. 204—205
12 Duncan 1972 s. 181
13 Klapp 1956 s. 17
14 Homans 1951 s. 29
15 Bossard ja Boll 1950 s. 197—198

Löydämme vastauksista lisää esimerkkejä muoti-ilmiöistä. Sotien jälkeen levisi ikkunatähti-muoti laajalle, mutta 1960-luvulla ja sen jälkeen tämä muoti näyttää taantuneen. Koriste saattaa jopa olla häviämässä. Jonkin verran myöhemmin tuli uusi muotikoriste, ovikoriste, joka myös sai laajan suosion. Tutkimusjouluna 1969 sen suosio oli etenkin suomenkielisessä ryhmässä vielä selvästi kasvamassa. Vain tulevaisuus näyttää, jääkö ovikoriste joulun perinteitten joukkoon. Himmeliäkin voimme pitää muotikoristeena.

Monet ruokatalouteen liittyvät asiat ovat selvästi muoti-ilmiöitä joulussa. Selvin esimerkki on joulujuomana levinnyt glögi. Myös monet joulun tavat edustavat muotia, eivät perinnettä. Välistä on kuitenkin vaikea vetää rajaa muodin ja perinteen välille. Ovatko hautakynttilät muoti-ilmiö vai onko niillä jo niin paljon ikää, että ne voidaan laskea kuuluviksi joulun perinteisiin? Kyse on määritelmästä. Katson voitavan puhua perinteestä joulutavoissa silloin, kun jokin tapa toistuu samassa perheessä yli kymmenen vuoden ajan tai kun esimerkiksi vanha koriste on muodostunut niin rakkaaksi, että sen mentyä rikki hankitaan tilalle uusi, vastaava koriste. Voimme puhua perinteestä, kun uusi, nuori perhe omaksuu jommankumman lapsuudenkodissa vallinneen tai vallitsevan joulutavan.

Vastauksista ilmeni, että monet uutuudet ovat ilmeisesti vain päiväperhosia, jotka kestävät aikansa ja unohtuvat sitten. Toisista taas on eittämättä muodostunut perheille jouluperinne.

Esimerkkejä häviävistä uutuuksista voidaan poimia vastauksista. Oli perhe, joka kerran yritti valmistaa piparkakkutalon, mutta ei saanut sitä valmiiksi. He olivat siis saaneet jostakin sysäyksen tavalle, mutta havainneet talon valmistuksen liian työlääksi. Siitä ei tullut heidän perheensä perinnettä. Oli perhe, joka joidenkin vuosien ajan oli syönyt kinkun sijasta kalkkunaa, mutta siirtynyt sitten taas kinkkuun. Oli perhe, joka oli toisella paikkakunnalla omaksunut "dopp i grytan"-tavan, mutta luopunut siitä sitten Kuusankoskelle muutettuaan. Oli toinen perhe, joka myös oli harrastanut doppaamista, mutta kinkunvalmistustavan muututtua oli luopunut siitä. Oli lukuisia esimerkkejä, miten jokin tapa oli käytössä lasten ollessa pieniä, mutta siitä luovuttiin, kun lapset kasvoivat suuriksi. Oli perheitä, joissa tyttäret olivat pieninä olleet lucioita, mutta omassa kodissaan eivät enää jatkaneet tapaa. Oli perheitä, jotka jakoivat pikkujoululahjoja lasten ollessa pieniä, mutta lopettivat tavan lasten kasvettua isoiksi. Näistä tavoista ei tullut perinnettä. Mutta oli joukko perheitä, joilla tapa siirtyi sukupolvelta toiselle. Äiti oli ollut lapsuudenkodissaan luciana ja aloitti tavan oman tyttärensä kanssa. Pikkujoululahjat otettiin uudelleen käyttöön lastenlasten kanssa tai hankittiin pukki jne. Vastauksista ilmeni, että monta kertaa jokin koriste ei ajanoloon kestä jouluperinteenä. Oli perheitä, joilla aiemmin oli ollut jokin koriste esimerkiksi seimi, mutta kun se sitten oli mennyt rikki, ei tilalle enää ollut hankittu uutta. Uutuus ei ennättänyt muuttua perinteeksi.

Toisaalta oli taas joulun historian perspektiivissä tarkastellen melko nuoriakin tapoja, jotka jo olivat vastaajilla ylittäneet sukupolvien rajan ja täten muodostuneet perinteeksi. Lapsuuden kodin perinteen mukaisesti oli eräs vastaajista valmistanut kaksi jouluseppelettään. Lapsuuden kodin perinne oli myös innostanut toista vastaajaa harrastamaan adventtikynttilätapaa.

Kun ajattelemme tätä uutuus-perinne-prosessia ja miten siihen vaikuttaa se, mistä virike tai tapa on tullut, voimme sekä havaitsemalla että päätellen nähdä muutamia säännönmukaisuuksia. Perhe, joka oli saanut piparkakkutalonsa arpajaisista, ei raatsinut syödä sitä joulun jälkeen, vaan säästi sen. Piparkakkutalo saattoi olla ja todennäköisesti olikin heillä vain parin joulun tapa. Ne perheet taas, jotka valmistivat itse talonsa, olivat puolestaan oppineet, miten taloja tehdään. He jatkoivat talojen valmistusta vuosia, ja heillä tämä tapa voi todennäköisesti siirtyä sukupolvelta toiselle.

Lahjoituksiakin on tämän prosessin kannalta katsoen kahta eri tyyppiä. On ainutkertaisia lahjoituksia, kuten yleensä himmelit. Ne pannaan joulun jälkeen talteen ja otetaan taas uudelleen esille tai säilytetään paikallaan, kunnes ne menevät rikki. Koska omaa valmistusvalmiutta ei ole hankittu, ei ole todennäköistä, että himmeliperinne näissä perheissä jatkuisi.

Toisena lahjatyyppinä ovat joulusta jouluun toistuvat lahjoitukset, jotka tavallaan tuntuisivat perinteen luojana voimakkaammilta kuin ainutkertaiset. Vastaajaperheitten joukossa oli monia, etenkin ruotsinkielisiä ja heistä vielä eritoten pohjanmaalaisia, jotka söivät jouluisin oman vanhan kotipaikkansa joululimppua. Näin voi jatkua vuosia. Mutta kun, kuten luonnollista on, limpun valmistaja kuolee tai muuten lopettaa limpun leipomisen tai se sukulainen, joka limpusta on huolehtinut aiemmin, ei enää pysty tätä tekemään, on tuskin luultavaa, että nämä perheet enää pystyisivät Kymenlaaksosta käsin uudelleen organisoimaan joululimpun lähetystä. Ja näin katkeaa yksi perheperinne.

Muuttuakseen perinteeksi uutuuden on kestettävä kauan. Sen on taisteltava jos jonkinlaisia vastuksia vastaan. Jos esimerkiksi se ystäväpiirin jäsen, joka on organisoinut ystäväpiirin koristeittentekoillat, muuttaa pois, on tavan paljon vaikeampi jatkua. Todennäköisesti ostettu tai myyjäisistä hankittu tai lahjaksi saatu harvemmin muuttuu perinteeksi kuin itse tehty, mutta myös omatekoisten koristeitten tekemisestä voidaan luopua. Kun tarkemmin verrataan muotia ja perinnettä toisiinsa, havaitaan, että ne eivät sisällöltäänkään poikkea toisistaan niin paljon kuin ensikatsomalta luulisi. Muoti pyrkii tuomaan jouluun uusia elementtejä, perinne taas säilyttämään vanhoja. Kummassakin tapauksessa kyseiset tavat joutuvat käymään läpi samantapaisen arvojen seulan. Niiden on oltava meidän mielessämme sopusoinnussa niiden perinteisten ja myös muuttuvien arvojen kanssa, joita me liitämme jouluun. Muodit ovat sosiaalisten tunteitten kollektiivista ilmaisua.[16] Perinteetkään eivät voi säilyä, jollei niillä ole mitään merkitystä. Näin hävisi lähinnä maanviljelystaikuuteen liittynyt himmelikin aikanaan lähes tyystin suomalaisen joulun kuvasta. Mutta saatuaan uuden arvosisällön himmeli tuli uudestaan muotiin. Muotien ja tapanormien kohtalon ratkaisee, sopivatko ne siihen sosiaaliseen johtokuvaan, joka kunkin ryhmän jäsenillä sillä hetkellä on olemassa.[17] On tosin todennäköistä, että muoteja kohtaava seula on joulun suhteen hiukan tiukempi kuin se, joka perinteitten on läpäistävä. Lipeäkalaa ja puuroa on jokaisen maistettava, pitääpä niistä tai ei. Tämä koskee useissa perheissä lapsiakin. Sen sijaan en usko, että pahanmakuinen muotiruoka voisi lyödä itseään läpi.

Toiseksi esimerkiksi voimme ottaa ulkokuusen. Ulkokuusi keksittiin aivan ilmeisesti ainakin kahdella taholla, ensin Pietarsaaressa ja sitten New Yorkissa. Keksi-

---

16 Duncan 1972 s. 185

17 Weber-Kellermann 1966 s. 25

jät eivät ottaneet esikuvaa toisiltaan. Pietarsaaresta ulkokuusi kuitenkin katosi, eikä tapa levinnyt sieltä muuanne. New Yorkista tapa levisi ja tuli valtameren yli Eurooppaankin.

Näissä kahdessa ensiesiintymässä oli pari ratkaisevaa eroa. Se, joka Pietarsaaressa keksi ulkokuusen, halusi poistaa kaupunkilaisten vanhat koristeet, uskon, toivon ja rakkauden. Hän ei tyytynyt pystyttämään ulkokuusta omalle pihalleen, kuten rouva Heresford New Yorkissa teki, vaan halusi muuttaa yhteiskunnan yhteisiä tapoja, manipuloida sen vanhoja symboleja.

Pietarsaarelaiset eivät tästä pitäneet. He vaativat vanhat koristeensa takaisin ja ulkokuusen poistettavaksi, ja niin tapahtui. Vasta kauan myöhemmin ulkokuusi tuli taas uutuutena Pietarsaareen, ja nyt se on hyväksytty, ei kuitenkaan vanhojen koristeiden tilalle, vaan niiden rinnalle.

Rouva Heresfordin ulkokuusi saattoi monien mielestä olla outo ja vallankumouksellinen. Kukaan ei kuitenkaan voinut vaatia sen poistamista, koska se ei ollut yhteisön kuusi. Monet taas näkivät kuusen, pitivät siitä ja tapa alkoi levitä.

Edellä oleva osoittaa, että perinne on usein vahvempi kuin muoti. Se osoittaa myös, että se, joka tahtoo manipuloida yhteiskunnan symboleja, tekee viisaasti, jos hän ei rajusti poista vanhoja symboleja, vaan ainoastaan muuntelee niitä ja lisäilee uusia.[18] Tämän on kirkko jo kauan sitten oivaltanut.

Arvot, joita tavan leviämisvaiheitten yhteydessä siihen yhdistetään, voivat myös vaihdella. Egardt osoitti Ruotsin osalta, että ikkunatähti levisi ensin kirkollisiin piireihin ja että sillä oli tällöin voimakkaasti uskonnollinen symboliikka. Sitten tapahtui tavan leviäminen muihinkin kuin uskovaisiin kansalaispiireihin, ja nyt tämä symboliikka ja uskonnollinen arvo ainakin laimeni, jollei tyystin hävinnyt.[19] Siitä tuli vain koriste. Muotia yleensä ja jouluistakin muoti-ilmiötä saatamme noudattaa myös ilman sen syvempiä arvoja. Meitä voivat ohjata tässä suhteessa puhtaasti sosiaaliset arvot ja tunteet. Haluamme matkia niitten tapoja, joita pidämme sosiaalisina esikuvinamme.[20] Barnett sanoo, että yksilöt oppivat juhlakäyttäytymisen kuten muutkin taidot valmiina kaavoina havainnoimalla yhteiskuntansa juhlakausikulttuuria. Persoonalliset motivaatiot samankin tavan suhteen voivat vaihdella. Esimerkiksi pitkänä perjantaina tai pääsiäisenä ihmiset menevät kirkkoon eri motiiveista, toiset uskonnollisesta harrastuksesta, toiset siksi, että tuntevat sen yhteiskunnalliseksi velvollisuudekseen, ja kolmannet näyttääkseen muille uusia vaatteitaan.[21] Tätä havaintoa voidaan soveltaa myös joulutapoihin.

Edelleen on huomattava, että tapojen leviämisessä on kaksi vaihetta: pioneerivaihe, jolloin uudistajat jostakin syystä omaksuvat uuden tavan, ja suuren leviämisen vaihe, jolloin muodin seuraajat, suuri yleisö, astuvat kuvaan mukaan.[22] Vaikka näiden kahden ryhmän motiivit voivat poiketa toisistaan, on syytä otaksua, että useimmissa tapauksissa samat arvot kuitenkin vaikuttavat taustalla. Ne ovat ehkä vain korostetumpia novaattorien kohdalla.

18 Schramm 1955 s. 16
19 Egardt 1959 s. 124
20 Andrzejewski 1949 s. 760
21 Barnett 1949 s. 63
22 Rehnberg 1965 s. 146
23 Vertaa Gjessing 1937 s. 118
24 Vertaa Gjessing 1965 s. 177
25 Keesing 1966 s. 384

Kyseessä on dynaaminen, muuttuva yhteisö, jonka tavat — monen sitä itse huomaamatta — muuttuvat vuodesta vuoteen, joulusta jouluun.[24] Kulttuurin muuttumisessa on otettava huomioon sekä itsenäiset keksinnöt, jotka aiheuttavat muutoksia, että diffuusion ja akkulturaation kautta tapahtuvat muutokset[25]. Vastaajien joulutavoissa emme saattaneet havaita itsenäisiä keksintöjä. Kaikki joulutavat oli omaksuttu toisilta ihmisiltä, osa pystysuorana, sukupolvelta toiselle siirtyneenä perintönä, osa taas vaakasuorana lainana ihmisiltä toisille. Eri asia on, että tavat ovat muovautuneet ja sopeutuneet paikkakunnalla, ja näin on syntynyt aivan omaa ja eräässä mielessä uuttakin jouluperinnettä. Tästä olkoot esimerkkeinä Kouvolan sankarihautajuhla, jonka esikuvat löytyvät mahdollisesti Amerikasta asti, ja Kuusankosken lucia, jolle ruotsinkielisen koulun omat tavat ovat luoneet oman ilmentymähahmonsa, pienen miniatyyri-lucian muodossa.

3.3.2. Joulua säätelevät arvot

Joulutapojen symbolisuus ei ole uusi keksintö. Lukuisat joulututkijat ovat pyrkineet tulkitsemaan joulutapoihin liittyviä arvoja, dekoodaamaan ne ymmärrettävälle kielelle.

3.3.2.1. Joulutapojen dekoodaus, yleisimmät symbolit

On tutkijoita, jotka ovat ulottaneet symbolien tarkastelun yksityisiin koristeisiin asti. Joulukuusen ristinmuotoinen jalka on nähty Kristuksen ristin symbolina.[1] Joulukuusen pallot on tulkittu paratiisin omenain symboleiksi.[2] Kirjavan sokerin on katsottu olevan Jumalan armon ja rikkauden merkki.[3] Symbolien tulkitsemista ei liene mielekästä ulottaa näin pitkälle. Tavallinen joulun viettäjä ei varmasti koe jokaista koristettaan näin tiukan symbolinomaisena eikä pysähdy ajattelemaan jokaisen pikkuseikan merkitystä. Hän hyväksyy monta koristetta, tapaa tai ruokaa esimerkiksi siksi, että ne ovat hänelle jostakin syystä perinteisiä. Jokaisen symbolin, so. tavan, valintaan vaikuttavat ne arvot, mitä ihmiset ajattelevat sillä olevan. Usein tavan historiallinen tausta määrää, mitä arvoja ihmiset siihen mielessään liittävät. Nämä käsitykset ovat yhtä vaikuttavia, perustuvatpa ne tosiasioihin tai eivät. Hyvänä esimerkkinä tästä on joulukuusi, jonka leviämistä luterilaisiin ja yleensä protestanttisiin maihin edisti luulo, että joulukuusi oli Lutherin keksimä.[4] Joulutavat vaihtuvat paitsi perhesuhteitten muuttuessa myös ajan ja muotivirtausten mukana. Tapa voi vaihtua arvojen pysyessä. Tästä ovat esimerkkinä joulukuusen sähkökynttilät ja tapaninajelu. Rituaali voi säilyä myös eräänlaisena luurankona, tapana, jonka taustaarvoa kukaan ei pysähdy miettimään.[5] Esimerkiksi kerran hankittuja, kunnossa olevia joulukoristeita käytetään vuosi vuoden jälkeen ajattelematta lainkaan missä tilaisuudessa, miten ja miksi ne on hankittu. Uskonnollinenkin symboli voi menettää tavan laajetessa siihen alunperin liittynyttä symboliikkaa.[6] Arvo voi siis laimentua,

1 Kyhlberg 1934 s. 201
2 Riemerschmidt 1962 s. 20—23
3 Riemerschmidt 1962 s. 24
4 Nilsson 1915 s. 71
5 Lorenz 1966 s. 282
6 Egardt 1959 s. 124

muuttua tai jopa hävitä tavan taustalta. Tapa voi myös tulla uudelleen käyttöön, kun siihen liitetään uusia, yhteisön tärkeäksi mieltämiä arvoja. Näinhän on käynyt himmelille. Edellä esitetyistä syistä johtuen nykytutkimukselle ei ole tärkeintä tuntea tapojen vanhaa historiallista arvomaailmaa — vaikka se tietysti on myös merkityksellistä — vaan tärkeintä on tuntea se arvomaailma, joka säätelee nykyihmisen joulutapoja.

On koristeita, joiden symboliikka joko koristeen aiheen tai aineen vuoksi on selvä. Ensinnäkin oli monia uskonnollista alkuperää olevia koristeita, jotka symbolisoivat uskonnollisia arvoja. Näihin on luettava seimi, tähdet, kellot, jotka symbolisoivat kirkon kelloja, ristit yleisenä kristillisenä symbolina, samoin kristillisiä hyveitä symbolisoiva usko, toivo ja rakkaus, enkelit eri muodoissaan sekä erilaiset raamatullisiin ja kirkollisiin aiheisiin liittyvät koristeet, kuten jouluiset seinätaulut. Seuraavassa luvussa osoitan, etteivät kaikki nämä koristeet suinkaan aina toimi vastaajilla uskonnollisina koristeina. Aiheensa puolesta ne kuitenkin ovat uskonnollista alkuperää. Toisena tärkeänä ryhmänä aiheen mukaan ovat satumaailmaan liittyvät koristeet. Näistä ylivoimaisesti tavallisimpia ovat tontut sekä niiden yhteydessä usein esiintyvä joulupukki. Piparkakkutalo kuuluu myös tähän ryhmään. Kolmannen ryhmän muodostavat aiheeltaan talveen liittyvät koristeet, joita esiintyi jossakin määrin. Oli koristelumiukkoja, lunta symbolisoivia pumpulinauhoja sekä joulukuusen koristeena esiintyvää keinolunta. Oli poroja ja pulkkia. Tällaiset talviset koristeet eivät liity jouluun vain meidän pohjoisessa maassamme, missä tällaiset mielikuvat ovat sangen luonnollisia joulun suhteen. Ne ovat yleisiä sielläkin, missä jouluna ei koskaan sada lunta.[7] Neljäntenä ryhmänä ovat folkloristiset koristeet, jotka joko aiheensa tai materiaalinsa puolesta luovat mielikuvia talonpoikaisjoulusta. Näitä ovat ennen kaikkea olkikoristeet, näistä tavallisimpina himmelit ja pukit, samoin erilaiset lastukoristeet. Aiheensa puolesta tähän ryhmään kuuluvat esimerkiksi vastaajilla esiintyneet tiernapojat ja luciatkin.

3.3.2.2. Joulutapojen enkoodaus, joulun arvot

Edellä olemme katsoneet, minkä verran pystymme dekoodaamaan[8] joulutapoja ja löytämään niistä symboliikkaa. Saimme havaita, että tämäkin menetelmä antaa meille tietoa joulutavoista, mutta samalla se johtaa tutkijan herkästi virhepäätelmiin jopa a d a b s u r d u m. Sillä mitä muuta kuin virhepäätelmä voi olla Kyhlbergin näkemys joulukuusen ristinmuotoisen jalan symbolisesta merkityksestä? Tavallinen järki sanoo, että ristinmuotoinen jalka on syntynyt aivan muunlaisista syistä kuin symbolisista, yksinkertaisesti käytännön ratkaisuna, laitteena, millä joulukuusi on tehokkaalla, halvalla ja yksinkertaisella tavalla saatu pysymään pystyssä.

Tai toinen esimerkki: Helminen oli sitä mieltä, että joulukuusen alla pidettävä liina olisi muistona varhemmasta tavasta pitää joulukuusi pöydällä ja siis pöytäliinan symboli. Tähän tulkintaan hän tuli, vaikka informantit itse selittivät käyttävänsä liinaa lattialla siisteyssyistä.[9]

---

7 Barnett 1946 s. 59

8 Viestiessä tapahtuu mm. arvojen enkoodaus ja dekoodaus lähettäjän ja vastaanottajan välillä, Singer 1972 s. 17

9 Helminen 1949 s. 599

Ja vielä kolmas esimerkki. Tulkitessamme äsken "tro, hopp och kärlekin" symboliikkaa katsoimme sen uskonnolliseksi koristeeksi. Ja kun koristetta tarkastaa joko sen ulkonäön tai nimen perusteella, se onkin eittämättä mitä uskonnollisin. Ovathan usko, toivo ja rakkaus toki kristinuskon kolme kardinaalihyvettä. Käyttäjilleen tämä koriste ei kuitenkaan tuo mieleen Paavalin korintolaiskirjettä, ei ainakaan ensisijaisesti. Heille se on vanhan kotipaikkakunnan symboli, Pietarsaaren, jonka vanha kunniakas menneisyys nimenomaan merenkulkukaupunkina[10] on luultavasti ollut se syy, joka aikanaan on aiheuttanut koristeen käyttöön tulon paikkakunnalla. Ovathan merimiehet yleisesti — todennäköisesti symboliin sisältyvän ankkurin takia — käyttäneet tätä motiivia muutenkin, esimerkiksi kotiinsa tuomissaan koruissa.[11]

Niinpä käymmekin miettimään joulun arvomaailmaa päinvastaisella menetelmällä kuin edellisessä luvussa. Ryhdymme käymään läpi oman yhteiskuntamme tavallisimpia arvoja ja ajattelemaan, esiintyvätkö ne joulussa ja jos, niin millä tavoin. Ryhdymme siis enkoodaamaan arvoja.

3.3.2.2.1. Yksinkertaiset itsearvot

Arvolajien systematiikkoja on esitetty useampiakin.[12] Tässä noudatettu systematiikka on peräisin Ahlmanilta, joka on esittänyt sen teoksessaan "Kulttuurin perustekijöitä". Hänen mukaansa yksinkertaisia itsearvoja on viisi.[13]

Hedoniset eli mieluisuus- tai nautintoarvot

Hedoniset arvot ovat niitä, jotka tekevät ihmiselle tavoiteltaviksi esimerkiksi hyvät maut, tuoksut, seksuaaliset nautinnot, huumausaineitten tuottamat mielihyvän tilat ym.[14] Aistillinen mieluisuus katsotaan usein kaikkein alinta luokkaa edustavaksi arvoksi.[15]

Joulusta löydämme runsaasti hedonisia arvoja hyvien makujen, tuoksujen ja jopa huumeisiin laskettavan alkoholin käytön muodossa. Alkoholin käyttö näkyy selvästi vastauksista. Sen käyttöön voi tietysti liittyä monia muitakin, kompleksisempia arvoja, kuten halu seurata perheen tai suvun perinnettä tai halu juhlistaa jouluateria kaikin mahdollisin keinoin, mutta tosiasiaksi jää, että olut, viini, glögi ja snapsi aivan varmasti on valittu mukaan myös niiden tuottamien hedonisten elämysten vuoksi.

Maun mainitsi pari vastaajaa, toinen puhuessaan joululeivästään ja toinen kertoessaan, että he panivat manteleita puuroon maun vuoksi. Vaikka tämän enempää informaatiota ei ollutkaan vastauksissa, sopii meidän kuitenkin uskoa, että joulun monet ruoat, leivonnaiset ja makeiset on valmistettu todennäköisesti ennen kaikkea niiden hyvän maun takia.

Tuoksuista ei kukaan vastaaja kirjoittanut.

---

10 erityisesti laivanvarustusliikkeen suurvuosina 1809—1875, Björkman III 1924 s. 3

11 Jaakkola 1976 s. 664

12 Ahlman 1976 s. 23

13 Ahlman 1976 s. 23—72: hedoniset, vitaaliset, esteettiset ja uskonnolliset sekä teoreettiset arvot

14 Ahlman 1976 s. 23

15 Ahlman 1976 s. 31

Lehdistön kirjoituksissa tuoksut ja maku on tosin mainittu jo ennen sotia, mutta vasta 1950-luvulla ja 1960-luvulla ne tulivat merkitseviksi. Tämän perusteella voisimme ajatella, että kulttuurimme eetos on astunut ratkaisevan askeleen mieluisuusarvojen suuntaan.

Toisaalta hedoniset arvot on kautta aikojen liitetty juhliin.[16] Miksei siis jouluunkin?

Vitaaliset arvot

Toisena yksinkertaisten itsearvojen ryhmänä Ahlman esittää vitaaliset arvot, jotka tarkoittavat itse elämää, elämän voimakkuutta, terveyttä ja onnistuneisuutta.[17] Nämä arvot ilmenevät yhteiskunnassamme monellakin tavalla, kuten terveyden ja sairauden hoitona, mielenterveyden ja urheilun edistämisenä ja jopa lääkärin ammatin arvostamisena ja rotuopin pohjana.[18]

Tällaisia terveydellisiä arvoja tapasimme jouluvastauksista oikeastaan sangen vähän. Oli toki muutamia vastaajia, jotka kertoivat terveyteen tähtäävistä pyrkimyksistään: "järkiperäistänyt terveellisempään suuntaan ruoan määrän ja laadun suhteen"; "viime vuosina on jouluaterioita 'kevennetty' ja yksinkertaistettu terveyden ja joulukiireiden vähentämisen takia". Todennäköisesti monet muutkin, jotka kertoivat ruokiensa vähentämisestä, kuten "mindre mat" ja "mycket enklare, mycket mindre mat", "ruokia on yksinkertaistettu ja vähennetty" jne. ovat tehneet tämän pääasiassa terveyden takia. Myös taloudelliset arvot voivat olla vaikuttamassa. Vastaajalla, joka sanoi "Ruokia on vähennetty, kun kaikki pelkäävät lihovansa", oli todennäköisesti kompleksiset syyt, jotka liittyivät toisaalta terveydellisiin, toisaalta esteettisiin arvoihin.

Mitä muihin vitaalisten arvojen ilmentymiin tulee, on huomattavaa, että ulkoilulla ja urheilulla oli monista vapaapäivistä huolimatta peräti vähäinen sija vastaajien joulunvietossa. Oli vastaajaperhe, joka matkusti joulun loppupyhiksi Savoon hiihtämään ja toinen perhe, joka vietti joulua maalla kesähuvilallaan ulkoillen ja "hullunkelkalla" pyörien, mutta muuten tuntuivat pyhät sujuneen useimmilta neljän seinän sisässä.

Mielenterveysarvojen suhteen asia on toisin. Eräässä mielessä kaikki huvitus ja stressin poisto tähtää mielenterveysarvoihin, ja tässä mielessä koko joulu on ikään kuin rakennettu näiden arvojen ympärille. Tähän palaan kuitenkin tarkemmin joulun luonnetta koskevassa luvussa.

Lehdistön asenteissa tapahtui selvä muutos vuodesta 1949 lähtien. Jouluaterian suunnittelussa oli perinne ollut siihen asti ehdottoman hyvä sana. Nyt alettiin vastustaa ylettömän runsasta jouluateriaa, ja tätä suuntausta perusteltiin, kuten näimme, terveydellisiin arvoihin vedoten.

Esteettiset arvot

Esteettisiin arvoihin kuuluvat kaikki taiteen piiriin liittyvät arvot, mutta myös luonnon arvostaminen ja Ahlmanin mukaan jopa komiikka.[19] Joulun kohdalla erityisesti esteettisten arvojen suhteen on meidän syytä tarkastella myös Ahlmanin kolmijakoa, jossa selvitetään ihmisten suhtautumisen aste erilaisiin arvoihin. Hän katsoo, että ensinnäkin on ihmisiä, jotka luovat jotakin uutta tietyn arvoalan piirissä, toiseksi niitä, jotka reprodusoivat asianomaisen arvoalan hyödykkeitä luomatta kuitenkaan itse mitään varsinaisesti uutta, ja kolmanneksi niitä, jotka erikoisella antaumuksella elävät ja kokevat tämän arvoalan arvoja.[20]

Vastaajien joulusta tapaamme erittäin paljon juuri esteettisen arvoalan piiriin kuuluvia asioita. On ensinnäkin joulun koko laaja musiikillinen puoli, johon saattaa tosin monien kohdalla liittyä — ja liittyykin — nimenomaan uskonnollisia arvoja.

Mutta ennen kaikkea oli joulun koko laaja koristerunsaus. Sen luominen oli vastausten mukaan useimmissa kodeissa perheenäitien ja lasten tehtävä, mutta olipa joku perheenisäkin tehnyt adventtikynttelikön.

Ei ole tietoa, missä määrin vastaajat olivat jouluaan luodessaan varsinaisesti luovia taiteilijoita, mutta reprodusoijia oli sitä enemmän. Himmelin ohjeet oli saatu "naapurilta", "ystävältä", "työtoverilta", "naistenlehdistä" jne. Ja niinpä näemme, miten nuo kodit jouluksi muuttuivat todellisiksi koristeiden museoiksi. Koristeita oli kaikkialla, ovessa, ulkona, lattioilla, seinillä, pöydillä, katosta riippumassa, jopa television ja kaappien päällä. On sitten eri asia, muuttiko kaikki tämä kodin esteettisemmäksi.

Jotakuta yksityistä koristelijaa ohjaa selvästi parempi maku ja voimakkaampi esteettinen pyrkimys kuin toista. Näin eräällä vastaajalla joulukuusen, jonka koristeluun oli käytetty vain yhtä ainoata väriä, heleää "joulunpunaista". Sitä oli kynttilöissä, ruseteissa ja ruusuissa, eikä kuusessa sitten muuta ollutkaan. Se oli kaunein näkemäni joulukuusi.

Toisaalta olen nähnyt kuusia, joita ei voi sanoa nimenomaan kauniiksi, mutta joiden koristeluun on käytetty varmasti yhtä paljon rakkautta ja huolenpitoa. Ne ovat lasten koristelemat kuuset, joiden oksilta voi löytää mitä yllättävimpiä koristeita ja joiden tarina kertoo samalla myös perheen tarinaa: tuon tein ensimmäisellä luokalla, tuon leikkikoulussa, tuon yhdessä äidin kanssa ja tuon keksin ihan itse. Lapset ovat olleet taiteilijoita ja taiteen reprodusoijia, ja vanhemmat ovat iloiten hyväksyneet syntyneen esteettisen tuloksen.

Älkäämme unohtako tässä yhteydessä myöskään joulun kukkasia. Ne ovat Ahlmanin mainitsemaa luonnon estetiikkaa. Samalla kun jouluhyasintit tuoksullaan tuottavat meille hedonista mielihyvää, niiden kauneus koristaa kotejamme ja muistuttaa kuolleen luonnon keskellä ikuisesta kesästä.

Aina eivät esteettiset arvot määrää. Eräs vastaaja kertoi muovikoristeestaan ja sanoi: "Ful som den är, så måste den hänga." Hän ei siis pitänyt koristettaan esteettisenä, mutta silti hän vuosi vuoden jälkeen otti sen esille. Sillä oli ilmeisesti toisia, hänen kannaltaan korkeampia arvoja kuin kauneusnäkökohdat. Ja tämä sama tendenssihän tietysti vallitsee muidenkin kotinsa koristelijoiden kohdalla. Tulosta ei itsekään pidetä aina nimenomaan kauniina, mutta koristeet asetetaan silti jatkuvasti vuodesta toiseen sinne, mihin ne on totuttu asettamaan. Näin toteutetaan joitakin ehkä hyvinkin kompleksisia arvoja.

---

16 Ahlman 1976 s. 32
17 Ahlman 1976 s. 25
18 Ahlman 1976 s. 35—39
19 Ahlman 1976 s. 43—44
20 Ahlman 1976 s. 30

Lehdistö on korostanut myös esteettisiä arvoja joulussa, ja tässäkin on havaittavissa selvä muutos. Ennen sotia oli pöydän kattamisessa tärkeintä perinteen noudattaminen.[21] Sotien jälkeen ja selkeimmin 1960-luvulla oli esteettinen puoli tärkein.[22]

Uskonnolliset arvot

Joulu on kirkollisena juhlana käsitettävä nimenomaan kristilliseksi juhlaksi. Se sisältääkin paljon uskonnollisia aineksia ja arvoja. Kieltää ei kuitenkaan voi, etteikö elämä yleensäkin olisi koko kristikunnassa sekularisoitunut. Muutamille uskonto on harraste, toisille kansallinen tai etninen identifikaatio, kolmansille esteettinen ilo. Yhä harvemmille se on hallitseva henkilökohtaisten ja kosmisten arvojen ja selitysten systeemi.[23] Sekularisoitumisen ydin on siinä, että kun aiemmin koko todellisuutta tarkasteltiin uskonnon valossa, muodostaa uskonto nykyisin vain yhden osasektorin ihmisten elämässä.[24] Tämä muutos ei ole ollut vaikuttamatta joulun arvomaailmaan. Tulkitsemme varmaan uskonnon osuuden oikein, kun näemme sen vain yhtenä monista jouluna korostetuista arvoista. Harvoille ihmisille joulu on pelkästään tai edes pääasiassa uskonnollinen juhla. Sekularisoituminen ei kuitenkaan estä ihmisiä järjestämästä uskonnollista juhlaa. Vielä selvemmin kuin joulussa tämä näkyy sellaisen tavan kuin konfirmaation säilymisessä. Ihmiset tarvitsevat riittiä, juhlaa.[25]

Joulu sisältää siis uskonnollisia arvoja, ohjelmanumeroita ja symboleja. Monet kävivät kirkossa. Vastauksista ilmeni, että joulu oli monelle normaalin kalenterivuoden ainoa uskonnollinen tai kirkollinen tilaisuus. Häät, hautajaiset ja konfirmaatiot saattavat järkyttää vuotuisohjelmaamme, mutta tavallisesti uskonto saa oman sektorinsa elämässämme nimenomaan jouluna.[26]

Joulun uskonnollista sisältöä me viestimme jo joulukauden alkaessa. Hoosiannahymni osoittautui erittäin suosituksi. Jotkut myös kävivät adventtina kirkossa. Joulun jumalanpalvelus veti varsinkin ruotsinkielisiä puoleensa. Heistä monet kuuluvat lisäksi ruotsinkieliseen kirkkokuoroon. Uutta vuottakin jotkut ottivat vastaan kirkossa.

Kotien jouluunkin sisältyi uskonnollisia elementtejä. Luettiin evankeliumia, veisattiin virsiä ja kuunneltiin radion uskonnollista ohjelmaa. Erikseen erottuvat vastauksista ne todella kirkolliset perheet, jotka käyvät vuoden mittaan ahkerasti kirkossa. Heille joulun arvomaailma voi olla aivan toisenlainen kuin muille.

Joka tapauksessa suurin osa vastaajista sisällytti jouluunsa myös uskonnollisia elementtejä ja antoi siis uskonnollisten arvojen vaikuttaa joulun viettoonsa. Näin kerran vuodessa tunnustaudutaan kristityiksi ja luterilaisiksi.

Lehdistön suhtautuminen joulun uskonnollisiin arvoihin ei ole muuttunut. Niitä on korostettu jatkuvasti.

---

21 KL 32 s. 938 Tigerstedt: "Tässä ei ole pääasia... taiteellisuus, vaan se, että joulupöytä vuodesta vuoteen on... samanlainen."

22 MN 61/51—52 s. 28: "Joulussa on... juhlavuutta... Sitä... ilmentävät hehkuvan punainen ja kristallin loisto, hopean ja kullan kimallus."

23 Cox 1966 s. 3

24 Ringgren 1968 s. 147

25 Nilsson 1925 s. 106

26 P. Seppänen 1962 s. 12: Kirkossa käynti yltää nykyään Suomessa tuskin kahteen kertaan vuodessa asukasta kohti.

3.3.2.2.2. Kompleksiarvot

Yksinkertaisten itsearvojen lisäksi yhteiskunnassa tavataan runsaasti kompleksiarvoja, jotka ikäänkuin rakentuvat yksinkertaisille arvoille.[27] Nyt jätämme kuitenkin tässä vaiheessa Ahlmanin ja muiden yhteiskuntafilosofien arvosystematiikan ja tarkastelemme vastauksista esiin tulleita arvoja, ja tällöin on joulun kannalta tärkeimmäksi ryhmäksi katsottava identiteettiä luovat ja vahvistavat arvot, jotka suurelta osalta kuuluvat Ahlmanin luokittelussa sosiaalisiin arvoihin.

Identiteettiä luovat ja vahvistavat arvot

Vaikka eurooppalaiset tutkijat ovatkin tutkineet paljon joulua, he eivät ole kiinnittäneet huomiota nykyjouluun ja sen arvoihin. Tästä syystä joudun ottamaan amerikkalaisen joulun vertailukohdaksi.

Perheen ja suvun yhtenäisyys

Amerikkalaisen joulun keskeisin tärkeä yksikkö on perhe. Jouluna perhesiteet lujittuvat uudelleen.[28] Vieläpä ilmoituksissa esiintyvä naisen imagokin muuttuu. Eroottisten, romanttisten ja ammatillisten roolien sijaan astuu joulukuussa ilmoituksiin kuva naisesta äitinä, perheeseen kuuluvana.[29]

Amerikkalainen perhe ei ole enää samanlainen kuin se on ollut. Perheen jäsenillä on vähemmän aikaa toisilleen kuin ennen ja perheen jäsenet liikkuvat enemmän kuin ennen. Tällaisenkin ryhmän yhteen kokoontumiset, samoin kuin sukujen suuret kokoontumiset muistuttavat suvun ja perheen jäsenille heidän kuuluvuudestaan tähän yhteisöön. Kuinka voitaisiin saavuttaa tietoisuus kuulumisesta laajennettuun ryhmään ilman rituaaleja, kun näitä suhteita ei koeta joka päivä?[30] Perherituaalissa perheen jäsenet toimivat keskenään ja siirtävät omaa kulttuuriaan seuraavalle polvelle. Viisaasti käsiteltynä rituaalista muodostuu mahtava ase perheen integroimiseksi.[31] Tutkituilla perheillä perheen ja suvun yhtenäisyyttä korostavat arvot kuvastuivat monella tavoin. Jo joulun odotuksessa ja pikkujoulussa sekä monissa valmisteluissa toteamme monia pieniä perheen keskeisiä rituaaleja. Vietettiin yhteistä pikkujoulua. Valmistettiin yhdessä joululahjoja, leivottiin yhdessä, valettiin kynttilöitä. Perheet kokoontuivat yhteisesti kuuntelemaan tai esittämään Hoosiannaa ja muita joululauluja. Itse päätapahtuma, jouluaatto ja joulupäivät pyrittiin viettämään perheen ja sukulaisten kanssa. Vastaajista osa matkusti sukua tavatakseen aina Pohjanmaalle ja jopa Tukholmaan asti. Toisille taas tuli kaukaakin vieraita. Sukulaisia muistettiin lahjoin, puhelinsoitoin ja kortein.

Perheen omiksi perinteiksi koettuja tapoja jatkettiin sukupolvesta toiseen. Jo toisessa sukupolvessa esiintyi lucia. Eräässä perheessä Lucian päivän vietto siirrettiin äidin syntymäpäivää juhlistamaan jo vuosia sitten.

Monet ruoat noudattivat perheitten perinteitä. Voi havaita, että pyrittiin noudattamaan molempien vanhempien perheperinteitä. Tutkimuksessa oli perhe, johon

27 Ahlman 1976 s. 73
28 Barnett 1946 s. 58
29 Duncan 1962 s. 359
30 Klapp 1956 s. 25
31 Bossard ja Boll 1949 s. 469

tuli joululeipä sekä isän että äidin kotipaikkakunnalta. Toisessa perheessä oli sekä keitettyä että uunissa paistettua puuroa molempien perinteitten mukaan.

Monet koristeet korostivat perhearvoja. Isän sulhasena tekemä adventtikynttelikkö oli kunniassa eräässä perheessä joka joulu. Lasten koulussa ja muutoin valmistamat koristeet otettiin esille toisissa joka joulu, olivatpa ne kauniita tai eivät. Jotkin koristeet olivat suoranaisia perintötavaroita. Niitä olivat isoisän lippurivistö ja useat jouluun kuuluvat tekstiilit. Joissakin koristeissa ei itse esine ollut perinteenä vaan sen idea. Moni vastaaja kertoi esimerkiksi, että adventtikynttelikkö on tällainen lapsuudenkodin perinne.

Myös lahjat korostavat perhe- ja sukusiteitä. Niillä ilmaistaan perheen jäsenten välisiä sosiaalisia suhteita. Aineista havaitsimme lasten lahjojen olleen yleensä halpoja, usein itse valmistettuja. Aikuisilta lapset taas odottivat kalliimpia, usein varsin tarkasti määrättyjä lahjoja. Eräs vastaaja kertoi, että heidän poikansa, joka oli tullut ylioppilaaksi ja ollut kesän ja syksyn ansiotyössä, osti joululahjaksi vanhemmilleen kalliin kahvinkeittimen. Voimme päätellä hänen tällä ostoksellaan korostaneen uutta statustaan aikuisena, itse ansaitsevana miehenä, joka antaa perheelleen lahjoja tasa-arvoisuusperiaatteen mukaan.

Aivan omalla erityisellä tavallaan liittää jouluinen hautakynttilätapa joulun viettäjät sukuunsa. Sytyttämällä kynttilän me muistelemme rakkaitamme. Me tunnustaudumme sukumme jäseniksi. Tämä moderni kuolleitten kultti, lainatakseni Warneria,[32] yhdistää myös karjalaiset sukunsa esi-isiin, joiden haudat ovat luovutetulla alueella. Hautausmaiden sadat kynttilät osoittavat tämän kultin voimaa ja myös ilmeisesti sitä tarvetta, mikä ihmisillä on löytää identiteettinsä sukuun kuuluvina jäseninä.

Kaiken kaikkiaan voimme todeta, että joulun monet tavat suurelta osin korostavat suvun ja perheen yhteisiä perinteitä, kaikkia yhteisiä positiivisia puolia perheitten elämässä.

Ystävyys ja toveruus

Joulun uskonnollisessa sanomassa korostetaan rauhaa ihmisten kesken, ja kristinuskon sanoma käsitetään sangen yleisesti rakkauden ja veljeyden sanomaksi.[33] Ystävyys ja myöskin toveruus, jolla tarkoitan lähinnä työtoveruutta, kuvastuvat joulutavoissa.

Ystävyys edellyttää tasa-arvoa. Ystävät me valitsemme.[34] Työtovereissa on ylempiä ja alempia, esimiehiä ja alaisia, mutta on myös kanssamme tasa-arvoisia. Työtovereitten ei tarvitse olla ystäviä.

Ystävyyttä me viestimme jouluna monin tavoin. Me osallistumme ystäviemme kanssa moniin tilaisuuksiin. Me vietämme pikkujoulua, valmistelemme oikeaa joulua, joskus jopa vietämme jouluamme heidän kanssaan. Ystävien kesken otetaan usein vastaan uusi vuosi, ja ystävien kanssa tanssitaan loppiaisena. Ystäviä käydään tervehtimässä jouluna. Heille valmistetaan, ostetaan ja viedään lahjoja. Ystävät vastaavat lahjaamme samanarvoisella lahjalla. Näin me viestimme ystävyyttä ja tasa-

32 Warner 1953 s. 23
33 Barnett 1946 s. 59
34 Duncan 1972 s. 58

arvoa. Samalla ystävyyden siteet lujittuvat, ja meille syntyy tunne kuulumisesta ryhmään, omaan ystäväpiiriimme.

Työtovereitten, usein myös alaisten ja esimiesten kanssa vietetään ennen joulua useinkin työpaikan yhteistä pikkujoulua. Kaikilla näillä tavoin me viestimme työtoveruuden arvoja.

Sosiaalinen hierarkia

Joulutavoilla me viestimme myös sosiaalista hierarkiaa ja oman yhteiskuntamme arvojärjestystä. Yhteiskunnan näytelmä on auktoriteetin näytelmä. Seremonioissa ja yhteiskunnallisissa draamoissa me pyrimme pitämään yllä niiden sosiaalisten roolien arvoa ja majesteettia, joiden me uskomme olevan välttämättömiä sosiaaliselle järjestykselle.[35] Lahjojen, vastalahjojen ja tervehdysten monimutkaisella järjestelmällä me vahvistamme hierarkian suhteita.

Me kokoonnumme uutena vuotena kommunikoimaan yhteiskuntamme hierarkiaa. Läänin ja kuntien hierarkiaa kommunikoidaan maaherran kutsuilla. Kenraali kutsuu upseerit ja huomattavia siviilihenkilöitä luokseen. Kerran kenraali järjesti kaksi tilaisuutta samana päivänä. Toiseen hän kutsui ylempiä upseereja ja arvokkaampia kouvolalaisia kuin toiseen. Huonompaan seuraan joutuneet huomasivat tämän hierarkisen eron ja panivat pahakseen. Sen jälkeen on kaikki kutsuttu yhtaikaa. Kenraalin luo eivät kokoonnu yksityiset eivätkä perheet vaan viranhaltijat. Kenraalit vaihtuvat, viranhaltijat vaihtuvat, mutta jos järjestelmä pysyy, uuden vuoden vastaanotot jatkuvat.

Nationalistiset arvot

Nationalistisilla arvoilla tarkoitan niitä arvoja, jotka mielestämme liittyvät oman kansamme tai kieliryhmämme perinteisiin.

Tässä yhteydessä on syytä selvittää mitä tarkoitan nationalistisilla ja mitä patrioottisilla arvoilla ja miksi käsittelen ne erikseen. Terminologiani poikkeaa amerikkalaisen Williamsin käyttämästä. Hänelle patriotismi on alkuperäisempää, heimoon, kotiseutuun tai entiseen emämaahan liittyvää (nurkka)patriotismia. Tästä on vähitellen historiallisen kehityksen myötä kehittynyt amerikkalainen nationalismi.[36] Käsitykseni mukaan meidän kohdallamme patrioottiset arvot liittyvät tunteisiin, joita meillä on Suomen valtion kansalaisina, olemmepa sitten suomen- ruotsin- tai kaksikielisiä. Käsitteet kansa, kansakunta ja isänmaa astuivat toimivina, kantaa vaativina tekijöinä esiin Ranskan suuressa vallankumouksessa.[37] Kansakunnan on katsottu aiheutuvan ensi sijassa valtiollisen yksikön muodostumisesta. Omasta kansakunnastamme ja isänmaastamme voimme todeta, että se on ensinnäkin kaksikielinen, ja toisekseen, että rajojemme ulkopuolella eläviä suomenkielisiä, kuten Länsi-Pohjan ja Karjalan "suomalaisia" ei lasketa kuuluviksi "Suomen kansaan".[38] Kansallinen kulttuuri on tietysti joka hetki uudistuva käsite, mutta siihen kuuluu joka tapauk-

---

35 Duncan 1972 s. 183
36 Vrt. Williams 1970 s. 489—492
37 Klinge 1975 s. 32
38 Klinge 1975 s. 41

sessa olennaisesti kansalle tai sen suurelle osalle yhteinen tieto- ja perinneaines, yhteiset kansanluonteen, maiseman ja historian selitykset, yksimielisyys joistakin arvoista.[39]

Ahlmanin mukaan me voimme useinkin vain tunteenomaisesti tajuta kansalliset arvot, emmekä kykene erittelemään niitä ainakaan jäännöksettömästi. On vaikea edes sanoin ilmaista, mitä se arvokas lopulta on, jonka puolesta jokin kansa taistelee.[40] Ahlman laskee isänmaalliset ja kansalliset arvot kuuluviksi mahtiarvoihin. Alistuessaan valtionsa käskettäviksi ihmisillä on tunne, että täten syntyy valtava kokonaismahti. Näin voivat ihmiset psykologisesti samaistaa itsensä valtiovallan kanssa, jonka vapaus ja suvereenisuus on myös heidän vapauttaan ja suvereenisuuttaan.[41]

Edellä esitetystä ilmenee, että patrioottiset arvot ovat kompleksisia valta-arvoja, ja että niitä tuntevat ja myös viestivät joulussaan yhtä hyvin suomenkieliset kuin suomenruotsalaiset. Näihin arvoihin palaan seuraavassa luvussa.

Nationalistiset arvot ovat mutkikkaampi seikka. Selvimpiä ne ovat ruotsinkielisten kohdalla. He eivät tunne itseään vain Suomen kansalaisiksi, vaan myös suomenruotsalaisiksi ja usein vieläpä pienen ruotsinkielisen kielisaarekkeensa jäseniksi,[42] esimerkiksi Kuusankosken ruotsalaisiksi.

Ruotsinkielisyyttä korostavia piirteitä me voimme poimia vastaajien joulusta helposti.

Lucia, yhteiset piiritanssit, pikkutyttöjen nilkka- ja polvisukat joulujuhlassa, olkipukit, glögi, "snaskbord" edustavat suomenruotsalaisuutta. Korostetaan myös kuulumista paikkakunnan ruotsinkielisiin. Ruotsinkielisen koulun joulujuhla vetää puoleensa perheitä, joiden lapset jo aikoja sitten ovat jättäneet koulun. Ruotsinkieliseen jumalanpalvelukseen osallistutaan sankoin joukoin. Koskelan pikkujouluillassa ja loppiaistansseissa istutaan useinkin pöydissä, joihin ryhmitytään kielen mukaan. Pääasiallinen jako on tietysti ystäväpiireittäin.

Myös suomenkieliset korostavat joulussaan nationalistisia, suomalaisia arvoja. Ottakaamme selvääkin selvempi esimerkki. Himmeli, "vanha suomalainen koriste", "kotipellon oljista tehty" on symboli, jolla meidän mielestämme on nationalistisia arvoja. Joulusauna on toinen hyvä esimerkki. Erotukseksi himmelistä se oli myös ruotsinkielisen ryhmän suosiossa. Useat ruoat koetaan suomalaiskansallisiksi. Hämmästystä herättää yleisössä jopa tieto, että joulukuusi on kotoisin Keski-Euroopasta. Sekin on tiedostettu usein suomalaiseksi joulusymboliksi. Edelleen on olemassa materiaaleja, jotka me koemme erityisen kansallisiksi. Tällaisia ovat olki ja lastu, joista valmistetut monet koristeet viestivät kansallisia arvoja molemmille kieliryhmille. Tonttu on myös kansallistettu. Sitä ei yleensä yhdistetä Jenny Lindströmin kuviin, vaan mielellään vedotaan sen sukulaisuuteen talon haltian kanssa.

---

39 Klinge 1975 s. 22

40 Ahlman 1976 s. 89

41 Ahlman 1976 s. 88

42 Kuhn 1934

43 Tällaiset ruotsalaisetniset arvot aktuaalistuvat vielä selvemmin urheilun yhteydessä. Esim. Montrealin olympialaisten korkeushyppääjästä Dwight Stonesista, jonka isoäiti oli ruotsalainen, kirjoitti Hufvudstadsbladet sukulaispoikana ja toivoi hänen voittoaan. Suomenkielisissä lehdissä hän taas oli vain suurisuinen kilpailija. Kun keihään kulta pettymykseksemme meni Miklos Nemethille, kirjoitti eräs suomenkielinen lehti, että oli hyvä kun kulta meni silti serkkupojalle, jos se ei kerran tullut kotiin. Tässä oli siis suomalaisetnistä ajattelua.

Suomenkieliset eivät tunne itseään kieliryhmäksi, eivätkä joulutavoissaan korosta poikkeavuuksiaan ruotsinkielisistä. Sen sijaan he eivät hyväksy tapoja, jotka heidän mielestään viestivät nimenomaan ruotsalaisuutta. Tällainen tapa on lucia. Ruotsinkieliset myös karttavat jossakin määrin täysin suomalaistalonpoikaisiksi koettuja perinteitä, kuten himmeliä.

Meidän kannattaa miettiä, onko lucia ruotsinkielisille yksinomaan tai edes pääasiallisesti suomenruotsalainen joulutapa. Aivan varmaan se yhdistetään ruotsinmaalaiseen tapaan. Suomenruotsalaiset eivät voi tuntea patrioottisia tunteita Ruotsin valtiota kohtaan, mutta lucia on heille nationalistinen, ruotsalainen tapa, jota paremman nimityksen puuttuessa kutsun ruotsalaisetniseksi tavaksi.[43]

Patrioottiset arvot

Joulutavoissa patrioottiset arvot ilmenevät etenkin sankarivainajien muiston ja valtakunnan lipun kunnioittamisessa.

Kouvolassa on hautausmaalla käyntiä vielä juhlistettu erityisellä juhlakulkueella, jonka tarkoituksena on amerikkalaisen Memorial Dayn kulkueen tavoin muistuttaa mieliin sankarivainajien osuus itsenäisyytemme säilyttämisessä. Se että tämä kulkue liittyy jouluun, saattaa johtua joulujuhlan voimakkuudesta. Hautakynttilätapa on omalta osaltaan liittänyt myös kaatuneitten muistelun joulun ohjelmaan.

Patrioottisia arvoja symbolisoivat myös joulukuusessa esiintyvät Suomen lippujen rivistöt.

Maakunta- ja kotipaikkakunta-arvot

Näitä arvoja on joskus vaikea erottaa perhe- ja sukuarvoista. Syömällä vanhan kotipaikkakuntamme jouluLeipää me voimme korostaa samalla sekä sukumme että paikkakuntamme perinteitä.

Ruokakulttuurin alalla näkyvät maakuntaerot selvimmin. Karjalaisuutta me voimme viestiä syömällä jouluna karjalanpiirakoita.[44] Uunipuuro ja keitetty puuro jakavat vastaajat kahteen ryhmään, joista kummallekin aito joulutunnelma voi syntyä vain oikean puurolaadun ääressä. Hämäläiset ja muut länsisuomalaiset viestivät omaa alkuperäänsä syömällä monia laatikoitaan.

Selvin kotipaikkaylpeyden ilmaus oli pietarsaarelaisten ikkunakoriste "tro, hopp och kärlek". Se esiintyi yhtä lukuunottamatta kaikilla pietarsaarelaisilla vastaajilla eikä kellään muilla. Haastatteluista kävi ilmi, että se ei ole ikänsä puolesta kenellekään vanha perheperinne, vaan nimenomaan oman alkuperän, pietarsaarelaisuuden symboli.

Länsimaiseen kulttuuripiiriin kuulumisen arvot

Tässä en käytä otsikkoa länsimaiset arvot, koska kuten tuonnenpana havaitsemme, tällä käsitteellä on olemassa oma, erilainen merkityksensä. Me suomalaiset kuulumme kulttuuriltamme länsimaihin ja viestimme tätä identiteettiämme myös joulutavoillamme. Sinänsä tämä kuuluvuus länsimaihin ei ole itsestäänselvyys, kun ajatte-

---

44 Kovalainen 1975 s. 157; juhlaruokien avulla ihmiset voivat samaistaa itsensä esi-isiinsä, Anderson 1975 s. 12—13.

lemme vaikkapa maantieteellistä sijaintiamme. Länsimaisen kulttuurin elementit ovat siinä määrin kaikkialla läsnä olevia, että niitä on vaikea erotella erikseen muista arvoista. Voimme kuitenkin ottaa muutamia esimerkkejä. Joulukuusi on yleinen länsimainen koriste, joka useimpiin maihin on levinnyt Saksasta käsin. Joululaulut ovat perinnettä, joka liittyy länsimaisiin arvoihin. Aiemmin olivat yleisimmät joululaulut alkuperältään saksalaisia, nykyisin on mukana myös paljon anglosaksista alkuperää olevia lauluja.

Monet muutkin jouluun kuuluvat seikat liittyvät tähän länsimaisten arvojen ryhmään. Ei liene esimerkiksi pelkkä sattuma, että alkuperältään anglosaksinen, yleensä amerikkalaiseksi tunnettu koriste, ovikoriste ja jouluruoka kalkkuna levisivät maahamme amerikkalaisuuden vuoksiaallon myötä 1950-luvulta lähtien. Silloinhan saimme kokea amerikkalaisten olympiavoitot omalla stadionillamme, saimme tutustua jenkkitukkaan, purukumiin ja cocacolaan.

Yhteenveto identiteettiä luovista ja vahvistavista arvoista

Vastauksista näemme, että jouluun liittyvät arvot ovat suurelta osalta identiteettiä vahvistavia. Joulu on usein sukulaisille ainoa kerta vuodessa, jolloin he tapaavat toisiaan tai muistavat toisiaan jollakin tavoin. Hautausmaalla käydään yleensä useammin kuin vain kerran vuodessa, mutta jouluinen hautausmaa tuhansine kynttilöineen on ehdottomasti juhlallisempi kuin minkään muun juhlapäivän hautausmaa. Monille perheille joulu on ainoa kerta vuodessa, jolloin perhe kokoontuu yhdessä juhlalliselle aterialle noudattaen muodollisia käytöstapoja. Kaikki nämä tavat vahvistavat perheen ja suvun yhteenkuuluvuutta ja siis perhe- ja sukuidentiteettiä.

Myös muut identiteetit vahvistuvat: kotipaikkakunnalliset, heimolliset, nationalistiset, kieliryhmälliset, patrioottiset, uskonnolliset, jopa länsimaiset ja hierarkisetkin. Tämän ainoan kerran vuodessa me laulamme virsiä ja kumarramme päämme rukoukseen. Näin tehdessämme me identifioimme itsemme kristityiksi. Patrioottiset arvot korostuvat ja aktuaalistuvat myöskin sangen harvoin, oikeastaan vain jouluna, itsenäisyyspäivänä ja maaotteluissa. Me tunnemme tällöin olevamme suomalaisia.

Joulu siis intensifioi omia arvojamme.[45] Sen lisäksi identiteetit ja yhteiskunnan arvot on siirrettävä seuraavalle sukupolvelle. Vanhemmat ovat lastensa varhaisimmat ritualisoijat. He toimivat lapsilleen perinteisten ihanteiden tuomareina ja perinteensiirtäjinä.[46]

Perinteen siirto ei onnistu, ellei kasvatettava tunne kunnioitusta ja rakkautta vähintään yhtä vanhemman sukupolven jäsentä kohtaan.[47] Tapojen ja rituaalien siirto tapahtuu, mikäli yksilön kokemus perherituaalista on onnellinen.[48]

Joulun merkityksen arvojen ja perinteiden siirtäjänä lapsille näen kahtalaisena. Ensinnäkin joulu korostaa monia sellaisia positiivisiksi koettuja, lähinnä emotionaalisia ja identiteettiä luovia arvoja, jotka arkielämässä eivät yleensä tule juuri lainkaan esille. Joulu on muutamien arvojen lähes ainoa aktuaalistumiskerta vuodessa. Toiseksi joulun monet tavat luovat aivan erityistä positiivista tunnelmaa, joka omalta osaltaan auttaa lasta suhtautumaan myös joulun arvoihin myönteisellä tavalla.

---

45 Paterson 1966 s. 437
46 Erikson 1966 s. 347
47 Lorenz 1966 s. 280
48 Bossard ja Boll 1950 s. 198

Käytännöllis-kasvatukselliset arvot

Joulusta opitaan muutakin kuin syvällisiä asioita. Ihmiset oppivat kodeistaan ja toisiltaan juhlakausikäyttäytymisen kaavat.[49] Joulu on monessa perheessä ainoa juhla, jolloin lapsilla on tilaisuus oppia yleensäkään juhlakäyttäytymistä. Jouluateria on tilaisuus, johon perheet kokoontuvat tavallista juhlavammin. Aterian aikana noudatetaan myös hyviä tapoja. Lapsiltakin vaaditaan, että he syövät jouluaterialla kaikkia ruokia. Näin siirtyvät käytösmallit sellaisinaan lapsille.

On kuitenkin täysin eri asia, missä määrin tällaiset opetukselliset arvot joulussa ovat tarkoituksellisia. Ne saattavat hyvinkin olla vain sivutuotteita muiden arvojen ohessa.

Aika, tehokkuus ja taloudelliset arvot

Taaskin joudun vertailemaan amerikkalaiseen yhteiskuntaan ja jouluun. Amerikkalainen yhteiskunta arvostaa erityisesti tehokkuutta ja käytännöllisyyttä.[50] Taloudelliset arvot ovat nousseet kunniaan. Yhden sukupolven aikana, vuosien 1890 ja 1925 välillä käsitys rahasta on muuttunut. Se on kohonnut pahuuden symbolista hyvyyden symboliksi, ja amerikkalainen liikemies on aavuttanut lähes jumalaseman.[51]

Raha on ennen kaikkea viestimismuoto. Se suo sekä tasa-arvoa — tasa-arvoa niiden välilllä, joilla on varaa kuluttaa yhtä paljon — että lupauksen epätasa-arvosta. Kun kulutan ja tuhlaan, olen parempi kuin ne, joilla ei ole varaa tuhlata yhtä paljon.[52]

Tänä samana aikana raha on muuttanut amerikkalaisen joulun. Siitä on tullut plutokraattinen draama, jonka sanoma ei enää ole kirkon vaan liike-elämän sanomaa. Viime vuosisadan lopulla alkanut Jeesuksen syntymän kaupallinen riisto on luonut joulumarkkinat ja niitä seuraavat lahjojen vaihtomarkkinat.[53]

Ennen lahja valmistettiin itse. Itse neulottu hartiahuivi tai itse leivottu leipä oli toveruuden symboli. Nyt on rahan symboli syrjäyttänyt kansanomaisen toveruuden symbolin. Lahjat ostetaan ja ne voidaan vaihtaa. Niiden ainoa hohto tulee niihin käytetystä rahasta. Ostetulla lahjalla ei ole mitään sisäistä arvoa. Duncanin mukaan amerikkalainen joulu on muuttanut myös lahjojen antajan hahmon. Santasta on tullut sukupuoleton, lihava ja iloinen. Hän ei ole enää maskuliininen, vaan äidillinen hahmo.[54]

Duncan tiivistää näkemyksensä amerikkalaisesta joulusta sanomalla, että se on tuhlaamista rukouksen sijasta ja että amerikkalaiset raivaavat tuhlaamalla tiensä taivaaseen.[55]

Kaikista näistä sangen negatiivisista puolista huolimatta Duncan näkee joulussa silti positiivisiakin piirteitä. Juhlat luovat iloa toveruuteen. Antamalla ja vastaanottamalla lahjoja me osallistumme toisiimme. Yhden päivän ajan ihmiset ovat veljiä ilossa.[56]

49 Barnett 1949 s. 63
50 Williams 1970 s. 464
51 Duncan 1962 s. 348, 358 ja 1972 s. 243
52 Duncan 1962 s. 322 ja 347
53 Duncan 1962 s. 265, 358—359, 1972 s. 133; myös Saksassa, Schneider 1965 s. 11
54 Duncan 1962 s. 358—359
55 Duncan 1962 s. 264, 358, 1972 s. 243
56 Duncan 1972 s. 181

Edellä esitetty on analyysi kaupallisesta joulusta kaikessa karmeudessaan. On syytä tarkastella, onko suomalainen joulu suoritetun tutkimuksen valossa tällaista kaupallista joulua. Tähän mennessä asiaa ei ole tieteessä tutkittu. Lehdistö on 1950-luvusta lähtien kuvannut kaupallisen joulun saapumista ja varoittanut siitä. Se on suosittanut erääksi vastalääkkeeksi itse tehtyyn siirtymistä. Kieltää ei voi, etteikö tutkittujen perheitten joulussa olisi esiintynyt paljonkin kaupallisia piirteitä, kuten suurin osa lahjoista ja ennen kaikkea joulun kukat. Toisaalta havaitsemme kuitenkin, että perheet, jotka muuten arkielämässään arvostavat aikaa, tehokkuutta ja taloudellisuutta, käyttäytyivät joulua valmistellessaan suorastaan päinvastaisesti. Aikaa ei säästetty. Itse tehtiin koristeita, leivottiin leivonnaisia ja piparkakkutaloja. Tehokkuudesta ei välitetty. Itse oli ryhdytty valamaan kynttilätkin. Taloudellisille arvoille ei suotu kovinkaan paljon merkitystä. Vain muutama kertoi yksinkertaistaneensa jouluaan. Suurimman osan jouluateria oli niin massiivinen, kallis ja monipuolinen, että taloudellisuudesta emme voi puhua. Joulutapakyselyn valossa vastaajien joulu oli hämmästyttävän paljon itse tehtyä ja siis hämmästyttävän epäkaupallista. Se ei ollut plutokraattinen draama.

Duncanin analyysissa joulusta on pari kohtaa, jotka eivät pidä paikkaansa suomalaisessa joulussa. Hänen mukaansa ostetulla lahjalla ei ole mitään sisäistä arvoa, vaan ainoastaan siihen käytetyn rahan arvo.[57] Se ei päde. Myös ostamalla voimme hankkia lahjoja, joilla on sisäistä arvoa. Ystäväni, joka toi minulle kuusen koristeen Leningradista ja toisen Texasista, antoi minulle lahjat, joilla on enemmän sisäistä arvoa kuin jollakin itse leivotulla leivällä.

Duncanin mukaan me murramme jouluna arvon ja aseman kahleet. Yhden päivän ajan me olemme veljiä ilossa.[58] Tämäkään ei päde. Jouluna ja lahjojemme välityksellä me olemme veljiä ja sisaria niille, jotka arkenakin ovat veljiämme ja sisariamme. Sen sijaan me emme tule veljiksi ylempiemme kanssa. Päin vastoin me viestimme lahjojen ja joulukukkien lähettämisellä yhteiskuntamme hierarkisia eroja.

Edellä on kaupallisuus saanut kovin negatiivisen värityksen. Lehdistössä se usein kuvataan maallistumisen rinnakkaiskäsitteenä, luopumisena joulun vanhoista ja varsinaisista arvoista. Tavallaan olisi siis luovuttu jostakin saamatta mitään uutta tilalle. Tämäkään ei tietysti päde. Myös kaupallisuudella on omat arvonsa, jotka ovat psykologisia.[59] Vaikka joulumme kaupallistuisikin, se ei pelkästään menettäisi arvomaailmaansa. Sen arvomaailma vain muuttuisi kulttuurin eetoksen muuttumisen myötä. Ja samoin kuin emme voi pitää toista kulttuuria toista parempana, me emme voi pitää toista jouluakaan toista parempana. Ne olisivat vain erilaisia.

Yleiset länsimaiset arvot

Williams laskee länsimaisen perinteen formaalis-universaalisiksi arvoiksi seuraavat: rationalismi, epäpersoonallinen oikeudenmukaisuus ja universaalinen etiikka, ahkeruus, demokratia, tasa-arvo, vapaus, tietyt uskonnolliset arvot sekä henkilökohtaisen persoonallisuuden arvo.[60] Osa näistä arvoista on käsitelty edellä. Osaa emme voi osoittaa joulun arvojen joukossa. Ahkeruus on arvo, joka suorastaan fantastisena

57 Duncan 1962 s. 359
58 Duncan 1972 s. 181
59 Whitehead 1935 s. 88—89
60 Williams 1970 s. 501

piirteenä kuvastuu jouluvastauksista. Sen sijaan demokratiaa me emme viesti suomalaisessa joulussa. Me viestimme yhteen kuuluvuuden arvoja ja hierarkiaakin, ystävien ja sukulaisten kesken jopa tasa-arvoakin. Joulutapojemme systeemillä me viestimme myös kuulumistamme yhteiskunnalliseen kulutusluokkaamme. Demokratiaa me varmastikaan emme viesti.

Joulun arvot yhteiskunnan kannalta

Yhteiskunnalliset arvot on eräässä tutkimuksessa jaettu neljään luokkaan: ekonomis-ammatilliseen, uskonnolliseen, viihteelliseen ja älyllis-esteettiseen. Näille luokille ihmiset antavat erilaisia painotuksia. Kukaan ihminen ei voi olla täysin yksilöllisesti arvostava. Hänen persoonallisuuteensa kuuluu osana arvo-orientaatioiden järjestys.[61] Joulun arvojen voimme katsoa edustavan kolmea viimeistä luokkaa, emotionaalisia arvoja.[62] Joulun arvot ja rituaalit ovat yleisesti ottaen yhteiskuntaa rakentavia ja tukevia. Onnistuneitten rituaalien tulee olla viestiviä, ristiriitoja vähentäviä ja myönteisiä siteitä luovia,[63] ja tällaisiahan me olemme joulurituaalien havainneet olevan. Perherituaaleilla on lukuisia hyviä vaikutuksia perheen yhtenäisyyden kannalta.[64] Modernissa yhteiskunnassa rituaalin ei kuitenkaan pitäisi muovata käyttäytymistä yhdenmukaiseksi, vaan luoda luja pohja sosiaaliselle solidaarisuudelle, jolloin voidaan sietää laajastikin poikkeavia persoonallisen käyttäytymisen muotoja.[65] Myönteiseksi puoleksi voidaan rituaaleille yleensä laskea se, että ne edistävät moraalia, solidaariteettia ja varmuutta kuulumisesta johonkin ja ilmaisevat tunteita, jotka ovat laajassa mitassa terveellisiä, kuten perhetunnetta ja isänmaallisuutta. On kuitenkin otettava huomioon myös niitten kielteinen puoli. Rituaalit luovat rajoitettuja lojaliteetteja. Ne saattavat estää arvostelemasta instituutioita, jotka kaipaavat arvostelua. Ne voivat saada ihmiset tyytymään siihen mitä heillä on, esimerkiksi taikaan lääkkeen sijasta.[66]

Vastauksista esille käyneet jouluun liittyvät arvot ovat oman yhteiskuntamme mukaisia ja sen arvoja korostavia. Ne on kuitenkin katsottava lähinnä yhteiskuntaa säilyttäviksi eikä niinkään edes myönteisessä mielessä muuttaviksi arvoiksi.[67]

3.3.3. Ohjaajat

Edellä olemme nähneet miten mahtavia symboleja jouluun sisältyy ja toistan tässä yhteydessä jo ennen lausumani, että meidän on myös aihetta luoda silmäys siihen, ketkä näitä symboleja yhteiskunnassamme manipuloivat, sillä se joka manipuloi yhteiskunnan symboleja, manipuloi myös yhteiskuntaa.

Voimme lähteä mikrotasolta, perheestä. Siellä näemme ennen kaikkea perheenäidin tehtävän tärkeäksi. Äiti osoittautui monien perheitten yhdessäolon johtajaksi. Isä oli tärkeämpi joulun ohjaaja vain 8—13 %:ssa perheitä eri ryhmissä.

---

61 F. Kluckhohn ja Strodtbeck 1961 s. 29 ja 31

62 Lasswell ja Kaplan 1951 s. 19—20: On olemassa identiteettejä, joihin ei liity emootioita, mutta suurin osa poliittisista symboleista koetaan tunneperäisesti jossain määrin, erityisesti identifikaatiot, jotka liittyvät kotiseutuun, kirkkoon, puolueeseen ja kansakuntaan.

63 Huxley 1966 s. 266

64 Bossard ja Boll 1950 s. 58

65 Blackham 1966 s. 446

66 Klapp 1956 s. 35—46

67 Palonen 1975 s. 14

Ruotsinkielisissä perheissä molempien osuus oli yhtä tärkeä merkitsevästi useammissa perheissä kuin suomenkielisillä. Vaikuttaa siltä, että ruotsinkieliset toteuttaisivat käytännössä perhedemokratiaa tässä suhteessa.

Myös muut perheenjäsenet, esimerkiksi isovanhemmat, määräsivät joulunvietosta. "Muita muutoksia ovat tuoneet lapset ja lasten mummi (miehen äiti)", sanoi eräs vastaaja. Samoin ystävät, naapurit ja työtoverit olivat tärkeitä tekijöitä. Koulut ovat myös vaikuttaneet paljon. Näimme, että ne olivat valmistuttaneet lapsilla joulukoristeita ja täten vieneet koteihin esimerkiksi adventtikynttilätavan. Myös ruotsinkielisen koulun lucia on saattanut vaikuttaa ruotsinkielisten perheitten lucia-käyttäytymiseen.

Monilla yhdistyksillä on myös oma vaikutuksensa. Näistä tärkeimpänä näkisin tämän tutkimuksen kannalta Kouvolan reserviläisjärjestöjen osuuden. Hehän organisoivat joka joulu sankarihautajuhlan soihtukulkueineen.

Kuusankoskelaisille vastaajille taas Virkamiesklubin monet jouluiset tilaisuudet ovat osoittautuneet tärkeiksi tekijöiksi joulunvietossa.

Yksityisten vastaajien kohdalla erilaiset liikelaitokset ja yleensä liike-elämä vaikuttavat vaihtelevassa määrin. Onpa kyse ruokien, lahjojen tai koristeiden hankinnasta, ne on hankittava liikkeistä, ja näin pystyy liike-elämä tarjonnallaan säätelemään joulutapojamme.

Seurakunnat järjestävät huomattavan määrän joulutilaisuuksia, jumalanpalveluksia, pyhäkoulujuhlia, adventtikonsertteja.

Kunnat huolehtivat vuoden vaihteen juhlallisuuksien järjestämisestä puheitten ja ilotulitusten muodossa.

Puuttuupa valtiokin yleisradionsa ja televisionsa kautta joulun viettoon. Näimme miten muutamat radion ja television ohjemat olivat suosittuja ja miten perheet jouluaattona järjestivät aikataulunsa niin, että pääsivät seuraamaan mieliohjelmaansa, joulurauhan julistusta.

Ja lopulta, mutta ei vähäpätöisimpänä, on mainittava julkisen sanan osuus. Kautta linjan olemme saaneet seurata, miten aikakauslehdistö jakaa informaatiota, muokkaa asenteita ja pyrkii myös levittämään uusia joulutapoja tai verestämään vanhoja. Esimerkiksi himmelin voittokulku sotiemme jälkeen on näkyvä todistus tämän valtiomahdin vaikutuksesta.

Me näemme tästä, että tärkeimmiksi vaikuttajiksi nousevat joulutavoissa toisaalta yksilöt, toisaalta joukkotiedotusvälineet. Vaikuttajayksilö on kuka tahansa, joka vaikuttaa toisiin. On sanottu, että vaikuttajayksilöiden tyypillisin demograafinen piirre on se, ettei heillä ole mitään demograafisia määräpiirteitä. He ovat keitä tahansa, ihmisiä, jotka vaikuttavat pieneen joukkoon kaltaisiaan ihmisiä. Usein he omaksuvat mielipiteensä ja levittämänsä uutuudet joukkotiedotusvälineistä.[68] Tällainen mielipiteen muokkaaja voi edistää muutoksia, mutta paljon useammin hän on perinnettä puoltava tekijä. Hän on ryhmän normien ruumiillistuma, jonka johtajuus perustuu siihen tyydytykseen, mitä yhteisen, pienen, epämuodollisen ryhmän jäsenet saavat yhteisistä arvoistaan.[69]

Joukkotiedotusvälineittenkin on otettava menestyäkseen huomioon yleinen maku. Niiden kansansuosio ja siis taloudellinen menestys riippuu siitä, miellyttävätkö ne

---

68 Klapper 1972 s. 84

69 Klapper 1972 s. 84—85; ryhmän "superedustaja", Klapper 1969 s. 34

joukkojen makua. Jos ne lakkaavat näin tekemästä, ne lakkaavat myös olemasta joukkotiedotusvälineitä. Niiden suurin valta ja voima esiintyy uusien asioiden ajamisessa ja mielipiteiden muokkaamisessa näiden suhteen. Tällöin niiden yleisöllä ei ole vielä ennakkokäsityksiä.[70]

3.3.4. Motivaatioiden muuttuminen lehdistötutkimuksen valossa

Seuraamani naisten lehdet on julkaistu vuosina 1903—1969. Ajanjakson loppua kohden sekä lehtien määrä että niiden laajuus on kasvanut. Jouluullekin on saatettu uhrata paljon enemmän tilaa kuin ennen. Muutamat muutokset kuvastuivat lehtien kirjoitteluissa.

Se kuva, jonka saamme lehdistä ennen sotavuosia 1939—1945, on melko jähmeä. Korostettiin perinteitä, olipa kyse sitten ruoista tai koristeista. Jouluun tuli kuitenkin myös uutuuksia. Jokin niistä, kuten piparkakkutalo, tuli jouluun vähin äänin. Se kuului lasten jouluun. Sitä ei vastustettu, sillä lasten joulu oli tabu. Jotkin toiset uutuudet, kuten Ruotsista tullut jouluseppele, saivat myös myötämielisyyttä, vaikka niiden heikko perinnepohja meillä myönnettiinkin. Toisia uutuuksia, jotka nyttemmin ovat yleistyneet, vastustettiin lähes raivokkaasti. Tästä ovat esimerkkeinä sähkökynttilät ja osin tontutkin.

Joulu oli ennen sotia paitsi perinteiden, myös ennen kaikkea kotien, lasten ja uskonnon juhla. Nämä kolme teemaa ovat säilyneet naisten lehdissä myös sotien jälkeen.

Sota-aika 1939—1945 muutti paljon. Kirjoittelu joulusta väheni. Koettiin kipeänä puute, ruoan puute, lahjojen puute ja kynttilöiden puute. Pyrittiin silti pitämään kiinni perinteistä lähes kouristuksenomaisesti. Keksittiin korvikeruokia ja jopa korvikekynttilöitä. Täysin negatiivisena ei sodan vaikutusta aikoinaan nähty. Se poisti joulusta turhaa rihkamaa ja se tasoitti yhteiskunnallisia eroja, koska pula koetteli kaikkia.

Vuonna 1945 koitti rauha, mutta pula-aika jatkui. Vielä 1949 oli epävarmaa sianlihan saanti. Samana vuonna ilmaantui joulukirjoitteluun kuitenkin uusi, sittemmin yhä voimistunut teema, terveellisten tapojen puolustus. Vitaaliset arvot astuivat jouluun.

Myös esteettiset arvot kokivat samansuuntaisen kehityksen kuin vitaaliset. Jo ennen sotia oli tosin viitattu aina välistä kauneusarvoihin, mutta perinne oli aina esitetty silti tärkeämmäksi tekijäksi koristelussa kuin kauneusnäkökohdat. 1950-luvusta lähtien saapui jouluun paljon uusia koristeita. Alettiin puhua kauniista joulupöydästä ja taidokkaasti koristetuista kuusista.

Vaikka muutamia viittauksia hedonisiin arvoihin olikin ollut jo ennen sotia, ne astuivat toden teolla esille vasta 1950-luvusta lähtien. Joulussa havaittiin äkkiä tuoksut ja maut, niin kuin oli havaittu väritkin.

Kohta sotien jälkeen näyttävät myös kansalliset arvot voimistuneen joulussa. Jo ennen sotia oli kylläkin korostettu etenkin ruokien suhteen suomalaisia perinteitä,

---

70 Klapper 1972 s. 85; myös Klapper 1969 s. 42—43; useimmiten joukkotiedotusvälineet silti tukevat vallitsevaa systeemiä ja sen arvoja kuvastellen täten yhteiskuntansa arvoja, McQuail 1972 s. 47, 68, 86, 89 ja Klapper 1966 s. 538, 540; naisten lehdet vakuuttavat naiselle, että hänen vaalimansa hyveet ja arvot ovat oikeita, Peterson, Jensen, Rivers 1965 s. 143

mutta himmeli ja lastukoristeet saapuivat vasta nyt sotien jälkeen toden teolla jouluun, ja niitä motivoitiin kansallisiin arvoihin vedoten.

Jonkinlainen teoreettisten arvojen esille astuminen on myös havaittavissa. Lehdet alkoivat 1950-luvusta lähtien kirjoittaa paljon joulun historiasta. Jaettiin tietoa, joka välistä oli oikeaa, välistä väärää.

1950- ja 1960-lukujen suuri teema oli kuitenkin terveellisyyden ohella kaupallistumisen vastustaminen. Joulun nähtiin luisuvan liike-elämän määrättäväksi, ja tätä vinosuuntausta kävivät lehdet yksituumaisesti vastustamaan. Korostettiin omaa puuhailua perheitä yhdistävänä tekijänä.

Aivan 1960-luvun lopulla joulukeskustelussa pilkahti vielä pari uutta teemaa. Havaittiin, että joulu kuului myös vanhuksille, aikuisille ja yksinäisille. Havaittiin myös, että joulua ei aivan välttämättä tarvitse viettää kotona, vaan on muitakin vaihtoehtoja.

Lehtien joulukirjoitukset kuvaavat motivaatioiden ja myös joulun muuttumista. Sota oli suuri vedenjakaja. Sodan jälkeen korostuivat joulussa toisaalta yksinkertaiset perusarvot: vitaaliset, esteettiset, hedoniset ja teoreettiset. Perusarvojen viides ryhmä, uskonnolliset arvot, on ollut jatkuvasti painotettu. Tämän lisäksi korostuivat kansalliset ja perheen yhtenäisyyttä korostavat arvot, siis samaisuusarvot.

3.3.5. Johtokuvat

Joulun tapoja ja arvoja tarkasteltaessa sekä molempien kieliryhmien tapoja toisiinsa verrattaessa hahmottuu mieliin kuva siitä, minkätapaiset johtokuvat väikkyivät tutkimukseen osallistuneitten mielissä.[71]

Molemmissa ryhmissä perinne on se maaginen asia, joka eniten määrää, millaiseksi joulu muodostuu. Pyrkimyksenä on viettää joulu niin, että se vastaisi mielikuvaa onnellisesta joulusta kiireettömässä ajassa kauan sitten. Tällainen ihanneaika löytyy kummankin ryhmän kohdalla 1800-luvulta. Suomenkieliset vain näyttävät ihannoivan sen ajan talonpoikaista joulua ja ruotsinkieliset puolestaan säätyläisjoulua. Kummallakaan ryhmällä ei tässä ihannoinnissaan ole reaalista käsitystä tuon ajan todellisista joulutavoista.

Ihanteet ovat kuitenkin selvät. Kumpikin ryhmä pyrkii kiireettömään, romanttisena pidettyyn aikaan, menetettyyn paratiisiin. Menetetyllä paratiisilla ja perinteellä on se suuri ero tulevaisuuden utopioihin ja taivaaseen nähden, että ne ovat lupaus jostakin sellaisesta, joka joskus on ollut. Siksi ne tuntuvat mahdollisilta saavuttaa myöhemminkin.[72]

3.3.6. Näytelmän luonne
3.3.6.1. Suomalainen joulu satunäytelmänä

Kun nyt olemme nähneet koko jouluisen näytelmän, pystymme arvostelemaan myös sen luonnetta. Duncan jakaa sosiaaliset draamat niiden luonteen mukaan koomisiin ja traagisiin.[73] Tämä jako koskee nimenomaan sosiaalista hierarkiaa osoittavia draamoja. Amerikkalaisen joulun Duncan näkee loistavana näytelmänä nimeltään "Christmas shopping". Liikemiehet muovaavat amerikkalaisten veljeyden vahvistamisen juhlan uudelleen ja luovat siitä ostamisen ja myymisen plutokraattisia draamoja.[74]

Duncan sanoo, että joulun sanoma, jota niin laajasti ja intensiivisesti kommunikoidaan, ei ole kirkon, vaan liike-elämän sanomaa.[75] Suomalainen joulu, joka kuvastuu suoritetun joulutapakyselyn vastauksista, ei suurimmalta osaltaan ole kaupallista joulua, vaikka ei voida kieltää, etteikö siihen liittyisi paljon kaupallisiakin piirteitä. Siinä heijastuvat plutokraattisia arvoja paljon tärkeämpinä muut arvot ja draama-ainekset. On suorastaan hämmästyttävää, miten paljon aikaa ja tarmoa uhrataan lahjojen, joulukoristeitten, ruokien, muiden herkkujen ja monien juhlatilaisuuksien valmistamiseen sekä ystävien muistamiseen. Emme voi nimittää tätä joulua plutokraattiseksi draamaksi.

Joulu ei kuvastu vastauksista sen paremmin komediana kuin tragedianakaan. Sen olemusta kuvaamme parhaiten nimittämällä sitä satunäytelmäksi. Joulun pääasiallisin näyttämö, koti, muutetaan näytelmän ajaksi erilaisin kulisseja muistuttavin koristein satunäyttämöksi. Näin voivat näytelmään osallistuvat henkilöt virittyä epätodelliseen, arkielämästä poikkeavaan satunäytelmän tunnelmaan. Jouluun kuuluu erilaisia pukeutuneita satuhahmoja, kuten joulupukki, tontut, lucia ja nuutinlaulajat. Vieläpä joulun uskonnollinen sisältökin on kuin suoraan sadusta. Joulun eri näytöksissä on myös sadunomaisia juoniaineksia, jotka usein ovat opettavaisia. Tällainen sisältöhän on usein satunäytelmissä. Juoni on yksinkertainen ja opettaa ystävyyttä, veljeyttä ja hyvän saamaa palkkiota.

Joulun satunäytelmä on paikoin sangen iloinen ja hilpeä. Vastauksista me saimme nähdä, miten perheet leikkivät yhdessä, pyörivät piirissä ja jopa tanssivat käsi kädessä joulupöytään.

Uuden vuoden enteisiin, etenkin manteliin, sisältyy veikeää pilailua. Kaikesta tästä huolimatta joulusta saatava yleiskuva ei ole riehakas komedia. Jouluun sisältyy paljon taaksepäin katsovia, kaihomielisiä, nostalgisia piirteitä. Haudoilla käynti luo vakavaa tunnelmaa, Hoosianna ja jouluevankeliumi sekä jouluvirret ylentävät ihmisten uskonnollisia tunteita ja palauttavat ajatukset lapsuuden jouluun. Monet vastaajat kertoivat, miten uskollisesti he noudattavat jo lapsuuden kodista omaksuttuja perheen perinteitä. He pyrkivät täten siirtämään nämä vuorostaan seuraavalle sukupolvelle. Jopa monet koristeet, kuten himmeli ja muut olkikoristeet luovat ihmisille mielikuvia kaukaisista ajoista, jolloin joulua vietettiin maaseudun rauhassa, hohtavien hankien keskellä. Joulu kuvastuu vastauksista hyvin konservatiivisena juhlana. Joulunäytelmän monet näytökset ovat luonteeltaan rituaaleja. Uskotaan, että toivottu tulos — jota voimme tässä nimittää vaikkapa aidoksi joulutunnelmaksi — saavutetaan varmimmin, jollei tavoista hiukkaakaan tingitä.

Tämä rituaalisuus tekee monet tavat joulun viettäjille suorastaan puolipakollisiksi. On seurattava määrättyä, jo aiemmin omaksuttua kaavaa. Vastaajat kertovat monista perinteistä, jopa sukupolvelta toiselle siirtyneistä joulukoristeista, joiden arvo on juuri niiden perinteisyydessä. Myös omat vanhat koristeet voivat saada tällaisen rituaalisen hoidon.

---

71 Weber-Kellermann 1966 s. 25

72 Duncan 1972 s. 124

73 Duncan 1972 s. 59

74 Duncan 1962 s. 265

75 Duncan 1972 s. 133

Tarkastellessamme ruotsin- ja suomenkielisten vastaajien joulua me havaitsemme yhden ainoan todellisen eron. Muut erot ovat vain kvantitatiivisia. Suomalaisen joulun kuva on tämän perusteella sangen yhtenäinen.

Tutkimus koski porvarillista joulua pohjois-Kymenlaaksossa. Vastaajat olivat tulleet monilta paikkakunnilta lähes joka puolelta Suomea. Silti heidän tavoissaan ei ollut kovin merkitseviä eroja. Tämä osoittaa, että kaikki tulokkaat, joiden suurimpina ryhminä erottuivat ruotsinkieliset ja karjalaiset, olivat hyvin yhdentyneet. Ilmeni joitakin ruotsinkielisten enemmän suosimia tapoja ja muutamia karjalaisten tapoja, mutta erot olivat vähäisiä. Herääkin kysymys, jaksavatko nämä kaksi uhan alaista identiteettiä ajan oloon kestää tätä yhdenmukaisuuden, yhteiskunnallisen hyväksymisen painetta. Vainonhan identiteetit kestävät paremmin.[76] Esimerkkinä kristinusko, joka syntyi marttyyrien verestä.

Paljon suuremmat erot kuin eri heimojen tai kieliryhmien välillä me saatoimme todeta eri-ikäisten perheitten joulutapojen välillä.

Vastauksista näimme, miten nuori aviopari selitti, ettei heillä ollut vielä omia joulutapoja, kun ei ollut vielä lapsiakaan. Joulu vietettiin sukulaisissa. Toinen vastaaja kertoi, että he alkoivat viettää omaa jouluaan lasten synnyttyä. Vanhemmat olivat nyt siis joutuneet uusiin rooleihin. Tyttären ja pojan roolit vaihtuivat vanhempien rooliksi. Heistä itsestään tuli oman joulunäytelmänsä ohjaajia.

Vielä kerran tai pari muuttuu ihmisen rooli useimmissa tapauksissa. Lasten mentyä naimisiin tulevat lastenlapset mukaan. Perheen vanhemmat, nykyiset isovanhemmat saavat usein luopua ohjaajan roolistaan ja luovuttaa sen lapsilleen. Tästä roolien muuttumisesta ihmisen iän ja kehityksen myötä johtuu suurimmalta osalta se, että joulun koetaan muuttuneen. Useimmat tahtoisivat viettää joulunsa aina täsmälleen samanlaisena ja tavoittaa sen tunnelman, minkä he jo lapsina kokivat liittyvän jouluun. Tämä on kuitenkin mahdotonta. Monet valittavat, että joulu on muuttunut, tunnelma hävinnyt, kaikki on kaupallistunut. Lapsia haastattelemalla voi kuitenkin helposti todeta, että he kokevat joulunsa aivan yhtä suurenmoisena ja jännittävänä kuin edellisetkin polvet. Ei joulu ole muuttunut olennaisesti, vaan ihmisen rooli joulussa muuttuu. Aluksi lapsi on sadun prinssi tai prinsessa, jonka ympärillä koko joulunäytelmä pyörii. Vähitellen hänestä tulee myös joulun aktiivinen valmistelija.

Roolin muutokseen eri ihmiset suhtautuvat eri tavalla. Kaikkien ei ole helppo hyväksyä roolinsa muuttumista. Kukaan ei voi kuitenkaan aina olla satuprinsessa. Näytelmä tarvitsee myös kuninkaita, kuningattaria ja hoviväkeä.

3.3.6.2. Satunäytelmän tehtävät

On vielä selvitettävä tämän kalliin, suuritöisen ja monimutkaisen satunäytelmän tehtävät. Miksi ihmiset näkevät näin paljon vaivaa? Miksi he tuhlaavat niin mielettömästi aikaa ja rahaa? Symbolit, joista pidetään sitkeästi kiinni, eivät voi olla merkityksettömiä.[77]

Saadaksemme vastauksen näihin kysymyksiin, voimme tarkastella melkeinpä mitä klassista satunäytelmää tahansa ja miettiä, mitä tehtäviä sillä on, sekä verrata näitä tehtäviä joulun tehtäviin.

Käsitykseni mukaan tavallinen satunäytelmä huvittaa, opettaa, luo identiteettejä, korostaa yhteiskuntaa säilyttäviä arvoja ja suo paon todellisuudesta.

Joulu täyttää ensimmäisen tehtävän eli huvittamisen. Lapset huvittelevat, ja heitä huvitetaan monin tavoin. Ja miten aikuiset huvittelevat? Kuten tavallisestikin, syömällä ja juomalla hyvää sekä tanssimalla.

Toisenkin funktionsa joulunäytelmä täyttää hyvin. Se opettaa meille monia asioita, esimerkiksi miten hyvä saa palkkansa. Varhemmin opetettiin myös miten paha sai rangaistuksensa,[78] mutta nyt tämä piirre on jo joulustamme poissa. Joulu pyrkii myös opettamaan, miten tärkeää on, että maassa vallitsee rauha ja kansojen kesken hyvä tahto.

Satunäytelmät luovat positiivisia identiteettejä. Lapsi voi samaistaa itsensä niiden sankareihin, oppia pitämään kiltistä Tuhkimosta ja inhoamaan pahoja sisarpuolia. Identiteettejä luovana tekijänä joulu on voimakas.

Satunäytelmät ovat hyvin konservatiivisia. Ne korostavat yhteiskunnan hyväksi katsottuja arvoja, mutta eivät pyri mitenkään muuttamaan niitä tai yhteiskuntaa. Joulukin on tällainen hyvin konservatiivinen satunäytelmä. Yhteiskunta muuttaa joulua, vaikkakin hitaasti. Sen voimme sanoa tarkastellessamme vaikkapa sata vuotta sitten vietettyjä jouluja. Joulu sen sijaan ei pyri muuttamaan yhteiskuntaa.

Ennen kaikkea kuitenkin satunäytelmän tehtävänä on suoda katsojille pako todellisuudesta, ja tämä on joulunkin päätehtävä. Se, että näin on, selviää, kun tarkastelemme joulun päänäytöstä, itse jouluaattoiltaa. Jouluaattoilta on kaikille erityisen pyhä ilta. Sinä iltana ei kutsuta töihin, ei soitella virka-asioissa, ei käydä kylässä. Arkielämän status ja hierarkia ovat painuneet tajunnassa taka-alalle. Ilta on vain itseä ja perhettä varten.

Vain tänä ainoana iltana me kohtelemme itseämme kuin esimiestämme. Me kokoonnumme juhlallisesti, kohotamme maljoja, syömme parasta mitä voimme saada aikaan. Me olemme itse vieraita omassa kodissamme, emmekä ainoastaan vieraita, vaan kunniavieraita, joille kotimme esittäytyy nyt parhaassa loistossaan tänä yhtenä iltana. Kunniavieraina, arkielämän paineen onnellisesti unohtaneina me olemme myös mieleltämme avoimia ottamaan vastaan kaikki ne arvot, mitkä joululla on meille tarjolla.

Joulun arvomaailmaa tarkastellessamme me havaitsemme helposti, että se on täysin erilainen kuin arkipäivän arvomaailma. Koko kulttuurimme eetos tuntuu nyt toiselta. Joulu on valtaisa pakorituaali, jossa ihmiset kääntävät ylösalaisin normaalin arvohierarkiansa käyttäytyen suorastaan sen vastaisesti. Tällaisia pakorituaaleja on esiintynyt laajalti eri kulttuureissa, ja niiden katsotaan tähtäävän mielenterveydellisiin päämääriin.[79]

Katsokaamme vielä kerran, miten joulu muuttaa arvojemme hierarkiaa korostamalla sellaista, mitä yleensä ei korosteta, ja täysin laiminlyömällä sellaista, mitä tavallisesti pidämme arvokkaana.

Kun tarkastelemme näitten kymenlaaksolaisten perheitten tavallista elämää, me näemme, miten korkeassa arvossa taloudellisuus, tehokkuus ja vitaaliset arvot arkisin ovat.

---

76 LeVine ja Campbell 1972 s. 192 ja 215; Bruun 1953 s. 121—122

77 Douglas 1970 s. 37

78 viittaan vitsakimppua kantaneisiin jouluhahmoihin ja esim. Ramsay I 1966 s. 16. Hän oli ollut tottelematon eikä saanutkaan suureksi pettymykseen joululahjoja.

79 Huxley 1966 s. 265

Töitä tuodaan kotiinkin tai mennään vapaapäivinä ja pyhäisin ylitöihin. Jos aikaa jää, se käytetään mielellään ulkoiluun ja kuntourheiluun.

Naisetkin kunnioittavat samoja arvoja. Jos joku ostaisi uuden turkin tai uusia vaatteita, ei olisi sopivaa kerskua niillä. Mutta jos ostaa uuden, työtä säästävän, tehokkaan koneen, on se toki kertomisen arvoinen asia. Naisetkin urheilevat ja elleivät urheile, niin ainakin laihduttavat näin todistaen terveistä elämäntavoistaan.

Kirkossa toki saa käydä, mutta siitä ei pidä puhua. Sanottaisiin, että kyseessä on liian henkilökohtainen asia kerrottavaksi. Oopperassa, teatterissa tai taidenäyttelyssä voi myöskin käydä, mutta sellaisella ei pidä ikävystyttää seurassa olijoita. Sen sijaan jos seuraa vaikkapa pesäpallon, jääkiekon tai jalkapallon mestaruussarjan tapahtumia, sopii nämä ottaa puheenaiheeksi.

Entä kuinka on joulussa? Nyt ei ole oikeastaan tietoakaan taloudellisuudesta. Tuhlataan lahjoihin ja ruokiin. Tehokkuutta laiminlyödään. Tehdään itse sellaista, mitä aivan hyvin saisi kaupastakin ostamalla.[80] Vitaaliset arvot unohdetaan lähes täysin. Ei ulkoilla, ja jouluateria on yhtä jatkuvaa mässäilyä, jota arkielämässä kauhistuttaisiin.

Uskonnollisia arvoja, joille normaalisti ei suoda ajatustakaan, kunnioitetaan nyt kokonainen päivä ja kuunnellaan hengellisluonteista musiikkia koko joulukausi. Kuinka näin? Uskommeko me siis yhtenä päivänä johonkin sellaiseen, mihin muuten emme usko? Tätä se ei tarkoita. Kun menemme joulukirkkoon, me emme sillä vielä osoita, että uskoisimme todella neistyen synnyttäneen pojan emmekä edes toivo, että lapsemme tulisivat niin uskomaan. Me aivan yksinkertaisesti menemme nyt kirkkoon osoittaaksemme itsellemme, perheellemme ja kanssaihmisillemme, että me haluamme elää jatkuvasti sellaisessa yhteiskunnassa, joka virallisesti uskoo näihin asioihin. Samoin me sankarihautajuhlaan osallistumalla haluamme osoittaa, että me haluamme elää yhteiskunnassa, jossa isänmaa ja siihen liittyvät arvot ovat kunniassa.

Jokunen vastaaja tuntui vaistoavan, että joulun arvoasetelmassa on jotain outoa. He olivat niitä, jotka ovat muovanneet joulutapojaan terveellisempään ja taloudellisempaan suuntaan. Muita tällainen seikka ei tuntunut kiusaavan.

Arvojen hierarkiaa, kulttuurin eetosta, on ajateltu välistä pyramidiksi, jonka huipun muodostavat kyseisen kulttuurin ylemmät, hallitsevat arvot, jotka säätelevät muita. Näin on ajateltu uskonnon hallinneen muita yhteiskunnallisia arvoja keskiajalla. Maallistumisen on esitetty tapahtuneen niin, ettei uskonto enää sijaitsekaan pyramidin huipulla, vaan kulttuuri on kuin ympyrä, jossa uskonto on vain yksi monista sektoreista. Ihmisillä on kuitenkin kaipaus jonkinlaiseen ylärakenteeseen, johonkin arvoon, joka olisi summum bonum, muita hallitseva.

"Für was Besseres sind wir geboren."

Joulutapakyselyn perheillä näimme identiteettiä luovien ja ylläpitävien arvojen hallitsevan aseman. Uskonto oli vain yksi, tosin tärkeä sektori niiden joukossa. Toisaalta näiden henkilöitten arkielämässä on muita hallitsevia arvoja, jotka nyt saivat väistyä vuotuisjuhlan ajaksi. On varma, että jos näiden samojen perheitten muuta käyttäytymistä tutkittaisiin, löydettäsiin taas uusi hierarkia, uudet yhdistelmät. Vaihteleeko kulttuurin eetos siis vuodenajasta toiseen? Ei, vaan perinteinen käsitys kulttuurin eetoksen luonteesta ei vastaa todellisuutta. Ei ole kyse sen paremmin yh-

---

80 Dumazedier 1967 s. 19: Tässä näkyy ehkä kansainvälinen tendenssi, uuden vapaa-ajan homo faberin synty.

destä pyramidista kuin yhdestä ympyrästäkään,vaan monesta, vähintään kolmesta ympyrästä, joiden summa on kulttuurimme eetos. Niiden kunkin aktuaalistumiselle on vuodessa tarkka määräaikansa.

Ehkä näin on ollut aina, kukaties keskiajallakin, sillä sen eetostahan meidän on vaikea enää jälkeenpäin tutkia. Oman kulttuurimme eetos, tuo usean arvohierarkian summa, on yksi niistä yhteiskunnan säännöistä, joihin meidän kunkin on nuorina opittava ja mukauduttava. Voikin olla, että juuri tämä muutos tekee nuorelle ihmiselle aikuiskäyttäytymisen oppimisen monasti vaikeaksi. Ehkä on vaikea tajuta, että on aivan oikein olla kristitty muutaman viikon ajan ja sitten unohtaa asia vuodeksi tai muistaa sukulaisiaan ja unohtaa heidät tai omistaa kaksi päivää vuodesta isänmaalle, josta sen jälkeen ei taas vuoteen välitä paljoakaan. Mutta aivan kuin aikuistuva ihminen oppii oikean pukeutumisen säännöt, milloin voi esiintyä farmareissa, milloin juhlapuvussa, ja sen, miten naurettavaa on, jos käyttää tilanteeseen sopimatonta pukua, hän oppii myös tämän kulttuurimme säännön, kitkattoman liukumisen arvohierarkiasta toiseen.

Taulukot 1—3 ja kyselykaavake

TAULUKKO 1

Perheitten päämiesten syntymäajat

	ennen 1900	00—09	10—19	20—29	30—39	40 ja eteenpäin	ei vast.	yht.
Ruotsink.	2	14	17	12	11	4	—	60
Suomenk.	—	16	16	32	31	15	—	110
Kontaktir.	4	4	20	18	23	10	1	80
Kaksik.	—	4	5	11	7	1	2	30
Yhteensä	6	38	58	73	72	30	3	280

Perheen päämiehen syntymäajalla tarkoitan yleensä perheenisän syntymäaikaa. Jos perheenpää oli naimaton nainen tai leski tai eronnut, olen ilmoittanut hänen syntymäaikansa. Niissä tapauksissa, joissa naispuolinen vastaaja on ilmoittanut kuolleen miehensä syntymäajan, en ole tilastoinut vastausta tähän, ellei hän ole myös ilmoittanut omaa syntymäaikaansa.

TAULUKKO 2 (1)

Kymin Oy:n virkamiesklubin jäsenten virkanimikkeet virkamiesklubin antaman luettelon mukaisesti

Virkanimike	Ruotsinkieliset Miehiä	Ruotsinkieliset Naisia	Suomenkieliset Miehiä	Suomenkieliset Naisia	Yhteensä
Diplomi-insinööri	23		29		52
Merkonomi	12	2	16	17	47
Insinööri	8		30		38
Ekonomi	14	1	8	3	26
Filosofian maisteri	4	1	8	1	14
Rouva		1		10	11
Opettaja		2	4	4	10
Varatuomari	4		4		8
Virkailija	1		5	2	8
Metsänhoitaja	4		3		7
Neiti		1		6	7
Toimistopäällikkö	2		2	1	5
Valtiotieteen maisteri	1	1	2		4
Varastonhoitaja			4		4
Kirjeenvaihtaja		1		2	3
Sairaanhoitaja				3	3
Lääkäri			2		2
Taiteilija			1	1	2
Ohjelmoija			2		2

Metsäteknikko	1	1		2
Toimitusjohtaja	1			1
Sosionomi		1		1
Teknikko		1		1
Johtajatar			1	1
Myyntipäällikkö	1			1
Maatalous-metsät.kand.			1	1
Turvallisuustarkastaja		1		1
Tilintarkastaja		1		1
Rakennusmestari		1		1
Luonnontiet.kand.	1			1

Selityksiä:

Ne naispuoliset virkailijat (esimerkkeinä diplomi-insinööri, ekonomi, merkonomi), jotka ovat naimisissa jonkun yhtiön virkailijan kanssa, eivät esiinny yllä olevassa listassa. Virkamiesklubin listoissa he esiintyvät miestensä vaimoina. Sen sijaan listassa esiintyvät *rouvat* ja *neidit* ovat yhtiöllä työssä. He ovat saamieni tietojen mukaan toimistotyössä erilaatuisissa tehtävissä.

Diplomi-insinööreihin on laskettu myös yksi tekniikan lisensiaatti.

Opettajat ovat kansakoulun ja oppikoulun opettajia, voimistelunopettajia, ammattikoulun opettaja, puutarhaopettaja ja urheiluneuvoja.

Sairaanhoitajat ovat terveyssisaria ja laboratoriohoitaja.

Filosofian maistereihin kuuluu myös yksi filosofian tohtori.

TAULUKKO 2 (2)

Virkamiesklubin *passiivijäsenille*, so. virkamiesten leskille, eläkeläisille ja ulkojäsenille, lähetettiin myös kaavake. Heidän kielisuhteensa eivät ilmenneet luettelosta. Seuraavassa ovat heidän ammattinimikkeensä.

Ammattinimike	Miehiä	Naisia	Yhteensä
Virkamies	8		8
Lääkäri	7		7
Rouva		5	5
Valtiotieteen maisteri	3		3
Ekonomi	1		1
Toimitusjohtaja	1		1
Varatuomari	1		1
Kamreeri	1		1
Konttoristi		1	1
Metsänhoitaja	1		1

TAULUKKO 3

Vastaajien ja heidän aviopuolisoittensa ammatit

Ammattinimike	Ruotsink.	Suomenk.	Kontaktir.	Kaksik.	Yhteensä
Virkamies	7	25	11	4	47
Diplomi-insinööri	19	10	8	7	44
Opettaja	4	17	14	3	38
Insinööri	6	16	10	3	35
Merkonomi	4	15	12	4	35
Ekonomi	17	6	6	4	33
Sairaanhoitaja	4	15	4	1	24
Filosofian maisteri	3	10	7	1	21
Varatuomari	4	8	4	1	17
Metsänhoitaja	1	5	3	7	16
Lääkäri	1	4	6	3	14
Valtiotieteen maisteri	2	2	3	1	8
Toimitusjohtaja	2	5	1		8
Hammaslääkäri		2	4	1	7
Teknikko		1	5		6
Farmaseutti	1	2	1	1	5
Tilanomistaja	2	2			4
Agronomi	1	3			4
Hum.kandidaatti		2	1		3
Puuseppä		1	2		3
Rakennusmestari		2	1		3
Upseeri		3			3
Taiteilija	1		1		2
Suunnittelija			2		2
Myyjä		2			2
Kauppias		1			1
Luonnontiet.kand.	1				1
Työterapeutti	1				1
Viilaaja			1		1
Veturinlämmittäjä			1		1
Toiminnanjohtaja		1			1
Myyntipäällikkö		1			1
Kirjastonhoitaja		1			1
Sosiaalihuoltaja		1			1
Elintarviketyöläinen		1			1
Kemigrafi				1	1

Selityksiä ammatteja koskeviin nimikkeisiin:

Ekonomeihin on laskettu kaikki ekonomit, diplomiekonomit, kauppatieteen maisterit sekä Kauppakorkeakoulusta ja Handelshögskolanista valmistuneet kirjeenvaihtajat.

Varatuomareihin on laskettu oikeustieteen kandidaatit, hovioikeuden auskultantit sekä varanotaarit.

Opettajiin kuuluu kansakoulunopettajia, käsityön-, voimistelun-, laulun- ja piirustuksenopettajia sekä urheiluohjaajia.

Virkamiehiin on laskettu kaikki, jotka ovat vastanneet virkamies, virkailija, tjänsteman, konttoristi, konttori- tai toimistoapulainen, kanslisti, sihteeri, pankkivirkailija, sosiaalitarkkailija, kirjanpitäjä, kassanhoitaja ja tarkastaja.

Sairaanhoitajiin on laskettu myös terveyssisaret, laboratorio- ja röntgenhoitajat, kätilöt ja lastenhoitajat.

Puuseppiin on laskettu myös kirvesmies.

Lääkäreihin on laskettu yksi eläinlääkäri.

Agronomeihin on laskettu maatalous- ja metsätieteen kandidaatit.

KYSELYKAAVAKE

Perheen isän nimi____________________________syntymävuosi______________

syntymäpaikka__________________________ ammatti________________

Vastaavat tiedot perheen muista jäsenistä:_____________________________

____

____

Asuuko perhe a) Kouvolassa ☐ b) Kuusankoskella ☐

Kauanko olette asunut täällä?__________Onko joku perheenjäsenistä Kymin Oy:n palveluksessa? ☐ Kuka? ______________________

Seurusteletteko Kuusankosken ruotsinkielisten perheitten kanssa

a) usein ☐ b) harvoin ☐ c) ei lainkaan ☐ ?

Onko kotikielenne a) ainoastaan suomi ☐ b) suomi ja ruotsi ☐ ?

Mihin heimoon katsoo perheen isä kuuluvansa?_________________________

Mihin heimoon katsoo perheen äiti kuuluvansa? _______________________

Kuulutteko ev.luterilaiseen kirkkoon ☐ tai johonkin muuhun ☐ uskonnolliseen yhteisöön? Mihin? ____

1) Vietättekö pikkujoulua tai adventtia perheenne keskuudessa? ☐

Kuinka? ____

____

Onko teillä pikkujoulukuusi ☐ tai jokin muu pikkujoulupuu ☐ ?

Mikä?______________________Kuinka se on koristettu? __________________

____

Kauanko pidätte pikkujoulupuuta sisällä? ______

2) Onko teillä adventtikynttelikkö ☐ adventtiseppele ☐ ?
Kuinka monta kynttilää siinä on? ______ Sytytetäänkö kaikki kynttilät yhtaikaa ☐ vai vähitellen adventtipyhien aikana ☐ ?
Onko kynttelikkönne tai seppeleenne kotitekoinen? ☐ Kuka sen on tehnyt? ______ tai kuinka olette sen hankkinut? ______

______

______

Riippuuko adventtiseppeleenne? ☐ Missä? ______
Onko seppeleenne pöydällä? ☐ Onko se päällystetty a) puolukanvarvuilla ☐ b) männynhavuilla ☐ c) katajalla ☐ d) kuusenhavuilla ☐ vai e) jollain muulla materiaalilla? ______
Onko seppeleessä koristeena silkkinauhoja ☐ piparkakkuja ☐ lasipalloja ☐ ikikukkia ☐ tai jotain muuta? ______
Onko siinä eri koristeet eri vuosina? ☐ Kuka valmistaa seppeleen? ______
Milloin se asetetaan esille? ______ Teettekö uuden seppeleen jouluksi? ☐
Oletteko tehnyt seppeleitä ja muita joulukoristeita ystävien kanssa yhdessä? ☐
Mikäli teillä on adventtikynttelikkö tai -seppele, milloin aloitte käyttää sitä? ______ Mistä saitte idean? ______

3) Jaatteko perheen keskuudessa pikkujoululahjoja? ☐ a) kaikille perheen jäsenille? ☐ b) vain lapsille? ☐ Kuinka vanhoille? ☐ c) myös vieraille? ☐ Millaisia ovat pikkujoululahjat verrattuina varsinaisiin joululahjoihin: hauskoja ☐ halpoja ☐ hyödyllisiä ☐ ?

4) Syöttekö jouluruokia jo adventtiaikana? ☐ Mitä ruokia? ______ Milloin? ______
Vain yhden kerran ☐ vai useita kertoja adventtiaikana? ☐
Syöttekö niitä oman perheen kesken ☐ vai silloin kun teillä on vieraita ☐ ?

5) Järjestättekö itse ☐ tai joku ystävistänne ☐ ystävien keskeisiä pikkujouluja? Harrastetaanko niissä joulumusiikkia ☐ joululauluja ☐ jouluIeikkejä? ☐ Millaisia leikkejä? ______ Esim. "Filippchen"? ☐
Onko niissä muunlaista jouluohjelmaa? ☐ Mitä? ______

______

Juotteko pikkujoulussa jouluglögiä? ☐ Syöttekö kinkkua? ☐
Annatteko toisillenne joululahjoja? ☐ Kuinka? ______

______

6) Kuunteletteko ☐ tai laulatteko itse ☐ Hoosiannaa adventtiaikana? Milloin ja kuinka? ______

7) Onko perheessänne Lucia? ☐ Entä ystäväpiirissänne? ☐ Milloin hän saapuu? ________ Tarjoileeko hän kahvia? ☐ Herättääkö hän vanhemmat aamulla? ☐ Onko hänellä seurassaan tähtipoikia ☐ tai hovineitoja ☐ ? Kuinka Lucia on pukeutunut? ________ Millainen kruunu hänellä on? ________ Sähkö- ☐ vai elävät ☐ kynttilät? Laulaako seurue? ☐ Mitä? ________
Kuinka kauan teillä on ollut tämä traditio? ________

8) Onko teillä perheenkeskeisiä ☐ tai ystäväpiirin keskeisiä ☐ joululahjavalvojaisia? Ovatko sekä miehet että naiset mukana? ________
Onko valvojaisissa ohjelmaa? ________

9) Ellette vietä joulua Kouvolassa/Kuusankoskella, missä sen vietätte? ________
Omaisten luona? ________ Ulkomailla? ________
Onko se tavallinen tapanne? ________ Vai onko tämä joulu poikkeus? ________
Milloin matkustatte? ________ Milloin palaatte? ________

10) Onko teillä joulukuusi ☐ tai muu joulupuu? ☐ Mikä? ________
Sisällä ☐ vai ulkona ☐ vai sekä että ☐ ? Milloin ________ ja kuinka ________ ________ hankitte joulupuunne? Onko siinä sähkö- ☐ vai elävät ☐ kynttilät? Milloin ne ensi kerran sytytetään? ________ Milloin kuusi koristetaan? ________ ________ Käytättekö kuusen koristukseen vanhoja ☐ tai perinteellisiä ☐ tai omatekoisia ☐ koristuksia? Käytättekö siinä piparkakkuja ☐ omenia ☐ karamelleja ☐ lippuja ☐ palloja ☐ stanjolipaperia ☐ "lunta" ☐ tähtisadetta ☐ jotain muuta? ________
Onko teillä Betlehemin tähti ☐ tai enkeli ☐ latvassa? Kuinka usein jouluaikana poltatte kuusessa kynttilöitä? ________ Käytättekö eläviä kynttilöitä kynttelikössä jouluna ☐ ?

11) Onko kotonanne joulukukkia? ☐ Ostatteko ne? ☐ Saatteko ne lahjaksi? ☐ Kasvatatteko ne itse? ☐ Mitä: tulppaaneja ☐ hyasintteja ☐ joulutähtiä ☐ jotain muuta? ________

12) Kuvatkaa kaikki mahdolliset joulukoristeet, jotka teillä on kotona. Käyttäkää kernaasti eri paperia ja piirtäkää, mikäli mahdollista
I) Katosta riippuvat joulukoristeet: Onko teillä adventtiseppele vielä joulunakin? ☐ Onko teillä joulukruunu? ☐ Himmeli? ☐ Mistä materiaalista? ________
Oletteko ostanut sen? ☐ Mistä? ________ Oletteko saanut sen lahjaksi? ☐ Kuinka? ________ Oletteko tehnyt sen itse? ☐ Teettekö uuden joka vuosi? ☐ Ellette, niin missä säilytätte sen seuraavaan jouluun? ________
Onko nykyinen himmelinne muodoltaan traditionaalinen ja geometrinen ☐ vai onko se modernimpi "design"-himmeli? ☐ Mikäli on, mistä olette saanut mallin?

_______ Mitä muita katosta riippuvia joulukoristeita teillä on? _______

____

II) Onko teillä ovikoristeita? ☐ Ulko- ☐ vai sisäovella ☐ ? Mistä materiaalista? _______ Kuinka kauan teillä on ollut se? _______
Kuinka olette sen hankkinut? _______
III) Onko teillä seinällä riippuvia koristeita? ☐ Mistä aineesta? _______
Kuvatkaa niitä: _______

IV) Onko teillä ikkunakoristeita? ☐ Pahvitähti? ☐ Lyhty? ☐ Mistä aineesta? _______ Jokin muu ikkunakoriste? ☐ Kuvatkaa niitä! _______

____

Onko ikkunakoristeessanne valaistus? ☐ Kuinka olette hankkinut ikkunakoristeenne? _______ Kuinka kauan se tai ne on teillä ollut? _______
V) Onko teillä piparkakkutaloa? ☐ Tehdäänkö se kotona ☐ joka vuosi ☐ vai ostetaanko se ☐ ? Mistä? _______ Onko se yksikerroksinen pikku mökki ☐ vai monimutkaisempi rakennus? _______
Onko siinä valaistus? ☐ Milloin se syödään? _______
Kuka sen syö? _______
VI) Onko teillä muita piparkakkukoristeita? ☐ Aatamia ja Eevoja ☐ porsaita ☐ piparkakusta tehtyjä paikkakortteja ☐ sydämiä ☐ tähtiä ☐ ? Ovatko piparkakut koristetut sokerikuorrutuksella? ☐
VII) Onko teillä jouluseimeä? ☐ Kuinka _______ ja milloin _______ olette sen hankkinut? Mistä aineesta ovat figuurit? _______ Millainen on itse seimi? _______
Onko se valaistu? _______
VIII) Onko teillä muita joulukoristeita? ☐ Millaisia? _______ Missä ne ovat? _______

13) Katatteko joulupöydän ruokahuoneeseen? ☐ Ellei, niin minne? _______ Katatteko jo adventtiaikana eri tavoin kuin muulloin? ☐
Kuinka? _______ Milloin katatte joulupöydän ensimmäisen kerran? _______
Onko teillä perinteellinen pöytäliina? ☐ Mistä materiaalista? _______
Minkä värinen? _______ Onko teillä olkiliina ☐ tai kaitaliina ☐ ? Onko se paperia ☐ tai kangasta ☐ ? Käytättekö jotain erityistä astiastoa jouluisin? ☐ Kuvatkaa muita joulupöydän koristeita! _______

____

14) Kuinka monta kertaa syötte ja juotte kahvia jouluaattona? Mainitkaa suunnilleen mihin aikaan! _______

Mitä ruokalajeja kuuluu mihinkin ateriaan? ______________________________

____

____

15) Syöttekö lipeäkalaa? ☐ Valkokastikkeella ☐ tai voisulan ☐ kera? Onko teillä joulupuuroa? ☐ Uuni- ☐ vai keitetty puuro? ☐ Maustatteko sen kanelilla ☐ ja sokerilla ☐ ? Onko siinä manteli ☐ ? Yksi ☐ vai useampia? ☐ Mitä taikaa on mantelissa? ______________________________

Onko teillä jouluaattona voileipäpöytää? ☐ Onko siinä esim. lohta ☐ mätiä ☐ nahkiaisia ☐ sillisalaattia ☐ sianpääsylttyä ☐ siansorkkia ☐ ? Mitä muuta?

____

Onko teillä kinkku ☐ vai kalkkuna ☐ vai molemmat ☐ ? (Kuinka kauan? ______

______________) Hernemuhennos ☐ lanttulaatikko ☐ kastanjamuhennos ☐ luumuja ☐ omenasosetta ☐ ? Mitä muita ☐ jouluruokia syötte? ______________

____

Syöttekö jälkiruokaa? ☐ Hedelmäkompottia? ☐ Joulutorttuja? ☐ Mitä muuta?

____

Tehdäänkö joulutortut kotona? ☐ Onko teillä vanha resepti? ☐ Millainen? ______

____

Tehdäänkö kotona joulupullaa? ☐ Ostetaanko sitä? ☐ Onko pullassa saframia? ☐ Leivotaanko joulupullat erityisen muotoisiksi? ______________________

Tunnetteko käsitettä "doppa i grytan"? ☐ Harrastetaanko teillä sitä tapaa? ☐ Milloin? ______________________ Kuinka nimitätte sitä? ______________

Miten ja milloin olette omaksunut tavan? ______________________________

16) Onko teillä joulumakeisia? ☐ Ovatko ne vapaasti esillä? ☐ Onko teillä tryffeleitä? ☐ (kotona tehtyjä?) ☐ sokeroituja karpaloita ☐ pähkinöitä ☐ ruukkurusinoita ja raakkumanteleita ☐ ? Mitä muuta? ______________________

17) JOULUJUOMAT: Juodaanko maitoa ☐ olutta ☐ viiniä ☐ ? Millaista viiniä? ______________________ Ostetaanko ☐ tai tehdäänkö kotona ______________ kaljaa? Onko teillä joulukaljalle vanhaa ☐ tai muutoin erityistä ☐ reseptiä? Käytättekö siihen katajanoksia ja marjoja? ☐ Juotteko jouluglögiä? Milloin? __________

Onko teillä omaa reseptiä? ☐ Millainen? ______________________________

______________________ Juotteko joulusnapsia ☐ ?

18) Keitä muita kuin perheenne jäseniä osallistuu jouluaattona perheenne joulunviettoon? Palvelusväkeä? ☐ Sukulaisia? ☐ Ystäviä? ☐ Ulkomaalaisia? ☐

19) Kuinka kohdellaan kotieläimiä jouluna? ______________________________

____

20) Käyttekö joulusaunassa? ☐ Milloin? ______________________________

21) Jouluaaton ja joulupäivän muusta ohjelmasta: Luetteko jouluevankeliumia? ☐
Kuka lukee? ______________ Milloin? ______________________________
Laulatteko jouluvirsiä ☐ tai joululauluja ☐ kotona? Milloin? ______________
Soitatteko joulumusiikkia a) jollain instrumentilla ☐ b) levysoittimella? ☐ Seuraatteko radion ☐ ja TV:n ☐ jouluohjelmia? Tanssitteko ☐ tai tanssivatko perheen lapset ☐ piirileikkejä? Milloin? ______________________________
______________ Tanssitaanko kuusen ympärillä? ______________

22) Menettekö kirkkoon jouluna? ☐ a) iltapäivällä jouluaattona ☐ tai b) jouluaamuna ☐? Kuuluuko kukaan perheestänne suomalaiseen ☐ tai ruotsalaiseen ☐ kirkkokuoroon? Kuinka usein muutoin keskimäärin käytte vuosittain jumalanpalveluksessa? ______________

23) Käyttekö hautausmaalla jouluaattona? ☐ Onko teillä omaisia haudattuna lähiseudulla? ☐ Viettekö haudalle kynttilöitä ☐ tai muita koristeita? ☐ Mitä?
____

Osallistutteko hautausmaajuhlaan ☐ tai soihtukulkueeseen? ☐

24) Onko teillä linnuille joululyhde? ☐ Muistatteko muutoin lintuja tai muita kuin kotieläimiä? ______________________________

25) Käykö teillä joulupukki? ☐ Kuka hän on? ______________
Lauletaanko hänelle? ☐ Leikkivätkö lapset tonttuja? ☐ Uskovatko ☐ tai ovatko lapsenne uskoneet ☐ joulupukkiin? Kuinka jaatte lahjat, ellei teillä ole joulupukkia? ______________________________

26) Onko teillä erityisiä tapoja ☐ tai leikkejä ☐ tai pelejä ☐, jotka liittyvät joulupyhiin tai joulupäiviin? Esim. puzzle ☐ arvoitukset ☐ panttileikit ☐? Mitä muuta? ______________________________

27) Liittyykö jouluunne taikoja ☐ tai ennusteita? ☐ Millaisia? ______________
____

28) Milloin on sopivaa käydä jouluaikana tervehtimässä ystäviään? ______________
Milloin se ei ole sopivaa? ______________________________
Toivotatteko ystävillenne hyvää joulua? ☐ Käyttekö heidän luonaan vartavasten? ☐ Milloin? ______________________________ Lähetättekö heille kukkasia ☐ joulukortteja ☐ sähkeitä ☐ lahjoja ☐? Soitatteko heille puhelimella? ☐

29) Osallistutteko Tapanin-ajoon? ☐ Vierailetteko itse? ☐ Mitä syötte välipäivinä?
____
____

31) UUSI VUOSI: Ottavatko perheenne jäsenet osaa kaupungin/kauppalan yleisiin uudenvuoden vastaanottajaisiin? ☐ Onko teillä oma ilotulitus? ☐ Teettekö taikoja tulevalle vuodelle? ☐ Valatteko tinaa? ☐ Miten muuten teette uuden vuoden taikoja? ______________________________

Oletteko uuden vuoden aattona vierailulla ☐ tai onko itsellänne kutsut ☐ ?
Kuinka toivotatte uuden vuoden tervetulleeksi: ______________________________
kuuntelemalla radiota ☐, katsomalla TV:tä ☐, käymällä kirkossa ☐, "skoolaamalla" ystävienne kanssa ☐ (millä juomalla? ______________________), suutelemalla heitä ☐ vai nukkumalla yli kahdentoista lyönnin välittämättä sen enempää ☐ ?

32) Kuinka vietätte uuden vuoden päivää? Syöttekö jouluruokia? ☐ Käyttekö toivottamassa ystävillenne hyvää uutta vuotta? ☐ Kuinka? ______________________
Käyttekö jossain virallisessa uudenvuoden tilaisuudessa? ☐ Missä? ______________
____

33) Vietättekö loppiaista yleensä jollain tavoin ☐ ? Kuinka? ______________
____

Milloin otetaan joulukoristeet pois? ______________________________
Kuuluuko joulukuusen riisumiseen erityisiä menoja? ☐
Millaisia? ______________________________

34) Vietättekö Knuutin päivää? ☐ Kuinka? ______________________
______________________________ Onko teillä ☐ tai onko teillä ollut ☐ knuutinlaulajia? ______________________________

35) Kauanko on perheenne asunut Kouvolassa/Kuusankoskella? ______________
Ovatko joulutapanne muuttuneet täällä? ☐ Kertokaa eri paperilla niistä muutoksista, jotka olette havainnut joulun a) ruoissa b) koristeissa c) uskonnollisessa ohjelmassa d) muutoin.

36) Katsotteko perheenne joulutapojen tulleen enemmän isän ☐ vai äidin ☐ puolelta? Ovatko joulutapanne suuressa määrin muovautuneet täällä, jos olette muuttanut tänne muualta? ______________________________

Kaisu Jaakkola

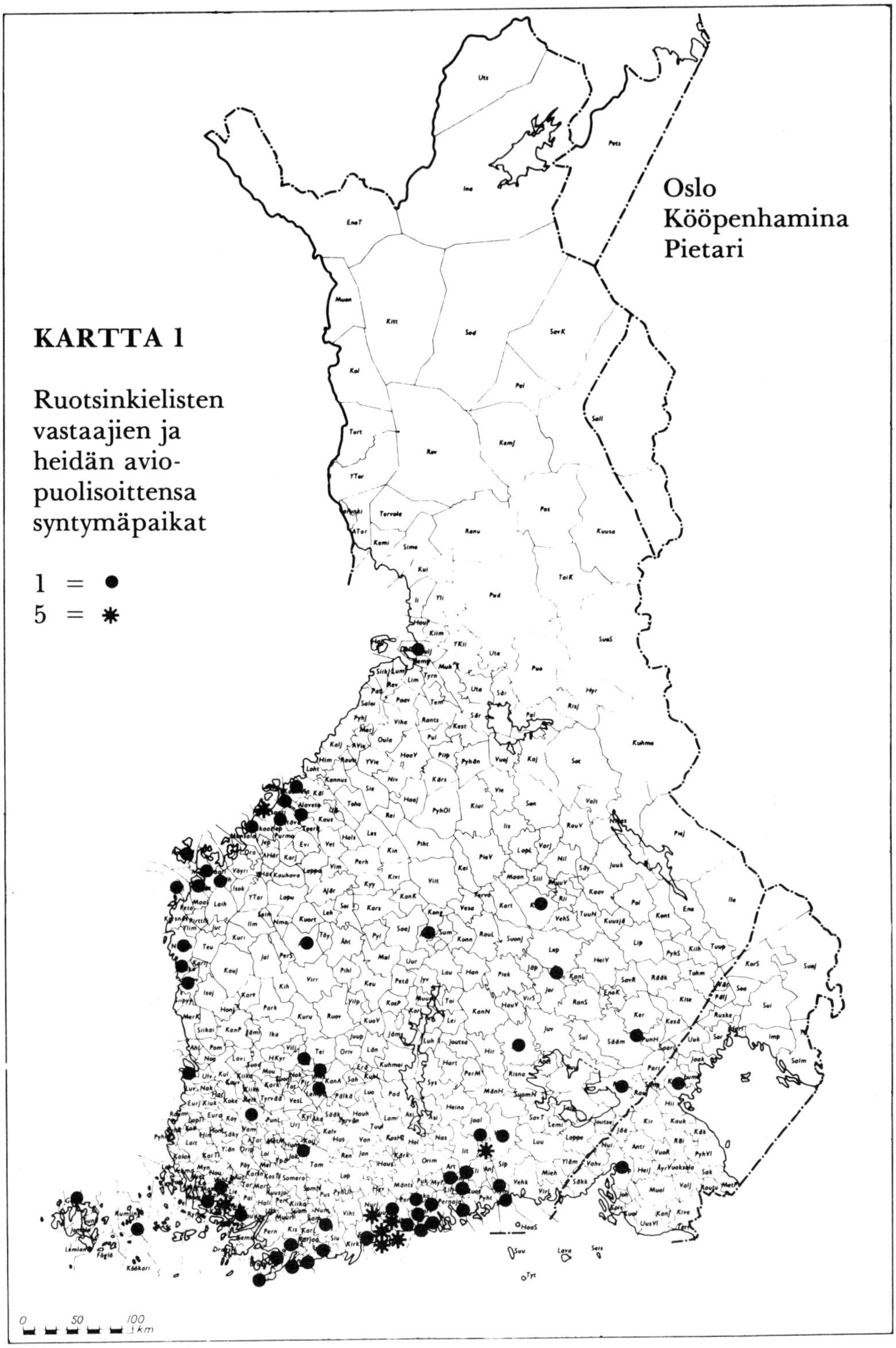

KARTTA 1

Ruotsinkielisten vastaajien ja heidän aviopuolisoittensa syntymäpaikat

1 = ●
5 = ✱

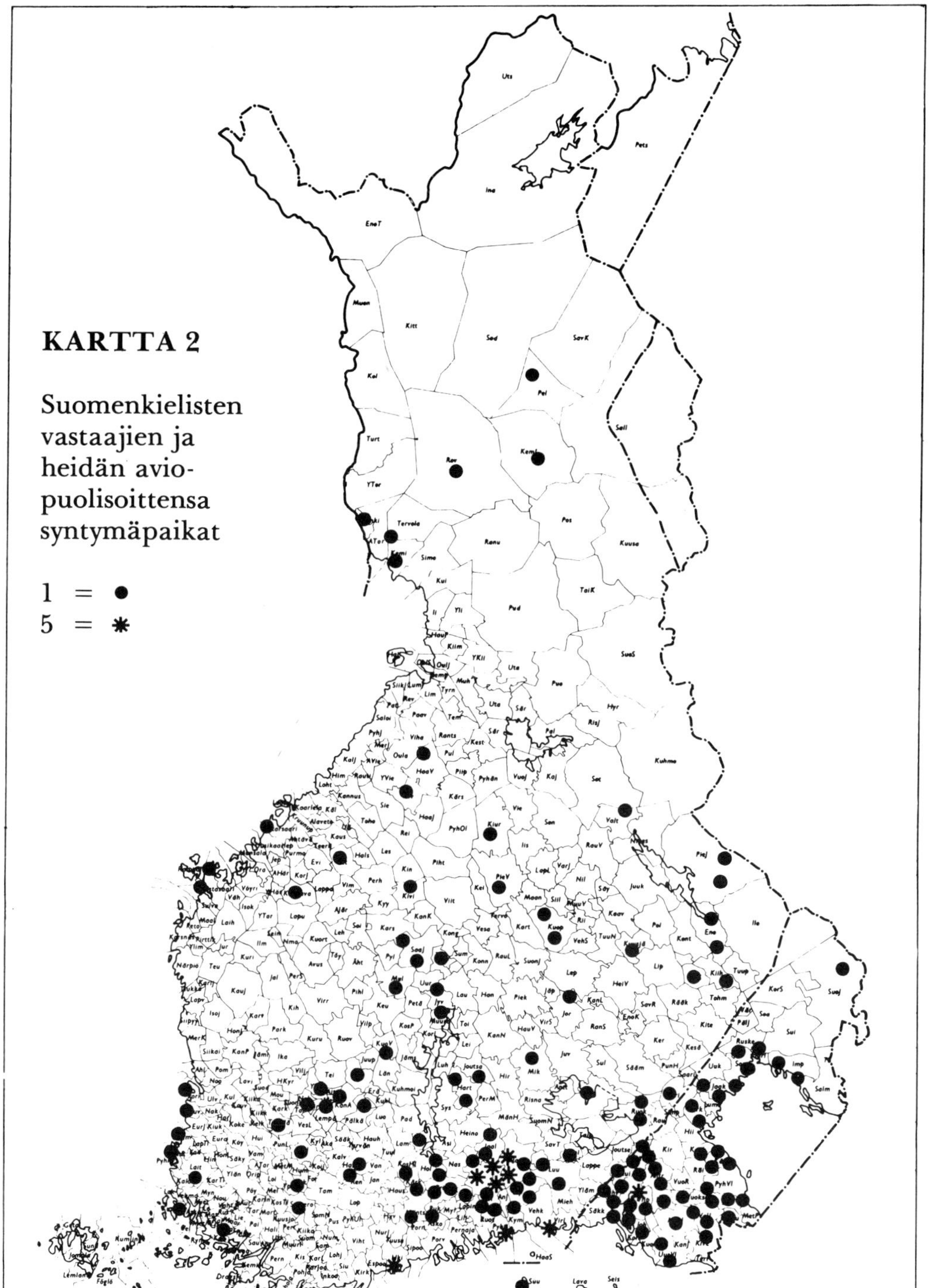

KARTTA 2

Suomenkielisten vastaajien ja heidän aviopuolisoittensa syntymäpaikat

1 = ●
5 = ✱

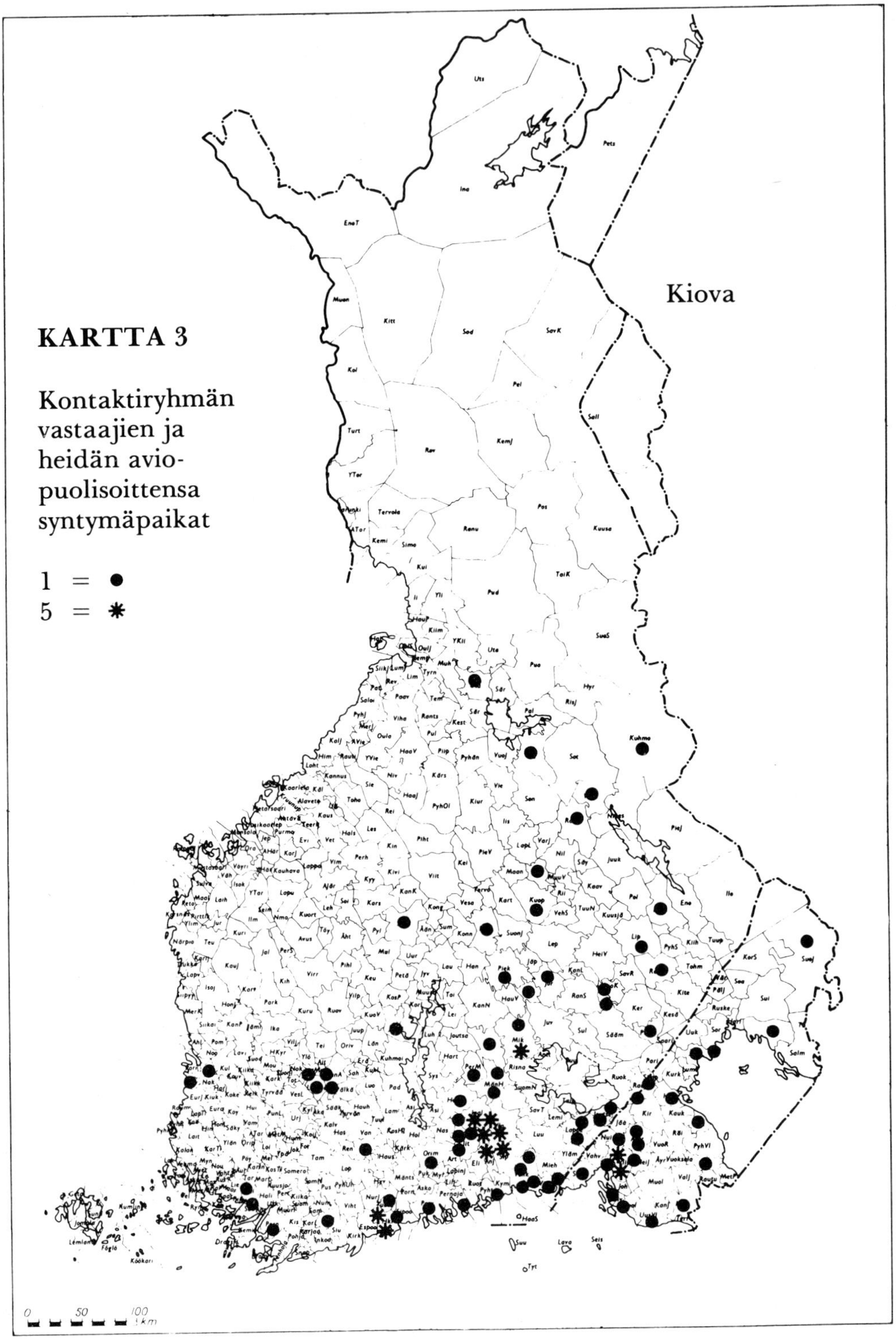

KARTTA 3

Kontaktiryhmän vastaajien ja heidän aviopuolisoittensa syntymäpaikat

1 = ●
5 = ✱

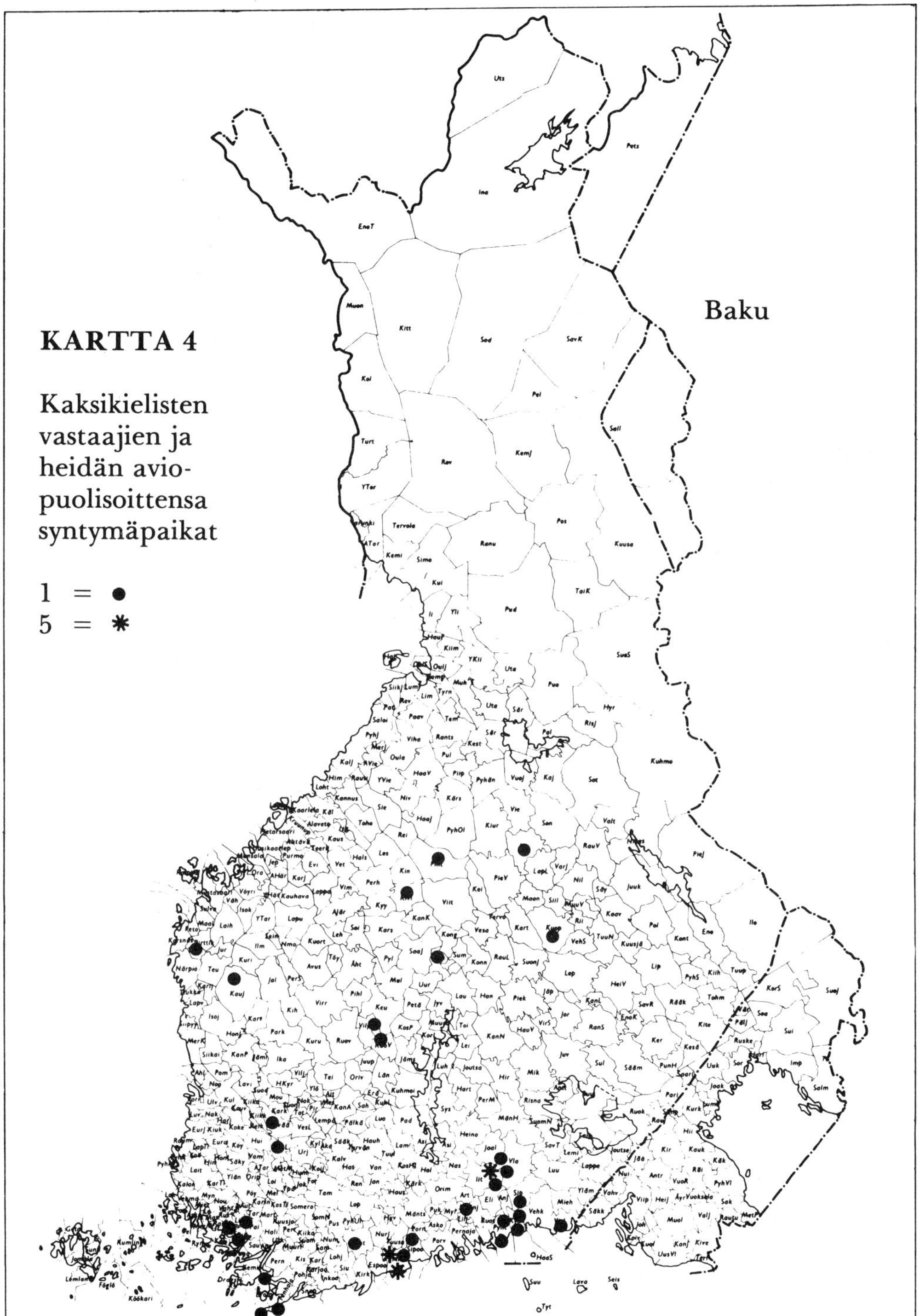

KARTTA 4
Kaksikielisten vastaajien ja heidän aviopuolisoittensa syntymäpaikat
1 = ●
5 = *
Baku
0 50 100 km

Joulutapahakemisto:

The Changing Christmas
An Ethnological Study

1. The Starting Point
1.1. The Aim

This study has two points of commencement; one, a personal interest in Christmas; the other, an observation made while residing in the Northern Kymi Valley. It was observed that many of the customs of the Swedish-speaking section of the local population differed from those of the Finnish-speaking section, particularly in the social sphere. Many Finnish-speaking people associating with the Swedish-speaking population had also been adopting their customs. It therefore seemed worth studying whether language-specific customs were associated also with Christmas and whether these would portray the same phenomenon, namely, borrowing.

In 1969, when the research was being planned, there already existed some quantitative studies made by the Department of Ethnology at the University of Helsinki.[1] The impetus for this had been provided in the 1950s when plans for new village studies were created[2], with Finnish ethnological research adopting the quantitative method, used for field studies, from Finnish sociology.[3] This method was novel at the time even from the viewpoint of European ethnology.

In previous research on Christmas the quantitative method has not been employed. The studies only record a particular custom, sometimes mentioning that it is 'common' or adopted by 'everybody'. From the outset one of the aims of this study was to discover quantitatively what actually is and what is not common in the Finnish Christmas.

The third aim when planning the questionnaire was to study innovations and the ways in which they spread.

In the planning period only the three aims listed above were considered. When analyzing the material, a new idea began to take shape. Christmas appeared to be so multifarious, tedious and expensive an occasion that one could not help wondering why people organized it year after year. What does it offer them and what does it mean to them? What is the character of the Finnish Christmas?

In ethonology Christmas is a very traditional subject. Most of the earlier scholars, however, were concerned with the origins of the various customs. This is where this research work differs. The aim is to study present-day Christmas customs. Although the subject is traditional, the emphasis is new, although not unique in comtemporary

---

1 Kovalainen 1966; Kehusmaa, Kovalainen, Lehtonen & Linkola 1969

2 Valonen 1970, p. 7

3 Valonen 1975, p. 314

ethnology. Nevertheless, ethonological research, as I see it, cannot neglect the historical aspect, either. The motives of a particular person cannot be understood unless we know the history of the particular custom. This has been stated by Valonen in his article on the changing village in 1970. This article is a kind of program for modern ethnological research, and I quote:

> The first aim is to prove the layers themselves; the second to show how we have reached the present state; and the third to portray the results against a background of historical, ideological, psychological or other evaluations.[4]

For these reasons the basic material is both synchronic and diachronic. The synchronic part relates to Christmas in the Northern Kymi Valley in the year 1969, the diachronic part to the history of Christmas. Instead of commencing with Christmas from ancient times, however, attention will be paid to the past only when it is necessary to understand Christmas in modern times, and with special emphasis on the last few decades. For this reason the information presented in newspapers and magazines has been utilized. As I see it, the history of Christmas customs is mainly a history of motivations. Unfortunately, due to a lack of material, very little information on earlier motivations actually exists. The motivations of ancient customs remain as theories.

The most difficult aim has been that stated by Valonen, to portray the results against a background of psychological or other evaluations. Among all the studies on Christmas no model for this actually exists. Getting acquainted with American sociological research assisted in providing the insight into research on Christmas in modern times apparent in the analysis of this study and in the interpretation of the character of Christmas.

1.2. Some Concepts and Theories

The Christmas Season refers to the period from the Eve of the First Sunday in Advent up until Twelfth Night or the day of St. Knut. In practice the Finnish Christmas may be longer or shorter with pre-Christmas parties sometimes beginning as early as October.

The word *ethnic* is used to refer to all those values, feelings, ideas and customs related to the language group, nationality, domicile and province of the respondents. Thus it comprises also nationalistic values. Patriotic values are defined as values pertaining to the native country as a state. Swedish ethnic is used to refer to the ethnic features common to those speaking Swedish, whether from Sweden or from Finland.

A *symbol* is anything that represents something else than what it seems to mean. Symbols can be observed, described, tabulated and studied. They are in a way universal, as Duncan has shown.[5] It is the scholar's job to interpret the symbols.

According to Honko *rituals* are established indicators of social relations.[6] They are smaller or larger dramas. They are not without value; they are important both to the development of an individual and his psyche, and to society.

---

4 Valonen 1970, p. 12

5 Duncan 1962 p. 77; 1972 p. 6

6 Honko 1976 p. 113

Tradition and fashion may seem opposing phenomena at first. In principle, however, they are different phases of one and the same phenomenon. When a custom enters a community, it is considered a fashion; when it has been observed for more than ten years or passed on to a new generation or when an old, worn-out, originally fashionable decoration is replaced by a new and similar one, we are dealing with tradition.

Innovations have been studied here using two different methods.

Firstly, the questionnaire contained questions relating to the length of time the family had observed a particular custom and its origin. Secondly, certain ladies magazines, beginning from 1903, have been studied with particular attention being paid to information on the initial occurrences of innovations as well as to the ways in which new customs have been promoted, to the values referred to and so on. The most important innovations are new ideas, and I consider innovations basically to be ideas.

Four theories are central to this study: the theories of communication, values, identity, and drama.

Communication theory is not used here to refer to information theory but rather to all the ideas according to which communication is the most essential feature in culture, society and the individual. 'Society exists in and through communication',[7] says Duncan. And he continues, 'We are human because only others make us human.'[8] As behaviour and language are different features of one and the same thing, it is natural that in the study of customs one must attempt to discover the meaningful units of customs, the so-called emic units, in Pike's terminology.[9] It was this point of view that created order in what was an extensive and multifarious body of material. It was no longer necessary to deal with an infinite number of customs but rather with a finite number of customs with different features, manifestations and distributions.

Value theory is closely related to communication theory. In the opinion of the writer the content of the message communicated at Christmas is the values we attempt to transmit to the next generation as well as to experience them ourselves in the form of symbols, in this case Christmas customs. Values are our basic motives, even if they are not, as Burke indicates, motives recognized by the individual as causing his behaviour.[10] His behaviour is conditioned simply by situations, and it is the scholar's job to discover the underlying values. The emphasis based on these values by culture gives culture its coloring, its ethos. The basic aim of ethnological studies must always be to uncover the cultural ethos, its values and their hierarchy.

When analyzing Christmas values the system introduced by the Finnish philosopher Ahlman has been employed; the division of values into simple and complex entities.[11]

---

7 Duncan 1962 p. 63
8 Duncan 1962 p. 297
9 Pike 1971 p. 84–85
10 Burke 1954 pp. 218–221
11 Ahlman 1976 pp. 31–98
12 Laing 1971 p. 84
13 Burke 1945 p. X; Duncan 1972 p. 67

Identity theory aims at constructing a theory of personality. One of the most deep-rooted human needs is the need to know who one is.[12] Questions of identity are questions of life and death to each society and to each individual.

Drama theory refers to the theory developed by Duncan and Burke.[13] According to this theory action takes on the form of a drama. The theory operates with five questions or key terms that answer the centuries-long questions of human motivation. The *pentad* of Duncan is the following: the stage, the kind of act, the roles, the means of expression, and the goals or values. In this study this model of analysis has been transformed into another pentad: (1) *the setting* — the stage and the roles, which are discussed together, because the stage often determines the roles. The roles do not pertain to Christmas but to society. (2) *Manifestations* refer to customs mentioned in the answers, such as actions, food and decorations. The setting and the manifestations belong to the first level, the description. The next two classes already belong to the next level, the analysis of Christmas. (3) *The values* form the most important part of the analysis. (4) *The directors* refers to all individuals, communities and institutions controlling the drama. This is an important addition to the pentad, because whoever manipulates the symbols of society, manipulates society. (5) *The nature* of the drama is a summary of the other features and forms the third level of the analysis. The parts of the pentad and their relative emphasis is thus different from that of Duncan's.

1.3 The Area and the Population

The starting point for the study was a personal interest in the culture of the Swedish-speaking section of the local population. The study is non-parametric.

Kuusankoski and Kouvola are two towns in the *Northern Kymi Valley* in south-eastern Finland. Between 1960 and 1970 the population of Kuusankoski increased from 21,380 to 22,242, but the number of Swedish-speaking inhabitants dropped from 380 to 270. The corresponding figures for Kouvola are 18,245—26,237 and 75—53.

The historical development of both towns begins with the founding of what is now Kymi Kymmene Ltd. in the 1870s in Kuusankoski. The expanding industry needed a railway station, and Kouvola was founded as a railway junction. Kouvola and Kuusankoski both grew into two busy towns. Kouvola is now the administrative center of the district and an important economic, administrative and cultural centre.

Kymi Kymmene Ltd. specializes in wood processing and is thus classified as heavy industry. It was founded with capital from south-western Finland and therefore used Swedish as the administrative language for nearly one hundred years.

The Swedish-speaking population of Kuusankoski forms its own small *minority* with contacts to the Swedish-speaking sections of the neighbouring communities through a common school and through social life. Naturally, it depends on definitions whether a group such as this, or the Swedish-speaking population in Finland as a whole, is considered to be a minority or not. Considering the fact that they are small in number and differ from the main part of the population because of their language and that they form a group with certain common activities and a sense of togetherness, they can be designated a minority.

The Swedish-speaking population in Kuusankoski has three kinds of activity: those in Swedish, in Finnish, and in both languages. The activities in Swedish center, first of all, around the Swedish-speaking school and around political activities in the Swedish-speaking People's Party. The party now has one representative on the Town Council, and it arranges the *Svenska Dagen*, the Swedish Day occasion in the Kymi Kymmene Staff Club.

The Swedes are also active in the parish having a Swedish church choir. There are at least two Swedish church services every year, and there is at least one Swedish-speaking person in the church administration.

Activities in both Finnish and Swedish include certain associations such as *Pohjola-Norden* and the Kymi Kymmene Staff Club with its two club houses in Kuusankoski. These clubs function as restaurants and meeting places organizing several occasions during the year.

The Swedish-speaking people in Kuusankoski are by no means outside Finnish activities in Kuusankoski. Several have taken part in politics, and one bilingual respondent is at the moment a Member of Parliament and chairman of his party. There have been and there are several Swedish-speaking persons on several municipal committees and in other civic positions. They also participate in many associations, in Reserve Officers' clubs, in the local parish work, the Boy and Girl Scouts, sports clubs, choirs and orchestras. They are also active in the Civic Institutes in Kuusankoski and in Kouvola.

1.4. The Method

The most important way of gathering the material was by using *the questionnaire* sent out in 1969. I have also *observed* Christmas customs by attending several occasions and have conducted *interviews* to discover the local and other history of the customs.

The basic population of respondents consisted of personnel from Kymi Kymmene Ltd. living in Kuusankoski. The company sent the questionnaire to all its staff in either Finnish or Swedish, depending on which language they had listed as their native tongue. These people formed the basic Swedish-speaking population and the contact group.

When it was discovered that there were Swedish-speaking people living in Kouvola and other surrounding communities having contacts with the Swedish-speaking population in Kuusankoski, the questionnaire was sent to them as well.

In addition to the contact group, a comparison group of Finnish-speaking people having no contacts with the basic Swedish-speaking population was considered necessary. These respondents, referred to as the 'Finns', were chosen from the local telephone directory so that their occupations corresponded with those belonging to the Kymi Kymmene Staff Club. Random sampling was applied. If these respondents stated in the questionnaire that they had contacts with the basic group, the 'Swedes', they were transferred to the contact group.

---

14 Rauhala 1966 pp. 212—241

Thus there were originally three groups: the 'S w e d e s', the c o n t a c t g r o u p, and the 'F i n n s'. When the questionnaires were returned, it became evident that there was also a fourth group, the b i l i n g u a l s . One of the questions in the questionnaire was whether the family used only Finnish or Swedish or both of these languages. If the respondent answered the last question in the affirmative or if the mother and the father spoke different languages, the family was considered to be bilingual.

After disregarding incomplete replies the groups comprised the following: the Swedes, 60; the Finns, 110; the contact group, 80; and the bilinguals, 30. The average percentage of answers was about 60 and the total number of answers, 280.

Nearly all the respondents belonged to the Evangelical-Lutheran c h u r c h . Their p l a c e s o f b i r t h are shown in maps 1 through 4.

T h e o c c u p a t i o n s formed a basic criterion in choosing the groups. Most respondents worked in a technical or commercial field.

According to s o c i a l c l a s s e s most respondents belonged to the first or second social class in Rauhala's three-class system.[14]

The a g e d i s t r i b u t i o n of the heads of the families shows that the Swedes were on the average about 10 years older than the others, which would seem to indicate a decrease in this group.

The s t a t i s t i c a l w o r k had to be done manually because the questionnaire included several open-end questions, which during the work proved to be very rewarding. In the chapter on the material each custom is presented with the help of s t a t i s t i c a l d i s t r i b u t i o n c i r c l e s, with a separate circle for each group. The result is given both in figures and in percentages together with the number of accepted answers. When talking about the differences between the language groups, the difference between the Finns and the Swedes is always referred to. This difference has been calculated, and it is considered relevant if the critical ratio is 2.58 or more, which means significance at a 1% level.

A custom is referred to as being c o m m o n, when a custom is practised by at least three quarters of the respondents. If practised by at least half of them, it is considered r a t h e r c o m m o n ; if by a quarter, r a t h e r r a r e. If less than a quarter practised it, it is referred to as r a r e.

The importance of four comparative groups is that if the Swedes were to portray some ethnic customs or if they were to have acquired a custom earlier than the Finns, the frequency of this custom ought to be significantly higher for them than for the Finns and most likely higher than for the bilinguals, who have received traditions from two directions. If the custom were more frequent with the contact group than with the Finns, it could be assumed that they had at least partly adopted the custom from the Swedes and that the custom be actually spreading within the community from the Swedes to the Finns.

H i s t o r i c a l s o u r c e s used include, above all, the large body of literature on the European Christmas. In addition, material was collected from archives, local histories, memoirs and biographies as well as from the p r e s s . Preliminary studies showed ladies magazines to be the best source of information. They were eleven in number, and all their back issues up until 1969 were studied. The oldest had started publication in 1903.

Christmas information in the press is by no means always true. However, it is not important for the readers what the history of a custom really is but what they consider its history to be. As soon as we define something as true, its consequences are true. Therefore the chapter on the history of Christmas customs has the title, 'Christmas truths and myths — Christmas history and folklore'. The history contains the facts discovered by scholars, the folklore the often lyrical features presented by the press.

2. The Christmas Drama
2.1.1. Act One — Anticipation of Christmas

The setting is different from that of Christmas itself. The drama is acted not only in but also outside the home.

The Hosanna Hymn composed by Vogler was rather common to all groups. It was either sung or played or listened to by 154 respondents. Most of them followed the Advent Sunday church service either on the radio or on television.

Lucia is a girl dressed in white, who appears on the morning of Lucia Day, December 13. Lucia appeared in ten Swedish and two bilingual families. (Pictures pp. 32—33 and 255—257) In addition to this, nine respondents said they had observed the customs earlier but had given it up when their daughters had grown up. None of the families in the Finnish or the contact group had a Lucia. One of the Lucias was a young wife, the others were daughters. Their ages differed from less than two years to 25 years. Lucia was always dressed in white, sometimes with a red belt, a candle crown (half of them), or a ribbon in her hair. Every Lucia had a real candle, though the baby's candle was not lit. The smaller ones were assisted by their mothers, the others by their brothers or sisters. With one exception the family sang when Lucia entered. The Lucias offered something to the family, usually tea or coffee. The ceremony took place early in the morning.

The Swedish school also had a Lucia, both on Lucia Day and at their Christmas party. Earlier Lucia had been one of the older girls, but since the 1960s, one of the smaller girls.

The making and buying of Christmas presents belongs to the most important of pre-Christmas activities. The questionnaire did not include questions referring to Christmas presents, as it was considered too intimate. Therefore the writing of an essay on, 'How we buy and make Christmas presents', was arranged in the Swedish school with its 50 students in nine classes.

It turned out that all the children received Christmas money from their parents. The children also made a lot themselves; the girls knitted, especially small, decorative hot pads and the boys covered coat hangers with plastic. Presents were also bought. The favorite present for the father was after-shave lotion, and for the mother, a candle.

Christmas food was consumed by almost half of the families even during the Advent season. Among the Swedes the custom was rather common, among the others, rather rare. This difference may be explained by the fact that many of the

---

[15] Seppänen 1962 p. 12

Swedish-speaking families attended the annual pre-Christmas party arranged by the Kymi Kymmene Staff Club. Many families ate Christmas food at home, more than half of them only once on the Eve of Advent Sunday. Most ate lutefish.

Two decorations were popular during the Advent season: a small Christmas tree (pictures p. 40 and p. 256) and Advent candles. By Advent candles is meant four candles usually placed in a special candlestick. The first candle is lit on the First Sunday in Advent; two candles are lit on the Second Sunday in Advent; on the Third Sunday, three, and on the Fourth Sunday and at Christmas all four candles are lit forming an oblique line due to the different times they had been burning (see picture p. 42 and p. 234). The custom was fairly common among the Swedes, and rare or rather rare among the other groups.

2.1.2. Act Two — Christmas
2.1.2.1. The Setting

The most important stage of this main act is the home, and thus the roles are those of family members and relatives. Everyone did not spend Christmas at home; some were abroad on holiday or visiting relatives, sometimes spending the whole Christmas season there.

Two public scenes were discovered. One was the church, where the Swedes were in particular attendance at the service. The service held on the afternoon of Christmas Eve is one of the few occasions during the year held in their own language, and by attending they participate as members of their own language group and small minority. (In Finland people usually attend church on the average not even twice a year.[15])

The other public stage is the cemetery. Candles are usually taken there by those whose relatives were buried there and by the Karelians, who take their candles to the Karelian cenotaph.

2.1.2.2. Manifestations

Remembering friends is important at Christmas. Less than half of the respondents, 128, paid personal visits to pay the compliments of the season to their friends either the day before Christmas Eve or even early on Christmas Eve. Those who could not be visited were also remembered either by sending them flowers, presents, Christmas cards or telegrams. Nearly all sent Christmas cards.

Christmas sauna proper used to mean custom of going to the sauna early on Christmas Eve, before the actual celebration of Christmas. In this respect the Finns were significantly more eager than the Swedes. Some also attended Christmas sauna parties at their friends' houses or at their grandparents'.

The devotional program in the home included reading the gospel; 72 homes followed this practice. This was a rare or rather rare custom in all groups but significantly more common with the Finns than with the Swedes. More Swedes, on the other hand, attended the Christmas service. In the homes, the gospel was usually read in the evening, either before or after the meal. This custom was also connected with children.

H y m n s were sung by 78 families. The Christmas hymn proper for the Finns was Luther's, 'Vom Himmel hoch'; for the Swedes, Wallin's 'Var hälsad sköna morgonstund'.

The devotional program also included Christmas c a r o l s , Christmas music, and watching or listening to television and radio programs mainly because the favourite programs turned out to be the Christmas service, Christmas music and so on. Practically all families had some program of this kind.

R e c e i v i n g t h e p r e s e n t s was the climax of Christmas for the children. We can distinguish three ways of distributing the presents. Firstly, there were many families visited by Santa Claus, who distributed the presents. Secondly, there were families not visited by Santa Claus who made believe that he had brought the presents. Thirdly, there were families without a Santa Claus, who distributed the presents in a variety of ways.

Santa Claus visiting a family in person and distributing the presents is a typically Finnish custom. The Finnish word "joulupukki" (Christmas goat; in Swedish j u l g u b b e or j u l b o c k) refers to a time when Father Christmas was associated with an animal shape. Santa Claus is usually a man, he is dressed in a fur coat and wears a paper mask. He actually comes to the house, and before distributing the presents he wants to know if the children have behaved well. (see pictures pp. 51, 53, 54, 56, 227–230)

About half of the families, 142, had a Santa Claus. Among the Swedes Santa Claus was rather rare, among the other groups, rather common. The explanation is twofold. First of all, the Swedish-speaking respondents were, on the average, 10 years older than the others, and so their children were also older. Second, the Santa Clauses to be hired in the community usually speak Finnish.

In 42 families a member of the family, usually the father, acted the role of Santa Claus; in 40 families the role was played by a friend or a neighbor. A hired Santa Claus visited 38 families. Practically all children under school-age believed in Santa Claus.

Usually Santa distributed the presents with the children dressed as little helpers, in Finnish called t o n t t u s . They are small gnome- or elf-like creatures with red pixie hats and they are believed to assist Santa in the making and delivering of the Christmas presents. The children usually sang for Santa Claus and in many cases they played ring games either with Santa or while waiting for him.

Seven families either pretended that Santa had brought the presents even if he did not make a visit in person, or otherwise played a similar game with t o n t t us.

T h e H a l l o w i n g o f C h r i s t m a s D a y in connection with the Finnish Christmas means the non-program of that day. Earlier the custom was that apart from going to church the day had to be spent at home. Only 213 respondents answered the question about proper and improper visiting times, and slightly less than half of those, 102, considered it improper to go visiting on Christmas Day.

A n i m a l s were also remembered. Domestic animals, dogs, cats, riding horses and even fish in aquaria were given food and presents. Food was also given to wild animals: to birds, squirrels and hares. It was common in all groups to offer s h e a v e s o f g r a i n to the birds. (see pictures pp. 141–142)

16 Wiegelmann 1971 p. 12

All respondents did not reply to the question about church attendance. On Christmas Eve, 1969, there was an afternoon service exclusively in Swedish both in Kouvola and in Kuusankoski. On Christmas Day the early service was held exclusively in Finnish. Among the Swedes, church attendance was common, among the Finns rather rare.

More than half, 159, visited the cemetery with the custom being common in the contact group, rather common with the Finns, but rather rare with the Swedes and the bilinguals. Nearly all those visiting a cemetery took one or several candles, flowers or a wreath with them. Of those who had no relatives buried there, 22 nevertheless visited the cemetery. They attended the cemetery ceremonies in Kouvola or took their candles to the cenotaph in memory of those buried in Karelia. Very few of the Swedes had relatives buried in this part of the country.

Since 1957 the commissioned and non-commissioned officers have arranged a torchlight procession early in the evening of Christmas Eve through the town to Kouvola Cemetery. Thousands of candles are burning on the graves, the Army Brass Band is playing, and there are sermons and hymns. (picture p. 63)

Christmas food is actually the same as Christmas dinner, because most families concentrate on that one huge meal rather ignoring the other meals and not preparing anything special for those. Christmas dinner can be studied as one entity, like Wiegelmann proposes,[16] including the food and the drinks as well as the setting, the time and the place. All Christmas coffee breaks are also included under this one heading. (pictures pp. 66, 145, 146, 149, 151).

Based on the number of meals eaten on Christmas Eve the families can be divided into three groups. There were 72 families who ate only one meal, Christmas dinner, on Christmas Eve. 92 other families likewise had only one proper Christmas meal, but in addition to that they also had another, everyday-type meal. The third group of families, 95 in number, were those who had divided the different courses into two or more meals.

Christmas meals were attended by the families and their relatives.

218 families had a special table cloth for Christmas. (pictures pp. 68, 131) They were different in color, with white or red being the most common colors. This custom was significantly more common with the Swedes. A table runner was used in 191 families. It was thus common or rather common with no significant differences between the groups. Flowers and candles appeared as decorations on nearly all tables.

Lutefish was eaten by 190 families. It was either common or rather common as a Christmas dish with no significant differences between the groups.

Christmas porridge was common in all groups with no significant differences. Porridge was sometimes served as the first dish, or even at breakfast, sometimes as a dessert. It was usually eaten with sugar, cinnamon and milk.

There were two kinds of Christmas porridge, cooked and baked. Baked porridge was significantly more common with the Finns. Most of these families were from the Kymi Valley or from Karelia, that is from south-eastern Finland.

Usually one or several almonds were hidden in the porridge. In most of these cases it was considered to bring good luck to the finder, either marriage or a baby, just good luck in general or a happy new year. In five families the finder of the almonds had to coin a poem, and in one family the fate of the finder was rather grim: he or she had to do the Christmas dishes.

A smorgasbord in one form or other was served by 217 families. It was common or rather common, and there was no significant difference among the groups. The fish included herring in various forms, salted salmon, whitefish and roe; the meat included sausages, cold cuts and liver paste.

The main dish was of course ham (picture p. 159), eaten by 262 families, while the others ate lutefish, salmon, fillet of pork, and turkey.

Several casseroles were served either with the ham or with the smorgasbord. By far the most popular casserole was made from turnips, common to all groups with no significant difference among the groups. All other casseroles were either rare or rather rare.

The most common drinks were beer, red wine and milk. Schnapps was rare with the Finns, rather rare with the bilinguals, but rather common with the Swedes. A special spiced wine, glögi (in Swedish glögg), made of hot red wine with nuts, raisins and a variety of spices, was drunk by nearly half of the respondents, 138. The difference among the groups was very significant. (picture p. 209)

Pastries were served with coffee: special Karelian pastries, salty with a rice filling, tarts (252), sweet rolls (215) and cookies (189). Nearly all served candy (pictures pp. 81—82, 84—85, 164, 168, 170, 172).

The most important Christmas decoration was the Christmas tree. Everyone had one, even those who did not spend Christmas at home. It was usually fir tree. All Christmas trees were real trees. (pictures pp. 86—87, 174—177, 179—182, 186—188)

The most important Christmas tree decorations were candles. There were only six trees not having candles. The candles were of two types: electric or real, and some had both. The Swedes had electric candles significantly more often than the Finns, and the electric candles were illuminated significantly more often than the real ones.

Of the other decorations, the star at the top of the tree, the Star of Bethlehem, was the most important. Home-made decorations were in abundance, especially in families with children. The most popular motifs were balls and glittering ribbons, also gnomes, candy and flags.

Candles were almost as important as Christmas itself. Many said they had 'dozens of candles', often made at home. (pictures pp. 91, 197, 214)

All but one of the families had flowers, usually tulips, hyacinths and poinsettias. (pictures pp. 92—93, 190, 192)

A door decoration was used by 180 respondents. It was a rather common or common decoration, significantly more popular with the Swedes, who had also adopted it earlier than the Finns. It was most often a wreath, a gnome, or a twig. (pictures pp. 98—99, 211)

Tro, hopp och kärlek (Faith, Hope and Charity) is a rare, but beautiful window decoration in three sections: a cross symbolizing Faith, an anchor of Hope and a heart of Charity. Only five respondents had this decoration and they were all from Pietarsaari, a sea-side town in western Finland. (pictures pp. 101, 263)

Himmeli was the most common *hanging decoration* (see pictures pp. 107—108, 236, 238). It is made of straw and hangs from the ceiling. 120 respondents had it and it was significantly more popular with the Finns.

Of the *himmelis* 110 had a traditional, geometric design, and 16 were special design *himmelis*. 33 families had made their *himmeli* themselves, often seeing the design in a ladies magazine.

2.1.3. Act Three — From Christmas Day until the End of Christmas.

2.1.3.1. The Setting

In one sense of the word, the stage is now the same ast for the previous act. The setting, however, is different because the roles have changed. Before Christmas we were meeting our colleagues, at Christmas we were very markedly members of our own families, and now in act three, we are spending time with those we like to meet most, our friends.

On New Year's Day there were five official occasions in the community in which those invited wished each other a Happy New Year. For many of the members of this community, Twelfth Night means a dance at the Kymi Kymmene Staff Club.

2.1.3.2. Manifestations

Most of the days in this period were of course ordinary week-days, but at the same time they were party-giving days: 190 respondents attended a party or acted as hosts to a party during this period. In *celebrating New Year* differences were noticed: 149 attended a New Year party (picture p. 125), 114 spent New Year's Eve at home without guests. Public festivities were attended by 94 respondents (picture p. 126), 17 attended church, and eight left the partying for the others and went to bed early.

Whether at home or at a party, there were various activities, of which *the pouring of molten lead* (pictures pp. 125, 213—214) into cold water was the most common. This custom was observed by nearly all the Swedes, and the difference among the groups is very significant. The shadow thrown on the wall by the lead is believed to predict what the following year will be like. The radio was listened to by 110 respondents, significantly more often by the Swedes, which may be due to the fact that the New Year party in the community was Finnish and was usually attended only by Finns. With regard to television there was no significant difference. It was watched by 143 respondents, and the most favourite program was 'Peyton Place'; many watched it even though attending a party.

Two ceremonies were connected with New Year. One was a midnight toast (picture p. 132), significantly more common with the Swedes; the other, a New Year's kiss, also favoured by the Swedes (picture p. 125).

I consider Christmas to be over, when the Christmas decorations, especially the Christmas tree, are put away. A large proportion of the families did not do this until January 13, St. Knut's Day.

229 respondents described what they had been eating between Christmas and New Year. Most had been having leftovers and there was no significant difference among the groups. 42 families said that they had 'lighter meals'.

275 described their New Year meals and of those, 213 had eaten Christmas dishes. There was no significant difference among the groups.

The Christmas drama was usually d i r e c t e d by the mother.

Most respondents denied t h e i n f l u e n c e o f t h e c o m m u n i t y on their Christmas customs. They considered their customs to date back to their childhood homes. Several changes had been observed. The actual amount of food had become smaller or at least attempts in that direction had been made. The fuss had also decreased.

2.2. Christmas Truths and Myths — Christmas History and Folklore

In this chapter the history of Christmas will not be discussed in a traditional order but rather in an order based on the material. The aim is to account for the occurrences of a custom in Finnish homes of peasant and higher social rank in the 19th century.

2.2.1. Common Christmas Customs

2.2.1.1. Common Customs Common to Both Language Groups

Finns of higher rank had C h r i s t m a s p r e s e n t s as early as the 18th century, but among the peasants this custom took longer to appear. The press has promoted this custom from the beginning stating that it is important to bring joy to others. Home-made presents have also received support.

C h r i s t m a s c a r d s first appeared in Finland in 1871.

T h e r e m e m b e r i n g o f a n i m a l s has been a rural custom. A sheaf of grain for the birds has been placed outside the house both by farmers and estate owners. According to the press this was a receding custom in the 1910s and 1920s because it had to be promoted. The press has seen this custom as an indication of love for animals, a symbol of Christianity, and an old tradition handed down to us from our forefathers.

C h r i s t m a s d i n n e r has not been so abundant earlier in Finland as in many other countries, especially not in rural areas. In the press the word 'tradition' was a very positive entity in pre-war times when discussing the Christmas dinner. The wars caused a lot of changes. There was a shortage of most products. This shortage was, however, also observed as something positive in that it diminished the difference between rich and poor.

After tha wars, in 1949, the idea arose of decreasing the senseless amount of overeating. Healthier foods, opposition to overweight, methods for reducing the number of dishes, etc. were discussed.

T h e t a b l e, even at Christmas, was not specially set in the peasant homes. The higher social classes set their tables with their finest china and silver. In the pre-war period t h e t a b l e c l o t h was in the press always white at Christmas. The most important factor was not that the table cloth was particularly beautiful or fine, but rather that the same traditional cloth was always used.

Since the 1920s the press has favoured a table runner. The wars brought an innovation, a paper table cloth, now large and covering the whole table. Thus a large table cloth had been introduced in Finland, and as early as the 1940s the press started promoting a hand-made and hand-decorated table cloth. The 1950s saw another innovation: a large, colored table cloth, with its red color usually referred to as 'Christmas red'.

P o r r i d g e had been a common Christmas dish in all social classes. In eastern Finland people seem to have eaten Karelian pastries instead of porridge. The consumption of porridge has not been specially promoted by the press. Sometimes, however, it has been poetically referred to as a 'long-lived tradition', sometimes hated as a source of plentiful calories.

L u t e f i s h seems to have been the most important Christmas dish among the higher social classes in Finland in the early 19th century, and it has been eaten also in peasant homes, although there are also references, according to which it first appeared at the beginning or even at the end of the 19th century. The press has usually considered lutefish a fasting food dating back to the Middle Ages.

T h e s m o r g a s b o r d first appeared in a Finnish cook book in 1849 as a 'standing' table setting. At least around the turn of the century it was part of Christmas among the higher social classes. The peasants have had several dishes that now belong to the smorgasbord. These have been presented in the press time and again. The dishes were to be prepared according to recipes inherited from the grandmother.

It is certain that ham was not common as a Christmas dish with the Finnish peasants or the higher social classes at the beginning of the 19th century. According to the press, ham is a Nordic tradition even a feast dish dating back to the Vikings. In the pre-war era it 'crowned' the Christmas dinner. Since 1951 the press has been asking people to consider whether ham is really necessary.

Christmas b a k i n g a n d p a s t r y m a k i n g consisted only of bread among the Finnish peasants of the 19th century. The higher social classes, for their part, had several kinds of pastries. These have often been presented in the press. It has been considered important that children have been allowed to participate in the pastry making. Another theme is the smell. The fun of baking has also been stressed. A good housewife did not submit to the temptation of serving 'bought' pastries to her family. She also had to use grandmother's recipes, they were 'the best'. Since 1950 a reduction in the number of pastries was also promoted.

C a n d y has been part of Christmas in a manor house ever since the 1820s. The peasants did not have candy. The press has used unproportionally much space on the subject of candy, stressing the importance of making it yourself. This has been seen as a way of uniting the family. At first, housewives were enticed into making candy by being told how much cheaper it would be. Later on, when it did not turn out to be cheaper, other, more important, values were stressed.

T h e C h r i s t m a s t r e e was most likely introduced into Finland at the beginning of the 19th century, and since 1860 it started spreading to the peasants. Schools played an important part in its introduction. This spreading has been both favoured and opposed for religious reasons.

C h r i s t m a s t r e e d e c o r a t i o n s among the peasants were at first homemade, often of paper. The higher social classes also favoured homemade decorations.

According to Weiser-Aall the first outdoor Christmas tree appeared in New York in 1912[17], and the Christmas tree in the Cathedral Square in Helsinki in 1930 has usually been considered the oldest outdoor Christmas tree in Finland.[18] However, I have been able to find two older trees. In the Hämeenlinna market-place they had a Christmas tree in 1929 and one in Pietarsaari market-place in 1906 and 1907. These Pietarsaari trees are probably the oldest outdoor Christmas trees in the whole world. The town of Pietarsaari had erected the tree in honour of the new Electricity Board. At the same time the old and familiar custom of illuminated outdoor decorations of the type 'Faith, Hope and Charity' was discontinued, which aroused considerable opposition and in 1908 the town council had to submit to the majority will. The old decorations were used again but not the tree.

In the 1920s the press opposed the 'horrible' innovation, electric candles. The 1960s again brought an innovation. An outdoor Christmas tree was recommended for private homes and even apartment balconies, by saying how much joy they would bring even to a passer-by. Also electric candles were now in favour, because they were safe and cheap to use.

The history of Christmas flowers in Finland starts in 1879, when a florist's displayed a blooming hyacinth in its window. Hyacinths and tulips used to be the most popular Christmas flowers, and hyacinths have actually retained their position while tulips have had to yield theirs to poinsettias, in Finnish called Christmas Stars. These became a success in 1968. These three are the most common Christmas flowers in Finland.

The press has always favoured Christmas flowers. The poinsettia was introduced as an innovation in 1930, when it had already received its name referring to Christmas. However, it was not promoted very strongly until the 1960s. Because of its Finnish name it is used very little outside the Christmas season, and the florists have in vain tried to have its name changed to "lucky star" or poinsettia. It is the Christmas Star and it belongs to Christmas.

According to the press, flowers are 'a must' at Christmas. Flowers or one flower with candles appear as Christmas symbols in the press, even as symbols of the Finnish Christmas.

Candles have been part of the Finnish Christmas in the 19th century both among peasants and among the higher classes. Since the 1920s the press has written a lot about candles as a symbol of the Christmas message and as part of our 'western heritage'.

Since the 1930s the press has stressed that the 'modern busy human being' needs the atmosphere created by candles. According to the press, the rush was only becoming worse in the 1960s and so there was now even more of a need for candles. Paradoxically the same magazines suggested in the 1960s that the candles ought to be home-made.

Also straw was used in the Finnish peasant homes, although it disappeared almost completely around the end of the 19th century, but in the press we can observe how Finland experienced its straw renaissance since the 1930s. Various figures made of straw were also promoted, representing 'the Christmas tradition dear to the Finns' and 'bringing to mind Christ as a baby'.

17 Weiser-Aall 1953 p. 46

18 Vilkuna 1969 p. 308

19 Nikander 1938

20 Rehnberg 1965 pp. 63 and 66

The favourite Christmas figure, *the gnome*, is related to the Swedish *tomte* and the Danish *nisse*. A Christmas gnome first appeared in Finland in 1881 and in the press at the beginning of this century. At times it has been discouraged as a foreign custom, at times favoured as a symbol of everything positive and traditional, of Christmas itself and even as an 'age-old' symbol.

2.2.1.2. Common Customs, More Favoured by the Swedes

The Christmas *church service* has, traditionally, been very early in the morning, sometimes as early as 4.00 a.m. in Finland. At least since the 1880s in towns, there has been another service held on the afternoon of Christmas Eve. The press has reminisced with sadness about the Christmas service as a sweet childhood experience and recommended that people also take their children to church at Christmas. Christmas church services are part of the Finnish Christmas tradition.

Spiced wine was unknown in the 19th century both among the peasants and among the higher classes. It is an innovation from Sweden.

The *door decorations* are supposed to have their origin in the United States. They were first introduced by the Finnish press in 1954, and they have consequently appeared in many different shapes and forms. According to the press their purpose is to wish a merry Christmas to passers-by.

Pouring molten lead into cold water appeared in Finland as a Christmas custom most likely at the beginning of the 18th century according to Nikander.[19] It was a custom observed by both peasants and the higher classes.

New Year's toasts are a common refined European custom that has appeared among the higher social classes in Finland during the 18th century. When Finland became part of Russia, their New Year's custom, toasts, promoted this older custom.

2.2.1.3. Common Customs, More Favoured by the Finns

These include three customs: the Christmas sauna, visiting the cemetery, and the idea of Christmas ending on Twelfth Night.

In addition to Christmas dinner, *the Christmas sauna* has been the most important event in the Finnish peasant Christmas, while it has not been part of Christmas with the higher social classes.

The sauna had to be early on Christmas Eve. Later on people believed that the spirits of deceased family members also came to the sauna.

The press has expressed various opinions about the Christmas sauna. It has been considered a peasant custom, and desribed in a very romantic way as a custom most missed by a Finn who has to spend his Christmas abroad.

Candles on the graves are an old European custom, studied by Rehnberg also in Finland. The custom appeared earlier and in a more intensive way in Finland than in the other Nordic countries. It has been spread by the higher social classes.[20]

In Kouvola this custom is associated with the torchlight procession arranged by the Reserve Officers Club. This custom started in Kouvola in 1957 at the suggestion of the corresponding Reserve Officers Club in Lappeenranta, a town east of Kouvola.

2.2.2. Rather Common Christmas Customs
2.2.2.1. Rather Common Customs Common to Both Language Groups

The H o s a n n a h y m n inseparably associated in Finland with the First Sunday in Advent was composed by the German abbot Vogler (1749—1814). The press has both adored and criticized the hymn. It has been called "the joyful prelude to Christmas", but also denounced as romantic worldly music. It is assumed that it became part of the Finnish Christmas because its composer worked in Stockholm from 1786 until 1799 as a Royal conductor, and thus he is in a way considered to be a native.

In Finland S a n t a C l a u s, in Finnish j o u l u p u k k i (Christmas goat), brings the Christmas presents. It has received its Finnish name from a pageant figure with big horns, a whisk as a beard and wooden spoons as his ears wearing a fur coat inside out, which hopped about scaring children and amusing adults. This previous conception of Santa Claus did not represent the bearer of Christmas gifts to the peasants; on the contrary — he was out to get a drink or two for himself! However, he also appeared in finer homes in the 19th century. In the 1880s the idea of the German W e i h n a c h t s m a n n, a large figure bearing presents, was introduced in Finland, and so the old figure had to give way to this more conventional form of St. Nicholas. Nevertheless, it retained its old title 'joulupukki'.

The home of Santa Claus, at least of this more modern version, is supposed to be Lapland, at least since the 1920s. The press has always had a very favourable attitude towards Santa Claus. He is considered to have a very fine family lineage, and to be related to the American Santa. He is the symbol of "the joy of giving".

2.2.2.2. Rather Common Customs, More Favoured by the Swedes

These included Advent candles and the schnapps.

2.2.2.3. A Rather Common Custom More Favoured by the Finns — the Himmeli

T h e h i m m e l i has appeared as a festive decoration also elsewhere in Europe. In Finland it has specifically been a Christmas decoration. Is has supposedly got its name from a more complicated ornament with various kinds of cloths hanging above a table and with a crown of straw in the middle. This whole device was called a h i m m e l i, and little by little the cloths were left out and the name transferred to the crown of straw.

The h i m m e l i started losing its popularity in the 1870s as the Christmas tree began to replace it. It was referred to in the press in the past tense in the 1920s and 1930s.

In 1936 the Swedish Martta-association started a campaign to promote the use of the h i m m e l i and other decorations made of straw. In 1940 Finnish magazines started promoting it, and strangely enough the Swedish magazines almost stopped writing about it. In the 1950s the press began to include pictures of fanciful design-h i m m e l is and their instructions created by various artists.

When promoting the h i m m e l i, the press has used expressions such as "our old traditional decoration", "real Finnish Christmas atmosphere", etc.

2.2.3. Rather Rare Customs

2.2.3.1. Rather Rare Customs Common to Both Groups

These included ring dances, only one Christmas meal, a decoration made of cookies in the form of a house, a gingerbread house.

2.2.3.2. Rather Rare Customs More Favoured by the Swedes

These included a star in the window, and a Christmas crown.

2.2.3.3. Rather Rare Customs, More Favoured by the Finns

Religious activities, reading the Bible, singing hymns etc; eating casseroles.

2.2.4. Rare Customs

2.2.4.1. Rare Customs Common to Both Groups

A pre-Christmas tree, New Year magic and d o p p i g r y t a n, dipping bread into the fat that melts when baking ham.

2.2.4.2. Rare Customs, More Favoured by the Swedes

The L u c i a custom has come to Finland from Sweden. It has been explained by Lönnqvist.[21] In Finland the custom has three levels. There has been the old school tradition with decorative lights on Lucia Day, December 13, and the beggar processions of the star boys. Secondly, at the turn of the century the custom of a Lucia in the schools and in the homes with her tray of coffee was adopted from Sweden. Thirdly, since 1930 there have been more or less official Lucia beauty contests, both local and national.[21]

The press has often commented on this custom and it has been promoted by the Swedish-speaking press. Lucia is a goddess of light, treated very favourably by the press.

These customs also included t h e t u r k e y, t h e m a n g e r and the decoration, F a i t h, H o p e a n d C h a r i t y, which is a local decoration from the town of Pietarsaari, first used supposedly in the 1840s. In the 1850s it may already have had the three parts, and it had received its present name reminding us of the three cardinal Christian virtues, even if the parts at that time consisted of one anchor and two crosses. Its occurrence in Pietarsaari is most likely connected with the town's glorious past as a seafarers' town.

2.2.4.3. Rare Customs, More Favoured by the Finns

Crosses, especially made from wood shavings, other decorations made of straw, sleigh rides on Boxing Day.

---

[21] Lönnqvist 1972 a) p. 50

3. The Character of Christmas
3.1. Ethnic Features
3.1.1. Customs Peculiar to Language Groups
3.1.1.1. Swedish Customs

There were only two customs displaying q u a l i t a t i v e d i f f e r e n c e s as compared with the Finnish customs: Faith, Hope and Charity; and Lucia. The former is one of local, not of language, tradition, whereas Lucia undoubtedly is a language-specific custom, a symbol of Swedishness, not only associated with the Swedes in Finland, but basically a custom from Sweden. Therefore it can be called a Swedish ethnic custom.

Q u a n t i t a t i v e d i f f e r e n c e s were much more numerous, and they have been collected in table 4, which indicates whether a custom belonged to the Christmas of peasants or higher social classes or both in the 19th century or whether it was an innovation.

The Swedish-speaking families had only one custom, the schnapps which originated with the peasants. The custom of drinking a toast at midnight on New Year's Eve has its origin in the Christmas of the hihger social classes. New Year's kisses, which do not appear in table 4, might also be a custom with a higher-class origin, dating back to old court customs.

In the 19th century both language groups similarly favoured going to church and pouring molten lead, customs now more favoured by the Swedes. The reasons for the Swedes attending church are self-evident: the service on Christmas Eve is one of the few occasions in the community held in Swedish, and it would not be arranged if people stopped attending. The custom of pouring molten lead is supposed to show the greater conservatism of the Swedes.

Innovations include nine customs, favoured by the Swedes. Many of these have clearly come to Finland through Sweden, which means that the Swedish-speaking Finns still seem to act as intermediaries adopting customs from Sweden and passing them on to Finnish-speaking Finns.

3.1.1.2. Finnish Customs

The Finns had no q u a l i t a t i v e d i f f e r e n c e s compared with the Swedes. However, there were several q u a n t i t a t i v e d i f f e r e n c e s . No custom could be traced to the Christmas of the higher social classes; reading the Bible and singing hymns can be considered a common tradition. Their popularity among the Finns may be due to the fact that they went to church more seldom than the Swedes. The visit to the cemetery, for its part, is only one of the manifestations of the devotional program at Christmas, one especially favoured by the inhabitants of Kouvola, where the festivities are especially grand.

The differences were clearly outweighed by the s i m i l a r i t i e s. The table shows that these most often go back to traditions common among both peasants and

---

[22] Valonen 1974 pp. 444—475

the higher social classes; so in 10 cases. Eight customs come from the higher social classes and four from the peasants. Nineteen customs are innovations.

3.1.2. Differences Due to Other Than Language Factors

Faith, Hope and Charity turned out to be a decoration connected with the respondent's former place of abode, and it was not the only one of this kind.

In Finnish ethnology, the East-West line often coinciding with the national border has proved to be of importance, as Valonen has proved.[22] The difference between East and West is evident also in the answers of the respondents, especially with reference to the Christmas dinner. Karelian pastries were typically eastern Finnish.

Casseroles, other than that made of turnips, which was common to all irrespective of their places of birth, were a custom of western Finnish origin. The most interesting feature was baked porridge. Most of those eating it were from Karelia or the Kymi Valley. By comparing their places of birth with the information about baked porridge available in the archives and in the literature, one comes to the conclusion that this might be a custom coinciding with the Peace Treaty of Pähkinäsaari (in 1323) so that this type of porridge would have been common only in the rather wide no-man's land, south-west of which people ate cooked porridge and north-east of which they ate pastries.

According to the respondents themselves they had not acquired any customs typical of the Kymi Valley. The influence of Kuusankoski and Kouvola is more evident especially that of the Kymi Kymmene Staff Club, the common pre-Christmas party for the whole family, gathering together to wish each other a Happy New Year, and the Twelfth Night dance. The Swedish-speaking Christmas in Kuusankoski also includes the Christmas party with its mini-Lucia held at the Swedish-speaking school.

Kouvola for its part has created a very impressive ceremony at the cemetery in honor of the war casualties and the official New Year events.

The transmission of ethnic customs from one group to another was one of the basic questions in this research. It can be noticed that real ethnic features such as Lucia and 'Faith, Hope and Charity' do not move across the ethnic boundary at least not as long as the custom is understood as strictly specific of a certain group. Less restricted customs may be transmitted.

Customs moving from one language group to another could be found. There are several fashionable customs first appearing among the Swedes and consequently being passed on to the Finns. One example is the door decoration. Spiced wine is also one of these customs. H i m m e l i , on the other hand, seems to have moved from the Finns to the Swedes, and most of the Swedish-speaking respondents felt it to be a "Finnish" custom.

3.2. Transmission Routes

The answers showed several rather detailed routes of transmission. First of all, the influence of t h e m a s s m e d i a should be mentioned. There were many customs actually created by the mass media or sustained by them. The radio and television had also changed earlier customs. A televised service had e.g. taken the place of a real service.

Annually the press gives a lot of information about Christmas customs attempting at the same time to change Christmas in the direction it considers best. The material demonstrates that with its propaganda the press is not able to bring about changes unless the people are ready for that particular change. H i m m e l i and the manger can serve as examples of this. Both have been propagated to an equal extent and the h i m m e l i was widely adopted, whereas the manger was not.

One change can most likely be traced back to changes in the press itself, and that is the colors gaining ground in Christmas. When printing technology was still undeveloped and the pictures or drawings were in black and white, the Christmas table cloth was always white. With color pictures becoming more and more common, "Christmas red" and other colors became more popular at Christmas.

In the Christmas propaganda in the press certain themes can be observed. A general theme has been haste and hurry. When did it start in Finland? In 1906 "the new era with its feverish haste invaded our country" and it seems to have come here to stay.

Another important theme is the opposition against secularization and commercialization. These concepts have been very common in the press since the 1950s. Especially in the 1960s there is a lot of praise for a home-made Christmas.

The above-mentioned can be classified as open propaganda, but presupposition already looms in the air. The press creates for all its readers a collective myth, a grandmother, whose Christmas was free from haste and commercialism.

The C o m m e r c i a l C h r i s t m a s also had en effect on the respondents and their Christmas customs. Otherwise the answers show a surprising tendency to make more and more at home and thus move into a non-commercial Christmas. It is possible that home-made objects are valued by a group like this, because they make the Christmas season different from the other times of the year.

Bazaar sales, however, are not part of a commercial Christmas. They are closer to p e r s o n a l i n f l u e n c e. People do not attend them to buy something specific, like at a store, but to buy something from a certain club or association or from people they know.

Personal influence is, nevertheless, the most important transmission mechanism for Christmas customs. Most important is the vertical influence and second comes the horizontal influence. Schools especially played an important part as well as several ladies' clubs, and so did relatives, friends, and colleagues.

3.3. Analysis of the Christmas Play
3.3.1. Christmas Motives or Occasions

Christmas customs are influence by several occasions. It is a n o f f i c i a l e v e n t, found in the calendar, and it comes no matter whether a person wants it or not.

One's h o m e a n d i t s s i z e have their influence. E c o n o m i c f a c t o r s influence Christmas to a large degree. A rich person can plan a Christmas different from that of a poor person. Christmas is not tied to one's needs, but to one's way of life, consumption level and standard of living. Duncan describes tact as a social virtue.[23] T a c t sometimes forces us to accept a certain Christmas decoration and to use it year after year.

The institution of Christmas presents is half obligatory, which many respondents had tried to reduce, but they still had to give presents to their employees and bosses as well as to friends and relatives. According to Duncan the Christmas present institution is a very important part of Christmas. Giving a present creates ideas and feelings which sustain the organization of the family and of society.[24]

The a g e of the families is often more important than the language group or place of birth. There were numerous customs that were common in families with small children but which were discontinued when the children grew up. The adults also had customs specific to them.

There were several instances of f a s h i o n and t r a d i t i o n in the answers. The difference between these two is only one of degree. Both have to pass the same test, our set of values, before we are ready to accept either one of them as part of our Christmas. They have to be in accordance with the leading image that we have of Christmas — the Leitbild, to use a term borrowed from Weber-Kellermann.[25] However, it seems likely that the test is easier for a tradition than it is for a fashion.

As an example we can consider the outdoor Christmas tree. It is evident that it was coined independently in two places — in New York, where it was introduced by Mrs. Heresford in 1912, and in Pietarsaari, where it appeared in the market-place in 1906. Those people in Pietarsaari who put up the tree did so in order to replace the old decorations, but this was not accepted and the townspeople demanded their return and wanted to be rid of the hated new tree. Mrs. Heresford, on the other hand, did not cause any discontinuance in the old customs and her tree was seen and liked, and so it created a new fad. The innovation in Pietarsaari died a quick death to appear again considerably later, and then only alongside the old decorations and not in their place.

Thus we can see that whosoever wants to manipulate the symbols of society had better not remove old ones and replace them by new ones. It is better to add and not to replace.

Our values dictate whether we accept or reject customs. However, values do not mean the same to everybody. There are the pioneers, who introduce a custom, and there are the followers for whom it may only be a question of a fashionable decoration, adopted because everyone else has adopted it. Thus the value behind a custom may also change.

3.3.2. The Values Behind Christmas

Christmas scholars, both ethnologists and theologians, have tried to d e c o d e the values behind Christmas customs. Sometimes this is carried as far as by Kyhlberg, who saw in the cross form of the Christmas tree stand a symbol of the cross of

---

23 Duncan 1972 pp. 118—119
24 Duncan 1972 p. 181
25 Weber-Kellermann 1966 p. 25

Christ.[26] An ordinary person hardly experiences his Christmas decorations so symbolically and it is natural to consider the reason for the shape of the Christmas tree stand to be a much more practical one.

Yet, there are decorations whose shape denotes their inherent value. For example the manger, stars, bells and crosses are by virtue of their shape religious symbols. There are also several decorations that belong to the world of fairy tales such as the ginger bread house. A third group is formed by decorations connected with the winter, with snow and ice. A fourth group is formed by folkloristic decorations, those made of straw, for instance.

However, we can go even further, when we begin to e n c o d e the values and to see how they are portrayed in Christmas.

Several h e d o n i c v a l u e s appear in Christmas in the form of good tastes, smells, and even of alcohol, a drug, although the reasons behind the use of alcohol may of course be more complex.

V i t a l i c v a l u e s are a very important group of values in the everyday life of the respondents. During Christmas only the tendency to eat less can be considered a vitalic value.

Values of m e n t a l h e a l t h are part of vitalic values. In a sense, all amusement and removal of stress aims at mental health values and in this sense of the word the whole of Christmas can be said to be built around these values.

Many features of Christmas belong to a e s t h e t i c v a l u e s. It is quite another matter whether the homes really become more esthetic with all the decorations.

R e l i g i o u s v a l u e s had their place in the Christmas of nearly all the respondents. It can, however, not be denied that Finnish life has experienced secularization. For most of the respondents Christmas seemed to be the only religious festival during the year.

Among c o m p l e x v a l u e s, those c r e a t i n g a n d s u s t a i n i n g i d e n t i t y seem to stand out most clearly. The uniformity of the family was emphasized in many ways, and so was friendship and comradeship.

S o c i a l h i e r a r c h y was also communicated. On New Year's Day people gathered together to wish each other a Happy New Year not as friends but as employers and employees. We communicate the complex social hierarchy also with the complex system of giving and receiving presents.

Also patriotic and nationalistic values were found. One's home country equals a state.[27] Thus p a t r i o t i c v a l u e s are common to all citizens irrespective of the language they speak. In Christmas these values are portrayed through honouring the heroes of the wars and the national flag.

N a t i o n a l i s t i c v a l u e s are most evident in the case of the Swedish-speaking respondents. They feel not only that they are citizens of Finland but also that they are members of their own language group, Swedish Finns. These nationalistic values are communicated by them in several ways at Christmas time.

Finnish-speaking Finns also communicate nationalistic values. H i m m e l i is an "old Finnish decoration" and a clearly nationalistic symbol. These Finns do not

---

26 Kyhlberg 1934 p. 201
27 Klinge 1975 p. 32

feel that they are part of a language group and they do not emphasize the features that distinguish them from the Swedish-speaking Finns. Yet they avoid those customs that clearly communicate Swedish nationalistic values, such as the Lucia. The sauna is favoured by both groups, though more by the Finns, and it may be partly a patriotic, partly a nationalistic symbol.

L o c a l a n d d i s t r i c t v a l u e s are often difficult to distinguish from family values. By eating bread typical of our home community we can stress our belonging to that area, to the district, to our family. The food culture displays local differences most clearly. The most marked instance of local pride was the decoration 'Faith, Hope and Charity' typical of those from Pietarsaari.

Values connected with western culture are communicated. We Finns are part of the w e s t e r n c u l t u r e, which geographically is not self-evident. This is also displayed in many of our Christmas customs. The majority of our customs have come from the West, usually from Germany and often through Sweden.

To summarize the values creating and sustaining identity we can note that we communicate all the complex values mentioned above first of all to the new generation. At the same time we sustain our own identity. In the case of some of the values, Christmas is nearly the only time in the year that they appear.

Christmas customs create an especially positive, happy atmosphere making it easy to pass on a tradition.

Duncan has analysed the American Christmas and he describes it in all its cruelty as a "plutocratic drama".[28] In the Christmas of the respondents there are several commercial features, but the other features are, nevertheless, much more important. It is even to be noticed that time, normally valued above all else, was actually spent lavishingly on very ineffective work.

According to Duncan we, at Christmas, break the chains of position and status, and for a day we are brothers and sisters in joy.[29] This is not true here. At Christmas and through our presents we are brothers and sisters for those who are our brothers and sisters also at other times. But we do not become the brothers and sisters of those above or below us in the social hierarchy. On the contrary, we communicate that hierarchy through our presents.

F r o m t h e p o i n t o f v i e w o f s o c i e t y Christmas values belong to emotional values. Christmas is a conservative occasion, emphasizing social values. It sustains society and does not change it even in a positive way.

T h e d i r e c t o r s of the Christmas drama are important because of the powerful symbols connected with it. The answers showed that it was most often the mother who was most in charge of the drama at home. Also other members of the family, such as the grandparents, as well as friends, neighbours and colleagues, had their influence. The children brought home from school not only decorations they had made but also new customs, and many associations had an important role to play.

B u s i n e s s l i f e influenced the Christmas of individuals in many ways, congregations had their own events and so did the communities especially at New Year. T h e g o v e r n m e n t had its role to play through the radio and

---

28 Duncan 1962 pp. 265, 358—359; 1972 p. 133

29 Duncan 1972 p. 181

television. (The Finnish Broadcasting Company is responsible to a Board of Directors appointed by Parliament.)

Throughout we can also see how strongly the press has influenced the customs not only by giving instructions but also by introducing attitudes and sustaining them. The press also shows how the motivations have changed.

3.3.5. "Das soziale Leitbild"

When analysing fashion Weber-Kellermann has used the term Leitbild. She uses it to mean an ideal image in the minds of the members of a group.[30] Also Christmas is connected with a leading image and we can see how it, in the case of both language groups, goes back to the Christmas of the 19th century, even though with the Swedes, to that of the higher social classes, and with the Finns, to the peasants. Duncan has referred to a lost paradise and tradition as a promise of something that has once existed. They differ from a future utopia in that we believe that it is possible to regain them.[31]

3.3.6. The Nature of the Drama

We have seen that according to Duncan the American Christmas is a plutocratic drama and noticed that the Finnish Christmas is different. Duncan divides social dramas into comedies and tragedies. The Finnish Christmas is not a tragedy, nor is it a comedy, even if it does contain comic features as well. The picture we have seen is one of a fairy tale. Homes become the stages for a fairy tale with various scenes. The plot is a simple one teaching us about friendship, brotherhood, and the reward given to the good.

The Christmas fairy tale is gay and playful, more often than not also sentimental and longing. Its adherence to rituals and the stability with which the drama is acted year after year catches our attention.

This is a study of a bourgeois Christmas in the Northern Kymi Valley. There were some Karelian customs and some Swedish customs, but the differences were slight. The differences between the age groups proved to be the most marked ones. We often hear people say that Christmas is changing, that nothing is like it used to be. The answers showed us that this is not quite true. The same customs return when grandchildren appear on the scene. It is often a question not of a changing Christmas but of changing roles. At first a child is like a prince or a princess in a fairy tale, then he concedes this role to others and adopts a new role himself. All the roles are essential to the drama.

We still have to discuss the functions of a fairy tale. In my opinion, any fairy tale performs the following functions: it amuses and teaches us, it creates identities, it sustains values that sustain society, and it affords us an escape from reality.

Also Christmas offers us amusement and it teaches us many things: how the good is always rewarded, friendship among people and peoples, love for one's country, one's origins and religion, tenderness toward animals and many other things.

---

30 Weber-Kellermann 1966 p. 25

31 Duncan 1972 p. 124

Fairy tales create positive identities, and so does Christmas. Fairy tales are conservative, and so is Christmas. Society changes Christmas, although very slowly. Christmas does not attempt to change society. It attempts to retain what has already been achieved. It is a conservative occasion.

The most important function of a fairy tale is perhaps the possibility that it offers to escape reality. Christmas is an escape, in effect a large escape ritual. At Christmas new values, different from everyday values, are raised high. People dedicate one day to religion. Does that mean that our beliefs change for that one day? No; we are only stressing that we want to live in a society that officially believes in that. For this one day we also think of those who died in the wars, and we spend one day with our relatives, whom we may seldom see during the year.

Cultural ethos, the hierarchy of values has been thought of as a pyramid with the dominating values at the top. With secularization culture could be thought of as a circle, in which every value has its own sector and no one value is above another. Yet, due to human nature, it is said that a human being has an inherent tendency to a dominating structure, to summum bonum.[32]

When considering the everyday life of the respondents we get a very different picture. It is also certain that if we studied their behaviour at different times, we would find other combinations of values. Does the cultural ethos then differ with the seasons? No; the traditional idea of the cultural ethos does not correspond with reality. It is no more a question of a pyramid than of a circle, but of several circles, the sum total of which equals the cultural ethos.

Maybe this is what a young, growing person finds so difficult to learn. It is difficult to understand why we now think of our relatives, only to forget them for another year, and why we now go to church or to the cemetery, when we do not ordinarily do that. But in the same way as a youngster learns to dress according to the occasion, he also learns this cultural rule, a frictionless transfer from one hierarchy of values to another.

---

[32] Klapp 1969 pp. 37—38

Käytetyt lähteet ja lyhenteet:

SLS = Svenska Litteratursällskapetin kokoelmat
Joulutapavastaukset esiintyvät arkistossa tunnuksella: SLS 986
Den finlandssvenska julen i Kuusankoski 1969 Kaisu Jaakkola
SKS = Suomalaisen Kirjallisuuden Seuran kokoelmat
Joulutapavastauksilla ei ole vielä omaa tunnusta

Tutkimusta varten seuratut lehdet:

Anna	1963—1969
Astra	1919—1969
Eeva (= E)	1933—1969
Hopeapeili (= HP)	1937—1969
Husmodern/Helsingfors (= HSM)	1903—1957
(Sama lehti jatkui kahdella seuraavalla nimellä:)	
Marthabladet/Husmodern (= MBL/HSM)	1958—1964
Marthabladet (= MBL)	1965—1969
Husmodern/Stockholm	1920—1969
Jaana (= J)	1962—1969
Kotiliesi (= KL)	1923—1969
Kouvolan Sanomat (= KS)	1960—1969
Marthabladet katso Husmodern	
Me naiset (= MN)	1952—1969
Mona Lisa (= ML)	1959—1969
Omin Käsin (= OK)	1941—1969

Sana- ja tietosanakirjoja:

New Catholic Encyclopedia Vol. III 1967, Washington
Nykysuomen sanakirja VI 1973, Porvoo
Ordbok för svenska språket (= SAOB), toim. Svenska Akademien 1935—1952, Lund

Painamattomat lähteet:

Heikel, Y. 1942 **Jälkeenjääneet paperit,** SLS:n hallussa

Honko, Lauri 1975 **Kulttuuri-identiteetin tutkimuksesta,** painamaton lähde, Suomen Akatemian, Valtion Humanistisen Toimikunnan tilaisuudessa 9.5.75 pidetty esitelmä Jyväskylässä

Jaakkola, Kaisu 1976 **Joulun luonne neljässä yhteisöllisessä ryhmässä Pohjois-Kymenlaaksossa,** lisensiaatintyö Helsingin Yliopiston Kansatieteen laitoksella

Kortell—Vedmar, Gunnevi 1975 **Tro, hopp och kärlek i Jakobstad,** uppgift i etnologi Uppsala Universitet, Uppsala

Kovalainen, Pirkko 1975 **Karjalainen perinne ja sen muuttuminen. Siirtoväkeä koskeva tutkimus,** Pro gradu-tutkielma Helsingin Yliopiston Kansatieteen laitoksella

Lundström, Kristina 1975 **Tro, hopp och kärlek — Etnologisk studie av en jultradition i Jakobstad,** Fackuppsats i Nordisk etnologi, Åbo

Kirjallisuusluettelo

Aalto, Ritva ja Saarinen, Pirkko 1973 **Nuorison asenteista vähemmistöihin,** Kansalaiskasvatuksen julkaisuja 12, Forssa

Aaltonen, Esko 1958 **Someron historia II,** Forssa

Agnsäter, Anna-Britt 1964 **Joulun herkut,** 2. painos, Jyväskylä

Ahde-Kjäldman, Alli-Salli 1964 **Kotini vuosisadan lopun Helsingissä,** 2. painos, Porvoo

Ahlman, Erik 1967 **Arvojen ja välineiden maailma,** 2. painos, ens. painos 1920, Porvoo

Ahlman, Erik 1976 **Kulttuurin perustekijöitä,** 2. painos, ens. painos 1939, Jyväskylä

Ahvenainen, Jorma 1972 **Paperitehtaista suuryhtiöksi. Kymin Osakeyhtiö vuosina 1918—1939,** Kuusankoski

Allardt, Erik ja Littunen, Yrjö 1966 **Sosiologian perusteet,** 3. painos, Porvoo

Anderson, Jay Allan 1975 Thanksgiving in U.S.A. — The Meal as Medium and Message, **Ethnologische Nahrungsforschung,** Kansatieteellinen arkisto 26, Vammala

Andersson, Karin 1935 Julförberedelser för 70 år sedan, **Hembygdsminnen** Samlade av Elevförbunder vid Borgå Folkhögskola 13, Borgå

Andersson, Otto 1909 Staffanssjungning i Houtskär, **Hälsning till sydvästra Finlands svenska allmoge,** Åbo

Andrzejewski, Stanislaw 1949 Are Ideas Social Forces? **American Sociological Rewiew Vol. 14**

Arensberg, Conrad M. 1970 The Interpretation of Custom, **Man Makes Sense,** toim. Eugene A. Hammel ja William S. Simmons, 2. painos, Boston

Arni, Annikki 1953 (= Marja-Leena) **Muistat sie viel?** Turku

Auerhan, Jan 1926 **Die sprachlichen Minderheiten in Europa,** Berlin

Aukia, Markku 1973 **Valkealan Vuohijärven teollisuustaajama 1900-luvulla,** Turun Yliopiston kylätutkimusryhmän julkaisuja 14, Turku

Barber, Bernard 1950 Place, Symbol, and Utilitarian Function in War Memorials, **Social Forces** Vol. 28, Baltimore, Maryland

Barnett, James H. 1946 Christmas in American Culture, **Psychiatry** Vol. 9, Washington

Barnett, James H. 1949 The Easter Festival — A Study in Cultural Change, **American Sociological Review** Vol. 14

Barnouw, Victor 1963 **Culture and Personality,** Homewood Illinois

Barth, Fredrik 1971 Minoritetsproblem från socialantropologisk synpunkt, **Identitet och minoritet,** toim. David Schwarz, Uppsala

Bausinger, Hermann 1971 Der Adventskranz, Ein methodisches Beispiel, **Württembergisches Jahrbuch für Volkskunde 1970,** Stuttgart

Belfrage, Sixten 1935 Till julklappssedens historia, **Folkminnen och folktankar** band XXII, häfte 2, Göteborg

Berg, Gösta 1963 Kringlor och pepparkakor, **Fataburen,** Stockholm

Berg, Gösta 1974 Kalkonen på svenska herremansbord, **Gastronomisk kalender 1975,** Stockholm

Berg, Gösta 1975 Comment, **Ethnologische Nahrungsforschung,** Kansatieteellinen arkisto 26, Vammala

Berg, Gösta 1976 Luftisken, **Gastronomisk kalender 1977,** Stockholm

Berg, Gösta ja Svensson, Sigurd 1969 **Svensk bondekultur,** 2. uusittu painos, Stockholm

Berg, Kerstin G:son 1957 — Den moderna julgranens införande i Dalarna, **Dalarnas hembygdsbok,** Falun

Bergholm, Katri 1944 — **Kuultua ja elettyä,** Helsinki

Berglund, Barbro 1958 — Jultomtens ursprung, **ARV. Tidskrift för Nordisk Folkminnesforskning** Vol. 13, Uppsala

Bilfinger, Gustav 1901 — **Untersuchungen über die Zeitrechnung der alten Germanen II, das germanische Julfest,** Stuttgart

Birdwhistell, Ray L. 1972 — Commuication, **International Encyclopedia of the Social Sciences,** Vol. 3.4, toim. David L. Sills, New York

Birket-Smith, Kaj 1951 — **Kulttuurin tiet,** Porvoo

Björkman, Hj. 1924 — **Bidrag till Jakobstads historia III,** Jakobstad

Blackham, H.J. 1966 — Ideological Aspects, A Revaluation of Ritual, **A Discussion of ritualization of Behaviour in Animals and Man,** toim. Sir Julian Huxley, F.R.S. Philosophical Transactions of the Royal Society of London, London

Blake, Judith ja Davis, Kingsley 1964 — Norms, Values and Sanctions, **Handbook of Modern Sociology,** Chicago

Boldt, Robert 1914 — Jul i Korpo, E.F., **Hembygden** 13

Borg-Sundman, Margit 1966 — **Jännittävä on elämä,** Porvoo

v. Born, Dr. E. Freiherr 1929 — Schwedisch und Finnisch in Finnland, **Baltische Monatschrift,** Riga

v. Born, Elsa 1948 — **Nio syskon på landet,** 4. painos, Tammerfors

Bosch, Karl 1930 — Weihnachten in der Provence, **Oberdeutsche Zeitschrift für Volkskunde,** Heidelberg

Bossard, James ja Boll, Eleanor S. 1949 — Ritual in Family Living, **American Sociological Review** Vol 14

Bossard, James ja Boll, Eleanor S. 1950 — **Ritual in Family Living,** Philadelphia

Bregenhöj, Carsten ja Vento, Urpo 1975 — **Nuutti suomalainen karnevaali, A Finnish Carnival,** SKS Tampere

Bringéus, Nils-Arvid 1956 — Julottan i Lunds stift, **Kyrkohistorisk årsskrift 1955,** toim. Gunnar Westin, Uppsala

Bringéus, Nils-Arvid 1972 — Die Einführung der Weihnachtskrippe in schwedischen Kirchen, **Festschrift Matthias Zender,** toim. Edith Ennen ja Günter Wiegelmann, Bonn

Bringéus, Nils-Arvid 1973 — Skåningens julmat, **Gastronomisk kalender 1974,** Stockholm

Bringéus, Nils-Arvid 1976 a) — **Människan som kulturvarelse,** Lund

Bringéus, Nils-Arvid 1976 b) — **Årets festseder,** Södertälje

Brommels, Krister 1970 — Finlandssvenska frågeställningar ses sällan ur "inlandsvinkel", **Svenskbygden** Nr 1, Helsingfors

Brunberg, Karin 1956 — Julförberedelser i seklets början, **Hembygdsminnen** Samlade av Elevförbundet vid Borgå Folkhögskola 30, Borgå

Bruun, Kettil 1953 — Karelarnas anpassning och finlandssvenskarna, **Nya Argus** N:o 8, Helsingfors

Buday, George 1954 — **The History of the Christmas Card,** London

Burgstaller, Ernst 1957 — **Brauchtumsgebäcke und Weihnachtsspeisen,** Linz

Burke, Kenneth 1945 — **A Grammar of Motives,** New York

Burke, Kenneth 1954 — **Permanence and Change, An Anatomy of Purpose,** ens. painos 1935, Los Altos California

Burns, Tom 1967 — A Meaning in Everyday Life, **New Society** 25.5., London

Bäckman, Harald 1919 — En Luciafest i äldre tider vid pedagogien i Ekenäs, **Hembygden,** Helsingfors

Bø, Olav 1970 — **Vår norske jul,** Oslo

Carlsson, Lizzie 1947 — Om bad och badstugor i äldre tid, **Rig,** Stockholm

Cassirer, Ernst 1962 — Language in the Phase of Sensuos Expression, **Theories of Society,** 2. painos, New York

Cederblom, Gerda 1913 — Ett bidrag till det dukade bordets historia, **Fataburen 1912,** Stockholm

Celander, Hilding 1925 — Julen som äringsfest I—VIII, **Folkminnen och folktankar** band XII, I—II, häfte 3, III—IV, häfte 4, Göteborg

Celander, Hilding 1928 — **Nordisk Jul I, julen i gammaldags bondesed,** Stockholm

Celander, Hilding 1932 — Julbocken och hans historia, **Nordens kalender 1933,** Stockholm

Celander, Hilding 1950 — **Stjärngossarna, deras visor och julspel,** Stockholm

Celander, Hilding 1955 — Förkristen jul enligt norröna källor, **Göteborgs Universitets årsskrift Vol. LXI 1955,** Göteborg

Christmann, E. 1931 — Name und Alter des Christbaums in der Pfalz, **Oberdeutsche Zeitschrift für Volkskunde,** Heidelberg

Colliander, Börje 1938 — **Randfolken, Nationella rörelser i det östeuropeiska randområdet,** Helsingfors

Conradson, Birgitta 1975 — En strut karameller, **Gastronomisk kalender 1976,** Stockholm

Cox, Harvey 1966 — **The Secular City,** London

Dahl, Hjalmar 1956 — **Finlands Svenskar,** Helsingfors

Dahlström, Edmund 1971 — Sociologiska synpunkter på nationella minoriteter, **Identitet och minoritet,** toim. David Schwarz, Uppsala

Dahlström, Svante 1942 — Julfriden i Åbo, **Budkavlen** 1, Åbo

Dewey, John 1958 — **Experience and Nature,** New York

Dias, Jorge 1972 — Rituelle Bäder in Portugal, **Festschrift Matthias Zender,** toim. Edith Ennen ja Günter Wiegelmann, Bonn

Dobler, Lavinia 1962 — **Customs and Holidays around the World,** New York

Dodd, Stuart C. 1951 — On Classifying Human Values: A Step in the Prediction of Human Valuing, **American Sociological Review** Vol XVI

Douglas, Mary 1970 — **Natural Symbols, Explorations in Cosmology,** London Plymouth

Dumazedier, Joffre 1967 — **Toward a Society of Leisure,** käännös vuonna 1962 Pariisissa ilmestyneestä teoksesta "Vers une civilisation du loisir?", New York

Duncan, Hugh Dalziel 1961 — **Language and Literature in Society,** New York

Duncan, Hugh Dalziel 1962 — **Communication and Social Order,** New York

Duncan, Hugh Dalziel 1972 — **Symbols in Society,** 2. painos, ens. 1968, New York

Edelfeldt, Annie 1909 — Julens firande förr och nu, **Föreningen Marthas föredrag,** Helsingfors

Edsman, Carl-Martin 1951 — Julkrubban, **Julhälsning till församlingarna i ärkestiftet 1951,** Uppsala

Eenilä, Jukka ja Laine, Risto 1969 — Turkulainen jouluseppele, eripainos **Suomen Turku 4 Turku 1968,** Turku

E.G. 1912 — Diverse. Julfirandet, **Bygdeminnen,** samlade och utgivna av Närpes Folkhögskolans elevförbund

Egardt, Brita 1959 — Adventsstjärnan, ett herrnhutiskt bruk som blev svensk folksed, **Rig**

Ejdestam, Julius 1971 — **Våra Folkfester,** Uddevalla

Eklöf, Klara 1945 — Högtiderna i Pargas, **Budkavlen** XXIV

Ellekilde, Hans 1943 — **Vor danske jul gennem tiderne,** København

Emmet, Isabel 1964 — **A North Wales Village. A Social Anthropological Study,** Dartington Hall Studies in Rural Sociology, London

Enäjärvi-Haavio, Elsa 1933 — Paistin syöminen, **Suomi V: 16,** Helsinki

Enäjärvi-Haavio, Elsa 1938 — Ymmärrättekö leikkiä? **Hyvä Tuomas,** Jyväskylä

Erikson, E.H. 1966 — Ontogeny of Ritualization in Man, **A Discussion on Ritualization of Behaviour in Animals and Man,** toim. Sir Julian Huxley, F.R.S., Philosophical Transactions of the Royal Society of London, London

Erixon, Sigurd 1956 — Moderna Festseder, **Saga och Sed 1955,** Uppsala

Escher, Walter 1959 — Vom Weihnachtsbaum in der Schweiz, **Weihnachtsbrauhtum in Europa,** Sonderheft der Zeitschrift "Der Hochwächter", Bern

Eskeröd, Albert 1947 — **Årets Äring. Etnologiska studier i skördens och julens tro och sed,** Stockholm

Eskeröd, Albert 1953 — **Årets fester,** Halmstad

Eskeröd, Albert 1964 — Needs, Interests, Values, and the Supernatural, **Lapponica, Studia Ethnographica Upsaliensia** XXI, Lund

Estlander, C.G. 1918 — **Ungdomsminnen,** Helsingfors

Feilberg, H.F. 1962 — **Jul I—II,** alkuperäinen teos vuonna 1904, København

Fjellström, Phebe 1970 — **Swedish-American Colonisation in the San Joaquin Valley in California,** Uppsala

Foote, Nelson N. 1951 — Identification as the Basis for a Theory of Motivation, **American Sociological Review** Vol 16

Forsberg, Karl-Erik 1958 — Befolkningsuppgifter om finlandssvenskarna, **Svenskbygden,** Helsingfors

Forsberg, Vera 1957 — **Majstång och julgran,** 2. painos, Ystad

Forsius, Sigfridus Aronus 1954 (1611) — Physica, toim. Johan Nordström, **Uppsala Universitets årsskrift. Acta universitatis upsaliensis 1952,** band II, alkuperäinen teos vuonna 1611, Uppsala

Forsman, Karl 1940 — Svenskfolket utom språkgränserna, **Den svenska folkstammen i Finland,** toim. E Sommerschield, Helsingfors

Forsslund, Maja 1923 — Julgranen och dess "föregångare" i Örebro län, **Årsbok 1923—1924,** toim. Einar Odhner, Arboga

Fougstedt, Gunnar 1948 — Inkomster och språk, **Vår Tid** N:r 21, Helsingfors

Fougstedt, Gunnar 1951 — **Finlands svenska befolkning åren 1936—1945. En demografisk undersökning.** Bidrag till kännedom av Finlands natur och folk. H.95 n:o 2, Helsingfors

v. Frenckell, Ester-Margaret 1943 — **Offentliga nöjen och privata i Helsingfors 1812—1827 med en historisk översikt,** Helsingfors

v. Frenckell, Ester-Margaret 1947 — **Offentliga nöjen och privata i Helsingfors 1827—1832,** Helsingfors

Fuhrer, Marianne 1952 — Gamla julseder i Gammelby, **Hembygdsminnen** Samlade av Borgå Folkhögskola XXVI, Borgå

Gadolin, Birgitta 1971 — **Uppväxtår i gamla Helsingfors,** 2. painos, Tammerfors

Gadolin, Carl Axel Johan 1938 — **Finland av i går och i dag,** Stockholm

Gallen-Kallela, Kirsti 1965 — **Isäni Akseli Gallen-Kallela,** 2. osa: **Elämää isän mukana,** Porvoo

Ganander, Christfrid 1960 (1789) — **Mythologica Fennica,** alkuperäinen Turussa vuonna 1789, Helsinki

Geertz, Clifford 1970 — Ethos, World-View and the Analysis of Sacred Symbols, **Man Makes Sense,** toim. Eugene A. Hammel jaWilliam S. Simmons, 2. painos, Boston

Geiger, Paul 1939/1940 — **Weihnachtsfest und Weihnachstbaum,** Schweizerisches Archiv für Volkskunde, Basel

Gittler, Joseph B. 1964 — **Understanding Minority Groups,** USA

Gjessing, Gutorm 1937 — Some Thoughts on Cultural Change, **Folkliv 1937** 2/3, Stockholm

Gjessing, Gutorm 1965 — Kontaktproblemet — konflikt og samarbeid, **Norweg 12**

Gluckman, Max 1962 — Les Rites de Passage, **The Ritual of Social Relations,** Manchester University Press

Goffman, Erving 1959 — **The Presentation of Self in Everyday Life,** New York

Goodenough, Erwin R. 1956 — **Jewish Symbols in the Greco-Roman Period,** Vol. 5, Kingsport, Tenn.

Gustafsson, Hj. 1954 — Julstök och jul i Sibbobygden på 1800-talet, **Hembygdsminnen** Samlade av Elevförbundet vid Borgå Folkhögskola, Borgå

Gärdström, Tomas 1932 — Gammaldags julfirande på Ormsö, **Budkavlen XI**

Haahti, Hilja 1956 — **Kaukaisten aikojen takaa,** Keuruu

Haapanen, Toivo, Kuusisto, Taneli, Poijärvi, L.A.P. ja Helasvuo, Veikko 1948 — **Musiikin tietokirja,** Helsinki

Haavio, Heikki 1968 — **Rehtorin muistelmat,** Porvoo

Haavio, Jaakko 1972 — **Mennyttä aikaa muistelen,** Helsinki

Haavio, Jaakko 1973 — **Kun nuoruuden aika on ruusuinen,** Helsinki

Haavio, Martti 1938 — Salaperäistä väkeä, **Hyvä Tuomas,** Jyväskylä

Haavio, Martti 1942 — **Suomalaiset kodinhaltiat,** Porvoo

Haavio, Martti 1972 — **Nuoruusvuodet,** Porvoo

Hagberg, Louise 1927 — Julbuske, julkrona och "Moses brinnande buske", **Fataburen**

Hagman, Johan 1948 — Julbalen, **Budkavlen** 1, Åbo

Hagstrom, Warren O. 1966 — What is the Meaning of Santa Claus? **The American Sociologist** Vol. 1, Nov., Washington

Halila, Aimo 1939 — **Iitin historia varhaisimmista ajoista 1860-luvulle,** Helsinki

Halila, Aimo 1953 — **Oulun kaupungin historia II 1721—1809,** Oulu

Hall, Edward T. 1959 — **The Silent Language,** New York

Hallerdt, Björn 1957 — **Leva i brukssamhälle, Malung**

Hallowell, A. Irving 1955 — **Culture and Experience,** 2. painos, London, Bombay ja Karachi

Hammarstedt, Edvard 1899 — Svenska folket, dess levnadssätt, seder och forntro, **Svenska Riket I,** Stockholm

Hammarstedt, N.E. 1926 — Jul- eller bröllopsgran? En textkritisk studie, **Folkminnesstudier,** Göteborg

Hansen, Hans-Jürgen 1968 **Kunstgeschichte des Backwerkes,** Hamburg

Harva, Uno 1935 Varsinais-Suomen henkistä kansankulttuuria, **Varsinais-Suomen historia III,** I, Porvoo

Hassel, Henrico ja Penzin, Daniel 1748 **De festo julio hyperboreorum antiquo,** Turku

Hautala, Jouko 1941 Tervaristi, rautarengas, **Kalevalaseuran vuosikirja 20—21,** Porvoo

Hautala, Jouko 1946 Jouluyön kynttilät, **Karjala:**297

Heikel, Ivar A. 1945 **Minnen från min barndom och skoltid,** Lovisa

Heikel, Y. 1925 Julstjärnor och jullyktor i Soklot by i Nykarleby socken, **Budkavlen** IV

Heikel, Y. 1942 **Jälkeenjääneet paperit,** painamaton lähde SLS:n hallussa

Heikinmäki, Maija-Liisa 1963 Nyt on joulu, lehmäsein — Vanhoja joulutapoja, **Järviseudun joulu**

Heikkala, A.I. 1971 Joulu vakkasuomalaisittain kuusi vuosikymmentä sitten, **Uudenkaupungin Sanomat** 23.12.

Heinricius, G. 1914 **Från samhällslifvet i Åbo 1809—1827,** Skrifter utgifvna av Svenska Litteratursällskapet i Finland CXVI, Helsingfors

Hellgren, Kirsti 1957 **Sippolan historia,** Myllykoski

Helminen, Helmi 1929 Syysjuhlat, **Suomen entisyyttä II,** Porvoo

Helminen, Helmi 1930 Vuotuisjuhlista, **Kotiseutu II 1930,** Helsinki

Helminen, Helmi 1933 Kansanomainen ajanlasku ja vuotuisjuhlat, **Suomen kulttuurihistoria I,** Jyväskylä

Helminen, Helmi 1949 Perhe- ja vuotuisjuhlat, **Längelmäveden seudun historia,** Forssa

Helminen-Nordberg, Helmi 1963 Henkinen kansankulttuuri, **Suur-Jämsän historia III,** Hämeenlinna

Helsingius, Gust. Ad. 1927 **Hågkomster,** Helsingfors

Helsingius, Torsten 1947 **Det var,** Helsingfors

Hemánus, Pertti 1973 **Joukkotiedotus piilovaikuttajana,** Keuruu

Heporauta, Elsa 1959 Joulunviettoa Puumalan sahalla noin 60 vuotta sitten, **Puumala** 9.1.

Herberg, Will 1960 **Protestant — Catholic — Jew,** 2. täysin uusittu painos, New York

Hirsjärvi, Kyllikki 1946 Kotielämää Tampereella 1800-luvun jälkipuoliskolla, **Tampere. Tutkimuksia ja kuvauksia III,** Tampere

Holmström, Blondine 1926—1930 Huru man tog mot julen i ett Kristinestadshem på 1850—1870-talet, **Brage Årsskrift**

Homans, George 1951 **The Human Group,** London

Honko, Lauri 1975 **Kulttuuri-identiteetin tutkimuksesta,** painamaton lähde, Suomen Akatemian, Valtion Humanistisen Toimikunnan tilaisuudessa 9.5.75 pidetty esitelmä Jyväskylässä

Honko, Lauri 1976 Riittien luokituksesta, **Sananjalka 18,** Turku

Hoving, Victor 1947 **Kymin Osakeyhtiö 1872—1949 I,** Helsinki

Hoving, Victor 1960 **I gamla Wiborg taltes 4 språk,** Helsingfors

Hughes, Everett Cherrington 1946 **French Canada in Transition,** London

Hultkrantz, Åke 1960 **International Dictionary of Regional European Ethnology and Folklore** Vol. I, Copenhagen

Huxley, Julian Sir F.R.S. 1966 Introduction, **A Discussion on Ritualization of Behaviour in Animals and Man,** toim Julian Huxley, Philosophical Transactions of the Royal Society of London, London

Hämäläinen, Albert 1934 Tavat, taiat, pitämykset, uskomukset, juhlat, merkkipäivät, parannuskeinot ja enteet, **Vanhaa Hauhoa,** Kansatieteellinen arkisto I, Vammala

Hästesko, F.A. 1910 Joulunviettoa Orimattilassa puoli vuosisataa sitten, **Kotiseutu**, Helsinki

Hästesko, F.A. 1913 Muutamia uuden vuoden taikoja, **Kotiseutu**, Jyväskylä

Häyhä, Johannes 1955 **Itäsuomalaisten vanha joulu,** 2. painos, Turku

Höfler, Max 1905 **Weihnachtsgebäcke,** Wien

Ilmoni, Synnöve 1946 **Vad farfars taskbok gömde och litet till,** Åbo

Israel, Joachim 1974 **Vieraantuminen. Marxista nykysosiologiaan,** alkuperäinen vuonna 1971 ilmestynyt Alienation: från Marx till modern sociologi, Helsinki

Ivalo, Mielikki 1973 **Vanavedessä,** Tapiola

Ivars, Ann-Marie 1974 Livets och årets högtider, **Närpes igår och idag,** Åbo

Jaakkola, Kaisu 1976 **Joulun luonne neljässä yhteisöllisessä ryhmässä Pohjois-Kymenlaaksossa,** lisensiaatintyö Helsingin Yliopiston Kansatieteen laitoksella

Jahn, Ulrich 1884 **Die Deutschen Opfergebräuche bei Ackerbau und Viehzucht,** Breslau

Johansson, Elin 1930 Gammal jul, **Hembygdsminnen** Samlade av Elevförbundet vid Borgå Folkhögskola, Borgå

Johansson, Meri 1938 Julseder från Emsalö, **Hembygdsminnen** Samlade av Elevförbundet vid Borgå Folkhögskola, Borgå

Juvas, Maija 1939 Vuotuisjuhlien viettotavoista Ilomantsissa ja Suojärvellä, **Kansatieteellisiä muistiinpanoja Ilomantsin itäkylistä,** Kansatieteellinen arkisto III, Forssa

Jyrinoja, Vilho 1965 **Akonlahden arkea ja juhlaa,** SKS Turku

Järvinen, Altti 1968 **Elämäni laulut,** Porvoo

Kaisla, Aino 1972 **Vanhan kaupungin kujilta ja Kanajärven tanhuvilta,** Hämeenlinna

Kalima, Eino 1962 **Sattumaa ja johdatusta,** Porvoo

Kalke, Kosti 1936 **Elämäni varrelta,** Tohmajärvi

Kallio, Niilo 1962 **Halikon hakoniskat,** 2. lyhennetty painos, Porvoo

Kaplan, Abraham 1964 **The Conduct of Inquiry,** Scranton Pennsylvania

Kapten Puff (N.H. Pinello) 1868 **Berättelser och tidsbilder,** Åbo

Karila, Tytti 1948 Vuotuisjuhlista Tyrvännössä, **Hämeenmaa VIII,** Hämeenlinna

Keesing, Felix M. 1966 **Cultural Anthropology. The Science of Custom,** New York, Chicago jne.

Kehusmaa, Aimo, Kovalainen, Pirkko, Lehtonen, Juhani U.E. ja Linkola, Martti 1969 **Asikkalan Iso-Äiniö. Kansatieteellinen kontaktitutkimus kaakkoishämäläisestä kylästä,** Helsingin Yliopiston Kansatieteen laitoksen tutkimuksia, monistejulkaisu, Helsinki

Keyland, Nils 1919 **Julbröd, julbockar och Staffanssång, dokument rörande den svenska allmogens julfirande,** Stockholm

Kiiskinen, Auvo ja Wahlbeck, Lars 1953 **Maamme teollisuusalueiden rakenne ja kehitys,** Taloudellinen tutkimuskeskus, sarja B:5

Kilpi, Sylvi-Kyllikki 1963 **Sörnäisten tyttö,** Helsinki

Klapp, Orrin E. 1956 Ritual and Cult. A Sociological Interpretation, **Annals of American Sociology,** Washington

Klapp, Orrin E. 1962 **Heroes, Villains and Fools,** Englewood Cliffs N.J.

Klapp, Orrin E. 1969 **Collective Search for Identity,** USA

Klapper, Joseph T. 1966 What We Know about the Effects of Mass Communication: The Brink of Hope, **Communication and Culture,** toim. Alfred G. Smith, Holt Rinehart ja Winston USA

Klapper, Joseph T. 1969 **The Effects of Mass Communication,** 10. painos, ens. painos 1960, New York

Klapper, Joseph T. 1972 Communication, Mass, **International Encyclopedia of the Social Sciences,** Vol. 3, toim. David L. Sills, toinen painos, ens. 1968, New York

Klein, Ernst 1924 Midvinter och tjugondag, **Fataburen 1923,** Stockholm

Klemets, Alvina 1942 Jul i Dagsmark under tiden från 1860-talet fram till sekelskiftet, **Budkavlen XXI**

Klinge, Matti 1975 **Bernadotten ja Leninin välissä,** Porvoo

Kluckhohn, Clyde 1962 **Culture and Behavior. Collected Essays,** USA

Kluckhohn, Florence Rockwood ja Strodtbeck, Fred L. 1961 **Variations in Value Orientations,** USA

Kortell-Vedmar, Gunnevi 1975 **Tro, Hopp och Kärlek i Jakobstad,** uppgift i etnologi, Uppsala Universitet, painamaton lähde Pietarsaaren museon hallussa

Koski, Samuli 1897 Kansan oikeustapoja ja käsitteitä, **Historiallinen arkisto XV,** Helsinki

Koskivaara, Lauri 1968 **Kun Helsinki oli nuori ja pieni,** Porvoo

Kotikoski, J.W. 1912 **Hämäläisiä joulutapoja ja -leikkejä,** Helsinki

Kovalainen, Pirkko 1966 **Karjalainen perinne ja sen muuttuminen. Siirtoväkeä koskeva tutkimus,** Pro gradu-tutkielma Helsingin Yliopiston Kansatieteen laitos, painamaton lähde

Kovalainen, Pirkko 1975 Die Nahrung als ein Gruppenmerkmal der karelischen Minderheiten, **Ethnologische Nahrungsforschung,** Kansatieteellinen arkisto 26, Helsinki

v. Kraemer, Elin 1959 — Var hälsad sköna morgonstund, **Julhälsning**, julkaisija Finlands Röda Kors, Helsingfors

v. Kraemer, R. 1866 — **Mina lefnadsminnen**, Stockholm

Kretzenbacher, Leopold 1959 — Santa Lucia und die Lutzelfrau, **Südosteuropeische Arbeiten**, München

Krohn, Greta 1967 — **Isoäiti kertoo**, Hamina

Krohn, Helmi 1942 — **Isäni Julius Krohn ja hänen sukunsa**, Helsinki

Krohn, Kaarle 1915 — **Suomalaisten runojen uskonto**, Porvoo

Krook, Augusta 1950 — **Mitt Helsingfors**, Tammerfors

Kuhn, Walter 1934 — **Deutsche Sprachinselforschung**, Plauen

Kullberg, Henrik 1926 — Några gamla julseder i norra Strömfors, **Hävd och bygd**. 1. Malm, Svenska folkakademiens elevförbund, Helsingfors

Kuula, Alma 1968 — **Virta venhettä vie**, Porvoo

Kurtze, Hilda 1944 — Julseder i Ekenäs på 1880-talet, **Budkavlen** Nr 1, Åbo

Kuuliala, Wiljo-Kustaa 1960 — **Entisajan talonpoikaisyhteisö ja kirkko**, Porvoo

Kuusanmäki, Lauri 1954 — **Elämänmenoa entisaikaan**, Forssa

Kuusi, Matti 1972 — Staffan, **Kulturhistoriskt lexikon för nordisk medeltid** 17

Kügler, Hermann 1930 — Zur Geschichte der Weihnachtsfeier in Berlin, **Niederdeutsche Zeitschrift für Volkskunde**, Bremen

Kyhlberg, Gustav 1934 — **En bok om julen**, Stockholm

Kymppi (nimimerkki) 1969 — Jouluvalo maksaa, **Tampella tänään** 6, Tampere

Lagus, Hugo 1936 — **En gammal akademisk släkt**, Skrifter utgivna av Svenska Litteratursällskapet i Finland CCLVII, Helsingfors

Lagus, Wilhelm 1904 — **Från pojkåren och gymnasiet**, Helsingfors

Laing, R.D. 1961 — **The Self and Others. Further Studies in Sanity and Madness**, 2. painos, ens. 1959, London ja Watford

Lampén, Walter 1944 — En julotta i Östersundom, **Stjärnljus 1944**, utg. av Svenska Kristliga Föreningen av Unga Män i Helsingfors, Helsingfors

Langer, Suzanne 1962 — Life-Symbols: The Roots of Sacrament, **Theories of Society II**, toim. Talcott Parsons, Kaspar D. Naegele ja Jesse R. Pitts, 2. painos, ens. 1961, New York

LaPiere, Richard T. 1954 — **A Theory of Social Control**, New York—Toronto—London

Laponce, J.A. 1960 — **The Protection of Minorities**, Berkeley ja Los Angeles

Lasswell, Harold D. 1934 — 1950 — World Politics and Personal Insecurity, **A Study of Power**, ens. kerran julkaistu 1934, Glencoe, Illinois

Lasswell, Harold D. 1950 — **Who Gets What When How**, New York

Lasswell, Harold D. ja Kaplan, Abraham 1951 — **Power and Society**, 2. painos, ens. 1950, New Haven

Lasswell, Harold D., Lerner, Daniel ja Bothwell, C. Easton 1952 — **The Comparative Study of Elites**, Hoover Institute Studies, Stanford

Lauffer, Otto 1933 — Der Weihnachtsbaum und sein Ursprung aus dem volkstümlichen Geisterglauben der Mittwinterzeit, **Festschrift von Melle**, Gluckstadt ja Hamburg

Leach, E.R. 1966 — Ritualization in Man in Relation to Conceptual and Social Development, **A Discussion on Ritualization of Behaviour in Animals and Man**, toim. Huxley, Julian Sir, Philosophical Transactions of the Royal Society of London, London

Lehmann, Ed. 1910 — Christmas Customs, **Encyclopedia of Religion and Ethics** Vol III, Edinburgh

Leimu, Tuula 1971 — **Hauhon Hyömäen kyläyhteisö 1900-luvulla**, Turun Yliopiston kylätutkimusryhmän julkaisuja 7, Turku

Leskinen, Elma ja Syrjänen-Kaukoranta, Laina 1939 — Ilomantsin itäkylien ruokataloudesta ym. naisten askareista, **Kansatieteellisiä muistiinpanoja Ilomantsin itäkylistä**, Kansatieteellinen arkisto III, Forssa

LeVine, Robert A. ja Camp**bell, Donald T. 1972** — **Ethnocentrism. Theories of Conflict, Ethnic Attitudes and Group Behavior**, New York

Lindberg, Ernst 1921 — **I Åbo på 1800-talet**, Åbo

Lindberg, G. 1911 — Gamla julseder från Klemetskog i Tusby, **Hembygden**

Lindfors, Rut 1961 — När julgranen kom till Norrfinsjön, **Sanct Olof. Julbok för de åländska församlingarna**, Mariehamn

Lindhagen, Arvid 1913 — Huru länge har tjugondag burit namnet Knut? **Fataburen 1912**, Stockholm

Lindroos, Alfr. ja Andersson, Joh. 1912 — Julseder i gamla tider (Pellinge i Borgå socken), **Hembygden**

Lindroos, Judith 1956 — Hur man firade julen fordomdags i min hemby, **Hembygdsminnen** Samlade av Elevförbundet vid Borgå Folkhögskola, Borgå

Linton, Ralph 1949 — **The Cultural Background of Personality**, 2. painos, London

Lippert, Julius 1882 — **Christentum, Volksglaube und Volksbrauch**, Berlin

Lipset, Seymour ja Zetterberg, Hans L. 1966 — A Theory of Social Mobility, **Class, Status and Power. Social Stratification in Comparative Perspective**, toim. Reinhard Bendix ja Seymour Martin Lipset, 2. painos, The Free Press, USA

Littunen, Yrjö 1957 — Eräs postikyselyn käyttömahdollisuus, **Turku University, Institute of Sociology 2**, Forssa

L.L.L. (Aurén) 1877 — **Minnen från skolan och universitetet**, Stockholm

Lorenz, K.Z. 1966 — Evolution of Ritualization in the Biological and Cultural Spheres, **A Discussion on Ritualization of Behaviour in Animals and Man**, toim. Huxley, Julian Sir, Philosophical Transactions of the Royal Society of London, London

Luckmann, Thomas 1970 — Religion und Person in der modernen Gesellschaft, **Religionssoziologie**, toim. Friedrich Fürstenberg, Darmstadt

Lund, Erla 1928 — Jul och nyår, **Budkavlen** Nr 4, Åbo

Lundström, Kristina 1975 — **Tro, Hopp och Kärlek — Etnologisk studie av en jultradition i Jakobstad**, fackuppsats i Nordisk etnologi, painamaton lähde Pietarsaaren museon hallussa, Åbo

Luoma, Väinö 1958 — Toimihenkilöt — uusi yhteiskuntaluokka? **Suomalainen Suomi** N:o VI

Lynd Robert S. ja Lynd, Helen Merrell 1929 — **Middletown. A Study in American Culture**, New York

Långgård, Anna 1917 — Julen i Närpes i äldre tider (Kalaks by), **Hembygden**

Långhjelm, Erik 1916 — Julfirande i äldre tider, **Hembygden**, Helsingfors

Lönnqvist, Bo 1966 — Lucia i Finland, Folksed i vardande, **Hufvudstadsbladet** 13.12.

Lönnqvist, Bo 1968 — Livsföringen på Hertonäs gård under 1820-talet, **Historisk tidskrift för Finland**, H. 1, Helsingfors

Lönnqvist, Bo 1970 a) — **Jacobina Charlotta Munsterhjelms dagböcker 1799—1801**, Folklivsstudier VII, Helsingfors

Lönnqvist, Bo 1970 b) — Anna med kanna, Lusse med tunna, Tomas med julen, **Hufvudstadsbladet** 12.12.

Lönnqvist, Bo 1970 c) — Julkorten har också sin historia, **Hufvudstadsbladet** 24.12.

Lönnqvist, Bo 1972 a) — Lucia i Finland. Innovation och etnocentricitet, **Acta ethnologica Europaea 1969—1970**, Tom. XXXIII—XXXIV, Lund

Lönnqvist, Bo 1972 b) — **Dräkt och mode i ett landsbygdssamhälle 1870—1920**, Kansatieteellinen arkisto 24, Helsingfors

Lönnqvist, Bo 1973 — När julgranen kom till Österbotten, **Vasabladet** 23.12.

Lönnqvist, Bo 1974 — En handbok i julfirande, **Vasabladet** 24.12.

Lönnqvist, Bo 1975 — Nyårsgåva och julklapp, **Västra Nyland**, 31.12.

Macartney, C.A. 1934 — **National States and National Minorities**, London

Maget, M. 1962 — **Guide d'etude directe des comportements culturels**, Paris

Mannerheim-Sparre, Eva 1952 — **Lapsuuden muistoja**, Helsinki

Mansikka, V.J. 1941 — Pyhä Miikkula, **Kalevalaseuran vuosikirja** 20—21, Porvoo

Matter, Max 1975 — Wertsysteme und Innovationsverhalten, **Stadt—Land—Beziehungen**, Verlag Otto Schwartz, Göttingen

McQuail, Denis 1972 — **Towards a Sociology of Mass Communications**, 3. painos, ens. 1969, London

Mead, George H. 1950 — **Mind, Self and Society**, 8. painos, ens. 1934, Chicago

Mela, Pirkko 1955 — Askaisten, Lemun ja Mietoisten vanhat perhejuhlat, **Varsinais-Suomen maakuntakirja** 13, Turku

Merriam, Charles E. 1950 — Political Power, **A Study of Power**, Glencoe, I11.

Merton, Robert K. 1968 — **Social Theory and Social Structure**, laajennettu painos, ens. painos 1949, New York

Meurman, Agathon 1909 — **Muistelmia I**, Helsinki

Meyer, Arnold 1913 — **Das Weihnachtsfest,** Tübingen

Meyer, Helge 1955 — Hur julen firades i Liljendal på 1870- och 80-talet, **Hembygdsminnen** Samlade av Elevförbundet vid Borgå Folkhögskola, Borgå

Miles, Clement A. 1912 — **Christmas in Ritual and Tradition Christian and Pagan,** 2. painos, London

Miller, Daniel R. 1963 — The Study of Social Relationships: Situation, Identity, and Social Interaction, **Psychology: A Study of a Science,** toim. Sigmund Koch, New York — San Francisco

Morris, Charles 1949 — **Signs, Language and Behavior,** 3. painos, ens. 1946, New York

Munsterhjelm, Jacobina Charlotta 1970 — **Dagböcker 1799—1801,** Folklivsstudier VII, toim. Bo Lönnqvist, Helsingfors

Mäkeläinen, Eva-Christina 1972 — **Säätyläisten seuraelämä ja tapakulttuuri 1700-luvun jälkipuoliskolla Turussa, Viaporissa ja Savon kartanoalueella,** Helsinki—Forssa

Niinisalo, Kauko V, 1957 — Kymenlaakson Maakuntaliiton toimintaa vuosina 1937—1957, **Kymenlaakson Maakuntaliiton julkaisuja 2,** Kouvola

Niinisalo, Kauko V, 1974 — **Kymenlaakson alueellinen kehitys vuosina 1910—1970,** Iitti

Nikander, Gabriel 1911 — Jul och nyår på Åland, **Svenska landsmål och svenskt folkliv,** Stockholm

Nikander, Gabriel 1916 — Fruktbarhetsriter under årshögtiderna hos svenskarna i Finland, **Folkloristiska och etnografiska studier I,** Helsingfors

Nikander, Gabriel 1917 — Bondejul fordomdags. En fest för alstring och äring, **Svenska Tidningen** 22.12.

Nikander, Gabriel 1938 — Huru gammal är seden att stöpa nyårslyckor? **Budkavlen,** Åbo

Nikander, Gabriel 1940 — Arbetsåret och årsfesterna, **Den svenska folkstammen i Finland,** toim. E Sommerschield, Helsingfors

Nikander, Gabriel 1947 — Julfredslysningar i Uleåborg och Gamlakarleby, **Budkavlen** Nr 1, Åbo

Nilsson, Martin P:n 1915 — **Årets folkliga fester,** Stockholm

Nilsson, Martin P:n 1916—1919 — Studien zur Vorgeschichte des Weihnachtsfestes, **Archiv für Religionswissenschaft,** Leipzig, Berlin ja Dresden.

Nilsson, Martin P:n 1925 — **Festdagar och vardagar,** Stockholm

Nilsson, Martin P:n 1938 — Julen, Årets högtider, **Nordisk Kultur** XXII, Oslo

Nilsson, Martin P:n 1957 — **Griechische Feste von religiöser Bedeutung,** 2. painos, ens. 1906, Stuttgart

Nilsson, Martin P:n 1958 — Sakralt och profant i folklivet, **Norden och kontinenten,** föredrag och diskussoner vid trettionde nordiska folklivs- och folkminnesforskarmötet i Lund 1957, Lund

Nordlund, Carl 1945 — Jul och nyår förr i tiden, **Åländsk Odling,** Mariehamn

Norrman, Esther 1938 — Staffansridning i Halland, **Folkminnen och folktankar** band XXV, häfte 1, Göteborg

Nurmela, Tauno 1953 — **Suuri pieni maailma,** Helsinki

Nyberg, Anne-Marie 1947 — Forntida seder och bruk, **Hembygdsminnen** Samlade av Elevförbundet vid Borgå Folkhögskola XXI, Borgå

Nyberg, Paul 1947 — **Herrar och herrgårdar,** Tammerfors

Nylén, Anna-Maja 1969 — **Hemslöjd, den svenska hemslöjden fram till 1800-talets slut,** Lund

Nyström, Maria 1918 — **Min födelsestad Lovisa. Minnen och anteckningar. Senare delen,** Lovisa

Ofstad, Harald 1971 — Identitet och minoritet, **Identitet och minoritet,** toim. David Schwarz, Uppsala

Oja, Aulis 1958 — **Perttelin historia,** Salo

Oksaar, Els 1971 — Språkpolitiken och minoriteterna, **Identitet och minoritet,** toim. David Schwarz, Uppsala

Ollila, Reino 1934 — Vuotuisjuhlista, merkkipäivistä, haltioista, uskomuksista ym. Nurmijärvellä, **Uusimaa II,** Helsinki

Olsson, Marianne 1964 — **Julen för 100 år sedan,** Göteborg

Palmgren, Bo 1965 — Ruotsinkielisen väestön asema Suomessa, **Mitä Missä Milloin,** Helsinki

Palmgren, Kai 1964 — **Kehittyneisyyden alueittaisista eroavuuksista Suomessa,** Helsinki

Palonen, Kari 1975 — **Aatevirtauksia Suomessa Snellmanista nykyaikaan,** Loimaa

Park, Robert Ezra 1950 — **Race and Culture,** Glencoe Ill.

Paterson, T.T. 1966 — Emotive Rituals in Industrial Organisms, **A Discussion on Ritualization of Behaviour in Animals and Man,** toim. Huxley, Julian Sir, Philosophical Transactions of the Royal Society of London, London

Paul, Benjamin 1965 — Interview Techniques and Field Relationships, **Anthropology Today, An Encyclopedic Inventory,** toim. A.L. Kroeber, 7. painos, ens. 1953, Chicago

Paulaharju, Samuli 1914 — **Kuvauksia Hailuodosta,** Helsinki

Paulaharju, Samuli 1925 — **Wanha Raahe,** Helsinki

Paulaharju, Samuli 1930 — **Suomenselän wieriltä,** Porvoo

Paulaharju, Samuli 1937 — **Kiveliöitten kansaa,** Porvoo

Paulaharju, Samuli 1947 — **Härmän aukeilta,** Porvoo

Paulaharju, Samuli 1958 — **Kainuun mailta,** 2. painos, ens. 1922, Povoo

Paulaharju, Samuli 1961 — **Rintakyliä ja larvamaita. Kurikan vanhaa elämää,** Porvoo

Paulaharju, Samuli 1965 — **Vanha Raahe,** 2. painos, Porvoo

Pelto, Pertti J. 1970 — **Anthropological Research, the Structure of Inquiry, New York**

Peltola, Aili 1950 — Gamla julseder i Illby, **Hembygdsminnen** Samlade av Borgå folkhögskola, Borgå

Peltola, Saara 1960 — **Suursaari menneinä aikoina,** Helsinki

Peterson, Theodore, Jensen, Jay W. ja Rivers, William L. 1965 — **The Mass Media and Modern Society,** Holt, Rinehart and Winston, USA

Pike, Kenneth L. 1971 — **Language in Relation to a Unifield Theory of the Structure of Human Behavior,** ens. painos 1967, The Hague

Pipping, Hugo E. 1944 — Borgare och brukspatroner, **Finlandssvenskarna,** toim. Ragnar Granit, Stockholm

Pipping, Hugo E. 1953 — **Standard of Living,** Helsingfors

Pipping, Knut 1953 — A Note on Representativity, **Transactions of the Westermarck Society** Vol. II, Åbo

Polin, Julius 1932 — **Kymiyhtiön sivistyksellinen ja yhteiskunnallinen toiminta,** Kouvola

Ramsay, Anders 1966 — **Muistoja lapsen ja hopeahapsen I—IV,** alkuperäinen Från barnaår till silverhår, Porvoo

Rapola, Martti 1924 — Suomenkielinen joulurauhan julistus 1600-luvulta, **Historiallisia tutkimuksia Artturi H. Virkkusen kunniaksi hänen täyttäessään 60 vuotta,** toim. Turun historiallinen yhdistys, Turku

Rauhala, Urho 1966 — **Suomalaisen yhteiskunnan sosiaalinen kerrostuneisuus,** Sosiaalipoliittisen yhdistyksen tutkimuksia 14, Porvoo

Raussi, Eljas 1966 — **Virolahden kansanelämää 1840-luvulla,** Helsinki

Reenstierna, Märta Helena 1946 — **Årstadagboken I 1793—1812,** Stockholm

Rehnberg, Mats 1957 — **Svensk jul, gamla och nya bilder med korta kommentarer, Stockholm**

Rehnberg, Mats 1965 — **Ljusen på gravarna,** Stockholm

Reinans, Sven 1971 — Nationella minoriteter — en definitionsfråga, **Identitet och minoritet,** toim. David Schwarz, Uppsala

Reponen, Astrid 1929 — Juhlatavoista Tammelassa, **Lounais-Hämeen kotiseutu- ja museoyhdistyksen vuosikirja V,** Forssa

Rescher, Nicholas 1969 — **Introduction to Value Theory,** Englewood Cliffs N.J.

Riemerschmidt, Ulrich 1962 — **Weihnachten, Kult und Brauch einst und jetzt,** Hamburg

Riesman, David, Denney, Reuel ja Glazer, Nathan 1950 — **The Lonely Crowd. A Study of the Changing American Character,** New Haven

Ringgren, Helmer 1968 — **Religionens form och funktion,** Lund

Robbins, Richard 1973 — Identity, Culture and Behavior, **Handbook of Social and Cultural Anthropology,** toim. John J. Honigmann, Chicago

Rogers, Everett M. ja Shoemaker, F. Floyd 1971 — **Communication of Innovations,** New York

Rohrer, Ida 1914 — Joulutapoja Tohmajärvellä, **Kotiseutu,** Jyväskylä

Rooth, Anna Birgitta 1969 — **Lokalt och globalt II,** Lund

Rose, Arnold M. 1965 — The Comparative Study of Intergroup Conflict, **Minority Problems,** toim. Rose, Arnold M. ja Rose, Caroline B., New York

Rosenholm, G. 1925 — Gamla julseder, **Svenskbygden,** Helsingfors

Rosenholm, G. 1943 — Julfirandet i Solv socken fordomdags, **Budkavlen,** Åbo

Runeberg, Arne 1970 — **Nordiska minoritetsproblem i socialantropologisk belysning,** Helsingin Yliopiston Sosiologian laitoksen tutkimuksia 148, Helsinki

Rytkönen, Ahti 1934	**Kekriä kiertämässä,** Helsinki
Ränk, Gustav 1955	**Vanha Viro kansa ja kulttuuri,** SKS, Turku
Ränk, Gustav 1964	Etnologi och historia, **Folk-Liv 1962—63,** Stockholm
Saalasti, Kerttu 1973	**Anna hänelle nöyrä mieli,** Porvoo
Salmelainen, Eino 1966	**Kun olin nuori,** Helsinki
Salmela-Järvinen, Martta 1965	**Kun se parasta on ollut,** Porvoo
Salokannel, Akseli 1964	**Vanhaa Hämeenlinnaa,** Hämeenlinna
Sarmela, Matti 1970	**Perinneaineiston kvantitatiivisesta tutkimuksesta,** SKS Tietolipas 65, Helsinki
Sartori, Paul 1914	**Sitte und Brauch III,** Leipzig
Schauman, Aug. 1886	**Nu och förr,** Helsingfors
Schenda, Rudolf 1971	Die Zeitung als Quelle volkskundlicher Forschung, **Württembergisches Jahrbuch für Volkskunde 1970,** Stuttgart
Schneeweis, Edmund 1925	**Die Weihnachtsbräuche der Serbokroaten,** Wien
Schneider, Camille 1965	**Der Weihnachtsbaum und seine Heimat das Elsass,** Basel
Schramm, Wilbur 1948	Communications in Modern Society, **Communications in Modern Society,** toim. Wilbur Schramm, Urbana
Schramm, Wilbur 1955	How Communication Works, **The Process and Effects of Mass Communication,** 2. painos, ens. 1954, University of Illinois Press Urbana
Schybergson, C.M. 1940	Jul i Åbo för sjuttio år sedan, **Åbo Underrättelser** 24.12.
Seppänen, Paavo 1962	Muuttuva kulttuuri ja kirkollisuus, **Kirkko muuttuvassa yhteiskunnassa,** Helsingin Yliopiston Sosiaalipolitiikan laitoksen tutkielmia 22, Pieksämäki
Seppänen, Unto ja Sihvo, Jussi 1953	**Valkjärvi, pitäjä kohtaloitten Kannaksella,** Lahti
Seppänen-Pora, Irja 1962	**Apposkaalista mantsikkamöllöön,** Keuruu
Sihvo, Jouko 1973	Uskonto ja itsemurhat sosiologiselta kannalta, **Itsemurhat ja niiden ehkäisy,** toim. Kalle Achté, Liisa Ollikainen, Irja Rantanen ja Jouko Sihvo
Siivonen, Väinö 1957	**Kukkasipulien viljely ja hyötö,** Porvoo
Simonen, Seppo 1961	**Suomen puutarhatalouden historia,** Helsinki
Simpson, George Eaton ja Yinger, Milton J. 1965	**Racial and Cultural Minorities,** 3. painos, New York ja London
Singer, Marshall R. 1972	**Weak States in a World of Powers,** Macmillan Company USA
Sirelius, U.T. 1921	**Suomen kansanomaista kulttuuria, esineellisen kansatieteen tuloksia II,** Helsinki
Sjöberg, N. 1909	Ett bidrag till julgranens historia, **Fataburen 1908,** Stockholm
Sjöberg, Wilhelm 1914—1915	En 'oppsito'-lek från Replot, **Hembygden,** Helsingfors
Sjöberg, Wilhelm 1916	Smärre bidrag, **Hembygden,** Helsingfors
Sjöberg, Wilhelm 1917	Julfirandet i Replot för 50 år sedan, **Hembygden,** Helsingfors
Sjöqvist, Kerstin 1964	Kulturhistorisk jul på Skansen, **Fataburen**
Smith, Alred G. 1966	Introduction: Communication and Culture, **Communication and Culture,** toim. Alfred G. Smith, Holt, Rinehart ja Winston Inc. USA
Snellman, A.H. 1887	Kekrijuhla ennen ja nyt. Tohtori H.A. Reinholm-vainajan kirjaanpanojen ja painettujen lähteiden mukaan, **Joukahainen** 10, Helsinki
Sormunen, Eino 1946	**Lapsuus maakylässä,** Helsinki
Spindler, George D. 1968	Psychocultural Adaptation, **The Study of Personality. An Interdisciplinary Appraisal,** toim. Edward Norbeck, Douglas Price-Williams ja William M. McCord, Holt, Rinehart ja Winston Inc. USA
Strömbäck, Dag 1972	Staffan, **Kulturhistoriskt lexikon för nordisk medeltid** 17
Ståhlberg, Ester 1966	**Mathilda Wrede,** 7. painos, Porvoo
Sumner, William Graham 1962	On the Mores, **Theories of Society** Vol. II, toim. Talcott Parsons, Edward Shills, Kaspar D. Naegele ja Jesse R. Pitts, 2. painos, ens. 1961, alkuperäinen artikkeli on peräisin Sumnerin vuonna 1906 julkaisemasta **Folkways,** Boston
Suolahti, Gunnar 1906	Suomalaisen rococoajan kodeissa, **Historiallinen** aikakauskirja 1906, Helsinki

Suolahti, Gunnar 1924 a) Suomalainen sauna, **Historiallinen arkisto XXXII,** Helsinki
Suolahti, Gunnar 1924 b) Kekri, **Historiallisia tutkimuksia,** Turku
Suuronen, Kerttu 1973 Perinteinen juhlajuominen kansatieteelliseen kyselyyn A 18/73 saatuje vastausten mukaan, **Alkoholipoliittisen tutkimuslaitoksen tutkimusseloste 73,** Helsinki
Swedner, Harald 1966 Sociologiska synpunkter på minoritetsproblemen i Sverige, **Svenska minoriteter,** toim. David Schwarz, Uppsala
Svensson, Sigfrid 1955 S:t Nikolaus, Jultomten och Julbocken, **Stockholms stifts julbok,** Stockholm
Svensson, Sigfrid 1965 Julbock i Blekinge, **Kulturen,** Lund
Svensson, Sigfrid 1969 Jultomten, **Bygd och yttervärld,** 2. korjattu painos, Lund
v. Sydow, C.W. 1926 Majträd och lyckoträd, **Folkminnesstudier, Tillägnade Hilding Celander,** Göteborg
v. Sydow, C.W. 1931 Lucia und Christkindlein, **Zeitschrift für Volkskunde,** Berlin ja Leipzig
v. Sydow, C.W. 1935 Övernaturliga väsen, **Nordisk Kultur XIX Folketru,** toim. Nils Lid, Oslo
Söderström, Einar 1915 Julseder i södra Sibbo, **Hembygdsminnen** Samlade av Elevförbundet vid Borgå Folkhögskola, Borgå
Talve, Ilmar 1957 Bastu, huvudkarta XVIII, **Atlas över svensk folkkultur I,** Uddevalla
Talve, Ilmar 1966 **Namens- und Geburtstagstraditionen in Finnland, FFC 199,** Helsinki
Talve, Ilmar 1972 Suomen kulttuurirajoista ja -alueista, **Suomalaisen Tiedeakatemian esitelmät ja pöytäkirjat,** Helsinki
Talvi, Veikko 1963 Kymenlaakson maakunta-käsitteen synty ja voimistuminen, **Ankkapurha V,** Kouvola
Talvi, Veikko 1972 **Kymin Osakeyhtiö 1872—1972,** Helsinki
Tamm-Götlind, M. 1961 Hur firade västgötarna lucia i gammal tid? **Falbygden 16,** Falköping
Tersmeden, Carl 1915 **Amiral Carl Tersmedens memoarer,** toim. Nils Erdman, Stockholm
Tersmeden, Carl 1916 **Memoarer i Fredrik I:s Sverige III—IV,** toim. Nils Erdman, Stockholm
Thomas, Klaus 1964 **Handbuch der Selbstmordverhütung,** Stuttgart
Tideman, Anker ja Bedre, Bo 1974 **100 Julidéer, Södertälje**
Tilastokeskus 1971 **Suomen tilastollinen vuosikirja 1970.** Helsinki
Tilastokeskus 1976 **Suomen tilastollinen vuosikirja 1975,** Helsinki
Tilastollinen päätoimisto 1933 Ammatti ja kieli, **Tilastokatsauksia** N:O 11, Helsinki
Tillhagen, Carl-Herman 1965 **Glada juledagar,** Göteborg—Värnamo
Toivonen, Pekka 1976 Tro, hopp och kärlek i Jakobstad, **Vasabladet** 22.12.
Toivonen, Y.H. 1955 **Suomen kielen etymologinen sanakirja I,** Helsinki
Toivonen-Siirala, Ester 1967 **Lapsuuden ympyrät,** Porvoo
Tolksdorf, Ulrich 1975 Ernährung und soziale Situation, **Ethnologische Nahrungsforschung,** Kansatieteellinen arkisto 26, Vammala
Topelius, Zacharias 1923 **Elämäkerrallisia muistiinpanoja,** toim. Paul Nyberg, Helsinki
Topelius, Zacharias 1932 **Mietekirjani lehtisiä. Päiväkirjoja 1837—1840,** Topeliuksen kootut teokset XII, Porvoo
Troels-Lund, Frederik 1929—1931 **Dagligt liv i Norden i det sekstende Aarhundrade VII.**Aarlige fester, København
Tuulio, Tyyni 1966 **Lapsuuden maa,** Porvoo
v. Törne, P.O. 1937 Adertonhundratalets herrgårdskultur, **Historiska och litteraturhistoriska studier 13,** Helsingfors
Törnudd, Klaus 1966 **Finland i dag. Svenska språkets ställning,** Stockholm

Usener, Hermann 1889 **Das Weihnachtsfest,** Bonn
Uusivirta, Hilkka 1969 Vanhat ruoat, **Satakuntalainen keittokirja,** toim. Niilo Valonen, Hilkka Uusivirta, Anna-Liisa Arha ja Ritva Tuulos, Helsinki

Wadström, Aina 1910 Frågor och svar, **Hembygden**
Wagley, Charles ja Harris, Marvin 1959 **Minorities in the New World. Six Case Studies.** 2. painos, New York
Vahervuo, Toivo 1962 **Psykometriikan metodeja I,** 3. painos, Porvoo

Wahrman, Emilia 1933 — Julen och julförberedelserna på Emsalö omkring 1870-talet, **Hembygdsminnen** Samlade av Elevförbundet vid Borgå Folkhögskola, Borgå

Wallace, Anthony F.C. 1968 — Anthropological Contributions to the Theory of Personality, **The Study of Personality. An Interdisciplinary Appraisal,** toim. Edward Norbeck, Douglass Price-Williams ja William M. McCord, Holt, Rinehart ja Winston Inc. USA

Wallin, Sigurd 1935 — Herrgårdens vardag sådan den skymtar i memoarerna, **Svenska Kulturbilder III,** Stockholm

Valonen, Niilo 1969 — Mitä on satakuntalainen ruoka, **Satakuntalainen keittokirja,** toim. Niilo Valonen, Hilkka Uusivirta, Anna-Liisa Arha ja Ritva Tuulos, Helsinki

Valonen, Niilo 1970 — Muuttuva taajama, **Seurasaari,** Seurasaarisäätiön julkaisu, Helsinki

Valonen, Niilo 1974 a) — Suomen itäraja perinnerajana, **Kalevalaseuran vuosikirja 54,** Vaasa

Valonen, Niilo 1974 b) — Taajamakansatiede nykyhetkellä, **Uusimman ajan etnologinen tutkimus taajamissa ja kylissä,** Seurasaarisäätiön toimitteita 1, Helsinki

Valonen, Niilo 1975 — Über die Methoden und Probleme der Finnischen Nahrungsforschung, **Ethnologische Nahrungsforschung,** Kansatieteellinen arkisto 26, Vammala

Warelius, Antero 1855 — Kertomus Tyrvään pitäjästä 1853, **Suomi 1854,** Helsingfors

Warg, C. 1809 — **Hjelpreda i Hushållningen för unga Fruentimer. Tilökt med en Fårgbok och ett Bihang,** 12. uudistettu ja parannettu painos, Sederholm

Waris, Heikki 1952 — **Suomalaisen yhteiskunnan rakenne,** Helsinki

Waris, Heikki, Jyrkilä, Vieno, Raitasuo, Kyllikki ja Siipi, Jouko 1952 — **Siirtoväen sopeutuminen,** Helsinki

Warner, W. Lloyd 1953 — **American Life Dream and Reality,** Chicago

Waronen, Matti 1898 — **Vainajainpalvelus muinaisilla suomalaisilla,** SKS:n toimituksia, Helsinki

Weber-Kellermann, Ingeborg 1958 — Der Luzienstuhl im deutschen und ungarischen Volksglauben, **Hessische Blätter für Volkskunde** Band 49/50, Giessen

Weber-Kellermann, Ingeborg 1966 — Mode un Tradition, **Populus revisus,** Tübingen

Veblen, Thorstein 1957 — **The Theory of the Leisure Class,** 3. painos, ens. 1925, London

Wegelius, J.O. ja Wikman, K.Rob. V. 1916 — Om vidskepliga föreställningar och bruk förenade med julens firande hos den svenska allmogen i Finland, **Folkloristiska och etnografiska studier I,** Helsingfors

Weiser-Aall, Lily 1938 — Juletreets historie, **Folkminnen och folktankar** band XXV, Göteborg

Weiser-Aall, Lily 1938/1941 — Weihnacht, **Handwörterbuch des deutschen Aberglaubens** Band IX, Berlin

Weiser-Aall, Lily 1939 — Årets högtider, kirjallisuusarvostelu Martin P:n Nilssonin tämännimisestä julkaisusta, **Folkminnen och folktankar** band XXVI, Göteborg

Weiser-Aall, Lily 1953 — **Juletreet i Norge,** Oslo

Weiser-Aall, Lily 1954 — **Julenissen og julegeita i Norge,** Oslo

Weiser-Aall, Lily 1959 — Weichnachtssitten in Skandinavien, **Weichnachtsbrauchtum in Europa,** Sonderheft der Zeitschrift "Der Hochwächter", Bern

Weiser-Aall, Lily 1963 — Jul, **Kulturhistoriskt lexikon för nordisk medeltid** osa 8

Wessman, V.E.V. 1928 — Tro och seder, **Budkavlen 3,** Åbo

Westerlund, Göran 1953 — Julseder i Box, **Hembygdsminnen** Samlade av Borgå folkhögskola, Borgå

Westermarck, N. 1934 — **Pieni kalkkunanhoidon opas,** Porvoo

Westermarck, Nils 1913 — **Ceremonies and Beliefs Connected with Agriculture, Certain Dates of the Solar Year and the Weather in Morocco,** Helsingfors

Whitehead, Alfred North 1935 — **Adventures of Ideas,** Cambridge

Wiegelmann, Günter 1971 — Was ist der spezielle Aspekt ethnologischer Nahrungsforschung? **Ethnologia Scandinavica. A Journal for Nordic Ethnology 1971,** Lund

Vihervaara, E. 1914 — Joulunvietosta Länsi-Suomessa, **Kotiseutu,** Jyväskylä

Wiik, Signe 1913 — Gamla julseder i Mustasaari, **Hembygden**

Wikman, K. Rob V. 1914 — Nyländska julseder, **Hembygden**

Wikman, K.Rob. V. 1924 Smärre bidrag, **Budkavlen** Nr 3, Vasa
Wikman, K.Rob. V. 1936 Stabbdansen och med den besläktade folkliga upptåg, **Budkavlen** Nr 1, Åbo
Wikman, K.Rob. V. 1939 Ur festbrukens mönsterbok, **Budkavlen** Nr 1, Åbo
Wikman, K.Rob. V. 1946 Om etnologien såsom sedernas vetenskap, **Folk-liv. Acta etnologica et folkloristica Europaea 1945,** Stockholm
Wildhaber, Robert 1959 Weihnachtsbrauchtum in Europa, **Weihnachtsbrauchtum in Europa,** Sonderheft der Zeitschrift "Der Hochwächter", Bern
Vilkuna, Kustaa 1935 Varsinaissuomalaisten kansanomaisesta taloudesta ja kulkuneuvoista, **Varsinais-Suomen historia** III, II, Porvoo
Vilkuna, Kustaa 1946 **Työ ja ilonpito,** Helsinki
Vilkuna, Kustaa 1969 **Finnisches Brauchtum im Jahreslauf,** Helsinki
Williams, Robin M. Jr. 1970 **American Society,** 3. painos, ens. 1951, New York
Williams, Robin M. Jr. 1972 The Concept of Values, **International Encyclopedia of the Social Sciences** Vol. 15—17, New York
Wirén, Edvin 1933 **Pyhät juhlat.** Porvoo
Virtanen, E.A. 1938 Hyvä Tuomas..., **Hyvä Tuomas, kansankulttuuria,** Jyväskylä
Virtaranta, Pertti 1947 **Vanha kansa muistelee,** Helsinki
Virtaranta, Pertti 1950 **Hämeen kansa muistelee,** Helsinki
Virtaranta, Pertti 1953 **Sana ei sammaloidu,** Helsinki
Virtaranta, Pertti 1964 **Suomen kansa muistelee,** Porvoo
Wright, A.R. ja Lones, T.E. 1940 **British Calendar Customs Vol. III,** Glasgow
Vuorela, Toivo 1957 Joulukruunu ja himmeli eli olkikruunu, **Kalevala-seuran vuosikirja 37,** Helsinki
Vuorela, Toivo 1960 Jouluoljet, **Kalevalaseuran vuosikirja 40,** Helsinki
Vuorenjuuri, Helena ja Martti 1968 **Perheen joulukirja,** Helsinki
Yinger, J. Milton 1970 Die Religion als Integrationsfaktor, **Religionssoziologie,** toim. Friedrich Fürstenberg, 2. painos, ens. 1964, Darmstadt
Ylppö, Arvo 1964 **Elämäni pienten ja suurten parissa. Muistikuvia ja kuvamuistoja,** toim. Maija Suova, Porvoo—Helsinki
Ådahl, Astrid 1951 När julen firades i pärtblossens sken, **Hembygdsminnen** Samlade av Borgå folkhögskola, Borgå
Österman, Annika 1964 Lucia, **Fataburen,** Stockholm

Kartat ja piirustukset: Topi Valkonen
Taitto: Topi Valkonen
Paperi: Diamondstar Matta 115 g/m²
Kansi: Foodboard 240 g/m²